自動化工程師題庫 Level 2

目 錄 content

TAIROA

機電整合概論

選擇題

1　機電整合的英文用詞是『Mechatronics』，下列之組合何者為最正確？ (A)Mechanist + Photronics (B)Mechanics + Photronics (C)Mechanism + Tronics (D)Mechanical + Electronic。

2　若要去除周圍環境中交流電所產生的雜訊，用下列何種濾波器(filter)為最恰當？ (A)高通濾波器(high-pass filter) (B)截帶濾波器(notch filter) (C)帶通濾波器(band-pass filter) (D)低通濾波器(low-pass filter)。

3　有一與減速機輸入軸相連結且功率為1.5馬力(hp)的電動機(馬達)被用來驅動刀具交換中心的旋轉機構，若減速機的輸出軸與旋轉機構相連結且減速比為1：20，如果驅動旋轉機構所須的轉矩(torque)為540牛頓-米(N-m)，則馬達的轉速(rpm)，以下列何者為最正確？ (A)20 (B)120 (C)400 (D)2500。

4　有一與減速機相連結且負載電壓為72伏特(Vdc)的電動機(馬達)被用來驅動工具機機台的旋轉機構，假設傳遞效率100%，若減速機的小齒輪(與馬達轉軸結合)及大齒數(與旋轉機構轉軸結合)的齒數分別為20齒及60齒，如果旋轉機構以60轉/分(rpm)的速度運轉，所須的轉矩(torque)為450牛頓-米(N-m)，則馬達所須的電流(安培，A)，以下列何者為最正確？ (A)6 (B)12 (C)23 (D)39。

5　就典型的低通濾波器(low-pass filter)而言，下列之陳述以何者為最正確？ (A)在低頻時，電感阻抗很大，可視為等效開路電路 (B)在低頻時，電感阻抗很小，可視為等效短路電路 (C)在低頻時，電容阻抗很大，可視為等效開路電路 (D)在低頻時，電容阻抗很小，可視為等效短路電路。

6　就典型的運算放大器(operational amplifier)而言，下列之陳述以何者為最正確？ (A)低輸入阻抗，可作為電流放大之用 (B)低輸入阻抗，可作為電壓放大之用 (C)低輸出阻抗，可作為電流放大之用 (D)低輸出阻抗，可作為電壓放大之用。

7　有一動力傳遞機構，若其傳輸軸的轉速為150轉/分(rpm)，可傳遞之轉矩為5000牛頓-米(N-m)，試問此機構所能傳遞之功率為多少仟瓦(kW)，以何者為最正確？ (A)12.5 (B)78.5 (C)125 (D)750。

8　有一裝置於大樓頂樓的絞盤機構(winch)，被用來將地面的物體垂直傳遞至適當的樓層，若絞盤是以電動機(馬達)驅動，如果馬達能產生0.5馬力(hp)的功率，則質量50公斤的物體可以多少公尺/秒的速度上升，下列之答案，以何者為最正確？ (A)0.76 (B)1.52 (C)3.73 (D)7.46。

9　有八位元(8bit)的類比─數位轉換器(ADC)，其參考電壓值是10伏特(Vdc)，若其數位輸出(二位數輸出)為01011011，請問其類比輸入電壓(Vdc)，以下列何者為最正確？ (A)5.05 (B)6.05 (C)3.57 (D)4.57。

10　有八位元(8bit)的類比─數位轉換器(ADC)，其參考電壓值是10伏特(Vdc)，若其類比輸入電壓為6Vdc，請問其數位輸出(二位數輸出)，以下列何者為最正確？ (A)11011001 (B)10011001 (C)10101001 (D)10110101。

11 考慮一含理想運算放大器(ideal operational amplifier)的反轉放大電路(inverting amplifier circuit)，若 R_i 與 R_f 分別為其輸入電阻(input resistor)與回授電阻(feedback resistor)，試問其輸出電壓與輸入電壓之比值為？ (A)$-R_f/R_i$ (B)$-(R_f+R_i)/R_i$ (C)$-(R_f+R_i)/R_f$ (D)$-R_f/(R_f+R_i)$。

12 考慮一含理想運算放大器(ideal operational amplifier)的非反轉放大電路 (non-inverting amplifier circuit)，若 R_i 與 R_f 分別為其輸入電阻(input resistor)與回授電阻(feedback resistor)，試問其輸出電壓與輸入電壓之比值為？ (A)R_f/R_i (B)$(R_f+R_i)/R_i$ (C)$(R_f+R_i)/R_f$ (D)$R_f/(R_f+R_i)$。

13 線性扭力彈簧(linear torsional spring)彈簧常數(spring constant)之單位為？ (A)(牛頓—米)/角度((N-m)/degree) (B)牛頓/角度(N/degree) (C)牛頓/米(N/m) (D)(牛頓—米)/徑度((N-m)/rad)。

14 有關線性阻尼器(linear damper)之陳述，以下列何者為最正確？ (A)以吸熱的方式，消耗能量 (B)屬能量儲存元件 (C)所產生的作用力與位移成反比 (D)所產生的作用力與位移速度成正比。

15 機械系統元件阻尼器(damper)與下列何種電路系統元件具有類似性(analogy)？ (A)電容(capacitor) (B)電感(inductor) (C)電阻(resistor) (D)運算放大器(op-amp)。

16 下列之陳述，以何者為最正確？ (A)系統穩定性對開迴路控制系統(open-loop control system)最具關鍵性影響 (B)系統穩定性對閉迴路控制系統(closed-loop control system)最具關鍵性影響 (C)開迴路控制系統的輸出不受外界對系統擾動(disturbance)的影響 (D)閉迴路控制系統均為的穩定系統。

17 就典型閉迴路控制系統(closed-loop control system)而言，回授信號(feedback signal)與作動誤差信號(actuating error signal)之比(ratio)稱之為？ (A)開迴路轉移函數(open-loop transfer function) (B)閉迴路轉移函數(closed-loop transfer function) (C)前饋轉移函數(feedforward transfer function) (D)回授轉移函數(feedback transfer function)。

18 就單一路控制系統(unity control system)而言，系統輸出(output)與系統輸入(input)之比(ratio)稱之為？ (A)開迴路轉移函數(open-loop transfer function) (B)閉迴路轉移函數(closed-loop transfer function) (C)前饋轉移函數(feedforward transfer function) (D)回授轉移函數(feedback transfer function)。

19 如圖為二階欠阻尼(under damping)響應圖，請問圖中的 a 是甚麼？ (A)峰值時間 T_p (B)上升時間 T_r (C)安定時間 T_s (D)超越量 O_s。

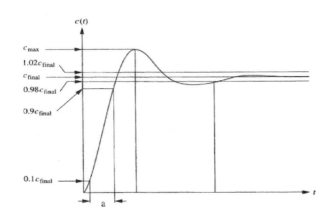

20 一個系統轉移函數為 $G(s)=\dfrac{225}{s^2+8s+225}$，請問此系統的自然頻率 $\omega_n=$ ？ (A)14 (B)15 (C)16 (D)17。

21 伺服馬達軸後端，一般加裝什麼裝置作為高解析度位置感測之用？ (A)電磁開關 (B)繼電器 (C)編碼器 (D)計時器。

22 請問脈衝訊號δ(t)的拉氏轉換為多少？ (A)1 (B)$\dfrac{1}{s+a}$ (C)$\dfrac{1}{s}$ (D)3。

23 要讓馬達帶動之機台停在想要的位置時，不想用極限開關當位置回授裝置的原因是？ (A)不準確 (B)只能設定一個行程 (C)機台會過衝 (D)以上皆是。

24 若一個開迴路定位控制系統，以計時器決定機台停止的時間，下列何種原因是不想改成閉迴路定位控制的原因？ (A)時間已滿足 (B)精度已滿足 (C)速度為定速 (D)以上皆是。

25 如圖為二階步階響應系統圖，請問為何種阻尼系統？ (A)臨界 (B)過 (C)低 (D)無 阻尼。

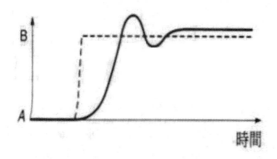

26 汽車避震器在越過一個凸起時會下壓及彈回，如果越過凸起後只下沈幾次，請問為何種阻尼系統？ (A)臨界 (B)過 (C)低 (D)無 阻尼。

27 若系統之一振動的頻率和系統中之某一元件之自然共振頻率相同，則振幅會？ (A)漸弱 (B)不變 (C)漸強 (D)漸強後又漸弱。

28 如圖為一位置回授控制系統 $G(s) = \dfrac{s-8}{s^2+4s+1}$，請問步進輸入時，穩態誤差 e_{ss} 的位置誤差常數為多少？ (A)$\dfrac{1}{7}$ (B)∞ (C)1 (D)不存在。

29 如圖為位置回授控制系統方塊圖，已知控制器；$G_c(s) = K_p$，馬達：$G_m(s) = \dfrac{k_v}{\tau s + m}$。請問控制器應置於圖中位置？ (A)A (B)B (C)C (D)D。

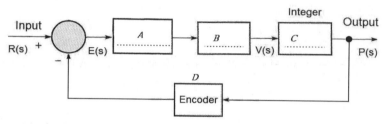

位置回授控制系統

30 如圖為一位置回授控制系統，當此系統在步進輸入時，下列何種控制器會有穩態誤差？
(A)$G_c(s) = K_p + \dfrac{K_i}{s}$ (B)$G_c(s) = \dfrac{K_i}{s}$ (C)$G_c(s) = K_d s$ (D)$G_c(s) = K_p + \dfrac{K_i}{s} + K_d s$。

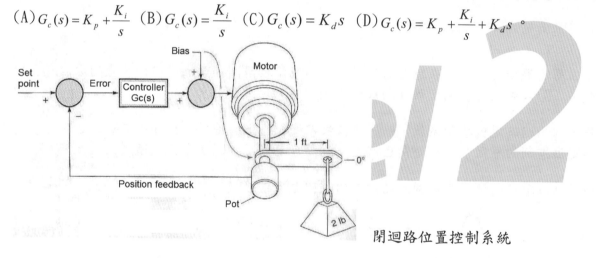

閉迴路位置控制系統

31 一個馬達驅動的手臂(Arm)本來在 $0°$，希望上升至 $30°$，然而只達到 $10°$。增益參數 $K_P=0.005$kg.m/deg。當胳臂只上升到 $10°$ 時，計算誤差 E 和控制訊號 C 為下列何者？ (A)E=10°；C=0.05kg.m (B)E=20°；C=0.10kg.m (C)E=30°；C=0.15kg.m (D)E=20°；C=0.05kg.m。

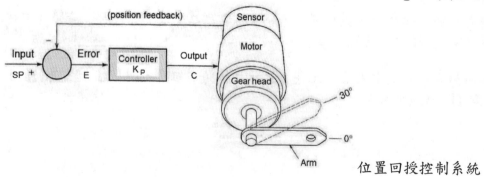

位置回授控制系統

32 如圖(a)，一電位計(potentiometer)旋轉360°時，感知電路，如圖(b)輸出電壓10V，請問旋轉72°時輸出電壓(V_{out})為多少？ (A)V_{out}＝1V (B)V_{out}＝5V (C)V_{out}＝2V (D)V_{out}＝8V。

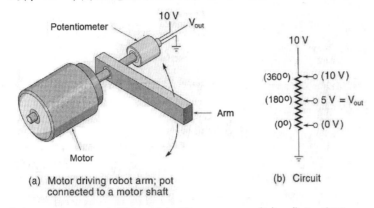

(a) 馬達驅動手臂控制架構　　　(b) 感知電路

33 考慮系統如如圖所示，它由一個電動馬達(Motor)驅動齒輪組(Gear)來連接一個轉動絞盤(Winch)。考慮系統如圖所示，它由一個電動馬達(Motor)驅動齒輪組(Gear)來連接一個轉動絞盤(Winch)。

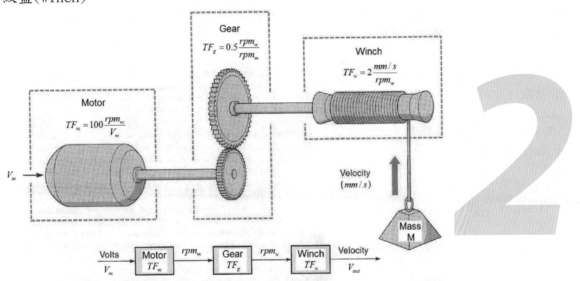

一個系統傳遞三個轉移函數
每個組件都有其特性和傳遞轉移函數如下：

馬達：$TF_m = 100\dfrac{rpm_m}{V_m}$、齒輪：$TF_g = 0.5\dfrac{rpm_w}{rpm_m}$、絞盤：$TF_w = 2\dfrac{mm/s}{rpm_w}$

如果輸入這個系統的電壓(V_m)為10V，計算質量M的速度V_{out}＝？ (A)4000 (B)500 (C)2000 (D)1000 mm/s。

34 請問以下對白金感溫電阻PT100的特性描述何者為錯？ (A)內部接線電阻及引線電阻可以忽略 (B)依接線數目不同可以分成三種 (C)三線式適合精密量測 (D)兩線式量測誤差較大。

35 一般以運算放大器設計的磁滯比較器中點電壓可以設計為？ (A)正電壓 (B)負電壓 (C)零電壓 (D)以上為非。

36 對於紅外線發射器的特性描述下列何者為錯？ (A)價格低 (B)體積小 (C)發射不可見光 (D)以交流電驅動。

37 固態繼電器(SSR)？ (A)是由半導體電路組成 (B)屬於一種有接點繼電器 (C)輸入與輸出端是直接耦合的 (D)輸出端接點可以控制直流及交流負載。

38 固態繼電器(SSR)與電磁式繼電器比較，下列何者不是固態繼電器的特點？ (A)壽命長 (B)反應速度快 (C)高雜訊 (D)消耗功率小。

39 以白金測溫電阻器，如 PT100 作為量測溫度的感測器，需有一定電流通過，下列何者不是典型的電流值？ (A)2 (B)4 (C)5 (D)10 mA。

40 下列何者不是一般霍爾元件的特點？ (A)輸出電壓反比於所加磁場 (B)可感應靜態及動態磁場 (C)為三端子元件 (D)溫度操作範圍寬。

41 以下對 SCR 的截止方法描述，何者最為恰當？ (A)關閉電源 (B)強迫截流 (C)自然截止 (D)以上都對。

42 一般而言，下列何種感測器不適合作為溫度量測之用？ (A)PT-100 (B)熱電耦 (C)文氏管 (D)AD590。

43 熱電耦溫度感測器是以何種輸出信號和量測溫度成正比？ (A)電壓信號 (B)電流信號 (C)電阻信號 (D)以上皆非。

44 光學尺(LINEAR SCALE) 主要使用在量測何種物理量？ (A)電流量 (B)位移量 (C)電壓值 (D)光照度。

45 超音波感測器應用範圍非常廣泛，以下何項為其應用範圍？ (A)水深探測 (B)公路超速檢測 (C)金屬探傷 (D)以上皆是。

46 在選用重量感測器(LOAD CELL) 時，以下所列何項列為考慮條件？ (A)輸出比例 (B)非線性誤差 (C)輸入等效阻抗 (D)以上皆是。

47 下列何種感測元件為主動式感測元件？ (A)電容性 (B)感應 (C)電位計式 (D)壓電 元件。

48 下列何種感測元件為被動式感測元件？ (A)機電 (B)光電 (C)電容性 (D)熱電 元件。

49 未來感測技術之發展動向， 應該特別注意以下何項？ (A)感測融合技術 (B)多次元感測器 (C)自我診斷機能感測器 (D)以上皆是。

50 白金RTD(PT100)中在何種條件下其電阻值正好是100Ω？ (A)25℃ (B)0℃ (C)100°C (D)以上皆非。

51 一般而言，超音波感測器所使用之偵測原理為？ (A)光電效應 (B)熱電效應 (C)壓電效應 (D)以上皆非。

52 一般而言在光電轉換元件中，以下列何種光電感測器轉換速度最快？ (A)光電晶體 (B)光二極體 (C)光敏電阻 (D)光控線性電阻。

53 一般而言光電元件中之光耦合器具有下列何種優點？ (A)輸入和輸出間的電氣絕緣 (B)信號的傳輸方向為單一性 (C)反應速度快 (D)以上皆是。

54 一般而言熱電耦的電動勢，係根據待測點與參考點之溫差而定，而參考點之補償方法可為？ (A)電橋法 (B)冷卻法 (C)加溫法 (D)以上皆可。

55 結露感測器和濕度感測器基本的結構是一樣，一般呈結露狀態時其濕度範圍為？ (A)90-98 (B)80-95 (C)98-100 (D)90-95 % RH。

56 一般而言磁簧開關不同於一般之繼電器，下列何項非其優點？ (A)體積小、重量輕 (B)低消耗的驅動電力 (C)使用壽命短 (D)交換速度快。

57 一般而言磁性電阻和霍爾元件比較中，下列何項為錯？ (A)磁性電阻為霍爾元件 (B)磁性電阻其電阻值會隨磁場大小而變化，霍爾元件為輸出電壓訊號 (C)磁性電阻較霍爾元件電阻變化率高 (D)磁性電阻較霍爾元件阻抗高。

58 一般而言線性差動變壓器(LVDT)在工業上也是最常被應用來做偵測裝置，以下何項非其優點？ (A)高感度 (B)高精密度 (C)耐久使用 (D)低價格。

59 一般而言電流輸出型 IC 式感溫元件 AD590 具有下列何項特點？ (A)輸出電流大 (B)直線性不好 (C)使用電源範圍廣 (D)體積大。

60 一般而言紅外線感測器的種類非常之多，通常可以區分為量子型和熱型兩大類，而量子型感測器主要動作原理是利用？ (A)焦電效應 (B)壓電效應 (C)光電效應 (D)以上皆非。

61 一般而言正溫度係數之熱敏電阻，其電阻值會隨溫度之上升而？ (A)上升 (B)下降 (C)不變 (D)以上皆非。

62 一般而言，我們可以使用下列何種方法來量測電流量？ (A)電阻法 (B)CT(Current Transformer)法 (C)磁通測定法 (D)以上皆可。

63 考慮控制系統，如圖所示。求 $T(s) = \dfrac{\omega_o(s)}{V_p(s)}$ 之轉移函數。

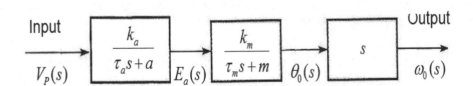

馬達控制迴路

(A) $T(s) = \dfrac{\omega_0(s)}{V_p(s)} = \dfrac{sk_a(\tau_m + m)}{k_m(\tau_a + a)}$ (B) $T(s) = \dfrac{\omega_0(s)}{V_p(s)} = \dfrac{k_a k_m}{s(\tau_a + a)(\tau_m + m)}$

(C) $T(s) = \dfrac{\omega_0(s)}{V_p(s)} = \dfrac{sk_a k_m}{(\tau_a s + a)(\tau_m s + m)}$ (D) $T(s) = \dfrac{\omega_0(s)}{V_p(s)} = \dfrac{sk_m(\tau_a + a)}{k_a(\tau_m + m)}$ 。

64 機電整合系統中的致動器，基本上是將電能轉換為機械能的設備，因此以下何者是聯繫機與電間最重要的介面？ (A)控制器(Controller) (B)感測器(Sensor) (C)致動器(Actuator) (D)機構原件(Mechanism)。

65 以下何種微致動器,其致動方式是利用通電,使元件內部電阻產生熱量,致使某些元件產生熱脹冷縮變形而達成驅動目的? (A)壓電致動器 (B)電磁致動器 (C)靜電致動器 (D)電熱致動器。

66 一般而言,下列何者不是壓電致動器之主要優點? (A)消耗功率低 (B)微小位移的控制性佳 (C)響應速度慢 (D)不會產生電磁信號干擾。

67 致動器的功能在於主要提供受控體的動力,可能以氣壓、油壓、或是電力驅動的方式呈現,壓電致動器是利用壓電材料的何者效應來達成? (A)電壓 (B)電阻 (C)電流 (D)電感。

68 以下何種微致動器,具備反應速度佳、穩定微小位移輸出、精度運動可達到原子晶格奈米或次奈米的等級、係利用固態原子結構特性,沒有摩擦、損耗的問題? (A)壓電致動器 (B)電磁致動器 (C)形狀記憶合金致動器 (D)電熱致動器。

69 當電流通過元件,產生電熱效應而溫升,使得結構熱膨脹而變形,達成致動目的是熱致動原理,其利用薄膜結構可視為? (A)電阻 (B)電容 (C)電感 (D)可變電感 元件。

70 在微機電系統裡,應用於微光機電(MOEMS)陀螺的微米級位移及角度精確定位功能的控制致動器,其驅動方式為? (A)壓電 (B)靜電 (C)電熱 (D)記憶合金 驅動。

71 線性致動器一般有三種類型,其中何者之致動器所需要的硬體和維修最少? (A)電機式 (B)液壓式 (C)氣壓式 (D)以上皆非。

72 在掃描式探針顯微鏡(SPM, Scanning Probe Microscope)之探針及平臺的驅動上,以下何者致動器是不可或缺的要角? (A)壓電致動器 (B)液壓致動器 (C)氣壓致動器 (D)傳統電氣馬達。

73 線性致動器可產生直線運動,以下敘述何者是錯誤的? (A)流體是不可壓縮而空氣可壓縮,氣壓缸更具彈性,可以精確地控制它的位置 (B)液壓系統也常被用來產生線性運動,但需要很多硬體來配合 (C)電機式線性致動器相對於液壓系統,電機式線性致動器較乾淨且自成一體 (D)氣壓系統一般較小且較便宜,這些特性使它們在乾淨的高科技工業上非常受歡迎。

74 適用於自動與光學變焦的中高階照相手機微型鏡頭模組,以下列何者驅動方式可兼顧體積小、耗電低與可動件不易損壞且可靠度高等需求? (A)壓電致動器 (B)音圈馬達 (C)步進馬達 (D)超音波馬達,搭配齒輪、螺桿等配件機構。

75 在微機電系統(MEMS)裡,利用經過磁場的電流所產生的羅倫茲力(Lorentz force)來驅動機構件,產生可控制的位移。此致動器可應用在光學讀取頭,作為承載物鏡的元件。上述致動器之驅動方式為? (A)電磁 (B)靜電 (C)電熱 (D)記憶合金 驅動。

76 以下何種微致動器,其致動方式是利用電荷間的吸力和斥力作用順序驅動電極,產生平移或旋轉? (A)壓電 (B)電磁 (C)靜電 (D)電熱 致動器。

77 以下何者敘述不是靜電致動器之優點? (A)容易微小化 (B)高效能 (C)與 IC 製程相合 (D)電場易吸附灰塵。

78 以下何種微致動器,其致動方式是利用小電壓驅動,使它受熱或冷卻,可從變形狀態恢復到初始幾何形狀,而產生位移及驅動力? (A)壓電 (B)電磁 (C)靜電 (D)記憶合金 致動器。

79 一氣壓缸將重達5kg之工件在一秒內推離20cm之外,所需出力為多少? (A)1.0 (B)1.5 (C)2.0 (D)2.5 N。

80 一高效率電動馬達用於絞盤,使用2A之電流及24.5V之電壓來舉質量50kg之重物,速率可達多少? (A)1.0 (B)0.1 (C)2.0 (D)0.5 m/s。(重力加速度g=9.8m/s²)

81 一電動馬達以100rpm之轉速提供30N-m之扭矩,此馬達透過一齒輪比1:5來驅動負荷;求輸出之扭矩? (A)150 (B)180 (C)210 (D)120 N-m。

82 一個15°/步的步進馬達,若依順時針走32步,再依逆時針走12步;假設馬達從0°開始,求最後的位置在哪裏? (A)順時針150° (B)逆時針150° (C)逆時針300° (D)順時針300°。

83 一個以Y型連接之三相交流馬達,其相電壓(phase voltage)為120Vac,求其線電壓(line voltage)? (A)208 (B)120 (C)69 (D)240 Vac。

84 一液壓缸活塞直徑為20cm,桿直徑為8cm,工作壓力為500kPa;求活塞上的力約為多少? (A)6600 (B)13200 (C)26400 (D)52800 N。(π=3.14)

85 彈簧預載氣壓缸直徑為6cm,且行程為5cm;返回彈簧的彈簧係數為20N/cm;工作壓力為200kPa。當氣壓缸於行程結束端提供給負荷的力量為多少? (A)1860 (B)930 (C)465 (D)233 N。(π=3.14)

86 一個三相四極感應馬達,其電源頻率為50Hz。試計算同步轉速為多少? (A)6000 (B)750 (C)3000 (D)1500 rpm。

87 一個變容積泵直接與一個電動馬達耦合於1440rpm作定速運轉,其最大容積115ml/rev,並供油至一個容積為150ml/rev的定排量馬達。最大迴路壓力為800kPa,泵及馬達的機械效率為92%及容積效率為95%。試計算整個系統的總效率? (A)76 (B)86 (C)66 (D)56 %。

88 一液壓缸的力量大小可藉由下列何種控制來調整? (A)流量 (B)壓力 (C)溫度 (D)方向 控制。

89 一液壓迴路其工作壓力(表壓力)最大為50kgf/cm²,液壓缸之摩擦阻力係數為0.2;如一加工系統需出力500kgf,則所需液壓缸的活塞直徑最小應為多少? (A)8.0 (B)6.0 (C)4.0 (D)2.0 cm。(π=3.14)

90 電動機(馬達)運轉主要依? (A)佛萊明右手定則 (B)巴斯卡定理 (C)柏努利定理 (D)佛萊明左手定則 來作動。

91 一電動馬達在5A(安培)及120V(伏特)下操作,若有90%的效率;則有多少功率成為廢熱? (A)60 (B)540 (C)600 (D)1200 W。

92 三相交流電路每一電路的相位差為? (A)90 (B)120 (C)180 (D)360 度。

93 下列有關理想變壓器之特點,何者是錯誤? (A)鐵心不會飽和 (B)無漏磁 (C)導磁係數極小 (D)各線圈的電阻為零。

94 一12極,440V,60Hz之三相Δ接同步電動機,若每相之輸出功率為4kW,則該電動機之總轉矩為多少 N-m? (A)300/π (B)600/π (C)200/π (D)300π。

95 油壓泵與電動機的軸心對正不良會造成以下何種情況？ (A)振動噪音增大 (B)油溫上升 (C)油黏度增加 (D)油量增加。

96 三相感應電動機之轉差率增加時，其機械輸入功率將？ (A)增加 (B)減少 (C)不變 (D)不一定。

97 不含油份的壓縮空氣適用於保持清潔的造紙、食品、醫藥等工業的壓縮機型式為？ (A)離心式 (B)徑流式 (C)軸流式 (D)鼓膜式活塞 壓縮機。

98 電機機械包括發電機及電動機，都是經由？ (A)重力場 (B)電場 (C)磁場 (D)流場 的作用來完成能量的轉換。

99 直流電機裝設補償繞組的目的在於？ (A)增強電樞磁場 (B)增加轉速 (C)減少電樞反應 (D)增強主磁場。

100 若有一類比式重量感測模組之電壓輸出為 0V～+5V 表示待測物之線性為 0g~+100g，且精確度為 0.02g，則最少應使用？ (A)6 (B)8 (C)10 (D)14 bits 的 ADC 才能滿足其解析度需求。

101 12bit 的 A/D 轉換器，若輸入電壓 0V～10V，若感測到電壓為 3.2V，數據為？ (A)132 (B)312 (C)730 (D)1310。

102 若有一控制器之 12bit 線性 DAC 模組，其輸出電壓範圍為 0V~+10V，此 DAC 的解析度為？ (A)1 (B)2.44 (C)4.88 (D)10 mV。

103 標準的 RS232 是普遍被接受的標準串列，表示二進位"1"是以？ (A)0～5 (B)3～12 (C)-5～0 (D)-3～-12 VDC 來傳送。

104 若有一控制器之 12bit 線性轉換器，其輸出電壓範圍為 0V～+10V(0～FFFH)，如欲輸出 5V 之電壓，其命令值應為？ (A)20 (B)1000 (C)2048 (D)4095。

105 標準 RS232 的有效通訊距離為？ (A)2 (B)15 (C)100 (D)150 公尺以內。

106 若有一控制器之 12bit 線性 ADC 模組，其輸入電壓範圍為 0V～+10V，讀入值為 1FFH 時，則輸入電壓應為？ (A)0.5 (B)1.25 (C)5 (D)8 V。

107 若有一控制器之 12bit 線性 ADC 模組，其輸出電壓範圍為 0V～+10V(0-FFFH)其命令值為 3FFH 時，其輸出電壓應為？ (A)1 (B)2.5 (C)7 (D)9 V。

108 鮑率(Baud Rate)為每秒傳送之？ (A)位元組(Byte) (B)位元(bit) (C)字元(Character) (D)字(Word) 的數目

109 類比到數位轉換(AD)有三個階段：取樣、量化及？ (A)重整 (B)編碼 (C)回饋 (D)解碼。

110 利用極限開關傳輸 on 或 off 訊號給控制器，需利用何種傳輸埠？ (A)I/O port (B)ADC (C)DAC (D)DTE。

111 光學尺所產生的脈波，可用何種元件來讀取？ (A)脈波計數器 (B)ADC (C)DAC (D)Flip-Flop。

112 二進位(1100101011110001)轉換為十六進位為？ (A)ABCD (B)CAF1 (C)AFC1 (D)ADF1。

113 利用單一電線傳送一連串單一位元資料稱為？ (A)序列 (B)並列 (C)計數 (D)I/O 介面。

114 假設使用 8 條分開的電線來傳送 8 位元資料稱為？ (A)序列 (B)並列 (C)計數 (D)I/O 介面。

115 為了過濾不必要的雜訊，只允許頻率在截止頻率之下才可通過的稱為 (A)低通濾波器 (B)高通濾波器 (C)全通濾波器 (D)截止器。

116 為了過濾不必要的雜訊，只允許頻率在截止頻率之上才可通過的稱為？ (A)低通濾波器 (B)高通濾波器 (C)全通濾波器 (D)截止器。

117 將電位計信號傳送到數位控制器，須使用何種轉換器？ (A)ADC (B)DAC (C)IOC (D)Counter。

118 增加 DAC 的位元數，下列敘述正確？ (A)提高解析度 (B)轉換時間更快 (C)成本降低 (D)量化誤差變大。

119 以 8255 卡驅動 AC 感應馬達轉動，使用下列元件當放大器較適宜？ (A)SSR (B)TTL (C)LED (D)CPU。

120 一個具有 $50h_{FE}$ 的功率電晶體動作時，其負載電流 I_c 為 3A，求基極電流為何？ (A)60 (B)20 (C)80 (D)100 mA。

121 PLC 是在什麼控制系統基礎上發展起來的？ (A)繼電器控制系統 (B)單晶片 (C)工業電腦 (D)機器人。

122 一般公認的 PLC 發明時間為？ (A)1949 (B)1959 (C)1969 (D)1979。

123 十六進位的 1F，轉變為十進位是多少？ (A)31 (B)32 (C)15 (D)29。

124 PLC 的工作方式是？ (A)等待 (B)中斷 (C)掃描 (D)循環掃描 工作方式。

125 PLC 設計規範中，RS232 通訊的距離是多少？ (A)200 (B)100 (C)30 (D)15 M。

126 如果系統負載作動頻繁，則最好選用哪一型輸出的 PLC？ (A)繼電器 (B)電晶體 (C)SSR 接點 (D)光耦合器。

127 PLC 的 I/O 點數一般而言要預留多少？ (A)5 (B)10 (C)15 (D)20 %。

128 世界上第一台 PLC 是 1969 年美國 (A)微軟 (B)三菱 (C)數位設備 (D)通用汽車 公司研製成功的。

129 下列何者非 PLC 語言？ (A)階梯圖 (B)步進圖 (C)方塊圖 (D)流程圖。

130 繼電器的線圈斷電時，其常開接點是？ (A)開 (B)閉 (C)不一定 (D)不變。

131 繼電器控制系統的缺點之一？ (A)連接導線多，可靠性低 (B)電磁時間短 (C)所用器件少 (D)體積小易搬運用。

132 PLC 的軟體和硬體計時器相比較,軟體的優點是? (A)定時範圍短 (B)定時範圍長 (C)精度低 (D)精度高。

133 PLC 的主要技術性能指標包括? (A)指令系統 (B)階梯圖 (C)邏輯符號圖 (D)程式設計語言。

134 狹義地說,程式設計的內容包括? (A)編寫資料庫 (B)編寫作業系統 (C)編寫程式 (D)編寫通信協議。

135 觸控式螢幕是用於實現替代哪些設備的功能? (A)傳統繼電控制系統 (B) PLC 控制系統 (C)工控機系統 (D)傳統開關按鈕型操作面板。

136 PLC 程式中,手動程式和自動程式需要? (A)自鎖 (B)互鎖 (C)保持 (D)聯動。

137 工業級模擬量,哪一種更容易受干擾? (A)uA (B)mA (C)A (D)10A 級。

138 步進馬達控制脈衝電壓一般是多少? (A)DC24V (B)DC12V (C)DC5V (D)AC220V。

139 步進馬達旋轉角度與哪個參數有關? (A)脈衝數量 (B)脈衝頻率 (C)電壓 (D)脈衝占空比。

140 PLC 發出脈衝頻率超過步進馬達接收最高脈衝頻率,會發生? (A)電機仍然精確運行 (B)丟失脈衝,不能精確運行 (C)電機方向會變化 (D)電機方向不變用。

141 步進馬達超過其額定轉速時,扭矩會? (A)增大 (B)減小 (C)不變 (D)都有可能。

142 可程式邏輯控制器的國際標準是? (A)IEC-61131 (B)IEEE-802.11 (C)IEEE-1394 (D)ISO-9001。

143 PLC 上一般數位輸入信號使用的電壓是? (A)9 (B)12 (C)24 (D)110 V。

144 PLC 使用差動式數位輸出/入信號的電壓是? (A)5 (B)12 (C)24 (D)48 V。

145 以 PLC 直接控制 DC 12V2A 馬達 ON/OFF 時,可使用何種輸出介面? (A)D/A (B)電晶體 (C)繼電器 (D)閘流體。

146 以 PLC 輸出脈波控制伺服馬達,應使用何種數位輸出信號介面? (A)差動 (B)電晶體 (C)繼電器 (D)閘流體 輸出。

147 下列哪一種不屬於 IEC-61131-3 中規範的 PLC 編程語言? (A)SFC (B)CGI (C)LD (D)FBD。

148 下列哪一種是 IEC-61131-3 中規範的 PLC 編程語言? (A)VHDL (B)CGI (C)JAVA (D)LD。

149 PLC 階梯圖中 ─┤X5├─ 表示? (A)a 接點 (B)b 接點 (C)c 接點 (D)d 接點。

150 PLC 階梯圖中 ─┤/X6├─ 表示? (A)a 接點 (B)b 接點 (C)c 接點 (D)d 接點。

151 PLC 階梯圖中 ─┤↑├─ 表示? (A)a 接點 (B)b 接點 (C)c 接點 (D)d 接點。

152 PLC 上 A/D 模組的輸入轉換特性圖如下，選擇以電壓模式運作，當類比輸入轉換暫存器的數值為 1200 時，請問輸入的電壓是？ (A)5.23 (B)5.86 (C)6.02 (D)6.35 V。

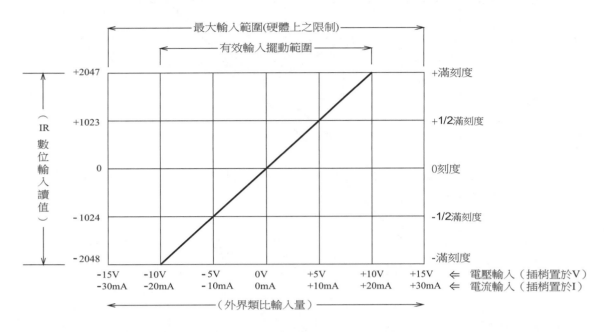

153 PLC 上 DA 輸出模組的轉換特性圖如下，選擇以偏移模式運作輸出電流 9mA，輸出轉換暫存器應填入的數值為？ (A)620 (B)630 (C)640 (D)650。

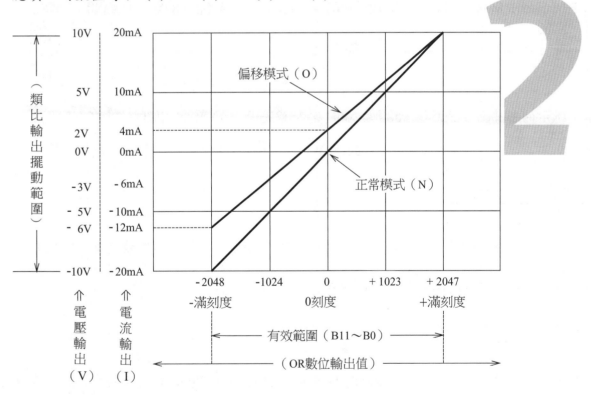

154 PLC 的 D/A 模組輸出轉換特性圖如下，選擇以偏移模式運作輸出電壓 5V 時，輸出轉換暫存器應填入的數值為？ (A)768 (B)789 (C)802 (D)1023。

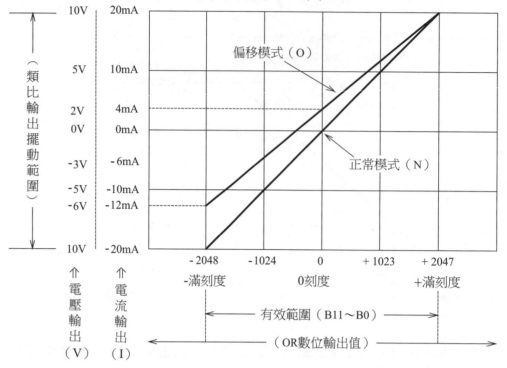

155 以下所示的階梯圖在 PLC 中 X000 與 X001 的動作是？ (A)OR (B)NOT (C)AND (D)XOR。

```
  X000      X001
 ──┤├──────┤├──────────────(Y000  )
```

156 以下所示的階梯圖在 PLC 中 X000 與 X001 的動作是？ (A)OR (B)NOT (C)AND (D)XOR。

```
  X000      X001
 ──┤├──────┤/├──────────────(Y000  )

  X000      X001
 ──┤/├──────┤├──
```

157 如圖中，X000 與 X001 同時 ON 時，Y000 輸出是？ (A)ON (B)OFF (C)持續閃爍 (D)閃動一下。

```
  X000      X001
 ──┤├──────┤/├──────────────(Y000  )

  X000      X001
 ──┤/├──────┤├──
```

158 如圖中，T0 與 T1 是以 1 秒為單位的計時器，當 X000 ON 時 Y003 的動作為？ (A)ON 5 秒/OFF 10 秒 (B)ON 10 秒/OFF 5 秒 (C)ON 15 秒/OFF 5 秒 (D)ON 5 秒/OFF 5 秒。

```
  X000      T1                    K10
 ──┤├──────┤/├──────────────(T0   )

  T0                              K5
 ──┤├──────────────────────(T1   )

 └──────────────────────(Y003 )
```

159 如圖中，T0 與 T1 是以 1 秒為單位的計時器，當 X000 ON 時 Y003 動作為？ (A)持續閃爍 (B)持續 ON (C)持續 OFF (D)亮 10 秒後熄滅。

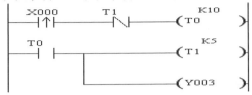

160 Modbus 是一種？ (A)工業插槽規格 (B)端子形狀 (C)連結器 (D)工業網路。

161 Profibus 是一種？ (A)工業插槽規格 (B)端子形狀 (C)連結器 (D)工業網路。

162 利用雙結合的光二極體的一種感測器，其特性在於為一晶片上植入兩個 PN 接面，利用分光靈敏度特性不同，而讓不同波長的光波讓不同層面吸收而得知其資訊的為哪一種感測器？ (A)光敏電阻 (B)光耦合器 (C)顏色感測器 (D)光學尺。

163 市面上之商品均有粗細不同的條碼標誌，而利用光學設備來讀取其所表示的意義是利用下列何種感測器？ (A)光學尺 (B)紫外線感測器 (C)光反射器 (D)光耦合器。

164 利用金屬阻抗變化所做成，當其受力後，會因為受到拉力或壓縮而導致電氣阻抗有所變化的為何種物品？ (A)磁簧開關 (B)應變計 (C)同步器 (D)極限開關。

165 若基準線與測量線未在同一直線上，產生之誤差稱為？ (A)阿貝 (B)系統 (C)隨機 (D)環境誤差。

166 在標準條件下，運用同一方法，相對於同一標準值，作重覆量測，其讀值間相互接近的程度稱為？ (A)重覆性 (B)精密度 (C)準確度 (D)靈敏度。

167 常應用於兩點支撐之端面標準器，如長塊規水平放置時之支撐，其支撐條件為兩點支撐使兩端面保持平行，此部分稱為？ (A)阿貝原理 (B)標準線 (C)愛里點 (D)貝塞爾點。

168 雷射干涉儀常用於加工機器的檢驗工作，下列哪一項工作不適合應用雷射干涉儀來檢驗？ (A)水平度(B)真平度 (C)真直度 (D)垂直度。

169 關於三次元量測儀，下列敘述何者不正確？ (A)探頭可分為接觸式、觸發式、與非接觸式等類型 (B)不會產生阿貝誤差 (C)量測精度高，但對於微奈米級之工件仍無法量測 (D)使用接觸式探頭，必須考慮半徑補償。

170 下列何者不是光學平鏡的應用？ (A)計算干涉條紋數目，可作誤差之檢驗 (B)微細孔徑之真圓度量測 (C)平行度檢驗 (D)平面度檢驗。

171 游標卡尺上，本尺(main scale)最小刻度為 1mm，游尺(vernier scale)上有 21 條刻畫，此游標卡尺之最小讀數為？ (A)0.001 (B)0.005 (C)0.05 (D)0.1 mm。

172 若量測一尺寸需由數片塊規組成，則下列關於塊規組合方法之敘述，何者正確？ (A)為方便分離，組合時兩片塊規間最好留有空氣間隙 (B)選用時先由較厚尺寸之塊規選起 (C)組合時由較薄尺寸者開始，厚尺寸往薄尺寸組合 (D)塊規之選用與組合以片數愈少愈好。

173 請問在直流馬達中，BLDC 與一般 DC 型馬達比較，下列敘述何者有誤？ (A)可靠度高 (B)效率較低 (C)維護少 (D)易於利用電子電路控制。

174 請問在同步馬達與感應馬達的差異點，下列敘述何者正確？ (A)同步馬達運轉於同步轉速 (B)同步馬達利用滑動環取得電力 (C)同步馬達無法自轉 (D)以上皆是。

175 PLC 一個計數器若能計數三位數，若使用二個計數器組合使用，其最大能計數為？ (A)四 (B)五 (C)六 (D)九 位數。

176 有關油壓管線，下列何者是壓力損失的原因？ (A)流速太慢 (B)管徑太大 (C)油溫太低 (D)壓力太高。

177 當 PLC 有異常發生時應如何處置？ (A)讀出程式 (B)刪除程式 (C)重灌程式 (D)讀出錯誤碼。

178 電位計是一種將何種現象轉換為電氣訊號輸出的裝置？ (A)位置改變 (B)光度強弱 (C)溫度高低 (D)磁場變化。

179 有關固態繼電器 SSR(Solid State Relay) 之敘述，下列何者不正確？ (A)具低電壓驅動特性 (B)與繼電器一樣具機械式接點 (C)使用壽命較繼電器長 (D)具有訊號隔離功能。

180 下列有關步進馬達之敘述何者不正確？ (A)步進角度越小位移解析度越高 (B)定位解析度與步進角度大小無關 (C)轉動步進數與控制脈衝數成正比 (D)其轉速與控制脈衝頻率成正比。

181 下列分度盤傳動組件機構，哪一種精度較高？ (A)日內瓦機輪 (B)動力輥輪式 (C)棘輪 (D)蝸桿與蝸輪。

182 下列何者不屬於工業控制中所用的場區匯流排(Field Bus)？ (A)IDE Bus (B)AS-I (C)CC Link (D)Mod Bus。

183 在電動機控制中， 無熔絲開關主要的目的是？ (A)過載保護 (B)降低起動電流 (C)記憶用 (D)自保用。

184 "9600, E, 7, 1" 所代表的意義是？ (A)通信速率 9600bps，偶同位元，7 個停止位元，1 個資料位元 (B)通訊速率 9600bps,奇同位元,7 個停止位元,1 個資料位元 (C)通訊速率 9600bps，偶同位元，7 個資料位元，1 個停止位元 (D)通訊速率 9600bps,奇同位元,7 個資料位元，1 個停止位元。

185 某自動化機器以 PLC 控制，有五支氣壓缸各有 2 個極限開關，二個直流馬達可正反轉控制，各有 2 個定位感測器，手動操作有 5 個開關，另使用一個數字型指撥開關，二個 BCD 碼七段顯示器，二個單邊電磁閥，三個雙邊電磁閥，共需多少輸出點數？ (A)9 (B)17 (C)20 (D)23。

186 控制電路盤上某一個繼電器之接點，每隔一段時間就會故障，其最有可能之原因為？ (A)使用頻率不高 (B)電流通過量較大 (C)沒有接地線 (D)沒有做短路保護。

187 下列有關光學編碼器之敘述何者不正確？ (A)編碼器之A相通常做為機械零點設定用 (B)使用四倍頻可提升感測解析度 (C)絕對式編碼器不受斷電影響感測 (D)為常用之數位式感測元件。

188 下列何者不是理想放大器的特性？ (A)輸入阻抗很大 (B)電壓增益很大 (C)CMRR 很小 (D)輸出阻抗很小。

189 為加快油壓缸之活塞速度，使用何種迴路為正確？ (A)差動 (B)進油(meter-in)控制 (C)排油(meter-out)控制 (D)分洩(bleed-off)控制迴路。

190 常用差動增量式旋轉編碼器(RotaryEncoder)A 相 B 相差 1/4 脈波，主要的目的是偵測馬達軸旋轉？ (A)方向 (B)脈波數 (C)扭力 (D)速度。

191 下列元件何者具有電氣隔離作用？ (A)場效電晶體 (B)光耦合器 (C)電晶體 (D)二極體。

192 溫度控制在-50℃～400℃之間，應使用何種測溫器？ (A)雙金屬片(B)熱敏電阻 (C)熱電耦 (D)測溫電阻體。

193 下列何種元件，較適用於微小物件的檢出？ (A)磁簧 (B)電感式 (C)光纖式光電 (D)電容式 開關。

194 線性差動變壓器簡稱 LVDT，主要用在感測何種變化量？ (A)位移 (B)壓力 (C)磁場 (D)溫度。

195 下列何種元件，可做為物件顏色辨識開關？ (A)電容式 (B)光電 (C)磁簧 (D)電感式 開關。

196 以 2400bps 來傳送檔案資料，而傳送一個位元組另需一個起始位元與一個停止位元，當傳送 4K 位元組的檔案，約需多少時間？ (A)13.07 (B)13.65 (C)16.67 (D)17.06 秒。

197 序列式介面(serial interface)中最常見的是 RS-232C，它每個時脈傳輸多少位元？ (A)1 (B)8 (C)16 (D)32。

198 當石英材料受到外界壓力時，導致晶格形狀改變或扭曲，而在材料表面兩端產生一電動勢，此種效應稱之為？ (A)都卜勒 (B)壓電 (C)席貝克 (D)熱電偶 效應。

199 下列何者不是選擇使用繼電器時需要注意的特點？ (A)動作壽命 (B)開關難易 (C)磁滯現象 (D)彈跳現象。

200 以下對光耦合器的描述，何者為誤？ (A)雙向信號傳輸 (B)可作為隔離器 (C)可作為雜訊抑制器 (D)亦可作為小型固態電驛。

201 下列何種開關元件為利用被偵測物體接近時，引起磁場或電場變化之開關元件？ (A)光電開關 (B)固態電驛 (C)光耦合器 (D)近接開關。

202 下列對固態電驛(SSR)的描述，何者為誤？ (A)有零開關與無零開關型 (B)控制輸入端一定要為直流電 (C)輸出端一定要為交流電 (D)使用噪音低。

203 與機械式開關元件比較，下列何者不是電子式的開關元件的優點？ (A)動作速度快 (B)無火花跳動 (C)壽命長 (D)無磁滯現象。

204 AD590 是一種常被使用於感測電路電流的元件，對它的特性描述請問下列何者為非？ (A)外觀上共有兩支接腳 (B)電壓輸入，電流輸出 (C)本身為一恆流源 (D)線性電流輸出。

205 為了感測一般馬達的輸出機械轉軸轉速,下列何者為一種最不恰當的感測方法? (A)增量型編碼器 (B)鎖相迴路(PLL) (C)轉速發電機 (D)霍爾元件。

206 下列雜訊產生源中,何者屬於人為之雜訊? (A)起閉開關設備 (B)閃電雷擊 (C)靜電感應 (D)熱雜訊。

207 請問下列何者不是有效的雜訊抑制法? (A)使用電源雜訊濾波器 (B)使用檢波二極體接地 (C)使用隔離線與互扭線對傳送信號 (D)使用突波抑制器。

208 下列哪一種近接開關僅能檢測導磁性金屬物體? (A)磁力型 (B)差動線圈型 (C)靜電容量型 (D)高頻振盪型。

209 關於PLC的接點的敘述何者為非? (A)a 接點為常開 (B)有分為外部與內部接點 (C)必要時可以透過程式將輸出入接點互換 (D)通常輸入接點功能如同開關。

210 若以輸出級電路不同對直流開閉型光電開關的組成特性加以描述,請問下列何者為錯? (A)有電壓輸出型 (B)有電流輸出型 (C)通常外觀有兩條引線 (D)動作模態可逆式。

211 請問一般機械結構完成之數學模型其頻率響應大多近似下列哪一種特性? (A)低通 (B)高通 (C)帶通 (D)帶拒 濾波器。

212 在波德圖(bode plot)中,每遇到一個極點時,其振幅圖中會有何反應? (A)以斜率+20dB改變 (B)以斜率+40dB改變 (C)以斜率-20dB改變 (D)以斜率-40dB改變。

213 特性方程式最能表現出系統模型的響應特性,下列方程式的根哪一個將會使系統不穩定? (A)s=-2, -4 (B)s=-2±2j (C)s=+2, -2 (D)2+2j。

214 下列何者非頻域分析使用圖表? (A)波德圖 (B)奈氏圖 (C)響應圖 (D)根軌跡圖。

215 大部分電機系統採用? (A)連續時間 (B)離散時間 (C)連續事件 (D)離散事件 模型。

216 連續變數的取樣資料模型屬於? (A)連續時間 (B)離散時間 (C)連續事件 (D)離散事件 模型。

217 SPICE 屬於? (A)一般用途的模擬語言 (B)可程式設計語言 (C)物件程式導向設計 (D)圖形程式設計語言。

218 類神經網路模型可以視為? (A)線性微分 (B)線性積分 (C)非線性微分 (D)非線性積分方程式的近似解。

219 下列何者為物件程式導向設計? (A)Java (B)LabVIEW (C)SPICE (D)Working Model。

220 下列何者是將力量轉換為電氣信號的感測器? (A)應變規 (B)電位計 (C)轉速計 (D)光敏電阻。

221 LVDT 是何者之簡稱? (A)發光二極體 (B)溫度感應器 (C)線性差動變壓器 (D)流量計。

222 電位計的構造是採用? (A)可變電阻 (B)可變電容 (C)可變電感 (D)電晶體 原理設計的。

223 光學編碼器的哪一相通常做為機械零點偵測用? (A)A (B)B (C)C 或 Z (D)A+B。

224 以壓力為基礎的流量感測器，其流量與？ (A)壓力差成正比 (B)壓力差成反比 (C)壓力差的平方成正比 (D)壓力差的平方根成正比。

225 有一個馬達其回授訊號為轉速，嘗試使用轉速求出旋轉角度；則轉速與角度的關聯為？
(A)正比 (B)反比 (C)微分 (D)積分 關係。

226 如圖為彈簧平移系統，其中 F 為力(force)、K 為彈性係數(spring constant)、x 為位移(displacement)；此系統之數學模式為？ $(A)F = K\ddot{x}$ $(B)F = K\ddot{x}$ $(C)F = K\dot{x}$ $(D)F = Kx$。

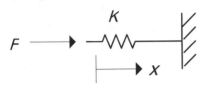

227 如圖為緩衝筒平移系統，其中 F 為力(force)、B 為黏滯摩擦係數(viscous-friction)、x 為位移(displacement)；此系統之數學模式為？
$(A)F = B(\ddot{x}_1 - \ddot{x}_2)$ $(B)F = B(\dot{x}_1 - \dot{x}_2)$ $(C)F = B(x_1 - x_2)$ $(D)F = B(x_1 - x_2)$。

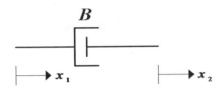

228 如圖為機械旋轉系統，其中 T 為力矩(torque)、J 為慣量(inertia)、θ 為角位移(angular displacement)；此系統之數學模式為？ $(A)T = J\theta$ $(B)T = J\dot{\theta}$ $(C)T = J\ddot{\theta}$ $(D)T = J\ddot{\theta}$。

229 如圖為阻尼器機械旋轉系統，其中 T 為力矩(torque)、B 為黏滯摩擦係數(viscous-friction)、θ 為角位移(angular displacement)；此系統之數學模式為？
$(A)T = B(\ddot{\theta}_1 - \ddot{\theta}_2)$ $(B)T = B(\ddot{\theta}_1 - \ddot{\theta}_2)$ $(C)T = B(\theta_1 - \theta_2)$ $(D)T = B(\dot{\theta}_1 - \dot{\theta}_2)$。

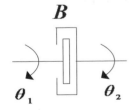

230 閉迴路控制系統中，若在比較器內設定點減掉回饋訊號，所得誤差值為？即表示輸出與設定相同。 (A)零 (B)正 (C)負 (D)無 誤差。

231 數位閉迴路控制系統中，致動器接收 (A)ADC (B)DAC (C)DDC (D)DCC 訊號。

232 一個 8 位元 DAC 之 V_{ref} 為 10V，二進位輸入是 10011011，求類比輸出電壓？ (A)6.05 (B)6.10 (C)7.05 (D)7.10 V。

233 一個 8 位元 ADC 的 V_{ref} 是 $7V_{dc}$，類比輸入是 $2.5V_{dc}$。ADC 二進位輸出碼是多少？ (A)01111011 (B)00011011 (C)01011011 (D)01100110。

234 F=KX，其中 F=彈簧之推力或拉力；K=彈簧常數；X=彈簧改變之長度，請問 F=KX 數學公式是 (A)杜比 (B)白努力 (C)牛頓 (D)虎克 定律所定義。

235 頻率與週期互為 (A)倒數 (B)成正比 (C)成反比 (D)補數 關係。

236 若有一控制器之 12bit 線性 ADC 模組，其輸入電壓範圍 V_i 可設為 $-10.24V \sim +10.24V$ 且對應之數位讀出值為 0H~FFFH，則輸入電壓範圍 V_i 時，此 A/D 最小可測得之電壓變化為？ (A)2.5mV (B)10mV (C)2.5V (D)10V。

237 續上題，當此 A/D 讀出值為 F2BH 時，其輸入電壓應為？ (A)9.175 (B)10.175 (C)11.175 (D)12.175 V。

238 信號位階改變的速度，通常用來表示”每秒位元數” 稱為？ (A)導電率 (B)位元率 (C)波動率 (D)鮑率(baud rate)。

239 如圖所示，該電磁閥為？ (A)三口六位 (B)三口三位 (C)五口三位 (D)五口六位。

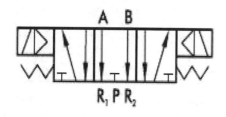

240 電路系統元件電阻(resistor) 與下列何種機械系統元件具有類似性(analogy)？ (A)質量(mass) (B)阻尼器(damper) (C)彈簧(spring) (D)質量-彈簧。

241 對一單自由度無阻尼之質量-彈簧系統而言，若彈簧常數保持不變，而將質量增加，則此系統之自然頻率(natural frequency)將會？ (A)與質量無關 (B)提高 (C)降低 (D)保持不變。

242 如圖所示之運算放大器(operational amplifier)其功能為何？ (A)反向放大器 (B)非反向放大器 (C)差值放大器 (D)微分器。

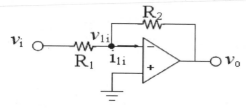

243 如圖所示之運算放大器(operational amplifier)其功能為何？ (A)反向放大器 (B)非反向放大器 (C)差值放大器 (D)微分器。

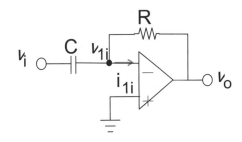

244 如圖所示之運算放大器(operational amplifier)其輸出電壓與輸入電壓之關係為何？

(A) $v_0 = (1 + \frac{R_2}{R_1})v_i$ (B) $v_0 = -\frac{R_2}{R_1}v_i$ (C) $v_0 = -v_i$ (D) $v_0 = v_i$。

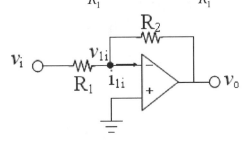

245 有一曲柄與滑塊機構，其曲柄迴轉半徑50mm，則滑塊移動最大行程為？ (A)50 (B)100 (C)150 (D)200 mm。

246 有一步進馬達驅動一定位工作平台，其中馬達輸出軸配有一轉速比10：1之減速齒輪組，齒輪組之輸出軸接至導螺桿。若導螺桿每轉動10圈，平台移動50mm。如果此步進馬達之步進角度為1.8°，則馬達每轉一步，工作平台應移動？ (A)5 (B)2.5 (C)1.25 (D)0.5 μm。

247 有一速比e=1/5之齒輪組帶動一支螺距p=5mm之雙線導螺桿，當輸入齒輪轉速n_1=200rpm時，導螺桿之螺帽移動速度為？ (A)100 (B)200 (C)300 (D)400 mm/min。

248 肘節機構的功能一般應用於下列何者？ (A)夾具 (B)調速器 (C)分度 (D)旋轉機構。

249 適用於兩軸中心線不在同一直線上，或允許兩軸有少量的平行失準、角度失準及端隙(軸向移動)，可防止扭歪與震動產生，是一種？ (A)剛性 (B)柔性 (C)撓性 (D)流體 聯結器。

250 如圖中齒輪系之輸入軸以 360rpm 順時鐘方向旋轉，請問輸出軸轉動方向及轉速為？ (A)順時鐘方向 180rpm (B)順時鐘方向 250rpm (C)逆時鐘方向 180rpm (D)逆時鐘方向 250rpm。

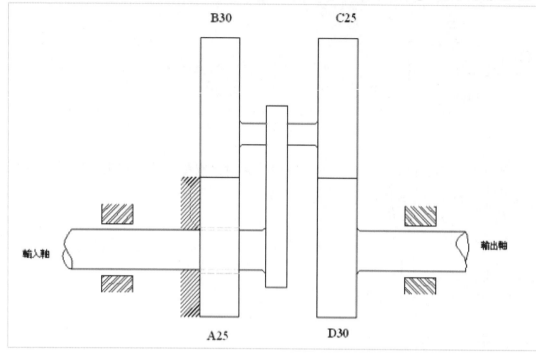

251 請問升降電梯的定位控制系統，其動作類似於何種阻尼系統？ (A)無 (B)低 (C)臨界 (D)過阻尼。

252 一個二階系統之轉移函數，其極點(pole)分別在-1 及-5，請問此系統為何種阻尼系統？ (A)無 (B)低 (C)臨界 (D)過 阻尼。

253 如圖所示之位移運動系統，請問其轉移函數 G(s)=X(s)/F(s)為何？ (A)$\dfrac{1}{3s^2+15s+3}$ (B)$\dfrac{1}{3s^2+15s+33}$ (C)$\dfrac{1}{s^2+25s+5}$ (D)$\dfrac{1}{s^2+15s+3}$。

254 一個彈簧位於 X 軸上，彈性係數為 K，如圖所示，二端施以 f_{1x}、f_{2x}，力─位移方程式為
$$\begin{bmatrix} f_{1x} \\ f_{2x} \end{bmatrix} = \begin{bmatrix} k_{11} & k_{12} \\ k_{21} & k_{22} \end{bmatrix} \begin{Bmatrix} d_{1x} \\ d_{2x} \end{Bmatrix}$$，請問下列何為正確？
(A)$k_{22} = -k$　(B)$k_{11} = k$　(C)$k_{21} = 2k$　(D)$k_{12} = -2k$。

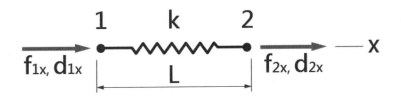

255 彈簧的彈性係數，與下列何者無關？　(A)材料的楊氏係數　(B)材料的剪力剛性模數　(C)圈數 (D)彈簧線徑。

256 在 X-Y 平面座上，稱為 global coordinates，一個彈簧位於與 X 軸成 30°；CCW(counter clockwise)軸上，可在彈簧軸向設立一座標系，稱為 local coordinates，這二個座標系統

轉換矩陣為何？　(A)$\begin{bmatrix} \frac{1}{2} & -\frac{\sqrt{3}}{2} \\ -\frac{\sqrt{3}}{2} & \frac{1}{2} \end{bmatrix}$　(B)$\begin{bmatrix} \frac{1}{2} & \frac{\sqrt{3}}{2} \\ \frac{\sqrt{3}}{2} & \frac{1}{2} \end{bmatrix}$　(C)$\begin{bmatrix} \frac{\sqrt{3}}{2} & \frac{1}{2} \\ \frac{1}{2} & \frac{\sqrt{3}}{2} \end{bmatrix}$　(D)$\begin{bmatrix} \frac{\sqrt{3}}{2} & \frac{1}{2} \\ -\frac{1}{2} & \frac{\sqrt{3}}{2} \end{bmatrix}$。

257 一馬達用來開啟開關通風管之調節閘門,馬達可產生 3N·M 之扭矩,開門之慣性矩為 0.08kg·m^2,問需要多少時間使閘門開啟(即轉動 90 度)？　(A)0.29 (B)0.145 (C)2.9 (D)1.45 sec。

258 一高效率直流電動馬達用於絞盤,若使用 2A、24V 之直流電,問舉 50kg 之重物有多快？已知 $1N·m=2.78×10^{-4}W·h$　(A)17.6 (B)176 (C)35.2 (D)352 m/h。

259 以下對齒輪組之描述何者錯誤？　(A)可用來改變轉速　(B)可用來傳遞動力　(C)齒輪嚙合,越大的齒可傳遞越大之動力　(D)齒輪之齒數可不為整數。

260 請問彈簧、質量、阻尼各一個,所建立的數學模型是幾階的？　(A)1 (B)2 (C)3 (D)4 階。

261 請問電感、電容、電阻各一個,所建立的數學模型是幾階的 (A)1 (B)2 (C)3 (D)4 階。

262 請問彈簧、質量、阻尼各一個,要依什麼來建立數學模型？　(A)萬有引力定律　(B)牛頓第 1 定律　(C)牛頓第 2 定律　(D)牛頓第 3 定律。

263 請問要得到數學模型的轉移函數,要用什麼？　(A)梅森公式　(B)布林公式　(C)莫非定律 (D)泰勒公式。

264 請問一個數學模型系統的穩定度判別法,何者為非？　(A)根軌跡法　(B)奈奎士法　(C)路斯─赫維茲法　(D)重心法。

265 現在強調感測器融合,是以不同的感測器,結合其特性,完成特定功能要求量測,請問測距離的應用中,多以哪兩種感測器做融合使用？　(A)超音波和 PT100　(B)超音波和紅外線 (C)紅外線和 PT100　(D)PT100 和 PT50。

266 請問下列哪一種感測器不是用來測馬達物理量？ (A)Encoder (B)Potentrometer (C)Accelerometer (D)Gyro。

267 下列哪些元件不是組成光學編碼器的元件？ (A)光增測器 (B)編碼盤 (C)紅外線 (D)光接收器。

268 作光感測器時，例如用於顏色辨識，在感測電路中使用的順序依序為？ (A)濾波，放大，檢波 (B)放大，濾波，檢波 (C)檢波，濾波，放大 (D)放大，檢波，濾波。

269 光遮斷器發光端之光發射距離，可經由施加在其上之？ (A)電壓 (B)電流 (C)頻率 (D)光強度 來調整。

270 有關光耦合器與光遮斷器，下列何者為錯誤敘述？ (A)光耦合器不是感測元件 (B)光耦合器可以用光遮斷器替代 (C)受光端主要為光電晶體 (D)發光端主要為光二極體。

271 下列何者為錯誤敘述？ (A)熱敏電阻為接觸式溫度感測器 (B)焦電型溫度感測器屬非接觸式溫度感測器 (C)被測物之熱容量，應小於接觸式溫度感測器之熱容量 (D)非接觸式溫度感測器之選用，與被測物之熱容量無關。

272 下列有關各種開關之敘述，何者有誤？ (A)磁簧開關只可感知磁性物質 (B)電感式近接開關只可感知金屬物質 (C)電容式近接開關只可感知金屬物質 (D)雙金屬片是一種溫控開關。

273 光電晶體的工作原理為？ (A)光起電力(Photovoltaic)效應 (B)光導電(Photoconductive)效應 (C)光電子放出(Photoemitting)效應 (D)焦電(Pyro-electric)效應。

274 PLC可以透過何種方式進行訊號傳遞？ (A)RS232 (B)IEEE1394 (C)USB (D)以上均是。

275 使用齒極式轉子轉速計(toothed-rotor tachometer)來測量馬達轉速，當齒輪數=6、頻率=100Hz 時，其測量到的馬達轉速為？ (A)900 (B)1000 (C)1100 (D)1200 rpm。

276 已知增量型編碼器(incremental encoder)旋轉一圈有 3600 個脈波訊號，現在量測到 900 個脈波訊號，求其量測到旋轉角度為？ (A)9 (B)90 (C)900 (D)9000 度。

277 有一霍爾電流感測器(Hall current sensor)其電流與電壓的轉換規格為 1A/1mV，如圖、感測器上繞有線圈 5 匝，現在量測到的輸出電壓為 4mV，求現在流過霍爾電流感測器的電流為？ (A)0.2 (B)0.8 (C)2 (D)4 A。

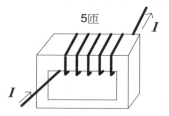

278 有一壓力感測器，當壓力為 $1N/m^2$ 時量測電阻為 10Ω，使用在線性區，當壓力為 $10N/m^2$ 時量測電阻為？ (A)0.1 (B)1 (C)10 (D)100 Ω。

279 下列哪一種溫度感測器在 T<200℃ 的範圍內最為線性？ (A)熱電偶 (B)RTD(電阻性溫度感測器) (C)熱敏電阻 (D)IC式感測器。

280 下列何者感測器較適合量測 500mm 以上之位移？ (A)SSR (B)電位計 (C)光學尺 (D)LVDT。

281 極限開關是一種檢測甚麼的感測器？ (A)電流 (B)位置 (C)扭矩 (D)壓力。

282 下列何種元件，較適用於微小物件的檢出？ (A)磁簧 (B)光纖式光電 (C)電容式 (D)電感式開關。

283 線性光學尺的哪一相通常作為機械原點偵測用？ (A)A (B)B (C)C 或 Z (D)A+B。

284 光學編碼器藉由 AB 相差，解析度可提高為幾倍？ (A)1 (B)4 (C)8 (D)2 倍。

285 安裝於氣壓缸缸筒上的感測器為？ (A)磁簧 (B)近接 (C)光電 (D)極限 開關。

286 磁簧開關下列敘述何者是錯誤？ (A)氣壓缸缸筒活塞有磁性 (B)內含一個LED燈 (C)內含二片彈簧片 (D)開關的感測線可直接接 DC 24V。

287 磁簧開關不適合用於？ (A)氣壓缸移動速度快 (B)氣壓缸移動速度慢 (C)大型程氣壓缸 (D)氣壓缸出力小。

288 光遮斷器下列敘述何者是錯誤的？ (A)內部有一組光發射器與光接收器，光接收器是一個光電晶體 (B)光電晶體大部份為PNP (C)具有 E、B、C 三極 (D)當有光照到 B 極時 C－E 間之阻抗降低。

289 光電晶體具有 E、B、C 三極，下列敘述何者為錯誤？ (A)當有光照到 B 極時，C－E 間之阻抗降低 (B)當 B 極電壓高於 E 極 0.6－0.7V 以上，使 C－E 極完全導通 (C)當 B 極電壓高於 E 極(0.2V 以上)，使 C－E 極開始部分導通 (D)光電晶體大部分是 PNP 型。

290 如圖為 2 個輸送帶與工件分配裝置。1 為進給輸送帶，2 為工件，3 為導向邊條，4 為搖臂，5 為 2 支氣壓缸的連接套件，6 為氣壓缸，7 為感測器。欲達成 8 種不同顏色工件的判別，則 7 的感測器須有色階辨識能力。下列何者有此功能？ (A)電感式 (B)電容式 (C)光學式 (D)超音波感測器。

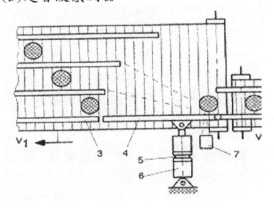

291 某熱敏電阻的溫度與電阻關係為 $R_T=50+5T$ 其中 R_T 為熱敏電阻的電阻值(單位Ω)，T 為溫度(單位°C)。如圖中，若 V0 電壓為 3 伏特，此時溫度應為？ (A)20 (B)30 (C)40 (D)50 °C。

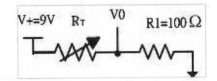

292 有一感測器的規格表說明它可以量測空氣壓力的範圍為-0.8kgf/cm²到9.2kgf/cm²之間,感測器有0.1kgf/cm²的解析度,+/-0.3kgf/cm²的重現率,+/-0.5kgf/cm²的線性度。若量測的壓力是6kgf/cm²,則實際的壓力範圍是? (A)4.2~5.8 (B)5.2~6.8 (C)5.7~6.3 (D)5.9~6.1 kgf/cm²。

293 下列何種元件具有光隔離的效果? (A)SCR (B)SSR (C)TRIAC (D)DIAC。

294 下列感測器何者是將位移信號轉換為電氣訊號? (A)應變規 (B)LVDT (C)熱電偶 (D)壓力規。

295 繼電器標示有線圈(Coil):DC24V、1.2W,接點(Contactor):5A 250VAC,5A 30VDC,係表示? (A)通過接點的額定電流僅能為直流電5A (B)通過接點的額定電流僅能為交流電5A (C)通過接點的額定電流可為交流或直流電5A (D)通過線圈的額定電壓為交流電250VAC。

296 如圖中輸送皮帶輪之直徑為20cm,齒輪齒數為40,近接開關之最大工作頻率為1kHz,若要能達到定位控制,請問馬達容許最高轉速為? (A)1000 (B)1500 (C)2000 (D)2500 rpm。

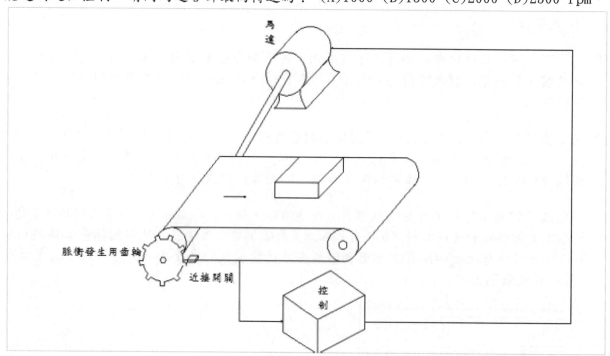

297 電器開關輸出接點上所標示之a接點與b接點,分別代表為? (A)常開與常閉接點 (B)常閉與常開接點 (C)短路與開路接點 (D)火線與地線接點。

298 請問用於位移感應之線性變化差動變壓器(LVDT),其輸出訊號為? (A)直流電壓 (B)交流電壓 (C)直流電流 (D)脈波。

299 利用光學編碼器可判斷如圖波形為方向運轉？ (A)順時針 (B)逆時針 (C)順逆時針均可 (D)以上皆非。

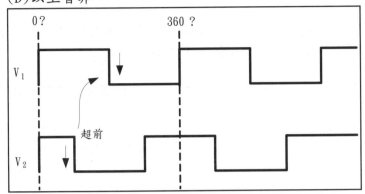

300 一根100Ω的白金電阻溫度檢測器(resistance temperature detector RTD)被使用於系統內。目前電阻讀取值是110Ω。求此溫度為何？ (A)25 (B)25.6 (C)26 (D)26.5 ℃。

301 齒狀轉子感測器有20齒,如果感測器輸出120Hz的脈波,請問每分轉速(rpm)是多少？(A)300 (B)200 (C)360 (D)480 rpm。

302 一個單轉電位計(350°)具有0.1%的線性誤差且與5Vdc電源相連接。計算系統所得角度的最大角度誤差值。 (A)0.35° (B)0.34° (C)0.33° (D)0.32°。

303 應變計和電橋電路經常被用來測量鋼骨(如圖)的應力強度。鋼骨有2in² 的橫斷面積。應變計電阻值為120Ω且 GF 為2,電橋被供給10V電壓;當此鋼骨無負載,電橋平衡因此輸出是0V,然後施加力到此鋼骨,量得電橋電壓為0.0005V,求鋼骨上的力量？(已知鋼的楊式係數是30,000,000 lb/in²） (A)2000 (B)4000 (C)6000 (D)8000 lb。

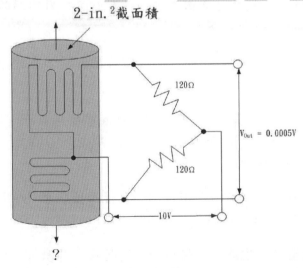

2-in.²截面積

V_{Out} = 0.0005V

120Ω

120Ω

10V

304 若有一類比式感重量感測模組之電壓輸出 0V～+5V 表示待測物之線性為 0g～+500g。如量測精確度至0.01g,則需選用 (A)16 (B)12 (C)10 (D)8 bit 之 A/D 模組。

305 一個增量型光學編碼器圓周上有360個槽孔,由參考點開始旋轉,光感測器依序計數到100個順時針方向的槽孔、40個反時針方向的槽孔、50個順時針方向的槽孔,則現在位置為何？ (A)100 (B)110 (C)120 (D)130 度。

306 線性差動變壓器(Linear variable differential transformer, 簡稱LVDT)是一種高解析度的？ (A)壓力 (B)負荷 (C)位置 (D)速度 感測器。

307 機器人手臂的控制器是一個8位元的數位式系統,且它必須知道手臂的實際位置在0.5°內,請問機器人手臂的旋轉範圍？ (A)360° (B)180° (C)128° (D)256°。

308 PLC介面訊號 (A)為ON/OFF (B)可以接受AC與DC電壓 (C)通常透過繼電器做保護 (D)以上皆是。

309 一轉速計的齒狀轉子有20齒,若輸出為120Hz的脈波,請問轉速為多少rpm？ (A)120 (B)2400 (C)6 (D)360。

310 欲量鋼骨的應力強度,何者最好？ (A)超音波 (B)應變計 (C)紅外線 (D)加速計。

311 下列何者非流量計？ (A)文氏管 (B)皮氏管 (C)波登管 (D)渦輪。

312 若兩個齒輪互相咬合轉動,其齒輪數 N_a=19, N_b=57,當齒輪a以轉速600rpm和120in-oz的扭矩轉動時,齒輪b的速度和扭矩為？ (A)200rpm, 360in-oz (B)200rpm, 40in-oz (C)1800rpm, 360in-oz (D)1800rpm, 40in-oz。

313 請問下列哪一種馬達不適用於工業機台之上？ (A)直流 (B)交流 (C)RC伺服 (D)步進 馬達。

314 請問油壓缸作用力F與油壓缸面積X關係為何？ (A)$\frac{F1}{X1}=\frac{X2}{F2}$ (B)$\frac{F1}{X1}=\frac{F2}{X2}$ (C)$\frac{F1}{F2}=\frac{X2}{X1}$ (D)無關係。

315 請問針對直流碳刷馬達下列敘述何者有錯誤？ (A)具有高扭力 (B)具有高的扭力與體積比 (C)控制精準容易 (D)維護不易。

316 永磁式直流馬達其主要優點為？ (A)輸出能量大 (B)效率高 (C)廉價易控制 (D)易於分析。

317 永磁式直流馬達的轉矩=T、角速度=ω、電壓=V、電流=I、慣性=J、黏性摩擦係數=B,則對馬達而言功率將由？ (A)I類型流至T類型 (B)(V,I)類型流至(T,ω)類型 (C)(V,I)類型流至(J,B)類型 (D)(T,ω)類型流至(V,I)類型。

318 永磁式直流馬達的轉矩=T、角速度=ω、電壓=V、電流=I、慣性=J、黏性摩擦係數=B、Tr=作用在轉子上之力矩、K=轉矩常數,則Tr= ？ (A)KI (B)KV (C)Kω (D)KT。

319 永磁式直流馬達的轉矩=T、角速度=ω、電壓=V、電流=I、慣性=J、黏性摩擦係數=B、Tr=作用在轉子上之力矩、K=轉矩常數,若T(s)=□ω(s),則□= ？ (A)Bs (B)Js (C)Bs+J (D)Js+B。

320 混合型步進馬達中定子具有A相且轉子具有B齒,則每步角度=360/□,□= ？ (A)A (B)B (C)A+B (D)A*B。

321 馬達驅動負荷,與機械連接通常需加裝？ (A)電容器 (B)聯軸器 (C)變頻器 (D)發光二極體。

322 一個 4 極 60Hz 之 AC 小型感應馬達,搭配 1:20 減速機,其同步轉速為? (A)60 (B)90 (C)120 (D)180 rpm。

323 下列哪種機構可做為慢去快回變換機構? (A)齒條與小齒輪機構 (B)單向離合器機構 (C)搖桿與滑塊機構 (D)日內瓦機構。

324 下列何者非加裝蓄壓器的主要功能? (A)節省消耗能源 (B)吸收脈動壓力 (C)吸收衝擊壓力 (D)增加油壓泵驅動馬力。

325 油壓系統中,雙泵迴路的泵是由? (A)高壓低流量與低壓高流量 (B)高壓高流量與低壓高流量 (C)高壓低流量與低壓低流量 (D)高壓高流量與低壓低流量。

326 有一台馬達其輸出功率為 5 馬力,求其輸出功率為多少瓦? (A)3357 (B)3730 (C)4103 (D)4476 W。

327 有一台馬達當輸出轉速為 1000rpm 時、其輸出轉矩為 100N-m,試求此馬達輸出功率為? (A)1.047 (B)10.47 (C)104.66 (D)400 KW。

328 有一台 6 極同步電動機,使用 V/F 控制轉速,當操作在線性區時,輸入電壓 1V 時馬達頻率為 30Hz;當輸入電壓 3V 時、此時同步電動機的轉速為? (A)1200 (B)1400 (C)1600 (D)1800 rpm。

329 馬達轉軸連接小齒輪,小齒輪又連接一大齒輪,大小齒輪比為 5:1,當小齒輪端的轉速為 200rpm 且其輸出轉矩為 1N-m,求大齒輪端的輸出轉矩為何? (A)1 (B)5 (C)15 (D)50 N-m。

330 馬達轉軸連接小齒輪,小齒輪又連接一大齒輪,大小齒輪比為 8:1,當小齒輪端的轉速為 200rpm,求大齒輪端的輸出轉速為? (A)20 (B)25 (C)30 (D)35 rpm。

331 單相馬達使用電解電容器的目的為? (A)加快轉速 (B)增加馬力 (C)啟動用 (D)濾波用。

332 一 6 極 60Hz 的 AC 感應馬達,搭配 1:5 減速機,其同步轉速為? (A)180 (B)240 (C)360 (D)800 rpm。

333 一搭配減速齒輪組之步進馬達驅動的導螺桿(導程為 5mm)式工作平台,若工作平台之位移解析度為 0.001mm,步進馬達之步進角為 1.8 度,則此減速齒輪組之減速比應為? (A)1/10 (B)1/25 (C)1/30 (D)1/40。

334 一支單桿雙動氣壓缸以垂直方向推升 20kgf 之重物,其負荷 η =75%,使用壓力 P=5kgf/cm^2,宜選用缸徑? (A)16 (B)20 (C)25 (D)32 mm。

335 有一單缸雙動液壓缸之活塞直徑 150mm,推力要求 5000kgf,活塞速度需為 4m/min,泵之全效率是 70%,不考慮系統內外漏,則泵所送出的流量為? (A)61 (B)68 (C)71 (D)82 ℓ/min。

336 一個物件在雙螺紋導桿前進一個導程,導程為 5mm,對 2-phase,0.9deg/step 要轉動幾步? (A)400 (B)500 (C)600 (D)800。

337 2 相激磁為任何時間、同時有二組定子線圈激磁,激磁相序依:(A, B), (B, 'A), ('A, 'B), ('B, A),當步進馬達依順時鐘方向轉動,激磁順序如何順序變動? (A)A, 'A, B, 'B (B)A, B, 'A, 'B (C)'B, 'A, B, A (D)B, A, 'A, 'B。

33

338 2 相激磁為任何時間、同時有二組定子線圈激磁,激磁相序依:(A, B),(B, 'A),('A, 'B),('B, A),
當步進馬達依逆時鐘方向轉動,激磁順序如何順序變動? (A)A, 'A, B, 'B (B)A, B, 'A, 'B
(C)'B, 'A, B, A (D)B, A, 'A, 'B。

339 二相步進馬達有六條控制線,其顏色分別為:白,黑,紅,黃,綠,藍。如何找出 A, 'A, B, 'B
及 COM 接點? (A)三用電表歐姆檔 (B)三用電錶 DCV 檔 (C)三用電錶 ACV 檔 (D)三用電錶直
流電檔。

340 選擇步進馬達時,依下列何者的 1.5 倍~2 倍來決定。 (A)有負荷時之最大轉矩(kg-m)
(B)設計轉速所須的轉矩(kg-m) (C)步進馬達功率 (D)依傳動物件的重量。

341 步進馬達,依下列何者敘述是錯的? (A)體積大,輸出轉矩小 (B)輸出轉矩曲線是線性
(C)直流電驅動 (D)轉動角度是固定的。

342 如圖為一台電梯(W=5000kgf)用油壓缸(ϕ150 × 100 × 5000)驅動,若電梯箱上下移動速度
為 6m/min,則油壓缸的出力為? (A)5000 (B)10000 (C)15000 (D)20000 kgf。

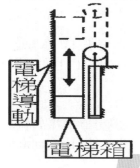

343 有一氣壓缸上之磁簧開關,其系統允許的最短作動時間為 4ms,而其感測範圍 6mm,則氣壓
缸活塞最快的移動速度為? (A)1500 (B)1550 (C)1600 (D)1650 mm/sec。

344 有一雙動氣壓缸在摩擦係數為 0.2 的水平面移動 50kgf 的物體,移動的距離為 200mm,移動
時間為 1 秒,每分鐘做 15 次循環,工作壓力為 6kgf/c㎡。若以 30% 與 70% 的移動時間做
等加速度與等速度。設負荷率為 50%,則氣壓缸出力應為? (A)10 (B)14 (C)28 (D)50 kgf。

345 有一步進馬達驅動之導螺桿(導程為 4mm)式工作平台,其中馬達輸出軸與導螺桿間配有一轉
速比 10:1 之減速齒輪組。若此步進馬達之步進角度為 0.9°,如工作平台移動 2mm,則馬達
之控制命令應為? (A)1000 (B)1200 (C)2000 (D)4000 pulses。

346 一支單桿雙動氣壓缸以垂直方向推升 52kgf 之重物,其負荷率 η = 70%、使用壓力 P = 6kgf/c
㎡、d(桿徑) = 1/3D(缸徑)計,宜選用缸徑多少之氣壓缸? (A)ϕ25 (B)ϕ32 (C)ϕ40
(D)ϕ50 mm。

347 有一個 6 極 60Hz 之 AC 感應馬達,搭配 1:10 減速機,其同步轉速為? (A)120 (B)180 (C)240
(D)600 rpm。

348 以一馬達來開啟停車閘欄,馬達輸出扭矩為 10N・m,閘欄之慣性為 20kg・㎡,請問需要多少
時間才可將閘欄從水平位置開啟至直立位置? (A)1.5 (B)2.0 (C)2.5 (D)3.0 sec。

349 步進馬達驅動之導螺桿(導程為8mm)式工作平台,若馬達輸出軸與導螺桿間配有一轉速比20:1之減速齒輪組,如工作平台之位移解析度需為 0.001 mm,請問此步進馬達之步進角度應為? (A)0.9° (B)1.8° (C)2.5° (D)3.6°。

350 步進馬達驅動之導螺桿(導程為5mm)式工作平台,若馬達輸出軸與導螺桿間配有一轉速比 3:1 之減速齒輪組,如工作平台之移動速度為 100mm/sec,步進馬達之步進角度為 3.6°,請問此步進馬達之控制命令應為? (A)2000 (B)4000 (C)6000 (D)8000 pps。

351 運算放大器(operation amplifier, OP)為一種 (A)功率(B)信號 (C)電流 (D)電壓 放大器,不提供大電流,因此通常不直接用來驅動負載。。

352 步進馬達驅動之導螺桿(導程為 8 mm)式工作平台,工作平台之位移解析度 0.001mm,若馬達輸出軸與導螺桿間配有一轉速比 20:1 之減速齒輪組,則此步進馬達之步進角度應為 (A)4.8 (B)3.6 (C)1.0 (D)0.9 度/區間。

353 步進馬達驅動之導螺桿(導程為 5 mm)式工作平台,其中馬達輸出軸與導螺桿間配有一轉速比 3:1 之減速齒輪組。若此步進馬達之步進角度 θ=2.5°,如工作平台移動速度為 40 mm/sec,則馬達之控制命令應為 (A)1230 (B)2345 (C)3456 (D)4567 pps。

354 上題中,若工作平台移動 S=150 mm,則馬達之控制命令應為 (A)12960 (B)22960 (C)33960 (D)44960 pulses。

355 一個 15°/Step 的步進馬達,若依順時針走 64 步,再依逆時針走 12 步,假設它從 0°開始,求最後的位置在哪裡? (A)30° (B)60° (C)90° (D)120°。

356 下列何者不屬於致動器? (A)馬達 (B)液壓缸 (C)控制閥 (D)齒輪。

357 馬達於不同負載下能維持固定轉速的能力稱為下列何者? (A)整流調整 (B)轉速調整 (C)脈波寬度調變 (D)脈波振幅調變。

358 以下對步進馬達之敘述何者錯誤? (A)它是一特殊型式之交流馬達 (B)它在一定數目的固定角度(30 度、15 度、18 度…) 下旋轉 (C)它的轉子是由永久磁鐵製成,不含線圈且沒有電刷 (D)通常是開迴路控制。

359 下列何者非致動器? (A)馬達 (B)油壓缸 (C)氣壓缸 (D)發電機。

360 兩個齒輪嚙合時,其齒輪數 N_a=20,N_b=40,當齒輪 a 以轉速 100rpm 和 60N-m 的扭矩轉動時,齒輪 b 的轉速和扭矩為? (A)50rpm,120N-m (B)200rpm,30N-m (C)50rpm,30N-m (D)200rpm,120N-m。

361 一電動馬達軸端裝一輪子,其慣性矩 2N‧S²‧m,若馬達扭矩 6N‧m,則使此輪由 0 加速到 100rpm 之時間為何? (A)3.49 (B)0.56 (C)1.16 (D)6.98 s。

362 一 120V 電動馬達被用來在一分鐘內舉高重 50kg 的物體到 3m,假設馬達效率為 85%,請問電流要多大? (A)0.72 (B)2.16 (C)0.24 (D)1.44 A。

363 下列何者不是 AC 馬達的特性? (A)高效率 (B)低維護 (C)容易控制 (D)價格便宜。

364 下列哪一項機構不是將圓形運動轉換成直線運動？ (A)曲柄滑塊 (B)軸節機構 (C)行星齒輪 (D)平板凸輪。

365 下列哪一種非工業中慣用的介面卡規格？ (A)±10V (B)4~20mA (C)0~10V (D)0~100A。

366 下列哪一種非工業中現用的控制器？ (A)DCS (B)PL (C)PAC (D)GPS。

367 下列哪種通訊協定目前非為車用機電系統使用？ (A)ModBus (B)CAN Bus (C)Lin Bus (D)Y Bus。

368 類比轉數位轉換器，若以八位元來表示 0~5V，請問 1.25V 轉成數位值會是多少？ (A)00001111 (B)01000000 (C)01010101 (D)10000000。

369 請問下列何者微電腦與 PLC 透過 RS232 連線時不用考慮之因素？ (A)傳輸位元 (B)鮑率 (C)停止位元 (D)電位高低。

370 通常類比輸出要調整成類比訊號，電壓須調整成 0~？ (A)5 (B)6 (C)10 (D)12 伏提供給資料擷取卡。

371 通常類比輸出要調整成類比訊號電流須調整成 0~？ (A)10 (B)20 (C)30 (D)40 mA 提供給資料擷取卡。

372 通常類比輸出要調整成數位訊號"0"時，其電壓應調整為？ (A)0 (B)0.6 (C)0~0.6 (D)0~2.4 伏。

373 下列何者具有緩衝器的特性？ (A)比較器 (B)反相放大器 (C)非反相放大器 (D)電壓隨耦器。

374 ADC0804IC，為？ (A)4 (B)8 (C)12 (D)16 bit 轉換 IC。

375 當以個人電腦直接擷取類比式感測器所量得之電器訊號，需要？ (A)RS232 (B)8255 卡 (C)DAC (D)ADC 界面。

376 12bit 的 A/D 轉換器若輸入電壓 10V，感測到的電壓 3.2V，則數位值為？ (A)132 (B)312 (C)730 (D)1310。

377 RS-232C 介面是屬於？ (A)串列傳輸 (B)並列傳輸 (C)調變設備 (D)類比信號傳輸。

378 共陰極七段顯示器使用 7448 解碼輸入端為 1101，則七段顯示器顯示數字為？ (A)1 (B)2 (C)3 (D)4。

379 下列何種記憶體具有停電保持記憶功能，且有較多的儲存次數？ (A)RAM (B)EEPROM (C)FLASH ROM (D)EPROM。

380 將一個單一頻率的類比訊號轉換成數位訊號，則取樣頻率至少應為此類比訊號頻率的？ (A)0.1 (B)0.5 (C)1 (D)2 倍 。

381 有一轉速計其轉換規格為 2.5V/krpm，當輸入到 ADC(Analog to Digital Converter)的電壓為 5V 時，其所測量到的轉速為？ (A)1000 (B)1500 (C)2000 (D)2500 rpm。

382 有一單極性 8 位元的 ADC(Analog to Digital Converter)，其輸入 ADC 的電壓最高為 10V，求電壓解析度？ (A)10/256 (B)10/128 (C)10/512 (D)10/1024。

383 有一單極性 8 位元的 ADC(Analog to Digital Converter)卡，在 PC 中顯示 01100100，若其解析度為 10mV，則輸入電壓為？ (A)0.1 (B)0.5 (C)1 (D)5 V。

384 在 PC 中輸出 00110010 到單極性 8 位元的 DAC(Digital to Analog Converter)卡，若其解析度為 10mV，則輸出電壓為？ (A)0.1 (B)0.5 (C)5 (D)10 V。

385 在短距離且要求速度的情況下，宜採用何種傳輸出介面？ (A)序列 (B)並列 (C)光耦合 (D)計數 介面。

386 若要利用標準 9Pin 的 RS-232 介面來連接兩個裝置，請問最簡單的連接方式為三線式，除了 GND 之信號相連接之外，接腳中哪兩條線應該跳線互相連接？ (A)2-3 (B)4-6 (C)7-8 (D)9-1。

387 在類比/數位轉換過程中，要量測較小之電壓值時，若要提高量測電壓之有效位數，以下何種處理方式不合適？ (A)提高 ADC 之 bit 數 (B)降低 ADC 之參考電壓 V_{ref} (C)使用高速之轉換晶片 (D)使用放大器放大信號。

388 對 RS485 通訊之描述，下列何者為非？ (A)使用差動方式傳輸 (B)有較強的抗雜訊能力 (C)可連多個裝置 (D)可同時接收和發送資料。

389 對 RS422 通訊之描述，下列何者為非？ (A)使用差動方式傳輸 (B)有較強的抗雜訊能力 (C)可連多個裝置 (D)不可同時接收和發送資料。

390 在電機控制中，運轉指示燈的顏色為？ (A)綠 (B)黃 (C)白 (D)紅 色。

391 儀錶介面是 RS232 介面，下列何者敘述為錯？ (A)串列傳輸 (B)點對點的資料傳輸 (C)具有聯網功能 (D)RS232 介面通常為九支接腳。

392 RS485 的工業網路連線方式為？ (A)交叉網路 (B)星狀網路 (C)匯流排網路 (D)交叉網路與匯流排網路共用。

393 若有一類比式感重量感測模組之電壓輸出 0V~+5V 表示待測物之線性為 0g~+50g，且其精確度為 0.1g 時，則最少應使用？ (A)10 (B)12 (C)16 (D)8 bits ADC 才能滿足其解析度需求。

394 某自動化機器以 PLC 控制，有五支氣壓缸各有 2 個極限開關，二個直流馬達可正反轉控制，各有 2 個定位感測器，手動操作有 5 個開關，另使用一個數字型指撥開關，二個 BCD 碼七段顯示器，二個單邊電磁閥，三個雙邊電磁閥，共需多少輸入點數？ (A)17 (B)23 (C)26 (D)31。

395 若有一控制器之 10bit 線性 AD 模組，其輸入電壓範圍為 0V~+10V，讀入值為 200 時，則輸入電壓應是？ (A)1 (B)1.95 (C)5 (D)10 V。

396 有 20 齒和 40 齒的齒輪嚙合傳動，如果 20 齒的齒輪旋轉 20 圈時，則 40 齒的齒輪應旋轉？ (A)40 (B)20 (C)10 (D)5 圈。

397 以螺桿帶動滑動平台移動時，螺桿導程為10mm/rev，若平台移動所需定位精度為0.01mm，螺桿上加裝旋轉編碼器，並配合四分割電路一起使用，請問需選用下列規格編碼器較佳？ (A)50 (B)100 (C)120 (D)250 ppr。

398 使用一個八位元(8bit)的類比轉換器(DAC)，用以量測電壓0～5Vdc，當類比輸入電壓為2.1Vdc，請問數位輸出(以十六進位表示) 為？ (A)6B (B)2B (C)B4 (D)D2 H。

399 如圖中之負回授運算放大器電路，R_i=220Ω，R_F=3.3KΩ，請問其 ACL 為？ (A)12 (B)14 (C)16 (D)18。

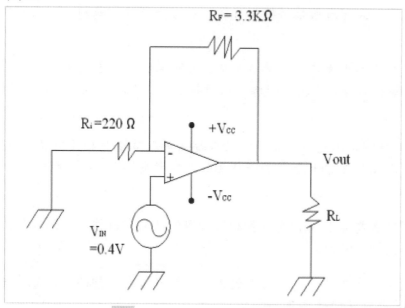

400 一汽車的離合器踏板如圖所示，踩踏踏板需要5 lb 的力量及2in 的移動，試計算離合器連桿的行程及力量為何？ (A)連桿以0.4in 的行程，輸出50 lb 的力量 (B)連桿以0.3in 的行程，輸出40 lb 的力量 (C)連桿以0.2in 的行程，輸出50 lb 的力量 (D)連桿以0.5in 的行程，輸出40 lb 的力量。

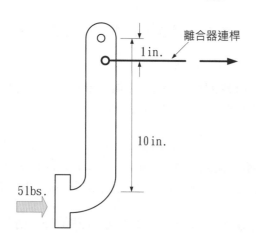

401 如圖液壓缸直徑是 3in。壓力是 100psi，求活塞上的力？ (A)707 (B)777 (C)737 (D)747 lb。

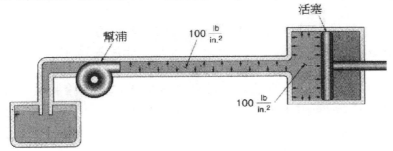

402 如圖，小活塞面積為 $2in^2$ 且受力 10 lb。大活塞面積為 $20in^2$。求大活塞上的受力？ (A)50 (B)100 (C)150 (D)200 lb。

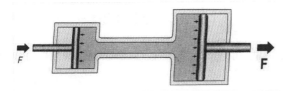

403 如圖之皮帶式輸送裝置與落料自動檢知系統,(1)代表皮帶破裂動態檢測,(2)代表無線傳輸, (3)代表控制系統,(4)代表人機操作介面。試問其合理之系統運作程序為以下何者？ (A)1->2->3->4 (B)4->3->2->1 (C)1->4->3->2 (D)1->3->2->4。

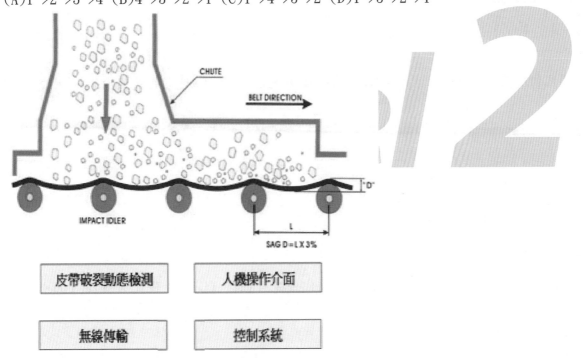

404 有一控制器之12bit線性DAC模組,且其數位輸入範圍為0H~FFFH,則其輸出電壓範圍 0V~+10V, 此DAC最小輸出之電壓變化為 (A)2.44 (B)3.44 (C)4.44 (D)5.44 mV(解析度)。

405 如上題,若其輸出電壓範圍 0V~+10V,當此DAC輸出電壓為 7V 時,其DAC輸入值應為？ (A)1867.1 (B)2867.2 (C)3867.3 (D)4867.4。

406 若有一變頻器模組之電壓輸入0V~+10V表示馬達之轉速為0rpm~+1000rpm,其精確度為1rpm。 則選用 (A)8 (B)10 (C)12 (D)14 bit 之 D/A 模組,以獲得此輸出解析度。

407 承上題,輸出電壓範圍設為 0V~+10V,其解析度為 (A)0.98 (B)1.98 (C)2.98 (D)3.98 rpm。

408 欲建立一自動化測試平台,係為了能週期性往復式量測設備之噪音與阻力,則以下選項何者不必使用到? (A)馬達與傳送機構 (B)聲射探測 (C)負荷計 (D)超音波馬達。

409 銲接自動化裝置為有效辨識銲道之尺寸大小,以便回饋控制,常採用以下何種裝置? (A)電耦合取像裝置 CCD (B)白光干涉儀 (C)雷射干射儀 (D)自動視準儀。

410 下列何者不是微處理機的介面? (A)ADC (B)DAC (C)CPU (D)鍵盤。

411 8 位元類比數位轉換器(ADC),參考電壓為 12V,類比輸入 3V,求二進位輸出電壓? (A)00011111 (B)10000000 (C)01010101 (D)01000000。

412 下列何者是並列通訊標準? (A)RS232 (B)IEEE-488 (C)USB (D)IEEE-1394。

413 若欲對台電 60Hz 電壓取樣,則類比數位轉換器(ADC)的輸入頻率至少要? (A)120 (B)90 (C)60 (D)30 Hz。

414 請問此PLC程式是屬於? (A)互鎖 (B)動作優先自保持 (C)復置優先自保持 (D)交替 電路。

415 請問此PLC程式是屬於? (A)互鎖 (B)動作優先自保持 (C)復置優先自保持 (D)交替 電路。

416 請問此PLC程式是屬於? (A)互鎖 (B)動作優先自保持 (C)復置優先自保持 (D)交替 電路。

417 請問此 PLC 程式是屬於？ (A)斷電延遲 (B)正緣脈波產生 (C)負緣脈波產生電路 (D)交替電路。

```
    X1   T0                    Y1
    ┤├──┤/├───────────( )
    Y1           X1  Y1   T0
    ┤├          ┤/├─┤├─(#10)
```

418 如圖所示之階梯圖為？ (A)自保持 (B)互鎖 (C)交替 (D)單擊 電路。

```
    M0      M1  Y0
    ┤├─────┤/├─( )
    ┤├
    Y0
```

419 如圖所示之階梯圖，M1 功能為？ (A)啟動自保持 (B)解除自保持 (C)交替 (D)單擊 電路。

```
    M0      M1  Y0
    ┤├─────┤/├─( )
    ┤├
    Y0
```

420 如圖所示之計時開關，其延時為？ (A)1 (B)5 (C)0.1 (D)0.5 s。

T101	5

421 如圖所示之 M0 與 M1 皆由 OFF→ON，則？ (A)Y1 亮 (B)Y0 亮 (C)兩者皆亮 (D)皆不亮。

```
    M0              Y0
    ┤↓├────────( )

    M1              Y1
    ┤↑├────────( )
```

422 SET 和 RESET 指令的主要好處是？ (A)易於操作 (B)可重複使用同一個輸出線圈 (C)可重複使用同一個輸入線圈 (D)可節省指令。

423 通常 PLC 之輸出接點，下列何種形式可接交流負載？ (A)繼電器 (B)電晶體 (C)電感 (D)電容 輸出。

424 PLC 之 DEC 指令為？ (A)加法 (B)減法 (C)遞增 (D)遞減 指令。

425 在階梯圖中，若要以 X1 開關做動作時切斷 Y2 信號，應與 Y2 輸出線？ (A)串聯 a 接點 X1 (B)並聯 a 接點 X1 (C)串聯 b 接點 X1 (D)並聯 b 接點 X1。

426 繼電器(Relay)之線圈通電後？ (A)a 接點不通，b 接點通 (B)a 接點通，b 接點不通 (C)a 接點變 b 接點 (D)b 接點變 a 接點。

427 "NC" 常為下列何者名詞英文縮寫？ (A)電腦化數值控制 (B)單晶片控制 (C)可程式邏輯控制 (D)數值控制。

428 在可程式邏輯控制器(PLC)中沒有？ (A)CPU (B)輸入 (C)輸出 (D)運動 單元。

429 在可程式邏輯控制器(PLC)的階梯圖中，"─┤ ├─" 此符號常表示為？ (A)輸入模組 (B)計數器模組 (C)b 接點 (D)輸出模組。

430 在可程式邏輯控制器(PLC)中，"輸出顯示燈號為紅色"，其簡寫常表示為？ (A)YL/Y (B)GL/G (C)RL/R (D)BL/B。

431 下列哪一個控制參數不包含在 PID 控制器中？ (A)比例 (B)差分 (C)微分 (D)積分 增益。

432 以下關於 PLC 的敘述，何者錯誤？ (A)PLC 的輸入繼電器能由內部指令驅動，但不能直接由外部信號驅動 (B)PLC 的輔助繼電器可供內部程式使用，也可供外部輸出使用 (C)PLC 的輸出繼電器只能由內部指令驅動，而不能直接由外部信號驅動 (D)PLC 的計數器只能直接由外部輸入計數，亦能由內部指令驅動計數。

433 以下何者不能做為 PLC 的輸入元件？ (A)近接開關 (B)磁簧開關 (C)蜂鳴器 (D)極限開關。

434 以下何者為 IEEC61131-3 標準中的 PLC 程式語言的？ (A)VB (B)FBD (C)JAVA (D)BC。

435 以下有關 PLC 繼電器型輸出與電晶體型輸出的敘述何者錯誤？ (A)繼電器型 PLC 可外接較大電流負載，電晶體型 PLC 則不行 (B)繼電器型 PLC 接點的 ON/OFF 壽命較短，電晶體型 PLC 接點的 ON/OFF 壽命較長 (C)繼電器型 PLC 的接點不適合用於有快速的脈波輸出，電晶體型 PLC 可送出高速的脈波輸出 (D)繼電器型 PLC 輸出電路須考慮接點的正負極性,電晶體型 PLC 則不需要。

436 PLC 階梯圖程式中，以一個常開輸入接點 X0 做為母線的開始，以一個計時器 T0 做為輸出，接著再從母線以同一個計時器 T0 為常開接點，驅動輸出接點 Y0，試問以下敘述何者正確？ (A)此程式為一自保持電路 (B)此程式為一閃爍電路 (C)此程式為自動斷電電路 (D)此程式為延遲通電電路。

437 PIC 單晶片輸出端，可連接繼電器，控制 110ACV 感應馬達。下列何者是正確？ (A)DC5V (B)DC6V (C)DC12V (D)DC24V 繼電器。

438 PIC 單晶片的控制指令如下：
MOVLW   CFh
MOVWF   TRISD
下列何者是正確的？ (A)設定 PORD 輸出狀態 (B)Bit 0~3 是輸出狀態 (C)Bit 4~5 是輸出狀態 (D)設定 PORD 輸入狀態。

439 PIC 單晶片的控制指令如下：

MOVLW   B' 11110000'
MOVWF   TRISD
MOVLW   B' 01001100'
MOVWF   PORTD

而 PORTD 與八個 LED 燈連接，下列何者是正確的？ (A)PORTD Bit 7 所連結的 LED 是亮的 (B)TRISD Bit 6 設定是輸出狀態 (C)TRISD Bit 3~4 設定是輸出狀態 (D)PORTD Bit 2~3 所連結的 LED 是亮的。

440 PIC 16F877 單晶片的控制指令如下：

dly_tmr0：

        bcf   STATUS,   C
        banksel   OPTION_REG
        movlw   b' 00000111'
        movwf   OPTION_REG
        banksel   TMR0

loop：

        movlw   .25
        subwf   TMR0,   w
        btfss   STATUS,   C
        goto   loop
        return

此為延遲副程式，下列敘述何者正確？ (A)25 為小數 0.25 (B)btfss STATUS, C，是指當 C 為 1 時，執行 goto loop (C)subwf TMR0,w 是指 w=TMR0 的值-w (D)當 w 值為 0 時，C bit 為 0。

441 PIC 16F877 單晶片：每隔一個指令週期時間，TMR0 的值會加一，下列何者是正確的？ (A)指令週期為頻率 Fosc/4 之倒數 (B)指令週期為頻率 Fosc/2 之倒數 (C)指令週期為頻率 Fosc 之倒數 (D)頻率 Fosc 大小可以由暫存器設定。

442 如圖所示，下列之 PLC 控制迴路，何者正確？

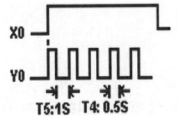

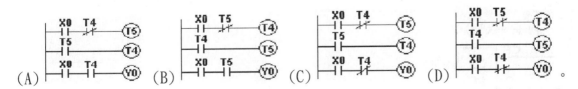

443 如圖所示，輸入信號 X0 時，Y0 閃爍動作？ (A)ON 0.5 秒，OFF 0.5 秒 (B)ON 1 秒，OFF 1 秒 (C)ON 1 秒，OFF 0.5 秒 (D)ON 0.5 秒，OFF 1 秒。

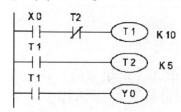

444 如圖所示為以流程圖表示之控制迴路，下列何者為動作時序圖為正確？

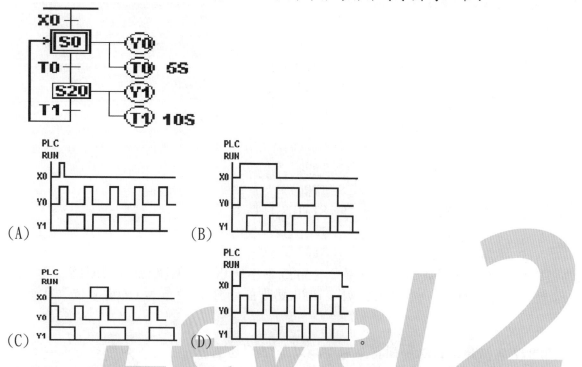

445 如圖 X0=ON 時 Y0 的輸出為何？ (A)3 秒鐘後導通 (B)導通 3 秒鐘後變 OFF (C)保持 ON (D)保持 OFF。

446 如圖所示，輸入信號 X1 ON，30 秒後則？ (A)Y4 無法輸出 (B)Y4 輸出一個掃描時間 (C)Y4 保持 ON 狀態 (D)Y4 動作後 5 秒 OFF。

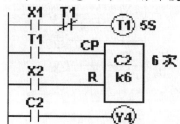

447 使用可程式控制器控制七段顯示器，應使用何種輸出介面為宜？ (A)繼電器 (B)SSR (C)SCR
(D)電晶體。

448 通常可程式控制器的輸出接點，下列何形式可接交流負載？ (A)繼電器 (B)電晶體 (C)脈波
(D)電容 輸出。

449 下列階梯圖中，如輸入 X0＝ON，X3=OFF，請問輸出 Y0 作動為？ (A)ON (B)OFF (C)不作動
(D)先 ON 再 OFF。

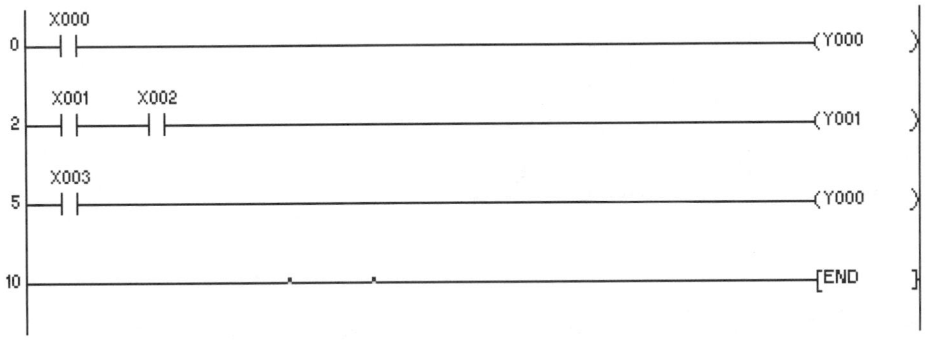

```
    X000
0 ──┤├──────────────────────────────────────────(Y000  )

    X001  X002
2 ──┤├───┤├─────────────────────────────────────(Y001  )

    X003
5 ──┤├──────────────────────────────────────────(Y000  )


10 ─────────────────────────────────────────────[END   ]
```

450 下列階梯圖中，其動作描述何者為正確為？ (A)先將 X1=OFF，再把 X1=ON，則 5 秒後 Y1=ON
(B)先將 X1=ON，再把 X1=OFF，則 5 秒後 Y1=ON (C)先將 X1=ON，再把 X1=OFF，則 5 秒後 Y1=OFF
(D)先將 X1=OFF，再把 X1=ON，則 5 秒後 Y1=OFF。

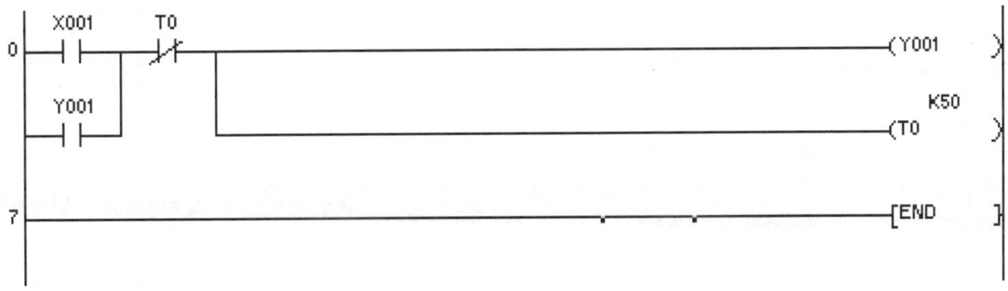

```
    X001   T0
0 ──┤├────┤/├──┬──────────────────────────────(Y001  )
    Y001      │                                  K50
  ──┤├────────┘──────────────────────────────(T0    )


7 ─────────────────────────────────────────────[END   ]
```

451 如圖為自動洗衣機時序圖，其控制模式為？ (A)位移 (B)順序 (C)程序 (D)模糊 控制。

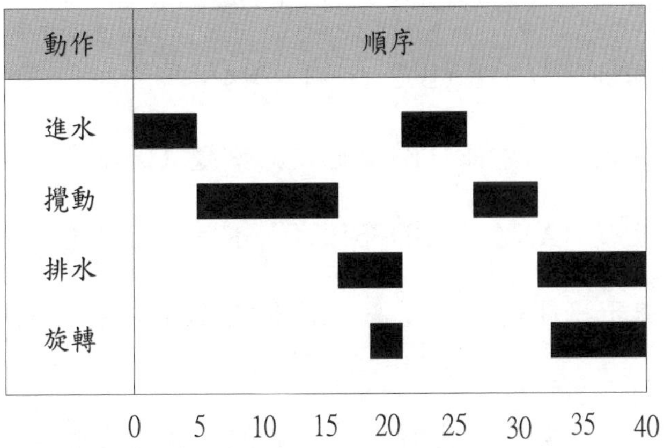

動作	順序
進水	■
攪動	
排水	
旋轉	

0 5 10 15 20 25 30 35 40

452 針對如壓鑄機或塑膠射出成型機之自動化生產流程，若：(1)代表加工成形 (2)代表冷卻開
模 (3)代表自動給料 (4)代表取出製品，則以下順序何者為真？ (A)1->2->3->4
(B)3->4->2->1 (C)1->4->3->2 (D)3->1->2->4。

453 一以氣壓缸驅動之之電動鑽孔機,當鑽孔完畢,須做清理的工作,此時之氣壓缸位移步驟可為以下何者?

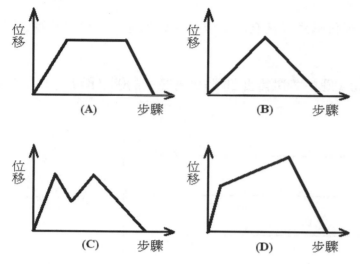

454 PLC 的主要技術性能指標為? (A)階梯圖 (B)指令系統 (C)邏輯符號圖 (D)程式語言。

455 步進馬達旋轉速度與哪個參數有關? (A)脈波數量 (B)脈波頻率 (C)脈波占空比 (D)電壓。

456 PLC 程式中,手動程式和自動程式需要? (A)互鎖 (B)自鎖 (C)保持 (D)聯動。

457 請問要改善一個系統的穩態誤差,最好用哪一種補償器? (A)比例式 (B)微分 (C)積分 (D)感測器。

458 請問要改善一個系統的暫態響應,最好用哪一種補償器? (A)比例式 (B)微分 (C)積分 (D)感測器。

459 請問一個機械系統的數學模型是幾階的,主要由什麼元件的數目來決定? (A)彈簧 (B)質量 (C)阻尼 (D)以上皆非。

460 請問控制伺服馬達的位置其數學模型是幾階的? (A)1 (B)2 (C)3 (D)4。

461 請問控制伺服馬達的速度其數學模型是幾階的? (A)1 (B)2 (C)3 (D)4。

462 若系統加入積分補償器,則會使系統的穩定度 (A)增高 (B)降低 (C)不變 (D)都有可能。

463 若系統加入微分補償器,則會使系統的穩定度 (A)增高 (B)降低 (C)不變 (D)都有可能。

464 若系統加入微分補償器,則會使系統的雜訊干擾問題 (A)增高 (B)降低 (C)不變 (D)都有可能。

465 控制系統將輸出訊號回饋與輸入訊號比較,求出誤差,再修正輸入訊號,以提高受控系統精確度,此種控制模式為 (A)程序 (B)數值 (C)閉迴路 (D)開迴路 控制。

466 控制系統將輸入訊號送出後,立即準備接受下一個輸入訊號,未將輸出訊號回饋與輸入訊號比較,此種控制模式為 (A)程序 (B)開迴路 (C)閉迴路 (D)數值 控制。

467 為維持電子烤箱溫度,以加熱器作為致動器,感測器是熱電偶,將溫度回傳給控制器,控制器再依熱電偶所測得之溫度,作為調整加熱器電力之依據,以維持烤箱所設定之溫度,則系統較適於採用 (A)程序 (B)數值 (C)順序 (D)位移 控制。

468 一個控制系統要進行紅綠燈控制,首先 50 秒綠燈,再 3 秒黃燈,最後再 30 秒紅燈,則系統較適於採用 (A)程序 (B)數值 (C)順序 (D)位移 控制。

469 一個控制系統要進行工件切削,首先讀取輸入參數例如外型尺寸、切削速度及進刀速度,再經加工機進行加工,此種控制模式為 (A)程序 (B)數值 (C)順序 (D)位移 控制。

470 對一個溫度感測器,輸出值代表電壓,輸入值代表溫度,感測器轉移函數為 0.1V/℃,如果溫度是 20℃,則感測器輸出電壓為 (A)2 (B)20 (C)0.2 (D)200 V。

471 使用電磁鐵產生力量,進而控制開關接觸之元件稱 (A)固態繼電器 (B)運算放大器 (C)功率電晶體 (D)電機繼電器。

472 1N.m 之機械能轉換成電能大約等於多少? (A)0.00376 (B)0.0376 (C)0.000278 (D)0.278 W.h。

473 一般而言,機械系統與電路系統具有類比(analogy)的特性,就力量-電壓類比(force-voltage analogy)而言,機械系統的位移可與電路系統的何者相類比? (A)電流(current) (B)電壓(voltage) (C)電荷(charge) (D)電阻(resistance)。

474 就 RC〈電阻(電阻常數 R)與電容(電容常數 C)〉電路系統而言,此電路系統的時間常數(time constant)為何? (A)RC (B)1/(RC) (C)R/C (D)C/R。

475 就 LR〈電感(電感常數 L)與電阻(電阻常數 R)〉電路系統而言,此電路系統的時間常數(time constant)為何? (A)RL (B)1/(RL) (C)R/L (D)L/R。

476 若一機電系統的數學模式為一線性、時間非變異(linear, time-invariant)的微分方程式,則此系統的輸出與輸入比之描述,以下列何者為最適當? (A)拉普拉式函數(Laplace function) (B)傅立葉函數(Fourier function) (C)轉換函數(Transformation funtion) (D)轉移函數(Transfer function)。

477 有一由電感(電感常數 L)、電容(電容常數 C)、電阻(電阻常數 R)、電壓源與開關串聯而成的閉迴路 (開關閉合)電路系統,此系統的自然頻率為何? (註:SQRT=平方根) (A)LC (B)SQRT(1/(RC)) (C)SQRT(LC) (D)SQRT(1/(LC))。

478 一般而言,機械系統與電路系統具有類比(analogy)的特性,就力量-電流類比(force-current analogy)而言,機械系統彈簧的彈性常數(spring constant)可與電路系統的何者相類比? (A)電容常數(capacitance) (B)電容常數的倒數(reciprocal of capacitance) (C)電感常數(inductance) (D)電感常數的倒數(reciprocal of inductance)。

479 一般而言，機械系統與電路系統具有類比(analogy)的特性，就力量-電壓類比 (force-voltage analogy)而言，機械系統彈簧的彈性常數(spring constant)可與電路系統 的何者相類比？ (A)電容常數(capacitance) (B)電容常數的倒數(reciprocal of capacitance) (C)電感常數(inductance) (D)電感常數的倒數(reciprocal of inductance)。

480 有一水平放置在地面上(假設摩擦係數為0)質量為 m 公斤(kg)的物體，其左側與線性彈簧及 阻尼器的一端連結，彈簧與阻尼器另一端則固定於不動的牆面，若此物體自平衡點被移動某 些距離後釋放，此系統的位移將先以週期性的運動的方式呈現，而後逐漸靜止，試問有關系 統阻尼的之描述，以下列何者為最正確？ (A)阻尼愈大，運動頻率愈高 (B)阻尼愈大，運動 頻率愈小 (C)阻尼愈大，運動時間愈長 (D)阻尼愈大，運動時間愈短。

481 機電系統建模時，常利用電路系統與機械系統之類比關係，其基本元件何者不為等價關係？ (A)電壓與力量 (B)電阻與阻尼 (C)電容與質量 (D)電感與彈簧常數。

482 一台馬達以 500rpm 轉動時被測得 6V 輸入，以 1000rpm 轉動時被測得 12V 輸入，此馬達在無 負載下的轉移函數(穩定狀態下)為 (A)0.012 (B)120 (C)83.3 (D)4.15 rpm/V。

483 一二階負回授系統的轉移函數 $T(s) = \frac{\omega_n^2}{s^2+2\zeta\omega_n s+\omega_n^2}$，若系統為欠阻尼(under damping)，ζ值為 何？ (A)$\zeta = 0$ (B)$0 < \zeta < 1$ (C)$\zeta = 1$ (D)$\zeta > 1$。

484 一單位負回授系統，其開迴路轉移函數為 $G(s) = \frac{50}{s(s+10)}$，其速度誤差常數 K_v 為何？ (A)0 (B)15 (C)5 (D)25。

485 控制系統之波德圖，係以何種信號為輸入信號？ (A)方 (B)正弦 (C)三角 (D)鋸齒 波。

486 $\frac{N_1}{N_2}$ 變壓器其匝數比不等於 (A)$\frac{Z_1}{Z_2}$ (B)$\frac{V_1}{V_2}$ (C)$\frac{I_2}{I_1}$ (D)$\sqrt{\frac{Z_1}{Z_2}}$。

487 魯茲準則(Routh-Hurwitz criterion)可以用來判斷系統的 (A)頻帶寬 (B)增益邊限 (C)超 越量 (D)穩定性。

488 根軌跡無法決定 (A)穩定度 (B)阻尼情形 (C)頻帶寬 (D)增益大小。

489 下列何者是時變系統？ (A)汽車的避震器 (B)飛機的燃油系統 (C)小幅擺動的時鐘 (D)機 械手臂的定位。

490 魯茲準則(Routh-Hurwitz criterion)的使用看不出 (A)相位邊際 (B)增益邊際 (C)相對穩 定度 (D)以上皆是。

491 有關數位控制系統的描述，何者為是？ (A)誤差不會傳遞 (B)與位元數無關 (C)系統的響應 快 (D)皆是穩定系統。

492 電位計的供給電壓為 10V 且設定於 $70°$。單圈電位計的範圍是 $350°$，求輸出電壓？ (A)0.2 (B)0.5 (C)2 (D)5 V。

493 下列何者不是測量位移的？ (A)電位計 (B)LVDT (C)光學編碼器 (D)波登管。

494 一轉速計的齒狀轉子有 20 齒,若轉速為 480rpm,請問輸出為多少 Hz 脈波? (A)120 (B)480 (C)160 (D)360。

495 霍爾效應感測器主要作用是 (A)量位移 (B)量溫度 (C)量壓力 (D)當近接感測器。

496 要控制機器人的夾爪力量,哪種感測器最好? (A)超音波 (B)應變計 (C)紅外線 (D)加速計。

497 下列何種元件的使用沒有極性限制? (A)電感器 (B)電容器 (C)電晶體 (D)二極體。

498 下列何者非流量計? (A)文氏管 (B)皮氏管 (C)連通管 (D)孔徑板。

499 哪一種感測器的使用要配合電橋電路? (A)電位計 (B)應變計 (C)LVDT (D)RTD。

500 光敏電阻是光導電型之感測器,是依據什麼變化,以改變輸出電阻之強弱? (A)電流 (B)電壓 (C)入射光線 (D)力量。

501 紅外線感測器是擷取物體所散發之紅外線,進行何種感測,以進行檢測輸出? (A)電流 (B)溫度 (C)光線 (D)電壓。

502 CCD 影像感測器是模仿人類何種器官之感測應用? (A)皮膚 (B)耳朵 (C)鼻子 (D)眼睛。

503 熱電偶是藉由何種材料組成,以達成其感測之目的? (A)熱敏電阻 (B)紅外線感測材料 (C)電晶體 (D)兩種不同金屬導體。

504 熱電偶之賽貝克效應(Seebeck effect)是指將兩金屬(如銅與鐵金屬)接合成閉迴路時,該兩金屬之兩端接點有溫度差時,閉迴路將會產生 (A)熱電阻 (B)熱電流 (C)電容改變 (D)磁力變化。

505 熱電偶之賽貝克效應(Seebeck effect)是指將兩金屬一端(如銅與鐵金屬)接合成開迴路時,該兩金屬之接合點與金屬另一端有溫度差時,開迴路將會產生 (A)熱電阻 (B)電容改變 (C)磁力變化 (D)熱電動勢。

506 可將角位移或線位移量轉換成電壓量是何種感測器? (A)熱敏電阻 (B)紅外線感測器 (C)轉速計 (D)電位計。

507 使用一個光電盤具有 200 個槽孔的位置感測系統,當計數器所測得之值為 00010100(2 進位),請問該計數器所測得之角度為何? (A)12 (B)24 (C)36 (D)48 度。

508 有一電位計有一個 0.1V/deg 的一個轉移功能,假如輸入是 45 度,其輸出電壓為 (A)4.5 (B)6 (C)9 (D)2.25 V。

509 電位計的主要功能為 (A)將單相電源轉為三相 (B)將交流電源轉為直流 (C)儲存能量做為不斷電系統 (D)將位移量轉為電壓信號。

510 用以量測線性或角位移量的增量編碼器,其一般輸出信號之型態為 (A)電壓 (B)電流 (C)步進角度 (D)數位碼或脈波。

511 下列感測器何者是將力量轉換成電氣信號? (A)電位計 (B)應變規 (C)壓力規 (D)LVDT。

512 光學編碼器之 AB 相通常相差 (A)30 (B)90 (C)180 (D)360 度。

513 請問下列元件何者為儲能元件？ (A)電阻 (B)二極體 (C)電晶體 (D)電容。

514 請問如圖為何種濾波器？ (A)高通 (B)帶通 (C)低通 (D)帶拒 濾波器。

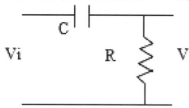

515 哪一種二極體具有穩壓作用？ (A)發光 (B)變容 (C)稽納 (D)隧道 二極體。

516 用以量測角位移量之增量編碼器，其輸出信號之型態 (A)電壓 (B)電流 (C)轉矩 (D)數位碼或脈波。

517 電位計的主要功能為 (A)將電壓信號轉換成電流信號 (B)儲能元件 (C)將位移量轉成電壓信號 (D)交流信號轉換成直流信號。

518 下列元件何者具有電氣隔離作用？ (A)二極體 (B)電晶體 (C)場效電晶體 (D)光耦合器。

519 三用電錶不能量測什麼值？ (A)電阻 (B)電感 (C)電壓 (D)電容。

520 TSR 是何者的簡稱？ (A)光敏電阻 (B)可變電阻 (C)熱敏電阻 (D)磁阻。

521 pt100 溫度檢知器是屬於哪一型溫度檢知器？ (A)電容 (B)電感 (C)電阻 (D)熱電偶 式。

522 CdS 受到光照射，其電阻隨光強度越強，相對電阻如何變化？ (A)越大 (B)越小 (C)不變 (D)先變大再變小。

523 DC12V、消耗功率 1.6W 的電磁閥線圈電阻為多少歐姆？ (A)130 (B)40 (C)90 (D)20。

524 對於感測器的敘述何者為非？ (A)溫度會影響解析度 (B)溫度會造成漂移 (C)S/N 比稱為訊號雜訊比 (D)以上皆非。

525 有關 LVDT 的敘述何者為真？ (A)變壓器的原理 (B)直線動作 (C)可用在位移感測 (D)以上皆是。

526 換能器(transducer)的功能為何？ (A)感知變化 (B)能量形式轉換 (C)DC 轉 AC (D)送出控制訊號。

527 當感測到物理量變化時會輸出一個訊號的感測器稱為 (A)主動式 (B)被動式 (C)主奴式 (D)通用式 感測器。

528 在 ADC 中最耗費時間的項目為 (A)存取 (B)輸入 (C)輸出 (D)轉換 時間。

529 當使用電阻原理的感測器來做重量感測器時，利用的是電阻的 (A)材料特性 (B)面積 (C)導電係數 (D)長度 改變。

530 下列何種物質對電容感應式近接開關無效？ (A)鋁片 (B)塑膠 (C)木材 (D)以上均可。

531 馬達屬於 (A)致動器 (B)控制器 (C)感測器 (D)動力源。

532 兩個齒輪嚙合時，其齒輪數 N_a=60，N_b=30，當齒輪 a 以 60N-m 的扭矩轉動時，齒輪 b 的扭矩為 (A)30 (B)60 (C)120 (D)240 N-m。

533 若直流馬達輸出馬力為 3HP，效率為 0.9，則輸入功率為多少 kW? (A)3 (B)2.7 (C)3.33 (D)2.49。

534 一個 15°/step 的步進馬達，從參考點順時針走 10 步，再逆時針走 4 步，求最後的角度？ (A)0 (B)60 (C)90 (D)120。

535 下列何者不是 AC 馬達的特性？ (A)高效率 (B)低維護 (C)容易控制 (D)價格便宜。

536 一個 1.8° 的步進馬達轉動一每英吋有 24 螺紋的導螺桿，若要前進 0.5 英吋則需多少步？ (A)1200 (B)2400 (C)3600 (D)4800。

537 直流馬達的電壓是 10V 而其 CEMF 是 0.5V/100rpm 且電樞阻抗為 20Ω，求 1000rpm 時的電樞電流？ (A)0.2 (B)0.25 (C)0.3 (D)0.5。

538 對於 PWM 下列何者為非？ (A)效率較高 (B)不可直接用數位訊號驅動 (C)體積較小 (D)不需要 DAC。

539 一個 3 lb 重之鋼塊靜止於鋼材表面，該兩鋼材間之靜摩擦係數為 0.78，動摩擦係數為 0.42，則要以氣壓缸推動鋼塊開始移動需要之最少力量大小？ (A)1.26 (B)2.34 (C)0.529 (D)1.35 lb。

540 一個 3 lb 重之鋼塊靜止於鋼材表面，該兩鋼材間之靜摩擦係數為 0.78，動摩擦係數為 0.42，則在鋼塊移動後，要氣壓缸推動鋼塊保持進行滑動所需要之最少力量大小？ (A)1.26 (B)2.34 (C)0.529 (D)1.35 lb。

541 一個電壓 12V 的直流馬達其電樞阻抗為 10 歐姆，並以 0.5V/100rpm 的速度產生反電動勢 (CEMF)，求在 100rpm 時，電樞實際電流為 (A)0.25 (B)0.65 (C)1.15 (D)1.5 A。

542 下列何者敘述錯誤？ (A)AC 馬達大部分可直接與電力電線連接 (B)DC 馬達大部分需要與整流器電路連接 (C)接地錯誤斷電器(GFI)之應用，是當地面有漏電流發生時，可將電力自動切斷 (D)致動器(actuator)是提供機電系統主要電力之來源。

543 一絞盤具有一高效率電動馬達，當電流在 3A 及直流電壓在 24V 時，求舉起 1000 lb 之重物之速度為何？其中設機械能轉換成電能之能量轉換因數為 1ft.lb=0.000376W.h (A)3.19 (B)191.49 (C)12.24 (D)1.44 ft/min。

544 小皮帶輪固設於馬達軸心，馬達轉速 1000rpm 及扭矩 10in.lb，馬達藉小皮帶輪及皮帶，將動力傳送至大皮帶輪，其中大小皮帶輪直徑分別為 10in 及 5in，求大皮帶輪之軸速度？ (A)50 (B)100 (C)500 (D)10 rpm。

545 小皮帶輪固設於馬達軸心,馬達轉速1000rpm及扭矩10in.1b,馬達藉小皮帶輪及皮帶,將動力傳送至大皮帶輪,其中大小皮帶輪直徑分別為10in及5in,求大皮帶輪之軸扭矩? (A)2 (B)20 (C)5 (D)50 in.1b。

546 一氣壓缸要將有瑕疵之工件推離輸送帶,該工件重達10kg,今要使工件在一秒內被推離30cm外,請問氣壓缸推力為何? (A)3 (B)4 (C)5 (D)6 N。

547 有關致動器功能之描述,以下列何者為最適當? (A)將控制信號轉換為電流的設備 (B)將控制信號轉換為電壓的設備 (C)將控制信號轉換為電子訊號的設備 (D)將控制信號轉換為機械作動的設備。

548 壓電致動器之驅動方式,以下列何者為正確? (A)電流 (B)電壓 (C)油壓 (D)氣壓 驅動。

549 有關電磁作動器之描述,以下列何者為最正確? (A)低頻動作,行程大 (B)高頻動作,行程大 (C)低頻動作,行程小 (D)高頻動作,行程小。

550 有關電動式線性致動器(electric linear actuator)之陳述,以下列何者為最適當? (A)移動速度隨載重增加而增加,所需之電流則隨載重增加而增加 (B)移動速度隨載重增加而降低,所需之電流則隨載重增加而增加 (C)移動速度隨載重增加而增加,所需之電流則隨載重增加而降低 (D)移動速度隨載重增加而降低,所需之電流則隨載重增加而降低。

551 在相同的流體進口壓力條件下,有關氣壓與油壓系統所使用的氣壓機(pneumatic compressor)與油壓幫浦(hydraulic pump)之陳述,以下列何者為最適當? (A)氣壓機所需之功(work),比油壓幫浦小 (B)氣壓機所需之功(work),比油壓幫浦大 (C)每單位流體質量所需之功(work),氣壓機比油壓幫浦小 (D)每單位流體質量所需之功(work),氣壓機比油壓幫浦大。

552 有一步進馬達驅動之導螺桿式直線工作平台,若馬達步進角變小,下列敘述何者正確? (A)增加輸出扭力 (B)增加平台之位移解析度 (C)降低平台移動速率 (D)增加輸出功率。

553 R、S、T代表電源線而U、V、W代表感應電動機線,如R-U、S-V、T-W連接為正轉,結線變更仍為正轉其結線為 (A)R-V、S-U、T-W (B)R-V、S-W、T-U (C)R-W、S-V、T-U (D)R-U、S-W、T-V。

554 選用減速機時,首先要考量的因素為何? (A)容許轉矩 (B)傳動效率 (C)懸吊荷重 (D)減速比。

555 有一電動馬達在5A及120V電壓下操作,若有90%的效率,有多少功率成為廢熱? (A)40 (B)60 (C)80 (D)100 W。

556 對前進中氣壓缸調整速度,若稍低於最低極限,會產生 (A)失速 (B)爆衝 (C)滯滑 (D)停止不動現象。

557 下列傳動元件,何者在驅動中不會產生滑動? (A)V型 (B)平 (C)圓形 (D)齒形 皮帶。

558 有一個8極60Hz之AC感應馬達,若搭配1:10減速機,其同步轉速為 (A)60 (B)90 (C)120 (D)300 rpm。

559 齒輪傳動中,齒輪與軸之連接機件是 (A)滑塊 (B)彈簧 (C)鉚釘 (D)鍵。

560 有 10 齒和 20 齒的齒輪嚙合傳動,當 10 齒的齒輪旋轉 10 圈時,則 20 齒的齒輪應旋轉 (A)20 (B)10 (C)15 (D)5 圈。

561 下列哪一種馬達可作為調整系統之功率因數? (A)同步 (B)步進 (C)磁阻 (D)感應 馬達。

562 油壓缸或油壓馬達在靜止時要防止游動,可用下列何種閥件來達到目的? (A)減壓閥 (B)壓力開關 (C)流量控制閥 (D)引導型止回閥。

563 若彈簧的彈簧常數愈大時,受相同的壓縮力則其壓縮量相對 (A)愈大 (B)愈小 (C)相同 (D)沒有關係。

564 有關繼電器的功用敘述何者為真? (A)隔離 (B)以小電流控制大電流 (C)分為 AC 與 DC (D)以上皆是。

565 有關氣壓何者有誤? (A)空氣為可壓縮流體 (B)通常以氣壓系統作伺服元件 (C)壓縮機會有水分凝結 (D)利用消音器可以減少排放時噪音。

566 有關旋轉電動機系統何者有誤? (A)分為 AC 或 DC (B)有三相與單相 (C)萬用馬達可以使用在 AC 及 DC (D)工業上常使用同步電動機。

567 以平衡三相交流系統做為電動機的動力,何者為非? (A)每相間有相位差 (B)同馬力下使用的機具體積大 (C)每相間的電壓大小一樣 (D)有三相三線制及三相四線制。

568 有關電磁閥的敘述何者有誤? (A)會產生非線性 (B)有 AC 或 DC 之分 (C)電流不夠時會有錯誤動作 (D)與電壓大小無關。

569 有關油壓系統何者為是? (A)油壓馬達為一階系統 (B)油壓馬達為二階系統 (C)可壓縮流體 (D)通常是非線性系統。

570 下列何者會產生非線性效果? (A)繼電器 (B)磨損的齒輪 (C)AB 均會 (D)AB 均不會。

571 下列何者是微處理機的介面? (A)RAM (B)DAC (C)CPU (D)ROM。

572 8 位元類比數位轉換器(ADC),參考電壓為 24V,類比輸入 3V,求二進位輸出電壓? (A)00011111 (B)00100000 (C)01010101 (D)01000000。

573 標準的 RS232 通訊的二進位"0"是以多少 VDC 來傳送? (A)0~5 (B)0~-5 (C)3~12 (D)-3~-12。

574 下列何者不屬於工業控制中所用的場區匯流排(FieldBus)? (A)NetDDE (B)CANBus (C)ProfiBus (D)DeviceNet。

575 若欲對 100Hz 的訊號取樣,則類比數位轉換器(ADC)的輸入頻率至少要 (A)100 (B)120 (C)150 (D)200 Hz。

576 8 位元數位類比轉換器 (DAC),參考電壓為 24V,二進位輸入 01010101,求類比輸出電壓約多少 V? (A)6 (B)7 (C)8 (D)10。

577 人機介面是用於替代哪些設備的功能? (A)傳統繼電控制系統 (B)PLC 控制系統 (C)工控機系統 (D)傳統開關按鈕型操作面板。

578 下列何種記憶體具有停電記憶保持,且有較多的儲存次數? (A)EPROM (B)EEPROM (C)FLASHROM (D)RAM。

579 已知 8 位元二進位數為 01101001,求其轉換為十進位數之值? (A)105 (B)101 (C)89 (D)169。

580 試問電腦的記憶體是儲存幾進位數的資料元件? (A)8 (B)10 (C)2 (D)32 進位。

581 請問 8 位元 DAC 在數位轉類比的解析度為何? (A)1 (B)0.005 (C)0.0039 (D)2。

582 在二進位的最右位元是最小值簡稱為 (A)LSB (B)MSB (C)SSB (D)WSB。

583 何者不是非同步序列資料的標準傳輸格式? (A)開始位元 startbit (B)封包 package (C)同位偵錯位元 parity (D)停止位元。

584 一個 8 位元 DAC 之 Vref 為 10V,二進位數輸入是 00011010,求類比輸出電壓 (A)1.02 (B)0.39 (C)0.94 (D)1.88 V。

585 一個 8 位元 ADC 之 Vref 為 10Vdc,類比輸出電壓是 2Vdc,請問 ADC 二進位輸出碼是多少? (A)01010011 (B)01100110 (C)10010110 (D)00110011。

586 運算放大器(OP)以下敘述何者為非? (A)是一個線性放大器 (B)很高開迴路增益 (C)很低之輸入阻抗 (D)很低之輸出阻抗。

587 一 ADC 變換的解析度為 4000 時,+10V~-10V 類比電壓的最小解析度為 (A)1 (B)2.5 (C)5 (D)10 mV。

588 下列何者不是一般視覺系統常見的用途? (A)零件識別時,對色彩的辨識 (B)零件運動速度或方向之判定 (C)零件識別時,對內部材質的分析 (D)零件尺寸之檢測。

589 一即時控制系統選用 AD/DA 轉換器時,最需考慮的因素是 (A)儲存容量 (B)轉換時間 (C)電壓大小 (D)電流大小。

590 一個 8 位元 ADC 有一參考電壓為 12V 及類比輸入 3.7V,其二進位輸出電壓為 (A)01001111 (B)01010111 (C)01000111 (D)01001101。

591 如圖所示之電路,已知 $E_{th} = 35V$、$R_{th} = 500\Omega$,請問欲得到最大功率輸出之電阻值 R_L? (A)500 (B)1000 (C)250 (D)2000 Ω。

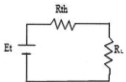

592 在正弦交流電路,V_{max} 與 V_{rms} 之間的關係? (A)$V_{max} = \sqrt{2}V_{rms}$ (B)$V_{max} = \dfrac{V_{rms}}{\sqrt{2}}$

(C)$V_{max} = \dfrac{\pi}{2}V_{rms}$ (D)$V_{max} = \dfrac{2}{\pi}V_{rms}$。

593 已知一交流信號 $v(t) = 20\sin(377t + 30°)$ V，請問此信號之頻率為多少？ (A)30 (B)60 (C)120 (D)50 Hz。

594 如圖為利用運算放大器設計之電路，請問此電路具有什麼功能？ (A)加法器 (B)比較器 (C)微分器 (D)積分器。

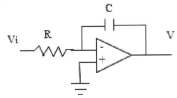

595 請問橋式整流電路中每一個二極體之 PIV 值？ (A)2 (B)0.5 (C)1 (D)1.5 E_m。

596 RS-232C 介面是屬於 (A)串列傳輸 (B)並列傳輸 (C)PWM 調變傳輸 (D)類比信號傳輸。

597 如圖所示為利用 JK 正反器設計之 N 模同步計數器，請問此計數器 N 為多少？ (A)3 (B)4 (C)5 (D)6。

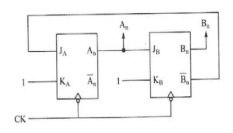

598 在交流電路中無效功率的單位如何表示？ (A)VA (B)W (C)VAR (D)Hp。

599 一放大器的輸入電壓是 200mV，輸出電壓是 2V，則該放大器的放大增益是 (A)100 (B)40 (C)20 (D)-40 dB。

600 在橋式全波整流器電路中，如欲產生 15 伏特之直流電壓，則電路所使用的二極體，其逆向峰值電壓額定值約為 (A)18.6 (B)21.2 (C)23.6 (D)30 伏特。

601 最常用來做為圖控軟體的是 (A)labview (B)matlab (C)mathmatica (D)maple。

602 有關 USB 的敘述何者為非？ (A)原標準中 USB1.1 的最大傳輸頻帶寬為 12Mbps (B)USB2.0 的最大傳輸頻帶寬 480Mbps (C)設計時是使用 7bit(位)尋址字段 (D)對稱式。

603 有關 RAM 敘述何者為誤？ (A)電源消失資料及消失 (B)用來儲存 BIOS (C)分為 DRAM 與 SRAM (D)以上皆非。

604 下列敘述何者為誤？ (A)光耦合的功用為隔離 (B)光耦合的功用為保護 (C)2N35、2N25 均為光耦合器 (D)光耦合的接地要與驅動電源接在一起。

605 可以支援熱拔插且可以擴展到 127 個週邊的介面是 (A)IDE (B)SCSI (C)USB (D)IEEE1394。

606 繼電器輸出型的 PLC 較適合系統負載變化 (A)不頻繁 (B)頻繁 (C)都可以 (D)不一定。

607 通常 PLC 的輸出接點，下列何者可接交流負載？ (A)電容 (B)電感 (C)電晶體 (D)固態繼電器 輸出。

608 通常繼電器標示有：(coil)DC24V、1.2W，接點 5A 係表示其額定電流為 (A)DC5A (B)DC 或 AC5A (C)DC1.2A (D)DC 或 AC1.2A。

609 下列何者不屬於 PLC 的輸出裝置？ (A)警報器 (B)馬達 (C)轉速計 (D)繼電器。

610 PLC 程式中系統處理 I/O 的方式為哪種再生？ (A)中斷 (B)程式結束 (C)週期 (D)程式開始。

611 PLC 要同時輸出二個訊號時，會用到哪個指令？(A)AND (B)OR (C)NOT (D)NAND。

612 一般繼電器型 PLC 輸出接點的額定電流是多少 A？ (A)1 (B)2 (C)5 (D)10。

613 在自動化機械中，何者可檢知外界信號？ (A)控制器 (B)致動器 (C)感測器 (D)驅動器。

614 欲使輸入訊號被 PLC 穩定的接受，則 PLC 的輸入訊號的持續時間，必須 (A)與 PLC 之掃描時間相同 (B)比 PLC 之掃描時間短 (C)比 PLC 之掃描時間長 (D)與 PLC 之掃描時間不相同。

615 當 PLC 之輸入訊號為高速訊號時，為防止輸入訊號被 PLC 遺漏，則可使用何種元件讀取此高速訊號？ (A)高速計數器 (B)繼電器模組 (C)輔助電驛 (D)資料暫存器。

616 設 A、B 分別代表 A 氣壓缸與 B 氣壓缸與，而「+」代表氣壓缸前進，而「-」代表氣壓缸後退，氣壓缸之動作順序分別為 A+,B+,A-,B-請問在氣壓串級法中最少需分幾級方可進行順序控制？ (A)1 (B)2 (C)3 (D)4 級。

617 設 A、B 分別代表 A 氣壓缸與 B 氣壓缸與，而「+」代表氣壓缸前進，而「-」代表氣壓缸後退，氣壓缸之動作順序分別為 B+,A-,B-,A+請問在氣壓串級法中最少需分幾級方可進行順序控制？ (A)1 (B)2 (C)3 (D)4 級。

618 設 A、B、C 及 D 分別代表 A 氣壓缸、B 氣壓缸、C 氣壓缸與 D 氣壓缸，而「+」代表氣壓缸前進與「-」代表氣壓缸後退，氣壓缸之動作順序分別為 A+,B+,C+,B-,D+,D-,A-,C-,請問在氣壓串級法中最少需分幾級方可進行順序控制？ (A)1 (B)2 (C)3 (D)4 級。

619 設 A、B、C 及 D 分別代表 A 氣壓缸、B 氣壓缸、C 氣壓缸與 D 氣壓缸，而「+」代表氣壓缸前進與「-」代表氣壓缸後退，氣壓缸之動作順序分別為 A+,A-,B+,D-,B-,D+,C+,C-,請問在氣壓串級法中最少需分幾級方可進行順序控制？ (A)1 (B)2 (C)3 (D)4 級。

620 PLC 程式設計並進匯流之控制模式為 (A)先進先出 (B)先進後出 (C)由一變多 (D)由多變一。

621 PLC 程式設計並進分流之控制模式為 (A)先進先出 (B)先進後出 (C)由一變多 (D)由多變一。

622 可程式控制器 PLC 的輸出端漏電電流為 AC110V/2mA，而電磁閥的最低作動電流為 2mA，若使用此 PLC 控制此電磁閥，會產生何種問題？ (A)電磁閥不激磁 (B)電磁閥保持激磁 (C)PLC 動作不穩 (D)電磁閥燒毀。

623 可程式控制器 PLC 的 CMP 指令為 (A)比較 (B)加法 (C)遞增 (D)傳送 指令。

624 繼電器之常開接點,一般稱為 (A)c (B)a (C)b (D)d 接點。

625 下列何者非壓力常用單位?(A)kgf/cm^2 (B)psi (C)N-m (D)bar。

626 計時器(Timer)有 ON DELAY 型式,其動作方式是 (A)延時動作、瞬時復歸 (B)瞬時動作、延時復歸 (C)延時動作、延時復歸 (D)瞬時動作、瞬時復歸。

627 所謂PLC的點與下述何者無關? (A)指的是可以接受輸入訊號的數目 (B)可以接受輸出訊號的數目 (C)可以承受的電壓大小 (D)以上皆非。

628 PLC 的主機基本元件功能中不包含 (A)接點 (B)計數器 (C)計時器 (D)USB 接口。

填充題

1 有一水平放置在地面上(假設摩擦係數為 0)質量為 m 公斤(kg)的物體，其左側與一彈性常數為 k 牛頓／米(N/m)線性彈簧的一端連結，彈簧另一端則固定於不動的牆面，若此物體自平衡點被移動某些距離後釋放，此系統的位移將以簡諧運動(harmonic motion)的方式呈現，試問此系統位移 y(t)，t 代表時間，的運動方程式(equation of motion)為 ＿＿＿＿＿＿＿＿＿＿＿＿。(請以 d^n/dt^n 代表對時間的 n 次微分)

2 有一水平放置在地面上(假設摩擦係數為 0)質量為 m 公斤(kg)的物體，其左側與一彈性常數為 k 牛頓／米(N/m)線性彈簧的一端連結，彈簧另一端則固定於不動的牆面，若此物體自平衡點被移動某些距離後釋放，此系統的位移將以簡諧運動(harmonic motion)的方式呈現，假設起始條件為 y(0)＝y0 及 dy(0)／dt＝0，則此系統的位移 y(t)，t 代表時間，為 ＿＿＿＿＿＿＿＿＿＿＿。

3 有一由電感(電感常數 L)、電容(電容常數 C)、直流電源與開關串聯而成的閉迴路(開關閉合)電路系統，若開關閉合(close)一段長時間後，將開關拉開(open)，則此系統電荷 $q(t)$ (charge)，t 代表時間，的統御方程式(governing equation)為＿＿＿＿＿＿＿＿＿＿＿。(請以 d^n/dt^n 代表對時間的 n 次微分)

4 有一由電感(電感常數 L)、電容(電容常數 C)、直流電源與開關串聯而成的閉迴路(開關閉合)電路系統，若起始條件為：開關閉合(close)一段長時間，所以，電容儲存有 q_0 的電荷(charge)，$q(0)=q_0$，且電荷對時間的變化率為 0，$dq(0)/dt=0$。假設將開關拉開(open)，則此系統的電荷 $q(t)$，t 代表時間，為 ＿＿＿＿＿＿＿＿＿＿＿。

5 有一水平放置在地面上(假設摩擦係數為 0)質量為 m 公斤(kg)的物體，其左側與一彈性常數為 k 牛頓／米(N/m)線性彈簧及阻尼常數為 C 牛頓-秒／米(N-s/m)的線性阻尼器(dashpot)的一端連結，意即彈簧與阻尼器並聯，彈簧與阻尼器的另一端則固定於不動的牆面，此物體右側受一水平方向的簡諧力f(t)作用，此系統的位移將以簡諧運動(harmonic motion)的方式呈現，試問此系統位移 x(t)，t 代表時間，的運動方程式(equation of motion)為 ＿＿＿＿＿＿＿＿＿＿＿。(請以 d^n/dt^n 代表對時間的 n 次微分)

6 有一由電感(電感常數 L)、電容(電容常數 C)、電阻(電阻常數 R)、直流電壓源(電壓差 $v(t)$)與開關串聯而成的閉迴路(開關閉合)電路系統，若開關閉合，則此系統電荷 $q(t)$ (charge)，t 代表時間，的統御方程式(governing equation)為＿＿＿＿＿＿＿＿＿＿＿。(請以 d^n/dt^n 代表對時間的 n 次微分)

7 有一裝置於大樓頂樓的絞盤機構(winch)，被用來將地面的物體垂直傳遞至適當的樓層，若絞盤是以電動機(馬達)驅動，如果有一質量為 50 公斤的物體以 0.2 公尺／秒的速度上升，則馬達所須的馬力(hp)為 ＿＿＿＿＿＿＿＿。(有效位數至小數點以下第二位，第二位以下四捨五入)

8 有一裝置於大樓頂樓的絞盤機構(winch)，被用來將地面的建材垂直傳遞至適當的樓層，若絞盤是以電動機(馬達)驅動，馬達能產生 0.5 馬力(hp)的功率，如果建材以 10 公尺／分的速度上升，則建材的質量為 ＿＿＿＿＿＿＿＿ 公斤。(小數點四捨五入，取整數)

9 有一動力傳遞機構被用來驅動緊急通風系統空氣導管內風阻門的開啟與關閉,其所能傳遞之轉矩為 1 牛頓-米(N-m),若風阻門的啟/閉(open/close)角度為 90 度,且慣性矩(moment of inertia)為 0.1 公斤-平方米(kg-m²),則風阻門自關閉至開啟所須的時間為 _____ 秒。(有效位數至小數點以下第二位,第二位以下四拾五入)

10 有一質量為 m 公斤(kg)的物體,懸掛於一上端垂直固定於天花板理想線性彈簧(彈性常數為 k 牛頓/米(N/m))的下端,若此物體自平衡點被往下移動某些距離後釋放,此系統將以簡諧運動(harmonic motion) 的方式呈現,試問此系統的自然共振頻率(natural resonant frequency)為 _____ Hz。

11 有一使用於氣壓系統的理想型往復活塞式有餘隙之氣體壓縮機,若汽缸直徑與衝程分別為 20 公分與 50 公分,轉速為 600rpm,如果壓縮機的容積效率(volumetric efficiency)為 100%,則壓縮機每分鐘之進氣體積為 _____ (立方米/分,m³/min)。(有效位數至小數點以下第二位,第二位以下四拾五入)

12 請以電流 i(t)來表示出電壓的動態方程式 v(t)= _____。

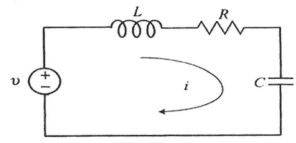

13 請以 $x(t)$、$\dot{x}(t)$、$\ddot{x}(t)$ 表示出如圖的機械運動方程式 _____。

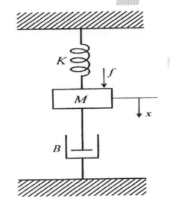

14 請求出如圖 $\dfrac{v_o}{v_i}$ = _____。

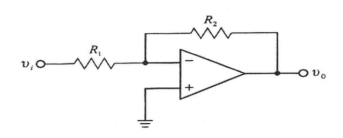

15 如圖機械系統求轉移函數 $\dfrac{X(s)}{F(s)} = $ _____ 。

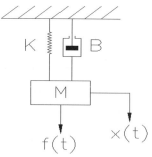

16 如圖轉移函數 $\dfrac{C}{R} = $ _____ 。

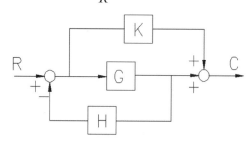

17 如圖為位置回授控制系統 $G(s) = \dfrac{1}{s(s^2 + s + 1)(s + 2)}$ ，求閉迴路穩定之 K 值範圍 _____ 。

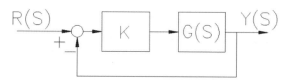

18 一位置回授控制系統方塊圖如下，以 Gc(s)、Gm(s)、H(s) 及輸入 R(s) 來表示位置輸出函數 P(s)= _____ 。

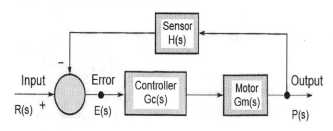

位置回授控制系統方塊圖

19 PT100 白金測溫電阻器意指在 _____ 時的電阻值為 100 歐姆。

20 霍爾元件的輸出電壓與外加的 _____ 成正比例。

21 當頻率超過人類的聽覺限度的音波便稱為 _____ 。

22 以數位式積體電路作為電機控制元件，主要的因素之一為輸入阻抗 _____ 。

23 控制用的 IC 種類甚多，主要分為雙極性型及 _____ 型兩種。

24 電磁開關是由一個電磁接觸器再加上一個 ＿＿＿＿＿＿＿＿ 所組成的。

25 在一般變頻器(inverter)內部會裝置霍爾元件感測器，主要作為感測 ＿＿＿＿＿＿＿ 之用。

26 假設在馬達的旋轉軸上同時耦合一個增量型編碼器(encoder)，且已知該編碼器有一輸出端，當編碼器旋轉一圈時會產生 4 個直流脈波。今若以數位示波器觀察到編碼器輸出端輸出脈波頻率為 60Hz，請問此時馬達每分鐘的平均轉速應為 ＿＿＿＿＿＿＿＿ R.P.M.。

27 今假設為了達成閉迴路控制直流馬達的轉角目的(即位置控制)，此一直流馬達位置閉迴路控制器使用了電流、位置與速度等控制迴路，請問此一直流馬達位置閉迴路控制器的最內圈迴路應為 ＿＿＿＿＿＿＿ 控制迴路。

28 PT100 溫度感測器中 PT 是指何種材質 ＿＿＿＿＿＿＿＿＿。

29 一個單轉電位計(350°)具有 0.1%的線性誤差且與 5Vdc 電源相連接，計算此系統所得角度的最大角度誤差值 ＿＿＿＿＿＿＿。

30 一根 100Ω 的白金 RTD 被使用於系統內，目前電阻讀取值是 110Ω。求此溫度 ＿＿＿＿＿＿＿。(RTD 的溫度係數是 0.39Ω/℃)

31 超音波感測器為檢出高頻聲音能量領域的感測器，一般是以 ＿＿＿＿＿＿＿ 以上高頻聲音振動為檢測範圍。

32 光敏電阻(CdS)係利用 ＿＿＿＿＿＿＿ 效應的半導體光感測器。

33 紫外線感測器為一具有對紫外線靈敏陰極的氣體放電管，其光譜響應只存在於 160-300nm 範圍紫外線，它主要被用來偵測 ＿＿＿＿＿＿＿＿。

34 ＿＿＿＿＿＿＿ 效應在半導體中，主要是用來測量半導體材料的載子濃度和用來證明電洞存在的方法，而此方法也可以幫助我們判別半導體的型別 P 型或 N 型。

35 一般而言熱電耦是由兩種不同的金屬或合金所結合而成，其感應原理為 ＿＿＿＿＿＿ 效應。

36 壓力感測元件在動作時需提供驅動電路給壓力感測元件使用，而驅動方式有定電壓驅動法和 ＿＿＿＿＿＿＿ 驅動法。

37 機電整合系統中，大致歸納為四部分：控制器(Controller)、感測器(Sensor)、＿＿＿＿＿＿＿ 與機構元件(Mechanism)。

38 機電整合系統中的 ＿＿＿＿＿＿＿，基本上是將電能轉換為機械能的設備，因此可說是聯繫機與電間最重要的介面。

39 機器人機構中，最基本者為各 ＿＿＿＿＿＿＿，透過連桿與齒輪組，可執行控制次系統(控制器)所下達之各種命令。

40 『伺服機構系統』源自 servomechanism system，係指經由閉迴路控制方式達到一個機械系統位置、速度、或加速度控制的系統。一個伺服系統的構成通常包含受控體(plant)、＿＿＿＿＿＿＿、控制器(controller)等幾個部分，受控體係指被控制的物件，例如一個機械手臂，或是一個機械工作平台。

41 ＿＿＿＿＿＿＿＿＿＿＿＿＿＿ 是只能將空氣的壓力能轉換成機械能而產生運動的元件,如氣壓缸、氣壓馬達、擺動馬達等。

42 ＿＿＿＿＿＿＿＿＿＿＿＿＿＿ 係利用壓電材料的逆電壓特性加電壓後產生形變,而受到外力因形亦變,將電能轉變成機械能,而產生電壓,因此可作為致動器。

43 在微機電系統裡,應用於微光機電(MOEMS)陀螺的微米級位移及角度精確定位功能的控制致動器,其驅動方式為 ＿＿＿＿＿＿＿＿＿＿＿＿＿＿ 驅動。

44 ＿＿＿＿＿＿＿＿＿ 提供控制系統所需的機械動力。其一般是馬達,液壓缸,和控制閥。

45 具備精度運動可達到原子晶格奈米或次奈米的等級、可產生數千赫茲的運動頻率、係利用固態原子結構特性,沒有摩擦、損耗的問題的微致動器是 ＿＿＿＿＿＿＿＿＿ 致動器。

46 整個微機電系統(MEMS)元件的運作是由 ＿＿＿＿＿＿＿＿ 來驅動,其主要性能包含作動位移量大小、運動方向、致動方向和頻率等。

47 微致動器中,其致動方式是利用小電壓驅動,使它受熱或冷卻,可從變形狀態恢復到初始幾何形狀,而產生位移及驅動力的是 ＿＿＿＿＿＿＿＿ 致動器。

48 在微機電系統(MEMS)裡,利用經過磁場的電流所產生的羅倫茲力(Lorentz force)來驅動機構件,產生可控制的位移。此致動器可應用在光學讀取頭,作為承載物鏡的元件,其驅動方式為 ＿＿＿＿＿＿＿＿ 驅動。

49 一種新的線性致動器是 ＿＿＿＿＿＿＿＿ 。它是一種可以於平面上移動的旋轉無刷馬達(BLDC),能將電力轉成直線運動,它擁有高速(可達10m/s),巨大力量(超過1000 lb)與長行程(數米長),而且類似BLDC,它沒有滑動接觸點但是有電子驅動單元。

50 最常見到的液壓致動器是 ＿＿＿＿＿＿＿＿ 。

51 於程序控制上最常見的致動器是 ＿＿＿＿＿＿＿＿ 。

52 感應馬達基本上是由產生磁場的定子與回轉傳動的 ＿＿＿＿＿＿＿＿ 組成。

53 一電動馬達以100rpm之轉速提供30N-m之扭矩,此馬達透過一齒輪比1:5來驅動負荷;輸出之轉速為 ＿＿＿＿＿＿＿＿ rpm。

54 一個三相四極感應馬達,當轉差為4%時之轉子轉速及在相同轉差下如要產生500rpm之轉子轉速時,則電源之頻率大小應為 ＿＿＿＿＿＿＿＿ Hz。

55 一個變容積泵直接與一個電動馬達耦合於1440rpm作定速運轉,其最大容積115ml/rev,並供油至一個容積為150ml/rev的定排量馬達。最大迴路壓力為800kPa,泵及馬達的機械效率為92%及容積效率為95%,則馬達最大的扭矩輸出約為 ＿＿＿＿＿＿＿＿ N-m。(取整數)(π=3.14)

56 氣液壓控制閥依使用功能主要分為:流量控制閥、壓力控制閥及 ＿＿＿＿＿＿＿＿ 三大類。

57 交流電機主要分為同步電機及 ＿＿＿＿＿＿＿＿ 兩大類。

58 三相 60Hz 的感應電動機同步轉速為 1200rpm，其定子的極數為 ＿＿＿＿＿＿＿＿ 極。

59 如圖所示，一交流電壓源 V＝120∠0°V，供電給一阻抗 Z＝20∠-30°Ω的負載，則供給負載的實功率為 ＿＿＿＿＿＿＿＿ Watt。(取整數)

60 一個 8 位元 DAC 的參考電壓 V_{ref} 為 10V，二進位輸入是 10011011，類比輸出電壓 ＿＿＿＿＿＿。

61 一個 8 位元 ADC 的參考電壓 V_{ref} 為 10Vdc，類比輸入是 2.5Vdc，ADC 二進位輸出碼是 ＿＿＿＿＿＿＿＿。

62 二進位(10110010)，其 2 的補數(complement)為 ＿＿＿＿＿＿＿＿。

63 十進位(15)轉換成 BCD 碼為 ＿＿＿＿＿＿＿。

64 電晶體有兩種基本類型：NPN 和 ＿＿＿＿＿＿。

65 序列資料的傳送速度為 1200bps，傳送 1200 位元組的資料需時多久 ＿＿＿＿＿ 秒。

66 具有 3 位元的 ADC，滿刻度以 FS(full scale)表示，其 LSB(least significant bit)為 ＿＿＿＿＿＿ FS。

67 二進位(10111001)轉換成十進位為 ＿＿＿＿＿＿。

68 具有 8 位元的二進位(11111111)，轉換成具有帶正負號的十進位數為 ＿＿＿＿＿＿＿。

69 有一動力傳遞機構，其所能傳遞之功率為 50 仟瓦(kW)，若可傳遞之轉矩為 500 牛頓-米(N-m)，則其傳輸軸轉速為 ＿＿＿＿＿＿＿ 轉/分(rpm，小數點四拾五入，取整數)。

70 PLC 的輸入模組一般使用 ＿＿＿＿＿＿＿ 來隔離內部電路和外部電路。

71 PLC 中一般計時器依其動作方式有二型：(1)通電延遲型 (2)＿＿＿＿＿＿ 型。

72 如果系統負載作動不是很頻繁，則最好選用 ＿＿＿＿＿＿ 型輸出的 PLC。

73 PLC 的最基本的應用是用它來取代傳統的配電盤進行 ＿＿＿＿＿＿＿ 控制。

74 PLC 是藉數位或類比輸出入裝置，以特定的命令語言，將邏輯運算、＿＿＿＿＿＿、定時、計數和算術運算等作成程式，存放於記憶體中，用來控制各種類型的機械設備和生產程的電子裝置。

75 PLC 由哪些單元構成：輸出入單元，記憶單元，電源單元，＿＿＿＿＿＿＿ 單元。

76　彈簧式開關 X，輸出繼電器 R，請畫出自保持電路。＿＿＿＿＿＿＿＿＿＿＿＿

77　PLC 的輸入信號模式中，大部份的直流輸入額定電壓為 ＿＿＿＿＿＿＿＿ V。

78　二進位數字 1101 等於十六進位數字的 ＿＿＿＿＿＿＿＿。

79　可程式邏輯控制器的國際標準是 ＿＿＿＿＿＿＿＿。

80　兩種不同金屬構成的迴路中，如果兩種金屬的結點處溫度不同，該迴路中就會產生一個溫差電動勢，此種情況稱為 ＿＿＿＿＿＿＿＿。

81　＿＿＿＿＿＿＿＿ 現象起因於熱敏電阻的電阻值進入負電阻區，而產生連鎖反應的結果，使得熱敏電阻開始發熱，更引起電阻變小，直到損壞為止。

82　量具對量測值所能顯示出最小讀數的能力稱為 ＿＿＿＿＿＿＿＿。

83　應用於兩點支撐之直邊標準器，如直邊規水平放置時之支撐，其支撐條件為兩點支撐使直邊高低變化量最小，此部分稱為 ＿＿＿＿＿＿＿＿。

84　在自動控制原理當中，系統的 ＿＿＿＿＿＿＿＿ 是最後的位置誤差，它是控制變數設定值與最後實際值之差值。

85　＿＿＿＿＿＿＿＿ 馬達是結合 PM 和 VR 步進馬達的特性，它有一個永久磁鐵介於兩個齒狀鐵輪的轉子中間，此永久磁鐵的磁場提供了馬達無激磁保持扭矩。

86　＿＿＿＿＿＿＿＿ 記憶體具有停電保持記憶功能，且有較多的儲存次數。

87　自動化機器在規劃編輯程式時，應先編輯＿＿＿＿＿＿＿＿ 程式，以防撞機或爆炸的危險。

88　輪與軸之間在傳遞有衝擊性之重負載時，應使用 ＿＿＿＿＿＿＿＿ 做為結合之機件。

89　可程式控制器通信介面使用 RS_422，乃因具有較佳的 ＿＿＿＿＿＿＿＿ 與能提高傳輸距離。

90　熱敏電阻符號中以英文標識 PTC 者是屬於 ＿＿＿＿＿＿＿＿ 係數。

91　當光敏電阻處於黑暗中時，其電阻值將呈現 ＿＿＿＿＿＿＿＿。

92　雙金屬溫度計是根據 ＿＿＿＿＿＿＿＿ 原理設計。

93　可程式控制器的中央處理單元包含控制單元、算數邏輯單元、＿＿＿＿＿＿＿＿。

94　某筆資料共 1200bytes，今以每個框(Frame)包含 8 個資料位元，1 個起始位元，2 個停止位元，沒有同位位元之非同步串列方式傳輸，共需要 5.5 秒才能傳完。則此串列傳輸之鮑率應為 ＿＿＿＿＿＿＿＿。

95　線性步進馬達的應用主要講求低質量與高速運轉之場合，其動作原理具有沿 ＿＿＿＿＿＿＿＿ 之特性。

96　電位計的工作原理是以 ＿＿＿＿＿＿＿＿ 部份，與一可變電阻組成，利用分壓定理導出與滑動器連接之中間端子之輸出電壓。

97 壓電性轉換器的最大缺點為 ＿＿＿＿＿＿，同時因為它具有高輸出阻抗，所以必須和低電容、低雜訊電纜線耦合才能使用。

98 一般的超音波感測器均包含有發射與接收兩部分。最常用的有 ＿＿＿＿ 及磁伸縮式兩大類。

99 可程式控制器的輸入模組元件有按鈕開關、極限開關、選擇開關、電驛接點及各種 ＿＿＿＿＿＿ 開關。

100 PLC 差動式數位輸入信號電壓是 ＿＿＿＿＿＿ 伏特。

101 PLC 以電晶體輸出驅動電感性負載時，在 ON/OFF 頻繁的場合為降低雜訊干擾及防止過電壓或過熱而損壞電晶體輸出，在如圖電路中可用的電子元件為 ＿＿＿＿＿＿。

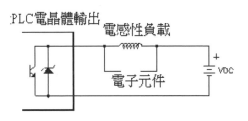

102 PLC 高速輸入端接 NPN 感測器使用電源為 DC 5V 如圖(a)所示。現如圖(b)所示改用電源為 DC 24V 時，線路中應加入的電子元件為 ＿＿＿＿＿＿。

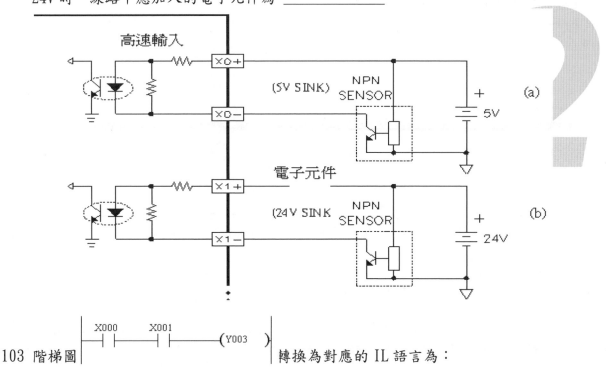

103 階梯圖 ｜---|X000|---|X001|---(Y003)---｜ 轉換為對應的 IL 語言為：

```
LD   X000
____ X001
OUT  Y003
```

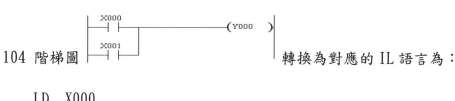

104 階梯圖 轉換為對應的 IL 語言為:

LD X000
_____ X001
OUT Y000

105 如圖 T0 與 T1 為以 1ms 為單位的計時器,當 X000 ON 時 Y003 作脈波輸出,其輸出頻率為
_____ Hz。

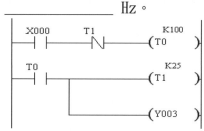

106 PLC 的脈波高速輸出規格為 10Kpps,表示此介面每秒最高可輸出 _____ 脈波。

107 請問此濾波電路之截止頻率為? _____ 。

108 請問類比系統中多以 Routh's Table 來分析系統穩定度,在數位系統中則是以什麼 Table 來分析穩定度? _____ 。

109 在典型的直流馬達建模過程中,參數 R_a=電樞電阻、I_a=電樞電流、L_a=電樞電感、E_a=電樞電壓而 E_b=反電動勢。若以 $E_a - E_b$ 為輸入且 I_a 為輸出時,則以拉氏轉換建模的方塊圖之轉移函數為何? _____ 。

110 測溫電阻體 pt-100Ω,在攝氏溫度幾度時,電阻值為 100Ω ? _____ 。

111 對一單自由度無阻尼之質量-彈簧系統而言,若質量保持不變,而彈簧常數增加為原彈簧常數之四倍,則此系統之自然頻率(natural frequency)為原系統之 _____ 倍。

112 如圖夾爪挾持後,當外力可克服工件與治具之間摩擦力,工件仍有 _____ 個自由度。

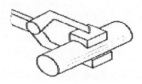

113 如圖所示之位移運動系統,請問其轉移函數 $G(s) = \dfrac{X_1(s)}{F(s)}$ 為？ _____。

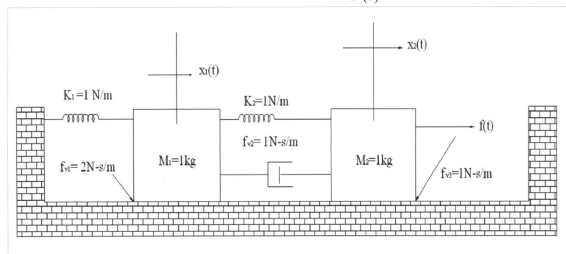

114 有一直流發電機轉速計(DC generator tachometer),當其轉速為600rpm 時、量測到輸出電壓為 1.5V,當量測到輸出電壓為 4V 時,此時轉速為 _____ rpm。

115 一個彈簧位於 X 軸上,彈性係數為 k,二端施以 f_{1x}、f_{2x} 力,位移方程式為

$$\begin{bmatrix} f_{1x} \\ f_{2x} \end{bmatrix} = \begin{bmatrix} k_{11} & k_{12} \\ k_{21} & k_{22} \end{bmatrix} \begin{Bmatrix} d_{1x} \\ d_{2x} \end{Bmatrix}$$,$[k]$ 值為 _____。

116 懸臂樑,當尖端受垂直力 f 時,從簡單的材料力學公式可知懸臂樑尖端的垂直位移為 $\delta = fl^3/3EI$,其中 E 為懸臂樑材料的彈性模數,I 為懸臂樑截面的慣性矩。利用簡單的虎克定律 $f = k\Delta x$ 的概念,可以得知此系統的等效剛性為 $k_e = f/x = 3EI/l^3$,系統的自然頻率為 _____。

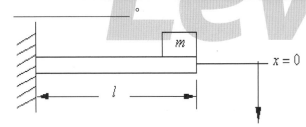

117 避震器是一個充滿液壓油的液壓缸,液壓油本身有黏滯性,流動時便會對外力產生阻尼的效果。黏性阻尼產生的抗力是和速度成正比,可以寫成 $F = -c\dot{x}$ 振動系統方程式成為 $m\ddot{x} + c\dot{x} + kx = 0$,令 $x = ce^{st}$ 代入方程式可得 $ms^2 + cs + k = 0$,

$$s = \frac{-c \pm \sqrt{c^2 - 4mk}}{2m} = -\frac{c}{2m} \pm \sqrt{\left(\frac{c}{2m}\right)^2 - \frac{k}{m}}$$ 臨界阻尼常數(critical damping constant) $C_c = ?$

_____。

118 一氣體活塞將有瑕疵之工件推離輸送帶,工件可達5kg,若摩擦係數為 0.1,工件要在 1 秒內被推離 25cm 之外,問氣壓活塞之推力為 _____ N。

119 一電磁線圈可用來驅動高速印表機之印表頭,表頭將字模壓在色帶上,將字印在紙上。若印表頭重 0.05kg,要在 1cm 之距離下以 2m/s 之速度打擊色帶,則電磁線圈要提供 _____ N 之力量給印表頭。

120 類比系統的數學模型多以微分方程式及拉普拉斯轉換來處理，請問在數位系統中，則以
＿＿＿＿＿＿＿＿＿＿ 方程式及 ＿＿＿＿＿＿＿＿＿＿ 轉換來處理。

121 請問以下放大器之放大倍率為？ ＿＿＿＿＿＿＿＿＿＿ 。

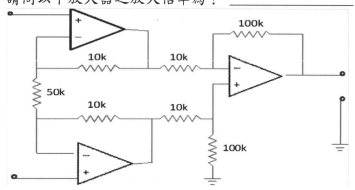

122 請問 AD590 為溫度感測器，在不要考慮絕對零度特性下，每改變 1°C 時電流改變 1μA，在+25
°C 時電流輸出為 298μA，在+150°C 時電流輸出為 423μA，則在 0°K 時電流輸出為 ＿＿＿＿＿＿＿＿
μA。

123 微弱訊號之放大，採用差值放大器及儀表放大器，是因為它們可削減 ＿＿＿＿＿＿＿＿ 雜訊。

124 測溫電阻體 pt-100Ω，在攝氏溫度 ＿＿＿＿＿＿＿＿ 度時，電阻值為 100Ω。

125 有一電阻及電容所構成低通濾波器，其輸出電壓在頻率為 100(rad/sec) 時被衰減 3dB，試決
定濾波器之時間常數為 ＿＿＿＿＿＿＿＿ (s)。

126 物體電阻值(R)與物體長度(l)及物體截面積(A)的關係為 ＿＿＿＿＿＿＿＿ 。

127 較適合用於檢測微小物件的檢出，是 ＿＿＿＿＿＿＿＿ 感測器。

128 使用一個有 250 槽孔盤子的位置感測系統。計數器的值是 00100110。所測得的軸角度是
＿＿＿＿＿＿＿＿ 。

129 請寫出如圖所示的脈波平均電壓值 ＿＿＿＿＿＿＿＿ V。

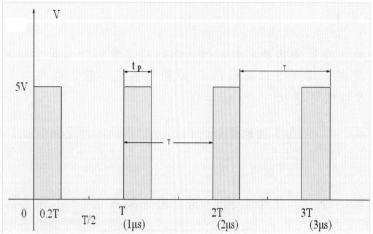

130 某單轉電位計的範圍是 350 度，若電位計的供給電壓為 DC5 伏特，問設定於 70 度時之電壓
輸出量為 ＿＿＿＿＿＿＿＿ 伏特。

131 一單轉電位計的範圍是 350 度，具有 0.1% 的線性誤差，若其與 10Vdc 電源相連接，則此系統所得最大角度誤差值為 _____ 度。

132 假設一鋼骨(楊氏係數為 $2.07 \times 10^7 N/cm^2$)結構斷面積為 $20cm^2$，現安裝一應變規(電阻值為 120 Ω，應變規因子 GF 為 2)，應變規電橋被供給 10V 電壓。當此鋼骨無負載時，電橋平衡，因此輸出是 0V；現施加某一力量到此鋼骨結構，量得電橋電壓為 0.0005V，求此力量為多少 N？ _____。

133 計數器有一個 500 個槽孔的增量型光學旋轉編碼器，它的值為 101100011，編碼器目前軸的角度為 _____。

134 混合型步進馬達具有 6 個定子繞組且轉子具有 12 齒，則每步角度=? _____。

135 彈簧預載氣壓缸直徑為 2in，且行程 2in。返回彈簧有 3 lb/in 的彈簧係數。使用氣體壓力為 30psi。當氣壓缸於行程結束端提供給負荷的力量為 _____ lb。

136 有一汽壓缸，其理論出力為 1000(kgf)；活塞有效面積為 10(平方公分)，求其操作壓力為 _____ (bar)。

137 若將三相感應馬達的任意兩條電源線對調，則其效果為 _____。

138 有一 6 極 60Hz 之感應馬達，其滿載時之轉差率 2.5%，則其輸出轉速應為 _____ rpm。

139 步進馬達驅動之導螺桿式工作平台，若導螺桿直徑為 20mm，工作平台及負載合計重 5kgf，加速扭力為 30kgf-cm，請問選用之步進馬達扭力需有 _____。

140 某油壓缸直徑為 10cm，壓力值為 700kPa，若不計黏滯或摩擦效應，則此油壓缸之最大出力為 _____ N。

141 一般線性致動器有哪三種類型? _____、_____、_____。

142 請問單晶片控制，在資料傳輸上面，以串列方式傳輸除了有 RS232 以外，現在比較盛行的有 USB 介面，另外在許多感測器上面多以 _____ 方式作資料串列傳輸。

143 ADC0808IC，若參考電壓為 5.12V，當輸入類比電壓=2.6V，則輸入二進制八位元為 _____。

144 一個 8 位元 ADC 的參考電壓為 7V，類比輸入電壓為 2.5V。則 ADC 二進位輸出碼是 _____。

145 假設某感測器最大輸出電壓為 1mV，選擇放大器輸出必須在 0~5V，則放大器所需增益必須為 _____。

146 若有一類比式重量感測器之電壓輸出 0V～+5V 表示待測物之重量為 0g～+50g，且其精確度為 0.01g 時，則最少應使用 _____ bit 之 ADC 才能滿足其解析度需求。

147 機械設備外殼裝設接地線，主要功能是防止 _____。

148 RS485 採用差分信號負邏輯，-6V～-2V 表示 "1"，"0" 的值為何? _____。

149 工業界使用 RS485 取代 RS232 做為資料傳輸，主要是它有 _____ 功能。

150 利用單一電線傳送一連串單一位元資料的介面稱為 ＿＿＿＿＿＿＿＿＿ 介面。

151 運算放大器如圖所示，則輸出 Vo=＿＿＿＿＿＿＿＿＿ 。

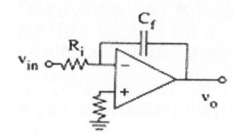

152 請寫出下列邏輯電路簡化之布林代數式。＿＿＿＿＿＿＿＿＿＿＿＿

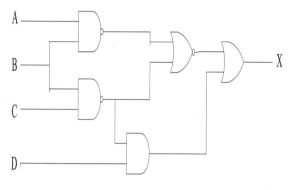

153 單晶片微電腦(微控制器)至少包含哪三部份？＿＿＿＿＿＿ 、 ＿＿＿＿＿＿ 、 ＿＿＿＿＿＿ 。

154 請問人機介面的英文名稱為 ＿＿＿＿＿＿＿＿＿ 。

155 步進點的結束指令為 ＿＿＿＿＿＿＿＿＿ 。

156 一般可程式控制器之輸出接點(繼電器型)，其額定電流為 ＿＿＿＿＿＿＿ 安培。

157 將如圖可程式邏輯控制器(PLC)的階梯圖，以指令編寫成？

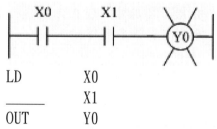

```
LD      X0
____    X1
OUT     Y0
```

158 PLC 的工作是週期性的，PLC 一旦被切到運轉狀態，立即進行週期性的掃描工作，而完成一次執行週期所需的時間稱為 ＿＿＿＿＿＿＿ 時間。

159 PIC 單晶片的控制指令如下：

CHK_SW：

```
                BTFSC       PORTB,    SW2
                GOTO        LEDRIGHT
LEDLEFT
                MOVLW       B'00001111'
                MOVWF       PORTD
                GOTO        CHK_SW
LEDRIGHT：
                MOVLW       B'11110000'
                MOVWF       PORTD
                GOTO        CHK_SW
```

此為按鍵開關 SW2 連接至 PORTB。
此按鍵開關 SW2 與 PIC 單晶片連接電路為何？＿＿＿＿＿＿＿＿＿＿。

160 下列階梯圖，請寫出其指令程式。＿＿＿＿＿＿＿＿＿＿＿＿＿＿＿

161 在順序控制中，個別被執行的動作可能執行一段時間，此情形稱為時間驅動；或等到某工作被完成，此情形稱為事件驅動。以自動洗衣機為例，首先要使水充滿水槽，這是屬於＿＿＿＿＿＿＿＿＿＿驅動。

162 PLC 的三大構成部分為何？＿＿＿＿＿＿＿、＿＿＿＿＿＿＿、＿＿＿＿＿＿＿。

163 一個機電整合系統至少包括三類元件，除了感測器，致動器，請問還有什麼？＿＿＿＿＿＿＿。

164 機械系統能以等效電路來類比，在串聯類比中：質量相當於電感，請問彈簧相當於什麼？＿＿＿＿＿＿＿＿＿＿。

165 請問轉移函數(transfer function, 簡稱為 TF)代表控制系統哪兩者之關係？＿＿＿＿＿＿＿＿。

166 控制系統如果以訊號之連續與不連續區分，則控制系統可分哪兩類？＿＿＿＿＿＿＿＿＿。

167 有一質量為 1 公斤(kg)的物體，懸掛於一上端垂直固定於天花板理想線性彈簧(彈性常數為 40 牛頓/米(N/m))的下端，若此物體自平衡點被往下移動某些距離後釋放，此系統將以簡諧運動(harmonic motion)的方式呈現，試問此系統的自然共振頻率(natural resonant frequency, Hz)為何？＿＿＿＿＿＿＿＿＿＿。

168 有一 2 馬力(hp)的馬達經由一減速比為 5：1 之齒輪組與線性導螺桿結合，用以驅動安裝於線性導螺桿上之平台。若平台移動 1 公尺，導螺桿須旋轉 12 圈。若導螺桿的轉速為 360rpm，試問平台要移動 5 公尺，則馬達所作的功(仟焦耳(KJ))為何？＿＿＿＿＿＿＿＿＿＿。

169 將 47.375_{10} 轉換成二進位數字，為 ＿＿＿＿＿＿＿＿＿＿＿ 。

170 如圖所示之旋轉系統，其轉移函數 $\dfrac{\theta_s}{T_s}$ 為何？＿＿＿＿＿＿＿＿＿ 。

171 一個 8 位元 DAC，其參考電壓為 12V，請問其解析度為多少？＿＿＿＿＿＿ 。

172 何種穩定系統的阻尼狀況會產生超越量現象？ ＿＿＿＿＿＿＿＿＿ 。

173 在機電系統中有時會用所謂的類比來進行分析，在機械與電機並聯類比時，速度類比於何？
＿＿＿＿＿＿＿ 。

174 一階系統的時間常數為達到最終值的多少百分比？ ＿＿＿＿＿＿＿＿ % 。

175 在控制系統中常代表設定點突然改變的函數為何種函數？ ＿＿＿＿＿＿＿＿ 。

176 在拉氏轉換中純積分器的轉換為何？ ＿＿＿＿＿＿＿＿＿ 。

177 若白金電線的溫度係數是 $0.39\Omega/℃$，則一根 100Ω 的白金 RTD 被使用時的讀數是 120Ω，求
此溫度為 ＿＿＿＿＿＿＿＿＿＿ 。

178 在 3 公尺水槽底部的液位感測器錶壓力是 ＿＿＿＿＿＿＿ Pa 。

179 結晶材料受壓時，該結晶材料會產生電壓，此種現象稱為何種效應？ ＿＿＿＿＿＿ 。

180 石英振盪式濕度感測器，是藉由某一特定頻率下，會使石英振盪子之阻抗變低，藉此特性所
設計之感測器，其中該特定頻率稱為？ ＿＿＿＿＿＿＿＿ 。

181 一氣壓缸專用之近接開關，其動作時間為 2ms，動作範圍 5mm，氣壓缸使用最高速度為
＿＿＿＿＿＿＿＿＿ m/s 。

182 在整流電路中，濾波電容值愈大時，相對其漣波因數會隨著變大或變小？ ＿＿＿＿＿＿ 。

183 一 K 型熱電偶，溫度量測範圍由 $-20℃～+120℃$ 所得到的輸出電壓從 -8mV~48mV，若溫度與
電壓成線性關係，則其電壓溫度係數可表示成：＿＿＿＿＿＿＿ 。

184 通常感測器的訊號需經過一個何種轉換器才可以送至微處理機 ＿＿＿＿＿＿＿ 。

185 選用阻抗匹配電路的目的為何？ ＿＿＿＿＿＿＿ 。

186 一個致動器通常需要一個 ＿＿＿＿＿＿＿＿＿ 來提供足夠的能量，以便可以使致動器動作，
因此也稱為驅動器。

187 一 240V 電動馬達用來在一分鐘內直拉重 100kg 的物體移動 2m，假設馬達效率為 80%，請問
一分鐘內，電流至少要多大？ ＿＿＿＿＿＿＿ 。

188 交流旋轉電機極數(P)、頻率(F)和轉速(RPM)，三者的關係是？＿＿＿＿＿＿。

189 彈簧所造成之力量是依據何種定律計算？＿＿＿＿＿＿。

190 欲決定步進馬達其步進大小，是由步進馬達哪兩項元件數目決定？＿＿＿＿＿＿。

191 有一線性致動器係用以移動重量為 1000 牛頓(N)之平台，若此致動器移動速度與平台重量的關係為：v(公尺/秒)=-0.6075*平台重量(牛頓)+610，若要移動 5 公尺，試問所需時間(秒)為何？＿＿＿＿＿＿。

192 有一 12Vdc 之直流馬達經由一減速比為 5：1 之齒輪組與線性導螺桿結合，用以驅動安裝於線性導螺桿上重量為 1000 牛頓(N)之平台，若馬達所須之電流與平台重量的關係為：電流(A)＝0.002*平台重量(N)+5，若平台移動 1 公尺，導螺桿須旋轉 12 圈，若導螺桿的轉速為 360rpm，試問平台要移動 5 公尺所需時間(秒)為何？＿＿＿＿＿＿。

193 有一 10 馬力(hp)的馬達係用以驅動一齒輪旋轉式液壓缸，若轉動此液壓缸所需之最小轉矩(torque)為 50 牛頓-米(N-m)，試問其轉速(rps)為何？＿＿＿＿＿＿。

194 有一 10 馬力(hp)的馬達係用以驅動一齒輪旋轉式液壓缸，若液壓缸之轉矩與轉速之關係為轉矩(N-m)＝0.25*轉速(rps)+50，試問其轉速(rps)為何？＿＿＿＿＿＿。

195 有一 12Vdc 之直流馬達經由一減速比為 5：1 之齒輪組與線性導螺桿結合，用以驅動安裝於線性導螺桿上重量為 1000 牛頓(N)之平台，若馬達所須之電流與平台重量的關係為：電流(A)＝0.002*平台重量(N)+5，若導螺桿的轉速為 360rpm，則馬達產生的轉矩(牛頓-米，N-m)為何？(請計算至小數點第二位)＿＿＿＿＿＿。

196 一步進馬達驅動之導螺桿(導程為 5 mm)式工作平台，其中馬達輸出軸與導螺桿間配有一轉速比 10：1 之減速齒輪組，如工作平台之位移解析度 0.002 mm，則此步進馬達之步進角度應為＿＿＿＿＿＿ 度。

197 有一雙動氣壓缸(ϕ32×12×200st)，在操作壓力 5kgf/cm^2 下往復一次，其消耗空氣量約為＿＿＿＿＿＿ N1。

198 有一電動馬達用於絞盤，使用 4A 之電流及 12V 直流電壓下操作，舉升 50kg 質量之重物，有多快之速度＿＿＿＿＿＿ m/min。

199 有一部單軸螺桿滑台使用 DC 直流馬達驅動，使滑台做往復之直線運動。若螺桿螺距為 5 mm、螺桿所需轉矩為 4kgf-cm、DC 馬達實際轉速為 1440rpm、行走距離為 150 mm、行走時間為 10sec，減速機之傳動效率為 80%，試計算螺桿轉速為＿＿＿＿＿＿ rpm。

200 有一單桿雙動氣壓缸，在操作壓力 6kgf/cm^2 下，以垂直方向推升 20kgf 之重物，其負荷率為 70%，桿徑 d=1/3 缸徑 D，宜選用缸徑為＿＿＿＿＿＿ mm 之氣壓缸。

201 用來描述交流電大小的方式是？＿＿＿＿＿＿。

202 一馬力為多少瓦？＿＿＿＿＿＿。

203 一度電為多少千瓦小時？＿＿＿＿＿＿。

204 A/D 轉換器的解析度為 5000 時，+10V~-10V 類比電壓的解析度為多少？_____。

205 若待測物重 0~100g 且其精確度為 0.01g 時，則最少要多少 bits 的 ADC 才能滿足解析度要求？_____。

206 使用單一電線，進行一連串單一位元資料之傳送，我們稱之為何種介面？_____。

207 同步之序列介面資料傳輸，必須將資料位元組以何種方式傳輸？_____。

208 有一控制器之 12bit 線性 DAC（數位轉類比）模組，且其數位輸入範圍為 0H~FFFH，若其輸出電壓範圍 0V~+5V，此 DAC 最小輸出之電壓變化為 _____ mV（解析度）。

209 若有一控制器之 12bit 線性 ADC 模組，其輸入電壓範圍為 -5.12V~+5.12V，當此 A/D 讀出值為 F2BH 時，其輸入電壓應為 _____ V。

210 有一變頻器模組之電壓輸入 0V~+20V 表示馬達之轉速為 0rpm~+2000rpm，其精確度為 2rpm。則選用 _____ bit 之 D/A 模組，以獲得此輸出解析度。

211 一個 8 位元 DAC 之參考電壓為 10V，二進位輸入是 10011110，求類比輸出電壓？_____ V。

212 假設電腦主記憶體有 64MB，試問記憶位址暫存器需要多少 Bits 才能符合要求？_____。

213 在數位電路中，最基本的記憶儲存元件是 _____。

214 如圖所示之運算放大器為何種電路？_____。

215 機器週期影響微處理機處理的何種表現？_____。

216 8051 微處理機中所謂 8 位元指的是具有 8 條何種線？_____。

217 電腦螢幕垂直掃描頻率至少要多少 HZ 畫面才不會出現明顯閃動？_____。

218 電腦系統啟動時處理器最優先處理的程式為？_____。

219 BIOS 為電腦作業系統提供控制設備的基本功能。包含有哪三大部分？_____、_____、_____。

220 PLC 由哪些單元構成：輸出入單元，記憶單元，電源單元，_____ 單元。

221 PLC 控制在自動運轉時主要有 _____、單循環運轉模式及連續運轉模式。

222 PLC 控制在手動運轉時主要有哪兩種運轉模式必須含括？_____、_____。

223 一自動化機器以可程式控制器 PLC 控制，有 4 支氣壓缸各有 2 個磁簧開關，2 個直流馬達可順逆轉控制，各有 2 個定位感測器，手動操作有 5 個開關，另使用一個數字型指撥開關，一個 4 位數字之 BCD 碼七段顯示器，1 個單邊電磁閥，3 個雙邊電磁閥，共需 _____ 個輸出接點數。

224 一自動化機器以可程式控制器 PLC 控制，有 4 支氣壓缸各有 2 個磁簧開關，2 個直流馬達可順逆轉控制，各有 2 個定位感測器，手動操作有 5 個開關，另使用一個數字型指撥開關，一個 BCD 碼七段顯示器，1 個單邊電磁閥，3 個雙邊電磁閥，共需 _____ 個輸入接點數。

225 七段顯示器若為共陰型，欲使其顯示數字，其控制信號是高準位信號或低準位信號 _____。

226 引導動作型溢流閥平衡活塞上之阻尼管如發生堵塞，對液壓系統會有什麼影響？ _____。

227 200 步的步進馬達其步進角為何？ _____。

228 由於脈波速度太快使得步進馬達的扭力變小而跟不上應有的動作的現象稱為 _____。

229 流程圖、時序圖與何者最通常被利用來規劃 PLC 的程式 _____。

230 步進馬達使用時的激磁方式有三種，請描述之？ _____、_____、_____。

解答 – 選擇題

1. D	2. B	3. C	4. D	5. C	6. D	7. B	8. A	9. C	10. B
11. A	12. B	13. D	14. D	15. C	16. B	17. A	18. B	19. B	20. B
21. C	22. A	23. D	24. B	25. C	26. C	27. C	28. D	29. A	30. C
31. B	32. C	33. D	34. C	35. D	36. D	37. A	38. C	39. B	40. A
41. D	42. C	43. A	44. B	45. D	46. D	47. D	48. C	49. D	50. B
51. C	52. B	53. D	54. D	55. C	56. C	57. D	58. D	59. C	60. C
61. A	62. D	63. C	64. C	65. D	66. C	67. A	68. A	69. A	70. A
71. A	72. A	73. A	74. A	75. A	76. C	77. D	78. D	79. C	80. B
81. A	82. D	83. A	84. B	85. C	86. D	87. A	88. B	89. C	90. D
91. A	92. B	93. C	94. B	95. A	96. B	97. D	98. C	99. C	100. D
101. D	102. B	103. D	104. C	105. B	106. B	107. B	108. B	109. B	110. A
111. A	112. B	113. A	114. B	115. A	116. B	117. A	118. A	119. A	120. A
121. A	122. C	123. A	124. D	125. D	126. D	127. B	128. C	129. C	130. A
131. A	132. D	133. A	134. C	135. D	136. D	137. A	138. C	139. A	140. B
141. B	142. A	143. C	144. A	145. C	146. A	147. B	148. D	149. A	150. B
151. C	152. B	153. C	154. A	155. C	156. D	157. A	158. A	159. C	160. D
161. D	162. C	163. C	164. B	165. A	166. B	167. C	168. A	169. B	170. B
171. C	172. D	173. B	174. D	175. C	176. C	177. D	178. A	179. B	180. B
181. B	182. A	183. A	184. C	185. C	186. B	187. A	188. C	189. A	190. A
191. B	192. D	193. C	194. A	195. B	196. D	197. A	198. B	199. B	200. A
201. D	202. B	203. D	204. A	205. D	206. A	207. B	208. A	209. C	210. C
211. A	212. C	213. D	214. C	215. A	216. B	217. D	218. C	219. A	220. A
221. C	222. A	223. C	224. D	225. D	226. D	227. C	228. C	229. D	230. A
231. B	232. A	233. C	234. D	235. A	236. A	237. A	238. D	239. C	240. B

241. C   242. A   243. D   244. B   245. B   246. B   247. D   248. A   249. C   250. B

251. C   252. D   253. B   254. B   255. A   256. D   257. A   258. D   259. D   260. B

261. B   262. C   263. A   264. D   265. B   266. D   267. C   268. A   269. B   270. D

271. C   272. C   273. B   274. D   275. B   276. B   277. B   278. D   279. D   280. C

281. B   282. B   283. C   284. B   285. A   286. D   287. A   288. B   289. D   290. C

291. B   292. B   293. B   294. B   295. C   296. B   297. A   298. B   299. B   300. B

301. C   302. A   303. C   304. A   305. B   306. C   307. C   308. D   309. D   310. B

311. C   312. A   313. C   314. B   315. B   316. C   317. B   318. A   319. D   320. D

321. B   322. B   323. C   324. D   325. A   326. B   327. B   328. D   329. B   330. B

331. C   332. B   333. B   334. D   335. C   336. A   337. B   338. C   339. A   340. A

341. B   342. B   343. A   344. C   345. C   346. C   347. A   348. C   349. A   350. C

351. B   352. D   353. C   354. A   355. B   356. D   357. B   358. A   359. D   360. A

361. A   362. C   363. C   364. C   365. D   366. D   367. D   368. B   369. D   370. C

371. B   372. C   373. D   374. B   375. D   376. D   377. A   378. B   379. C   380. D

381. C   382. A   383. C   384. B   385. B   386. A   387. C   388. D   389. D   390. D

391. C   392. C   393. A   394. B   395. B   396. C   397. D   398. A   399. C   400. C

401. A   402. B   403. A   404. A   405. B   406. B   407. A   408. D   409. A   410. C

411. D   412. B   413. A   414. B   415. D   416. A   417. A   418. A   419. B   420. D

421. A   422. B   423. A   424. D   425. C   426. B   427. D   428. D   429. A   430. C

431. B   432. B   433. C   434. B   435. D   436. D   437. B   438. C   439. D   440. C

441. A   442. D   443. D   444. A   445. B   446. C   447. D   448. A   449. B   450. C

451. B   452. D   453. A   454. B   455. B   456. A   457. C   458. B   459. B   460. B

461. A   462. B   463. A   464. A   465. C   466. B   467. A   468. C   469. B   470. A

471. D   472. C   473. C   474. A   475. D   476. D   477. D   478. D   479. B   480. D

481. A   482. C   483. B   484. C   485. B   486. A   487. D   488. C   489. B   490. D

491. A 492. C 493. D 494. C 495. D 496. B 497. A 498. C 499. B 500. C

501. B 502. D 503. D 504. B 505. D 506. D 507. C 508. A 509. D 510. D

511. B 512. B 513. D 514. A 515. C 516. D 517. C 518. D 519. B 520. C

521. C 522. B 523. C 524. A 525. D 526. B 527. A 528. D 529. D 530. D

531. A 532. A 533. D 534. C 535. C 536. B 537. B 538. B 539. B 540. A

541. C 542. D 543. A 544. C 545. B 546. D 547. D 548. B 549. D 550. B

551. D 552. B 553. B 554. D 555. B 556. C 557. D 558. B 559. D 560. D

561. A 562. D 563. B 564. D 565. B 566. D 567. B 568. D 569. A 570. C

571. B 572. B 573. C 574. A 575. D 576. C 577. D 578. C 579. A 580. C

581. C 582. A 583. B 584. A 585. D 586. C 587. C 588. C 589. B 590. A

591. A 592. A 593. B 594. D 595. C 596. A 597. A 598. C 599. C 600. C

601. A 602. D 603. B 604. D 605. C 606. A 607. D 608. B 609. C 610. B

611. A 612. B 613. C 614. C 615. A 616. B 617. B 618. C 619. D 620. D

621. C 622. B 623. A 624. B 625. C 626. A 627. C 628. D

Level 2

解答 - 填充題

1. $m\dfrac{d^2y}{dt^2} + ky = 0$

2. $y(t) = y_0 \cos\sqrt{\dfrac{k}{m}}\,t$

3. $L\dfrac{d^2q}{dt^2} + \dfrac{1}{C}q = 0$

4. $q(t) = q_0 \cos\sqrt{\dfrac{1}{LC}}\,t$

5. $m\dfrac{d^2x}{dt^2} + C\dfrac{dx}{dt} + kx = f(t)$

6. $L\dfrac{d^2q}{dt^2} + R\dfrac{dq}{dt} + \dfrac{1}{C}q = v(t)$

7. 0.13

8. 228 公斤

9. 0.56 秒

10. $\dfrac{1}{2\pi}\sqrt{\dfrac{k}{m}}$

11. 9.42

12. $L\dfrac{di(t)}{dt} + Ri(t) + \dfrac{1}{C}\displaystyle\int i(t)dt = v(t)$

13. $M\ddot{x}(t) + B\dot{x}(t) + Kx(t) = f(t)$

14. $-\dfrac{R_2}{R_1}$

15. $\dfrac{1}{Ms^2 + Bs + K}$

16. $\dfrac{G+K}{1+GH}$

17. $0 < K < \dfrac{14}{9}$

18. $P(s) = \dfrac{Gc(s)Gm(s)}{1+Gc(s)Gm(s)H(s)}R(s)$

19. 0℃

20. 磁場

21. 超音波

22. 高

23. 場效

24. 積熱電驛

25. 電流

26. 900

27. 電流

28. 白金

29. $\Delta\theta = \dfrac{0.1 \times 350^{0}}{100} = 0.35^{0}$

30. $10\Omega \times \dfrac{^{0}C}{0.39\Omega} = 25.6^{0}C$

31. 20 kHz

32. 光導電

33. 火焰

34. 霍爾

35. 席貝克（Seebeck Effect）

36. 定電流

37. 致動器（Actuator）

38. 致動器

39. 致動器

40. 致動器（actuator）

41. 氣壓致動器

42. 壓電致動器

43. 壓電

Level 2

44. 致動器

45. 壓電

46. (微)致動器

47. 記憶合金

48. 電磁

49. 線性馬達 (electric linear motor)

50. 液壓缸 (hydraulic cylinder)

51. 控制閥

52. 轉子

53. 20

54. 17.36

55. 176

56. 方向控制閥

57. 感應電機

58. 6

59. 624 W

60. 6.05 V

61. 01000000

62. 01001110

63. 00010101

64. PNP

65. 8

66. 1/8

67. 185

68. -1

69. 955 轉/分

70. 光耦合器

71. 斷電延遲

72. 繼電器

73. 順序

74. 順序控制

75. 中央處理（CPU）

76.

77. 24

78. D

79. IEC-61131

80. 席貝克效應

81. 熱跑脫

82. 解析度

83. 貝塞爾點

84. 穩態誤差

85. 混合型步進

86. FLASH ROM

87. 急停

88. 鍵

89. 消除雜訊干擾能力

90. 正溫度

91. 最高值

92. 熱漲冷縮

93. 暫存器

94. 2400 bps

95. 直線運轉

96. 滑動器（slider）之可動

97. 缺少穩態響應

98. 壓電式

99. 感測器

100. 5

101. 二極體

102. 電阻

103. AND

104. OR

105. 8 Hz

106. 10,000

107. 160 Hz

108. Jury's Table

109. 1/(Ra+LaS)

110. 0 度

111. 2

112. 2

113. $G(s) = \dfrac{1}{s^3 + 4s^2 + 4s + 1}$

114. 1600

115. $\begin{bmatrix} k & -k \\ -k & k \end{bmatrix}$

116. $\varpi_n = \sqrt{\dfrac{g}{\delta}}$

117. $C_c = 2\sqrt{mk} = 2m\sqrt{\dfrac{k}{m}}$

118. 7.4

119. 10

120. 差分，z

121. 14

122. 255.2

123. 共模

124. $0°$

125. 0.01 s

126. $R = \rho \dfrac{l}{A}$ （ρ 電阻係數）

127. 光纖感測器

128. $54.72°$

129. 1

130. 1

131. 0.35

132. 41400

133. $255.6°$

134. 30

135. 88.2

136. 98.1

137. 改變馬達轉動方向

138. 1170

139. 35 kgf-cm

140. 5495

141. 電機式，液壓式，氣壓式

142. I^2C

143. 10000010

144. 1011011

145. 5000

146. 14

147. 感應電流

148. RS485 採用差分信號負邏輯，＋2V～＋6V 表示 "0"。

149. 聯網功能

150. 序列

151. $\int \dfrac{-V_{in}}{R_i C_f}dt$

152. $X = ABC + \overline{B}D + \overline{C}D$

153. 微處理機，記憶體，輸入／輸出（I/O）埠

154. HMI 或是 Human Machine Interface

155. RET

156. 2

157. AND

158. 掃描

159.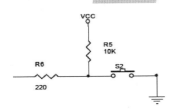

160. LD   X0
     OUT   C0   K12
     ANI   C0
     OUT   Y1
     END

161. 事件

162. 主機、輸出入介面、編程器（程式編譯）

163. 控制器

164. 電容

165. 輸入與輸出

166. 類比控制與數位控制

167. 1Hz

168. 14.9KJ

169. 101111.011₂

170. $\dfrac{1}{s(Js+B)}$

171. 46.9mV

172. 欠阻尼

173. 電壓

174. 63.2

175. 步階

176. 1/S

177. 51.3℃

178. 29,400Pa

179. 壓電效應

180. 共振頻率

181. 2.5 m/s

182. 變小

183. 0.4

184. 類比數位轉換器

185. 避免負載效應

186. 功率放大器

187. 0.17A

188. RPM=120F/P

189. 虎克定律（Hooke's law）

190. 定子與轉子數目

191. 2 秒

192. 10 秒

193. 23.7 rps

194. 21.46

195. 0.45N-m

196. 1.44

197. 1.79

198. 5.9

199. 180

200. 25

201. 均方根值

202. 746 瓦

203. 1

204. 4mv

205. 14 bits

206. 序列介面

207. 封包

208. 1.22mV

209. 4.59V

210. 10bit

211. 6.17V

212. 2^{29}

213. 正反器

214. 電壓隨耦器

215. 速度

216. 8 條資料線

217. 72Hz

218. BIOS

219. 系統 BIOS、顯示卡 BIOS、其他設備

220. 中央處理(CPU)

221. 步進模式

222. 個別操作模式、原點復歸模式

223. 17 或 19

224. 21

225. 高準位信號

226. 壓力卸載

227. 1.8 度

228. 失步

229. 階梯圖

230. 一相激磁、兩相激磁、一二相激磁

3.　　輸入功率 = 輸出功率

$$746 \text{ 瓦} \times 1.5 = \frac{540 \times 2\pi \times 轉速(\text{rpm})}{20 \times 60}$$

轉速 = 396 rpm

4.　　輸入功率 = 輸出功率

$$72 \times 電流 = \frac{450 \times 60 \times 2\pi}{3 \times 60}$$

電流 = 39 A

7.　　$$5000 \times 2\pi \times \frac{150}{60} = 78500 \text{ 瓦} = 78.5 \text{ 千瓦}$$

8.　　輸入功率 = 輸出功率

$50 \times 9.8 \times 速度 = 0.5 \times 746$

速度 = 0.76 公尺/秒

9.　　$01011011 = 64 + 16 + 8 + 2 + 1 = 91$

$$91 \times \frac{10}{2^8 - 1} = 3.5686$$

10.　　$$解析度 = \frac{10}{2^8 - 1} = 0.039216$$

$$\frac{6}{0.039216} = 153 = 10011001$$

20.　　$\omega_n = \sqrt{225} = 15$

28.　　系統特徵方程式：$s^2 + 5s - 7 = 0$
　　　　為不穩定位置誤差常數不存在

31.　　$E = 30° - 10° = 20°$
　　　　$C = K_p \times E = 0.005 \times 20° = 0.1 \text{ kg. m}$

32.　　$$10 \times \frac{72°}{360°} = 2 \text{ V}$$

33.　　$10 \times 100 \times 0.5 \times 2 = 1000 \text{ mm/s}$

63.
$$\omega_o(s) = V_p(s) \times \frac{k_a}{\tau_a s + a} \times \frac{k_m}{\tau_m s + m} \times s$$
$$T(s) = \frac{\omega_o(s)}{V_p(s)} = \frac{s k_a k_m}{(\tau_a s + a)(\tau_m s + m)}$$

79.
$$\frac{1}{2} \times 加速度 \times 1^2 = 0.2$$
$$加速度 = 0.4 \text{m/s}^2$$
$$力 = 5 \times 加速度 = 5 \times 0.4 = 2\,\text{N}$$

80.
$$輸入功率 = 輸出功率$$
$$24.5 \times 2 = 50 \times 9.8 \times 速度$$
$$速度 = 0.1\ \text{m/s}$$

81.
$$\frac{T_2}{T_1} = \frac{N_2}{N_1} \Rightarrow T_2 = T_1 \times \frac{N_2}{N_1} = 30 \times 5 = 150$$

82.
$$32 \times 15° - 12 \times 15° = 300°$$

83.
$$V_{Line} = \sqrt{3} V_{Phase} = \sqrt{3} \times 120 \cong 208$$

84.
$$500 \text{kpa} = 5.096 \text{kg/cm}^2$$
$$力量 = 5.096 \times \pi(10^2 - 4^2) \times 9.8 \text{N} = 13172\ \text{N}$$

85.
$$200 \text{kpa} = 2.039 \text{kg/cm}^2$$
$$\pi(\frac{6}{2})^2 \times 2.039 \times 9.8 - 5 \times 20 = 465\ \text{N}$$

86.
$$同步轉速 N_s = \frac{120f}{P} \Rightarrow \frac{120 \times 50}{4} = 1500\ \text{rpm}$$

87.
$$總效率 \eta_T = \eta_{泵} \times \eta_{馬達}$$
$$\eta_T = 0.92 \times 0.95 \times 0.92 \times 0.95 = 76\%$$

89.
$$500(1 + 0.2) \le 50 \times \pi \times 半徑^2$$
$$半徑 \ge 1.9$$
$$直徑 \ge 3.8\ \text{cm}$$

91.
$$P = VI = 5 \times 120 = 600\ \text{W}$$
$$P_{waste} = P \times (1 - 90\%) = 600 \times 0.1 = 60\ \text{W}$$

94.
$$轉速 = \frac{60}{\frac{12}{2}} = 10 \ 轉/秒$$

$$3 \times 4000 = 2\pi \times 10 \times 轉矩$$

$$轉矩 = \frac{600}{\pi}$$

100.
假設位元數為 n

$$\frac{0.02}{100} \geq \frac{5/(2^n - 1)}{5}$$
$$2^n - 1 \geq 5000$$

101.
$$解析度 = \frac{10}{2^{12} - 1} = 0.00244$$

$$\frac{3.2}{0.00244} = 1311$$

102.
$$解析度 = \frac{10}{2^{12} - 1} = 0.00244$$

104.
$$\frac{5}{10} = \frac{x}{2^{12}} \Rightarrow x = 2048$$

106.
$$1FFh = 511$$
$$511 \times \frac{10}{2^{12} - 1} = 1.2468$$

107.
$$3FFh = 1023$$
$$1023 \times \frac{10}{2^{12} - 1} = 2.496$$

112.
$$1100|1010|1111|0001 = CAF1H$$

123.
$$1FH = 1 \times 16 + 15 = 31$$

152.
$$1200 \times \frac{10 - 0}{2047 - 0} = 5.86V$$

153.
$$9 = 4 + \frac{20 - 4}{2047} \times 數值$$
$$數值 = 640$$

154.
$$5 = 2 + \frac{10-2}{2047} \times 數值$$
數值 $= 768$

196.
$$\frac{(8+2) \times 4K}{2400} = 17.06 \ 秒$$

232.
$$解析度 = \frac{10}{2^8 - 1} = 0.0392$$
$10011011 = 155$
$155 \times 0.0392 = 6.076$

233.
$$解析度 = \frac{7}{2^8 - 1} = 0.02745$$
$$\frac{2.5}{解析度} = 91.07 = 01011011$$

236.
$$解析度 = \frac{10.24 \times 2}{2^{12} - 1} = 0.005$$
可偵測最小電壓為解析度之一半 $= 2.5 \ mV$

237.
$F2BH = 3883$
$3883 \times 0.005 - 10.24 = 9.175 \ V$

245.
$2 \times 50mm = 100 \ mm$

246.
$$\frac{1.8}{360} \times \frac{1}{10} \times \frac{50mm}{10} = 2.5 \ \mu m$$

247.
$$2 \times \frac{200}{5} \times 5mm = 400 \ mm/min$$

250.
$$B, C \ 齒輪的轉速 = 360 \times \frac{25}{30} = 300 \ rpm \ (逆時針)$$
$$輸出軸的轉速 = 300 \times \frac{25}{30} = 250 \ rpm(順時針)$$

253.
$f - 33x - 15\dot{x} = 3\ddot{x}$
取 Laplace 轉換：$X(s)(3s^2 + 15s + 33) = F(s)$
$$G(s) = \frac{1}{3s^2 + 15s + 33}$$

256.

$$\begin{bmatrix} \cos30° & \sin30° \\ -\sin30° & \cos30° \end{bmatrix} = \begin{bmatrix} \dfrac{\sqrt{3}}{2} & \dfrac{1}{2} \\ -\dfrac{1}{2} & \dfrac{\sqrt{3}}{2} \end{bmatrix}$$

257.
$3 = 0.08 \times \ddot{\theta}$
$\ddot{\theta} = 37.5$
$\dfrac{\pi}{2} = \dfrac{1}{2}\ddot{\theta}t^2$
$t = 0.29$

258.
輸入功率 = 輸出功率
$2 \times 24 = 50 \times 9.8 \times$ 速度(m/s)
速度(m/h) $= 3600 \times$ 速度(m/s) $= 352.6 \text{ m/h}$

275.
$\dfrac{100}{6} \times 60 = 1000 \text{ rpm}$

276.
$\dfrac{360°}{3600} \times 900 = 90°$

277.
繞五圈因此解析度為 1/5 A/mV
$4 \times \dfrac{1}{5} = 0.8 \text{ A}$

278.
$10 \times 10 = 100$

291.
$V_o = \dfrac{100}{R_T + 100} \times 9 = 3$
$R_T = 200$
$200 = 50 + 5T \Rightarrow T = 30°C$

292.
$6 \pm 0.3 \pm 0.5 \Rightarrow 5.2{\sim}6.8$ 間

296.
工作頻率 w = 齒數 N × 馬達轉速 f(1/60rpm)
$f = \dfrac{w}{N} = \dfrac{1000}{40}60 = 1500$

300.
PT100 型 JIS c1604 的溫度係數 a = 0.39Ω/℃
$R_T = R_0 + aT$，$110 = 100 + 0.39T \Rightarrow T = 25.6$

301. 工作頻率 $w = $ 齒數 $N \times$ 轉速 $f(1/60rpm)$

$f = \dfrac{w}{N} = \dfrac{120}{20}60 = 360$

302. 最大誤差＝最大角度 $\times$ 誤差百分比＝ $350^{\circ} \times 0.1\% = 0.35^{\circ}$

303. $V_{out} = \dfrac{V_{in}GF\epsilon}{4} = \dfrac{GFV_{in}F}{4EA} \Rightarrow F = \dfrac{4EAV_{out}}{GFV_{in}} = \dfrac{4 \times 3 \times 10^7 \times 2 \times 0.0005}{2 \times 10} = 6000$

304. A/D 模組之 bit 為 n，$2^n \geq \dfrac{\text{最大物重}}{\text{精確度}} = \dfrac{500}{0.01} = 50000$

$n\log 2 = 0.3n \geq \log 50000 = 4 + \log 5 = 4.7 \Rightarrow n \geq 15.6 \Rightarrow n = 16$

305. 光感測器圓周有 360 孔，故一孔＝ 1°，現有 $100 - 40 + 50 = 110$ 孔

$\Rightarrow$ 現在位置＝ 110°

307. 旋轉範圍＝可定位數 $\times$ 解析度＝ $2^8 \times 0.5^{\circ} = 128$

309. 工作頻率 $w = $ 齒數 $N \times$ 轉速 $f(1/60rpm)$

$f = \dfrac{w}{N} = \dfrac{120}{20}60 = 360$

312. $N_a f_a = N_b f_b \Rightarrow 19 \times 600 = 57 \times f_b \Rightarrow f_b = 200$ rpm

$T_a f_a = T_b f_b \Rightarrow 120 \times 600 = T_b \times 200 \Rightarrow T_b = 360$ in $-$ oz

322. 同步馬達轉速 $N_s(rpm) = \dfrac{120f(Hz)}{P(\text{極}) \times R(\text{減速})} = \dfrac{120 \times 60}{4 \times 20} = 90$

326. 功率 $P(W) = 746 \times P(hp) = 746 \times 5 = 3730$

327. 功率 $P = 2\pi fT = 2\pi \times \dfrac{1000}{60(\text{秒})} \times 100 = 10472W = 10.47 KW$

328. $\dfrac{120 \times 30 \times 3}{6} = 1800$ rpm

329. $T_a/N_a = T_b/N_b \Rightarrow T_a/5 = 1/1 \Rightarrow T_a = 5 N-m$

330. $N_a f_a = N_b f_b \Rightarrow 8 \times f_a = 1 \times 200 \Rightarrow f_a = 25$ rpm

332. 同步馬達轉速 $N_s(rpm) = \dfrac{120f(Hz)}{P(\text{極}) \times R(\text{減速})} = \dfrac{120 \times 60}{6 \times 5} = 240$

333. 導螺桿一圈需步數 $N_d = 5/0.001 = 5000$
馬達一圈步數 $N_m = 360/1.8 = 200$，減速比 $R = N_m/N_d = 200/5000 = 1/25$

334.
$$PA\eta = \pi PD^2\eta/4 \geq W(重物)，D \geq \sqrt{\frac{4W}{\pi P\eta}} = \sqrt{\frac{4 \times 20}{\pi \times 5 \times 0.75}} = 2.6cm = 26\ mm$$

335.
$$流量(與效率無關)Q = AV = \pi(15cm/2)^2 \times 400\left(\frac{cm}{min}\right) \times \frac{1\ 升}{1000cm^3} = 71\ 升/min.$$

336. 一導程為一圈360°，一步(step) = 0.9° ⇨ 總步數 = 360/0.9 = 400

342. $F = 2P = 2 \times 5000 = 10000\ kgf$

343.
$$v = \frac{l}{t} = \frac{6mm}{0.004sec} = 1500\ mm/sec$$

344. 移動距離 $S = 0.2m = S_1(等加速度) + S_2(等速度)$
$0.2 = a(0.3)^2/2 + a(0.3)(0.7) ⇨ a = 0.7843\ m/s^2$
$F = F_{摩擦力} + F_{推力} = 0.2 \times 50 \times 9.8 + 50a = 137.22\ N = 14\ kgf$
氣壓缸出力 $= F/\eta_{負荷率} = 14/0.5 = 28\ kgf$

345. 馬達一圈步數 $N_m R_{減速比} = 360/0.9 \times 10 = 4000$
導螺桿圈須轉圈數 $N_d = 2/4 = 0.5 ⇨ 馬達命令 = 4000 \times 0.5 = 2000$

346.
$$W = 52 \leq PA\eta = 6 \times \frac{\pi D^2}{4}\eta，D \geq \sqrt{\frac{52 \times 4}{6\pi\eta}} = 3.97cm = 39.7mm ⇨ D = 40$$

347.
$$同步馬達轉速 N_s(rpm) = \frac{120f(Hz)}{P(極) \times R(減速)} = \frac{120 \times 60}{6 \times 10} = 120$$

348. 水平到直立 $\theta = \pi/2$
$$T = I\alpha，\theta = \frac{\alpha t^2}{2}，t = \sqrt{2\theta I/T} = \sqrt{20\pi/10} = 2.5$$

349. 導螺桿一圈需步數 $N_d = 8/0.001 = 8000$，減速比 $R = 20$
$$馬達步進角度數 \theta = \frac{360R}{N_d} = \frac{360 \times 20}{8000} = 0.9$$

350. 　每秒導螺桿須轉圈數$N_d = 100/5 = 20$，減速比 $R = 3$
　　每秒馬達控制命令$N_m = \dfrac{360RN_d}{3.6} = \dfrac{360 \times 3 \times 20}{3.6} = 6000$

352. 　導螺桿一圈需步數$N_d = 8/0.001 = 8000$，減速比 $R = 20$
　　馬達步進角度數 $\theta = \dfrac{360R}{N_d} = \dfrac{360 \times 20}{8000} = 0.9$

353. 　每秒導螺桿須轉圈數$N_d = 40/5 = 8$，減速比 $R = 3$
　　每秒馬達控制命令 $N_m = \dfrac{360RN_d}{2.5} = \dfrac{360 \times 3 \times 8}{2.5} = 3456$

354. 　導螺桿須轉圈數$N_d = 150/5 = 30$，減速比 $R = 3$
　　馬達控制命令$N_m = \dfrac{360RN_d}{2.5} = \dfrac{360 \times 3 \times 30}{2.5} = 12960$

355. 　馬達走$(64 - 12)$步$\times 15°/\text{step} = 780°$，馬達位置 $= 780 - 360 \times 2 = 60°$

360. 　$N_a f_a = N_b f_b \Rightarrow 20 \times 100 = 40 \times f_b \Rightarrow f_b = 50 \text{ rpm}$
　　$T_a f_a = T_b f_b \Rightarrow 60 \times 100 = T_b \times 50 \Rightarrow T_b = 120 \text{ in} - \text{oz}$

361. 　$w = \alpha t$，$T = I\alpha$，$t = \dfrac{2\pi fI}{60T} = \dfrac{2\pi \times 100 \times 2}{60 \times 6} = 3.49$

362. 　功 $= IVt\eta = mgh$，$I = \dfrac{mgh}{Vt\eta} = \dfrac{50 \times 9.8 \times 3}{120 \times 60 \times 0.85} = 0.24$

368. 　$\begin{pmatrix} 1 & 1 & 1 & 1 & 1 & 1 & 1 & 1 \\ 2^7 & 2^6 & 2^5 & 2^4 & 2^3 & 2^2 & 2^1 & 2^0 \end{pmatrix}$，$V = \dfrac{1.25}{5} \times 2^8 = 64_{10} = 01000000_2$

376. 　$V = \dfrac{3.2}{10} \times 2^{12} = 1310$

381. 　轉速 $= \dfrac{5V}{\dfrac{2.5V}{\text{krpm}}} = 2\text{krpm} = 2000 \text{ rpm}$

382. 　解析度 $= 10V/2^8 = 10/256$

383. 　$PC = 01100100_2 = 2^6 + 2^5 + 2^2 = 64 + 32 + 4 = 100$
　　$V_i = PC \times$ 解析度 $= 100 \times 10\text{mV} = 1 \text{ V}$

384. $PC = 00110010_2 = 2^5 + 2^4 + 2^1 = 32 + 16 + 2 = 50$
$V_o = PC \times 解析度 = 50 \times 10\text{mV} = 0.5 \text{ V}$

393. $2^n \geq \dfrac{50}{0.1} = 500$，$n\log 2 \geq 2 + \log 5$，$0.3n \geq 2.7$，$n \geq 9 \Rightarrow n = 10$

394. 輸入只看開關及感測器，$n_i = 5 \times 2 + 2 \times 2 + 5 + 4 = 23$

395. $V_i = PC \times 解析度 = 200 \times \left(\dfrac{10}{2^{10}}\right) V = 1.95 \text{ V}$

396. $N_a f_a = N_b f_b \Rightarrow 20 \times 20 = 40 \times f_b \Rightarrow f_b = 10 \text{ rpm}$

397. 導螺桿一圈需步數 $N_d = 10/0.01 = 1000$，分割電路 $R = 4$
編碼器步數 $N = \dfrac{N_d}{R} = \dfrac{1000}{4} = 250$

398. $PC = \dfrac{2.1}{5} \times 2^8 = 107.52_{10} = 6 \times 16^1 + B \times 16^0 = 6\text{BH}$

399. 閉迴路電壓增益$(ACL) = 1 + \dfrac{R_F}{R_i} = 1 + \dfrac{3.3\text{k}}{220} = 16$

400. 槓桿倍數 $k = 10\text{in}/1\text{in} = 10$，連桿行程 $2/k = 0.2$，出力 $= 5k = 50$

401. $F = PA = 100 \times \dfrac{3^2 \pi}{4} \cong 707$

402. $\dfrac{F_1}{A_1} = \dfrac{F_2}{A_2} \Rightarrow \dfrac{10}{2} = \dfrac{F_2}{20} \Rightarrow F_2 = 100$

404. $解析度 = \dfrac{10 \times 1000}{2^{12}} = 2.44 \text{ mV}$

405. $DAC_i = \dfrac{DAC_{out}}{解析度} = 7 \times \dfrac{2^{12}}{10} = 2867.2$

406. $2^n \geq \dfrac{1000}{1} = 1000$，$n\log 2 \geq 3$，$0.301n \geq 3$，$n \geq 9.97 \Rightarrow n = 10$

407. $解析度 = \dfrac{1000}{2^{10}} = 0.98$

411. $\begin{pmatrix} 1 & 1 & 1 & 1 & 1 & 1 & 1 & 1 \\ 2^7 & 2^6 & 2^5 & 2^4 & 2^3 & 2^2 & 2^1 & 2^0 \end{pmatrix}$，$V_o = 3 \times \dfrac{2^8}{12} = 64_{10} = 01000000_2$

470. $V_o = T \times 轉移函數 = 20 \times 0.1 = 2$

472. $1N.m = 1W.s = \left(\dfrac{1}{3600}\right)W.h = 0.000278$

482. $轉移函數 = \dfrac{500}{6} \cong 83.3$

484. $K_v = \lim_{s \to 0} sG(s) = \dfrac{50}{10} = 5$

492. $V_o = \dfrac{70}{350} \times 10 = 2$

494. $V_o = 20 \times \dfrac{480}{60} = 160$

507. $C = 00010100_2 = 2^4 + 2^2 = 16 + 4 = 20$
$\theta = C \times \dfrac{360}{200} = 20 \times \dfrac{360}{200} = 36$

508. $V_o = \theta \times 轉移函數 = 45 \times 0.1 = 4.5$

523. $P = IV = \dfrac{V^2}{R}$，$R = \dfrac{V^2}{P} = \dfrac{12^2}{1.6} = 90$

532. $N_a/T_a = N_b/T_b \Rightarrow 60/60 = 30/T_b \Rightarrow T_b = 30$

533. $功率(kW) = \dfrac{746 \times P(hp)}{1000\eta} = \dfrac{746 \times 3}{1000 \times 0.9} \cong 2.49$

534. $\theta = (10 - 4) \times 15 = 90$

536. $導螺桿須轉圈數\ N_d = 24 \times 0.5 = 12$
$馬達步數 N_m = 360N_d/1.8 = 2400$

537. $I = \dfrac{V - CEMF}{R} = \dfrac{10 - (\frac{0.5V}{100rpm}) \times 1000rpm}{20} = 0.25$

539. $開始動要看靜摩擦，F = \mu N = 0.78 \times 3 = 2.34$

540. 進行中要看動摩擦，$F = \mu N = 0.42 \times 3 = 1.26$

541. $I = \dfrac{V - CEMF}{R} = \dfrac{12 - (\frac{0.5V}{100rpm}) \times 100rpm}{10} = 1.15$

543. 功率 $= IV = mgv$，$v\left(\dfrac{ft}{min}\right) = \dfrac{IV(W)}{mg(lb)} = \dfrac{3 \times 24}{1000 \times 0.000376 \times 60} = 3.19$

544. $f_1 R_1 = f_2 R_2 \Rightarrow 1000 \times 5 = f_2 \times 10 \Rightarrow f_2 = 500$

545. $\dfrac{T_1}{R_1} = \dfrac{T_2}{R_2} \Rightarrow \dfrac{10}{5} = \dfrac{F_2}{10} \Rightarrow T_2 = 20$

546. $F = ma = m\left(\dfrac{2S}{t^2}\right) = 10 \times \left(\dfrac{2 \times 0.3}{1^2}\right) = 6$

555. $P = IV(1 - \eta) = 5 \times 120 \times (1 - 0.9) = 60$

558. 同步馬達轉速N_s(rpm) $= \dfrac{120f(Hz)}{P(極) \times R(減速)} = \dfrac{120 \times 60}{8 \times 10} = 90$

560. $N_a f_a = N_b f_b \Rightarrow 10 \times 10 = 20 \times f_b \Rightarrow f_b = 5$ rpm

576. $PC = 01010101_2 = 2^6 + 2^4 + 2^2 + 2^0 = 64 + 16 + 4 + 1 = 85$
$V_o = PC \times \left(\dfrac{24}{2^8}\right) = 85 \times \dfrac{24}{256} \cong 8V$

579. $01101001_2 = 2^6 + 2^5 + 2^3 + 2^0 = 64 + 32 + 8 + 1 = 105$

581. 解析度 $= \dfrac{1}{2^8} = \dfrac{1}{256} = 0.0039$

584. $PC = 00011010_2 = 2^4 + 2^3 + 2^1 = 16 + 8 + 2 = 26$
$V_o = PC \times \left(\dfrac{10}{2^8}\right) = 26 \times \dfrac{10}{256} \cong 1.02V$

585. $\begin{pmatrix} 1 & 1 & 1 & 1 & 1 & 1 & 1 & 1 \\ 2^7 & 2^6 & 2^5 & 2^4 & 2^3 & 2^2 & 2^1 & 2^0 \end{pmatrix}$，$V_o = 2 \times \dfrac{2^8}{10} = 51.2_{10} = 32 + 16 + 2 + 1 = 00110011_2$

587. 解析度 $= \dfrac{10 - (-10)}{4000} = \dfrac{20}{4000} = 0.005V = 5$ mV

590. $\begin{pmatrix} 1 & 1 & 1 & 1 & 1 & 1 & 1 & 1 \\ 2^7 & 2^6 & 2^5 & 2^4 & 2^3 & 2^2 & 2^1 & 2^0 \end{pmatrix}$ ，$V_o = 3.7 \times \dfrac{2^8}{12} = 79_{10} = 64 + 8 + 4 + 2 + 1 = 01001111_2$

591. $P = I_{RL}V_{RL} = \left(\dfrac{E_{th}}{R_{th} + R_L}\right)\left(\dfrac{R_L E_{th}}{R_{th} + R_L}\right) = \dfrac{R_L E_{th}^2}{(R_{th} + R_L)^2}$ ，$\dfrac{dP}{dR_L} = 0 \Rightarrow R_L = R_{th} = 500$

593. 交流信號 $v(t) = \sin(wt + \theta) \Rightarrow$ 頻率 $f = \dfrac{w}{2\pi} = \dfrac{377}{2\pi} = 60$

599. 放大增益 $= 20\log G = 20 \log\left(\dfrac{2}{0.2}\right) = 20$

600. $V_{peak} = \left(\dfrac{\pi}{2}\right)V_{DC} = \left(\dfrac{\pi}{2}\right) \times 15 \cong 23.6$

Level 2

詳答摘錄 － 填充題

7. 功率 $= 50 \times 9.8 \times 0.2 = 98$ W

    $1\text{Hp} = 746\text{W} \Rightarrow 98\text{W} = 98/746\text{Hp} = 0.13$ Hp

8. $0.5 \times 746\text{W} = \text{M} \times 9.8 \times \dfrac{10}{60} \Rightarrow \text{M} = 228.36$ kg

9. $1 = 0.1 \times$ 加速度 $\Rightarrow$ 加速度 $= 10$

    $\dfrac{\pi}{2} = \dfrac{1}{2} \times 10 \times t^2 \Rightarrow t \cong 0.56$ 秒

10. $kx = m\ddot{x}$

    $$X(s) = \frac{1}{ms^2 - k}$$

    共振頻率：$\dfrac{1}{2\pi} \sqrt{\dfrac{k}{m}}$

11. $2\pi \left(\dfrac{0.2}{2}\right)^2 \times 0.5 \times \dfrac{600}{2} \cong 9.42$ m^3/min

15. $f - Kx - B\dot{x} = M\ddot{x}$

    取 Laplace 轉換後：$F(s) - KX(s) - BsX(s) = Ms^2X(s)$

    $$\frac{X(s)}{F(s)} = \frac{1}{Ms^2 + Bs + K}$$

16. 利用 Mason's Formula：

    $$\frac{C}{R} = \frac{K + G}{1 + GH}$$

17. $\dfrac{Y(s)}{R(s)} = \dfrac{K}{s^4 + 3s^3 + 3s^2 + 2s + K}$

s^4	1	3	K
s^3	3	2	0
s^2	$\frac{7}{3}$	K	0
s^1	$\frac{14-9K}{7}$	0	
1	K		

    s^2 列：$K > 0$ 且 $14 - 9K > 0$，$K < (14/9)$

    $\Rightarrow 0 < K < \dfrac{14}{9}$

18. 　利用 Mason's Formula：

$$\frac{P(s)}{R(s)} = \frac{G_c(s)G_m(s)}{1 + G_c(s)G_m(s)H(s)}$$

26. 　轉速 $= 60/4 = 15\ Hz$，$15 \times 60 = 900\ rpm$

29. 　$350° \times \dfrac{0.1}{100} = 0.35°$

53. 　$\dfrac{\omega_2}{\omega_1} = \dfrac{N_1}{N_2} \Rightarrow \omega_2 = \omega_1 \times \dfrac{N_1}{N_2} = 100 \times \dfrac{1}{5} = 20\ rpm$

54. 　轉差 $s = \dfrac{N_s - N_r}{N_s} \Rightarrow 0.04 = \dfrac{N_s - 500}{N_s} \Rightarrow N_s \cong 521\ rpm$

　　$f = \dfrac{N_s \times P}{120} = \dfrac{521 \times 4}{120} \cong 17.36\ Hz$

58. 　$P = \dfrac{120f}{N_s} = \dfrac{120 \times 60}{1200} = 6$

59. 　$I = \dfrac{V}{Z} = \dfrac{120\angle 0°}{20\angle -30°} = 6\angle 30°\ A$

　　$P = VI\cos\theta = 120 \times 6 \times \cos -30° \cong 624\ W$

60. 　$10011011 = 155$

　　$155 \times \dfrac{10}{2^8} = 6.05$

61. 　解析度：$\dfrac{10}{2^8 - 1} = 0.0392$

　　$\dfrac{2.5}{0.0392} = 63.78 \cong 64 = 01000000$

62. 　10110010 的 2 的補數為 $01001101 + 1 = 01001110$

63. 　15 的 BCD 碼為 0001 0101

65. 　$\dfrac{1200 \times 8bits}{1200bps} = 8\ seconds$

66. 　$\dfrac{1}{2^3} = \dfrac{1}{8}$

67. $10111001 = 1 \times 2^7 + 1 \times 2^5 + 1 \times 2^4 + 1 \times 2^3 + 1 = 185$

68.   Sign bit 為 1，是負數

       值為 1111111 的 2 的補數，$0000000 + 1 = 1$

       ⇨ 值為 -1

69. $50 \times 10^3 = 500 \times 轉速 \times 2\pi$

       轉速 $\cong 15.92$ 轉/秒 $= 60 \times 15.92 \cong 955$ 轉/分

78. $1101 = 13$ 以 D 表示

94.   每個 Byte 需傳 $8 + 1 + 2 = 11$ bits

       $\dfrac{1200 \times 11}{5.5} = 2400$ bps

106.   10Kpps $= 10000$ 個 pulse 每秒

107. $f_c = \dfrac{1}{2\pi RC} = \dfrac{1}{2\pi \times 10 \times 10^3 \times 0.1 \times 10^{-6}} \cong 160$ Hz

113. $m_1 \ddot{x}_1 + f_{v1} \dot{x}_1 + f_{v2}(\dot{x}_1 - \dot{x}_2) + k_1 x_1 + k_2(x_1 - x_2) = 0$

       $m_2 \ddot{x}_2 + f_{v3} \dot{x}_2 + f_{v2}(\dot{x}_2 - \dot{x}_1) + k_2(x_2 - x_1) = f$

       $(s^2 + 3s + 2)X_1(s) - (s + 1)X_2(s) = 0 \Rightarrow X_2(s) = (s + 2)X_1(s)$

       $(s^2 + 2s + 1)X_2(s) - (s + 1)X_1(s) = F(s) \Rightarrow (s^3 + 4s^2 + 4s + 1)X_1(s) = F(s)$

       $\therefore G(s) = \dfrac{X_1(s)}{F(s)} = \dfrac{1}{s^3 + 4s^2 + 4s + 1}$

114. $\dfrac{f_1}{V_1} = \dfrac{f_2}{V_2} \Rightarrow \dfrac{600}{1.5} = \dfrac{f_2}{4} \Rightarrow f_2 = 1600$

116.   彈簧振動的自然頻率 $w_n = \sqrt{\dfrac{k}{m}}$，虎克定律 $f = k\Delta x = mg$

       位移 $\Delta x = \delta$，$k = \dfrac{mg}{\delta}$，$w_n = \sqrt{\dfrac{k}{m}} = \sqrt{\dfrac{mg}{m\delta}} = \sqrt{\dfrac{g}{\delta}}$

117.   臨界阻尼時，二次方程式的判別式要 $= 0$，即 $(\dfrac{C_c}{2m})^2 = \dfrac{k}{m} \Rightarrow C_c = 2\sqrt{mk}$

118. $F - 摩擦力 (= \mu mg) = ma$，$s = \left(\dfrac{1}{2}\right)at^2 \Rightarrow a = \dfrac{2 \times 0.25}{1^2} = 0.5$

       $F = 0.1 \times 5 \times 9.8 + 5 \times 0.5 = 7.4$

119.
$$v^2 = 2as \Rightarrow a = \frac{2^2}{2 \times 0.01} = 200 , F = ma = 0.05 \times 200 = 10$$

121.
前級為差動放大器 $V_d = \frac{V_1 - V_2}{50k} \times 70k = 1.4(V_1 - V_2)$，即放大 1.4 倍

後級放大 $\frac{100k}{10k} = 10$ 倍 $\Rightarrow$ 全放大 $10 \times 1.4 = 14$ 倍

125.
濾波器時間常數與截止頻率成反比，在截止頻率上輸出信號的強度是輸入信號的

一半(-3 分貝(dB)) $\Rightarrow T = \frac{1}{100} = 0.01$

128.
$$PC = 00100110_2 = 2^5 + 2^2 + 2^1 = 32 + 4 + 2 = 38$$
$$V_o = PC \times \left(\frac{360}{250}\right) = 38 \times \frac{360}{250} = 54.72$$

129
一週期內電壓面積 $= 5 \times 0.2 = 1$

130.
$$V_o = \frac{70}{350} \times 5 = 1$$

131.
$350° \times 0.1\% = 0.35°$

132.
$$V_{out} = \frac{V_{in} GF\epsilon}{4} = \frac{GFV_{in}F}{4EA} \Rightarrow F = \frac{4EAV_{out}}{GFV_{in}} = \frac{4 \times 2.07 \times 10^7 \times 20 \times 0.0005}{2 \times 10} = 41400$$

133.
$$PC = 101100011_2 = 2^8 + 2^6 + 2^5 + 2^1 + 2^0 = 256 + 64 + 32 + 2 + 1 = 355$$
$$\theta = PC \times \left(\frac{360}{500}\right) = 355 \times \frac{360}{500} = 255.6°$$

134.
混合型 $\theta = 360 \left|\frac{1}{N_s} - \frac{1}{N_r}\right| = 360 \times \left(\frac{1}{6} - \frac{1}{12}\right) = 30°$

135.
負荷力 = 缸力 − 彈簧力 = $PA - ks = 30 \times (1^2 \times \pi) - 3 \times 2 \cong 88.2$

136.
$$P = \frac{F}{A} = \frac{1000 \times 9.81 \text{ N}}{10 \times (10^{-4})\text{m}^2} \times \frac{1\text{m}^2 \text{ bar}}{10^5 \text{ N}} = 98.1$$

138.
馬達轉速 $N_s(\text{rpm}) = \frac{120f(\text{Hz})}{P(極)}(1 - 轉差率) = \frac{120 \times 60}{6} \times (1 - 2.5\%) = 1170$

139.　馬達扭力 = 加速扭力 + 負載扭力(Fr) = 30 + 5 × 1 = 35

140.　$F = PA = 700 × (10^3) × π × 0.05^2 \cong 5495$

143.　$\begin{pmatrix} 1 & 1 & 1 & 1 & 1 & 1 & 1 & 1 \\ 2^7 & 2^6 & 2^5 & 2^4 & 2^3 & 2^2 & 2^1 & 2^0 \end{pmatrix}$，$V_o = 2^8 × \dfrac{2.6}{5.12} = 130_{10} = 128 + 2 = 10000010_2$

144.　$\begin{pmatrix} 1 & 1 & 1 & 1 & 1 & 1 & 1 & 1 \\ 2^7 & 2^6 & 2^5 & 2^4 & 2^3 & 2^2 & 2^1 & 2^0 \end{pmatrix}$，

　　$V_o = 2^8 × \dfrac{2.5}{7} \cong 91.4_{10} = 64 + 16 + 8 + 2 + 1 = 01011011_2$

145.　$G = \dfrac{5V}{1mV} = 5000$

146.　ADC 之 bit 為 n(須為偶數)，$2^n \geq \dfrac{最大物重}{精確度} = \dfrac{50}{0.01} = 5000$

　　$nlog2 = 0.3n \geq log5000 = 3 + log5 = 3.7$，$n \geq 12.3 \Rightarrow n = 14$

152.　$X = \overline{(\overline{AB} + \overline{BC})} + \overline{BCD}$，

　　由第摩根定理 $\overline{X + Y} = \overline{X} \cdot \overline{Y}$，$\overline{X \cdot Y} = \overline{X} + \overline{Y}$，則

　　$X = (AB) \cdot (BC) + (\overline{B} + \overline{C})D = ABC + \overline{B}D + \overline{C}D$

167.　彈簧的自然共振頻率 $w_n = \sqrt{\dfrac{k}{m}}$，$f = \dfrac{w_n}{2π} = \dfrac{1}{2π}\sqrt{\dfrac{40}{1}} = 1$

168.　解一：$T(轉矩) = \dfrac{2 × 0.746(kW)}{2π × \dfrac{360}{60}} \cong 0.0396$

　　$W = Tθ = 0.0396 × (5 × 12 × 2π) \cong 14.92$

　　解二：$t = \dfrac{60\ 圈}{360rpm}\dfrac{60s}{1m} = 10s$

　　$W = Pt = 2 × 0.746 × 10 = 14.92$

169.　$\begin{pmatrix} 1 & 1 & 1 & 1 & 1 & 1 & 1 & 1 & 1 & 1 & 1 \\ 2^7 & 2^6 & 2^5 & 2^4 & 2^3 & 2^2 & 2^1 & 2^0 & 2^{-1} & 2^{-2} & 2^{-3} \end{pmatrix}$，

　　$47.375_{10} = 2^5 + 2^3 + 2^2 + 2 + 2^0 + 2^{-2} + 2^{-3} = 101111.011_2$

171.

$$解析度 = \frac{12V}{2^8} = 46.9 \text{ mV}$$

177.

RTD 的溫度係數 a = 0.39Ω/℃

$R_T = R_0 + aT$，$120 = 100 + 0.39T \Rightarrow T \cong 51.3$

178.

$1atm = 10.336m - H_2O$，錶壓力 $= \frac{3}{10.336}atm \times 1.013 \times 10^5 \frac{pa}{atm} \cong 29400 \text{ pa}$

181.

$$v = \frac{5mm}{2ms} = 2.5 \text{ m/s}$$

183.

$48 - (-8) = 56$

$120 - (-20) = 140$

$\frac{56}{140} = 0.4$

187.

$$P = IV\eta = mgv，I = \frac{100 \times 9.8 \times \left(\frac{2}{60}\right)}{240 \times 80\%} \cong 0.17$$

191.

$$t = \frac{s}{v} = \frac{5}{-0.6075 \times 1000 + 610} = 2$$

192.

$$t = \frac{\theta}{2\pi f} = \frac{5 \times 12 \times 2\pi}{2\pi \times \left(\frac{360}{60}\right)} = 10$$

193.

$$f = \frac{P}{2\pi T} = \frac{10 \times 746}{2\pi \times 50} \cong 23.75$$

194.

$$f = \frac{P}{2\pi T} = \frac{10 \times 746}{2\pi \times (0.25f + 50)}，f^2 + 200f - 4752 = 0 \Rightarrow f \cong 21.46$$

195.

$$T = \frac{IV}{2\pi fR(減速比)} = \frac{(0.002 \times 1000 + 5) \times 12}{2\pi \times \left(\frac{360}{60}\right) \times 5} \cong 0.45$$

196.

$$\theta = \frac{360R(減速比)}{導程/解析度} = \frac{360 \times 10}{\frac{5}{0.002}} = 1.44$$

197. $Q = \dfrac{(A_1 + A_2)L(P + 1)}{1000}$

$= \dfrac{\pi}{1000}\left\{\left(\dfrac{3.2}{2}\right)^2 + \left[\left(\dfrac{3.2}{2}\right)^2 - \left(\dfrac{1.2}{2}\right)^2\right]\right\} 20 \times (5 + 1)$

$\cong 1.79$

198. $P = IV = mgv$，$v = \dfrac{4 \times 12 \times 60}{50 \times 9.8} \cong 5.9$

199. $f = \dfrac{圈數 \times 60}{t} = \dfrac{\left(\dfrac{150}{5}\right) \times 60}{10} = 180$

200. $w = \eta PA$，$20 = 0.7 \times 6 \times \dfrac{\pi D^2}{4} \Rightarrow D \cong 2.46\,cm \Rightarrow D = 25\ mm$

204. $解析度 = \dfrac{10 - (-10)}{5000} = \dfrac{20}{5000} = 0.004V = 4\ mV$

205. $ADC\ 之\ bit\ 為\ n$，$2^n \geq \dfrac{最大物重}{精確度} = \dfrac{100}{0.01} = 10000$

$nlog2 = 0.3n \geq 4$，$n \geq 13.3 \Rightarrow n = 14$

208. $V_o = \dfrac{5}{2^{12}} = \dfrac{5}{4096} \cong 0.00122V = 1.22\ mV$

209. $PC = F2B_H = 15 \times 16^2 + 2 \times 16^1 + 11 \times 16^0 = 3883$

$V_i = PC \times 解析度 - 5.12 = 3883 \times \left(\dfrac{5.12 \times 2}{2^{12}}\right) - 5.12 \cong 4.59$

210. $D/A\ 之\ bit\ 為\ n$，$2^n \geq \dfrac{最大轉速}{精確度} = \dfrac{2000}{2} = 1000$

$nlog2 = 0.301n \geq 3$，$n \geq 9.97 \Rightarrow n = 10$

211. $PC = 10011110_2 = 2^7 + 2^4 + 2^3 + 2^2 + 2^1 = 158$

$V_o = PC \times 解析度 = 158 \times \left(\dfrac{10}{2^8}\right) \cong 6.17$

212. $1MB = 2^{20}Byte$，$64MB = 2^{26}Byte$，$1Byte = 8\ bits \Rightarrow 64MB = 2^{29}\ Bits$

223. 4 位數字之 BCD 碼七段顯示器有 6(新)及 8(舊)輸出點二種，
輸出只看控制、顯示器及閥
$n_o = 2 \times 2 + (6 \text{ 或 } 8) + (1 + 3 \times 2) = 17 \text{ 或 } 19$

224. 輸入只看開關及感測器，$n_i = 4 \times 2 + 2 \times 2 + 5 + 4 = 21$

TAIROA 控制系統

選擇題

1　一般而言，馬達屬於自動控制系統中何類元件？ (A)控制器 (B)感測器 (C)致動器 (D)受控體。

2　機械系統之質量-彈簧-阻尼器(M-K-B)線性系統，如圖所示，其輸入力 f(t)與輸出位移 y(t) 之數學模式可用？ (A)一 (B)二 (C)三 (D)四 階微分方程式表示。

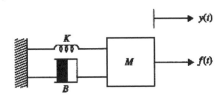

3　一個系統之輸入與輸出若存在有傳輸落後，其時間延遲為 T 秒，則其轉移函數可用？ (A)1/Ts (B)e^{Ts} (C)1/(Ts+1) (D)e^{-Ts} 表示。

4　$G(s) = \dfrac{K(s+3)}{s^3 + 3s^2 + 2s}$，G(s)的零點在？ (A)-1 (B)-2 (C)-3 (D)0。

5　狀態方程式 $\dot{x}_1 = -2x_1 + 3x_2$；$\dot{x}_2 = -5x_1 - 5x_2 + 2u$，則系統的特性方程式為？
(A)$s^2 + 7s + 25 = 0$ (B)$s^2 + 15s + 50 = 0$ (C)$s^2 + 10s + 25 = 0$ (D)$s^2 + 5s - 5 = 0$。

6　訊號 f(t)其拉氏轉換為 $F(s) = \dfrac{5}{s(s^2 + s + 2)}$，則此訊號的終值為何？(A)2 (B)5 (C)0 (D)2.5。

7　單位步階函數，其拉氏轉換為何？ (A)1 (B)s (C)1/s (D)$1/s^2$。

8　編碼器屬於自動控制系統中何類元件？ (A)控制器 (B)感測器 (C)致動器 (D)受控體。

9　關於線性非時變系統的描述，下列何者為錯？ (A)重疊定理適用 (B)可用轉移函數描述 (C)在不同時間所作的脈衝響應，其波型一致 (D)有參數隨時間改變而變化。

10　一個系統的轉移函數為 $1/(s+1)^3$，其脈衝響應為何？
(A)$0.5t^2 e^{-t}$ (B)$3e^{-t}$ (C)$e^{-t} + 2t^2 e^{-t}$ (D)te^{-t}。

11　已知某系統的單位步階響應(unit step response)為 $y(t) = 1 - e^{-10t}$，求其系統轉移函數？
(A)$G(s) = \dfrac{10}{s(s+1)}$ (B)$G(s) = \dfrac{10}{(s+10)}$ (C)$G(s) = \dfrac{10}{(s+1)}$ (D)$G(s) = \dfrac{10}{(s-10)}$。

12　下列何者為線性非時變系統？ (A)$2y'(t) + ty(t) = u(t)$ (B)$4y'(t) + 2y(t) = u(t)$
(C)$y(t)y'(t) + y(t) = u(t)$ (D)$y'(t) + y^2(t) = u(t)$。

13　線性非時變系統的步階響應 $S(t) = 1 - \cos\omega t$，則此系統的轉移函數 T(s) 為？

(A)$\dfrac{\omega^2}{s^2 + \omega^2}$ (B)$\dfrac{\omega}{s^2 + \omega^2}$ (C)$\dfrac{\omega}{s(s^2 + \omega^2)}$ (D)$\dfrac{2s^2 + \omega^2}{s(s^2 + \omega^2)}$。

14 如圖所示之系統，其系統轉移函數 $\dfrac{Y(s)}{R(s)}$？ (A) $\dfrac{s}{s+20}$ (B) $\dfrac{-s}{s+20}$ (C) $\dfrac{10}{s+10}$ (D)1。

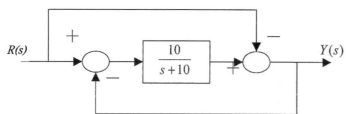

15 一系統狀態方程式為 $\dot{x} = \begin{bmatrix} -6 & -4 \\ 3 & 1 \end{bmatrix} x(t) + \begin{bmatrix} 0 \\ 1 \end{bmatrix} u(t)$，試求系統的特徵值為？ (A)-1 與-2 (B)-2 與-3 (C)-3 與-4 (D)-4 與-5

16 試求下列機械系統之轉移函數 $\dfrac{X(s)}{F(S)}$？

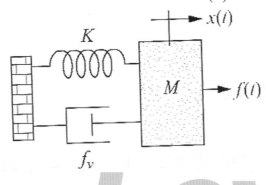

(A) $\dfrac{1}{Ms^2 + f_v s + k}$ (B) $\dfrac{K}{Ms^2 + f_v s + k}$ (C) $\dfrac{1}{Ks^2 + f_v s + M}$ (D) $\dfrac{Ms}{Ms^2 + f_v s + k}$。

17 考慮一系統之狀態方程式為 $\dot{x} = Ax + Bu$，$y = Cx$：$A = \begin{bmatrix} -1 & 0 & 0 \\ 0 & -3 & 0 \\ 0 & 0 & -5 \end{bmatrix}$，$B = \begin{bmatrix} 1 \\ 1 \\ 1 \end{bmatrix}$，$C = \begin{bmatrix} 1 & 2 & -1 \end{bmatrix}$，

則此系統之轉移函數為？

(A) $G(s) = \dfrac{2s^2 + 22s + 16}{s^3 + 9s^2 + 23s + 15}$ (B) $G(s) = \dfrac{2s^2 + 22s + 2}{s^3 + 9s^2 + 23s + 15}$

(C) $G(s) = \dfrac{2s^2 + 16s + 22}{s^3 + 9s^2 + 23s + 15}$ (D) $G(s) = \dfrac{16s^2 + 22s + 2}{s^3 + 9s^2 + 23s + 15}$

18 求下列閉迴路系統之轉移函數 $\dfrac{C(s)}{R(s)}$。

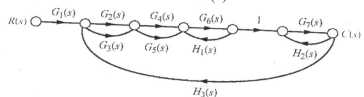

(A) $\dfrac{G_1G_2G_4G_6G_7 + G_1G_2G_5G_6G_7 + G_1G_3G_4G_6G_7 + G_1G_3G_5G_6G_7}{1 - H_3G_6G_7(G_2G_4 + G_2G_5 + G_3G_4 + G_3G_5) - G_6H_1 - G_7H_2 - G_6H_1G_7H_2}$

(B) $\dfrac{G_1G_2G_4G_6G_7 + G_1G_2G_5G_6G_7 + G_1G_3G_4G_6G_7 + G_1G_3G_5G_6G_7}{1 - H_3G_6G_7(G_2G_4 + G_2G_5 + G_3G_4 - G_3G_5) - G_6H_1 - G_7H_2 + G_6H_1G_7H_2}$

(C) $\dfrac{G_1G_2G_4G_6G_7 + G_1G_2G_5G_6G_7 + G_1G_3G_4G_6G_7 + G_1G_3G_5G_6G_7}{1 - H_3G_6G_7(G_2G_4 + G_2G_5 - G_3G_4 + G_3G_5) - G_6H_1 - G_7H_2 + G_6H_1G_7H_2}$

(D) $\dfrac{G_1G_2G_4G_6G_7 + G_1G_2G_5G_6G_7 + G_1G_3G_4G_6G_7 + G_1G_3G_5G_6G_7}{1 - H_3G_6G_7(G_2G_4 + G_2G_5 + G_3G_4 + G_3G_5) - G_6H_1 - G_7H_2 + G_6H_1G_7H_2}$

19 若一系統之單位步階響應為 $y(t) = 1 - e^{-0.5t}, t \geq 0$，求此系統之時間常數(time constant)為何？ (A)0.5 (B)1 (C)1.5 (D)2 秒。

20 若單位負回授系統，其開迴路轉移函數為 $G(s) = \dfrac{4}{s(s+1)}$，求此閉迴路系統之阻尼自然頻率 ω_d (damp natural frequency)為何？ (A)$\dfrac{\sqrt{15}}{4}$ (B)$\dfrac{\sqrt{15}}{3}$ (C)$\dfrac{\sqrt{15}}{2}$ (D)$\sqrt{15}$ rad/sec。

21 下列有關步進馬達敘述，何者有誤？ (A)步進馬達廣泛應為於計算機週邊、如印表機、磁碟機、XY掃描器 (B)正常動作步進馬達的速度與輸入脈波的頻率成正比 (C)步進馬達可正轉控制及反轉控制 (D)一相激磁運轉，表示在每一個時段之下，有二個線圈有電流通過的激磁順序。

22 在控制系統的時域分析上，定義為當時間趨近於無窮大時，其響應會變零的部份，該響應應為何？ (A)頻率響應(frequency response) (B)暫態響應(transient response) (C)穩態響應(steady-state response) (D)強制響應(forced response)。

23 若兩二階系統之轉移函數分別為 $G_1(s) = \dfrac{4}{s^2 + s + 4}$ 和 $G_2(s) = \dfrac{5}{s^2 + s + 5}$，在時間響應上，兩系統應有下列何種相同性質？ (A)安定時間(settling time) (B)最大超越量(maximum overshoot) (C)尖峰時間(peak time) (D)延遲時間(delay time)。

24 若一單位負回授系統之開迴路轉移函數為 $G(s) = \dfrac{k}{s^2 + s}$，則值為下列何者時，將使系統的步階響應之尖峰時間(peak time)為四者中最小？ (A)k=1 (B)k=2 (C)k=3 (D)k=4。

25 某穩定二階系統有兩個相同實數極點，則此系統應為？ (A)無阻尼 (B)欠阻尼 (C)臨界阻尼 (D)過阻尼 系統。

26 若一系統的轉移函數為 $G(s) = \dfrac{1}{s^2 + 2s + 4}$，則該系統之單位步階響為何？

(A) $\dfrac{1}{4}(1 + e^{-t}\cos\sqrt{3}t - \dfrac{\sqrt{3}}{3}e^{-t}\sin\sqrt{3}t)$ (B) $\dfrac{1}{4}(1 - e^{-t}\cos\sqrt{3}t - \dfrac{\sqrt{3}}{3}e^{-t}\sin\sqrt{3}t)$

(C) $\dfrac{1}{4}(1 - e^{-t}\cos\sqrt{3}t + \dfrac{\sqrt{3}}{3}e^{-t}\sin\sqrt{3}t)$ (D) $\dfrac{1}{4}(1 + e^{-t}\cos\sqrt{3}t + \dfrac{\sqrt{3}}{3}e^{-t}\sin\sqrt{3}t)$。

27 考慮下列之單位負回授系統，試求該系統之穩態誤差為何？

(A) $\lim\limits_{s \to 0} \dfrac{s}{1 + G(s)}$ (B) $\lim\limits_{s \to 0} \dfrac{R(s)}{1 + G(s)}$ (C) $\lim\limits_{s \to 0} \dfrac{sR(s)}{1 + G(s)}$ (D) $\lim\limits_{s \to 0} \dfrac{R(s)}{1 + sG(s)}$。

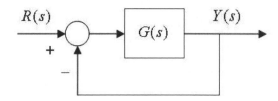

28 系統轉移函數 $M(s)$，頻率響應圖如下所示，則其共振頻率為？ (A)3 (B)0.9 (C)1.4 (D)0.1。

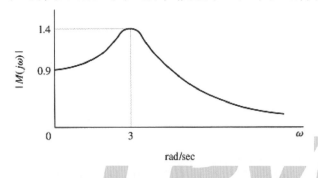

29 一個標準二階系統其轉移函數 $M(s) = \dfrac{1000}{s^2 + 34.5s + 1000}$，其阻尼比ζ為何？(A)2 (B)0.5455 (C)31.62 (D)34.5。

30 一個標準二階系統若其為低阻尼比(underdamped)，下列何者為其單位步階響應圖？
(A)　　　　　　　　(B)　　　　　　　　(C)　　　　　　　　(D)以上皆非。

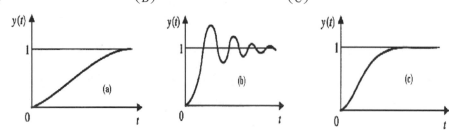

31 標準二階系統，若為低阻尼比(underdamped)，其單位步階響圖之最大超越量與系統自然頻率 ω_n 有何關係？ (A)成正比 (B)成反比 (C)無關 (D)先成反比，再成正比。

32 標準二階系統，若為低阻尼比(underdamped)，其單位步階響圖之最大超越量與系統阻尼比ζ有何關係？(A)成正比 (B)成反比 (C)無關 (D)先成反比，再成正比。

33 標準二階系統，其單位步階響應圖如下所示，則其阻尼比ζ為？ (A)0.01 (B)0.25 (C)0.707 (D)0.404。

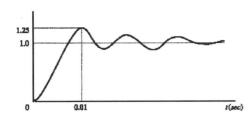

34 標準二階系統，其單位步階響應圖如下所示，則其最大超越量為？ (A)0.707 (B)0.25 (C)1 (D)1.25。

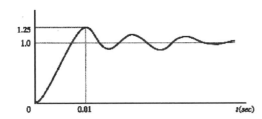

35 一個負回授單迴路系統，$G(s) = \dfrac{1}{s(s+1)}$ 與 $H(s)=1$，若此二階系統受到單位步階函數輸入，則其響應的最大超越量為何？ (A)0.163 (B)1 (C)0.5 (D)0.25。

36 一個負回授單迴路系統，$G(s) = \dfrac{1}{s(s+1)}$ 與 $H(s)=1$，若此二階系統受到單位步階函數輸入，則其響應的穩態誤差為何？ (A)∞ (B)1 (C)0 (D)0.5。

37 在下列系統的轉移函數中，何者為不穩定(unstable)系統？
(A) $\dfrac{1}{s^2+2s+1}$ (B) $\dfrac{1}{(s+1)(s+2)^4}$ (C) $\dfrac{1}{s^2-s+1}$ (D) $\dfrac{1}{s^2+s+1}$。

38 對一線性非時變系統而言，下列敘述何者錯誤？ (A)有界輸入下可得有界狀態(BIBS)必保證零輸入漸進穩定性(zero-input asymptotic stability) (B)零輸入漸進穩定性必保證有界輸入下可得有界輸出(BIBO) (C)有界輸入下可得有界狀態(BIBS)必保證有界輸入下可得有界輸出(BIBO) (D)零輸入漸進穩定性必保證有界輸入下可得有界狀態。

39 下列敘述何者錯誤？ (A)相位邊限(Phase Margin)越大則相對穩定度越大 (B)奈氏路徑(Nyquist path)與負實軸之交會點越接近原點，則增益邊限(Gain Margin)越小 (C)增益邊限越大則相對穩定度越大 (D)相位邊限(Phase Margin)為正則系統為穩定系統。

40 一單位負回授(unit-feedback)控制系統的開迴路轉移函數如下：$G(s) = \dfrac{K}{(s+1)^2(s+2)}$，K 為下列何值時，閉迴路系統將為穩定系統？ (A)K=-8 (B)K=-5 (C)K=-3 (D)K=-1。

41 考慮一線性非時變系統的狀態空間表示模型如下：$\dot{x} = Ax + Bu$。下列的 A 矩陣中，何者可使系統具有零輸入漸進穩定性(zero-input asymptotic stability)？

(A) $A = \begin{bmatrix} 0 & 0 & 0 \\ 0 & -1 & 0 \\ 0 & 0 & -2 \end{bmatrix}$ (B) $A = \begin{bmatrix} -3 & 0 & 0 \\ 0 & 1 & 0 \\ 0 & 0 & -2 \end{bmatrix}$ (C) $A = \begin{bmatrix} -3 & 1 & 1 \\ 0 & -1 & 1 \\ 0 & 0 & -2 \end{bmatrix}$ (D) $A = \begin{bmatrix} -3 & 2 & 3 \\ 0 & 1 & 2 \\ 0 & 0 & 2 \end{bmatrix}$。

42 在下列系統的轉移函數中，何者為穩定(stable)系統？

(A) $\dfrac{1}{s^3 + 3s^2 + s + 2}$ (B) $\dfrac{1}{(s+1)^7 s}$ (C) $\dfrac{1}{s^5 + s + 1}$ (D) $\dfrac{1}{s^3 + s^2 + s + 1}$。

43 某系統之閉迴路轉移函數為 $\dfrac{100}{s^3 + 5s^2 + 24s + 300}$，下列敘述何者正確？ (A)此系統三個極點均落在右半平面 (B)此系統有二個極點落在右半平面，一個極點落在左半平面 (C)此系統有一個極點落在右半平面，二個極點落在左半平面 (D)此系統三個極點均落左半平面。

44 已知某系統 $\begin{bmatrix} \dot{x}_1(t) \\ \dot{x}_2(t) \end{bmatrix} = \begin{bmatrix} 0 & 1 \\ 2.5 & -1 \end{bmatrix} \begin{bmatrix} x_1(t) \\ x_2(t) \end{bmatrix} + \begin{bmatrix} 0 \\ 1 \end{bmatrix} u(t)$ ， $y(t) = \begin{bmatrix} 1 & 0 \end{bmatrix} \begin{bmatrix} x_1(t) \\ x_2(t) \end{bmatrix}$ 為一個不穩定系統，若欲利用輸出回授$u(t) = -Ky(t)$來穩定此系統，請問 k 值之範圍為多少？ (A)k > 0 (B)k < 0 (C)k > 2.5 (D)2.5 > k > 0。

45 已知某二個系統 S_1 及 S_2 分別表示如後：

$S_1 : \begin{bmatrix} x_1(k+1) \\ x_2(k+1) \end{bmatrix} = \begin{bmatrix} 1 & 3 \\ 1 & 1 \end{bmatrix} \begin{bmatrix} x_1(k) \\ x_2(k) \end{bmatrix}$ 及 $S_2 : \begin{bmatrix} x_3(k+1) \\ x_4(k+1) \end{bmatrix} = \begin{bmatrix} 0.3 & 1 \\ 0 & 0.4 \end{bmatrix} \begin{bmatrix} x_3(k) \\ x_4(k) \end{bmatrix}$ ，式中 k=0, 1, 2, 3, …，

為一個不連續獨立變數，請問下列敘述何者正確？ (A)S_1系統二個極點均落在右半平面為一不穩定系統 (B)S_2系統二個極點均落在左半平面為一穩定系統 (C)S_1系統二個極點均落在單位圓內外為一不穩定系統 (D)S_2系統二個極點均落在單位圓內為一穩定系統。

46 如圖之單位回授系統，若$G(s) = \dfrac{s+6}{s^3 + 4s^2 + 3s}$，其閉迴路轉移函數為？

(A) $\dfrac{s+6}{s^3 + 4s^2 + 2s - 6}$ (B) $\dfrac{s+6}{s^3 + 4s^2 + 4s + 6}$ (C) $\dfrac{1}{s^3 + 4s^2 + 4s + 6}$ (D) $\dfrac{1}{s^3 + 4s^2 + 2s - 6}$。

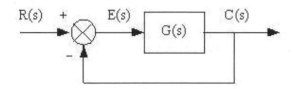

47 如圖之單位回授系統，若 $G(s) = \dfrac{k(s+6)}{s^3 + 4s^2 + 3s}$，請問使此系統穩定之 k 值之範圍為多少？
(A)k ＞ 6 (B)k ＜ 0 (C)k ＞ 0 (D)6 ＞ k ＞ 0。

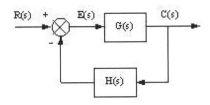

48 某閉迴路系統如圖，若 $G(s) = \dfrac{p(s)}{q(s)}$ 及 $H(s) = \dfrac{r(s)}{n(s)}$，請問使此閉迴路系統之零點方程式為何？
(A)p(s)q(s)=0 (B)p(s)n(s)=0 (C)r(s)n(s)=0 (D)q(s)n(s)=0。

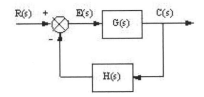

49 某閉迴路系統特性方程式為 $s^3 + 3ks^2 + (k+4)s + 15 = 0$，請問使此系統穩定之 k 值之範圍為多少？ (A)k ＞ 1 (B)k ＜ -5 (C)0 ＞ k ＞ -5 (D)1 ＞ k ＞ 0 。

50 某閉迴路系統之極點位置處於如圖 x 處，則此系統為？ (A)漸進穩定系統 (B)不穩定系統 (C)臨界穩定系統 (D)無法判斷。

51 考慮一線性非時變系統，請問下列敘述何者正確？ (A)假如當時間趨近無限大時，自然響應趨近於零則此系統是不穩定的 (B)假如當時間趨近於無限大時，自然響應無界限的增加則此系統是穩定的 (C)假如當時間趨近於無限大時，自然響應既不衰減也不增加，維持常數或振盪，則此系統是臨界穩定 (D)對每一個有範圍的輸入此系統相對產生一個有範圍的輸出，則此系統是漸進穩定。

52 已知某數位系統 $\begin{bmatrix} x_1(k+1) \\ x_2(k+1) \end{bmatrix} = \begin{bmatrix} -2.5 & 0 \\ 0 & -0.5 \end{bmatrix} \begin{bmatrix} x_1(k) \\ x_2(k) \end{bmatrix}$，式中 k=0, 1, 2, 3, … 為一個不連續獨立變數，請問下列敘述何者正確？ (A)此系統為穩定系統 (B)此系統之特性根為-2.5 及-0.5 (C)$k \to \infty$ 時 $x_1 \to 0$ (D)以上皆是。

53 某系統特性方程式的根有一對共軛單根位於 s 平面的虛軸上，但沒有任何根位於 s 平面的右半邊時，則起始條件所引起的暫態響應？ (A)在時間趨近於無窮時將衰減為零 (B)將是無阻尼的正弦振盪 (C)將隨著時間而增加 (D)無法判斷。

54 關於羅士-赫維茲(Routh-Hurwitz)準則下列敘述何者正確？ (A)這是一種能決定線性非時變系統的穩定性之代數方法 (B)此準則可測試特性方程式是否有任何根位於 s 平面的右半邊 (C)此準則可找出特性方程式位於右半平面和虛軸上的根之數目 (D)以上皆是。

55 下列何種方法可以用於非線性系統穩定性的判別？ (A)根軌跡(Root locus) (B)羅士-赫維茲(Routh-Hurwitz)準則 (C)李雅普諾夫穩定性準則(Lyapunov's stability criterion) (D)奈氏準則(Nyquist criterion)。

56 某閉迴路系統特性方程式為 $s^5 + 4s^4 + 16s^3 + 39s^2 + 63s + 27 = 0$，則此系統為？ (A)漸進穩定系統 (B)不穩定系統 (C)臨界穩定系統 (D)無法判斷。

57 如圖之系統其閉迴路系統極點繪於右方,若臨界穩定,則其 K 值為？ (A)2 (B)4 (C)8 (D)16。

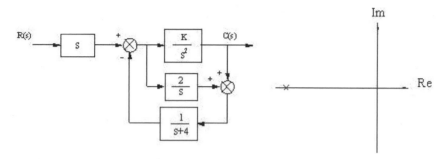

58 以下連續時間的轉移函數中，何者為臨界穩定或臨界不穩定？ (A)$\dfrac{20(s+1)}{(s-1)(s^2 + 2s + 2)}$ (B)$\dfrac{20(s-1)}{(s+2)(s^2 + 4)}$ (C)$\dfrac{10}{(s^2 + 4)^2(s + 10)}$ (D)$\dfrac{10}{s^4 + 30s^3 + s^2 + 10s}$。

59 當系統的轉移函數的極點在虛軸上有重根時,其穩定狀況為？ (A)BIBO 穩定 (B)臨界穩定或臨界不穩定 (C)不穩定 (D)無法判斷。

60 以下離散時間的轉移函數中，何者為穩定系統？ (A)$\dfrac{5z}{(z - 0.2)(z - 0.8)}$ (B)$\dfrac{5z}{(z + 1.2)(z - 0.8)}$ (C)$\dfrac{5z}{(z - 1)(z - 0.8)}$ (D)$\dfrac{5z}{(z + 1)^2}$。

61 考慮一閉迴路控制系統的特徵方程式 $s^3 + 2Ks^2 + (K + 2)s + 4 = 0$,利用羅斯表求出使系統穩定的 K 值範圍為？ (A)$K < -1 - \sqrt{3}$ 或 $K > -1 + \sqrt{3}$ (B)$-1 - \sqrt{3} < K < -1 + \sqrt{3}$ (C)$K < -1 - \sqrt{3}$ (D)$K > -1 + \sqrt{3}$。

62 考慮下列系統之特性方程式 $s(s + 4)(s^2 + 2s + 2) + K(s + 1) = 0$,則該系統之根軌跡漸近線在實數軸上的交點 σ_a 為？ (A)$-\dfrac{3}{5}$ (B)$-\dfrac{5}{3}$ (C)$-\dfrac{3}{4}$ (D)$-\dfrac{4}{3}$。

63 某單位負回授控制系統的開迴路轉移數為 $G(s) = \dfrac{K}{s(s^2 + 6s + 25)}$,則根軌跡在 s=-3+4$j$ 的離開角為幾度？ (A)-30° (B)-37° (C)-53° (D)-60°。

64　某一單位負回授控制系統的開迴路轉移函數為 $G(s) = \dfrac{K}{s(s^2 + 4s + 5)}$，則根軌跡的分離點為？
(A)0　(B)2　(C)–1　(D)–2。

65　某一單位負回授控制系統的開迴路轉移函數為 $G(s) = \dfrac{K}{s(s^2 + 6s + 10)}$，試求閉迴路系統根軌跡
與 $j\omega$ 虛軸交會時之 K 值？　(A)60　(B)50　(C)40　(D)30。

66　當 $-\infty < K < \infty$ 時，方程式 $s(s+5)(s+6)(s^2 + 2s + 2) + K(s+3) = 0$ 的根軌跡有唯一的分離點
$s = p$，則下列敘述何者正確？　(A)$-6 < p < -5$　(B)$-5 < p < -4$　(C)$-4 < p < -3$
(D)$-3 < p < -2$。

67　某一單位負回授控制系統的開迴路轉移函數為 $G(s) = \dfrac{K}{(s+1)(s+2)(s+4)}$，欲使閉迴路系統具
有阻尼比 $\zeta = 0.5$，則此系統之特性根與 K 值分別為多少？
(A)$s = -\sqrt{2} \pm j2\sqrt{2}$　$K = 8$　(B)$s = -\sqrt{2} \pm j\sqrt{2}$　$K = 8$　(C)15　(D)12。

68　若系統的特徵方程式為 1+KL(s)=0，s_1 為當參數 K 由 0 變化至 ∞ 時，所產生的根軌跡上的任
意點，則所有極點到 s_1 的角度和與所有零點到 s_1 的角度和相差？　(A)90 度的倍數　(B)90 度
的奇數倍　(C)180 度倍數　(D)180 度的奇數倍。

69　若系統的特徵方程式為 1+KL(s)=0，當 L(s) 有 5 個極點和 2 個零點，且 K 為可變的參數時，
其正根軌跡的漸近線共有？　(A)5　(B)2　(C)3　(D)7　條。

70　關於二階方程式 $s(s+2) + K(s+4) = 0$ 的正根軌跡的敘述，何者錯誤？　(A)零點為 $-\infty$, -4
(B)極點為 0, –2　(C)分離點（鞍點）為 $-4 \pm \sqrt{2}$　(D)分離點的到達角與脫離角（離去角）為
$\pm 90°$。

71　在 1+KG(s)H(s)=0 的根軌跡中，下列敘述何者有誤？　(A)根軌跡和虛軸的交點，所對應的 K
值和用羅斯·赫維茲準則求出者一致　(B)$dK/ds = 0$ 為求根軌跡上分離點的充分條件　(C)K=0
的點為 KG(s)H(s) 的極點　(D)根軌跡對稱於實數軸。

72　一系統的動態模型為 $G(s) = \dfrac{1}{s(s+1)}$，以控制器 D(s) 進行回授控制，其閉迴路系統的特徵方程
式為 $1 + D(s)G(s) = 0$，則下列敘述何者錯誤？　(A)D(s)=K 時，漸近線角度為 $90°$ 及 $-90°$
(B)$D(s) = \dfrac{K}{s+a}$ 時（$a > 1$），介於 –1 與 0 之間的漸近線會彎向右半平面，其角度為 $60°$ 及 $-60°$
(C)$D(s) = K(s+a)$ 時（$a > 1$），介於 –1 與 0 之間的漸近線會彎向左半平面，其角度為 $120°$ 及
$-120°$　(D)$D(s) = K(s+b)/(s+a)$ 時（$b > a > 1$），介於 –1 與 0 之間的漸近線角度為 $90°$ 及
$-90°$。

73　一穩定系統的轉移函數為 $G(s) = \dfrac{1}{s+1}$，若輸入為 $2\sin t$，則穩態時輸出應為多少？
(A)$\sqrt{2}\sin(t + \pi/4)$　(B)$\sqrt{2}\cos(t + \pi/4)$　(C)$\sqrt{2}\sin(t - \pi/4)$　(D)$\sqrt{2}\cos(t - \pi/4)$。

74 一極小相位系統的波德圖之近似圖如圖，設轉移函數 $G(s) = \dfrac{A}{s+B}$，則 A=？ (A)10 (B)20 (C)30 (D)40。

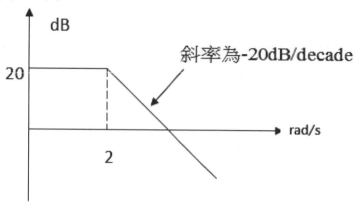

75 一極小相位系統的波德圖之近似圖如圖，設 $G(s) = \dfrac{A}{s+B}$，則 B=？ (A)4 (B)3 (C)2 (D)1。

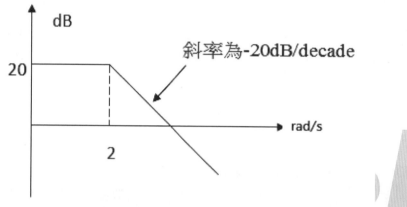

76 下列關於波德圖的敘述何者錯誤？ (A)轉折頻率越多則系統階數越高 (B)長度為 0dB 時，相位越接近 180 度，相對穩定度越差 (C)相位為 -180 度時，長度越在 0dB 的下方，相對穩定度越高 (D)當弦波輸入且系統為穩定系統時，每一頻率對應的長度越大，則穩態輸出的放大比率越大。

77 一系統的近似波德圖如圖，則該系統可作為？ (A)低通 (B)帶拒 (C)高通 (D)帶通 濾波器。

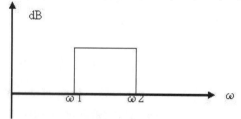

78 已知一單位回授(unit-feedback)控制系統的開迴路轉移函數之奈氏路徑(Nyquist path)將包圍在內，且繞兩圈，若該開迴路轉移函數在右半(複數)平面之極點數為 1，則閉迴路轉移函數在右半平面之極點數為 (A)2 (B)3 (C)4 (D)1 個。

79 已知四個具有極小相位系統的開迴路轉移函數之奈氏路徑(Nyquist path)如圖，何者具有最佳的相對穩定度？ (A)a (B)b (C)c (D)d。

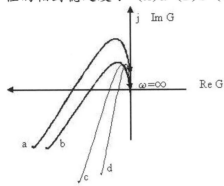

80 下列何者不是線性非時變系統頻域分析常用的工具？ (A)奈氏準則(Nyquist criterion) (B)波德圖(Bode diagram) (C)根軌跡圖(Root locus plot) (D)尼可圖(Nichol chart)。

81 線性非時變系統相對穩定度的判別，請問下列敘述何者正確？ (A)頻域分析時，可用阻尼比 (damping ratio)來判定 (B)時域分析時，可用極座標上開迴路轉移函數 GH(jω)圖形與 (-1, j0)點接近的程度來判斷 (C)頻域分析時，可用波德圖上 ω=0 時之增益值(Gain)來判斷 (D)頻域分析時，可用增益邊限與相位邊限(Gain margin, Phase margin)來判斷。

82 如果系統開路轉移函數為 $GH = \dfrac{k}{(s+2)(s+3)(s+1)}$，如圖為不同 k 值之極座標圖，依照奈氏準則(Nyquist criterion)判斷穩定性，則下列敘述何者正確？ (A)k=k1 時為不穩定 (B)k=k2 時為不穩定 (C)k=k3 時為臨界不穩定 (D)k=k4 時為穩定。

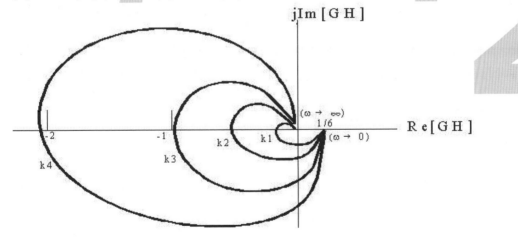

83 奈氏準則(Nyquist criterion)中奈氏路徑(Nyquist contour)為？ (A)s 平面的第一象限 (B)z 平面的單位圓內 (C)s 平面的虛軸及右半平面 (D)s 平面的左半平面。

84 如圖所示之系統，請問 k=3 時之增益邊限(Gain Margin)為多少 dB？ (A)8 (B)6 (C)4 (D)2。

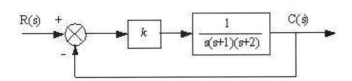

85 如圖為函數 $\dfrac{k}{s^2+8s+100}$ 之波德圖(Bode diagram)，請問 k 值為多少？ (A)500 (B)1000 (C)2000 (D)4000。

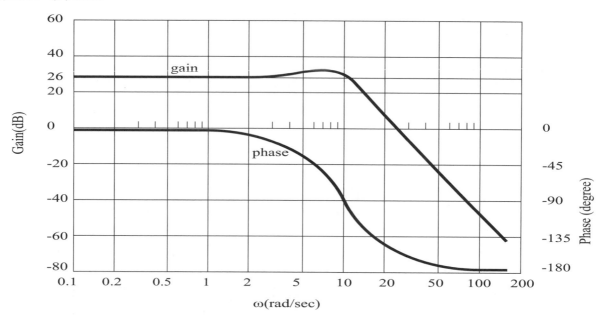

86 某放大器的轉移函數為 $\dfrac{5}{s+1}$，若輸入訊號為極高頻之正弦訊號，請問輸出訊號與輸入訊號比較，其相位差為多少？ (A)同相位 (B)落後 180 度 (C)落後 90 度 (D)超前 90 度。

87 某單位負回授控制系統之開路轉移函數為 $G(s)=\dfrac{1000}{s+100}$，其頻寬為多少 rad/sec？ (A)1100 (B)1000 (C)900 (D)800。

88 以增益邊限與相位邊限(Gain margin, Phase margin)來設計一線性非時變控制系統時，其適當的值約為多少？ (A)增益邊限為 10db 以下，相位邊限為 40° 以下 (B)增益邊限為 20db 以上，相位邊限為 60° 以上 (C)增益邊限為 10~20db，相位邊限為 40~60° (D)增益邊限越大越好，相位邊限越小越好。

89 若轉移函數為 $\dfrac{1}{s^3}$ 則其大小的波德圖(Bode diagram)斜率為多少 dB/decade？ (A)20 (B)-20 (C)-40 (D)-60。

90 如圖所示之系統，請問其相位邊限(Phase Margin)約為多少？
(A)62°(B)32°(C)45°(D)77°。

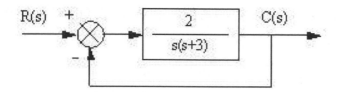

91 如圖所示之系統，請問其增益邊限(Gain Margin)約為多少 dB？ (A)83 (B)1 (C)20 (D)無限大。

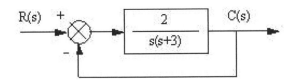

92 某閉迴路系統如圖，若 $G(s)H(s) = \dfrac{9}{s(s+2)^2}$，請問此系統之相位交越頻率為多少 rad/sec？ (A)2 (B)20 (C)200 (D)2000。

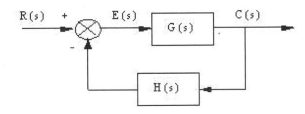

93 如圖為某函數之波德圖(Bode diagram)，請問其相位邊限(Phase Margin)約為多少？ (A)20° (B)45° (C)60° (D)0°。

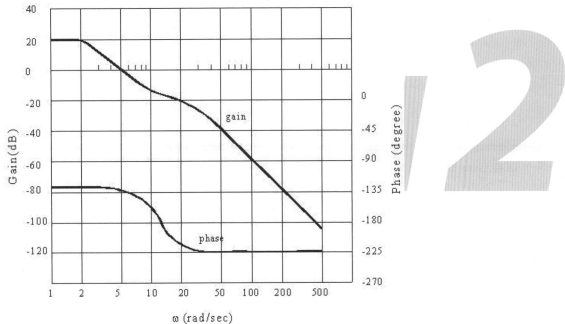

94 考慮一單位負回授系統之開迴路轉移函數為 $G(s) = \dfrac{k}{s^2 + s}$，求 K=10 時的增益邊限(gain margin)為何？ (A)1 (B)2 (C)3 (D)∞ dB。

95 考慮一單位負回授系統之開迴路轉移函數為：$G(s) = \dfrac{2\sqrt{3}}{s^2 + s}$，則該系統之相位邊限(phase margin)為何？ (A)15° (B)30° (C)45° (D)60°。

96 如圖所示之系統方塊圖，求系統之共振頻率（resonant frequency）為何？ (A)$\sqrt{2}$ (B)$\sqrt{3}$ (C)$2\sqrt{2}$ (D)$2\sqrt{3}$ rad/sec。

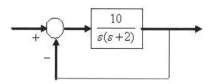

97 如圖所示之系統方塊圖，求系統之共振峰值(peak resonance)約為多少？ (A)1.77 (B)1.98 (C)2.05 (D)2.45。

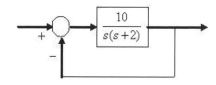

98 若一單位負回授系統之開迴路轉移函數為 $G(s)=\dfrac{4}{s(s+1)(s+2)}$，求該系統之相位交越頻率 (phase crossover frequency)為何？ (A)$\sqrt{2}$ (B)$\sqrt{3}$ (C)$\sqrt{5}$ (D)$\sqrt{7}$ rad/sec。

99 一函數為 $\dfrac{3}{s^3}$，其波德圖(Bode diagram)大小之斜率為何？ (A)-40 (B)40 (C)-60 (D)60 dB/decade。

100 若一系統之轉移函數為 $G(s)=\dfrac{1}{(s+1)(s+1)}$，求此系統之頻寬(bandwidth)為何？ (A)0.64 (B)0.7 (C)0.76 (D)0.85 rad/sec。

101 下列哪一個轉移函數可為如下所示之波德圖？ (A)$G(s)=\dfrac{40}{(s+1)(s+10)}$ (B)$G(s)=\dfrac{4}{(s+1)(s+10)}$ (C)$G(s)=\dfrac{40}{s(s+10)}$ (D)$G(s)=\dfrac{4}{s(s+10)}$。

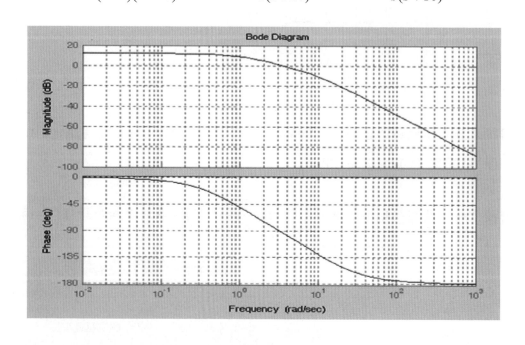

102 一函數為 $G(s) = \dfrac{4(s-1)}{s(s+2)(s^2+s+3)}$ ，當 $\omega = 1\ rad/\sec$ 時，求 $|G(j\omega)|$ 之值為何？ (A) $\dfrac{\sqrt{2}}{5}$ (B) $\dfrac{2\sqrt{2}}{5}$ (C) $\dfrac{3\sqrt{2}}{5}$ (D) $\dfrac{4\sqrt{2}}{5}$ 。

103 考慮如下所示之回授控制系統，其系統之開迴路轉移函數應為？ (A)G(s) (B)H(s) (C)G(s)H(s) (D)1+G(s)H(s)。

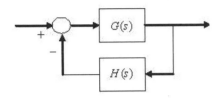

104 若一開迴路轉移函數沒有零點在右半平面，則該系統穩定的充要條件為其開迴路轉移函數之奈氏圖(Nyquist diagram)包圍點(-1, j0)的次數應為多少？ (A)3 (B)2 (C)1 (D)0 次。

105 用於判斷系統穩定性之奈氏穩定準則(Nyquist stability criterion)，公式為N＝P-Z，式中P表示為何？ (A)閉迴路轉移函數中不穩定極點數目 (B)開迴路轉移函數中不穩定極點數目 (C)閉迴路轉移函數中不穩定零點數目 (D)開迴路轉移函數中不穩定零點數目。

106 當系統的頻寬增加時，下列敘述何者為正確？ (A)系統阻尼比愈大 (B)系統響應速度增快 (C)共振尖峰降低 (D)上升時間增長。

107 若一系統之轉移函數為 $G(s) = \dfrac{2s+5}{(s+2)(s+3)}$ ，試求該系統之直流增益(DC gain)為何？ (A)1/3 (B)2 (C)5 (D)5/6。

108 關於A/D轉換器，下列敘述何者正確？ (A)量測的電壓範圍愈大，解析度愈高 (B)位元數愈多，線性度愈佳 (C)轉換速度較同位元數的D/A轉換慢 (D)位元數不能高於微處理機本身的位元數。

109 下列何者採取多層串接之星狀架構(tiered star)，類似樹枝幹衍生，可不斷串接更多組具有相同介面之裝置？ (A)RS232C (B)GPIB (C)USB (D)IEEE1394。

110 有一可變磁阻式步進馬達，輸入脈波為600Hz，經測得其轉速為300rpm，則其每圈之步進數為多少步？ (A)30 (B)60 (C)90 (D)120。

111 USB電纜線中有幾條線？其功用為何？ (A)4條；電源、接地、信號(十)及信號(一) (B)3條；電源、信號及共用的地線 (C)6條；電源、接地、輸入信號(十)、輸入信號(一)、輸出信號(十)及輸出信號(一) (D)4條；電源、輸入信號、輸出信號及共用的地線。

112 關於D/A轉換器，下列敘述何者正確？ (A)轉換速度低於同位元數的A/D轉換器 (B)多數單晶片微電腦均有內建 (C)輸出端不能直接與運算放大器相連 (D)PWM外接電阻與電容，具有D/A的功能。

113 在類比轉換數位的取樣過程中，由於V_{in}^{+}和V_{in}^{-}取樣輸入的時間點不同，導致共模輸入的電壓差，此種誤差會影響該ADC的何種特性？ (A)穩定(安定)時間 (B)精確度 (C)解析度 (D)線性度。

114 欲使用單晶片微電腦量測電阻大小，應利用？ (A)D/A 轉換器 (B)A/D 轉換器 (C)外部中斷 (D)PWM 產生器。

115 關於 RS232C 的敘述，何者錯誤？ (A)採用正邏輯，即高電位為 1 (B)標準為 25 支接腳的 D 型接頭 DB25 (C)PC 上的串列埠多使用 COM1 及 COM2 (D)其信號傳輸係採單端點(single-ended) 方式，而非差動(differential) 方式。

116 下列何者是 RS232 的標準鮑率(baud rate)？ (A)4200 (B)9600 (C)12000 (D)33200。

117 RS232C 在 CPU V2.0 版本以前的資料傳輸方式為？ (A)單工介面(one way) (B)半雙工介面 (half duplex) (C)全雙工介面(full duplex) (D)多工介面(multiple duplex)。

118 鮑率(baud rate)的單位為何？ (A)bits/sec (B)bytes/sec (C)kbytes/sec (D)words/sec。

119 關於 USB，下列敘述何者錯誤？ (A)傳輸速度高於 RS232 資料傳輸 (B)連接線(cable)的長度 一般較 RS232 的連接線長 (C)使用差動訊號傳輸 (D)連接線中包含電源線。

120 下列 IC 何者不屬於串列傳輸相關 IC？ (A)8255 (B)8250 (C)MAX232 (D)16550。

121 關於 RS232 串列資料傳輸，下列敘述何者正確？ (A)適合一對多資料對傳 (B)使用差動訊號 傳輸 (C)速度愈高，可傳輸距離愈短 (D)訊號的電壓範圍 0~+5V。

122 在直流馬達中，電樞電流如果不連續，轉動時會有脈動現象，可使用抗流圈(Choke)與電樞 串聯，用於 (A)增加 (B)減少 (C)不改變 (D)以上皆是 電路之時間常數。

123 在直流馬達轉矩對轉速之特性曲線圖中，馬達轉矩特性曲線之斜率與負載轉矩特性曲線之斜 率的關係為何時方能得到穩定之運轉點？ (A)兩個斜率互為正與負 (B)兩個斜率都是正的 (C)兩個斜率都是負的 (D)以上皆是。

124 在步進馬達測試中，哪一種激磁方式運轉最平滑？ (A)1 相激磁 (B)2 相激磁 (C)1-2 相激磁 (D)2-1 相激磁。

125 如下何種激磁方式屬於步進馬達半步級(Half Step)之驅動？ (A)1 相激磁 (B)2 相激磁 (C)1-2 相激磁 (D)2-1 相激磁。

126 步進馬達於定速運轉下逐漸增加負載直到失步之轉矩稱為？ (A)detent torque (B)pull-out torque (C)pull-in torque (D)holding torque。

127 如 LCD 之三個輸入控制信號為 RS=1，$\frac{R}{W}$ =0，E=1，則 (A)將資料寫入 LCD 之 RAM 中 (B)將 資料寫入 LCD 之指令暫存器 IR 中 (C)由 LCD 之資料站經 DR 中讀取資料 (D)由 LCD 之指令暫 存器 IR 讀取狀態。

128 一般控制步進馬達轉速之方法為？ (A)控制工作週期 (B)控制脈波頻率 (C)控制電源電壓 (D)控制馬達繞組之時間常數。

129 下列敘述何者正確？ (A)80×86 的 I/O 映射位址空間比記憶體位址空間大 (B)不具有 I/O 映射(I/O mapped)位址空間的 CPU 需加裝 I/O 共同處理器(coprocessor)，才可以進行 I/O (C)不具 I/O 映射位址空間的 CPU，可以利用記憶體存取的指令來進行 I/O (D)具有 I/O 映射位址空間的 CPU，只可以利用 I/O 指令存取資料。

130 在常見的 IO 介面標準中，下列何者不是並列傳輸？ (A)RS-232 (B)IEEE-488 (C)PCI (D)8255。

131 設計一個定址於埠 12H 的特定圖形時，若想讓每一個 LED 都閃爍(當埠輸出 1 時 LED 亮，反之 LED 暗)，則下列選項何者不能填入程式片段 XXX 的位置？ (A)ROR (B)NOT (C)SHR (D)ROL。

```
MOV    AL，55H
OUT    12H，AL
CALL   DELAY
XXX    AL
OUT    12H，AL
CALL   DELAY
```

132 在 I/O 控制系統中，將一顆 Intel 8255 與 Intel 8088 CPU 相連接，指令 OUT 2EH, AL 可使 AL 暫存器的內容輸出到 8255 的埠 C，下列執行狀況，何者有誤？ (A)IN AL, 2BH 可將埠 B 的資料讀進 AL 暫存器 (B)IN AL, 2CH 可將 8255 埠 A 的資料讀進 AL 暫存器 (C)OUT 2CH, AL 可將 AL 暫存器的內容輸出到 8255 的埠 A (D)OUT 2FH, AL 可將 AL 暫存器的內容輸出到 8255 的控制暫存器。

133 下列有關 8255 IC 的描述，何者有誤？ (A)是一種並列傳輸之 I/O 介面 IC，且有 3 個 I/O 埠(port)：A、B 及 C (B)在 RESET 後，所有 I/O 埠均被設定為輸入模式 (C)IBF、$\overline{OBF}$、$\overline{STB}$、$\overline{ACK}$ 均屬於模式一(mode-1)之交握(hand-shaking)信號 (D)在模式一(mode-1)時，C 為控制埠，$C_0 \sim C_3$ 控制 A 埠，$C_4 \sim C_7$ 控制 B 埠。

134 如下哪個電壓準位被用來表示 RS232 二進位值 1？ (A)+3~+25 (B)-3~-25 (C)0 (D)3~5 V。

135 在 8279 介面中，當按鍵按下時，除跳訊(Debounce)線路會等候多久之除跳訊時間？ (A)100.3 (B)10.3 (C)1.03 (D)0.103 ms。

136 在 8279 介面中，8279 每隔多久會分別從顯示記憶體與遮沒暫存器中抓取資料顯示？ (A)640us (B)64us (C)10.3ms (D)103ms。

137 某 CPU 之工作頻率為 60MHz，若執行每一指令平均花費 3 個時脈週期(clock cycle)，則此 CPU 之執行效能為何？ (A)30 (B)180 (C)60 (D)20 MIPS。

138 下面哪一種 CPU 信號線，只擔任輸入功能？ (A)資料線 (B)位址線 (C)中斷要求線(INTR) (D)讀寫記憶控制線($\overline{RD}$，$\overline{WR}$)。

139 下列有關快閃(flash)記憶體的敘述，何者有誤？ (A)為揮發性(volatile)記憶體 (B)在資料規劃和清除方面，具有 EPROM 和 EEPROM 的優點 (C)以電氣方式清除資料 (D)常用於隨身碟中。

140 下列敘述中，a.內部時脈頻率 b.處理機的位元數 c.記憶體的容量 d.CPU 核心電壓，何者會影響 CPU 的執行速度？ (A)a、b (B)b、c (C)a、b、d (D)b、c、d。

141 下列有關 CPU 的敘述，何者正確？ (A)DS 為資料區段暫存器，直接與運算元有效位址相加得到實際位址 (B)ALU 為算術邏輯單元，副程式呼叫時常用來存放返回位址 (C)IP 為指令指標暫存器，用來存放目前執行中的指令位址 (D)MBR 為記憶器緩衝暫存器，為存取記憶體時的資料緩衝區。

142 下列哪一種元件不能做為位址解碼器？ (A)CPLD (B)FPGA (C)74LS121 (D)74LS138。

143 所謂 32 位元或 64 位元之處理機，其中位元數通常是依據下列何項來區分？ (A)位址匯流排之位元數 (B)控制匯流排之位元數 (C)I/O 埠之位元數 (D)ALU 之位元數。

144 下列何種旗標(flag)不受 CPU 算數運算指令影響？ (A)溢位 (B)負號 (C)中斷 (D)零 旗標。

145 單晶片 8051 之 I/O 埠中，何者並無提升電路，因此使用此 I/O 埠推動下一級 CMOS 元件時，需加接一提升電阻？ (A)P0 (B)P1 (C)P2 (D)P3。

146 只要電源開啟，即能保持資料，不需要特別重寫的動作；但是一旦電源關閉就無法保存資料，又被稱為揮發性記憶體(volatile memory)的記憶體是？ (A)ROM (B)EEPROM (C)SRAM (D)DRAM。

147 下列何者是複雜指令計算機(CISC)最小指令單位？ (A)微程式(microprogram) (B)微指令(microinstruction) (C)程式組(program-set) (D)指令組(instruction-set)。

148 若執行下列 80×86 程式，當程式執行後，下列何者為正確？(A)$X = (A \cdot B + C)^2 + A \cdot B$ (B)$X = (B \cdot C + A)^2 + B \cdot C$ (C)$X = (A \cdot C + B)^2 + A \cdot C$ (D)$X = 2 \cdot (A \cdot B + C) + A \cdot B$。

```
LOAD    A
MULT    B
STORE   T
ADD     C
STORE   V
MULT    V
ADD     T
STORE   X
```

149 執行下列 80×86 指令，當程式執行後，AX 的值應為？
(A)01 (B)20 (C)40 (D)A0 H。

```
MOV   AX, 8
SHL   AX, 2
MOV   BX, AX
SHL   AX, 2
ADD   AX, BX
```

150 若 AL 值原為 7AH,試問執行下列哪一指令後,可使 AL 值變為 0AH? (A)OR AL, 0FH (B)AND AL, 0FH (C)OR AL, F0H (D)AND AL, F0H。

151 下列有關顯示器的敘述,何者有誤? (A)LCD 的耗電較低 (B)LCD 的驅動電壓較高 (C)共陰極的七段顯示器可由 7448 來驅動 (D)LCD 顯示方式中,背光式較反射式為佳,在夜間仍能正常顯示。

152 MSDOS 和 PCDOS 都備有連結程式,以便讓許多程式模組能夠連結成一個完整的程式。請問在組合程式中是以如下哪個關鍵字語來宣告一些標記或變數在本模組以外的地方有定義? (A)PUBLIC (B)EXTRN (C)ASSUME (D)INTERN。

153 在條件式迴圈指令 LOOP 中,假如 CX 不等於零,且有一個相等之條件存在,則? (A)程式的執行會跳躍到標記所指定之位址 (B)下一個順序之指令的位址 (C)在 LOOPE 指令等候 (D)CX 所指的位址。

154 在堆疊記憶體定址法中,下列之敘述何者正確? (A)當執行 PUSH BX 指令時,較高次之 8 個位元會放在 SP+1 之位址上,而較低次之 8 個位元會放在 SP+2 之位址上 (B)當執行 POP BX 指令時,較高次之 8 個位元會從 SP-1 之位址取出,而較低次之 8 個位元會從 SP-2 之位址取出 (C)當執行 PUSH BX 指令時,較高次之 8 個位元會放在 SP-1 之位址上,而較低次之 8 個位元會放在 SP-2 之位址上 (D)當執行 PUSH BX 指令時,較高次之 8 個位元會放在 SP-2 之位址上,而較低次之 8 個位元會放在 SP-1 之位址上。

155 如果我們利用基底相對索引定址法來定址二維記憶體資料陣列,且假設暫存器 DS=1000H,SI=0010H,BX=0020H,則指令 MOV AX, [BX+SI+100H]會將如右哪一個有效位址之資料搬到 AX 暫存器中? (A)130 (B)10130 (C)1130 (D)1300 H。

156 下列哪個動作會改變計時器的溢位週期? (A)致能中斷 (B)增加程式碼 (C)更換石英振盪器 (D)串列資料傳輸。

157 關於計時器的描述何者正確? (A)位元數不能高於微處理器本身的位元數 (B)設定初始值時,可能引發中斷(interrupt) (C)計時器與計數器是同一個硬體裝置,但是訊號來源不同 (D)同一時間只能啟動一個計時器。

158 下列何者會用到計時器? (A)PWM (B)並列資料傳輸 (C)存取外部記憶體 (D)外部中斷。

159 計時器的計時精確度與何者有關? (A)微處理機的位元數 (B)程式碼的精簡度 (C)石英振盪器 (D)以上皆是。

160 下列何者會影響計數器(counter) 的準確度? (A)石英振盪器頻率 (B)微處理器的位元數 (C)是否啟動另一個計時器或計數器 (D)開關彈跳問題。

161 量測脈波寬度應使用? (A)PWM 產生器 (B)A/D 轉換器 (C)D/A 轉換器 (D)計時器。

162 下列 IC 何者與計時最相關? (A)8255 (B)8253 (C)8259 (D)8250。

163 8051 有? (A)1 (B)2 (C)3 (D)4 個 16 位元之計時計數器。

164 若 8051 使用 11.0592MHz 之石英振盪晶體,則計時模式 1 之最大計時長度約為? (A)65536 (B)71111 (C)60398 (D)8192 微秒。

165 8051 之計時計數器中，具自動重新載入計數值之工作模式為？ (A)模式 0 (B)模式 1 (C)模式 2 (D)模式 3。

166 MCS51 單晶片作串列傳輸時之鮑率(baud rate)由？ (A)計時器 0 (B)計時器 1 (C)計時器 2 (D)計時器 3 產生。

167 當 MCS-51 計時器作連續之計時，應使用？ (A)模式 0 (B)模式 1 (C)模式 2 (D)模式 3 以獲得較高之計時準確性。

168 用於擴充程式記憶體之 EPROM 27256 有？ (A)8 (B)16 (C)32 (D)64 kbytes。

169 用於擴充資料記憶體之 SRAM 6264 有？ (A)8 (B)16 (C)32 (D)64 kbytes。

170 用於讀取外部擴充資料記憶體之 8051 指令為？ (A)XRL (B)MOVC (C)MOVX (D)XCH。

171 若 8051 之輸出輸入腳不夠用，可以： (A)27256 (B)6264 (C)74373 (D)8155 擴充之。

172 擴充 MCS-51 之外部記憶體常使用？ (A)74373 (B)74283 (C)74386 (D)74393 積體電路作位址栓鎖。

173 有關 80x86 系統的直接記憶體存取(DMA)處理的敘述，下列何者不正確？ (A)DMAC 要取得系統匯流排的控制權須經由 HOLD 信號對 CPU 做請求 (B)DMA 可以執行 I/O 對記憶體、或記憶體對記憶體的資料移轉 (C)DMA 須經由直接記憶體存取器(DMAC)來做規劃 (D)CPU 對 DMAC 的匯流排請求可以拒絕讓出匯流排。

174 下列哪一種類型的記憶體不適合做為 PC 的 BIOS 程式之儲存元件？ (A)ROM (B)EPROM (C)SRAM (D)Flash memory。

175 某靜態隨機存取記憶體(SRAM)之容量為 8K×8，則其具有？ (A)13 條位址線、3 條資料線 (B)13 條位址線、8 條資料線 (C)3 條位址線、3 條資料線 (D)3 條位址線、8 條資料線。

176 下列有關快閃(flash)記憶體之敘述，何者錯誤？ (A)具有浮動(floating)閘極 (B)具有控制閘極 (C)以紫外線清除資料 (D)常用來儲存 PC 系統中的 BIOS 程式。

177 請依照下列裝置的存取速度，a：快取記憶體 b：主記憶體 c：暫存器 d：硬碟。由慢到快依序排列？ (A)dbac (B)dabc (C)dcab (D)cdab。

178 關於硬體中斷，下列敘述何者正確？ (A)中斷服務程式可寫到記憶體任何位址 (B)主程式中可直接呼叫中斷服務程式 (C)中斷服務程式通常寫在程式的後端 (D)一般微處理機可同時設定多個中斷源。

179 從中斷事件觸發，到中斷服務程式開始執行的這段時間稱為？ (A)latency (B)cycle (C)lead (D)frequency。

180 下列何者可能觸發中斷？ (A)兩數相加 (B)存取隨機記憶體 (C)設定計時模式 (D)串列資料傳輸。

181 下列何者不會觸發中斷？ (A)計時器溢位 (B)輸入接腳電壓改變 (C)A/D 轉換完成 (D)讀取外部記憶體資料。

182 關於中斷服務程式,下列敘述何者正確? (A)中斷服務程式有固定的起始位址 (B)中斷服務程式中不能呼叫其他副程式 (C)中斷服務程式中不能修改主程式使用的變數 (D)中斷服務程式碼只能以組合語言撰寫。

183 計時器產生中斷訊號的時機為? (A)設定計時模式 (B)啟動計時器 (C)寫入初始值 (D)計時器數值由最大降為 0。

184 關於中斷,下列敘述何者錯誤? (A)致能計時器中斷只可在程式的開頭 (B)中斷事件觸發後,仍需數個指令週期始執行中斷程式碼 (C)不論接收或傳送串列資料均可產生中斷 (D)計時器溢位時,可能產生中斷。

185 下列何者不是 8051 的內建裝置? (A)計時器 (B)串列傳輸埠 (C)A/D 轉換器 (D)外部訊號中斷。

186 呼叫監督程式中斷是連結高層次的監督者呼叫指令,可提供作業系統由使用者模式進入監督模式,此種中斷屬於何種中斷型態? (A)內部 (B)外部 (C)軟體 (D)重置 中斷。

187 下列哪一元件為可程式規劃的中斷控制器? (A)8251A (B)8254 (C)8255A (D)8259A。

188 某計算機系統允許(IR0～IR7)八個中斷要求,且對 I/O 中斷採用循環式優先權,當完成 IR7 中斷服務後,下一次具有最高優先權的 I/O 中斷為? (A)IR0 (B)IR1 (C)IR6 (D)IR7。

189 使用下列哪種方法之 I/O 的速度最快? (A)輪詢式(polling) (B)交握式(handshake) (C)中斷式(interrupt) (D)旗號(flag)判斷法。

190 單晶片 8051 中斷觸發型態位元(IT0 或 IT1)設定為 1 表示? (A)正緣 (B)負緣 (C)低準位 (D)高準位 觸發。

191 如圖所示的機械系統,其質量位移 x(t)對外力 F(t)的轉移函數應是(A)$\dfrac{1}{ms^2+bs+k}$ (B)$\dfrac{1}{ms^2+bs+2k}$ (C)$\dfrac{1}{ms^2+bs+3k}$ (D)$\dfrac{1}{ms^2+bs-k}$ 。

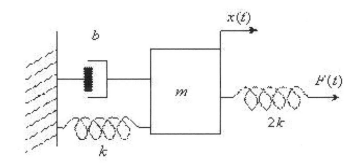

192 如圖所示的液位系統，令 C 為桶槽截面積，H 為液位高度，Q_0 為輸出流率，Q_1 為輸入流率。若 $R = \dfrac{H}{Q_o}$，則 Q_0 對 Q_1 的轉移函數為？ (A)$\dfrac{R}{RCs+1}$ (B)$\dfrac{C}{RCs+1}$ (C)$\dfrac{RC}{RCs+1}$ (D)$\dfrac{1}{RCs+1}$。

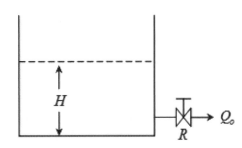

193 與開迴路相比，下列何者不是閉迴路控制的優點？ (A)降低干擾對系統的影響 (B)淡化非線性的不良效應 (C)沒有穩定性的問題 (D)可得到較準確的輸出。

194 一個系統的時間常數愈大，代表這個系統 (A)反應愈快 (B)反應愈慢 (C)相對穩定 (D)相位增益大。

195 若把機械系統中的力量比擬成電路系統中的電壓，速度比擬成電流，則機械系統中的質量，就可比擬成電路系統中的 (A)電感 (B)電阻 (C)電容 (D)電晶體。

196 如圖(a)的電樞控制直流伺服馬達系統，其方塊圖可用如圖(b)表示，則方塊[1]內應是 (A)$\dfrac{1}{R_a}$ (B)k_b (C)$\dfrac{1}{Js+B}$ (D)k_i。

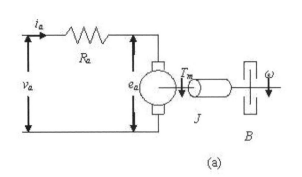

T_m：馬達轉矩
v_a：電樞電壓
i_a：電樞電流
R_a：電樞電阻
e_a：反電動勢
J：等效轉動慣量
B：等效黏阻摩擦係數
ω：轉速
k_i：轉矩常數
k_b：反電動勢常數

(a)

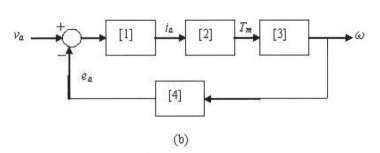

(b)

197 如圖(a)的電樞控制直流伺服馬達系統，其方塊圖可用圖(b)表示，則方塊[3]內應是
(A) $\dfrac{1}{R_a}$ (B) k_b (C) $\dfrac{1}{Js+B}$ (D) k_i 。

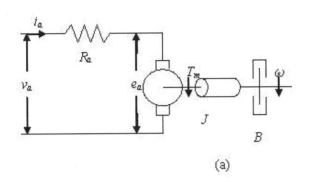

T_m：馬達轉矩
v_a：電樞電壓
i_a：電樞電流
R_a：電樞電阻
e_a：反電動勢
J：等效轉動慣量
B：等效黏阻摩擦係數
ω：轉速
k_i：轉矩常數
k_b：反電動勢常數

(a)

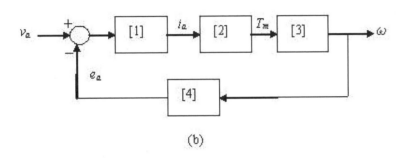

(b)

198 若定義減速比 $R=\dfrac{輸出轉角}{輸入轉角}$ ，計算馬達側的等效轉動慣量時，負載側(減速器的輸出端)的轉動
慣量要 (A)除 R (B)除 R^2 (C)乘 R (D)乘 R^2 。

199 用電位計量測馬達轉角時，若電位計的使用範圍是旋轉 270 度有 12V 的變化，則電位計的增
益是 (A) $4.5/\pi$(V/rad) (B) $9/\pi$(V/rad) (C) $8/\pi$(V/rad) (D)以上皆非。

200 已知一 RC 電路如圖，試求其轉移函數 T(s)？這裡 T(s)定義為 $E_c(s)/E(s)$。

(A) $\dfrac{\frac{1}{CS}}{CS-\frac{1}{R}}$ (B) $\dfrac{\frac{1}{CS}}{R-\frac{1}{CS}}$ (C) $\dfrac{\frac{1}{R}}{R+\frac{1}{CS}}$ (D) $\dfrac{\frac{1}{CS}}{R+\frac{1}{CS}}$ 。

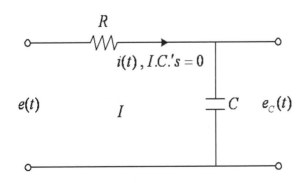

201 以拉氏轉換法解下面系統 $\chi'+2\chi=1$ ， $\chi(0)=1$
(A) $0.5+0.5e^{-2t}$ (B) $0.5-0.5e^{-2t}$ (C) $0.5+0.5e^{-t}$ (D) $1-0.5e^{-2t}$ 。

202 求如圖電路系統的轉移函數？

(A) $\dfrac{Ls+R_2}{R_1LCs^2+R_1R_2Cs+Ls+(R_1+R_2)}$ (B) $\dfrac{Ls+R_1}{R_1LCs^2+R_1R_2Cs+Ls+(R_1+R_2)}$

(C) $\dfrac{Ls+R_1}{R_1LCs^2+R_1Cs+Ls+(R_1+R_2)}$ (D) $\dfrac{Ls+R_2}{R_1LCs^2+R_1Cs+Ls+(R_1+R_2)}$ 。

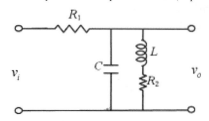

203 導出如圖系統的轉移函數？

(A) $\dfrac{b_1}{MS+(b_1+b_2)}$ (B) $\dfrac{b_2}{MS+(b_1-b_2)}$ (C) $\dfrac{b_2}{MS+(b_1+b_2)}$ (D) $\dfrac{b_1}{MS+(b_1-b_2)}$ 。

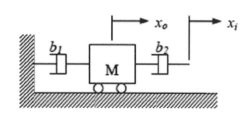

204 求如圖系統輸入 v_i 與輸出 v_0 間的轉移函數？

(A) $\dfrac{1}{LCs^2-RCs+1}$ (B) $\dfrac{1}{LCs^2+RCs+1}$ (C) $\dfrac{1}{LCs^2+RCs-1}$ (D) $\dfrac{1}{LCs^2-RCs-1}$ 。

205 已給系統方塊圖如下，求系統單位步階響應 $y(t)$，將 $y(t)$ 表示為增益的函數。這裡假設 K >0.025。(A) $1+\cos(bt)e^{-at}-\dfrac{a}{b}\sin(bt)e^{-at}$ (B) $1-\cos(bt)e^{-at}+\dfrac{a}{b}\sin(bt)e^{-at}$

(C) $1-\cos(bt)e^{-at}-\dfrac{a}{b}\sin(bt)e^{-at}$ (D) $1+\cos(bt)e^{-at}+\dfrac{a}{b}\sin(bt)e^{-at}$ 。

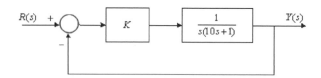

206 解以下線性齊次常微分方程組，找出特徵值。

(A)$\lambda_{1,2}=-1,-2$ (B)$\lambda_{1,2}=1,-2$ (C)$\lambda_{1,2}=-1,2$ (D)$\lambda_{1,2}=1,2$

$$\begin{cases} \dot{x}_1(t) = x_2(t) \\ \dot{x}_2(t) = -2x_1(t) - 3x_2(t) \end{cases}$$

207 解以下線性齊次常微分方程組，找出特徵向量。

(A)$\begin{bmatrix} -1 \\ -1 \end{bmatrix}, \begin{bmatrix} 1 \\ -2 \end{bmatrix}$ (B)$\begin{bmatrix} 1 \\ -1 \end{bmatrix}, \begin{bmatrix} 1 \\ 2 \end{bmatrix}$ (C)$\begin{bmatrix} 1 \\ -1 \end{bmatrix}, \begin{bmatrix} -1 \\ -2 \end{bmatrix}$ (D)$\begin{bmatrix} 1 \\ -1 \end{bmatrix}, \begin{bmatrix} 1 \\ -2 \end{bmatrix}$

$$\begin{cases} \dot{x}_1(t) = x_2(t) \\ \dot{x}_2(t) = -2x_1(t) - 3x_2(t) \end{cases}$$

初始值：$x_1(0)=1$，$x_2(0)=0$

208 試求下列函數之終值，同時於時域和 s-域求：$f(t)=5(1-e^{-2t})$。趨近於 (A)6 (B)5 (C)4 (D)3。

209 跨越形式的能量儲存裝置是 (A)電容 (B)電感 (C)電阻 (D)電路。

210 穿越形式的能量儲存元件是 (A)電容 (B)電感 (C)電阻 (D)電路。

211 可用來消除控制系統穩態誤差的是 (A)比例 (B)微分 (C)積分 (D)前饋 控制器。

212 若回饋信號有雜訊，可以有效阻絕雜訊影響的控制器是 (A)比例 (B)微分 (C)積分 (D)前饋 控制器。

213 對一個穩定的系統而言，下列何者不會影響其穩態響應？ (A)起始條件 (B)增益常數 (C)輸入信號 (D)控制器。

214 以一個標準的二階系統而言，唯一只與阻尼比相關的步階響應規範為 (A)上升時間 (B)延遲時間 (C)安定時間 (D)最大超越量。

215 對於一個高階的控制系統，可由其主極點來近似整個系統的行為，所謂主極點通常是指 (A)最靠近複數平面右側的左平面極點 (B)最靠近複數平面左側的左平面極點 (C)最靠近複數平面上方的左平面極點 (D)最靠近複數平面下方的左平面極點。

216 某一階系統的轉移函數為 $\dfrac{Y(s)}{R(s)}=\dfrac{1}{2s+1}$，則此系統單位步階響應的延遲時間為 (A)0.6931 (B)1.3863 (C)6 (D)8。（提示：選最靠近的值）

217 如圖的控制系統，若要求系統的時間常數為 0.5 秒，且在單位步階函數輸入下，最大超越量為 10%，則其 b 之值應為 (A)0.591 (B)3.38 (C)11.4 (D)0.349。（提示：選最靠近的值）

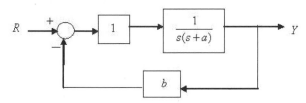

218 如圖的控制系統,若要求系統的時間常數為 0.5 秒,且在單位步階函數輸入下,最大超越量為 10%,則其 a 之值應為 (A)2.303 (B)5.302 (C)0.349 (D)4。(提示:選最靠近的值)

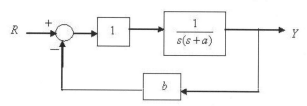

219 某系統之轉移函數為 $\dfrac{\omega_n{}^2}{s^2+2\zeta\omega_n s+\omega_n{}^2}$,$1>\zeta>0$,其步階響應到達終值 $\pm2\%$ 範圍內之安定時間約為 $\dfrac{1}{\zeta\omega_n}$ 的 (A)3 (B)4 (C)5 (D)6 倍。

220 有一單位負回饋控制系統,其前饋函數為 $\dfrac{k}{s(s+3)}$,若考慮在單位斜坡函數輸入下,其穩態誤差值不能大於 0.6,則其 k 值應大於 (A)3 (B)4 (C)5 (D)6。

221 已知單位回授系統之開迴路轉移函數為 $G(s)=\dfrac{50}{(1+0.1s)(1+2s)}$,試求位置誤差常數(position error constant)k_p 為何? (A)0 (B)25 (C)50 (D)100。

222 已知單位回授系統之開迴路轉移函數為 $G(s)=\dfrac{50}{(1+0.1s)(1+2s)}$,試求速度誤差常數(velocity error constant)k_v 為何? (A)0 (B)5 (C)10 (D)50。

223 已知單位回授系統之開迴路轉移函數為 $G(s)=\dfrac{50}{(1+0.1s)(1+2s)}$,當輸入 $r(t)=1+2t+3t^2$,試求穩態誤差(steady state error)e_{ss} 為何? (A)0 (B)5 (C)10 (D)∞。

224 一系統之轉移函數為 $\dfrac{100}{s^2+14s+100}$,則其阻尼比(damping ratio)值為? (A)0.7 (B)1.4 (C)0.07 (D)0.14。

225 一系統之轉移函數為 $\dfrac{100}{s^2+14s+100}$,此系統之頻寬為何? (A)10.0886 (B)1.4 (C)0.07 (D)0.14。

226 PID 控制器對系統之影響,下列敘述何者有誤? (A)比例控制器(P controller)可調整系統性能,但無法消除穩態誤差,增益過高時會造成系統不穩定 (B)積分控制器(I controller)使系統在原點加一個極點,使系統型式(type)數加一,可以消除穩態誤差,會降低系統反應速度,穩定性也變差,屬於低通濾波器,較不怕雜訊干擾 (C)微分控制器(D controller)屬於高通濾波器,容易受雜訊干擾,會放大雜訊,系統反應變快,穩定度增加,有預測之作用 (D)微分控制器(D controller)將原二階系統變為三階系統,系統穩定性變差。

227 如圖所示 $G(s) = \dfrac{s+1}{s^2+4s+3}$，H(s)=2 且輸入信號為單位步階函數(unit step function)，則其穩態誤差(steady state error) 為何？ (A)0.5 (B)0.75 (C)0.8 (D)1。

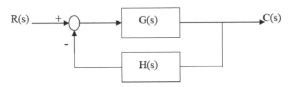

228 一系統之轉移函數為 $\dfrac{s}{s^2+10s+100}$，當輸入為單位斜波函數(unit ramp)function $tu_s(t)$ 時，其輸出在 $t \to \infty$ 時之穩態值為？ (A)0 (B)0.01 (C)0.1 (D)1。

229 一系統之轉移函數為 $G(s) = \dfrac{100}{s^2+10s+100}$，則此系統之直流增益(DC gain)為何？ (A)0 (B)1 (C)10 (D)100。

230 特徵方程式 $s^4+s^3-3s^2-s+2=0$ 有幾個根在右半平面(不包括虛數軸)？ (A)1 (B)2 (C)3 (D)4 個。

231 回授控制系統的特性方程式為 $s^3+(4+K)s^2+6s+16+8K=0$，K>0，當 K 等於穩定的最大值時系統振盪，其振盪頻率為何？(A)$\sqrt{6}$ (B)$2\sqrt{2}$ (C)$\sqrt{10}$ (D)$2\sqrt{3}$ rad/sec。

232 一閉迴路系統如圖所示，若欲使系統穩定，則 K 值的範圍為何？ (A)0<K<5 (B)0<K<6 (C)1<K<4 (D)1<K<3。

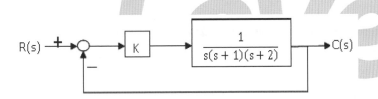

233 求 K 的範圍，並指出此範圍系統特徵方程式的根是否在複數平面 s=-1 的左邊？
(A)$K > \dfrac{3}{2}$，是 (B)$K > \dfrac{3}{2}$，否 (C)$K < \dfrac{3}{2}$，是 (D)$K < \dfrac{3}{2}$，否。

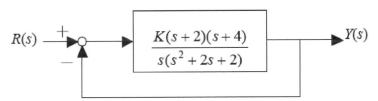

234 判斷下面特徵方程式的穩定性 $s^4+5s^3+10s^2+10s+4=0$ (A)系統是不穩定的 (B)系統相對不穩定 (C)系統是穩定的 (D)無法判斷。

235 利用羅斯穩定準則判斷 $s^4+s^3+3s^2+2s+K=0$ 穩定的 K 值範圍？ (A)0<K<1 (B)0<K<2 (C)0>K>1 (D)0>K>2。

236 求滿足如圖系統穩定的 K 值範圍？又系統臨界穩定時，振盪頻率為何？ (A)1＞K＞4，$\omega=0$ (B)1＞K＞4，$\omega=1$ (C)1＜K＜4，$\omega=0$ (D)1＜K＜4，$\omega=1$。

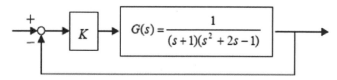

237 判斷 $s^2+4s+5=0$ 的根是否都在 $s+1=0$ 的左邊？ (A)否，在右邊 (B)否，上面 (C)是，左邊 (D)無法判斷。

238 求使閉迴路系統穩定 K 值範圍？又系統為臨界穩定時，系統的振盪頻率為多少？ (A)K＜2，$\omega=0$ (B)K＜2，$\omega=1$ (C)K＞2，$\omega=0$ (D)K＞2，$\omega=1$。

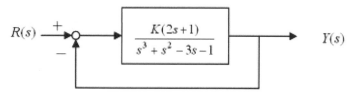

239 如圖，求滿足相對穩定度大於 1 的 K 值範圍？ (A)2＜K＜44 (B)K＞1 (C)K＞2 (D)K＞3。

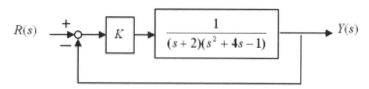

240 試判別 $x(t)=e^{-2t}(\cos 3t+2\sin 3t)$ 此動態系統的穩定性為何？ (A)非穩定 (B)相對不穩定 (C)穩定 (D)無法判別。

241 試用路斯-哈維次準則判定特性方程式 $s^4+6s^3+9s^2+24s+20=0$ 其穩定度？ (A)穩定 (B)不穩定 (C)臨界穩定 (D)漸近穩定。

242 特性方程式為 $2s^5+s^4+7s^3+4s+1.5=0$ 有幾個根位於右半平面(不包括虛軸)？ (A)1 (B)2 (C)3 (D)4。

243 一系統的特性方程式為 $s^4+2s^3+4s^2+2s+K=0$，則使系統穩定的 K 值範圍為何？ (A)K ＞ 3 (B)K ＜ -3 (C)0 ＜ K ＜ 3 (D)-3 ＜ K ＜ 3。

244 某一單位負回授系統，若開迴路轉移函數為 $G(s)=\dfrac{K}{s(s^3+8s^2+32s+80)}$，試問該系統為臨界穩定時 K 值為 (A)220 (B)240 (C)260 (D)300。

245 某一回授系統之特性方程式為 $s^4+6s^3+9s^2+24s+20=0$，當系統產生振盪為臨界穩定時，其振盪頻率為何？ (A)9 (B)6 (C)3 (D)2。

246 某一單位回授系統，若開迴路轉移函數為 $\dfrac{K}{s(s+1)(s+2)}$，產生純虛根的 K 值為何？ (A)6 (B)3 (C)2 (D)1。

247 特性方程式為 $2s^4 + s^3 + 3s^2 + 5s + 10 = 0$，則系統不穩定之特徵值(eigenvalue)個數為？ (A)0 (B)1 (C)2 (D)3。

248 某一系統之狀態方程式為 $\dot{x}(t) = \begin{bmatrix} 0 & 1 & 0 \\ 0 & 0 & 1 \\ -6 & -11 & -6 \end{bmatrix} x(t) + \begin{bmatrix} 0 \\ 0 \\ 1 \end{bmatrix} u(t)$，$y(t) = \begin{bmatrix} 1 & 0 & 0 \end{bmatrix} x(t)$，則下列何者不是系統之特徵值(eigenvalue)？ (A)-1 (B)-2 (C)-3 (D)-4。

249 某一系統之狀態方程式為 $\dot{x}(t) = \begin{bmatrix} 0 & 1 \\ -2 & -3 \end{bmatrix} x(t) + \begin{bmatrix} 0 \\ 1 \end{bmatrix} u(t)$，$y(t) = \begin{bmatrix} 1 & 0 \end{bmatrix} x(t)$，則此系統之特性方程式？ (A)$s^2 + 3s + 2 = 0$ (B)$s^2 - 3s + 2 = 0$ (C)$s^2 - 3s + 2 = 0$ (D)$s^2 - 3s - 2 = 0$。

250 某一系統之狀態方程式為 $\dot{x}(t) = \begin{bmatrix} 0 & 1 \\ -2 & -3 \end{bmatrix} x(t) + \begin{bmatrix} 0 \\ 1 \end{bmatrix} u(t)$，$y(t) = \begin{bmatrix} 1 & 0 \end{bmatrix} x(t)$ 設計一回授控制器 $u(t) = -\begin{bmatrix} k_1 & k_2 \end{bmatrix} x(t)$，使其閉迴路系統之極點(pole)被安置於-3 與-4，則此 $\begin{bmatrix} k_1 & k_2 \end{bmatrix} =$？ (A)[6 5] (B)[10 4] (C)[4 10] (D)[5 6]。

251 若二階系統之轉移函數 $G(s) = \dfrac{16}{s^2 + 4s + 16}$，試問其尖峰時間 $t_p = (t_p = \dfrac{\pi}{\omega_n \sqrt{1 - \xi^2}})$？ (A)0.61 (B)0.71 (C)0.81 (D)0.91 sec。

252 系統特性方程式的根，即是系統的 (A)開迴路極點 (B)開迴路零點 (C)閉迴路極點 (D)閉迴路零點。

253 回授系統的穩定度與何者無關？ (A)開迴路極點 (B)開迴路零點 (C)開迴路增益 (D)皆有關。

254 系統的特性方程式為 $\Delta(s) = s^3 + 5s^2 + 20s + 150 = 0$，其中實部為正的根有幾個？ (A)0 (B)1 (C)2 (D)3。

255 系統的特性方程式為 $\Delta(s) = s^4 + 5s^3 + 10s^2 + 5s + 1 = 0$，其中實部為正的根有幾個？ (A)0 (B)1 (C)2 (D)3。

256 系統的特性方程式為 $\Delta(s) = s^4 + 3s^3 + 2s^2 + 6s = 0$，其中有幾個純虛根？ (A)0 (B)1 (C)2 (D)3。

257 系統的特性方程式為 $\Delta(s) = s^4 + 5s^3 + 20s^2 + 100s + 20 = 0$，其中實部為正的根有幾個？ (A)0 (B)1 (C)2 (D)3。

258 系統的特性方程式為 $\Delta(s) = s^4 + 2s^3 + 7s^2 + 4s + 10 = 0$，其中有 n 個正實部之根與 m 個純虛根。則 (A)n=2, m=0 (B)n=0, m=2 (C)n=0, m=1 (D)n=1, m=0。

259 系統的特性方程式為 $\Delta(s) = s^3 + 5s^2 + Ks + 100 = 0$。在滿足系統穩定的條件下，參數 K 的範圍應為 (A)K < 20 (B)K > 20 (C)K > 0 (D)0 < K < 20。

260 系統的特性方程式為 $\Delta(s) = s^3 + 2s^2 + 3s + 4 + K = 0$。在滿足系統穩定的條件下，參數 K 的範圍應為 (A)-4 < K < 2 (B)-4 < K < 6 (C)K > -4 (D)K < 6。

261 回授系統的開迴路轉移函數為 $G(s) = \dfrac{K}{s^2 + 3s + 2}$。在滿足系統穩定的條件下，參數 K 的範圍應為？ (A)K > 0 (B)K > -2 (C)0 < K < 6 (D)-2 < K < 6。

262 回授系統的開迴路轉移函數為 $G(s) = \dfrac{K(s+4)}{s(s+1)(s+2)}$。在滿足系統穩定的條件下，參數 K 的範圍應為？ (A)0 < K < 6 (B)1 < K < 3 (C)0 < K < 3 (D)0 < K < 9。

263 回授系統有 5 個開迴路極點與 2 個開迴路零點，故有 n 條根軌跡與 m 條漸進線。則 (A)n=5, m=2 (B)n=2, m=5 (C)n=5, m=3 (D)n=3, m=5。

264 回授系統有 7 個開迴路極點與 3 個開迴路零點，故有 n 條根軌跡與 m 條漸近線。則 n-m= (A)3 (B)4 (C)5 (D)7。

265 回授系統的開迴路轉移函數為 $G(s) = \dfrac{K(s-4)}{(s+1)(s+2)(s+3)}$。在其根軌跡圖中，漸近線與實軸的交點位於 (A)-10 (B)-5 (C)-2 (D)-1。

266 回授系統的開迴路轉移函數為 $G(s) = \dfrac{K(s+4)}{(s+1)(s+2)(s+3)}$。在其根軌跡圖中，n 條近進線與實軸的交點位於 a，則 n-a=？ (A)0 (B)1 (C)2 (D)3。

267 回授系統的開迴路轉移函數為 $G(s) = \dfrac{K}{s(s+2)(s+4)}$。在其根軌跡圖中，根軌跡與虛軸的交點位於 +jω，其中 ω=？ (A)$\sqrt{6}$ (B)$\sqrt{8}$ (C)$\sqrt{10}$ (D)$\sqrt{12}$。

268 回授系統的開迴路轉移函數為 $G(s) = \dfrac{K}{s(s+2)(s+3)}$。在其根軌跡圖中，根軌跡與虛軸的交點位於 +jω，其中 ω=？ (A)1 (B)$\sqrt{3}$ (C)2 (D)$\sqrt{6}$。

269 回授系統的開迴路轉移函數為 $G(s) = \dfrac{K}{s(s+2)(s+3)}$。在其根軌跡圖中，根軌跡在實軸的分離點位於？ (A)-2.55 (B)-1.55 (C)-0.78 (D)-0.55。

270 回授系統的開迴路轉移函數為 $G(s) = \dfrac{K(s+6)}{(s+2)(s+4)}$。在其根軌跡圖中，根軌跡從極點-2 與-4 開始後在實軸的分離點位於？ (A)-8.83 (B)-3.17 (C)-2.83 (D)-1.17。

271 回授系統的開迴路轉移函數為 $G(s) = \dfrac{K(s+6)}{(s+2)(s+4)}$。在其根軌跡圖中，根軌跡在實軸的分離點位於 a，重合點位於 b，則 a-b=？ (A)-8.83 (B)-5.66 (C)-3.17 (D)5.66。

272 回授系統的開迴路轉移函數為 $G(s) = \dfrac{10}{(s+1)(s+5)(s+K)}$。在其根軌跡圖中($K:0 \to \infty$),有 n 條根軌跡與 m 條漸進線。則 n+m= (A)3 (B)4 (C)5 (D)6。

273 當 $s = -6$ 時,$GH = \dfrac{16(s+1)}{s(s+2)(s+4)}$ 的大小為? (A)1.5 (B)1.7 (C)2.3 (D)10.7。

274 當 $s = -4 + j2$ 時,$GH = \dfrac{16(s+1)}{s(s+2)(s+4)}$ 的角度為? (A)0 (B)-99 (C)-270 (D)-232 度。

275 一個單位負回授系統,其開迴路轉移函數為 $\dfrac{K(s+1)}{s^2(s+9)}$,則此閉迴路系統根軌跡的分離點為? (A)0、-1 (B)-1、-2 (C)0、-3 (D)-3、-4。

276 一個單位負回授系統,其開迴路轉移函數為 $\dfrac{K(s+10)}{s(s+5)}$,則此閉迴路系統之阻尼比為 $\dfrac{1}{\sqrt{2}}$,則 K 值為 (A)2 (B)3 (C)4 (D)5。

277 有關根軌跡,下列何者為非? (A)可以判別系統穩定度 (B)可以看到極點與零點的分佈 (C)S 平面右半平面為系統穩定 (D)可以分析和設計迴路增益對系統的暫態響應之影響。

278 $\dfrac{s(s+1)}{s(s+1)(s+2)}$ 的極點為 (A)0、-1、-2 (B)-2 (C)0、-1 (D)-2、-1。

279 一個單位負回授系統,其開迴路轉移函數為 $\dfrac{K(s+4)s}{s^2+2s+2}$,對此閉迴路系統而言下列的敘述何者正確? (A)極點為 0、-4 (B)零點為-1、-1 (C)有一個分離點 (D)K>100 時系統不穩定。

280 一個單位負回授系統,其開迴路轉移函數為 $\dfrac{K}{s+4}$,當時 K=4,此閉迴路系統的極點為? (A)-4 (B)-8 (C)-1 (D)-2。

281 一個單位負回授系統,其開迴路轉移函數為 $\dfrac{K}{s(s+2)(s+4)}$,對此閉迴路系統而言下列敘述何者正確? (A)K > 48 時系統不穩定 (B)有 2 個零點 (C)系統都不穩定 (D)有 2 個極點。

282 一個單位負回授系統,其開迴路轉移函數為:$\dfrac{K}{(s+5)(s+10)(s+10)(s+15+j9)(s+15-j9)}$,K>0。當 $s = -15 + j9$ 時,則此閉迴路系統根軌跡到達角(Arrival angle)為? (A)135 (B)111 (C)193 (D)152 度。

283 如圖所示的控制系統,哪一個點位於 K > 0 的根軌跡(Root Locus)上? (A)-j (B)-2 (C)-2+j (D)-4。

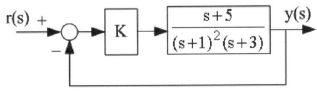

284 如圖所示的控制系統，K > 0 時有幾條根軌跡(Root Locus)？ (A)0 (B)1 (C)2 (D)3。

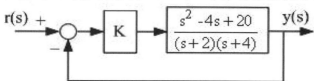

285 如圖所示的控制系統，K > 0 之根軌跡(Root Locus)有幾條漸進線(Asymptotes)？ (A)0 (B)1 (C)2 (D)3。

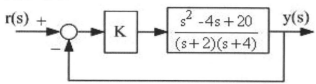

286 一控制系統的開迴路(Open Loop)轉移函數若有 1 個零點(Zero)及 4 個極點(Pole)，則 K > 0 之根軌跡(Root Locus)有幾條漸進線(Asymptotes)？ (A)0 (B)1 (C)2 (D)3。

287 如圖所示的控制系統，K 在什麼範圍系統會穩定？ (A)K < 1 (B)K > 2 (C)1 < K < 2 (D)K > 1。

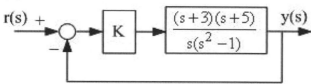

288 以下哪一點在 K > 0 之根軌跡(Root Locus)上？ (A)j (B)-1+j (C)-2+j (D)-3+j。

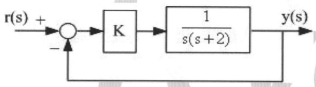

289 一控制系統的方塊圖如圖所示，當 K 由 0 增加到∞時，其根軌跡(Root Locus)如圖所示，若希望此系統在 r(t)為步階(Step)輸入時 y(t)之超越量(Overshoot)為零，且上升時間(Rise Time)愈小愈好，則以下哪一項可以得到最接近要求的 y(t)？ (A)K=1 (B)K=5 (C)K=20 (D)K=50。

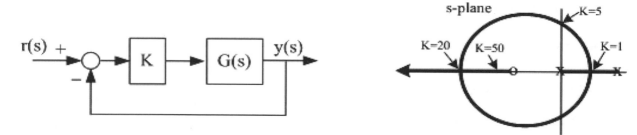

290 如圖哪一個不是正確的 K>0 的根軌跡(Root Locus)？ (A)圖1 (B)圖2 (C)圖3 (D)圖4。

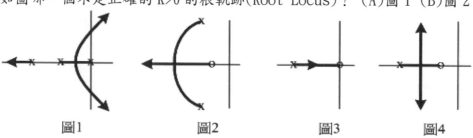

圖1　　　　　　圖2　　　　　　圖3　　　　　　圖4

291 如圖顯示一控制系統 K > 0 的根軌跡(Root Locus)，此系統的轉移函數最可能為？

(A) $\dfrac{s}{(s^2-1)(s+3)}$ (B) $\dfrac{s}{(s^2+1)(s+3)}$ (C) $\dfrac{s}{(s^2+1)(s-3)}$ (D) $\dfrac{s-3}{(s^2+1)(s+3)}$。

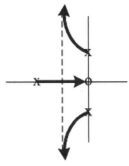

292 如圖所示的控制系統，K > 0 之根軌跡(Root Locus)離開實軸時的分離點(Breakaway Point)
最接近下列哪一點？ (A)4.5 (B)-0.5 (C)-2 (D)0。

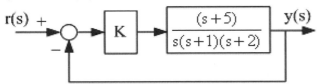

293 如圖為某函數的波德圖，相位邊限(Phase margin)為？ (A)30 (B)-30 (C)10 (D)-10 度。

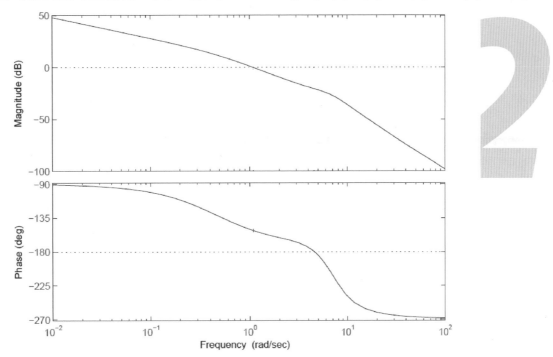

294 有一單位負回授閉迴路系統，其開迴路轉移函數為 $\dfrac{10}{s(s+2)(s+5)}$，此閉迴路系統的增益邊限
(Gain margin)為？ (A)2.249 (B)22.49 (C)224.9 (D)2249 dB。

295 如圖為某函數的波德圖,增益邊限(Gain margin)為? (A)30 (B)-30 (C)-3 (D)3 dB。

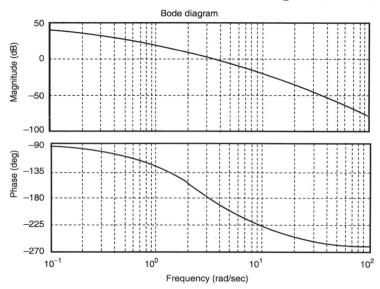

296 一個單位負回授系統,其開迴路轉移函數為 $\dfrac{5}{s(1+0.5s)(1+0.1s)}$,此閉迴路系統的相位交越頻率(Phase crossover frequency)為? (A)4.45 (B)44.5 (C)0.445 (D)445 rad/sec。

297 已知 a、b、c、d 為 4 個 2 階極小相位系統,何者的阻尼比最小? (A)a (B)b (C)c (D)d。

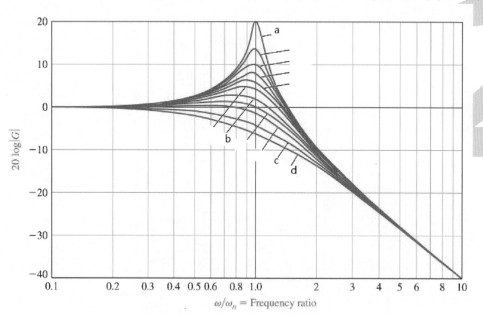

298 如果步進馬達每步運轉 1.2 度,則需要幾個脈波才能轉動 2 圈? (A)600 (B)300 (C)200 (D)450。

299 一個單位負回授系統,其開迴路轉移函數為 $\dfrac{K(s+1)}{(s-1)(s-6)}$,當 K=8 時,則此閉迴路系統的相位邊限(Phase margin)為? (A)10 (B)20 (C)30 (D)40 度。

300 一個單位負回授系統，其開迴路轉移函數為 $\dfrac{10}{s(1+\dfrac{s}{5})(1+\dfrac{s}{50})}$，則此閉迴路系統的共振頻率

(Resonance frequency)為？ (A)3.2 (B)4.5 (C)6.71 (D)10.2 rad/sec。

301 一個單位負回授系統，其開迴路轉移函數為 $\dfrac{100}{s+10}$，則此閉迴路系統的頻寬為？ (A)59
(B)109 (C)159 (D)189 rad/sec。

302 下列 4 張圖，何者為 $GH = \dfrac{K(s+z_1)(s+z_2)}{s^3(s+p_1)(s+p_2)}$，$z_i > 0$，$p_i > 0$ 的奈氏圖？

(A)

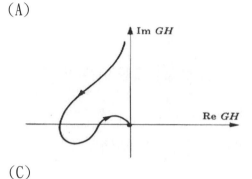

(B)

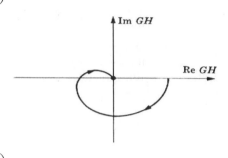

(C)

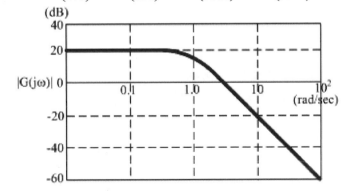

(D)

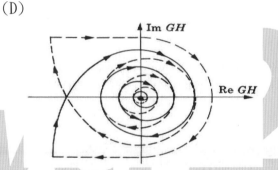

303 一控制系統近似的波德大小圖(Bode Plot, Magnitude)如圖所示，此系統的轉移函數最可能
為 (A)$\dfrac{1}{(s+1)^2}$ (B)$\dfrac{10}{(s+1)^2}$ (C)$\dfrac{10}{(s+10)^2}$ (D)$\dfrac{1}{(s+10)^2}$。

145

304 一控制器的轉移函數為 $G(s) = \dfrac{s+20}{20(s+1)}$，此系統近似的波德大小圖(Bode Plot, Magnitude) 為？ (A)圖 1 (B)圖 2 (C)圖 3 (D)圖 4。

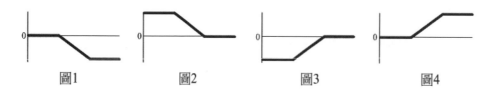

圖1　　　　圖2　　　　圖3　　　　圖4

305 一控制系統的轉移函數為 $\dfrac{y(s)}{r(s)} = \dfrac{1}{s+1}$，則當 r(t)=5sin(100t)時，y(t)的大小值(Magnitude) 約為？ (A)1 (B)0.5 (C)0.05 (D)5。

306 一控制系統的轉移函數為 $\dfrac{y(s)}{r(s)} = \dfrac{1}{s+20}$，則當 r(t)=10sin(20t)，則 y(t)與 r(t)之間的相角 約為？ (A)0 (B)45 (C)90 (D)180 度。

307 一閉迴路(Close Loop)控制系統的轉移函數為 $\dfrac{y(s)}{r(s)} = \dfrac{s+2}{(2s+1)(s+1)}$，若 r(t)=10 為一常數， 則 y 為(t)在穩態(Steady State)時為？ (A)20 (B)10 (C)2 (D)1。

308 如圖的控制系統，其開迴路(Open Loop)轉移函數 G(s)之近似的波德大小圖(Bode Plot, Magnitude)如圖所示，若 r(t)=1+t，則 r(t)與 y(t)之間的穩態誤差(Steady State Error)約為？ (A)10 (B)1 (C)0.1 (D)0.01。

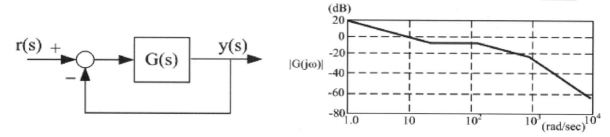

309 一控制系統的閉迴路(Close Loop)轉移函數為 $\dfrac{w_n^2}{s^2+2zw_ns+w_n^2}$，當輸入為步階(Step)時可以 得到如圖 A 曲線所示之響應，若以相同的輸入但改變轉移函數中的一個參數可以得到 B 曲線 所示之響應，則轉移函數的參數最可能做了什麼改變？ (A)z 增加 (B)ω_n 增加 (C)z 減小 (D)ω_n 減小。

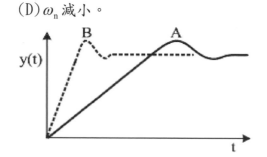

310 一單位回授(Unity Feedback)控制系統經量測其開迴路(Open Loop)轉移函數之波德圖(Bode Plot)如圖所示,此系統的增益邊限(Gain Margin)最接近以下何值? (A)10 (B)20 (C)30 (D)40 dB。

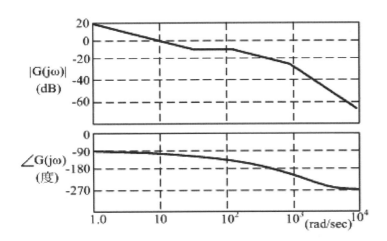

311 一單位回授(Unity Feedback)控制系統經量測其開迴路 (Open Loop) 轉移函數之波德圖 (Bode Plot)如圖所示,此系統的相位邊限(Phase Margin)最接近以下何值? (A)40 (B)60 (C)80 (D)100 度。

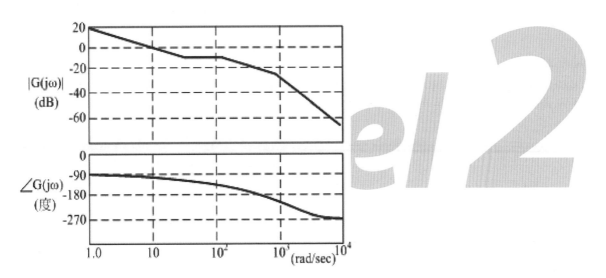

312 一控制系統及其奈氏圖(Nyquist Plot)如圖所示,奈氏圖為$\omega=0\rightarrow\infty$之圖形,箭頭方向為$\omega$增加時$G(\omega)$改變的方向,若$G(s)$沒有右半平面極點(Pole),則以下何者正確? (A)系統為穩定 (B)閉迴路轉移函數有右半平面的零點(Zero) (C)閉迴路轉移函數為1階 (D)閉迴路轉移函數為2階。

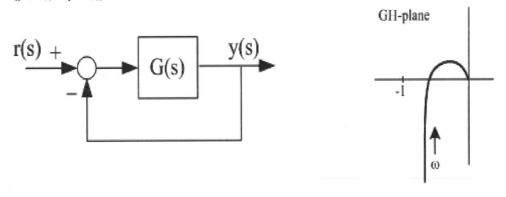

313 CPU 一個動作需要 12 個振盪週期，一般稱此 12 週期為 (A)指令週期(Opcode cycle) (B)機械週期(Machine cycle) (C)通訊週期(Communication cycle) (D)鮑率(Baud rate)。

314 某 RAM 記憶體容量有 8 條資料線及 14 條位址線，則此 IC 具有多少 Kbyte 資料？ (A)24 (B)16 (C)8 (D)4。

315 下列對程式記憶體之敘述，何者有誤？ (A)8032 沒有程式記憶體 (B)8052 程式記憶體容量高於 8051 (C)程式大小不超過 2K 時，選用 8031 最方便 (D)程式大小超過 8K 時，選用 8052 較合適。

316 下列何者不屬於 MCS-51 系列之特殊暫存器？ (A)SBUFF (B)SP (C)PSW (D)SCON。

317 現今可見以 8051 為架構之微處理機包含幾組輸入/輸出埠？ (A)4 (B)2 (C)8 (D)以上皆是。

318 下列對計時器之敘述，何者有誤？ (A)使用計時器前需確定機械週期 (B)可高達 16bits 之計時能力 (C)可當作計數器用 (D)可接受與振盪頻率相同之外部時脈訊號。

319 下列有關 RS232 串列通訊埠之敘述，何者有誤？(A)是資料傳輸之標準界面 (B)可作為滑鼠通訊介面 (C)可作為數據機通訊介面 (D)訊號電位為 0V 及 5V。

320 下列何者不與 MCS-51 系列中斷控制(Interrupt control)有關？ (A)JMP (B)TF (C)TI (D)IE。

321 有關中斷控制(Interrupt control)之敘述，下列何者為誤？ (A)可利用準位觸發(level trigger)及邊緣觸發(edge trigger) (B)中斷控制執行完畢必須用 RETI 指令返回 (C)邊緣觸發方式適用於多元件共用一個中斷控制埠 (D)準位觸發方式適用於中斷頻率高之模式。

322 執行中斷控制(Interrupt control)服務時，下列敘述何者為誤？ (A)須決定中斷控制之優先順序 (B)中斷控制之程式碼最重要 (C)中斷控制之程式碼愈短愈好 (D)輸入訊號必須與中斷源匹配。

323 一般微處理機用下列何種語言所佔記憶體最少？ (A)C 語言 (B)BASIC 語言 (C)組合語言 (D)以上都相同。

324 一般微處理機有哪些指令控制模式？ (A)資料移動 (B)資料處理 (C)程式流程 (D)以上都是。

325 一般微處理機組合語言格式中，下列敘述何者為必要？(A)標記(Label) (B)運算元(Operand) (C)指令(Opcode) (D)註解(Comment)。

326 8051 系列指令中，下列何指令可讀取外部記憶體？ (A)MOV (B)JMP (C)MOVC (D)MOVX。

327 8051 指令中，下列何指令可將兩個運算元的內容交換？ (A)XCH (B)SWAP (C)CPL (D)DA。

328 8051 指令中，常用下列何指令將部分位元清除？ (A)ORL (B)ANL (C)CPL (D)XRL。

329 下列何者指令正確？(A)INC DPTR (B)DEC DPTR (C)SWAP DPTR (D)CPL DPTR。

330 已知資料記憶體位址 25H 內之資料為 55H，執行 DEC 25H 後，請問資料記憶體位址 25H 內之資料為何？(A)53 (B)54 (C)55 (D)56 H。

331 已知程式狀態字組 PSW(C-AC-F0-RS1-RS0-OV-X-P)=80H，A=38H，執行 RLC A 後，請問 A 內之資料為何？(A)1C (B)70 (C)71 (D)9C H。

332 一般微處理機組合語言格式中，中斷副程式執行完成後之返回指令為何？ (A)LOOP (B)STOP (C)RET (D)RETI。

333 ASCII 是美國標準資訊交換碼，128 個字元的 ASCII 碼，每一個碼是由幾個位元組成？ (A)6 (B)7 (C)8 (D)9。

334 並列 I/O 埠使用解碼電路做為： (A)選擇定址埠 (B)記憶體定址 I/O 埠 (C)選擇哪一區塊資料要被傳送 (D)緩衝位址線資料。

335 UART 的內部功能包括： (A)並列到串列資料之轉換 (B)串列到並列資料之轉換 (C)控制及監視功能 (D)以上皆是。

336 下列何者不屬於 UART 內部功能方塊之一？ (A)控制邏輯部分 (B)定址解碼 (C)傳送移位暫存器 (D)接收移位暫存器。

337 IEEE-488 和 RS-232 都有一個共同特性，那就是： (A)多芯線傳輸資料 (B)差動訊號 (C)可使用 21000 呎長之連接線 (D)有標準之連接頭。

338 RS-422 非常適用在： (A)傳輸及接收過程中使用硬體交握線 (B)使用標準 25 腳 D 型接頭 (C)需求並列方式和印表機接頭 (D)高的雜訊免疫力。

339 為何需做數位和類比訊號之間轉換： (A)類比訊號解析度比數位高 (B)資料大部分為類比訊號，當需要以微處理器做監控時需轉換類比訊號 (C)需要量測壓力，故需要壓力轉換器 (D)以上皆是。

340 D/A 之基本製作方式為： (A)產生和外界電壓最接近的一組電壓 (B)以二分法找到和外界最接近之電壓值 (C)產生一組二進位之加權電壓，二進位輸入後經一組電阻及放大器後產生電壓或電流 (D)儲存電壓以供量測時不至於變化。

341 取樣後暫停電路基本原理為： (A)儲存電壓以供量測時不至於變化 (B)利用二分法方式求得已知電壓和未知電壓間之平衡 (C)利用交換電阻網路產生二進位加權電壓或電流 (D)產生一組已知電壓和外部電壓比較後再試圖平衡兩電壓以求得結果。

342 關於步進馬達的敘述何者錯誤？(A)1/2 相激磁方式有旋轉平滑的特性 (B)欲使步進馬達連續走動時，可將每步的電碼連續輸出，馬達可立即響應 (C)馬達於單相激磁時，欲使其反轉走動，只需將激磁信號的順序倒過來即可 (D)步進馬達每一步間的角度誤差很小，且沒有累積誤差。

343 激磁式直流馬達是透過串聯、並聯的方式，另外加一組激磁線圈，靠著電磁反應的原理產生磁場來提供馬達運轉，且可分為 4 大種類，請問下列敘述何者錯誤？(A)串激式：電樞繞組和磁場繞組串聯 (B)並激式：電樞繞組和磁場繞組並聯 (C)他激式：電樞及磁場繞組分別連接不同電源 (D)複激式：兩組並激式的組合。

344 共陽極之七段顯示器，若在 a，b，d，e，g 等引線腳上加低電壓，而共陽極接高電壓，顯示的圖形數字為： (A)2 (B)3 (C)5 (D)6。

345 某一解碼器的輸出端共有 64 種不同的組合，則其輸入端應有幾個輸入線？ (A)4 (B)6 (C)8 (D)16。

346 一個具有 36 條資料輸入線之多工器，至少需要用幾條選擇線？ (A)18 (B)12 (C)9 (D)6。

347 8051 可以透過 LCD 接腳 D0~D7 存取命令或資料，接腳 RS、R/W 依其排列組合可產生下列功能，請問何者有誤？

	RS	R/W	功　　能
(A)	0	0	寫命令到 LCD
(B)	0	1	讀取忙碌旗號和位址計數器 AC(記錄目前游標位址)內容
(C)	1	0	讀取資料到 DDRAM(要顯示的文字)或 CGRAM(要造字的字形)
(D)	1	1	從 DDRAM 或 CGRAM 讀取資料

348 如圖所示 LED 電路控制圖，如 8 個發光二極體由 D8 向 D1 每次只亮一個，程式如下所示，請問空白處為何？ (A)#80 (B)#FE (C)#7F (D)#01 H。

```
        ORG   0A000H
        MOV   A, _____
LP0:
        MOV   P1, A
        CALL  DELAY
……… 以下省略
```

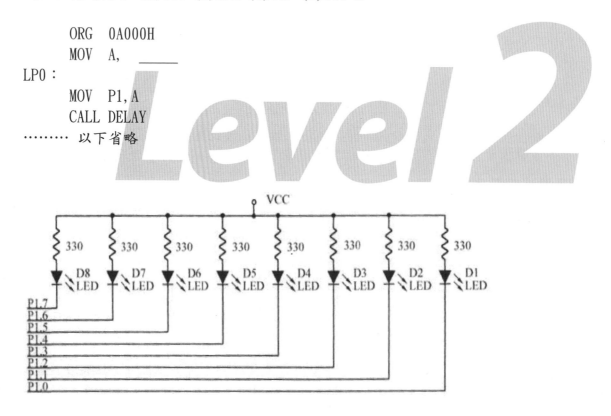

349 如圖所示，如果 7 段顯示器 U1 要顯示"7"，請問下列何者錯誤？ (A)P3=#FFH (B)P3=#10H (C)P1=#07H (D)P1=#F8H。

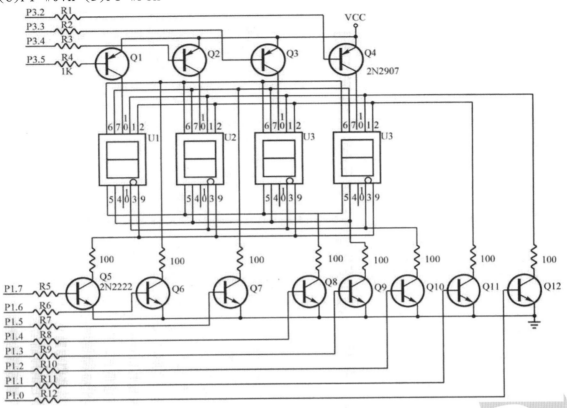

350 如圖所示，如果 7 段顯示器 U1~U4 分別顯示"1688"，請問下列何者錯誤？(A)至少執行一次 MOV P3, #FFH (B)至少執行一次 MOV P1, #06H (C)至少執行一次 MOV P1, #7DH (D)至少執行一次 MOV P1, #0FH。

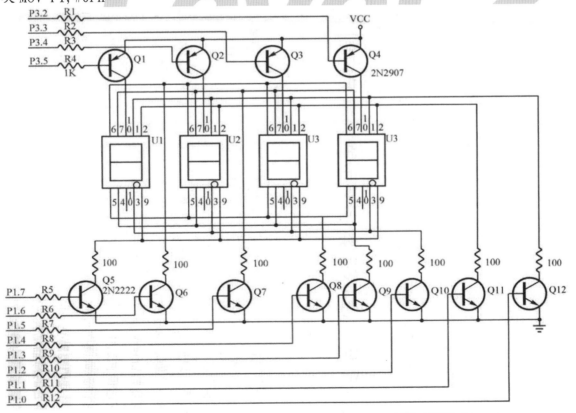

351 要設計一個60模的連波(ripple)計數器,最少需要使用多少個正反器? (A)4 (B)5 (C)6 (D)7。

352 數位電路中的正反器(Flip Flop),其工作情形有如? (A)鬆弛 (B)無穩態多諧 (C)單穩態多諧 (D)雙穩態多諧 振盪器。

353 串列方式的傳送是指一次傳送? (A)一 (B)二 (C)四 (D)八 個位元。

354 要設計一個非同步12模計數器,至少需要幾個正反器? (A)3 (B)4 (C)5 (D)6。

355 可以由0依序計數至7後,再由0重新計數之計數器,稱之為? (A)3 (B)6 (C)8 (D)256 模計數器。

356 設有一8位元左移暫存器,內含數目為10101010。試問在三個移時序脈波過後,若將 "0" 填入空位中,則暫存器中之內含為? (A)01010000 (B)10101000 (C)00010101 (D)10100000。

357 正緣觸發正反器在時脈由下列何者變化時,會改變其狀態? (A)高功率轉變至低功率 (B)低功率轉變至高功率 (C)高電位轉變至低電位 (D)低電位轉變至高電位。

358 計數器一般可用於? (A)除頻 (B)定址 (C)做為記憶體單元 (D)以上皆是。

359 計時器不可用來進行下列哪種功能? (A)外部事件發生的頻率 (B)產生鮑率 (C)加總計算 (D)以上皆可。

360 透過下列哪個方式可以準確產生所需要的週期性方波訊號? (A)計量器 (B)計時器 (C)計數器 (D)以上皆可。

361 利用微控制器設計一個高準確度的電子鐘需要用到? (A)計時器 (B)計算器 (C)記錄器 (D)以上皆可。

362 計時器內部主要由哪一種裝置組成? (A)上下計數器 (B)石英振盪器 (C)唯讀記憶體 (D)鮑率產生器。

363 下列何者方式不能用來檢知計數器發生計數溢位狀況? (A)計數器產生中斷 (B)檢查計數器溢位旗標 (C)讀取計數器內部計數資料 (D)檢查處理器內部狀態暫存器溢位旗標。

364 微控制器的應用中,偵測一段時間內事件發生的次數,應使用何種裝置? (A)計算器 (B)計數器 (C)事件記錄器 (D)以上皆可。

365 一般的計數計時器不包含下列哪些功能? (A)捕捉 (B)自動重載入 (C)鮑率產生 (D)乘法累加。

366 微控制器可使用何種裝置作為永久儲存資料的外部資料記憶體? (A)ROM (B)EEPROM (C)DRAM (D)以上皆可。

367 微控制器可透過何種方式擴增外加輸出埠? (A)記憶體映射(Memory Map) (B)輸出入映射(I/O Map) (C)以上皆可 (D)以上皆不可。

368 當微控制器可用的針腳數僅剩下兩個可使用時,可用哪種方式擴增為8位元輸出埠? (A)串列轉並列 (B)並列轉串列 (C)並列轉並列 (D)以上皆可。

369 微控制器內部程式記憶體不足時可採用哪個方式解決? (A)外加程式記憶體 (B)透過記憶體列(Memory Banking)切換 (C)更換具有較大程式記憶體的控制器 (D)以上皆可。

370 下列哪一個積體電路常被用來擴充輸出埠? (A)74244 (B)74245 (C)74374 (D)74288。

371 對外部擴充的輸出入埠定址需使用: (A)計數器 (B)位址解碼器 (C)解譯器 (D)定址分析器。

372 串列式電性清除唯讀記憶體可用來作為哪些用途? (A)儲存資料 (B)儲存程式碼 (C)儲存設定 (D)以上皆可。

373 256K 位元組的記憶體需要使用多少條位址信號線? (A)16 (B)18 (C)20 (D)22。

374 微處理機8051 的分時多工位址/資料信號線,可於不同時間依序送出位址及資料信號,由下列哪一信號可判斷出訊號屬於位址或資料? (A)PSEN (B)ALE (C)EA (D)WR。

375 要設定8051 只使用外部程式記憶體,下列哪一接腳需要接地? (A)PSEN (B)ALE (C)EA (D)Vss。

376 下列哪一種程式記憶體可以利用紫外光清除內容? (A)EPROM (B)PROM (C)DRAM (D)EEPROM。

377 下列哪一種程式記憶體可以利用電性清除內容? (A)EPROM (B)PROM (C)ROM (D)EEPROM。

378 下列何者不是三線匯流道串列 EEPROM 的控制信號線? (A)SK (B)DI (C)DO (D)ACK。

379 下列何者為8051 讀取外接程式記憶體的控制信號? (A)PSEN (B)ALE (C)EA (D)RD。

380 下列何者為8051 讀取外接資料記憶體的控制信號? (A)PSEN (B)RXD (C)EA (D)RD。

381 使用記憶體位址空間來連接輸入/輸出介面的方法,又稱為 (A)輪詢式輸入/輸出(Polling IO) (B)直接存取記憶體(DMA) (C)記憶體映射式輸入/輸出(Memory Mapped I/O) (D)輸入/輸出模組(I/O Modules)。

382 8051 讀寫外加資料記憶體16 位元位址時,會使用下列何暫存器? (A)SBUF (B)DPTR (C)TMOD (D)TCON。

383 為了處理不可預知的事件,微控制器可以使用哪一種方式處理? (A)切斷 (B)壅斷 (C)中斷 (D)剪斷。

384 微控制器可以透過哪一種中斷處理串列資料通信? (A)外部中斷 (B)內部中斷 (C)串並列中斷 (D)串列中斷。

385 下面哪項是微控制器使用中斷的優點? (A)降低除錯時間 (B)增進執行效能 (C)減少程式碼 (D)增進程式可讀性。

386 一般的計時器在哪個情況下會產生中斷? (A)溢位 (B)重置 (C)發生外部事件 (D)以上皆非。

387 串列通信埠在下列哪種情況下會產生中斷？ (A)接收到一個位元組 (B)傳送完一個位元組 (C)以上皆會 (D)以上皆不會。

388 微控制器搭配外部類比轉數位晶片時，會使用哪種中斷方式通知控制器已經完成轉換？ (A)計時器中斷 (B)外部中斷 (C)內部中斷 (D)以上皆非。

389 以下哪項不是微控制器在中斷發生時會自動執行的動作？ (A)儲存程式計數器的內容 (B)執行中斷服務程式 (C)檢查中斷旗標 (D)清除記憶體。

390 8255A 提供多少接腳可規劃為輸入或輸出？ (A)32 (B)24 (C)16 (D)40。

391 採取差動驅動時，SCSI 匯流排最長可達多少公尺？ (A)25 (B)50 (C)100 (D)以上皆非。

392 當執行 IN AL, 01H 指令時，80486 將資料字元組放置到？ (A)D0-D7 (B)D8-D15 (C)D16-32 (D)D24-D31 資料匯流排線。

393 下列中的哪個指令不能用於記憶體映射輸入？ (A)INC AX (B)CMP DX,[1000] (C)MOV BX,[1000] (D)MOV BP,[BX]。

394 在 IBM PC 系統常用週邊元件中，可作為 DMA 控制器為？ (A)8255A (B)8253 (C)8237 (D)8259。

395 在 IBM PC 系統常用週邊元件中，可作為週邊介面規劃為？ (A)8255A (B)8253 (C)8237 (D)8259。

396 單晶片 8051 系統中共有幾條 I/O 線？ (A)32 條 (B)24 條 (C)16 條 (D)以上皆非。

397 8051 中斷發生後，會自動將程式計數器(Program Counter)的值存到下列何處？ (A)累加器 (ACC) (B)程式現狀字組暫存器(PSW) (C)堆疊區(STACK) (D)資料指標暫存器(DPTR)。

398 用下列哪一暫存器可以設定 8051 堆疊區的起點？ (A)PSW (B)SP (C)R0 (D)DPTR。

399 中斷服務程式的最後一個指令為下列何者？ (A)PUSH (B)POP (C)RET (D)RETI。

400 中斷返回時，CPU 最後的一個動作是？ (A)清除堆疊暫存器 (B)清除狀態暫存器 (C)還原程式計數器 (D)還原狀態暫存器。

401 下列有關 8051 的串列中斷描述何者正確？ (A)串列通訊埠開始送出資料時，會產生中斷 (B)串列通訊埠的接收與發送中斷各有獨立的中斷向量 (C)串列通訊埠送出資料後，會產生中斷 (D)串列通訊中斷程式執行後，RI 會自動被清除。

402 下列 8051 的中斷指標，何者對應之中斷服務副程式執行完畢後，不會自動清除？ (A)IE1 (B)TF0 (C)TF1 (D)RI。

403 8051 的計時器 0 在計數回到多少時，會設定超限旗標 TF0，然後產生計時中斷？ (A)0 (B)255 (C)1 (D)256。

404 8051 中斷源在中斷優先暫存器(Interrupt Priority register，簡稱 IP)優先權設定均相同時，如果 INT0、INT1、Timer1、UART 同時發生中斷，何者最應先執行？ (A)INT0 (B)INT1 (C)Timer1 (D)UART。

405 將 8051 之 Timer 設定成模式 2 時，會形成一個 8 位元自動重新載入計時/計數器。當計時完畢後會產生 TFx 溢位旗號設定為 1，並會將 THx 的值自動載入 TLx 中，系統使用 12MHz 石英振盪器，Timer 中斷啟動後，使用內部時脈，希望每間隔 0.25ms 產生中斷一次，請問將計時器之值設為？ (A)2 (B)4 (C)6 (D)250。

406 將 8051 之 Timer 設定成模式 2 時，會形成一個 8 位元自動重新載入計時/計數器。當計時/計數完畢後會產生 TFx 溢位旗號設定為 1，並會將 THx 的值自動載入 TLx 中，將計時器設為 156 時，即 TH0=#(256-156)，TL0=#(256-156)，Timer 中斷啟動後，使用內部時脈，每間隔 0.2ms 中斷一次，請問系統所採用之石英振盪器頻率為？ (A)4 (B)6 (C)8 (D)12 MHz。

407 8051 單晶片的 5 個中斷源，其中斷向量、旗標名稱與該旗標所屬暫存器表所示，串列通訊中斷發生時，程式計數器 PC 會設為？ (A)0B (B)13 (C)1B (D)23 H。

中斷源	中斷向量(位址值)
INT0	0003H
Timer0	000BH
INT1	0013H
Timer1	001BH
UART(TXD)	0023H
UART(RXD)	0023H

408 DAC 之解析度由位元數決定，若 DAC 可轉換 10 位元的數位信號，其解析度為？ (A)1 (B)0.1 (C)0.5 (D)0.05 %。

409 在 A/D 轉換器之型式中，下列何種不是？ (A)連續漸近式 (B)雙斜率式 (C)追蹤式 (D)以上皆非。

410 下列何種不是自記憶體取出或存入資料之基本方法？ (A)程式規劃 I/O(programmed I/O) (B)中斷驅動 I/O(interrupt-driven I/O) (C)直接記憶接達(DMA) (D)以上皆非。

411 A/D 轉換時其取樣與保持電路內的開關自閉合狀態變遷至開路狀態所需之時間稱為？ (A)獲取時間(acquisition time) (B)關斷時間(aperture time) (C)安定時間(settling time) (D)上升時間(rise time)。

412 在 D/A 轉換時其輸入改變時，輸出電壓穩定在終值±½ LSB 範圍內所需之時間稱為？ (A)獲取時間(acquisition time) (B)關斷時間(aperture time) (C)安定時間(settling time) (D)上升時間(rise time)。

413 下列何種元件編號為 A/D 轉換器？ (A)AD7541 (B)AD567 (C)AD574 (D)DAC0800。

414 下列何種元件編號為 D/A 轉換器？ (A)ADC0804 (B)AD567 (C)AD574 (D)AD7570。

415 一般而言，下列何種電動機非為直流電動機？ (A)它激直流電動機 (B)分激直流電動機 (C)串激直流電動機 (D)以上皆非。

416 一般而言，下列何種非為直流電動機之轉速控制方法？ (A)電壓 (B)電感 (C)電樞電阻 (D)磁場電阻 控制法。

417 步進馬達以何種信號控制旋轉角度？ (A)電阻變化信號 (B)脈波變化信號 (C)電流變化信號 (D)以上皆是。

418 針對四相步進馬達$(A-\overline{A}-B-\overline{B})$，以下何種非其正常激磁方式？ (A)1 (B)2 (C)1-2 (D)1-4 相激磁。

419 如果步進馬達每步運轉1.2°，則需要幾個脈波才能轉動2圈？ (A)150 (B)300 (C)450 (D)600。

420 一個1.8°/step的步進馬達，若依順時針走64步，再依逆時針走14步，假設它從0°開始，求最後位置在？ (A)60° (B)90° (C)45° (D)135°。

421 目前已研發了許多TFT已實用者種類中，下列何種不是？ (A)非結晶矽Si-TFT(a-Si TFT) (B)多矽Si-TFT(p-Si TFT) (C)單結晶矽MOSTFT(c-Si MOSTFT) (D)以上皆非。

422 下列何者為閉迴路系統？ (A)自動烤麵包機 (B)自動洗衣機 (C)汽車防滑剎車系統 (D)自動販賣機。

423 下列關於閉迴路控制系統的敘述何者錯誤？ (A)增加系統輸出訊號之精確度 (B)減少外界干擾造成之誤差 (C)消耗功率較開迴路系統低 (D)可改善系統之暫態響應。

424 訊號$f(t)$其拉氏轉換為$F(s)=\dfrac{8}{s(s^2+3s+4)}$，則此訊號的終值為何？ (A)1 (B)1.25 (C)1.5 (D)2。

425 有一系統具有極點在S=-3, -1，零點在S=2，若增益常數為3時，其系統之轉移函數為？
(A)$\dfrac{3(s-1)}{(s+3)(s+1)}$ (B)$\dfrac{3(s-2)}{(s+3)(s+1)}$ (C)$\dfrac{3(s+2)}{(s+3)(s+1)}$ (D)$\dfrac{3(s-1)}{(s-3)(s+1)}$。

426 已知某系統的步階響應S(t)=1-cos2t，求其系統轉移函數T(S)為？ (A)$\dfrac{s}{s^2+2^2}$
(B)$\dfrac{2^2}{(s^2+2^2)}$ (C)$\dfrac{2^2}{s(s^2+2^2)}$ (D)$\dfrac{2s^2+2^2}{s(s^2+2^2)}$。

427 有一系統，其系統方塊圖如圖，請求出其閉迴路系統之轉移函數$\dfrac{Y(s)}{R(s)}$為？
(A)$\dfrac{50}{s^2+55s+50}$ (B)$\dfrac{10}{s^2+55s+10}$ (C)$\dfrac{10}{s^2+50s+55}$ (D)$\dfrac{50}{s^2+50s+10}$。

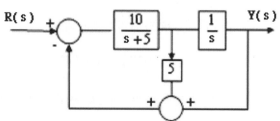

428 有一系統其轉移函數為 $G(s) = \dfrac{(s+k)}{s^3 + 6s^2 + 11s + 6}$，則 k 值為何時，可使系統狀態不可控制或

狀態不可觀測？ (A)k=3 (B)k=4 (C)k=5 (D)k=6。

429 若馬達轉軸定位為 $\theta(t)$，轉動慣量為 J，阻尼常數為 B，則描述馬達扭矩 $T(t)$ 之數學模式為：

(A) $T(t) = B\dfrac{d^2\theta}{dt^2} + J\dfrac{d\theta}{dt}$ (B) $T(t) = J\theta + B\dfrac{d\theta}{dt}$ (C) $T(t) = \dfrac{1}{J}\dfrac{d^2\theta}{dt^2} + B\dfrac{d\theta}{dt}$

(D) $T(t) = J\dfrac{d^2\theta}{dt^2} + B\dfrac{d\theta}{dt}$。

430 如圖之系統，$x(t)$ 為位移，$f(t)$ 為施力，m 為質量，k 為彈簧常數，c 為阻尼常數，則描述此

系統運動之數學模式為： (A) $m\dfrac{d^2x}{dt^2} + c\dfrac{dx}{dt} - kx = f(t)$ (B) $m\dfrac{d^2x}{dt^2} + k\dfrac{dx}{dt} - cx = f(t)$

(C) $m\dfrac{d^2x}{dt^2} + c\dfrac{dx}{dt} + kx = f(t)$ (D) $k\dfrac{d^2x}{dt^2} + m\dfrac{dx}{dt} - cx = f(t)$。

431 如圖之電路，$i(t)$ 為電流，$v(t)$ 為電壓，S 為開關，L 為電感值，C 為電容值，R 為電阻值，

則描述此電路之數學模式為： (A) $\dfrac{1}{C}\dfrac{di}{dt} + L\int_0^t i\,dt + Ri = v(t)$ (B) $L\dfrac{di}{dt} + \dfrac{1}{C}\int_0^t i\,dt + Ri = v(t)$

(C) $L\dfrac{di}{dt} + C\int_0^t i\,dt + Ri = v(t)$ (D) $C\dfrac{di}{dt} + L\int_0^t i\,dt + Ri = v(t)$。

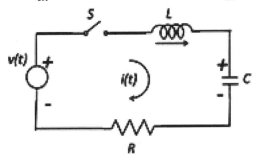

432 如圖之系統，$T(t)$為系統內與系統外之溫度差，熱損失率為q_0且$q_0 = \dfrac{T}{R_t}$，其中R_t為熱阻值，

若$q_i(t)$為電熱器產生之內傳熱率，且熱容值為C_t，則描述此系統熱傳之數學模式為：

(A) $R_t \dfrac{dT}{dt} + C_t T = R_t q_i$　(B) $R_t C_t \dfrac{dT}{dt} + T = R_t q_i$　(C) $R_t C_t \dfrac{dT}{dt} + T = R_t q_0$　(D) $C_t \dfrac{dT}{dt} + T = R_t q_i$。

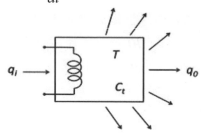

433 如圖之水箱系統，q_0為水量流出率，q_i為水量流入率，A為水箱橫斷面積，$h(t)$水位高度，

閥阻值為R，若水位高度$h = q_0 R$，則描述此水箱系統之數學模式為：　(A) $A\dfrac{dh}{dt} + \dfrac{1}{R}h = q_i$

(B) $A\dfrac{dh}{dt} + Rh = q_i$　(C) $A\dfrac{dh}{dt} + \dfrac{1}{R}h = q_0$　(D) $Ah = q_0 - q_i$。

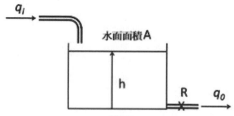

434 一系統 $\dfrac{d^3 c(t)}{dt^3} + 2\dfrac{d^2 c(t)}{dt^2} + 3\dfrac{dc(t)}{dt} + 4c(t) = 5\dfrac{dr(t)}{dt} + 6r(t)$，其中$r(t)$為輸入，$c(t)$為輸出，求此

系統之轉移函數：　(A) $\dfrac{\dfrac{5}{s}+6}{\dfrac{1}{s^3}+\dfrac{2}{s^2}+\dfrac{3}{s}+4}$　(B) $(5s+6)(s^3+2s^2+3s+4)$　(C) $\dfrac{5s+6}{s^3+2s^2+3s+4}$

(D) $\dfrac{1+2s+3s^2+4s^3}{5+6s}$。

435 如圖之系統，$x(t)$為位移，$f(t)$為施力，m為質量，k為彈簧常數，B為摩擦係數且摩擦力大

小正比於速度，令施力$f(t)$為輸入，位移$x(t)$為輸出，則其轉移函數為：　(A) $\dfrac{1}{ms^2+Bs+k}$

(B) ms^2+Bs+k　(C) ms^2+Bs-k　(D) $\dfrac{ms^2+Bs+k}{m}$。

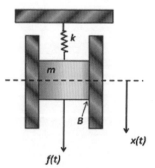

436 一個系統之輸出響應 $Y(t) = \frac{1}{2} - \frac{1}{6}e^{-t}(\frac{1}{4} + \sin 2t)$，其穩態響應(t→∞)為 (A)$-\frac{1}{6}$ (B)$\frac{1}{4}$ (C)$\frac{1}{2}$ (D)$\frac{1}{3}$。

437 控制系統中所用的放大器，當輸入訊號落於死區時，放大器的輸出為 (A)∞ (B)0 (C)1 (D)-1。

438 一個二階控制系統，其極點位置為 s=-3±j7，其尖峰時間 t_p 為 (A)0.25 (B)0.3 (C)0.45 (D)0.6 秒。

439 下列何者為線性非時變系統？ (A)$3y'(t) + ty(t) = u(t)$ (B)$4y'(t) + ty(t) = u(t)$ (C)$2y'(t) + 3y^2(t) = u(t)$ (D)$5y'(t) + 4y(t) = u(t)$。

440 一單位負回授控制系統之開迴路轉移函數為 $G(s) = \frac{40}{s(s+40)}$，當輸入訊號為單位步階函數，則該系統的穩態響應為 (A)0 (B)1 (C)4 (D)10。

441 一個二階系統 $G(s) = \frac{400}{s^2 + 12s + 400}$，該系統為 (A)無阻尼系統 (B)次阻尼系統 (C)臨界阻尼系統 (D)過阻尼系統。

442 系統的轉移函數為 $G(s) = \frac{100}{s^2 + 14s + 100}$，其阻尼比值為 (A)1.4 (B)0.7 (C)0.14 (D)0.07。

443 有一系統之數學模式為：$\frac{d^2y}{dt^2} + 3\frac{dy}{dt} + 2y = 6\frac{du}{dt} + 2u$，其初始條件 $y(0) = 1$，$\frac{dy}{dt}\big|_{t=0} = 2$，且 $u(t) = e^{5t}$，其中 $u(0) = 1$，則其穩態響應為： (A)$\frac{16}{21}e^{5t}$ (B)$4e^{-t} - 3e^{-2t}$ (C)$-\frac{16}{3}e^{-t} + \frac{32}{7}e^{-2t} + \frac{16}{7}e^{5t}$ (D)$-\frac{4}{3}e^{-t} + \frac{11}{7}e^{-2t}$。

444 有一系統之數學模式為：$\frac{d^2y}{dt^2} + 3\frac{dy}{dt} + 2y = 6\frac{du}{dt} + 2u$，其初始條件 $y(0) = 1$，$\frac{dy}{dt}\big|_{t=0} = 2$，且 $u(t) = e^{5t}$，其中 $u(0) = 1$，則其暫態響應為： (A)$\frac{16}{21}e^{5t}$ (B)$4e^{-t} - 3e^{-2t}$ (C)$-\frac{16}{3}e^{-t} + \frac{32}{7}e^{-2t} + \frac{16}{7}e^{5t}$ (D)$-\frac{4}{3}e^{-t} + \frac{11}{7}e^{-2t}$。

445 有一系統之數學模式為：$\frac{d^2y}{dt^2} + 3\frac{dy}{dt} + 2y = 6\frac{du}{dt} + 2u$，其初始條件 $y(0) = 1$，$\frac{dy}{dt}\big|_{t=0} = 2$，且 $u(t) = e^{5t}$，其中 $u(0) = 1$，則其自由響應為： (A)$\frac{16}{21}e^{5t}$ (B)$4e^{-t} - 3e^{-2t}$ (C)$-\frac{16}{3}e^{-t} + \frac{32}{7}e^{-2t} + \frac{16}{7}e^{5t}$ (D)$-\frac{4}{3}e^{-t} + \frac{11}{7}e^{-2t}$。

446 有一系統之數學模式為：$\dfrac{d^2y}{dt^2}+3\dfrac{dy}{dt}+2y=6\dfrac{du}{dt}+2u$，其初始條件 $y(0)=1$，$\dfrac{dy}{dt}\Big|_{t=0}=2$，且 $u(t)=e^{5t}$，其中 $u(0)=1$，則其強迫響應為：(A) $\dfrac{16}{21}e^{5t}$ (B) $4e^{-t}-3e^{-2t}$ (C) $-\dfrac{16}{3}e^{-t}+\dfrac{32}{7}e^{-2t}+\dfrac{16}{7}e^{5t}$ (D) $-\dfrac{4}{3}e^{-t}+\dfrac{11}{7}e^{-2t}$。

447 有一單位回授系統之順向轉移函數為：$G(s)=\dfrac{12(s+4)}{s(s+1)(s+3)(s^2+2s+3)}$，則其位置誤差常數為 (A)0 (B)$\infty$ (C)$\dfrac{16}{3}$ (D)$\dfrac{8}{3}$。

448 有一單位回授系統之順向轉移函數為：$G(s)=\dfrac{12(s+4)}{s(s+1)(s+3)(s^2+2s+3)}$，則其速度誤差常數為 (A)0 (B)$\infty$ (C)$\dfrac{16}{3}$ (D)$\dfrac{8}{3}$。

449 有一單位回授系統之順向轉移函數為：$G(s)=\dfrac{12(s+4)}{s(s+1)(s+3)(s^2+2s+3)}$，則其加速度誤差常數為 (A)0 (B)$\infty$ (C)$\dfrac{16}{3}$ (D)$\dfrac{8}{3}$。

450 在下列系統的轉移函數中，何者為不穩定系統？ (A)$\dfrac{(s-1)}{s^2-4s+4}$ (B)$\dfrac{(s+1)}{(s+2)(s+3)}$ (C)$\dfrac{(s-1)}{(s+2)(s+4)}$ (D)$\dfrac{(s+4)}{s^2+s+3}$。

451 有一閉迴路轉移函數 $G(s)=\dfrac{1}{s^2+s+1}$ 其零點為 (A)-0.5+j0.87 (B)-0.5-j0.87 (C)-1 (D)無零點。

452 $G(s)=\dfrac{K(s+1)}{s^2+4s+4}$，$G(s)$ 的零點在？ (A)0 (B)1 (C)-1 (D)-2。

453 如圖所示為系統的閉迴路極點，請由該圖判斷系統為 (A)不穩定 (B)穩定 (C)臨界穩定 (D)以上皆非。

454 有一控制系統具有極點為 0, -1, -2；以及零點為+1，則該系統為 (A)穩定 (B)臨界穩定 (C)不穩定 (D)以上皆非。

455 如圖所示，系統加入脈衝輸入後，會產生 $\theta_0 e^{-t}$ 式表示的輸出響應，請問該系統為 (A)不穩定 (B)穩定 (C)臨界穩定 (D)以上皆非。

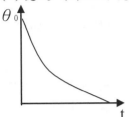

456 $\dot{x}(t) = \begin{bmatrix} 0 & 1 \\ -8 & -4 \end{bmatrix} x(t) + \begin{bmatrix} 0 \\ 1 \end{bmatrix} u(t)$，$y(t) = \begin{bmatrix} 8 & 0 \end{bmatrix} x(t)$，其中 $u(t)$ 為輸入，$y(t)$ 為輸出，$x(t) = \begin{bmatrix} x_1(t) \\ x_2(t) \end{bmatrix}$ 為狀態向量，則此系統為 (A)穩定 (B)不穩定 (C)臨界穩定 (D)以上皆非。

457 轉移函數的極點在下列狀況何者表示系統為不穩定？ (A)均為負實數 (B)任一極點在 s 平面的左半邊(即有極點實部小於零) (C)任一極點在 s 平面的右半邊(即有極點實部大於零) (D)均為具負實部的共軛複數。

458 一線性非時變系統之輸入輸出之轉移函數為 H(s)，若該系統為漸近穩定，則下列何者為正確？ (A)所有 H(s) 零點的實部均小於零 (B)所有 H(s) 極點的實部均小於零 (C)H(s) 至少有一個零點的實部小於零 (D)H(s) 至少有一個極點的實部小於零。

459 一個控制系統其狀態方程式為 $\dfrac{d}{dt}\begin{bmatrix} x_1 \\ x_2 \end{bmatrix} = \begin{bmatrix} 2 & -1 \\ 0 & -1 \end{bmatrix}\begin{bmatrix} x_1 \\ x_2 \end{bmatrix} + \begin{bmatrix} 1 \\ 1 \end{bmatrix} u(t)$，若 u(t)=1，則 $x_1(\infty) + x_2(\infty)$ = ? (A)2 (B)1 (C)0 (D)不存在。

460 考慮如下所示之回授控制系統，其中 $G(s) = \dfrac{1}{(s+2)(s-1)}$，$G_c(s) = K(s+1)$，則下列敘述何者正確？ (A)K=1.1 與 K=3 時系統均為穩定 (B)K=1.1 與 K=3 時系統均為不穩定 (C)K=1.1 時系統為穩定，K=3 時系統為不穩定 (D)K=1.1 時系統為不穩定，K=3 時系統為穩定。

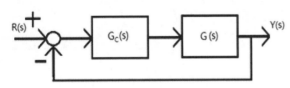

461 一個控制系統的特徵方程式為 $F(s) = -2s^4 - s^3 + 3s^2 - 5s + 5 = 0$，則該系統不穩定的特徵值個數為 (A)3 (B)2 (C)1 (D)0。

462 若一單位負回授控制系統之開迴路轉移函數為 $G(s) = \dfrac{k}{s(s^2 + 5s + 4)}$，則當增益 k 為 25 時，該系統在 s-平面之左半平面之極點數目為何？ (A)0 (B)1 (C)2 (D)3。

463 下列敘述何者正確？ (A)特徵方程式 $s^4 + 5s^3 + 5s^2 + 4s + 5 = 0$ 是穩定的 (B)特徵方程式 $s^4 + 2s^3 + 8s^2 + 4s + 3 = 0$ 是不穩定的 (C)特徵方程式 $s^4 + s^3 + 2s^2 + 2s + 1 = 0$ 是不穩定的 (D)特徵方程式 $s^4 + 2s^3 + 2s^2 + 4s + 2 = 0$ 是穩定的。

464 可消除穩態誤差的控制器為 (A)比例控制器 (B)微分控制器 (C)比例微分控制器 (D)積分器。

465 控制系統中的比例－積分－微分(PID Controller)控制器中的微分控制最大功能為 (A)增加放大率 (B)降低穩態誤差 (C)降低雜訊 (D)增加阻尼效果。

466 下列的敘述何者係比例－微分(PD Controller)控制器的特性？ (A)具有高通濾波器之特性 (B)具有低通濾波器之特性 (C)增加系統型式並改善穩態誤差 (D)可抗雜訊干擾。

467 一單位負回授系統之開迴路轉移函數為 $G(s) = K \dfrac{s+2}{(s+4)(s+5)}$ ，當 K 值變化時，此系統在 S 一平面之根軌跡代表下列何者？ (A)開迴路系統之極點 (B)閉迴路系統之極點 (C)開迴路系統之零點 (D)閉迴路系統之零點。

468 某一單位負回授控制系統的開迴路轉移函數為 $G(s) = \dfrac{K}{s(s^2 + 4s + 5)}$ ，則根軌跡的分離點為 (A)-1 (B)-2 (C)-3 (D)$-\dfrac{4}{3}$ 。

469 一單位負回授控制系統之開迴路轉移函數為 $G(s) = K \dfrac{s+2}{s^2 + 4s + 3}$ ，則該系統在 s 一平面之根軌跡有多少分枝(branch)？ (A)1 (B)2 (C)3 (D)4。

470 關於根軌跡分析，下列敘述何者錯誤？ (A)根軌跡的起點為開迴路系統之極點 (B)根軌跡的終點為開迴路系統之零點 (C)根軌跡對稱於複數平面之實數軸 (D)根軌跡代表開迴路系統之極點隨著系統參數 K 變化之軌跡。

471 如圖所示之控制系統，何者是閉迴路轉移函數根軌跡的起點？ (A)0 (B)-1 (C)-4 (D)-3。

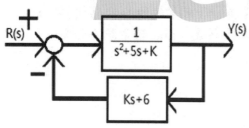

472 考慮下列系統之特徵方程式： $s(s+4)(s^2 + 2s + 2) + K(s+1) = 0$ ，則該系統之根軌跡漸近線在實數軸上之交點為 (A)$-\dfrac{3}{5}$ (B)$-\dfrac{3}{4}$ (C)$-\dfrac{5}{3}$ (D)$-\dfrac{4}{3}$ 。

473 特徵方程式： $s(s+4)(s^2 + 2s + 2) + K(s+1) = 0$ ，下列何者非該系統根軌跡的漸近線與實數軸交角 θ_a ？ (A)300° (B)180° (C)90° (D)60°。

474 某一單位負回授控制系統的開迴路轉移函數為 $G(s) = \dfrac{K}{s(s^2 + 6s + 25)}$ ，則根軌跡在 $s = -3 + j4$ 的離開角 ϕ_D 為幾度？ (A)-60° (B)-53° (C)-37° (D)-30°。

475 若一特徵方程式為：$(s+1)(s^2+2s+2)+K(s+2)=0$，當利用根軌跡作圖時,試問根在 $s=-1-j$ 時，其根軌跡離開角 ϕ_D 為幾度？ (A)-45° (B)45° (C)90° (D)120°。

476 使用 RS-232 界面標準傳送一位元需 0.2083 毫秒,其鮑率應設定為多少？ (A)1200 (B)2400 (C)4800 (D)9600。

477 一單位負回授控制系統之開迴路轉移函數為 $G(s)=\dfrac{K}{s(s^2+6s+10)}$，試求閉迴路系統根軌跡與 $j\omega-$軸交會時 $j\omega$ 的值？ (A)$\pm j\sqrt{15}$ (B)$\pm j\sqrt{10}$ (C)$\pm j\sqrt{5}$ (D)$\pm j\sqrt{2}$。

478 函數 $\dfrac{1}{s^2+2s+1}$，其波德圖大小之斜率為多少？ (A)20 (B)-20 (C)-40 (D)40 dB/decade。

479 在波德圖之計算中,若 20 log 10=20dB 且 20 log 2=6dB,則 20 log 125 約為多少 dB？ (A)36 (B)40 (C)42 (D)45。

480 如圖所示為一濾波器入波德圖曲線的近似圖,根據此曲線,此濾波器之轉移函數應為：

(A) $H(s)=\dfrac{(s+10^0)(s+10^7)}{(s+10)(s+10^6)}$ (B) $H(s)=\dfrac{10(s+10^0)(s+10^7)}{(s+10)(s+10^6)}$ (C) $H(s)=\dfrac{2(s+10^0)(s+10^7)}{(s+10)(s+10^6)}$

(D) $H(s)=\dfrac{20(s+10^0)(s+10^7)}{(s+10)(s+10^6)}$ 。

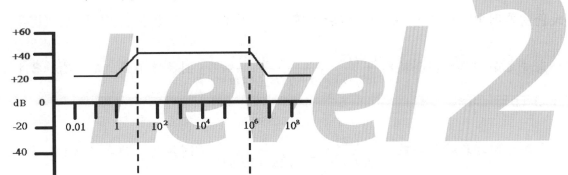

481 如圖所示為控制系統 $G_P(s)$ 的頻率響應大小近似圖,若 $G_P(s)$ 為極小相系統,則 $G_P(s)$ 的轉移函數為何？ (A)$\dfrac{10(s/3+1)}{s(s/9+1)}$ (B)$\dfrac{10(s/3+1)}{s(s/9+1)^2}$ (C)$\dfrac{5(s/3+1)}{s(s/9+1)^2}$ (D)$\dfrac{5(s/3+1)}{s(s/9+1)}$ 。

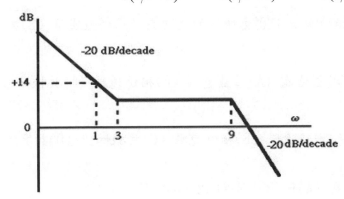

482 G(s)之波德大小近似圖如下所示，假設此系統為極小相系統而且不含共軛極點，則 G(s) 的轉移函數為何？ (A)$\dfrac{1000(s/70+1)}{(s/6+1)(s/300+1)}$ (B)$\dfrac{1000(s/70+1)}{(s/6+1)(s/300+1)^2}$ (C)$\dfrac{100(s/70+1)}{(s/6+1)(s/300+1)^2}$

(D)$\dfrac{100(s/70+1)}{(s/6+1)(s/300+1)}$ 。

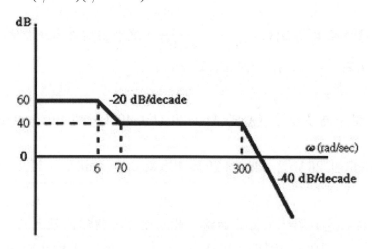

483 假設一轉移函數 F(s) 中有 P 個極點、Z 個零點在封閉區域 D 內，則當 s 順時針沿 ∂D 邊界繞一圈後，F(s) 的角度變化量為 (A)$(Z+P)\times 2\pi$ (B)$(Z-P)\times\pi$ (C)$(Z-P)\times 2\pi$ (D)$(Z+P)\times\pi$ 。

484 奈氏穩定準則中，N、P、Z 的關係何者正確？ (A)N=P+Z (B)Z=P+N (C)P=Z－2N (D)N=P－Z。

485 有一系統之閉迴路轉移函數為 $\dfrac{C(j\varpi)}{R(j\varpi)}=\dfrac{5}{5+j2\varpi+(j\varpi)^2}$ ，則其峰值為 (A)1.25 (B)1.73 (C)2.9 (D)5。

486 有一系統之閉迴路轉移函數為 $\dfrac{C(j\varpi)}{R(j\varpi)}=\dfrac{5}{5+j2\varpi+(j\varpi)^2}$ ，則其共振頻率為 (A)1.25 (B)1.73 (C)2.9 (D)5。

487 有一系統之閉迴路轉移函數為 $\dfrac{C(j\varpi)}{R(j\varpi)}=\dfrac{5}{5+j2\varpi+(j\varpi)^2}$ ，則其頻帶寬為 (A)1.25 (B)1.73 (C)2.9 (D)5。

488 開迴路轉移函數，增益為 0dB 時，其相位角加 180° 處所得的值即為 (A)增益邊限 (B)相位邊限 (C)共振峰值 (D)頻寬。

489 開迴路轉移函數在相位為 180° 時之負增益值為 (A)增益邊限 (B)相位邊限 (C)共振峰值 (D)頻寬。

490 系統頻率響應，在頻譜上最大值為 (A)增益邊限 (B)相位邊限 (C)共振峰值 (D)頻寬。

491 有一系統 $G(s)=\dfrac{e^{-5}}{s+1}$ ，則其轉折頻率為 (A)1 (B)1.4 (C)2 (D)2.1。

492 非同步串列資料傳輸方式,傳送 200 個 8 位元的字元時,一個 START 位元、2 個 STOP 位元、一個偶同位位元,每個訊息前與後各有一個 STX 與 ETX 字元,需要多少的額外位元數目? (A)960 (B)824 (C)56 (D)48 個。

493 微處理器(或電腦)中,中斷要求發生的來源有三種,下列何者不是? (A)內部 (B)軟體 (C)外部 (D)時間 中斷。

494 下列何者為正確的中斷服務程式(ISR)的動作流程? 1.清除 I/O 裝置界面的中斷要求狀態旗號,然後回到被中斷的程式中,繼續執行。2.讀取 I/O 裝置的狀態。3.若該 I/O 裝置的狀態顯示有錯誤發生,則執行錯誤處理程式,否則執行資料轉移。 (A)123 (B)231 (C)213 (D)321。

495 若 D/A 轉換器輸入為 8 位元,輸出電壓 Vo 為 0V 至 10V(滿刻度電壓),如果希望 Vo=2.5V,數位輸入值為何? (A)01000000 (B)11000000 (C)11111111 (D)10001000。

496 I/O 埠一般可以分為三種,下列何者為是?(A)資料埠 (B)狀態埠 (C)控制埠 (D)以上皆是。

497 下列何者為非?(A)ROM 主要用以儲存永久性資料 (B)RAM 主要用來儲存暫時性資料 (C)快閃記憶體屬於隨意存取記憶器 (D)RAM 可分成 SRAM 與 DRAM 兩種。

498 在中斷服務程式中,若不希望再被中斷時,可以清除 CPU 的 IF 旗標為? (A)1 (B)0 (C)1 或 0 皆可 (D)1 或 0 皆不可。

499 一般而言,我們將組譯完成的機械碼以十六進制格式,燒入單晶片中,指的是將該碼燒入單晶片的 (A)資料記憶體 (B)暫存器 (C)程式記憶體 (D)RAM 中。

500 用微處理器設計一個定時控制器,下列何者成本最低? (A)模組化系統 (B)多晶片微電腦 (C)單晶片微電腦 (D)多微處理器系統。

501 8051 單晶片不包括下列何者電路? (A)快取記憶體 (B)計數/計時器 (C)讀寫記憶體 (D)輸入/輸出埠。

502 在 CPU 內部,下列何者是記錄指令位址的暫存器? (A)控制暫存器(control register) (B)程式計數器(program counter) (C)堆疊指標暫存器(stack pointer) (D)狀態暫存器(status register)。

503 一般單晶片均有 RESET 的功能,試問該功能的作用為何? (A)清除外部程式記憶體 (B)存取外部資料記憶體 (C)將單晶片重置 (D)產生 PWM 波。

504 單晶片微電腦內部通常不包含 (A)串列 I/O 埠 (B)計時器 (C)CRT 控制器 (D)並列 I/O 埠。

505 CPU 將從程式記憶體讀進來的指令運算碼放在何處? (A)堆疊 (B)累加器 (C)程式計數器 (D)指令暫存器。

506 下列暫存器何者儲存 ALU 運算後的狀態? (A)旗標暫存器 (B)堆疊 (C)指令暫存器 (D)程式計數器。

507 把組合語言程式翻譯成二進制機械語言的程式稱為 (A)直譯器 (B)組譯器 (C)編譯器 (D)函式庫。

508 下列有關 PUSH 與 POP 的敘述，何者有誤？ (A)POP 時先將資料取出，再將位址加 2 (B)PUSH 時，先將位址減 2，再將資料存入 (C)適用於「先入後出」的儲存結構，例如堆疊 (D)不可連續執行相同的指令。

509 下列哪一個指令具有設定部分位元的能力？ (A)OR (B)AND (C)XOR (D)NOT。

510 有關 MOV 指令之使用，下列敘述何者為誤？ (A)無法將某一記憶位址的內含直接傳送至另一記憶體位址 (B)MOV 指令不可將節段暫存器內的資料直接互傳 (C)可將記憶體內的資料拷貝到 CPU 內部的通用暫存器內 (D)可直接將某常數存入某節段暫存器內。

511 微處理機在執行指令時，存取運算元的方法稱為 (A)中斷處理 (B)狀態處理 (C)演算法則 (D)定址模式。

512 巨集指令與副程式的主要差別在於前者 (A)較省記憶體空間 (B)執行速度較快 (C)除錯便利 (D)以上皆非。

513 使用高階語言(如 C)來撰寫微控器程式的優點在於 (A)好寫結構化組織，容易修改 (B)可控制較直接與較細膩的動作 (C)一般皆為免費下載供應 (D)比低階機械語言撰寫複雜。

514 8051 的指令 INC direct 表示 (A)累加器加一 (B)暫存器加一 (C)直接定址位元組加一 (D)間接位元組加一。

515 大部份微處理機組合語言程式中，要呼叫副程式，通常使用下列哪一個指令？ (A)MOV (B)DJNZ (C)CALL (D)RET。

516 執行最快之語言為 (A)組合語言 (B)PASCAL (C)COBOL (D)C 語言。

517 指令執行週期可分為以下四步驟：①解碼(decode) ②提取指令(fetch) ③執行指令(execute) ④儲存結果(store)，試問其執行順序為何？ (A)①②③④ (B)②①③④ (C)①③②④ (D)②③①④。

518 若使七段顯示器的 a、c、d、f、g 段通電，則會顯示哪個數字？ (A)5 (B)4 (C)3 (D)2。

519 採用掃描式輸出方式，四個七段顯示器需要幾個接點？ (A)32 (B)16 (C)8 (D)12。

520 8051 的 I/O 埠 P0 當做為一般 I/O 埠使用時，外部應接上 (A)振盪晶體 (B)提昇電阻 (C)電容器 (D)拴鎖器。

521 七段顯示器的共腳(共陰或共陽)常位於 (A)外側右 (B)中間腳 (C)外側左 (D)二側旁腳。

522 下列何種方法不適用於消除鍵盤開關的彈跳現象？ (A)軟體時間延遲 (B)RC 低通濾波器 (C)RS 正反器 (D)電阻網路。

523 採用掃描式的輸入方式，4X4 鍵盤需要幾個輸入接點？ (A)12 (B)4 (C)8 (D)16。

524 下列何者不是 8051 單晶片 P0 埠的功能？ (A)位址匯流排 (B)一般輸出入端 (C)資料匯流排 (D)中斷輸入端。

525 在 8051 中，哪個 PORT，其推動需加提昇電阻 (A)P0 (B)P1 (C)P2 (D)P3。

526 下列哪一項不是微處理器控制時常用的輸出元件？ (A)液晶面板 (B)發光二極體 (C)鍵盤 (D)蜂鳴器。

527 8051 單晶片處理鍵盤輸入，通常採用何種方式？ (A)矩陣式掃描法 (B)記憶體直接存取 (C)中斷 (D)遠端程序呼叫。

528 下列何者不是串列傳輸規格？ (A)IEEE1394 (B)PCI (C)RS-232 (D)USB。

529 由 I/O 介面直接將資料送到記憶體中存取而不經由 CPU 之方法稱為? (A)bit I/O (B)polling I/O (C)interrupt I/O (D)DMA I/O。

530 用軟體做 8 位數字的 7 段顯示器掃描，每字依序掃描輸出控制，每字每次掃描亮的時間應為何較恰當? (A)3 (B)10 (C)100 (D)50 ms。

531 MCS-51 內部有二個多少位元計時/計數器? (A)7 (B)8 (C)16 (D)32 位元。

532 MCS-51 的計時/計數模式中模式 1(model)是 (A)13 位元計時/計數模式 (B)16 位元計時/計數模式 (C)自動載入功能 (D)兩個獨立的 8 位元計時/計數器。

533 8051 的計時/計數器在 MODE0 工作模式時，是 13 位元的計時/計數器。其計算數值到達多少，才會產生溢位? (A)65536 (B)32768 (C)16384 (D)8192。

534 8051 的計時/計數器是屬於 (A)下數型 (B)雙向型 (C)上數型 (D)以上皆非。

535 8051 之計時器頻率為外接石英振盪頻率的多少 (A)1/6 (B)1/3 (C)1/24 (D)1/12。

536 下列 IC，何者最適合製作單穩態計時電路? (A)7447 (B)7805 (C)7912 (D)555。

537 有關計數器的敘述，下列何者錯誤? (A)7490 可做為 10 模的計數器 (B)強生(Johnson)計數器為同步計數器 (C)環形(ring)計數器為非同步計數器 (D)漣波(ripple)計數器為非同步計數器。

538 根據零件清單：【LCM16×2、LED×8、排阻 370Ω、IC8051、ICMAX232、七段顯示器×4】，推測最不可能進行下列哪一種實驗? (A)跑馬燈 (B)數位電壓表 (C)串列埠實驗 (D)倒數計時器。

539 模數 10 的同步式上數計數器，初值為 1000(最右邊為 LSB)，經過 9 個時脈(clock)後，輸出值應為 (A)0001 (B)0010 (C)0111 (D)1000。

540 設計一個 16 模數的強生(Johnson)計數器，最少需要多少個 JK 正反器? (A)4 (B)8 (C)16 (D)32 個。

541 由 JK 正反器組成模數 32 之漣波計數器，若每個正反器延遲時間為 20ns，則輸入計時脈衝的最高頻率為多少? (A)10 (B)20 (C)40 (D)50 MHz。

542 8051 單晶片欲讀取類比信號時，需先經過下列何種裝置處理? (A)ADC (B)DAC (C)OSC (D)PLL。

543 8051 單晶片與外部連接之各種訊號匯流排,何者具有雙向流通性? (A)位址 (B)控制 (C)資料 (D)狀態 匯流排。

544 用來控制 8051 單晶片執行內部或外部程式記憶體的接腳是 (A)RESET (B)EA(External Access) (C)ALE(Address Latch Enable) (D)VCC。

545 8051 單晶片擴充外部記憶體時,將使用哪一個 I/O 埠做為位址匯流排(A0~A7)及資料匯流排 (D0~D7)? (A)P0 (B)P1 (C)P2 (D)P3。

546 下列有關可規劃並列週邊 IC8255A 的描述,何者有錯誤?(A)共有 3 個輸入/輸出埠(I/Oport) (B)在模式 1(mode 1)操作時,portC 是當成控制訊號用 (C)在 reset 後,所有 I/Oport 均設定為輸出模式 (D)在模式 2(mode 2)操作時,portA 是為一個雙向 I/Oport。

547 某微處理機有 16 條位址線及 8 條資料線,若使用全部記憶體空間(RAM 與 ROM 各佔一半),並以 6116(2048×8)及 2764(8192×8)來完成這些記憶體的配置,則 SRAM 與 EPROM 各需要多少顆? (A)8 顆 SRAM,4 顆 EPROM (B)16 顆 SRAM,4 顆 EPROM (C)16 顆 SRAM,8 顆 EPROM (D)32 顆 SRAM,16 顆 EPROM。

548 如圖所示,利用解碼 IC 來定址記憶體空間,則 $A_4A_3A_2A_1A_0$ 的定址範圍為何? (A)00H~08H (B)00H~10H (C)18H~08H (D)18H~1FH。

549 下列有關位址解碼與記憶體的描述,何者正確? (A)至少要三組 2 對 4 的解碼器才能組合成一個 3 對 8 的解碼器 (B)I/O 映對 I/O 在硬體的設計上較記憶體映對 I/O 為複雜 (C)DRAM 以電感的方式儲存資料 (D)記憶體映對 I/O 的優點是使得系統可用的記憶體變多。

550 某 4k×16Bits 的記憶體,讀取週期(read cycle time)為 10ns,則記憶體的最大頻寬(讀取速率)為: (A)160 (B)400 (C)800 (D)1600 MBits/s。

551 用一 8K×8 之記憶體 IC 來組成 512K×16 之記憶體系統,則至少需幾顆 IC? (A)64 (B)128 (C)256 (D)512。

552 承上題,該記憶體系統至少需幾條位址線與資料線? (A)19 條位址線與 16 條資料線 (B)19 條位址線與 4 條資料線 (C)13 條位址線與 8 條資料線 (D)13 條位址線與 3 條資料線。

553 8051 單晶片在處理中斷時,通常使用下列何種方式來暫存資料? (A)串列(List) (B)儲列(Queue) (C)指標(Pointer) (D)堆疊(Stack)。

554 當 CPU 接受中斷的要求,在執行中斷程式之前,會先將下列哪一個值存入堆疊中? (A)目前的指令位址 (B)下一個指令位址 (C)累積器的值 (D)狀態旗號的值。

555 中斷向量(Interrupt Vector)是中斷服務程式的 (A)程式內容 (B)記憶體空間 (C)輸出位址 (D)起始位址。

556 8051 單晶片的內部週邊裝置具有中斷功能的為 (A)UART (B)Timer0 (C)Timer1 (D)以上皆是。

557 8051 單晶片可經由軟體指令設定或清除相對位元,進而控制相對中斷的致能或除能的暫存器是 (A)程式狀態字暫存器(PSW) (B)中斷優先暫存器(IP) (C)中斷致能暫存器(IE) (D)計時/計數控制暫存器(TCON)。

558 下列描述何者有錯誤? (A)中斷服務程式只有在外界機器產生中斷要求時,才會被執行 (B)中斷時須儲存當時的程式計數器 (C)直接存取記憶(DMA)不須儲存當時的程式計數器 (D)直接存取記憶比中斷對於 I/O 機器有較快的服務。

559 中央處理單元(CPU)處理中斷(interrupt)時,通常採用下列何種方法來暫存資料? (A)表列(list) (B)指標(pointer) (C)佇列(queue) (D)堆疊(stack)。

560 在 8088 微處理機中央處理單元(CPU)中,當 IF 旗號為 1 時,則表示此 CPU 將: (A)允許 CPU 工作 (B)不允許 CPU 工作 (C)允許接受外部中斷請求 (D)不允許接受外部中斷請求。

561 下列 8086／8088 之中斷要求,何者為最高優先? (A)內部 (B)無遮罩 (C)外部硬體 (D)軟體 中斷。

562 下列有關中斷之敘述何者是正確的? (A)硬體中斷的發生,相對於 CPU 目前所執行的程式是一非同步事件 (B)中斷的返回(interrupt return)與副程式之返回(call return),CPU 所執行之動作並無不同 (C)CPU 在執行中斷時,不能再接受其他中斷 (D)中斷的要求均必須來自硬體。

563 在 80x86 個人電腦系統中,不改變任何中斷設定,且所有中斷均處於致能(enable)狀態,若 NMI、IRQ3、IRQ6、IRQ10 等中斷要求訊號同時動作時,其中斷服務順序為: (A)NMI、IRQ3、IRQ6、IRQ10 (B)NMI、IRQ10、IRQ6、IRQ3 (C)NMI、IRQ10、IRQ3、IRQ6 (D)IRQ3、IRQ6、IRQ10、NMI。

564 微處理機中,當它接受中斷時(Interrupt),在其跳至中斷服務程式(Interrupt-Service Routine)前應該做 (A)中斷計數器加一 (B)清除主記憶體的程式和資料 (C)顯示「中斷服務中」於螢幕上 (D)儲存被中斷程式的下一個程式位址和微處理機的狀態記錄器(Status Register)。

565 在自動化工廠內作為電腦與儀表間的介面匯流排為 (A)RS-232C (B)RS-422 (C)IEEE-488 (D)MODOM。

566 下列何者不是 MCS-51 系列單晶片的埠 0 主要功能及特性? (A)有內部提升電阻 (B)Addressbus (C)Databus (D)I/O 埠。

567 關於 USB,下列敘述何者錯誤? (A)傳輸速度高於 RS232 資料傳輸 (B)連接線(cable)的長度一般較 RS232 的連接線長 (C)使用差動訊號傳輸 (D)連接線中包含電源線。

568 ADC080 是一顆 (A)10 位元 A/D 轉換器 (B)8 位元 D/A 轉換器 (C)12 位元 A/D 轉換器 (D)8 位元 A/D 轉換器。

569 RS-232C 介面是屬於：(A)串列傳輸 (B)並列傳輸 (C)類比信號傳輸 (D)調變設備。

570 在 RS-232C 介面中，下列哪根線一定要接？ (A)Request To Send (B)Protection Ground (C)Data Set Ready (D)Signal Ground。

571 下列何者不是 MCS-51 系列單晶片的主要功能及特性？ (A)8 位元微電腦控制晶片可執行 8 位元的資料運算 (B)4 組雙向可位元定址 I/O 埠 P0，P1，P2，P3，每個 I/O 埠有 8 位元 (C)內部資料記憶體為 512Bytes，最大可外接擴充至 64KB (D)具有布林代數運算能力，可執行位元資料運算。

572 某一個 D/A 轉換器之滿刻度輸出電壓為 10V，若解析度為 20mV，則此 D/A 轉換器輸入至少需多少位元？ (A)7 (B)8 (C)9 (D)10。

573 一個輸出正電壓之 4 位元 R-2R 階梯電阻 D/A 轉換器電路中，高低電位分別為 5V 與 0V，當數位輸入為 1000(最右邊為 LSB)時，其類比輸出為多少？ (A)0.5 (B)2.5 (C)3.2 (D)5 V。

574 下列對 A/D 轉換器的敘述何者有誤？ (A)雙斜率積分式 A/D 轉換器轉換精確度最高 (B)比較式 A/D 轉換器轉換速度最快 (C)連續漸近式 A/D 轉換器成本便宜，最常用 (D)追蹤式 A/D 轉換器的轉換速度快，即使待測電壓再怎麼變化，都能準確轉換。

575 下列有關步進馬達的敘述，何者有誤？ (A)步進馬達的速度與輸入脈波的頻率成正比 (B)步進馬達廣泛用於計算機週邊裝置，例如印表機、磁碟機等 (C)步進馬達可正轉控制與反轉控制 (D)一相激磁運轉，表示在每一時段下，有兩個線圈有電流通過的激磁順序。

576 關於 LCD 的敘述下列何者有誤? (A)當忙碌旗號 BF=1 時可以寫入資料給 LCD (B)LCD 模組內部只有兩個 8 位元暫存器，稱為指令暫存器(IR)和資料暫存器(DR) (C)位址設定指令將位址寫入 IR 暫存器後，LCD 內部控制會將 IR 暫存器中的位址傳送到 AC (D)LCD 模組內除了提供標準的字型(CGROM)供使用外，另外還提供 64 位元組的 CGRAM 空間供使用者存放自己所設計的造型。

577 直流馬達中常用如圖所示之脈波序列為何種調變法？ (A)脈波寬度 (B)脈波振幅 (C)脈波相位 (D)脈波頻率 調變法。

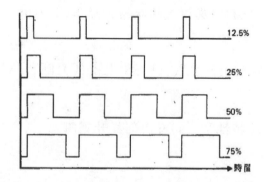

578 步進馬達的控制為： (A)閉迴路控制 (B)開迴路控制 (C)回授控制 (D)PID 控制。

填充題

1. 若複數函數 $G(s) = \dfrac{s+1}{s(s+2)}$，求複變數函數 $G(s)$ 在 $s = -3 + j4$ 時之值？ _____。

2. 考慮下列特徵方程式：$1 + \dfrac{K}{s(s+5)(s+40)} = 0$，則 $s = -5 + j5$ 是否落在閉迴路系統之根軌跡上？ _____。

3. 某一閉迴路控制系統之特徵方程式為 $s^2 + 2s + 2 + K(s+2) = 0$，請求出 $s = -2 + j\sqrt{2}$ 所對應之 K= _____。

4. 若開迴路轉換函數 $G(s) = \dfrac{K(s+1)}{s(s+1)(s+2)}$，則 K= _____ 使得共軛複數根的極點具有阻尼比為 0.5。

5. 一架飛機有一簡單的開迴路轉換函數 $G(s) = \dfrac{K(s+1)}{s(s-1)(s^2 + 4s + 16)}$，若有一單位負回授信號，求 K 值之範圍使系統為穩定狀態？ _____。

6. 一開迴路轉換函數 $G(s) = \dfrac{K(s+2)(s+3)}{s(s+1)}$，求實數軸上根軌跡的範圍？ _____。

7. 某一閉迴路控制系統之特徵方程式為 $1 + \dfrac{Ks+6}{s^2 + 5s + K} = 0$，請求出閉迴路轉移函數根軌跡起點 s=? _____。

8. 一閉迴路系統的轉移函數為 $\dfrac{1}{s^3 + s^2 + s + 3 + K}$，則此系統為穩定系統之充分必要條件為 $-3 < K < $ _____。

9. 一單位回授控制系統的開迴路轉移函數 $G(s) = \dfrac{K}{s(s+1)(s+2)}$ 則 K= _____ 時，增益邊限(Gain Margin)為 20log2(約等於 6)(dB)。

10. 考慮一線性非時變系統狀態的狀態空間表示模型 $\dot{x} = Ax + Bu$，其中 $A = \begin{bmatrix} K & 0 & 0 \\ 0 & -1 & 0 \\ 0 & 0 & -1-K \end{bmatrix}$，則 _____ ＜ K ＜ 0 時(請取最大範圍)，可使系統具有零輸入漸進穩定性(zero-input asymptotic stability)。

11. 一單位回授(unit-feedback)控制系統的開迴路轉移函數 $G(s) = \dfrac{\sqrt{2}}{s(s+1)}$，則相位邊限(Phase Margin)值為 _____。

12　一單位回授(unit-feedback)控制系統的開迴路轉移函數 $G(s)=\dfrac{s+K}{s(s+1)(s+3)}$ ，則此系統為穩定系統之充分必要條件為 $0<K<$ ＿＿＿＿＿＿＿ 。

13　一使用 PI 控制器的閉迴路系統的特徵方程式為 $s^3+3s^2+(2+K_P)s+K_I$ ，使該系統穩定的控制器的增益為 $K_I>0$ 及 ＿＿＿＿＿＿＿ 。

14　一閉迴路系統的特徵方程式為 $s^3+5s^2+(K-6)s+2K=0$ ，使該系統穩定的控制器的 K 值範圍為 ＿＿＿＿＿＿＿ 。

15　利用羅斯陣列判斷特徵方程式 $s^n+a_1 s^{n-1}+a_2 s^{n-2}+\cdots+a_{n-1}s+a_n=0$ 的根時， s^{n-2} 列第一行的數值為 ＿＿＿＿＿＿＿ 。（以 $a_1,a_2,\cdots a_n$ 表示）

16　考慮下列方程式 $s^5+3s^4+6s^3+6s^2+5s+3=0$ ，它可能是某一線性控制系統的特徵方程式。其羅斯表(羅斯陣列)計算在 s^1 列出現整列為零(如下)，在利用 s^2 列係數形成新的 s^1 列的第 1 行數值為 ＿＿＿＿＿＿＿ 。

s^5	1	6	5
s^4	3	6	3
s^3	4	4	0
s^2	3	3	
s^1	0	0	

17　連續時間下，線性系統為漸近穩定的充分條件為其轉移函數的 n 階特徵方程式的 n 個根 s_i ， i=1, 2,...,n 均必須滿足 $\mathrm{Re}\{s_i\}<0$ ， i=1, 2, $\cdots$ n。而在離散時間下，線性系統為漸近穩定的充分條件為其轉移函數的 n 階特徵方程式的 n 個根 z_i , i=1, 2,...,n 均必須滿足 ＿＿＿＿＿＿＿ 。

18　一個三階系統，轉移函數 $G(s)=\dfrac{20}{(s+10)(s^2+2s+2)}$ ，若以二階系統近似，其二階系統轉移函數應為何? ＿＿＿＿＿＿＿ 。

19　一個線性非時變系統，若響應為 $y(t)=0.5+e^{-t}\sin(2t)-2e^{-t}\cos(2t)+3\sin(4t)$ ，則哪些項是暫態響應? ＿＿＿＿＿＿＿ 。

20　如圖所示，受控體 $G_p(s)$ 與 PI 控制器 $(K_P+\dfrac{K_I}{s})$ ，若 $K_I=10$ ，此時若輸入訊號為斜坡函數 r(t)=t，求穩態誤差為何? ＿＿＿＿＿＿＿ 。

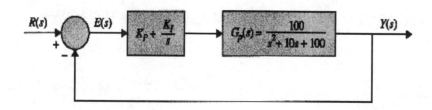

21　一個負回授單迴路系統，$G(s) = \dfrac{5(s+1)}{s^2(s+12)(s+5)}$ 與 H(s)=1，若輸入為 $0.5t^2$，求穩態誤差為何？

　　_____。

22　求 te^{-at} 之拉普拉氏轉換？ _____。

23　試求下列函數之反拉普拉氏轉換 $\dfrac{1}{(s^2+9)^2}$？ _____。

24　求矩陣 $A = \begin{bmatrix} 1 & -1 & -2 \\ 3 & -1 & 1 \\ -1 & 3 & 4 \end{bmatrix}$ 之反矩陣 A^{-1}？ _____。

25　由下列狀態方程式求出轉移函數 $\dfrac{Y(s)}{U(s)}$？ _____。

$$\dot{x}(t) = \begin{bmatrix} 1 & 2 \\ -3 & -4 \end{bmatrix} x(t) + \begin{bmatrix} 0 \\ 5 \end{bmatrix} u(t)$$

$$y(t) = \begin{bmatrix} 1 & 0 \end{bmatrix} x(t) + 2u(t)$$

26　若一系統之狀態方程式為 $\dot{x}(t) = \begin{bmatrix} 0 & 1 & 0 \\ 0 & 0 & 1 \\ -1 & -2 & -3 \end{bmatrix} x(t) + \begin{bmatrix} 0 \\ 0 \\ 1 \end{bmatrix} u(t)$，求出轉移函數？ _____。

$$y(t) = \begin{bmatrix} 2 & 3 & 1 \end{bmatrix} x(t)$$

27　如圖之轉 RLC 串聯電路中，已知 i(0)=1A，V(0)=2V，R=3Ω，L=1H，C=0.5F，求 i(t) = ？ _____。

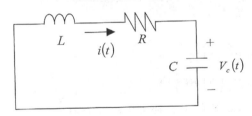

28　若系統之單位步階響應為 $y(t) = 1 - \dfrac{7}{3}e^{-t} + \dfrac{2}{3}e^{-2t} - \dfrac{1}{6}e^{-4t}$，則系統之轉移函數為？ _____。

29　PID 控制器有三個參數要調整(K_p, K_i, K_d)，請寫出其轉移函數 _____。

30　機械系統之質量-彈簧-阻尼器(M-K-B)線性系統，如圖所示，請寫出其輸入力 f(t) 與輸出位移 y(t) 之轉移函數 _____。

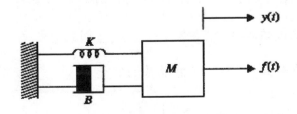

31 一個系統其動態方程式為 $\frac{d^4y}{dt^4}+2\frac{d^3y}{dt^3}+\frac{d^2y}{dt^2}+20\frac{dy}{dt}+5y(t)=2\frac{du}{dt}+u(t)$，求轉移函數 $\frac{Y(s)}{U(s)}=$ _____。

32 我們可將許多巨集(MACRO)定義放至專屬之模組中。假設有一個只含巨集之檔案叫作 MACRO.MAC，是放在 C 碟，且目錄為 ASSM 的地方，如果您的程式中要用到此巨集，則其包含之敘述要寫為 _____。

33 在 80×86 的中斷向量表(IVT)中，有一特殊之軟體中斷指令，其設計是用來作為一個間斷點 (Break Point)以幫助有錯誤之程式除錯，此特殊之軟體中斷指令名稱為 _____，其為 _____ 位元組(Bytes)之指令。

34 非條件遠跳躍指令(如：JMP FAR PTR START)，是以跟隨 JMP 運算碼後的 4 個位元組來取代 IP 與 CS 暫存器之內含，假設從記憶體位置 08001H 開始之此 4 個位元組的十六進位碼為 27 01 00 A3，則程式會跳躍至記憶體位置 _____ H。

35 應用移位指令達成乘法之目的。如右所示之四個指令：SHL AX,1　MOV BX,AX　SHL AX,3　ADD BX,AX 可將 AX 之值乘上 _____ 倍。

36 如右所示之 C 語言程式中：unsigned int a=765, h, t, u; h=a/100; t=(a%100)/10;u=a%10; 程式執行結果為 h= _____ , t= _____ , u= _____。

37 十三位元的計時器最大計數值為 _____。(以十進位表示)

38 某微處理器的基本指令週期為 $1\mu s$，對於 8 位元的計時器，若前置分頻器(prescaler)設定為 1：64，則從 0 開始，經 _____ ms 後溢位。

39 某微處理機使用 32.768kHz 的振盪器，目的是為了便於 _____。

40 若 MCS-51 使用 12MHz 之石英振盪晶體，則計時器之計時單位為 _____ 秒。

41 MCS-51(8051)執行 TL0=(8192-100).MOD.32 指令後，TL0= _____。

42 若 MCS-51 使用 12MHz 之石英振盪晶體，則最高之計數頻率為 _____ Hz。

43 MCS51 單晶片之計時計數器作計數使用時，每當 T0 接腳電位出現 _____，即計數一次。

44 串列式 EEPROM 24C04 可應用於 _____ 匯流排。

45 串列式 EEPROM 93C46 內含 _____ bits 記憶體。

46 27C04 為 2 線式串列 EEPROM，93C46 為 _____ 式串列 EEPROM。

47 8155 有 _____ 個輸出輸入埠，256-byte 的 RAM，1 個 14 位元的計時計數器。

48 欲使用 256K × 4 記憶體元件完成 64M × 8 之記憶體模組，則共需 _____ 個記憶體元件。

49 某 DRAM 記憶體晶片，具有 10 條位址線及 4 條資料線，則此記憶體晶片的容量為 _____ ×4。

50 EPROM 為可清除可燒錄唯讀記憶體，它可用 _____ 來清除資料。

51　三線匯流道串列 EEPROM 有三條控制信號，＿＿＿＿＿＿、資料輸入 DI 和資料輸出 DO，使用 MICROWIRE 匯流道的界面規格。

52　8255 為一通用之週邊界面積體電路，有 24 條輸入/輸出線，分成 A、B 和 C 三個埠。埠 A 有三種操作模式，分別為：模式 0－基本輸入/輸出、模式 1－閃控式輸入/輸出、和模式 2－＿＿＿＿＿＿。

53　中斷服務程式(程序)的英文縮寫為 ＿＿＿＿＿＿。

54　中斷的種類可分為重置中斷、＿＿＿＿＿＿、內部中斷、外部硬體中斷(可遮罩中斷)與不可遮罩中斷等五大類。

55　當系統電源不正常或發生同位元錯誤時，會產生一個 ＿＿＿＿＿＿ 中斷。

56　80 × 86 微處理器中，中斷向量表格(interrupt vector table)存放在記憶體的前 1,024 個位元組中，而每一個中斷向量(interrupt vector)佔有 ＿＿＿＿＿＿ 個位元組，用來存放中斷服務程序的位址(節區及節內)。

57　單晶片 8051 可以接受 ＿＿＿＿＿＿ 個中斷要求信號。

58　各種中斷型態中，優先順序最高者為 ＿＿＿＿＿＿ 中斷。

59　能將高階語言所寫成的程式轉換成目的機器之組譯程式為 ＿＿＿＿＿＿。

60　若計算機指令使用記憶體之運算元位置來存放位址，此時指令的真正有效位址是運算元所指定的內含值，此種定址型態稱為 ＿＿＿＿＿＿ 定址模式。

61　單晶片 8051 中，使用指令 ADD A,@R0 是屬於 ＿＿＿＿＿＿ 定址模式。

62　PUSH 及 POP 指令可在 ＿＿＿＿＿＿ 與暫存器或記憶體位置之間進行資料的傳輸。

63　若暫存器 A，B，C，D 的內容分別為(80)H，(81)H，(82)H，(83)H 時，依序執行

```
PUSH   A
PUSH   B
PUSH   C
PUSH   D
POP    A
POP    B
POP    C
POP    D
```

之後，C 暫存器的內容應為 ＿＿＿＿＿＿。

64　若一 CPU 的速度為 40MIPS，則其執行一個指令的平均時間為 ＿＿＿＿＿＿ 秒。

65　某一圖形顯示卡可顯示 256 色，解析度為 800 × 600，則其顯示緩衝記憶體至少需有 ＿＿＿＿＿＿ Bytes。

66 IBM PC AT 鍵盤將掃描碼以串列方式傳給 CPU，每個掃描碼 ＿＿＿＿＿＿＿＿ 個位元。就每個掃描碼而言，鍵盤共要送 ＿＿＿＿＿＿＿＿ 個位元給主機板。

67 如果 8251A 接收 BAUD RATE 為 300Bd，則 R × C 在 16X 模式中為 ＿＿＿＿＿＿＿＿ Hz。

68 8051 微處理機的晶片中包含電腦三個主要部份，分別為 ＿＿＿＿＿＿＿＿、記憶體、及輸入/輸出界面。

69 8051 微處理機的資料記憶體分為內部及外部，內部記憶體有 128 個位置，外部記憶體最大可擴充至 ＿＿＿＿＿＿＿＿ 位元組。

70 某 8 位元微處理機以 2 的補數存放正負整數，假設進位旗標為 0，執行 $(-128)_{10} + (-128)_{10}$ 的結果存放於 A 暫存器，則 A 暫存器的內容為 （＿＿＿＿＿＿＿＿）$_2$。

71 8051 微處理機中斷的來源共有 5 個，它們是外部中斷(INT0-和 INT1-)、兩個計時器超限中斷、和 ＿＿＿＿＿＿＿＿ 中斷。

72 假若對非直接帶動的負載之慣性 J_l，減速比為 R，而直流馬達本身之慣性為 J_m，則在馬達側之等效總慣性 J_{eq} 為 ＿＿＿＿＿＿＿＿。

73 某兩相步進馬達以單極 1 相激磁，步進角 1.8 度，若馬達轉速為 120RPM，則每一激磁脈波之導通週期為 ＿＿＿＿＿＿＿＿ 秒。

74 設計一步進馬達之驅動電路，如驅動電路中僅有一驅動電晶體與一串聯電阻，而驅動電晶體之 β 值為 100，驅動馬達線圈所需之電流為 1A，則串聯電阻之值為 ＿＿＿＿＿＿＿＿。

75 若某兩相步進馬達單極 1 相激磁時之步進角為 1.8 度，則單極 2 相激磁時之步進角為 ＿＿＿＿＿＿＿＿ 度。

76 一般在搬運時，轉差速度大致是保持不變的，因此假設當感應馬達之變頻器輸出頻率 f 為 f_1 時，氣隙電壓 E 為 E_1，為了保持穩定的轉矩，若變頻器輸出頻率降低為 $0.5f_1$ 時，則氣隙電壓 E 應變為 ＿＿＿＿＿＿＿＿。

77 若某兩相步進馬達單極 1 相激磁時之步進角為 1.8 度，則單極 1-2 相激磁時之步進角為 ＿＿＿＿＿＿＿＿ 度。

78 如要將轉速 rpm=1498 之千位數及十位數顯示在 LCD 上，請在以下函數程式中填入適當之字。
```
int ten(int c){
    int hi, low;
    hi = 0x30;
    low = (c _____100)/10;
    c = hi _____low;
    return c; }
```

79 步進馬達驅動器 FT5754 內部有 4 組 NPN 型達靈頓電晶體電路及保護電晶體用之 ＿＿＿＿＿＿＿＿。

80 一個步進馬達每步運轉 1.5 度，若依順時針走 40 步，再逆時針走 10 步，假設它在 0 度開始，求最後位置在 ＿＿＿＿＿＿＿＿ 度。

81 為提高效率,小型直流馬達使用 ＿＿＿＿＿＿＿ 方式控制電樞電壓以改變轉速。

82 8051 共有 32 條輸入/輸出信號,若全都用來控制數字顯示,其他控制就無法運作。故我們可以使用 ＿＿＿＿＿＿＿ 方式來減少控制數字顯示的信號個數。

83 在非同步串列資料傳輸中,使用奇同位核對、8 個資料位元、1 個開始位元以及 2 個結束位元,則在 115200 鮑率(baud rate)下的有效資料速率為 ＿＿＿＿＿＿＿ bps。

84 在非同步串列資料傳輸中,其資料傳輸率(data rate)為 2500bps,當傳輸格式為 1-bit 起始位元、8-bit 資料位元、無同位位元、且設 1-bit 結束位元時,連續傳送 1000 個字元所需之時間為 ＿＿＿＿＿＿＿ sec。

85 USB 裝置在電腦作業系統保持運作、電源開啟的狀態下,可以隨時插入或脫離,而不需關閉電源、重新啟動,而不會造成電路燒毀。此種在開電狀況下進行的動作稱為 ＿＿＿＿＿＿＿。

86 因為在 USB 封包中的位址欄位有 7 個位元,扣除自動辨識設定的主機預設位址後,最多可連接 ＿＿＿＿＿＿＿ 個 USB 週邊裝置。

87 一極小相位系統的波德圖之近似圖如圖,設轉移函數 $G(s) = \dfrac{A(s+B)}{C(s)}$,其中 $C(s)$ 是最高係數為 1 之多項式,則 B= ＿＿＿＿＿＿＿。

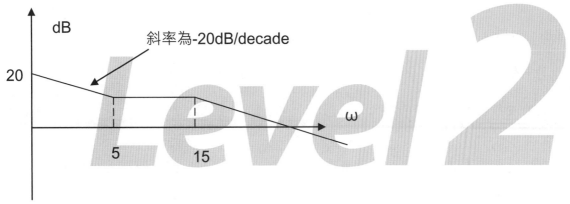

88 已知一具有極小相位系統的開迴路轉移函數之奈氏路徑(Nyquist path)如圖,其中與負實軸的交會點為 -0.25,則系統的增益邊限(Gain Margin)約為 ＿＿＿＿＿＿＿ dB(取最接近整數值)。

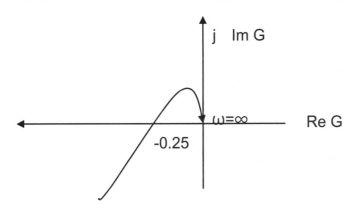

89 已知一極小相位系統的開迴路轉移函數 KG，當 K=1 時之奈氏路徑(Nyquist path)如圖，其中與負實軸的交會點為-0.25，則 0 < K < _____ 時(取最大範圍)，此系統將為穩定系統。

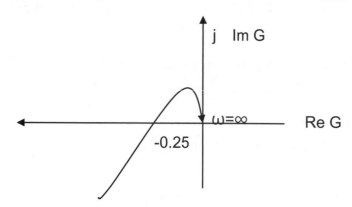

90 (高／低？) _____ 電位對雜訊之免疫力較另一者強，所以非同步資料傳輸在閒置(idle)狀態時，常將資料線保持在此電位。

91 對於 10 位元的 A/D 轉換器，若輸入電壓範圍為 0~5V，則解析度為 _____ V。

92 式子 $1+K\dfrac{s+1}{s^2(s+9)}=0$ 的正軌跡在 s=0 的脫離角(離去角)為 _____ 。

93 $s^3+8s^2+16s+K=0$ 的正根軌跡與虛軸的交點為 _____ 。

94 $s(s+1)+K=0$ 的根軌跡在 s= _____ 時，其根靈敏度為無限大。

95 一系統的波德圖其某一點的相位角為-180°，長度為-45dB，則其增益邊限(Gain Margin)為 _____ dB。

96 一系統的波德圖其某一點的大小為 0dB 時，相位角為-130，則其相位邊限(Phase Margin)為 _____ 。

97 一極小相位系統的波德圖之近似圖如圖，設轉移函數 $G(s)=\dfrac{A(s+B)}{C(s)}$，其中 C(s)是最高項係數為 1 之多項式，則 C(s)為 _____ 次多項式。

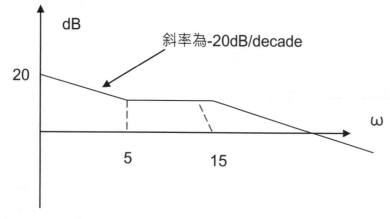

98 已知一具有極小相位的開迴路轉移函式之奈氏路徑(Nyquist path)與單位圓交會在 $-\dfrac{\sqrt{3}}{2}-\dfrac{1}{2}j$，則系統的相位邊限(Phase Margin)為 _____。

99 類比訊號中，最高頻率成分為 f，則取樣頻率應大於或等於 _____，否則無法復原成原有的類比波形，甚至呈現原無之低頻率波型(稱之為折疊 alias)失真情形。

100 8 位元之 DAC，其參考電壓(最大電壓)為 5V 時，其電壓解析度(即 1 個 LSB 電壓增量)為 _____ V。

101 如圖所示的電路，其輸出電壓 e_0 的轉移函數為 _____。

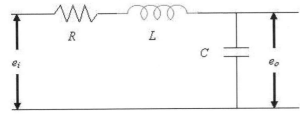

102 如圖所示的電路，其輸出電壓 e_0 對輸入電壓 e_i 的轉移函數為 _____。

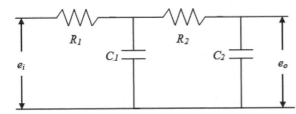

103 如圖的電樞控制直流伺服馬達系統，其輸出轉速對電樞電壓的移轉函數為 _____。

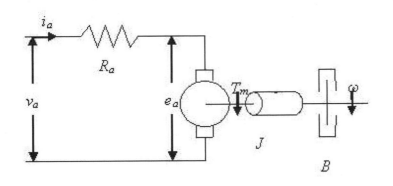

T_m：馬達轉矩
v_a：電樞電壓
i_a：電樞電流
R_a：電樞電阻
e_a：反電動勢
J：等效轉動慣量
B：等效黏阻摩擦係數
ω：轉速
k_i：轉矩常數
k_b：反電動勢常數

104 設計一個工業控制系統時，通常必須要能達到的性能有：_____、穩態誤差小及足夠的穩定度。

105 如圖所示的控制系統，其整個系統的轉移函數 _____。

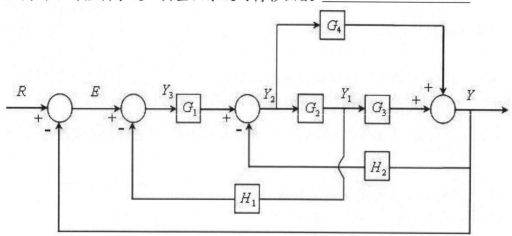

106 有一系統的方塊圖如下所示，則此系統的轉移函數為 _____。

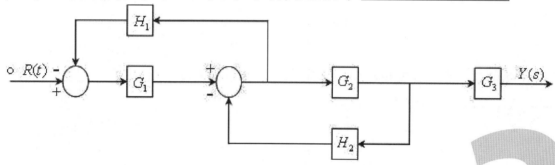

107 多數回饋控制為複製作用，也就是嘗試產生輸出，以便複製輸入，尤其是穩態的情況。輸入和輸出之差稱為 _____。

108 有一機械系統如下所示，則其無阻尼的自然頻率 ω_n 為 _____。

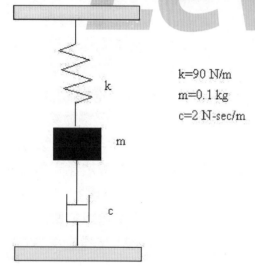

k=90 N/m
m=0.1 kg
c=2 N-sec/m

109 有一機械系統如下所示，則其阻尼比ζ為 _____。

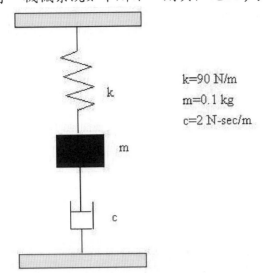

k=90 N/m
m=0.1 kg
c=2 N-sec/m

110 有一機械系統如下所示，則其 $t \geq 0$ 之後的 y(t)為 _____。

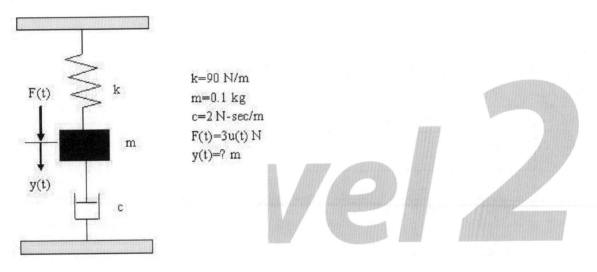

k=90 N/m
m=0.1 kg
c=2 N-sec/m
F(t)=3u(t) N
y(t)=? m

111 有一直流馬達，可產生 100 牛頓-公尺之轉矩，若將其場磁通減少至原來的 50%，且電樞電流由原來的 50A 提高至 100A，則其產生的新轉矩為 _____ 牛頓-公尺。

112 一控制系統已知其轉移函數為 $T(s) = \dfrac{Y(s)}{R(s)} = \dfrac{6s+3}{s^3+2s^2+8s+3}$ ，則其輸入為 $r(t) = u_s(t) + tu_s(t)$ 時的穩態誤差為 _____。

113 假設某一系統其單位步階(unit step)響應為 $y(t) = 1 + Ae^{-10t} - Be^{-20t}$ ， $t \geq 0$ ，則此系統之阻尼比(damping ratio)為 _____。

114 某伺服機構的單位步階(unit step)響應已知為 $c(t) = 1 + 0.3e^{-4t} - 0.8e^{-9t}$ ，其系統的自然無阻尼頻率(natural damped frequency)為 _____。

115 假設某一負回授控制系統，若 $G(s) = \dfrac{8}{(s+1)(s+2)}$ ， $H(s) = 1$ ，若輸入為單位步階函數 (unitstep function)，則此系統之穩態誤差(steady state error) e_{ss} 為 _____。

116 已知單位回授系統之開迴路轉移函數為 $G(s) = \dfrac{12(s+3)}{s(s+1)(s+2)}$，試求速度誤差常數(velocity error constant)K_v 為 _____。

117 求出以下閉迴路系統的轉移函數 $G_{CL}(s)$ 及特徵方程式？ _____。

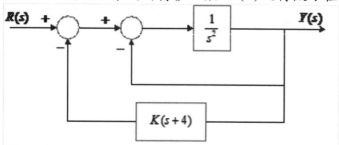

118 已給一串接系統方塊圖如下，左端輸入 8 伏特的步階信號，求輸出角度 $\theta(t)$？ _____。

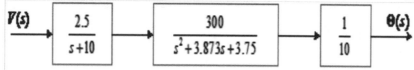

119 已給單一回授系統方塊圖如下，此系統穩定狀況下增益 K 值的範圍？ _____。

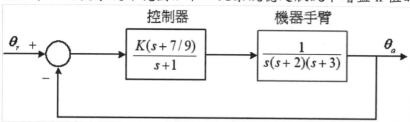

120 已給一個穩定的受控體轉移函數 $G(s) = \dfrac{K}{(T_1 s + 1)(T_2 s + 1)}$，這裡 K＝16，$T_1$＝1，且 T_2＝0.5。求出開迴路系統的單位步階穩態輸出響應 y_{ss} 為 _____。

121 某一回授控制系統之迴路轉移函數 $G(s)H(s) = \dfrac{6K}{s(s^2 + 5s + 9)}$，試求此系統穩定之 K 值範圍為 _____。

122 有一系統之微分方程式為 $\dddot{y}(t) + \ddot{y}(t) + 6\dot{y}(t) + (K-3)y(t) = u(t)$，試求此系統穩定之 K 值範圍為 _____。

123 一系統之輸出-輸入轉移函數為 $\dfrac{Y(s)}{U(s)} = \dfrac{s^2 + 1}{s^5 + s^4 + 6s^3 + 5s^2 + 12s + 20}$，則此系統在 s 平面右半部之極點(pole)數目 _____ 個。

124 系統的特性方程式為 $\Delta s = s^3 + 3s^2 + 5s + K = 0$，其中參數須在 $0 < K <$ _____ 的範圍內，才能滿足系統穩定的要求。

125 系統的特性方程式為 $\Delta s = s^3 + 2s^2 + (K+3)s + 4 = 0$，其中參數須在 $K >$ _____ 的範圍內，才能滿足系統穩定的要求。

126 回授系統的開迴路轉移函數為 $G(s)=\dfrac{K(s+6)}{s(s+2)(s+3)}$，其中參數須在 0 < K < _____ 的範圍內，才能滿足系統穩定的要求。

127 回授系統的開迴路轉移函數為 $G(s)=\dfrac{s+4}{(s+K)(s-2)}$，其中參數須在 1 < K < _____ 的範圍內，才能滿足系統穩定的要求。

128 回授系統有 8 個開迴路極點與 3 個開迴路零點。在其根軌跡圖中，有 n 條根軌跡與 m 條漸進線，則 n+m= _____。

129 回授系統的開迴路轉移函數為 $G(s)=\dfrac{K(s+4)}{(s-1)(s+2)(s+5)(s+7)}$。在其根軌跡圖中，n 條漸進線與實軸的交點位於 a，則 n+a= _____。

130 回授系統的開迴路轉移函數為 $G(s)=\dfrac{K(s+2)}{s(s+1)}$。在其根軌跡圖中，根軌跡在實軸的分離點位於 a，重合點位於 b，則 a+b= _____。

131 回授系統的開迴路轉移函數為 $G(s)=\dfrac{K}{(s+1)(s+2)(s+3)}$。在其根軌跡圖中，根軌跡與虛軸的交點位於 $+j\omega$。則 $\omega^2=$ _____。

132 回授系統的開迴路轉移函數為 $G(s)=\dfrac{3(s+1)(s+2)}{s(s+1)(s+2)+K(s+4)}$。在其根軌跡圖中（$K:0\rightarrow\infty$），n 條漸近線與實軸的交點位於 a，則 n+a= _____。

133 一個單位負回授系統，其開迴路轉移函數為 $\dfrac{20K}{s(s^2+20s+100)}$，當 K > _____ 時，此閉迴路系統開始不穩定。

134 一個單位負回授系統，其開迴路轉移函數為 $\dfrac{K(s+1)}{s^2(s+9)}$，當 K= _____ 時，此閉迴路系統擁有 3 個相同的實根。

135 單輸入單輸出系統描述如下：
$$\dot{x}(t)=\begin{bmatrix}\dot{x}_1(t)\\\dot{x}_2(t)\end{bmatrix}=\begin{bmatrix}0 & 1\\3-k & -2-k\end{bmatrix}\begin{bmatrix}x_1(t)\\x_2(t)\end{bmatrix}+\begin{bmatrix}0\\1\end{bmatrix}\begin{bmatrix}u_1(t)\\u_2(t)\end{bmatrix}$$
$$y(t)=\begin{bmatrix}1 & -1\end{bmatrix}\begin{bmatrix}x_1(t)\\x_2(t)\end{bmatrix}$$
當 k > _____ 系統穩定。

136 一個單位負回授系統，其開迴路轉移函數為 $\dfrac{K}{(1+100s)(1+1000s)}$，K > 0，此閉迴路系統的根軌跡圖之漸近線與實軸交點為 _____ 度。

137 一個單位負回授系統，其開迴路轉移函數為 $\dfrac{K(s+2)}{(s+1+j)(s+1-j)}$，$K>0$，當 s=-1+j 時，此閉迴路系統根軌跡分離角(Departure angle)為 ＿＿＿＿＿＿＿＿＿＿ 度。

138 如圖所示的控制系統 K>0 之根軌跡(Root Locus)有 ＿＿＿＿＿＿＿ 條漸近線(Asymptotes)。

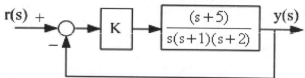

139 如圖所示的控制系統的根軌跡(Root Locus)之漸近線(Asymptotes)與實軸的交點= ＿＿＿＿＿＿ 。

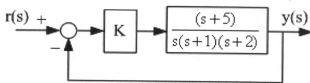

140 一控制系統的特徵方程式(Characteristic Equation)為 $D(s)=s^4+2Ks^2+Ks+1$，則 $K>0$ 時此系統有 ＿＿＿＿＿＿＿＿＿ 條根軌跡(Root Locus)。

141 如圖所示的控制系統，$K>0$ 時的根軌跡(Root Locus)之起點在 G(s) 的 ＿＿＿＿＿＿ 。

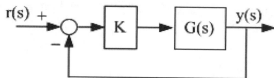

142 如圖所示控制系統，$K>0$ 時的根軌跡(Root Locus)若沒有發散的話會逼近 G(s) 的 ＿＿＿＿＿＿＿ 。

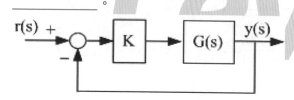

143 一個系統描述如下：

$$\dot{x}(t)=\begin{bmatrix}\dot{x}_1(t)\\\dot{x}_2(t)\end{bmatrix}=\begin{bmatrix}0 & 1\\-4 & 1\end{bmatrix}\begin{bmatrix}x_1(t)\\x_2(t)\end{bmatrix}+\begin{bmatrix}0\\3.62\end{bmatrix}[u(t)]$$

$$y(t)=\begin{bmatrix}1 & 0\end{bmatrix}\begin{bmatrix}x_1(t)\\x_2(t)\end{bmatrix}$$

則相位邊限(Phase margin) ＿＿＿＿＿＿＿＿ 度。

144 一個單位負回授系統，其開迴路轉移函數為 $\dfrac{11.7}{s(1+0.05s)(1+0.1s)}$，則此閉迴路系統的相位邊限(Phase margin) ＿＿＿＿＿＿＿＿ 度。

145 一個單位負回授系統，其開迴路轉移函數為 $\dfrac{11.7}{s(1+0.05s)(1+0.1s)}$，則此閉迴路系統的交越頻率(Crossover frequency) ＿＿＿＿＿ rad/s。

146 一個單位負回授系統，其開迴路轉移函數為 $\dfrac{1300}{s(s+2)(s+50)}$ ，則此閉迴路系統的增益邊限

(Gain margin) _____ dB。

147 一個單位負回授系統，其開迴路轉移函數為 $\dfrac{10}{s(1+\dfrac{s}{5})(1+\dfrac{s}{50})}$ ，此閉迴路系統的共振峰值

(Resonance peak) _____ dB。

148 若一系統的開迴路(Open Loop)轉移函數 GH(s)的奈氏圖(Nyquist Plot)為一直線，如圖所示
為 ω =0→∞之圖形，箭頭方向為 ω 增加時 GH(jw)改變的方向，則 GH(s)= _____ 。

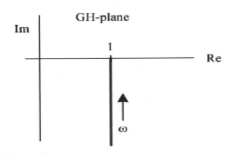

149 6.0dB(Decibel)轉換成 10 進位等於 _____ 。

150 一控制系統經量測其閉迴路(Open Loop)轉移函數之波德大小圖(Bode Plot, Magnitude)如
圖所示，此系統的頻寬(Bandwidth)約為 _____ rad/sec。

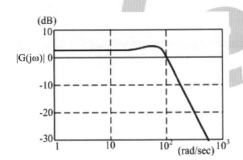

151 如圖為一控制系統的方塊圖，此系統的共振頻率(Resonant Frequency)約為 _____
rad/sec。

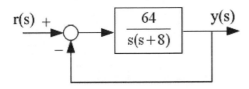

152 一單位回授(Unity Feedback) 控制系統的開迴路(Open Loop)轉移函數 G(s)之近似的波德大小圖(Bode Plot, Magnitude)如圖所示，若 r(t)=1，則系統的穩態誤差(Steady State Error)為 ＿＿＿＿＿＿＿＿ 。

153 一般微處理機除了有 R0~R1 暫存器外，還提供如 ACC、PSW、SP、DPTR、TMOD、TCON、SCON、IP、IE 等等暫存器；但 MSC-51 系列為提供資料暫存之方便，提供了四組 R0~R1 暫存器庫，但每次僅能使用一個暫存器庫，請問需設定何暫存器？ ＿＿＿＿＿＿＿＿ 。

154 8051 在開機後，堆疊指標自動設於 ＿＿＿＿＿＿＿＿ 位置。

155 8051 內部資料記憶體其空間分為：1. 低 128 位元組記憶體，2. 高 128 位元組記憶體及 3. ＿＿＿＿＿＿＿＿ 記憶體。

156 如以鮑率(baud rate)=f_osc/(32*12(256-TH1))，在 XTAL=12MHz 之下，欲產生 2400Hz 傳輸速率之最小誤差率約為 ＿＿＿＿＿＿＿＿ 。

157 MSC51 系列進行外部程式之讀取時，P0 一般做為外部程式記憶體之 ＿＿＿＿＿＿＿ 多工介面。

158 8051 的定址模式有直接定址、間接定址、立即資料及 ＿＿＿＿＿＿＿ 。

159 已知
```
SETB    C
MOV     33H, #11H
MOV     R0, #33H
MOV     A, #AAH
ADDC    A, @R0
```
此時 A= ＿＿＿＿＿＿＿＿ 。

160 已知
```
MOV   2AH, #50H
MOV   R0, #2AH
MOV   A, #AAH
XCH   A, @R0
```
此時 R0= ＿＿＿＿＿＿＿＿ 。

161 已知內部資料記憶體之起始位置於
```
TBL
MOV DPTR, #TBL
MOV A, #5H
```
＿＿＿＿＿＿＿＿ 即是將 TBL 第 6 個位置資料搬移至 A 暫存器。

162 已知 PC=0134H, A=02H, DPTR=1028H

執行 JMP @A+DPTR 後

此時 PC= _____。

163 如圖所示 LED 電路控制圖，如欲點亮發光二極體，相對於欲點亮 LED 之腳位之電位訊號為

_____。

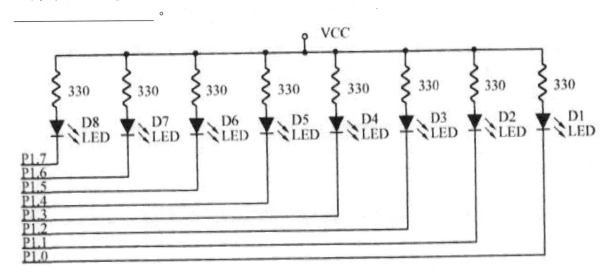

164 如圖所示 LED 電路控制圖，程式如下所示

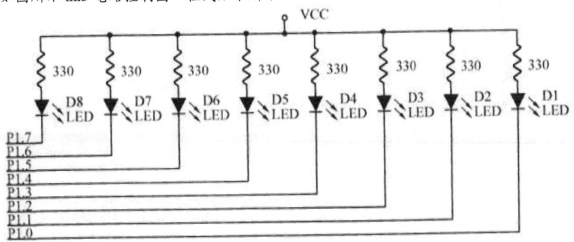

```
ORG    0A000H
       MOV A, #09H
LP0：
       MOV  P1, A
       CALL DELAY;時間延遲
       SWAP A
       JMP  LP0
DELAY：
……… 以下省略
```

請問 LED 閃爍順序為何(請利用 D1~D8 代號表示)? _____。

165 如圖所示 LED 電路控制圖,如欲點亮發光二極體,相對於欲點亮 LED 之腳位之電位訊號為
_____。

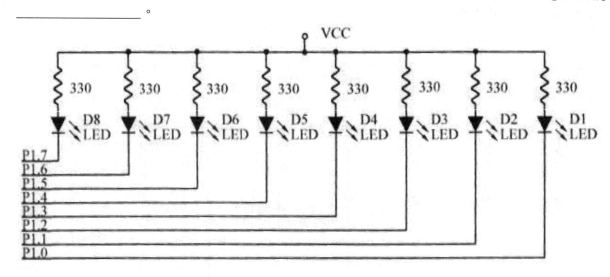

166 激磁式直流馬達依磁場的形成方式可分為 4 類,請問如圖為何種類型? _____。

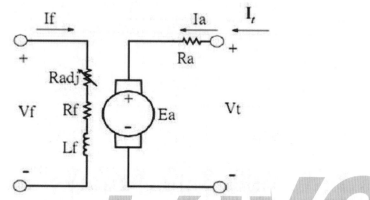

167 參考如圖所示電路控制圖,如 S1 開關撥至 ON 位置時,連接該點之埠 3 輸出電位為
_____。

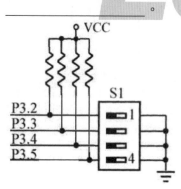

168 同時參考下列二圖所示電路控制圖,程式如下所示,如 S1 開關編號只有 2 及 4 撥至 ON 位置, 編號 _____ 發光二極體會點亮!(以 D1-D8 表示)。

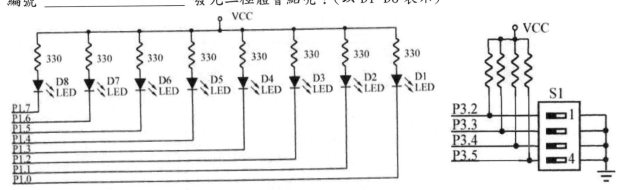

```
ORG    0A000H
       MOV P3, #0FFH
LP0 :
       MOV   A, P3
       ANL   A, #3CH
       RR    A
       MOV   P1, A
       JMP   LP0
       END
```

169 同時參考下列二圖所示電路控制圖,程式如下所示,如 S1 開關全部撥至 OFF 位置,編號 _____ 發光二極體會點亮!(以 D1-D8 表示)。

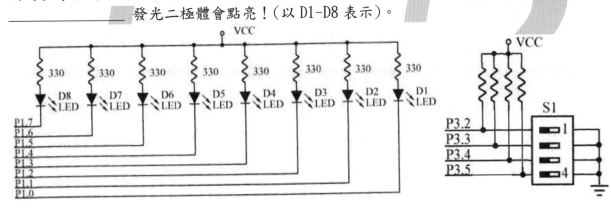

```
ORG    0A000H
       MOV P3, #0FFH
LP0 :
       MOV   A, P3
       ANL   A, #3CH
       RL    A
       RL    A
       MOV   P1, A
       JMP   LP0
       END
```

170　如圖所示，其程式碼如下所示：請於空白處(2個)填入適當程式碼？

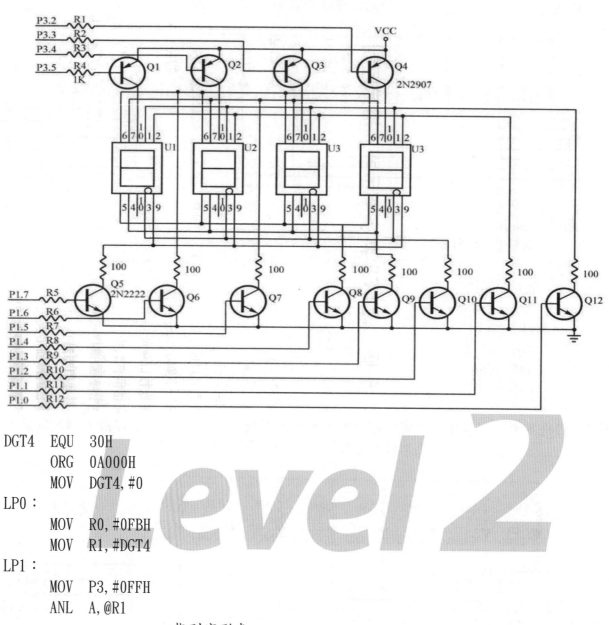

```
DGT4    EQU   30H
        ORG   0A000H
        MOV   DGT4, #0
LP0：
        MOV   R0, #0FBH
        MOV   R1, #DGT4
LP1：
        MOV   P3, #0FFH
        ANL   A, @R1
        _____    ;指到字形表
        _____    ;取出字形
        MOV P1, A
……… 中間
```

190

171 如圖所示，其程式碼如下所示：請於空白處填入適當程式碼？

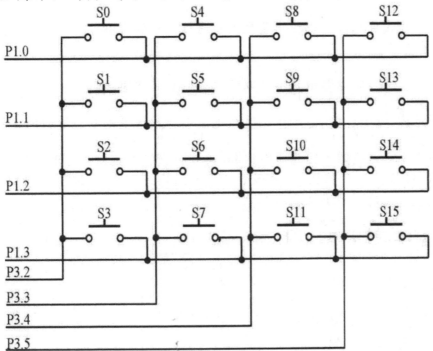

```
ORG   0A000H
      MOV R1, #0
LP0：
      _____ ；啟動鍵盤掃描訊號
      MOV   R2, #0
LP1：
      MOV   P3, R0
      MOV   A, R1
……… 以下省略
```

172 在正反器邏輯符號內靠近時序輸入端的 ">" 符號代表 _____ 之意義。

173 IEEE 符號內所標示的記號 "C" 代表正反器的控制輸入端或 _____ 輸入端。

174 當正反器在設定狀態時，輸入端 Q 會處於邏輯值 _____。

175 邏輯電路中所使用之時序圖或波形圖，其中水平的距離代表時間，而垂直的距離是代表 _____。

176 在同步計數器中，時序輸入是以 _____ 方式連接。

177 對於 _____ 計數器而言，在同一瞬間可以將所有的輸出改變至新的狀態。

178 _____ 計數器是移位暫存器之一種，具有重新循環線且有時序輸入時，會重複地載入 0 和 1 的樣式。

179 計時計數器可以透過 _____ 的方式主動通知計數溢位的發生。

180 微控制器中的 _____ 可以用來計算一段時間內，事件發生的次數。

181　透過 ＿＿＿＿＿＿＿ 的使用，微控制器可以精確的產生時間延遲。

182　微控制器在運作期間，程式可將計算過程中產生的暫時性資料儲存在 ＿＿＿＿＿＿＿ 記憶體中。

183　微控制器的 ＿＿＿＿＿＿＿ 記憶體通常不可以修改或變更其內容。

184　微控制器可以透過擴充其 ＿＿＿＿＿＿＿ 記憶體達成儲存較大量的變數資料的目的。

185　某微處理機系統之外接資料記憶體，因為資料線 D0 與 D3 接錯(也就是微處理機 D0 接至記憶體 D3，而微處理機 D3 接至記憶體 D0)，導致資料寫入錯誤，如果寫入 33H，請問讀出值應該為 ＿＿＿＿＿＿＿(請以十進位表示)。

186　圖中所示之 8255 的控制暫存器(Control Register)之位址 ＿＿＿＿＿＿＿ H。

187　圖中所示之 8255 的埠 B(Port B)位址 ＿＿＿＿＿＿＿ H。

188　二線匯流道串列控制信號線分別為 SCL 與 ＿＿＿＿＿＿＿。

189　8051 讀寫內部記憶體指令為 MOV，讀寫外加資料記憶體時的所用指令則是 ＿＿＿＿＿＿＿。

190　微控制器可以透過 ＿＿＿＿＿＿＿，執行中斷時所需要的服務。

191　微控制器可以透過 ＿＿＿＿＿＿＿ 中斷的方式，有效率的處理外部事件的發生。

192　計時器在自動重載入模式下可以透過 ＿＿＿＿＿＿＿＿ 中斷的方式通知處理器處理週期
　　　性事件。

193　＿＿＿＿＿＿＿＿ 是一個與微電腦相容的週邊介面晶片,它是用來轉換並列資料成串列資料
　　　和將串列資料成並列資料。

194　PC 與週邊設備之間要溝通時,CPU 不去詢問週邊設備,而是週邊設備向 CPU 提出服務要求
　　　稱為 ＿＿＿＿＿＿＿＿。

195　PC 與週邊設備之間要溝通時,在程式中設計 CPU 每隔一段時間,就去檢查各種週邊設備是
　　　否需要服務稱為 ＿＿＿＿＿＿＿＿。

196　8051 中斷優先暫存器(Interrupt Priority register,簡稱 IP)只有 UART 優先權被設定,
　　　如果 INT0、Timer0、INT1、Timer1、UART 均發生中斷,何者最應先執行? ＿＿＿＿＿＿。

197　將 8051 之 Timer 設定成模式 2 時,會形成一個 8 位元自動重新載入計時/計數器。當計時/
　　　計數完畢後會產生 TFx 溢位旗號設定為 1,並會將 THx 的值自動載入 TLx 中,若使用 12MHz
　　　石英振盪器,並將計時器設為 56 時,即 THO=#56,TL0=#56,使用內部時脈,Timer 中斷啟
　　　動後,請問每間隔多久時間會發生中斷一次 ＿＿＿＿＿＿＿＿ ms。

198　如圖所示,要讓 8052 的/INT0 訊號由高電位變低電位時產生中斷,除了 EA, EX0 設為 1,而
　　　ITO 需設為 ＿＿＿＿＿＿＿＿。

199　8051 外部中斷的觸發方式有兩種,分別為負緣觸發與 ＿＿＿＿＿＿。

200　因為 RS-422A 使用 ＿＿＿＿＿＿ 的傳送器與接收器,所以它能提供比 RS232 高出很多的資
　　　料速率。

201　直流電動機之工作原理是依據 ＿＿＿＿＿＿＿ 定則。

202　直流伺服馬達常以 ＿＿＿＿＿＿＿ 來回饋位置或轉速之信號。

203　具有高效率、控制較彈性、重量輕、體積小、響應速度快、可再生制動及低速運轉特性良好等諸優點，廣泛用 _____。

204　下列微分方程式 $\left(y'''\right)^2 + \left(y''\right)^2 + 2y' + y = 2t^3$ 之階數及次數為 _____。

205　下列函數之反拉普拉氏轉換 $\dfrac{s-1}{s^2+4s+5}$ 為 _____。

206　如圖所示之工具機位置控制系統，為放大器與滑閥串聯，且迴路中有一位移測量元件，其系統轉移函數為 _____。

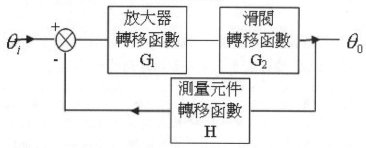

207　如圖之水箱系統，q_0 為水量流出率，q_i 為水量流入率，A 為水箱橫斷面積，$h(t)$ 水位高度，閥阻值為 R，若水位高度 $h = q_0 R$，則描述此水箱系統之轉移函數 $\dfrac{H(s)}{Q_i(s)}$ 為 _____。

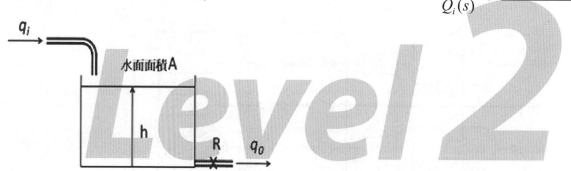

208　如圖之系統，$T(t)$ 為系統內與系統外之溫度差，熱損失率為 q_0 且 $q_0 = \dfrac{T}{R_t}$，其中 R_t 為熱阻值，若 $q_i(t)$ 為電熱器產生之內傳熱率，且熱容值為 C_t，則此系統之轉移函數為 $\dfrac{T(s)}{Q_i(s)}$ 為

_____。

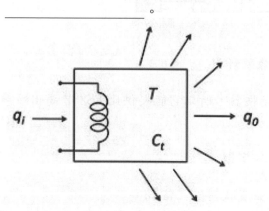

209 如圖之電路，i(t)為電流，v(t)為電壓，S為開關L為電感值，C為電容值，R為電阻值，則此電路之轉移函數 $\dfrac{I(s)}{V(s)}$ 為 _____。

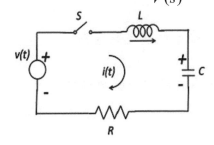

210 如圖所示為二階系統最大超越量(M_p)與阻尼比(ζ)的關係圖，如系統為臨界阻尼時，最大超越量為 _____。

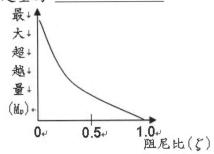

211 若一個單位負回授控制系統的開迴路轉移函數為 $G(s)=\dfrac{k}{s(s+10)}$ ，則當閉迴路的阻尼比 ζ = 0.707時的 k 值 _____。

212 如圖所示回授系統，如增益值 K=1，且輸入為單位步階信號 $R(s)=\dfrac{1}{s}$ ，則系統輸出的穩態響應為 _____。

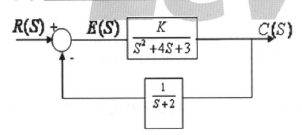

213 有一系統如圖，若 r(t)=2，則其穩態誤差為：_____。

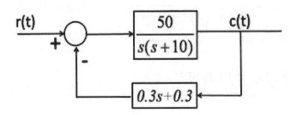

214 有一直流馬達轉移函數 $G(s)=\dfrac{1}{s(s+1)}$ ，在位移控制中之位移回授增益為k_p，自然無阻尼頻率為ω_n，則閉迴路系統處於臨界阻尼時，k_p為：_____。

215 有一直流馬達轉移函數 $G(s) = \dfrac{1}{s(s+1)}$，在位移控制中之速度回授增益為 k_v，自然無阻尼頻率為 ω_n，則閉迴路系統處於臨界阻尼時，k_v 為：＿＿＿＿＿＿。

216 有一系統轉移函數的分母為 $s^5 + 2s^3 + 3s^2 + 4s + 5$，試判斷系統穩定狀態為 ＿＿＿＿＿。

217 系統的轉移函數為 $\dfrac{1}{s^3 + 4s^2 + 8s + k}$，則使此系統為穩定系統的充分必要條件為 $0 < k <$ ＿＿＿＿＿。

218 一個系統的方塊圖如圖所示，如要使該系統穩定則需滿足 $0 < k <$ ＿＿＿＿＿。

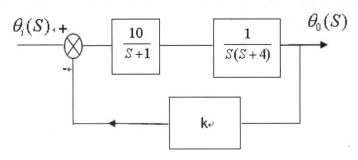

219 一系統狀態方程式為 $\dot{x}(t) = \begin{bmatrix} 0 & 1 \\ -7 & -4 \end{bmatrix} x(t) + \begin{bmatrix} 0 \\ 1 \end{bmatrix} u(t)$，$y(t) = \begin{bmatrix} 8 & 0 \end{bmatrix} x(t)$，其中 $u(t)$ 為輸入，$y(t)$ 為輸出，$x(t)$＝為狀態向量，則此系統是否穩定？＿＿＿＿＿。

220 一系統特徵方程式為 $s^5 + s^4 + 2s^3 + 2s^2 + 3s + 4 = 0$，有幾個特徵根位於複數平面（s 平面）的虛軸上？＿＿＿＿＿。

221 一系統的特徵方程式為 $s^3 + 3ks^2 + (k+2)s + 4 = 0$，則使系統穩定的 k 值範圍為？＿＿＿＿＿。

222 某一控制系統的開迴路轉移函數為 $G(s) = \dfrac{(s+1)}{s^2 + 5s + 6}$，則其根軌跡的起點為 ＿＿＿＿＿。

223 控制系統之特性方程式 $s(s+4)(s^2 + 2s + 2) + K(s+1) = 0$，則該系統之根軌跡漸近線在實數軸上的交點為 ＿＿＿＿＿。

224 某單位負回授系統，其開迴路轉移函數為 $G(s) = \dfrac{K}{s(s+2)(s^2 + 2s + 2)}$，其根軌跡圖中漸近線與實軸交角為 ＿＿＿＿＿。

225 如圖為一單位負回授控制系統，則其根軌跡的起始點為何？＿＿＿＿＿。

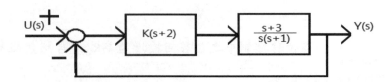

226　某一單位負回授控制系統的開迴路轉移函數為 $G(s) = \dfrac{K(s^2 - 2s + 2)}{(s+1)(s+2)}$，則根軌跡在 $s = 1 + j$ 的

　　到達角 ϕ_A 為多少？＿＿＿＿＿＿。

227　某一單位負回授控制系統的開迴路轉移函數為 $G(s) = \dfrac{K}{s(s^2 + 4s + 5)}$，則根軌跡的分離點為何？

　　＿＿＿＿＿＿。

228　若 $F(s)$ 有 Z 個零點、P 個極點包含於 s-平面上的區域 D 內，則當 s 以順時針方向沿著 ∂D 繞

　　一圈時，$F(s)\big|_{s=\partial D}$ 的圖形亦將順時針繞原點幾次？＿＿＿＿＿＿。

229　某負回授控制系統之開迴路轉移函數為 $G(s)H(s) = \dfrac{K}{s(s+3)(s+5)}$，試求出使閉迴路系統振

　　盪時的振盪頻率 ＿＿＿＿＿＿。

230　如圖為開迴路轉移函數為 $K \cdot G(s)$，當 K=2 之極座標圖，試求出使閉迴路系統穩定之 K 值範

　　圍 ＿＿＿＿＿＿。（假設為極小相系統）

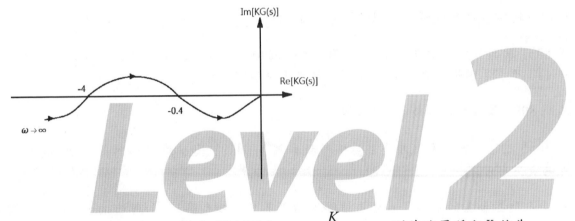

231　有一系統之開迴路轉移函數為 $G(s)H(s) = \dfrac{K}{s(s+1)(2s+1)}$，則其臨界穩定 K 值為 ＿＿＿＿。

232　有一系統 $\dfrac{C(j\varpi)}{R(j\varpi)} = \dfrac{1}{1 + j\varpi}$，其頻帶寬為 ＿＿＿＿＿＿。

233　有一位置伺服機構之開迴路轉移函數為 $G(j\varpi) = \dfrac{1}{j\varpi(1 + j\varpi)(1 + j0.2\varpi)}$，$H(j\varpi) = -1$，則其

　　相位邊限為 ＿＿＿＿＿＿。

234　I^2C 匯流排是屬於 ＿＿＿＿＿＿（並列 or 串列）式雙向匯流排。

235　目前公共電話系統中的長途資料傳輸方式幾乎均為數據傳輸，而用戶端至局端之間的用戶

　　迴路為 ＿＿＿＿＿＿（類比 or 數位）途徑。

236　資料埠依其資料的流向可以分成輸出埠與輸入埠兩種，以微處理器的觀點，若一個資料埠

　　中的資料是由 I/O 裝置流向微處理器時稱為 ＿＿＿＿＿＿。

237　8051 單晶片何種定址模式是以 DPTP 之內含值為基底位址,加上以累積器 A 之內含值為偏移量所得之值做為到程式記憶體讀取資料之位址？＿＿＿＿＿＿＿＿。

238　8051 單晶片 RESET 重置接腳外部須接約多大電容,便可達成 RESET 的重置電路＿＿＿＿＿＿。

239　在 MCS-51 中,"MOV R4, 20" 係代表使用＿＿＿＿＿＿＿法。

240　MCS-51 累加器 A 的值設為＿＿＿＿＿＿,執行"XRL A, #0FH" 後,則 A 的值為 6BH。

241　"ORG 00H" 的功能為＿＿＿＿＿＿。

242　在 8051 單晶片 C 語言中,什麼指令是將程式中所使用到函數,副程式或常數定義的宣告檔,載入到程式中＿＿＿＿＿＿＿＿。

243　在 8051 單晶片 C 語言中用來存放記憶體位址的變數,我們稱為什麼？＿＿＿＿＿＿＿。

244　一般鍵盤開關之彈跳時間約為＿＿＿＿＿＿＿。

245　共陽極的七段顯示器,欲使某一段亮,須將＿＿＿＿＿＿＿輸出至對應的接腳。

246　掃描法控制多個七段顯示器同時顯示,是利用＿＿＿＿＿＿＿＿的原理達成的。

247　當 8051 單晶片外部中斷訊號由 INT0,INT1 接腳送進來,其觸發設定方式是由 TCOM 暫存器中 IT0 及 IT1 兩位元來決定,其可分為哪兩種觸發方式＿＿＿＿＿＿,＿＿＿＿＿＿。

248　請問 8051 單晶片共有幾組 I/O PORT?＿＿＿＿＿＿。

249　如 8051 之計時器頻率為外接石英振盪頻率為 11.0592MHz,則計時器每一個計數時間脈波寬為多少 uSec?＿＿＿＿＿＿＿。

250　8051 之計數器當計數終了產生溢位時,檢查其中控制暫存器 TCON 中的什麼位元,若為 1 則代表產生計數溢位?＿＿＿＿＿＿。

251　一微處理機之計時/計數器為 13 位元、每一計時/計數脈波會使計時/計數暫存器內含值加一,試問計時/計數器暫存器之初值應設為多少(10 進位值),使得經過 5000 個計時/計數脈波後,計時/計數器會產生溢位?＿＿＿＿＿＿。

252　漣波計數器正確輸出所需時間＝正反器延遲時間×＿＿＿＿＿＿＿。

253　欲設計一個計數到 100 的非同步計數器,至少需要＿＿＿＿＿＿＿個正反器來組成。

254　有一 8 位元的 D/A 介面電路,若輸出電壓的變化範圍為 0~10V(輸入為 00H 時,輸出為 0V,輸入為 FFH 時,輸出為 10V),則數位輸入端的狀態由 00000010 變成 00000100 時,輸出電壓之增量約為多少毫伏(mV)?＿＿＿＿＿＿。

255　8051 單晶片在類比讀入介面 ADC0804 設計時可以使用 3 種工作模式,除了連續轉換方式,軟體詢問方式外還有何種方式?＿＿＿＿＿＿。

256 某一溫度量測儀器,可量測溫度範圍為 250℃,欲使其解析度可達 1℃,如果使用一類比/數位轉換器(ADC)將溫度量測值送至一微電腦,則需使用至少多少位元(bit)之數位轉換器(ADC)? _____。

257 某計算機有 16K 位元組記憶體,若記憶體的第一個位元組之位址為 1000H,則最後一個位元組之位址為 _____ H。

258 某記憶體映對 I/O(Memory Mapped I/O)的微處理機系統,有 16 條位址線,8 條資料線,此系統需 4kBytes 的 I/O 空間,則可規劃的最大記憶體空間為 _____ Bytes。

259 8051 單晶片在串列控制暫存器(SCON)內,何位元負責串列通訊接收的中斷處理旗號? _____。

260 在 8051 單晶片內部控制暫存器中,哪二個內部控制暫存器與中斷控制有關? _____ 、 _____。

261 8051 可以接受 5 個中斷的來源,分別是外部中斷(INT0-和 INT1-)、計時器超限中斷(TF0 和 TF1)及 _____ 中斷(TI 或 RI)。

262 8086 中斷向量表的記憶體儲存位址區域為 00000H~ _____ H。

263 _____ 採取多層串接之星狀架構(tiered star),類似樹的枝幹衍生,可不斷串接更多組具有相同介面之裝置。

264 若有一 D/A 轉換器,其百分解析度為 0.0244%,則至少需設計成 _____ 位元的輸入。

265 輸入/輸出(I/O)的資料同步傳輸方式共有三種,除了 Brute Method(強制輸出)和 Strobe Method(脈衝輸出)之外,還有 _____。

266 一個 8 位元的數位類比轉換器,其輸出範圍是 0V 至 10V,若輸入的數位碼從 40H 改變為 60H,則輸出電壓增加 _____ V。

267 一個輸出正電壓之 4 位元 R-2R 階梯電阻 D/A 轉換器電路中,高低電位分別為 10V 與 0V,當數位輸入為 1111(最右邊為 LSB)時,則其類比輸出為 _____ V。

268 LCD 於讀寫資料暫存器動作必須配合 RS 與 R/W 兩個信號,當 RS=1 且 R/W=1 之功能為 _____ 資料暫存器。

269 PM 步進馬達有一個特性是即使沒有任何電源時,步進馬達的轉子有與磁極對齊的傾向,因為 PM 步進馬達的轉子將被吸到最近的磁場極,如果用手去轉動馬達,可以感覺到"磁性的拖曳"這稱之為 _____。

270 有個 200 步/圈的步進馬達,如果連續同方向進行 20 步的話,其全部步進角為 _____ 度。

解答 – 選擇題

1. C	2. B	3. D	4. C	5. A	6. D	7. C	8. B	9. D	10. A
11. B	12. B	13. A	14. B	15. B	16. A	17. C	18. D	19. D	20. C
21. D	22. B	23. A	24. D	25. C	26. B	27. C	28. A	29. B	30. B
31. C	32. B	33. D	34. B	35. A	36. C	37. C	38. A	39. B	40. D
41. C	42. A	43. B	44. C	45. D	46. B	47. D	48. B	49. A	50. A
51. C	52. B	53. B	54. D	55. C	56. C	57. C	58. B	59. C	60. A
61. D	62. B	63. B	64. C	65. A	66. A	67. D	68. D	69. C	70. C
71. B	72. C	73. C	74. B	75. C	76. B	77. D	78. B	79. D	80. C
81. D	82. C	83. C	84. B	85. C	86. C	87. A	88. C	89. D	90. D
91. D	92. A	93. B	94. D	95. B	96. C	97. A	98. A	99. C	100. A
101. A	102. D	103. A	104. D	105. B	106. B	107. D	108. C	109. C	110. D
111. A	112. D	113. B	114. B	115. A	116. B	117. B	118. A	119. B	120. A
121. C	122. A	123. A	124. C	125. C	126. B	127. A	128. B	129. C	130. A
131. C	132. A	133. D	134. B	135. B	136. A	137. D	138. C	139. A	140. C
141. D	142. C	143. D	144. C	145. A	146. C	147. B	148. A	149. D	150. B
151. B	152. B	153. A	154. C	155. B	156. C	157. C	158. A	159. C	160. D
161. D	162. B	163. B	164. B	165. C	166. B	167. C	168. C	169. A	170. C
171. D	172. A	173. D	174. C	175. B	176. C	177. A	178. D	179. A	180. D
181. D	182. A	183. D	184. A	185. C	186. C	187. D	188. A	189. C	190. B
191. A	192. D	193. C	194. B	195. A	196. A	197. C	198. B	199. C	200. D
201. A	202. A	203. C	204. B	205. C	206. A	207. D	208. B	209. A	210. B
211. C	212. C	213. A	214. D	215. A	216. B	217. C	218. D	219. B	220. C
221. C	222. A	223. D	224. A	225. A	226. D	227. C	228. B	229. B	230. B
231. A	232. B	233. A	234. C	235. B	236. D	237. C	238. D	239. A	240. C

241. C   242. B   243. C   244. A   245. D   246. A   247. C   248. D   249. A   250. B

251. D   252. C   253. D   254. C   255. A   256. D   257. C   258. B   259. B   260. A

261. B   262. A   263. C   264. A   265. B   266. D   267. B   268. D   269. C   270. B

271. D   272. B   273. B   274. D   275. C   276. D   277. C   278. A   279. C   280. B

281. A   282. C   283. D   284. C   285. A   286. D   287. B   288. B   289. C   290. D

291. B   292. B   293. A   294. B   295. C   296. A   297. A   298. A   299. B   300. C

301. B   302. A   303. B   304. A   305. C   306. B   307. A   308. C   309. B   310. B

311. C   312. A   313. B   314. B   315. C   316. A   317. D   318. D   319. D   320. A

321. C   322. B   323. C   324. D   325. C   326. D   327. A   328. B   329. A   330. B

331. C   332. D   333. C   334. A   335. D   336. B   337. A   338. D   339. B   340. C

341. A   342. B   343. D   344. A   345. B   346. D   347. C   348. B   349. D   350. A

351. C   352. D   353. A   354. B   355. C   356. A   357. D   358. D   359. C   360. B

361. A   362. A   363. D   364. B   365. D   366. B   367. C   368. A   369. D   370. C

371. B   372. D   373. B   374. B   375. C   376. A   377. D   378. D   379. A   380. D

381. C   382. B   383. C   384. D   385. B   386. A   387. C   388. B   389. D   390. B

391. A   392. B   393. A   394. C   395. A   396. A   397. C   398. B   399. D   400. C

401. C   402. D   403. A   404. A   405. C   406. B   407. D   408. B   409. D   410. D

411. B   412. C   413. C   414. B   415. D   416. B   417. B   418. D   419. D   420. B

421. D   422. C   423. C   424. D   425. B   426. B   427. B   428. A   429. D   430. C

431. B   432. B   433. A   434. C   435. A   436. C   437. B   438. C   439. D   440. B

441. B   442. B   443. A   444. D   445. B   446. C   447. B   448. C   449. A   450. A

451. D   452. C   453. A   454. B   455. B   456. A   457. C   458. B   459. D   460. D

461. A   462. B   463. C   464. D   465. D   466. A   467. B   468. A   469. B   470. D

471. D   472. C   473. C   474. C   475. A   476. C   477. B   478. C   479. C   480. B

481. D   482. B   483. C   484. B   485. A   486. B   487. C   488. B   489. A   490. C

491. A 492. B 493. D 494. B 495. A 496. D 497. C 498. B 499. C 500. C

501. A 502. B 503. C 504. C 505. D 506. A 507. B 508. D 509. A 510. D

511. D 512. B 513. A 514. C 515. C 516. A 517. B 518. A 519. D 520. B

521. B 522. D 523. C 524. D 525. A 526. C 527. A 528. B 529. D 530. A

531. C 532. B 533. D 534. C 535. D 536. D 537. C 538. B 539. C 540. B

541. A 542. A 543. C 544. B 545. A 546. C 547. B 548. D 549. B 550. D

551. B 552. A 553. D 554. B 555. D 556. D 557. C 558. A 559. D 560. C

561. A 562. A 563. C 564. D 565. C 566. A 567. B 568. D 569. A 570. D

571. C 572. C 573. B 574. D 575. D 576. A 577. A 578. B

Level 2

題庫在命題編輯過程難免有疏漏,為求完美,歡迎大家一起來找碴!
若您發覺題庫的題目或答案有誤,歡迎向台灣智慧自動化與機器人協會投書反應;
第一位跟協會反應並經審查通過者,將可獲得50元/題的等值禮券。
協會e-mail:exam@tairoa.org.tw

解答 - 填充題

1. −0.089−0.197j

2. 否

3. 2

4. 4

5. 23.31 < K < 35.68

6. (−1 , 0)及(−3 , −2)

7. s=−2　s=−3

8. −2

9. 3

10. −1

11. 45

12. 16

13. $K_P > \dfrac{1}{3}K_I - 2$

14. $K > 10$

15. $\dfrac{a_1 a_2 - a_3}{a_1}$

16. 6

17. $|Z_i| < 1$ ，i=1, 2, …, n

18. $\dfrac{20}{10(s^2 + 2s + 2)}$

19. $e^{-t}\sin(2t) - 2e^{-t}\cos(2t)$

20. 0.1

21. 12

22. $\dfrac{1}{(s+a)^2}$

23. $\dfrac{1}{54}\sin(3t) - \dfrac{t}{18}\cos(3t)$

24. $A^{-1} = \dfrac{-1}{10}\begin{bmatrix} -7 & -2 & -3 \\ -13 & 2 & -7 \\ 8 & -2 & 2 \end{bmatrix}$

25. $\dfrac{2s^2 + 6s + 14}{s^2 + 3s + 2}$

26. $\dfrac{s^2 + 3s + 2}{s^3 + 3s^2 + 2s + 1}$

27. $-3e^{-t} + 4e^{-2t}$

28. $\dfrac{s + 8}{(s+1)(s+2)(s+4)}$

29. $k_p + \dfrac{k_i}{s} + k_d s$

30. $\dfrac{1}{Ms^2 + Bs + K}$

31. $\dfrac{2s + 1}{s^4 + 2s^3 + s^2 + 20s + 5}$

32. INCLUDE C：\ASSM\MACRO.MAC

33. INT 3；1

34. A3127

35. 18

36. 7；6；5

37. 8191

38. 16.384

39. 計時

40. 1 微

41. 28

42. 500 k

43. 由 1 變 0，或 "負緣"

44. IIC, (Inter-Integrated Circuit)

45. 1024

46. 3 線

47. 3

48. 512

49. 1 M

50. 紫外線

51. 時脈 SK

52. 雙向資料傳送

53. ISR

54. 軟體中斷

55. NMI

56. 4

57. 5

58. 重置

59. 編譯器

60. 間接

61. 間接

62. 堆疊

63. (81)H

64. 25 奈 或 25 n

65. 480 k

66. 8；11

67. 4800

68. 中央處理單元（或 CPU）

69. 64K

70. 00000000

71. 串列通信

72. $J_m + \dfrac{J_l}{R^2}$

73. 10ms

74. 450 Ω

75. 1.8

76. 0.5E₁

77. 0.9

78. %　|

79. 二極體

80. 45

81. 波寬調變

82. 掃描

83. 76800

84. 4

85. 熱插拔

86. 127

87. 5

88. 12

89. 4

90. 高

91. 5/1024 （or 0.00488）

92. ±90°

93. ±j4

94. $-\dfrac{1}{2}$

95. 45

96. 50°

97. 2

98. 30°

99. $2f$

100. 0.0195

101. $\dfrac{1}{LCs^2 + RCs + 1}$

102. $\dfrac{E_0(s)}{E_i(s)} = \dfrac{R_2 C_1 S + \frac{(C_1+C_2)}{C_2}}{R_1 C_1 R_2 C_2 S^2 + (R_1 C_1 + R_2 C_2 + R_1 C_2)S + 1}$

103. $\dfrac{k_i}{R_a Js + R_a B + k_i k_b}$

104. 反應快或反應足夠快

105. $\dfrac{G_1 G_2 G_3 + G_1 G_4}{1 + G_1 G_2 H_1 + G_2 G_3 H_2 + G_4 H_2 + G_1 G_2 G_3 + G_1 G_4}$

106. $\dfrac{G_1 G_2 G_3}{1 + G_1 H_1 + G_2 H_2}$

107. 誤差信號

108. 30 rad/sec

109. 1/3

110. $y(t) = \dfrac{3 - 3.182 e^{-10t} \sin(28.28t + 70.53°)}{90}$

111. 100

112. 2/3

113. 1.061

114. 6

115. 0.2

116. 18

117. $\dfrac{1}{s^2 + Ks + (4K+1)}$ ，$s^2 + Ks + 4K + 1 = 0$

118. $16 - 0.923e^{-10t} - 3852.139e^{-1.931t} + 3837.062e^{-1.942t}$

119. $0 < K < 36$

120. 16

121. $0 < K < \dfrac{45}{6}$

122. $3 < K < 9$

123. 2

124. 15

125. -1

126. 30

127. 2

128. 13

129. 0

130. -4

131. 11

132. 1

133. 100

134. 27

135. $K > 3$

136. ± 90

137. 135

138. 2

139. 1

140. 4

141. 極點(Pole)

142. 零點(Zero)

143. -45

144. 27.7

145. 8.31

146. 12

147. 5.35

148. (s+1)/s

149. 2

150. 100 rad/sec

151. 5.66

152. 1/11 (or 0.091)

153. 設定 PSW(或回答設定 RS1, RS0)

154. 07H(或 7)

155. 特殊功能暫存器(SFR)

156. 0.125%

157. 位址/資料匯流排

158. 暫存器

159. BCH

160. 2AH

161. MOVC A, @A+DPTR

162. 102AH

163. 低電位

164. 先 D1, D4→D5, D8→D1, D4→重複

165. 低電位

166. 他激式

167. 低電位

168. D1, D3, D5, D6, D7, D8

169. D1, D2, D3, D4

170. MOV DPTR, #PATN，MOVC A, @A+DPTR

171. MOV R0, #0FBH 或 MOV R0, #11111011B

172. 邊緣觸發

173. 時序

174. 1

175. 電壓

176. 並聯

177. 同步

178. 環狀

179. 中斷

180. 計數器

181. 計時器

182. 資料

183. 程式

184. 資料

185. 58

186. FF9F

187. C79D

188. SDA

189. MOVX

190. 中斷服務程式

191. 外部

192. 計時器

193. 非同步接收器(UART)

194. 中斷法

195. 詢問法(POLLING)

196. UART

197. 0.2 ms

198. 1

199. 低準位觸發

200. 差動

201. 弗來明(Fleming)左手

202. 光學編碼器

203. 截波器(chopper)

204. 三階二次

205. $e^{-2t}(\cos t - 3\sin t)$，$t \geq 0$

206. $\dfrac{G_1 G_2}{1 + G_1 G_2 H}$

207. $\dfrac{R}{ARs + 1}$

208. $\dfrac{R_t}{R_t C_t s + 1}$

209. $\dfrac{Cs}{LCs^2 + RCs + 1}$

210. 0

211. 50

212. 2/7

213. $-\dfrac{14}{3}$

214. $\omega_n{}^2$

215. $2\omega_n - 1$

216. 不穩定

217. 32

218. 2

219. 穩定

220. 0

221. k > 0.528

222. S=-2，S=-3

223. -5/3

224. ±45°,±135°

225. s= 0 , -1

226. 135°

227. -1、$-\dfrac{5}{3}$

228. N=Z - P

229. $\sqrt{15}$

230. K < 0.5，K > 5

231. 3/2

232. 1

233. 43.2°

234. 串列

235. 類比

236. 輸入埠

237. 指標定址

238. 10uF

239. 直接定址

240. 100

241. 為將程式由 ROM 的位址 00H 開始放置

242. include 指令

243. 指標（pointer）

244. 10ms~20ms

245. 低電位

246. 視覺暫留

247. 準位觸發式，負緣觸發式

248. 4 組 PORT 0, 1, 2, 3

249. 1.085

250. TF0 計時器 0 溢位旗號或 TF1 計時器 1 溢位旗號

251. 3192

252. 正反器的個數

253. 7

254. 78.125

255. 中斷控制方式

256. 8

257. 4FFF

258. 60K

259. RI（SCON.0）

260. IE 中斷致能暫存器，IP 中斷優先次序暫存器

261. 串列通信

262. 003FF

263. USB

264. 12

265. Handshake Method（握手式輸出）

266. 1.25

267. 9.375

268. 讀取

269. 無激磁保持轉矩 或 殘留轉矩

270. 36

詳答摘錄 － 選擇題

2. $M\ddot{y}(t) + B\dot{y}(t) + Ky(t) = f(t)$為二階微分方程式

3.   時間延遲 T 秒
$$\mathcal{L}\{y(t)\} = \mathcal{L}\{x(t - T)\delta(t - T)\}$$
$$Y(s) = e^{-Ts}X(s) \Rightarrow G(s) = \frac{Y(s)}{X(s)} = e^{-Ts}$$

4. $s + 3 = 0 \Rightarrow s = -3$

5.
$$\begin{cases} \dot{x}_1 = -2x_1 + 3x_2 \\ \dot{x}_2 = -5x_1 - 5x_2 + 2u \end{cases}$$
$$\begin{cases} sX_1 = -2X_1 + 3X_2 \\ sX_2 = -5X_1 - 5X_2 + 2U \end{cases}$$
$$\begin{cases} (s+2)X_1 - 3X_2 = 0 \\ -5X_1 - (s + 5)X_2 = -2U \end{cases}$$
令 $\begin{vmatrix} s + 2 & -3 \\ -5 & -(s + 5) \end{vmatrix} = 0$
$$-(s + 2)(s + 5) - (-3)(-5) = 0 \Rightarrow s^2 + 7s + 25 = 0$$

6.
$$F(s) = \frac{5}{s(s^2 + s + 2)}$$
$$sF(s) = \frac{5}{s^2 + s + 2}$$
$$f(\infty) = \lim_{s \to 0} sF(s) = \lim_{s \to 0} \frac{5}{s(s^2 + s + 2)} = 2.5$$

7.
$$\mathcal{L}\{u(t)\} = \int_0^\infty u(t)e^{-st}\,dt = \int_0^\infty 1e^{-st}\,dt = \frac{e^{-st}}{-s}\Big|_0^\infty = \frac{1}{s}$$

10.
$$\mathcal{L}^{-1}\left\{\frac{1}{(s + 1)^3}\right\} = \frac{t^2}{2!}e^{-t} = 0.5t^2e^{-t}$$

11.
$$G(s) = \frac{Y(s)}{R(s)} = \frac{\mathcal{L}\{y(t)\}}{\mathcal{L}\{u(t)\}} = \frac{\dfrac{10}{s(s + 10)}}{\dfrac{1}{s}} = \frac{10}{(s + 10)}$$

12.
(A)線性時變系統
(B)線性非時變性統
(C)(D)非線性非時變性統

13.
$$T(s) = \frac{S(s)}{R(s)} = \frac{\mathcal{L}\{S(t)\}}{\mathcal{L}\{u(t)\}} = \frac{\dfrac{\omega^2}{s(s^2 + \omega^2)}}{\dfrac{1}{s}} = \frac{\omega^2}{(s^2 + \omega^2)}$$

14. $$\frac{Y(s)}{R(s)} = \frac{\frac{10}{s+10} - 1}{1 + \frac{10}{s+10}} = \frac{-s}{s+20}$$

15. $A = \begin{bmatrix} -6 & -4 \\ 3 & 1 \end{bmatrix}$

令 $\det(sI - A) = 0$

$\begin{vmatrix} s+6 & 4 \\ -3 & s-1 \end{vmatrix} = 0$

$s^2 + 5s + 6 = 0$

$s = -2 \text{ or } -3$

16. $M\ddot{x}(t) + f_v\dot{x}(t) + kx(t) = f(t)$

經過拉氏轉換

$Ms^2X(s) + f_vsX(s) + kX(s) = F(s)$

$\dfrac{X(s)}{F(s)} = \dfrac{1}{Ms^2 + f_vs + k}$

17. $G(s) = C(sI - A)^{-1}B$

$$= \begin{bmatrix} 1 & 2 & -1 \end{bmatrix} \frac{\begin{bmatrix} (s+3)(s+5) & 0 & 0 \\ 0 & (s+1)(s+5) & 0 \\ 0 & 0 & (s+1)(s+3) \end{bmatrix}\begin{bmatrix} 1 \\ 1 \\ 1 \end{bmatrix}}{\begin{vmatrix} s+1 & 0 & 0 \\ 0 & s+3 & 0 \\ 0 & 0 & s+5 \end{vmatrix}}$$

$$= \frac{2s^2 + 16s + 22}{s^3 + 9s^2 + 23s + 15}$$

18. 前進路徑增益：

$1 : G_1G_2G_4G_6G_7$

$2 : G_1G_2G_5G_6G_7$

$3 : G_1G_3G_4G_6G_7$

$4 : G_1G_3G_5G_6G_7$

迴路路徑增益：

$5 : G_2G_4G_6G_7H_3$

$6 : G_2G_5G_6G_7H_3$

$7 : G_3G_4G_6G_7H_3$

$8 : G_3G_5G_6G_7H_3$

$9 : G_6H_1$

$10 : G_7H_2$

未接觸之迴路路徑增益：

$11 : G_6H_1G_7H_2$

$$\frac{C(s)}{R(s)} = \sum_{k=1}^{N} \frac{M_k\Delta_k}{\Delta}$$

$\Delta = 1 - (G_2G_4G_6G_7H_3 + G_2G_5G_6G_7H_3 + G_3G_4G_6G_7H_3 + G_3G_5G_6G_7H_3 + G_6H_1 + G_7H_2)$
$\qquad + G_6H_1G_7H_2$

$\qquad = 1 - H_3G_6G_7(G_2G_4 + G_2G_5 + G_3G_4 + G_3G_5) - G_6H_1 - G_7H_2 + G_6H_1G_7H_2$

$M_k\Delta_k = G_1G_2G_4G_6G_7 + G_1G_2G_5G_6G_7 + G_1G_3G_4G_6G_7 + G_1G_3G_5G_6G_7$

$$\frac{C(s)}{R(s)} = \frac{G_1G_2G_4G_6G_7 + G_1G_2G_5G_6G_7 + G_1G_3G_4G_6G_7 + G_1G_3G_5G_6G_7}{1 - H_3G_6G_7(G_2G_4 + G_2G_5 + G_3G_4 + G_3G_5) - G_6H_1 - G_7H_2 + G_6H_1G_7H_2}$$

19.
$$G(s) = \frac{Y(s)}{R(s)} = \frac{\mathcal{L}\{y(t)\}}{\mathcal{L}\{u(t)\}} = \frac{\frac{0.5}{s(s+0.5)}}{\frac{1}{s}} = \frac{0.5}{(s+0.5)} = \frac{1}{(1+2s)} \Rightarrow T = 2$$

20.
$$T(s) = \frac{G(s)}{1+G(s)} = \frac{\frac{4}{s(s+1)}}{1+\frac{4}{s(s+1)}} = \frac{4}{s^2+s+4} \Rightarrow \omega_n = 2 \text{ , } \zeta = \frac{1}{4}$$

$$\omega_d = \omega_n\sqrt{1-\zeta^2} = \frac{\sqrt{15}}{2}$$

23.
$$t_s = \frac{4}{\zeta\omega_d} \text{ ; } t_{s1} = \frac{4}{\frac{1}{4}\times 2} = 8 \text{ , } t_{s2} = \frac{4}{\frac{1}{2\sqrt{5}}\times\sqrt{5}} = 8 \Rightarrow \text{兩二階系統之安定時間相同}$$

24.
$$T(s) = \frac{G(s)}{1+G(s)} = \frac{\frac{k}{s^2+s}}{1+\frac{k}{s^2+s}} = \frac{k}{s^2+s+k}$$

$$t_p = \frac{\pi}{\omega_d} = \frac{\pi}{\omega_n\sqrt{1-\zeta^2}} = \frac{\pi}{\sqrt{k}\sqrt{1-\left(\frac{1}{2\sqrt{k}}\right)^2}} = \frac{2\pi\sqrt{4k-1}}{4k-1}$$

$\Rightarrow k = 4$ 時，系統步階響應之尖峰時間最小

25. 令穩定二階系統特性方程式為 $(s+a)^2 = 0 \Rightarrow s^2+2as+a^2 = 0$

$\Rightarrow \zeta = 1$ ，$\omega_n = a > 0 \Rightarrow$ 此系統為臨界阻尼系統

26.
$$\mathcal{L}^{-1}\{Y(s)\} = \mathcal{L}^{-1}\left\{\frac{1}{s^2+2s+4}\times\frac{1}{s}\right\} = \frac{1}{4}\left(1-e^{-t}\cos\sqrt{3}t - \frac{\sqrt{3}}{3}e^{-t}\sin\sqrt{3}t\right)$$

27.
$$E(s) = R(s) - Y(s) = R(s) - R(s)\frac{G(s)}{1+G(s)} = \frac{R(s)}{1+G(s)}$$

$$e_{ss} = \lim_{t\to\infty} e(t) = \lim_{s\to 0} sE(s) = \lim_{s\to 0}\frac{sR(s)}{1+G(s)}$$

28. 共振峰值 M_r 為 $|M(j\omega)|$ 的最大值，而共振頻率 ω_r 為共振峰值 M_r 發生時的頻率，
故共振頻率為 3

29.
$$M(s) = \frac{Y(s)}{R(s)} = \frac{\omega_n^2}{s^2+2\zeta\omega_n s+\omega_n^2}$$

$$\omega_n = 10\sqrt{10}$$

$$\zeta = \frac{34.5}{2\times 10\sqrt{10}} = 0.5455$$

30.
$$Y(s) = \frac{1}{s} \times \frac{\omega_n^2}{s^2 + 2\zeta\omega_n s + \omega_n^2}$$

特性方程式：

$$s^2 + 2\zeta\omega_n s + \omega_n^2 = 0$$

$$s = -\zeta\omega_n \pm j\omega_n\sqrt{1-\zeta^2} = \alpha \pm j\omega_d$$

其中 $\alpha = -\zeta\omega_n$，$\omega_d = \omega_n\sqrt{1-\zeta^2}$

低阻尼比：$0 < \zeta < 1$

$$y(t) = e^{\alpha t}(A\cos\omega_d t + B\sin\omega_d t)$$

$$\left(y(t) = 1 - \frac{e^{-\zeta\omega_n t}}{\sqrt{1-\zeta^2}}\sin\left(\omega_n\sqrt{1-\zeta^2}t + \cos^{-1}\zeta\right) \right)$$

31.
峰值：$M_p = 1 + e^{\frac{-\pi\zeta}{\sqrt{1-\zeta^2}}}$

最大超越量：$PO = e^{\frac{-\pi\zeta}{\sqrt{1-\zeta^2}}}$

32.
最大超越量：$PO = e^{\frac{-\pi\zeta}{\sqrt{1-\zeta^2}}}$

33.
最大超越量：$PO = e^{\frac{-\pi\zeta}{\sqrt{1-\zeta^2}}} = 1.25 - 1 = 0.25$

$$e^{\frac{-\pi\zeta}{\sqrt{1-\zeta^2}}} = 0.25 \Rightarrow \zeta = 0.404$$

34.
最大超越量：$PO = e^{\frac{-\pi\zeta}{\sqrt{1-\zeta^2}}} = 1.25 - 1 = 0.25$

35.
系統轉移函數：

$$\frac{G(s)}{1 + G(s)H(s)} = \frac{\frac{1}{s(s+1)}}{1 + \frac{1}{s(s+1)} \times 1} = \frac{1}{s^2 + s + 1}$$

$$\begin{cases} 2\zeta\omega_n = 1 \\ \omega_n^2 = 1 \end{cases}, \quad \begin{cases} \zeta = 0.5 \\ \omega_n = 1 \end{cases}$$

最大超越量：$PO = e^{\frac{-\pi\zeta}{\sqrt{1-\zeta^2}}} = 0.163$

36.
$$E(s) = R(s) - Y(s)H(s) = R(s) - R(s)\frac{G(s)}{1 + G(s)H(s)}H(s) = \frac{R(s)}{1 + G(s)H(s)}$$

$$e_{ss} = \lim_{t \to \infty} e(t) = \lim_{s \to 0} sE(s) = \lim_{s \to 0}\frac{sR(s)}{1 + G(s)H(s)} = \lim_{s \to 0}\frac{s \times \frac{1}{s}}{1 + \frac{1}{s(s+1)} \times 1}$$

$$= \lim_{s \to 0}\frac{s^2 + s}{s^2 + s + 1} = 0$$

37.   (A)$s = -1, -1$
(B)$s = -1, -2, -2, -2, -2$
(C)$s = \dfrac{1 + \sqrt{-3}}{2}, \dfrac{1 - \sqrt{-3}}{2}$
(D)$s = \dfrac{-1 + \sqrt{-3}}{2}, \dfrac{-1 - \sqrt{-3}}{2}$

38.   有界輸入下可得有界狀態，不一定保證零輸入漸近穩定性

39.   奈氏路徑與負實軸之交會點越接近$(-1, j0)$，則增益邊限越小

40.   閉迴路轉移函數：

$$\frac{G(s)}{1 + G(s)} = \frac{\dfrac{K}{(s+1)^2(s+2)}}{1 + \dfrac{K}{(s+1)^2(s+2)}} = \frac{K}{s^3 + 4s + 5s + (K+2)}$$

當 $K = -1$ 時，$K + 2 = 1$ 閉迴路系統將為穩定系統

41.   令 $\det(sI - A) = 0$

$$\det\left(\begin{bmatrix} s+3 & 1 & 1 \\ 0 & s+1 & 1 \\ 0 & 0 & s+2 \end{bmatrix}\right) = 0$$

$(s+3)(s+1)(s+2) = 0$
$s = -3, -1, -2$

42. $\dfrac{1}{s^3 + 3s^2 + s + 2}$

特性方程式：
$s^3 + 3s^2 + s + 2 = 0$
穩定系統之特性根均落於左半平面，即系統特性根均為負，
而其必要條件為特性方程式所有之係數均同號且不缺項

43.   羅斯表：

s^3	1	24
s^2	5	300
s^1	$(120 - 300)/5 = -36$	
s^0	$-10800/-36 = 300$	

第一行元素中，符號改變次數為 2 次，故此系統有 2 個極點落在右半平面，
1 個極點落在左半平面

44. $u(t) = -Ky(t) = -Kx_1(t)$

$$\begin{bmatrix} \dot{x}_1(t) \\ \dot{x}_2(t) \end{bmatrix} = \begin{bmatrix} 0 & 1 \\ 2.5 & -1 \end{bmatrix}\begin{bmatrix} x_1(t) \\ x_2(t) \end{bmatrix} + \begin{bmatrix} 0 \\ 1 \end{bmatrix}[-Kx_1(t)] = \begin{bmatrix} 0 & 1 \\ (2.5-K) & -1 \end{bmatrix}\begin{bmatrix} x_1(t) \\ x_2(t) \end{bmatrix}$$

令 $A = \begin{bmatrix} 0 & 1 \\ (2.5-K) & -1 \end{bmatrix}$，

$\det(sI - A) = 0$
$s^2 + s + (K - 2.5) = 0 \Rightarrow K - 2.5 > 0 \Rightarrow K > 2.5$

45.　令 $\det(zI - A) = 0$

S_1：

$z^2 + 2z - 2 = 0$

$z = -1 \pm \sqrt{3}$

S_2：

$(z - 0.3)(z - 0.4) = 0$

$z = 0.3, 0.4$

⇨ S_2系統 2 個極點均落在單位圓內，為一穩定系統

46.
$$\frac{G(s)}{1 + G(s)} = \frac{\dfrac{s + 6}{s^3 + 4s^2 + 3s}}{1 + \dfrac{s + 6}{s^3 + 4s^2 + 3s}} = \frac{s + 6}{s^3 + 4s^2 + 4s + 6}$$

47.　閉迴路轉移函數：

$$\frac{G(s)}{1 + G(s)H(s)} = \frac{\dfrac{k(s + 6)}{s^3 + 4s^2 + 3s}}{1 + \dfrac{k(s + 6)}{s^3 + 4s^2 + 3s}} = \frac{k(s + 6)}{s^3 + 4s^2 + (k + 3)s + 6k}$$

特性方程式：

$s^3 + 4s^2 + (k + 3)s + 6k = 0$

羅斯表：

s^3	1	k + 3
s^2	4	6k
s^1	$(4(k + 3) - 6k)/4 = (-k + 6)/2$	
s^0	$((-k + 6) \times 6k/2)/((-k + 6)/2) = 6k$	

$$\begin{cases} k + 3 > 0 \\ 6k > 0 \\ \dfrac{-k + 6}{2} > 0 \\ 6k > 0 \end{cases}$$

系統穩定之 k 值：$6 > k > 0$

48.　閉迴路轉移函數：

$$\frac{G(s)}{1 + G(s)H(s)} = \frac{\dfrac{p(s)}{q(s)}}{1 + \dfrac{p(s)}{q(s)}\dfrac{r(s)}{n(s)}} = \frac{p(s)n(s)}{q(s)n(s) + p(s)r(s)}$$

零點方程式：$p(s)n(s) = 0$

49.

s^3	1		$k+4$
s^2	3k		15
s^1	$(3k \times (k+4) - 15)/3k = (k^2 + 4k - 5)/k$		
s^0	$((k^2 + 4k - 5) \times 15/k)/((k^2 + 4k - 5)/k) = 15$		

$$\begin{cases} 3k > 0 \\ k + 4 > 0 \\ \dfrac{k^2 + 4k - 5}{k} > 0 \end{cases}$$

系統穩定之 k 值：k > 1

50.　極點(特性方程式之根)為共軛虛根且位於左半平面，故為漸近穩定系統

51.　(A)假如當時間趨近於無限大時，自然響應趨近於零，則此系統是穩定的
(B)假如當時間趨近於無限大時，自然響應無界限的增加，則此系統是不穩定的
(D)對每一個有範圍的輸入，此系統相對產生一個有範圍的輸出，則此系統是 BIBO 穩定

52.　令 $\det(zI - A) = 0$
$(z + 2.5)(z + 0.5) = 0$
$z = -2.5, -0.5$

53.　$s = \pm j\omega_n\sqrt{1 - \zeta^2}$
$\zeta = 0$，$\omega_n > 0 \Rightarrow$ 暫態響應將是無阻尼的正弦振盪

56.　羅斯表：

s^5	1	16	63
s^4	4	39	27
s^3	25/4	25/4	
s^2	3	27	
s^1	0		
s^0			

令輔助方程式：
$A(s) = 3s^2 + 27 = 0$
$\dfrac{dA(s)}{ds} = 6s = 0$

s^5	1	16	63
s^4	4	39	27
s^3	25/4	25/4	
s^2	3	27	
s^1	6		
s^0	27		

此系統沒有特性根位於右半平面，且有 2 個根在虛軸上：
$3s^2 + 27 = 0$
$s = \pm j3$
$\Rightarrow$ 系統為臨界穩定系統

221

57. 閉迴路系統轉移函數：

$$\frac{(\frac{K}{s^2} + \frac{2}{s})}{1 + (\frac{K}{s^2} + \frac{2}{s}) \times \frac{1}{s+4}} = \frac{2s^2 + (K+8)s + 4K}{s^3 + 4s^2 + 2s + K}$$

羅斯表：

s^3 1   2
s^2 4   K
s^1 $(8-K)/4$
s^0 K

若臨界穩定：

$$\frac{(8-K)}{4} = 0 \Rightarrow K = 8$$

58. 特性方程式：

$(s+2)(s^2+4) = 0$
$s = -2, j2, -j2$

$\Rightarrow$ 特性根無位於右半平面，且有 2 個單根位於虛軸上，為臨界穩定

60. 特性方程式：

$(z-0.2)(z-0.8) = 0$
$z = 0.2, 0.8$

$\Rightarrow$ 特性根位於單位圓之平面內，為穩定系統

61. 羅斯表：

s^3 1 $(K+2)$
s^2 2K   4
s^1 $(K^2 + 2K - 2)/K$
s^0 4

系統穩定：

$$\begin{cases} 2K > 0 \\ (K+2) > 0 \\ \frac{(K^2 + 2K - 2)}{K} > 0 \end{cases}$$

$K > -1 + \sqrt{3}$

62. 特性方程式：

$$1 + \frac{K(s+1)}{s(s+4)(s^2+2s+2)} = 0$$

$$G(s)H(s) = \frac{K(s+1)}{s(s+4)(s^2+2s+2)} = 0$$

極點：

$s(s+4)(s^2+2s+2) = 0$
$s = 0, -4, -1+j, -1-j$

零點：

$s+1 = 0$
$s = -1$

$$\sigma_a = \frac{[0 + (-4) + (-1+j) + (-1-j)] - (-1)}{4-1} = -\frac{5}{3}$$

63. $G(s)H(s) = \dfrac{K}{s(s^2 + 6s + 25)} = 0$

$s(s^2 + 6s + 25) = 0$

$s = 0, -3 + j4, -3 - j4$

令在 $s = -3 + j4$ 之離開角為 θ_d，

$-\theta_d - \angle s - \angle(s + 3 - j4) - \angle(s + 3 + j4) = -180°$

$-\theta_d - 127° - 0° - 90° = -180°$

$\theta_d = -37°$

64. $1 + G(s)H(s) = 0$

$s(s^2 + 4s + 5) + K = 0$

$\dfrac{dK}{ds} = 0$

$\dfrac{ds(s^2 + 4s + 5)}{ds} = 0$

$3s^2 + 8s + 5 = 0$

$(s + 1)(3s + 5) = 0$

$s = -1, -\dfrac{5}{3}$

⇨ 根軌跡的分離點為 -1

65. $\Delta(s) = s^3 + 6s^2 + 10s + k$

利用羅斯表求 k 值穩定範圍，可知與虛軸焦點

$\begin{array}{ccc}
s^3 & 1 & 10 \\
s^2 & 6 & K \\
s^1 & \dfrac{60 - k}{6} & \\
s^0 & K & \\
\end{array}$

$60 - k > 0$，$k > 0 \Rightarrow 0 < k < 60$

當 $k = 60$ 系統在臨界穩定，與虛軸相交

66. $K = \dfrac{s(s + 5)(s + 6)(s^2 + 2s + 2)}{-(s + 3)}$

$\dfrac{dK}{ds} = 0$

$\dfrac{d \dfrac{s(s + 5)(s + 6)(s^2 + 2s + 2)}{-(s + 3)}}{ds} = 0$

$s^5 + 13.5s^4 + 66s^3 + 142s^2 + 123s + 45 = 0$

$s = 3.33 + j1.204, 3.33 - j1.204, -0.656 + j0.468, -0.656 - j0.468, -5.53$

$p = -5.53 \Rightarrow -6 < p < -5$

67.

$$1 + G(s)H(s) = 1 + \frac{K}{(s+1)(s+2)(s+4)}$$

特性方程式：

$$(s+a)(s^2 + 2\zeta\omega_n s + \omega_n^2) = 0$$

$$\zeta = 0.5$$

$$s^3 + (\omega_n + a)s^2 + (\omega_n^2 + a\omega_n)s + a\omega_n^2 = 0$$

原特性方程式：

$$(s+1)(s+2)(s+4) + K = 0$$

$$s^3 + 7s^2 + 14s + (K+8) = 0$$

$$\begin{cases} \omega_n + a = 7 \\ \omega_n^2 + a\omega_n = 14 \\ a\omega_n^2 = K + 8 \end{cases}$$

$$\begin{cases} a = 5 \\ \omega_n = 2 \\ K = 12 \end{cases}$$

$$(s+5)(s^2 + 2s + 4) = 0$$

$$s = -5, -1 \pm j\sqrt{3}$$

68. 若 $0 \leq K < \infty$ 時，

$$\angle L(s) = \sum_{k=1}^{m} \angle(s + z_k) - \sum_{j=1}^{n} \angle(s + p_j) = (2i+1) \times 180°$$

⇨ 角度和相差 180 度的奇數倍

69. $5 - 2 = 3$

70. $s(s+2) + K(s+4) = 0$

$$K = \frac{-s(s+2)}{s+4}$$

$$\frac{dK}{ds} = 0$$

$$s^2 + 8s + 8 = 0$$

$$s = -4 \pm 2\sqrt{2}$$

⇨ 分離點為 $-4 \pm 2\sqrt{2}$

71. $\frac{dK}{ds} = 0$ 為求根軌跡上分離點的必要而非充分條件

72. 漸近線角度為 $90°$ 及 $-90°$

73. 輸入：

$r(t) = R_0 \sin(\omega t)$

穩態輸出：

$y(t) = AR_0 \sin(\omega t + \phi)$

原輸入：

$r(t) = 2\sin(t)$

$R_0 = 2$，$\omega = 1$

$G(s) = \dfrac{1}{s+1}$

$G(j\omega) = G(j1) = \dfrac{1}{1+j} = \dfrac{1}{2} - j\dfrac{1}{2} = \dfrac{\sqrt{2}}{2} \angle -45°$

$A = |G(j1)| = \dfrac{\sqrt{2}}{2}$

$\angle G(j1) = -45° = -\dfrac{\pi}{4} = \phi$

$y(t) = \dfrac{\sqrt{2}}{2} \times 2\sin\left(t - \dfrac{\pi}{4}\right) = \sqrt{2}\sin\left(t - \dfrac{\pi}{4}\right)$

74.

$G(s) = \dfrac{A}{s+B} = \dfrac{\dfrac{A}{B}}{1+\dfrac{s}{B}}$

由圖可看出轉折點在 $\omega = 2 \Rightarrow B = 2$

$20\log|G(j0)| = 20 = 20\log\left|\dfrac{A}{B}\right| \Rightarrow A = 20$

75. 繪製波德圖若遇到極點會將直線的斜率減少 20dB/decade，
由圖可看出轉折點在 2 的位置 $\Rightarrow$ B = 2

76. 長度為 0dB 時，相位越接近 180 度，則相對穩定度越高

77. 由圖可知，小於 ω_1 及大於 ω_2 皆為 0，所以此系統是一個帶通濾波器

78. 根據奈氏穩定原理(Nyquist Stability Criterion)，可知右半平面極點數為 $1 + 2 = 3$

79. $L(j\omega)$ 的奈氏圖和負實軸遠遠相交於 $(-1, j0)$ 點的右邊，其所對應的步階響應相當正常，
且 M_r 亦較低，故 d 具有最佳的相對穩定度

82. GH 的奈氏圖和負實軸接近相交於 $(-1, j0)$ 點的右邊，$k = k3$ 時 $\Rightarrow$ 臨界不穩定

84.
$$L(s) = G(s)H(s) = \frac{K}{s(s+1)(s+2)}$$

$$K = 3，s = j\omega \Rightarrow L(j\omega) = \frac{3}{j\omega(j\omega+1)(j\omega+2)} = \frac{3}{-3\omega^3 + j(2\omega - \omega^3)}$$

$$Im\{L(j\omega)\} = 0$$

$$2\omega - \omega^3 = 0 \Rightarrow \omega = \sqrt{2}$$

$$\left|L(j\sqrt{2})\right| = \left|\frac{3}{j\sqrt{2}(j\sqrt{2}+1)(j\sqrt{2}+2)}\right| = \frac{1}{2}$$

$$G.M. = 20\log\left(\frac{1}{|L(j\sqrt{2})|}\right)dB = 6\ dB$$

85.
$$L(s) = \frac{k}{s^2 + 8s + 100}$$

$$s = j\omega \Rightarrow L(j\omega) = \frac{k}{(j\omega)^2 + j8\omega + 100}$$

$$\omega = 0 \Rightarrow L(j0) = \frac{k}{100}$$

$$20\log\left(\frac{k}{100}\right) = 26 \Rightarrow k = 2000$$

86. 輸入：$r(t) = \sin(\omega t)$，$\omega = \infty$

$$G(s) = \frac{5}{s+1}$$

$$s = j\omega \Rightarrow G(j\omega) = \frac{5}{1+j\omega} = \frac{5}{1+\omega^2} - j\frac{5\omega}{1+\omega^2}$$

$$\angle G(j\infty) = \angle -90° \Rightarrow 相位差為落後 90 度$$

87.
$$M(s) = \frac{G(s)}{1 + G(s)} = \frac{1000}{s + 1100}$$

$$s = j\omega \Rightarrow M(j\omega) = \frac{1000}{j\omega + 1100}$$

$$M(j0) = \frac{1000}{j0 + 1100}$$

$$|M(j\omega)| = 0.707\ |M(j0)|$$

$$\left|\frac{1000}{\sqrt{\omega^2 + 1100^2}}\right| = 0.707 \times \left|\frac{1000}{\sqrt{0^2 + 1100^2}}\right| \Rightarrow \omega = 1100$$

88. 系統規格之最大超越量要小於 5% 和安定時間小於 0.01 秒，
故適當之增益邊限為 10~20db，相位邊限為 40~60 度

89.
$$s = j\omega \Rightarrow L(j\omega) = \frac{1}{(j\omega)^3} = 1 \times (j\omega)^{-3}$$

$$20\log|L(j\omega)| = 20\log 1 - 3 \times 20\log|j\omega| = -60\log|j\omega|$$

斜率：

$$\omega = 1 \Rightarrow -60\log 10|j\omega| = -60\log 10|j1| = -60$$

90. $L(s) = G(s)H(s) = \dfrac{2}{s(s+3)}$

$s = j\omega \Rightarrow L(j\omega) = \dfrac{2}{j\omega(j\omega+3)} = \dfrac{2}{-\omega^2 + j3\omega}$

$|L(j\omega)|^2 = 1$

$\dfrac{2^2}{\omega^2(\omega^2 + 3^2)} = 1 \Rightarrow \omega = 0.65$

$L(j0.65) = \dfrac{2}{j0.65(j0.65+3)}$

$P.M. = 180° + \angle L(j0.65) = 180° - \tan^{-1}\dfrac{0.65}{0} - \tan^{-1}\dfrac{0.65}{3} = 77°$

91. $G(s) = \dfrac{2}{s(s+3)}$

$-180 = -90 - \tan^{-1}\dfrac{\omega}{3} \Rightarrow \omega_p = \infty$

$GM = 20\log\left|\dfrac{1}{G(j\omega_p)H(j\omega_p)}\right| \Rightarrow \infty$

92. $G(s) = \dfrac{9}{s(s+2)^2}$

$-180 = -90 - 2\tan^{-1}\dfrac{\omega}{2} \Rightarrow \omega_p = 2$

93. 當 $|G(j\omega_g)| = 1 = 0dB$

由圖上可看出此時對應到的角度為 -135 度 $\Rightarrow PM \cong 180° - 135° = 45°$

94. $G(s) = \dfrac{10}{s^2 + s}$

$-180° = -90° - \tan^{-1}\omega \Rightarrow \omega_p = \infty$

$GM = 20\log\left|\dfrac{1}{G(j\omega_p)H(j\omega_p)}\right| \Rightarrow \infty$

95. $G(s) = \dfrac{2\sqrt{3}}{s^2 + s}$

$|G(j\omega_g)| = 1$

$\dfrac{2\sqrt{3}}{\sqrt{\omega_g^4 + \omega_g^2}} = 1 \Rightarrow \omega_g = \sqrt{3}$

$PM = 180° - 90° - \tan^{-1}\sqrt{3} = 30°$

96.
$$T(s) = \frac{G(s)}{1 + G(s)} = \frac{\frac{10}{s^2 + 2s}}{1 + \frac{10}{s^2 + 2s}} = \frac{10}{s^2 + 2s + 10} \Rightarrow \omega_n = \sqrt{10} \ , \ \zeta = \frac{1}{\sqrt{10}}$$

共振頻率 $\omega_r = \omega_n\sqrt{1 - 2\zeta^2} = 2\sqrt{2}$

97.
$$T(s) = \frac{G(s)}{1 + G(s)} = \frac{\frac{10}{s^2 + 2s}}{1 + \frac{10}{s^2 + 2s}} = \frac{10}{s^2 + 2s + 10} \Rightarrow \omega_n = \sqrt{10} \ , \ \zeta = \frac{1}{\sqrt{10}}$$

共振峰值 $M_r = \frac{1}{2\zeta\sqrt{1 - \zeta^2}} = 1.77$

98.
$$G(s) = \frac{4}{s(s + 1)(s + 2)}$$

$$-180° = -90° - \tan^{-1}\omega - \tan^{-1}\frac{\omega}{2}$$

$$\frac{\omega + \frac{\omega}{2}}{1 - \frac{\omega^2}{2}} \Rightarrow \infty$$

$$\Rightarrow \omega = \sqrt{2} \text{ rad/sec}$$

99. 一函數 $\frac{3}{s^3}$ ，因為有 3 個極點(pole)在原點的位置

$\Rightarrow$ 在繪製波德圖時斜率為 $-20 \times 3 = -60$ dB/decade

100.
$$G(s) = \frac{1}{(s + 1)(s + 1)} \Rightarrow \omega_n = 1 \ , \ \zeta = 1$$

$$\omega_{BW} = \omega_n\sqrt{(1 - 2\zeta^2) + \sqrt{2 - 4\zeta^2 + 4\zeta^4}} = 0.64 \text{ rad/sec}$$

101. 由圖可知系統的直流增益為 12dB，$20\log 4 \cong 12$

又在 $\omega = 1$ 以及 $\omega = 10$ 各下降 20dB $\Rightarrow G(s) = \frac{40}{(s + 1)(s + 10)}$

102.
$$G(s) = \frac{4(s - 1)}{s(s + 2)(s^2 + s + 3)}$$

當 $\omega = 1$ ，$|G(j\omega)| = |G(j1)| = \left|\frac{4(j - 1)}{j(j + 2)(j^2 + j + 3)}\right| = \frac{4\sqrt{2}}{5}$

104. 根據奈氏穩定原理(Nyquist Stability Criterion)，若一開迴路轉移函數沒有零點在右半平面，則該系統穩定的充要條件為開迴路轉移之奈氏圖包圍$(-1, j0)$零次

106. 若系統的頻寬增加
    (A)系統阻尼比下降
    (B)系統響應速度增快
    (C)因為系統頻寬增加,所以系統阻尼比下降,所以共振尖峰上升
    (D)因為頻寬與上升時間成反比,所以上升時間下降

107. $G(s) = \dfrac{2s + 5}{(s + 2)(s + 3)}$

    系統的直流增益$|G(j0)| = \dfrac{5}{6}$

108. (A)量測電壓範圍越大,解析度越低
    (B)位元數越多,線性度越差
    (D)位元數可高於微處理機本身的位元數

110. $\dfrac{300(rpm)}{60(秒)} = 5$ 圈/秒

    $\dfrac{600}{5} = 120$ 步/圈

131. MOV 目的,來源 ⇨ 將來源資料複製到目的
    OUT 目的,來源 ⇨ 將資料輸出至 PORT
    CALL 位址 ⇨ 呼叫指定位址的副程式
    ROR 目的,CL ⇨ 將目的所有的 bit 右旋 CL 格
    NOT 運算元 = not 運算元
    ROL 目的 CL ⇨ 將目的所有 bit 左旋 CL 格
    SHR 目的 CL ⇨ 將目的所有 bit 右移 CL 格,但右移出去的位元就不見了

137. MIPS:每秒能完成百萬之指令
    $\dfrac{60MHZ}{3} = 20$ MIPS

148. LOAD A ⇨ 把資料存入暫存器
    MULT B ⇨ $A \times B$
    STORE T ⇨ 存入暫存器,$T = A \times B$
    ADD C ⇨ 加上 C,$A \times B + C$
    STORE V,存入暫存器,$V = A \times B + C$
    MULT V ⇨ $V \times V$
    ADD T ⇨ 加上 T,$V \times V + A \times B$
    STORE X,存入暫存器 ⇨ $X = (A \times B + C)^2 + A \times B$

149. MOV 目的，來源 ⇨ 將來源資料複製到目的
SHL 資料，左移次數 ⇨ 將資料乘以 2 的左移次數次方
ADD AX, BX，AX 加上 BX
以下為每一個指令之解釋：
$AX = 8$
$AX \times 2^2 = 32$
$BX = AX = 32$
$AX \times 2^2 = 128$
$128 + 32 = 160$

191. 系統動態方程式：$m\ddot{x} + b\dot{x} + kx = F(t)$
Laplace transform：$ms^2X(s) + bsX(s) + kX(s) = F(s)$
Transfer function：$\dfrac{X(s)}{F(s)} = \dfrac{1}{ms^2 + bs + k}$

192. 系統動態方程式：$Q_o + \dfrac{dH}{dt}C = Q_i$
$R = \dfrac{H}{Q_o} \Rightarrow H = R \times Q_o \Rightarrow \dfrac{dH}{dt} = R \times \dfrac{dQ_o}{dt}$
$Q_o + \dfrac{dQ_o}{dt}RC = Q_i$
Laplace transform：$Q_o(s) + RCsQ_o(s) = Q_i(s)$
Transfer function：$\dfrac{Q_o(s)}{Q_i(s)} = \dfrac{1}{RCs + 1}$

194. 假設系統時間常數 τ，則系統反應可表示成 $x(t) = Ce^{-t/\tau}$
⇨ 時間常數越大，系統反應越慢

196. 由圖(a)得知：$i_a = \dfrac{v_a - e_a}{R_a}$
比較圖(b)中方塊[1]之輸入與輸出，可知方塊[1]應為 $\dfrac{1}{R_a}$

197. 由圖(a)中馬達轉矩 T_m 和轉速 ω，可推出其動態方程式：$T_m = J\dot{\omega} + B\omega$
Laplace transform：$T_m(s) = Js\omega(s) + B\omega(s)$
Transfer function：$\dfrac{\omega(s)}{T_m(s)} = \dfrac{1}{Js + B}$
⇨ 圖(b)中方塊[3]應為 $\dfrac{1}{Js + B}$

198. 轉動慣量：$J = mr_{eq}^2$
J_{input}：輸入端轉動慣量，J_{output}：輸出端轉動慣量
減速比：$R = \dfrac{\theta_{output}}{\theta_{input}} = \dfrac{r_{output}}{r_{input}} \Rightarrow J_{input} = mr_{input}^2 = mr_{output}^2 \div R^2 = J_{output} \div R^2$

199. $270^\circ = \dfrac{3}{2}\pi \,[\text{rad}]$

電位增益：$12V \div \dfrac{3}{2}\pi \,\text{rad} = \dfrac{8}{\pi}\,V/\text{rad}$

200. By KVL (Kirchhoff's Circuit Laws)

$e - IR - e_c = 0$

$I = C\dfrac{de_c}{dt}$

$e - C\dot{e}_c - e_c = 0$

Laplace transform：$E(s) - CSE_c - E_c = 0$

Transfer function：$\dfrac{E_c(s)}{E(s)} = \dfrac{1}{RCS + 1} = \dfrac{\dfrac{1}{CS}}{R + \dfrac{1}{CS}}$

201. $\chi' + 2\chi = 1$，$\chi(0) = 1$

Laplace transform：$sX(s) - \chi(0) + 2X(s) = \dfrac{1}{s}$

$X(s) = \dfrac{1 + s}{s(s + 2)} = \dfrac{0.5}{s} + \dfrac{0.5}{s + 2}$

Inverse Laplace transform：$\chi(t) = 0.5 + 0.5e^{-2t}$

202. 系統總阻抗

$Z_{total} = R_1 + \dfrac{1}{Cs} \parallel (Ls + R_2) = R_1 + \dfrac{\dfrac{1}{Cs} \times (Ls + R_2)}{\dfrac{1}{Cs} + (Ls + R_2)} = \dfrac{R_1 + R_1 Cs(Ls + R_2) + (Ls + R_2)}{1 + Cs(Ls + R_2)}$

By KVL (Kirchhoff's Circuit Laws)

$V_i - IZ_{total} = 0$，$I = \dfrac{V_i - V_o}{R_1} \Rightarrow \dfrac{V_i}{V_o} = \dfrac{Ls + R_2}{R_1 + R_1 Cs(Ls + R_2) + (Ls + R_2)}$

203. 系統動態方程式：$M\ddot{x}_0 + (b_1 + b_2)\dot{x}_0 = b_2\dot{x}_i$

Laplace transform：$MS^2 X_0(S) + (b_1 + b_2)SX_0(S) = b_2 X_i(S)$

Transfer function：$\dfrac{X_0(S)}{X_i(S)} = \dfrac{b_2 S}{MS^2 + (b_1 + b_2)S} = \dfrac{b_2}{MS + (b_1 + b_2)}$

204. By KVL (Kirchhoff's Circuit Laws)

$v_i - IR - L\dfrac{dI}{dt} - v_o = 0$

$I = C\dfrac{dv_o}{dt}$

$v_i - RC\dfrac{dv_o}{dt} - LC\dfrac{d^2 v_o}{dt^2} - v_o = 0$

Laplace transform：$V_i(s) - RCsV_o(s) - LCs^2 V_o(s) - V_o(s) = 0$

Transfer function：$\dfrac{V_o(s)}{V_i(s)} = \dfrac{1}{LCs^2 + RCs + 1}$

205.

標準 2 階系統轉移函數 $\dfrac{\omega_n^2}{s^2 + 2\zeta\omega_n s + \omega_n^2}$

標準 2 階系統之步階響應 $y(t) = 1 - e^{-\sigma t}(\cos\omega_d t + \dfrac{\sigma}{\omega_d}\sin\omega_d t)$

$\sigma = \zeta\omega_n$，$\omega_d = \omega_n\sqrt{1 - \zeta^2}$

系統之轉移函數 $\dfrac{Y(s)}{R(s)} = \dfrac{K}{10s^2 + s + K} = \dfrac{K/10}{s^2 + s/10 + K/10}$

比較標準 2 階系統之係數可知其步階響應應為 $y(t) = 1 - e^{-at}(\cos(bt) + \dfrac{a}{b}\sin(bt))$

$b = 1/20$，$a = \sqrt{\dfrac{K}{10}[1 - (\dfrac{1}{20}\sqrt{\dfrac{10}{K}})^2]} \Rightarrow 1 - \cos(bt)e^{-at} - \dfrac{a}{b}\sin(bt)e^{-at}$

206.

$\dfrac{d}{dt}\begin{bmatrix} x_1 \\ x_2 \end{bmatrix} = \begin{bmatrix} 0 & 1 \\ -2 & -3 \end{bmatrix}\begin{bmatrix} x_1 \\ x_2 \end{bmatrix}$

特徵方程式：$\det\begin{vmatrix} \lambda & 1 \\ -2 & \lambda + 3 \end{vmatrix} = 0$

$\lambda^2 + 3\lambda + 2 = (\lambda + 1)(\lambda + 2) = 0$

$\Rightarrow$ 特徵值(eigenvalue)：$\lambda_{1,2} = -1, -2$

207.

特徵向量和特徵值之關係式為：$Av_i = \lambda_i v_i$

$A = \begin{bmatrix} 0 & 1 \\ -2 & -3 \end{bmatrix}$，$\lambda_{1,2} = -1, -2$

當 $\lambda_i = -1 \Rightarrow v_i = \begin{bmatrix} 1 \\ -1 \end{bmatrix}$

當 $\lambda_i = -2 \Rightarrow v_i = \begin{bmatrix} 1 \\ -2 \end{bmatrix}$

208.

時域：$\lim\limits_{t\to\infty} 5(1 - e^{-2t}) = 5 \times (1 - 0) = 5$

$s-$域：$\mathcal{L}\{5(1 - e^{-2t})\} = 5 \times \dfrac{2}{s(s+2)} = \dfrac{10}{s(s+2)}$

終值定理：$\lim\limits_{s\to 0} s \times \dfrac{10}{s(s+2)} = \dfrac{10}{(0+2)} = 5$

216.

由轉移函數可解得其步階相應 $y(t) = 1 - e^{-\frac{1}{2}t}$

$y = 0.5$ 代入可解的延遲時間 $t = 1.3863\ \text{sec}$

217.

由方塊圖可得系統轉移函數 $\dfrac{Y(s)}{R(s)} = \dfrac{1}{s^2 + as + b}$

最大超越量(MP)與系統阻尼係數(ζ)之關係式為 $MP = e^{-\pi\zeta/\sqrt{1-\zeta^2}}$

若最大超越量為 10% $\Rightarrow$ 可解的阻尼係數 $\zeta = 0.5912$

由時間常數為 0.5 $\Rightarrow$ 系統參數 $\sigma = \zeta\omega_n = \dfrac{1}{0.5} = 2$

標準二階系統轉移函數 $\dfrac{Y(s)}{R(s)} = \dfrac{\omega_n^2}{s^2 + 2\zeta\omega_n s + \omega_n^2}$

比較係數 $\Rightarrow$ 系統 $\omega_n = \sqrt{b}$，帶入阻尼係數 ζ 後，解得 $\sqrt{b} = 3.3832 \Rightarrow b = 11.4461$

218. 由上題比較係數 $\Rightarrow a = 2\zeta\omega_n = 2 \times 2 = 4$

219. 當步階響應達到終值 $\pm 1\%$ 時，其時間約為 $\dfrac{4.6}{\zeta\omega_n}$

$\Rightarrow$ 當步階響應達到終值 $\pm 2\%$ 時，其時間約等於 $\dfrac{4}{\zeta\omega_n}$（4 倍 $\dfrac{1}{\zeta\omega_n}$）

220. 系統穩差：$\mathcal{L}\{e_{ss}(t)\} = \dfrac{1}{1 + k/s(s+3)} = \dfrac{s(s+3)}{s(s+3) + k}$

單位斜坡函數：$\mathcal{L}\{t \times u(t)\} = \dfrac{1}{s^2}$

終值定理：$\lim\limits_{t \to \infty} e_{ss}(t) = \lim\limits_{s \to 0} s \times \left(\dfrac{1}{s^2} \times \dfrac{s(s+3)}{s(s+3) + k} \right) = \dfrac{3}{k} \le 0.6 \Rightarrow k \ge 5$

221. 系統穩差：$\mathcal{L}\{e_{ss}(t)\} = \dfrac{1}{1 + 50/(1 + 0.1s)(1 + 2s)} = \dfrac{(1 + 0.1s)(1 + 2s)}{(1 + 0.1s)(1 + 2s) + 50}$

單位步階函數：$\mathcal{L}\{u(t)\} = \dfrac{1}{s}$

終值定理：

$\lim\limits_{t \to \infty} e_{ss}(t) = \lim\limits_{s \to 0} s \times \left(\dfrac{1}{s} \times \dfrac{(1 + 0.1s)(1 + 2s)}{(1 + 0.1s)(1 + 2s) + 50} \right) = \dfrac{1}{1 + 50} = \dfrac{1}{1 + k_p} \Rightarrow k_p = 50$

222. 系統穩差：$\mathcal{L}\{e_{ss}(t)\} = \dfrac{1}{1 + 50/(1 + 0.1s)(1 + 2s)} = \dfrac{(1 + 0.1s)(1 + 2s)}{(1 + 0.1s)(1 + 2s) + 50}$

單位斜坡函數：$\mathcal{L}\{t \times u(t)\} = \dfrac{1}{s^2}$

終值定理：$\lim\limits_{t \to \infty} e_{ss}(t) = \lim\limits_{s \to 0} s \times \left(\dfrac{1}{s^2} \times \dfrac{(1 + 0.1s)(1 + 2s)}{(1 + 0.1s)(1 + 2s) + 50} \right) = \dfrac{1}{0} = \dfrac{1}{k_v} \Rightarrow k_v = 0$

223. 系統穩差：$\mathcal{L}\{e_{ss}(t)\} = \dfrac{1}{1 + 50/(1 + 0.1s)(1 + 2s)} = \dfrac{(1 + 0.1s)(1 + 2s)}{(1 + 0.1s)(1 + 2s) + 50}$

輸入函數 $r(t)$：$\mathcal{L}\{1 + 2t + 3t^2\} = \dfrac{1}{s} + \dfrac{2}{s^2} + \dfrac{6}{s^3}$

終值定理：

$\lim\limits_{t \to \infty} e_{ss}(t) = \lim\limits_{s \to 0} s \times \left(\dfrac{1}{s} + \dfrac{2}{s^2} + \dfrac{6}{s^3} \right) \times \left(\dfrac{(1 + 0.1s)(1 + 2s)}{(1 + 0.1s)(1 + 2s) + 50} \right) = \dfrac{1}{1 + 50} + \dfrac{2}{0} + \dfrac{6}{0} = \infty$

$\Rightarrow \lim\limits_{t \to \infty} e_{ss}(t) = \infty$

224. 標準二階系統轉移函數 $\dfrac{\omega_n^2}{s^2 + 2\zeta\omega_n s + \omega_n^2}$

比較係數 $\omega_n^2 = 100$，$2\zeta\omega_n = 14 \Rightarrow \zeta = 0.7$

225.
標準二階系統轉移函數 $\dfrac{\omega_n{}^2}{s^2 + 2\zeta\omega_n s + \omega_n{}^2}$

其頻寬為：$BW = \omega_n \left[(1 - 2\zeta^2) + \sqrt{4\zeta^4 - 4\zeta^2 + 2}\right]^{1/2}$

$\omega_n = 10$，$\zeta = 0.7 \Rightarrow BW = 10.0886$

227.
系統穩差：$\mathcal{L}\{e_{ss}(t)\} = \dfrac{1 + G(s)}{1 + 2G(s)} = \dfrac{(s^2 + 4s + 3) + (s + 1)}{(s^2 + 4s + 3) + 2(s + 1)}$

單位步階函數：$\mathcal{L}\{u(t)\} = \dfrac{1}{s}$

終值定理：$\lim\limits_{t\to\infty} e_{ss}(t) = \lim\limits_{s\to 0} s \times \left(\dfrac{1}{s} \times \dfrac{(s^2 + 4s + 3) + (s + 1)}{(s^2 + 4s + 3) + 2(s + 1)}\right) = \dfrac{4}{5} = 0.8$

228.
$\mathcal{L}\{t \times u(t)\} = \dfrac{1}{s^2}$

終值定理：$\lim\limits_{t\to\infty} e_{ss}(t) = \lim\limits_{s\to 0} s \times \left(\dfrac{1}{s^2} \times \dfrac{s}{s^2 + 10s + 100}\right) = 0.01$

229.
直流增益(DC gain)，$s = 0 \Rightarrow DC\ gain = G(0) = \dfrac{100}{100} = 1$

330.
因式分解：$s^4 + s^3 - 3s^2 - s + 2 = (s + 1)(s + 2)(s - 1)^2$

有一組重根位$(s = 1,1)$於右半平面 $\Rightarrow$ 2 個

231.
從羅斯穩定準則可解得 $-2 < K < 4$

將 $K = 4$ 和 $s = j\omega$ 代入特性方程式 $\Rightarrow \omega = \sqrt{6}$

232.
系統特性方程式：$s^3 + 3s^2 + 2s + K = 0$

羅斯穩定準則：

$\begin{array}{cc} 1 & 2 \\ 3 & K \\ \dfrac{6 - K}{3} & \\ K & \end{array}$

$\Rightarrow 0 < K < 6$

233
座標轉換，當 $s = -1$ 時，$s' = 0 \Rightarrow s' = s + 1 \Rightarrow s = s' - 1$

系統特徵方程式：

$s^3 + (2 + K)s^2 + (2 + 6K)s + 8K$
$= (s' - 1)^3 + (2 + K)(s' - 1)^2 + (2 + 6K)(s' - 1) + 8K$
$= 0$

對新變數s'做羅斯穩定準則分析，當 $K > \dfrac{3}{2}$ 時系統穩定，且存在根

$s' = -0.5 \Rightarrow s = -1.5$

$\Rightarrow$ 當 $K > \dfrac{3}{2}$ 時系統穩定，且存在根 $s = -1.5$(位於 $s = -1$ 左側)

234. 系統特性方程式：$s^4 + 5s^3 + 10s^2 + 10s + 4 = 0$

羅斯穩定準則：

$$
\begin{array}{ccc}
1 & 10 & 4 \\
5 & 10 & \\
\end{array}
$$

$$\dfrac{5 \times 10 - 10}{5} = 8 \qquad \dfrac{5 \times 4}{5} = 4$$

$$\dfrac{8 \times 10 - 5 \times 4}{8} = 7.5$$

$$\dfrac{7.5 \times 4}{7.5} = 4$$

由羅斯穩定準 $\Rightarrow$ 此特徵方程式穩定

235. 系統特性方程式：$s^4 + s^3 + 3s^2 + 2s + K = 0$

羅斯穩定準則：

$$
\begin{array}{ccc}
1 & 3 & K \\
1 & 2 & \\
\end{array}
$$

$$\dfrac{3 \times 1 - 1 \times 2}{1} = 1 \qquad \dfrac{1 \times K}{1} = K$$

$$\dfrac{2 \times 1 - K \times 1}{1} = 2 - K$$

$$K$$

$$\Rightarrow 0 < K < 2$$

236. $\Delta(s) = (s+1)(s^2 + 2s - 1) + K = s^3 + 3s^2 + s + (K-1)$

由羅斯表可得：

$$
\begin{array}{cll}
s^3 & 1 & 1 \\
s^2 & 3 & (K-1) \\
s^1 & \dfrac{(4-K)}{3} & \\
s^0 & (K-1) & \\
\end{array}
$$

$(K-1) > 0$，$\dfrac{(4-K)}{3} > 0 \Rightarrow 1 < K < 4$

$K = 4$，$3s^2 + 3 = 0 \Rightarrow \omega = 1$

237. $s^2 + 4s + 5 = 0$

$s = -2 \pm i$

$\Rightarrow$ 都在 $s + 1 = 0$ 的左邊

238. $\Delta(s) = s^3 + s^2 + (2K - 3)s + (K - 1)$

由羅斯表可得：

s^3　　1　　　$(2K - 3)$
s^2　　1　　　$(K - 1)$
s^1　$(K - 2)$
s^0　$(K - 1)$

$(K - 1) > 0$，$(K - 2) > 0 \Rightarrow K > 2$

$K = 2$，$s^2 + 1 = 0 \Rightarrow \omega = 1$

239.

$$M(s) = \dfrac{\dfrac{K}{(s + 2)(s^2 + 4s - 1)}}{1 + \dfrac{K}{(s + 2)(s^2 + 4s - 1)}} = \dfrac{K}{s^3 + 6s^2 + 7s + K - 2}$$

羅斯表：

s^3　　　1　　　　7
s^2　　　6　　　$K - 2$
s^1　$(44 - K)/6$
s^0　　$K - 2$

$\begin{cases} K - 2 > 0 \\ (44 - K)/6 > 0 \end{cases} \Rightarrow 2 < K < 44$

240.

$X(s) = \dfrac{1}{s + 2}\left(\dfrac{s^2 + 18}{s^2 + 9}\right)$

$\Delta(s) = s^3 + 3s^2 + 9s + 36$

由羅斯表可得：

s^3　1　9
s^2　3　36
s^1　3
s^0　36

$\Rightarrow$ 此動態系統穩定

241. $\Delta(s) = s^4 + s^3 + 2s^2 + 3s + 4 + K$

由羅斯表可得：

s^4　1　9　20
s^3　6　24
s^2　5　20
s^1　0　0
s^0　10

$5s^2 + 20s = 0$

$s = \pm j2$

$\Rightarrow$ 臨界穩定

242. $2s^5 + s^4 + 7s^3 + 4s + 1.5 = 0$

$s = -0.3599 \pm 1.7127i$
$s = 0.2695 \pm 0.8335i$
$s = -0.3191$

且由羅斯表可知，會變號兩次 $\Rightarrow$ 有兩個根在右半平面

243. 由羅斯表可得：

s^4 1   4   K
s^3 2   2
s^2 3   K

s^1 $\dfrac{(6-2K)}{3}$

s^0 K

$K > 0$，$\dfrac{(6-2K)}{3} > 0 \Rightarrow 0 < K < 3$

244. $\Delta(s) = s^4 + 8s^3 + 32s^2 + 80s + K$

由羅斯表可得：

s^4 1   32   K
s^3 8   80
s^2 22   K

s^1 $\dfrac{(80 \times 22 - 8K)}{22}$

s^0 K

$K > 0$，$\dfrac{(80 \times 22 - 8K)}{22} > 0 \Rightarrow 0 < K < 220$

$\Rightarrow$ 臨界穩定時，$K = 220$

245. $\Delta(s) = s^4 + 6s^3 + 9s^2 + 24s + 20$

由羅斯表可得：

s^4 1   9   20
s^3 6   24
s^2 5   20
s^1 0   0
$5s^2 + 20s = 0$
$s = \pm j2 \Rightarrow \omega = 2 \text{ rad/sec}$

246. $\Delta(s) = s^3 + 3s^2 + 2s + K$

由羅斯表可得：

s^3 1   2
s^2 3   K

s^1 $\dfrac{(6-K)}{3}$

純虛根產生時 $\dfrac{(6-K)}{3} = 0 \Rightarrow K = 6$

247. $2s^4 + s^3 + 3s^2 + 5s + 10 = 0$

四個根為 $0.7555 \pm 1.4444i$，$-1.0055 \pm 0.9331i$

其中有兩個根在右半平面 $\Rightarrow$ 不穩定之特性值為 2

248. $\dot{x}(t) = \begin{bmatrix} 0 & 1 & 0 \\ 0 & 0 & 1 \\ -6 & -11 & -6 \end{bmatrix} x(t) + \begin{bmatrix} 0 \\ 0 \\ 1 \end{bmatrix} u(t) \cdot y(t) = \begin{bmatrix} 1 & 0 & 0 \end{bmatrix}$

此系統的特性方程式為 $s^3 + 6s^2 + 11s + 6 = 0$

三根為 $s = -1, -2, -3$

249. $\dot{x}(t) = \begin{bmatrix} 0 & 1 \\ -2 & -3 \end{bmatrix} x(t) + \begin{bmatrix} 0 \\ 1 \end{bmatrix} u(t) \cdot y(t) = \begin{bmatrix} 1 & 0 \end{bmatrix} x(t)$

$\Rightarrow$ 此系統的特性方程式為 $\begin{vmatrix} s & 1 \\ -2 & -3-s \end{vmatrix} = 0$

$\Rightarrow s^2 + 3s + 2 = 0$

250. 閉迴路系統之極點(pole)在 -3 與 -4，則其特性方程式為

$(s+3)(s+4) = 0 \Rightarrow s^2 + 7s + 12 = 0$

原本之特性方程式為 $s^2 + 3s + 2 = 0$

$\Rightarrow \begin{bmatrix} k_1 & k_2 \end{bmatrix} = \begin{bmatrix} 10 & 4 \end{bmatrix}$

251. $G(s) = \dfrac{16}{s^2 + 4s + 16}$

$\zeta = 0.5 \cdot \omega_n = 4$

$\Rightarrow t_p = \dfrac{\pi}{\omega_n \sqrt{1 - \zeta^2}} = 0.91$

254. $\Delta(s) = s^3 + 5s^2 + 20s + 150 = 0$

三個根為 $-5.9102, 0.4551 \pm 5.0172i$

$\Rightarrow$ 實部為正的根有 2 個

255. $\Delta(s) = s^4 + 5s^3 + 10s^2 + 5s + 1 = 0$

四個根為 $-2.1943 \pm 1.5370i \cdot -0.3057 \pm 0.2142i$

$\Rightarrow$ 實部為正的根有 0 個

256. $\Delta(s) = s^4 + 3s^3 + 2s^2 + 6s = 0$

四個根為 $0, -3.0000, \pm 1.4142i$

$\Rightarrow$ 純虛根有 3 個

257. $\Delta(s) = s^4 + 5s^3 + 20s^2 + 100s + 20 = 0$

四個根為 $-4.9076, 0.0579 \pm 4.4235i, -0.2082$

$\Rightarrow$ 實部為正的根有 2 個

258. $\Delta(s) = s^4 + 2s^3 + 7s^2 + 4s + 10 = 0$

四個根為 $-1.0000 \pm 2.0000i, \pm 1.4142i$

$\Rightarrow n = 0 \cdot m = 2$

259. $\Delta(s) = s^3 + 5s^2 + Ks + 100 = 0$

由羅斯表可知，若系統要穩定 $5K - 100 > 0 \Rightarrow K > 20$

260. $\Delta(s) = s^3 + 2s^2 + 3s + 4 + K$
由羅斯表可得：

s^3	1	3
s^2	1	$4 + K$
s^1	$\dfrac{(2-K)}{2}$	
s^0	$4 + K$	

$(4 + K) > 0$，$(2 - K) > 0 \Rightarrow -4 < K < 2$

261. $\Delta(s) = s^2 + 3s + 2 + K$
由羅斯表可得：

s^2	1	$K + 2$
s^1	3	
s^0	$K + 2$	

$\Rightarrow K > -2$

262. $\Delta(s) = s^3 + 3s^2 + (K+2)s + 4$
由羅斯表可得：

s^3	1	$K + 2$
s^2	3	$4 - K$
s^1	$\dfrac{(6-K)}{3}$	
s^0	$4K$	

$4K > 0$，$\dfrac{(6-K)}{3} > 0 \Rightarrow 0 < K < 6$

263. 開迴路極點 5 個，開迴路零點 2 個
漸進線條數 m = 5 − 2 = 3
根軌跡條數為 pole 的個數，n = 5

264. 開迴路極點 7 個，開迴路零點 3 個
漸進線條數 m = 7 − 3 = 4
根軌跡條數為 pole 的個數，n = 7
n − m = 3

265. $\sigma_A = \dfrac{-1-2-3-4}{3-1} = -5$

266. $a = \dfrac{-1-2-3+4}{3-1} = -1$
n = 3 − 1 = 2
n − a = 3

267. $\Delta(s) = s^3 + 6s^2 + 8s + K$

由羅斯表可得：

s^3 1   8

s^2 6   K

s^1 $\dfrac{(48-K)}{6}$

$\Rightarrow K = 48$

$6s^2 + 48 = 0 \Rightarrow \omega = \sqrt{8} \text{ rad/sec}$

268. $\Delta(s) = s^3 + 5s^2 + 6s + K$

由羅斯表可得：

s^3 1   6

s^2 5   K

s^1 $\dfrac{(30-K)}{5}$

$\Rightarrow K = 30$

$5s^2 + 30 = 0 \Rightarrow \omega = \sqrt{6} \text{ rad/sec}$

269. $\dfrac{dG(s)H(s)}{ds} = 3s^2 + 10s + 6 = 0$

$s = -0.78, -2.54$

$\Rightarrow$ 分離點在 -0.78

270. $\dfrac{dG(s)H(s)}{ds} = (s+2)(s+4) - (2s^2 + 18s + 36) = 0$

$s = -3.17, -8.83$

$\Rightarrow$ 分離點在 -3.17

271. $\dfrac{dG(s)H(s)}{ds} = (s+2)(s+4) - (2s^2 + 18s + 36) = 0$

$s = -3.17, -8.83$

$\Rightarrow$ 分離點在 -3.17，重和點在 -8.83

$a - b = -3.17 + 8.83 = 5.66$

272. $\Delta(s) = s^3 + 6s^2 + 5s + K(s^2 + 6s + 5) + 10 = 0$

$G^*(s) = \dfrac{K(s^2 + 6s + 5)}{s^3 + 6s^2 + 5s + 10}$

$n = 3，m = 1 \Rightarrow n + m = 4$

273. $G(s)H(s) = \dfrac{16(s+1)}{s(s+2)(s+4)}$

$s = -6 \Rightarrow \dfrac{16 \times (-6+1)}{(-6) \times (-6+2) \times (-6+4)} = 1.7$

274. $G(s)H(s) = \dfrac{16(s+1)}{s(s+2)(s+4)}$

$s = -4 + j2 \Rightarrow G(s)H(s) = \dfrac{16 \times (-3+j2)}{(-4+j2) \times (-2+j2) \times (j2)}$

角度：$\tan^{-1} \dfrac{2}{-3} - 90° - \tan^{-1} 3 = -232°$

275. $\dfrac{dG(s)H(s)}{ds} = s^2(s+9) - (s+1)(3s^2 + 18s) = 0$

$s = 0, -3 \Rightarrow$ 分離點在 $0, -3$

276. $\zeta = \dfrac{1}{\sqrt{2}}$

$\Delta(s) = s^2 + 5s + K(s+10)$

$5 + K = \sqrt{2}\omega_n$

$\omega_n{}^2 = 10K$

$K = 5$

279. $G(s) = \dfrac{Ks(s+4)}{s^2 + 2s + 2}$

$\Delta(s) = (1+K)s^2 + (2+4K)s + 2$

(A)極點 $-1 \pm j$

(B)零點 $0, -4$

(C)$\dfrac{dG(s)H(s)}{ds} = 2s^3 + 9s^2 + 6s - 2$ 有一分離點

(D)由羅斯表可知 $K > -0.5$ 就穩定

280. $G(s) = \dfrac{K}{s+4}$

$K = 4 \Rightarrow \dfrac{G(s)}{1+G(s)} = \dfrac{4}{s+8} \Rightarrow$ 閉迴路的極點為 -8

281. $G(s) = \dfrac{K}{s(s+2)(s+4)}$

$\dfrac{G(s)}{1+G(s)} = \dfrac{K}{s(s+2)(s+4) + K}$

系統有 3 個極點，沒有零點，由羅斯表可知 $K \leq 48$ 穩定

282. $2\tan^{-1}\dfrac{5}{9} + \tan^{-1}\dfrac{10}{9} + 90° \cong 196°$

283. 位於 $K > 0$ 的根軌跡上 $\Rightarrow$ phase $= -180°$

284. $G(s) = \dfrac{s^2 - 4s + 20}{(s+2)(s+4)}$ 有兩個 pole $\Rightarrow K > 0$ 有 2 條根軌跡

285. $G(s) = \dfrac{s^2 - 4s + 20}{(s+2)(s+4)}$ 的 pole 和 zero 的個數一樣多 $\Rightarrow K > 0$ 有 0 條漸進線

286. $4 - 1 = 3 \Rightarrow$ 有 3 條漸進線

287. $\Delta(s) = s^3 - s + K(s^2 + 8s + 15) = s^3 + Ks^2 + (8K-1)s + 15K$
由羅斯表可得：

$$\begin{array}{lll} s^3 & 1 & 8K-1 \\ s^2 & K & 15K \\ s^1 & 8K-16 & \\ s^0 & 15 & \end{array}$$

$\Rightarrow K > 2$

288. 位於 $K > 0$ 的根軌跡上 $\Rightarrow$ phase $= -180°$

289. $s = -\sigma_d \pm j\omega_d$
$t_s = \dfrac{3}{\sigma_d}$
$K = 20$，使 σ_d 為最大

290. 極點數等於根軌跡數，(D)不合

291. 由圖可知零點在原點的位置，有兩個極點在 $j\omega$ 軸上，一個極點在左半平面的實軸上

292. $\dfrac{dG(s)H(s)}{ds} = s^3 + 3s^2 + 2s - (s+5)(3s^2 + 6s + 2) = 2s^3 + 19s^2 + 15s + 5$
$\dfrac{dG(s)H(s)}{ds} = 0$ 的根為分離點所在
$s = -18.1905, -0.4047 \pm 0.3332i$

293. $|G(j\omega_g)| = 1 = 0dB$
由圖上可看出此時對應到的角度為 -150 度 $\Rightarrow PM \cong 180° - 150° = 30°$

294. $-180° = -90° - \tan^{-1}\dfrac{\omega}{5} - \tan^{-1}\dfrac{\omega}{2}$
$\dfrac{\dfrac{\omega}{5} + \dfrac{\omega}{2}}{1 - \dfrac{\omega^2}{10}} \to \infty \Rightarrow \omega = \sqrt{10}$ rad/sec
$20\log\left|\dfrac{\sqrt{10}(2+\sqrt{10})(5+\sqrt{10})}{10}\right| = 22.49$ dB

295. 由 phase 圖上 -180 度的地方往上對到 Magnitude 圖上 3dB 的位置 $\Rightarrow GM = -3dB$

296.
$$-180° = -90° - \tan^{-1}\frac{\omega}{10} - \tan^{-1}\frac{\omega}{2}$$
$$\frac{\frac{\omega}{10} + \frac{\omega}{2}}{1 - \frac{\omega^2}{20}} \to \infty \Rightarrow \omega = \sqrt{20} \cong 4.45 \text{ rad/sec}$$

297.
阻尼比下降，overdamp 上升

298.
$$\frac{360}{1.2} = 300$$
$$300 \times 2 = 600$$

299.
$$K = 8，|G(j\omega)| = \left|\frac{8(j\omega + 1)}{(j\omega - 1)(j\omega - 6)}\right| = 1 \Rightarrow \omega = 2\sqrt{7} \text{ rad/sec}$$
$$PM = 180 + 2\tan^{-1}\omega + \tan^{-1}\frac{\omega}{6} - 360 \cong 20°$$

300.
$$開迴路轉移函數 = \frac{10}{s\left(1 + \frac{s}{5}\right)\left(1 + \frac{s}{50}\right)} = \frac{2500}{s(s + 5)(s + 50)}$$
$$閉迴路轉移函數 = \frac{2500}{s(s + 5)(s + 50) + 2500} = \frac{2500}{s^3 + 55s^2 + 250s + 2500}$$
$$\Delta(s) = s^3 + 55s^2 + 250s + 2500 = (s + 1.96 + j9.71)(s + 1.96 - j9.71)(s + 51.06)$$
因為相差 10 倍，忽略 $(s + 51.06)$ 極點
$$(s + 1.96)^2 + 6.71^2 = s^2 + 3.92s + 48.86$$
$$\omega_n^2 = 48.86 \Rightarrow \omega_n = 6.989$$
$$2\zeta\omega_n = 3.92 \Rightarrow \zeta = 0.28$$
$$\omega_r = 6.989\sqrt{1 - 0.28^2} \cong 6.71$$

301.
$$閉迴路轉移函數 = \frac{100}{s + 110}$$
$$頻寬 B.W. = \frac{1}{T} = 110$$

302.
因為有 3 個極點在原點，所以軌跡會從虛數軸上方出發

303.
由圖可知系統的直流增益為 20dB
$$20\log 10 = 20，又在 \omega = 1 下降 40dB \Rightarrow G(s) = \frac{10}{(s + 1)^2}$$

304.
系統的直流增益為 0dB，在 $\omega = 1$ 下降 20dB，$\omega = 20$ 上升 20dB

305. 輸入：$r(t) = R_0 \sin(\omega t)$

穩態輸出：$y(t) = AR_0 \sin(\omega t + \phi)$

原輸入：$r(t) = 5\sin(100t)$

$R_0 = 5$，$\omega = 100$

$G(s) = \dfrac{1}{s+1}$

$G(j\omega) = G(j100) = \dfrac{1}{1+j100} = \dfrac{1}{10001} - j\dfrac{100}{10001} = \dfrac{\sqrt{10001}}{10001} \angle -89°$

$A = |G(j100)| = \dfrac{\sqrt{10001}}{10001}$

$\angle G(j100) = -89° = -0.494\pi = \phi$

$y(t) = \dfrac{\sqrt{10001}}{10001} \times 5\sin(t - 0.494\pi) \cong 0.05\sin(t - 0.49\pi)$

306. 輸入：$r(t) = R_0 \sin(\omega t)$

穩態輸出：$y(t) = AR_0 \sin(\omega t + \phi)$

原輸入：$r(t) = 10\sin(20t)$

$R_0 = 10$，$\omega = 20$

$G(s) = \dfrac{1}{s+20}$

$G(j\omega) = G(j20) = \dfrac{1}{20+j20} = \dfrac{1}{40} - j\dfrac{1}{40} = \dfrac{\sqrt{2}}{40} \angle -45°$

$A = |G(j20)| = \dfrac{\sqrt{2}}{40}$

$\angle G(j20) = -45° = -\dfrac{\pi}{4} = \phi$

$y(t) = \dfrac{\sqrt{2}}{40} \times 10\sin\left(t - \dfrac{\pi}{4}\right) = \dfrac{\sqrt{2}}{4}\sin\left(t - \dfrac{\pi}{4}\right)$ ⇨ 相角約為 45°

307. Steady state 時，由終值定理可得 $y(t) = 20$

308. 由圖可知 $G(s) = \dfrac{K(s+10)}{s(s+100)(s+1000)}$

由初值 20dB 可得 $K = 1000$，由終值定理可知穩態誤差為 0.1

309. 改變上升時間 $t_r = \dfrac{\pi - \theta}{\omega_d}$ ⇨ $t_r \propto \dfrac{1}{\omega_d}$，$t_r \propto \dfrac{1}{\omega_n}$

310. 由 phase 圖上 -180 度的地方往上對到 Magnitude 圖上 -20dB 的位置 ⇨ GM = 20 dB

311. 由 Magnitude 圖上 0dB 對下去 phase 圖上 -100 度的地方 ⇨ PM = 80°

312. (B)閉迴路無右半平面的零點
(C)(D) $-90(n-m) = -270$，$n-m = 3$ 至少 3 階
n 為開迴路的 pole 數，m 為開迴路的 zero 數

314. $2^{14}B \div 1024 = 16$ KB

330. DEC，將暫存器的值減 1 $\Rightarrow 55H - 1H = 54\,H$

331. PSW $= (80)H = (10000000)B \Rightarrow CY = 1$
$38H = 0111000$，$CY = 1$，經過 RLC A：8 位元和進位旗標(CY)左移 1 位
$\Rightarrow CY$ 移到最後一位，等於 $1110001 = 71\,H$

345. 2 的 6 次方等於 64

346. 2 的 6 次方大於 36 $\Rightarrow$ 至少需要 6 個選擇器

349. 若 7 段顯示器為共陰極，由圖判斷 Q1~Q4 觸發需要輸入電位為低電位，
A 選項 P3 $= (FF)H = (11111111)B$、
B 選項 P3 $= (10)H = (00010000)B$，皆是讓 Q1 輸入腳高電位
C 選項 P1 $= (07)H = (00000111)B$，由圖判斷 Q5~Q12 為高電位觸發，
又由七段顯示器可知如要顯示 7 需輸入觸發 R12~R10 之腳位
D 選項 P1 $= \#F8H = (11111000)B$，與 C 選項相反

350. 若 7 段顯示器為共陰極，若 P3 $=$ FFH，又因為要分別顯示 U1、U2、U3、U4
(七段顯示器) $\Rightarrow$ P3 $= (11111111)B$ 為錯誤，此指令為全亮，非分別顯示

351. 2 的 6 次方等於 64，大於 60 $\Rightarrow$ 需要 6 個正反器

354. 2 的 4 次方等於 16，大於 12 $\Rightarrow$ 需要 4 個正反器

356. $10101010 \rightarrow 01010100 \rightarrow 10101000 \rightarrow 01010000$

405. 模式 2 為 8 位元計時器且一個機械週期為 12 個振盪週期：
$0.25ms = (256 - THx) \times 12 \div 12M \Rightarrow THx = 6$

406. 計時器設為 156，且一個機械週期為 12 個振盪週期：
$0.2ms = (256 - 156) \times 12 \div X \Rightarrow X = 6\,M$

408. 轉換 10 位元之數位訊號，解析度為：$2^{10} = 1024$
$1 \div 1024 \times 100\% = 0.098\,\% \cong 0.1\,\%$

419. 每一脈波轉 1.2 度，轉兩圈，一圈 360 度：
$360 \times 2 = 720$
$720 \div 1.2 = 600$

420. $64 - 14 = 50$
$50 \times 1.8 = 90$

424. $F(s) = \dfrac{8}{s(s^2 + 3s + 4)}$

$f(\infty) = \lim\limits_{t \to \infty} f(t) = \lim\limits_{s \to 0} sF(s) \Rightarrow$ 終值定理

$f(\infty) = \lim\limits_{s \to 0} s \times \dfrac{8}{s(s^2 + 3s + 4)} = \dfrac{8}{4} = 2$

425. 極點在 $S = -3, -1$，零點在 $S = 2$，增益常數 $K = 3$

系統轉移函數 $= \dfrac{K(s - z)}{(s - P_1)(s - P_2)} = \dfrac{3(s - 2)}{(s + 3)(s + 1)}$

426. 步階響應微分等於脈衝響應，脈衝響應取拉式轉換等於轉移函數
$y(t) = 1 - \cos 2t$
$y'(t) = 2 \sin 2t$

$\pounds[2 \sin 2t] = 2 \times \dfrac{2}{s^2 + 2^2} = \dfrac{2^2}{s^2 + 2^2}$

Level 2

427.

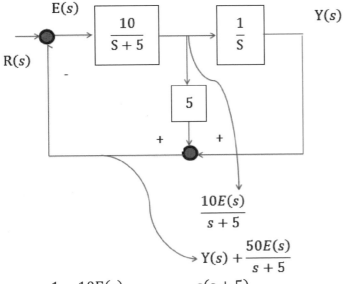

$$\frac{10E(s)}{s+5}$$

$$Y(s) + \frac{50E(s)}{s+5}$$

$$Y(s) = \frac{1}{s} \times \frac{10E(s)}{s+5} \Rightarrow E(s) = \frac{s(s+5)}{10} \times Y(s)$$

$$R(s) - Y(s) - \frac{50E(s)}{s+5} = E(s)$$

$$R(s) - Y(s) = E(s) + \frac{50E(s)}{s+5} = \frac{s+5+50}{s+5} \times E(s)$$

$$= \frac{s+55}{s+5} \times \frac{s(s+5)}{10} \times Y(s) = \frac{s(s+55)}{10} \times Y(s)$$

$$R(s) = Y(s) + \frac{s(s+55)}{10} \times Y(s) = \frac{10 + s^2 + 55s}{10} \times Y(s)$$

$$\frac{Y(s)}{R(s)} = \frac{10}{s^2 + 55s + 10}$$

428.
$$G(s) = \frac{s+k}{(s+1)(s+2)(s+3)}$$
$\Rightarrow k = 3$ 產生極零相消，會產生臨界穩定

429. 轉動慣量為 $\theta(t)$ 微分兩次，阻尼常數為 $\theta(t)$ 微分一次，彈簧係數為 $\theta(t)$ 的常數
$$\Rightarrow T(t) = J\frac{d^2\theta}{dt^2} + B\frac{d\theta}{dt}$$

430.
此系統為 MCK 系統，其數學模式為 $m\dfrac{d^2x}{dt^2} + c\dfrac{dx}{dt} + kx = f(t)$

431.
此系統為 RLC 串聯系統，其數學模型為 $L\dfrac{di}{dt} + \dfrac{1}{C}\displaystyle\int_0^t idt + Ri = v(t)$

432.
$$C_t\frac{dT}{dt} = 內傳熱率 - 熱損失率 = q_i - q_o = q_i - \frac{T}{R_t}$$
$$\Rightarrow C_t\frac{dT}{dt} + \frac{T}{R_t} = q_i \Rightarrow R_tC_t\frac{dT}{dt} + T = R_tq_i$$

433. 水箱中水量的變化率為流入率 − 流出率 = $q_i - q_o$

以水箱高度的變化率計算，則水量的變化率為 $A\dfrac{dh}{dt} \Rightarrow A\dfrac{dh}{dt} = q_i - q_o$

$h = q_o R \Rightarrow q_o = \dfrac{h}{R}$

$A\dfrac{dh}{dt} = q_i - q_o \Rightarrow A\dfrac{dh}{dt} + q_o = q_i \Rightarrow A\dfrac{dh}{dt} + \dfrac{h}{R} = q_i$

434. $\dfrac{d^3c(t)}{dt^3} + 2\dfrac{d^2c(t)}{dt^2} + 3\dfrac{dc(t)}{dt} + 4c(t) = 5\dfrac{dr(t)}{dt} + 6r(t)$

$s^3 C(s) + 2s^2 C(s) + 3s C(s) + 4C(s) = 5s R(s) + 6R(s)$

$(s^3 + 2s^2 + 3s + 4)C(s) = (5s + 6)R(s)$

$\dfrac{C(s)}{R(s)} = \dfrac{5s + 6}{s^3 + 2s^2 + 3s + 4}$

435. 此系統為 $m\dfrac{d^2x(t)}{dt^2} + B\dfrac{dx(t)}{dt} + kx(t) = f(t)$

take Lapalce：$(ms^2 + Bs + k)X(S) = F(S)$

$\dfrac{X(S)}{F(S)} = \dfrac{1}{ms^2 + Bs + k}$

436. $Y(t) = \dfrac{1}{2} - \dfrac{1}{6}e^{-t}\left(\dfrac{1}{4}\sin 2t\right)$

$t \to \infty \Rightarrow Y(\infty) = \dfrac{1}{2} - \dfrac{1}{6} \times \dfrac{1}{e^{\infty}} \times \left[\dfrac{1}{4}\sin(2 \times \infty)\right] = \dfrac{1}{2}$

438. $(s+3)^2 = -(7^2)$

$s^2 + 6s + 9 = -49$

$s^2 + 6s + 58 = 0$

$\omega_n^2 = 58 \Rightarrow \omega_n = 7.615$

$2\zeta\omega_n = 6 \Rightarrow \zeta = 0.394$

$t_p = \dfrac{\pi}{\omega_n\sqrt{1-\zeta^2}} = \dfrac{\pi}{7.615\sqrt{1-(0.394)^2}} \cong 0.45$

439. 非時變係數不乘上 t，且沒有平方項

440. $\dfrac{Y(s)}{U(s)} = \dfrac{40}{s(s+40)}$

由於輸入訊號為單位步階函數

$y(s) = \left(\dfrac{1}{s} - \dfrac{1}{s+40}\right)u(s)$

$\pounds^{-1}[Y(s)] = 1 - e^{-40t}$

$y(t) = 1 - e^{-40t}$

$y(\infty) = 1$

441.
$$G(s) = \frac{400}{s^2 + 12s + 400}$$
$12^2 - 4 \times 1 \times 400 = -1456 < 0 \Rightarrow$ 為次阻尼系統

442.
$$G(s) = \frac{100}{s^2 + 14s + 100}$$
$\omega_n^2 = 100$
$2\zeta\omega_n = 14 \Rightarrow \zeta = 0.7$

443. Laplace transform：

444. $[s^2Y(s) - sy(0) - y^{(1)}(0)] + 3[sY(s) - y(0)] + 2Y(s) = 6[sU(s) - u(0)] + 2U(s)$

445. $a(s) = s^2 + 3s + 2 = (s + 1)(s + 2)$

446. $b(s) = 6s + 2 = 2(3s + 1)$

$\sigma(s) = y(0)s + y^{(1)}(0) + 3y(0) = s + 5$

$\tau(s) = 6u(0) = 6$

$Y_h(s) = \frac{\sigma(s)}{a(s)} = \frac{4}{s + 1} - \frac{3}{s + 2}$

$Y_h(t) = 4e^{-t} - 3e^{-2t}$(自由響應)

Similary：

$Y_f(s) = \left[\frac{b(s)}{a(s)}\right]U(s) - \frac{\tau(s)}{a(s)} = \frac{\frac{-16}{3}}{s + 1} + \frac{\frac{32}{7}}{s + 2} + \frac{\frac{16}{21}}{s - 5}$

$y_f(t) = \frac{-16}{3}e^{-t} + \frac{32}{7}e^{-2t} + \frac{16}{21}e^{5t}$(強迫響應)

$y(t) = y_h + y_f = \frac{-4}{3}e^{-t} + \frac{11}{7}e^{-2t} + \frac{16}{21}e^{5t}$(全響應)

其中$y_{tr} = \frac{-4}{3}e^{-t} + \frac{11}{7}e^{-2t}$(暫態響應)

且$y_{ss} = \frac{16}{21}e^{5t}$(穩態響應)

447.
$$k_p = \lim_{s \to 0} G(s) = \lim_{s \to 0} \frac{12(s + 4)}{s(s + 1)(s + 3)(s^2 + 2s + 3)} = \infty$$

448.
$$k_v = s\lim_{s \to 0} G(s) = \lim_{s \to 0} s\frac{12(s + 4)}{s(s + 1)(s + 3)(s^2 + 2s + 3)} = \frac{48}{9} = \frac{16}{3}$$

449.
$$k_a = s^2\lim_{s \to 0} G(s) = \lim_{s \to 0} s^2\frac{12(s + 4)}{s(s + 1)(s + 3)(s^2 + 2s + 3)} = 0$$

450. (A) $\dfrac{s-1}{s^2-4s+4} = \dfrac{s-1}{(s-2)^2}$

⇨ 由分母可得知 2 個 pole 為重根並在右半平面，為不穩定系統

(B) $\dfrac{(s+1)}{(s+2)(s+3)}$ ⇨ 2 個 pole 皆為負數，是穩定系統

(C) $\dfrac{(s-1)}{(s+2)(s+4)}$ ⇨ 2 個 pole 皆為負數，是穩定系統

(D) $\dfrac{(s+4)}{s^2+s+3}$ ⇨ 2 個 pole 皆為負數，是穩定系統

451. 分子無根，代表此系統無零點

452. $G(s) = \dfrac{k(s+1)}{s^2+4s+4}$

$(s+1) = 0 \Rightarrow s = -1$

453. 此系統在右半平面有 2 個極點 ⇨ 為不穩定系統

454. 此系統轉移函數為 $\dfrac{k(s-1)}{s(s+1)(s+2)}$

$\theta_A = \dfrac{\pm 180°}{2} = \pm 90°$

$\sigma_A = \dfrac{-2-1-1+0}{3-1} = -2$

當根軌跡 $k = 0^+$ 從極點 $s = 0$ 出發時系統為臨界穩定

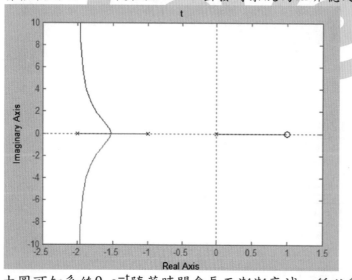

455. 由圖可知系統 $\theta_0 e^{-t}$ 隨著時間愈長而漸漸衰減，所以系統漸漸收斂到 0，

⇨ 系統穩態時為穩定

456. $A = \begin{bmatrix} 0 & 1 \\ -8 & -4 \end{bmatrix}$，$B = \begin{bmatrix} 0 \\ 1 \end{bmatrix}$

可控制矩陣為 $[B \quad AB] = \begin{bmatrix} 0 & 1 \\ 1 & -4 \end{bmatrix}$

$\det(A) \neq 0 \Rightarrow$ 系統為可控制矩陣，則系統可控

457. 當轉移函數的任一極點的實部大於 0 或為正實數，則該系統為不穩定狀態

458. 定義：若系統要穩定，則 H(s) 之極點的實部均要在左半平面上，
⇨ 極點的實部均小於零

459. $\begin{cases} \dot{x}_1 = 2x_1 - x_2 + 1 \\ \dot{x}_2 = -x_2 + 1 \end{cases}$

$\dfrac{dx_1}{dt}(以 x_1 = \infty) = 2\infty - \infty + 1$

$x_1(\infty) = \infty，x_2(\infty) = \infty$

$x_1(\infty) + x_2(\infty) = 不存在$

460. $\dfrac{Y(s)}{R(s)} = \dfrac{G_c(s)G(s)}{1 + G_c(s)G(s) \times 1} = \dfrac{k(s+1)}{(s+2)(s-1) + k(s+1)} = \dfrac{k(s+1)}{s^2 + (1+k)s + (k-2)}$

$\begin{array}{lll} s^2 & 1 & k-2 \\ s^1 & 1+k & 0 \\ s^0 & k-2 \end{array}$

如果系統穩定 ⇨ $\begin{cases} 1+k > 0 \Rightarrow k > -1 \\ k-2 > 0 \Rightarrow k > 2 \end{cases}$ ⇨ K > 2 系統才穩定

461. $\Delta(s) = -2s^4 - s^3 + 3s^2 - 5s + 5 = 0$

$\begin{array}{llll} s^4 & -2 & 3 & 5 \\ s^3 & -1 & -5 \\ s^2 & 3 & 5 \\ s^1 & -5 \\ s^0 & 5 \end{array}$

有 2 次正負號轉換 ⇨ 不穩定特徵值有 3 個

462. 與 k 值無關，令 $s(s^2 + 5s + 4) = s(s+1)(s+4) = 0 \Rightarrow s = 0, -1, -4$
在左半平面為 $s = -1, -4$

463. 利用 Routh Table 判斷

(A)第 1 行產生 2 次變號 ⇨ 不穩定

s^4	1	5	5
s^3	5	4	
s^2	4.2	5	
s^1	$-41/21$	0	
s^0	5		

(B)第 1 行沒有產生變號 ⇨ 穩定

s^4	1	8	3
s^3	2	4	
s^2	6	3	
s^1	3	0	
s^0	3		

(C)第 1 行s^2元素為 0 且其餘不為 0，可乘上$(s+a)$解之 ⇨ 系統必不穩定

s^4	1	2	1
s^3	1	2	0
s^2	0	1	
s^1			
s^0			

(D)第 1 行s^2元素為 0 且其餘不為 0，可乘上$(s+a)$解之 ⇨ 系統必不穩定

s^4	1	2	2
s^3	2	4	
s^2	0	2	
s^1			
s^0			

464. 自動控制系統，若進入穩態後存在穩態誤差，則為有穩態誤差的系統。為了消除穩態誤差，必須在控制器中引入「積分項」。隨著時間增加，積分項會變大，即便穩態誤差很小，控制器的積分項隨著時間加大，使穩態誤差進一步減小直到等於零

465. PID 中的微分增益可視為馬達系統的阻尼(damping)效應。Kd 值決定了正比於位置誤差變化率之回復力的影響。此力量等同作用於具阻尼效應的彈簧質量機構系統中的黏滯阻尼力(例如減震器)

466. 就濾波的觀點言，PD 控制器為高通濾波器

467. K 值變化時，系統在 S－平面之根軌跡代表閉迴路系統之極點

468. $\dfrac{d}{ds}G(s) = 0 \Rightarrow \dfrac{0-(3s^2+8s+5)}{[s(s^2+45+5)]^2} = 0$

$3s^2 + 8s + 5 = 0 \Rightarrow s = -1，-\dfrac{5}{3}$

469. $G(s) = k\dfrac{s+2}{(s+3)(s+1)} \Rightarrow P : s = -3, -1 \ ; Z : s = -2$

計算分離點個數

$\dfrac{d}{ds}G(s) = 0 \Rightarrow \dfrac{s^2 + 4s + 3 - (s+2)(2s+4)}{(s^2+4s+3)^2} = 0$

$s^2 + 4s + 3 - (2s^2 + 8s + 8) = 0$

$-s^2 - 4s - 5 = 0$

由上式可得會有兩個分支點

470. 根軌跡代表閉迴路系統之極點隨著系統參數 K 變化之軌跡

471. $\dfrac{Y(s)}{R(s)} = \dfrac{\dfrac{1}{s^2+5s+k}}{1 + \dfrac{ks+6}{s^2+5s+k}} = \dfrac{1}{s^2+(5+k)s+6+k} = \dfrac{1}{s^2+5s+6+k(s+1)}$

$\Delta(s) = s^2 + 5s + 6 + k(s+1)$

$1 + GH = 1 + k\dfrac{s+1}{s^2+5s+6}$

$\Rightarrow G(s) = k\dfrac{s+1}{(s+2)(s+3)}$

$P : s = -2, -3 \ ; Z : s = -1$

出發點為 $s = -2$, -3

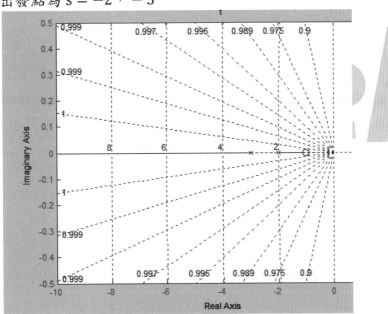

472. $G(s) = k\dfrac{(s+1)}{s(s+4)(s^2+2s+2)}$

$P : s = -1 \pm j - 4 \ , 0 \ ; Z : s = -1$

$n - m = 3$

$d_A = \dfrac{\text{極點和} - \text{零點和}}{n-m} = \dfrac{-2-4-(-1)}{3} = -\dfrac{5}{3}$

473.
$G(s) = k\dfrac{(s+1)}{s(s+4)(s^2+2s+2)}$

P：s = 0，−4，−1±j；Z：s = −1

$\theta_a = \dfrac{\pm(2q+1)\pi}{n-m}$（q = 0，1，2，…）

$\theta_a = \pm 60°，180°$

+60°與實軸夾角為60°，−60°與實軸夾角為300°，180°與實軸夾角為180°

此題漸進線與實軸夾角與90°無關

474.
$G(s) = \dfrac{k}{s(s+3+4j)(s+3-4j)}$

$\varphi_1 = \angle G(s)$，以 s = −3 + j4 代入

$= \angle \dfrac{k}{(-3+j4)\times j8} = -90° - \left(180° - \tan^{-1}\dfrac{4}{3}\right) = -216.86°$

$\varphi_p = (2q+1)\pi + \varphi_1 = 180° - 216.86° = -36.86° \cong -37$

475.
$G(s) = \dfrac{k(s+2)}{(s+1)(s^2+2s+2)} = k\dfrac{s+2}{(s+1)(s+1+j)(s+1-j)}$

$\varphi_1 = \angle G(s)$，以 s = −1 − j 代入

$= \angle k\dfrac{1-j}{(-j)(-j)} = -\tan^{-1}1 - 180° = -45° - 180° = -225°$

$\varphi_p = (2q+1) + \varphi_1 = 180° - 225° = -45°$

477.
$\Delta(s) = s^3 + 6s^2 + 10s + k$

$\begin{array}{c|cc}
s^3 & 1 & 10 \\
s^2 & 6 & K \\
s^1 & \dfrac{60-k}{6} & \\
s^0 & K &
\end{array}$

$0 < k < 60$

if k = 60，$6s^2 + 60 = 0 \Rightarrow s^2 = -10 \Rightarrow s = \pm j\sqrt{10}$

478.
有兩個極點 ⇨ 其波得圖有 −40 dB/decade

479.
$20\log 125 = 20\log 5^3 = 3\times 20\log 5 = 3\times 14 = 42$

480.
極點產生 $-20\,^{dB}/_{dec}$ 的斜率，零點產生 $20\,^{dB}/_{dec}$ 的斜率

在橫軸 = 10^0，可得 (s + 10)；在橫軸 = 10^1，可得 $\dfrac{1}{(s+10)}$

在橫軸 = 10^6，可得 $\dfrac{1}{(s+10^6)}$；在橫軸 = 10^7，可得 $(s+10^7)$

且 $20\log K = 20dB \Rightarrow K = 10$

$\Rightarrow H(s) = \dfrac{10(s+10^0)(s+10^7)}{(s+10)(s+10^6)}$

481. 在橫軸 $=1$，可得 $\dfrac{1}{s}$；在橫軸 $=3$，可得 $\dfrac{s}{3}+1$；在橫軸 $=9$，可得 $\dfrac{1}{\left(\dfrac{s}{9}+1\right)}$

$20\log\dfrac{k}{s}=14$

$s=\omega=1$

$\log k=0.7\Rightarrow k=5$

$G(s)=\dfrac{5\left(1+\dfrac{s}{3}\right)}{s\left(1+\dfrac{s}{9}\right)}$

482. 在橫軸 $=6$，可得 $\dfrac{1}{\left(\dfrac{s}{6}+1\right)}$

在橫軸 $=70$，可得 $\dfrac{1}{\left(\dfrac{s}{70}+1\right)}$

在橫軸 $=300$，可得 $\dfrac{1}{(s+300)^2}$

$20\log k=60\Rightarrow k=1000$

$G(s)=\dfrac{1000\left(\dfrac{s}{70}+1\right)}{\left(\dfrac{s}{6}+1\right)\left(\dfrac{s}{300}+1\right)^2}$

483. $N=Z-P$

$(Z-P)\times 2\pi$

484. 奈氏穩定準則 $N=Z-P\Rightarrow Z=P+N$

485. $\dfrac{C(j\omega)}{R(j\omega)}=\dfrac{5}{5+j2\omega+(j\omega)^2}$

$\Rightarrow \dfrac{C(s)}{R(s)}=\dfrac{5}{s^2+2s+5}$

$\omega_n{}^2=5\Rightarrow \omega_n=\sqrt{5}$

$\zeta\omega_n=1\Rightarrow \zeta=\dfrac{1}{\sqrt{5}}=0.4472$

$M_r=\dfrac{1}{2\zeta\sqrt{1-\zeta^2}}=\dfrac{1}{2\times 0.4472\sqrt{1-0.4472^2}}=1.25$

486. $\dfrac{C(j\omega)}{R(j\omega)}=\dfrac{5}{5+j2\omega+(j\omega)^2}$

$\Rightarrow \dfrac{C(s)}{R(s)}=\dfrac{5}{s^2+2s+5}$

$\omega_n{}^2=5\Rightarrow \omega_n=\sqrt{5}$

$\zeta\omega_n=1\Rightarrow \zeta=\dfrac{1}{\sqrt{5}}=0.4472$

$\omega_r=\omega_n\sqrt{1-2\zeta^2}=\sqrt{5}\times\sqrt{1-2\times(0.4472)^2}=1.732$

487. $\dfrac{C(j\omega)}{R(j\omega)} = \dfrac{5}{5 + j2\omega + (j\omega)^2}$

$\Rightarrow \dfrac{C(s)}{R(s)} = \dfrac{5}{s^2 + 2s + 5}$

$\omega_n{}^2 = 5 \Rightarrow \omega_n = \sqrt{5}$

$\zeta\omega_n = 1 \Rightarrow \zeta = \dfrac{1}{\sqrt{5}} = 0.4472$

B.W. $= \omega_n \left(1 - 2\zeta^2 + \sqrt{2 - 4\zeta^2 + 4\zeta^4}\right)^{\frac{1}{2}}$

$= \sqrt{5}\left(0.6 + \sqrt{2 - 4 \times (0.4472)^2 + 4 \times (0.4472)^4}\right)^{\frac{1}{2}}$

$= \sqrt{5}\left(0.6 + \sqrt{2 - 0.8 + 0.16}\right)^{\frac{1}{2}} = 2.97$

491. 轉折頻率為轉移函數的極點的係數

492. 1 個 START 位元、2 個 STOP 位元、1 個偶同位,所以總共加起來有 4 個位元,因為傳送 200 個 8 位元,故 4 乘以 200(傳送 200 次),等於 800 個位元,再加上前後各有 STX 和 ETX,而 STX 和 ETX 也各有 1 個 START 位元、2 個 STOP 位元、1 個偶同位,故 2 乘以 4 個位元加上 8 位元乘以 2,等於 24 個位元,800 加上 24,所以總共會有 824 個位元 $\Rightarrow 4 \times 200 + 8 \times 2 + 4 \times 2 = 824$

495. $10 \div 256 = 0.0390625$
$2.5 \div 0.0390625 = 64$
64 轉 2 進位為 01000000

533. $2^{13} = 8192$

539.
Clock	1000
1	1001
2	1010(因為模數 10,故重置成 0000) $\Rightarrow$ 0000
3	0001
4	0010
5	0011
6	0100
7	0101
8	0110
9	0111

540. 由於為 16 模,確定為強生偶數計數器 $\Rightarrow$ 計數模數為 $2N = 16 \Rightarrow N = 8$

541. 組成模數32之計數器，最少需5($2^5 \geq 32$)個正反器

$$f_{ck} \leq \frac{1}{n \times t_{p(FF)}} = \frac{1}{5 \times 20 \times 10^{-9}} = 10 \times 10^6 \text{ Hz} = 10 \text{ MHz}$$

547. 16條位址線及8條資料線，可存取之最大位址空間為$2^{16} \times 8\text{Bit} = 64\text{KB}$，
RAM與ROM各佔一半為64KB，單顆6116為2KB $\Rightarrow$ 需要$32 \div 2 = 16$，
單顆2764為8KB $\Rightarrow$ 需要$32 \div 8 = 4$ $\Rightarrow$ 16顆SRAM，4顆EPROM

548. $(A_4，A_3，A_2，A_1，A_0) = (11\text{XXX})$，1,1000b~1,1111b = 18H~1FH

550. 16Bit讀取週期為10ns $\Rightarrow \dfrac{16 \text{ Bit}}{10 \text{ ns}} = 16 \times 10^8 \text{ Bit/s} = 1600 \text{ MBit/s}$

551. $(512\text{K} \times 16) \div (8\text{K} \times 8) = 128$

552. 19條位址 $= 2^{10} \times 2^9 = 512\text{K}$，總共$512\text{K} \times 16 \Rightarrow$ 19條位址線與16條資料線

572. $10\text{V}/20\text{mV} = 500$
設 x 為需要的位元數：$2^x > 500 \Rightarrow x = 9$

573. 4位元之轉換電路，最高電位為5伏特，輸入為1000，先轉成每單位元可換之電位
$2^4 = 16$
輸入為 1000 等於 $2^3 = 8$
$(5 \div 16) \times 8 = 2.5$

574. Baud Rate = bit per second
$1 \div 0.2083 = 4.8007\text{k} = 4800$

詳答摘錄 － 填充題

1. $G(s) = \dfrac{s+1}{s(s+2)}$ ，以 $s = -3 + 4j$ 代入

    $G(s) = \dfrac{-2+4j}{(-3+4j)(-1+4j)} = \dfrac{-2+4j}{3-16j-16} = \dfrac{(-2+4j)(-13+16j)}{(-13-16j)(-13+16j)}$

    $= \dfrac{26-64-32j-52j}{169+256} = \dfrac{-38-84j}{425} = -0.089 - 0.197j$

2. 計算 pole 至 $-5+5j$ 的角度總和是否等於 180 度

    Pole 點在 $s = 0, -5, -40$

    $-(135° + 90° + \tan^{-1}\dfrac{5}{35}) \neq 180° \Rightarrow$ 否

3. $k = \left| \dfrac{s^2 + 2s + 2}{s+2} \right|$ ，以 $s = -2 + \sqrt{2}j$ 代入

    $= \left| \dfrac{(4 - 4\sqrt{2}j - 2) + (-4 + 2\sqrt{2}j) + 2}{\sqrt{2}j} \right| = \left| \dfrac{-2\sqrt{2}j}{\sqrt{2}j} \right| = +2$

4. $G(s) = \dfrac{k}{s(s+2)} \Rightarrow$ pole $= 0, -2$

    $\theta = \cos^{-1}\zeta = \cos^{-1}0.5 = 60°$

    分離點在 $\dfrac{dk}{ds} = \dfrac{d}{ds}(s^2 + 2s) = 0$

    $S = -1$ ；交錯點 $P_1 = -1 + \sqrt{3}j$

    $k = |s(s+2)|$ ，以 $s = -1 + \sqrt{2}j$ 代入

    $= \left| (-1 + \sqrt{3}j)(1 + \sqrt{3}j) \right| = |-1 - 3| = 4$

5. $\Delta = s(s-1)(s^2 + 4s + 16) + k(s+1)$

    $= s(s^3 + 4s^2 + 16s - s^2 - 4s - 16) + k(s+1)$

    $= s^4 + 3s^3 + 12s^2 + (k-16)s + k$

s^4	1	12	k
s^3	3	k-16	
s^2	36-k+16	3k	
s^1	(k-16)(52-k)-9k		
s^0	3k		

    ① $52 - k > 0$ ， $k < 52$

    ② $(k-16)(52-k) - 9k > 0$

    ③ $3k > 0$ ， $k > 0$

    由② $\Rightarrow 52k - k^2 - 832 + 16k - 9k > 0$

    $k^2 - 59k + 832 < 0$

    $\dfrac{59 \pm \sqrt{(-59)^2 - 4 \times 832}}{2} = \dfrac{59 \pm 12.4}{2} = 35.7$ ， $23.3 \Rightarrow 23.3 < k < 35.7$

6.   pole $= 0, -1$
zero $= -2, -3$
實軸上的根軌跡，其右邊的零點與極點數目和為奇數個
$(-1, 0)$與$(-3, -2)$

7. $\Delta = s^2 + 5s + k + ks + 6 = 1 + \dfrac{k(s+1)}{s^2 + 5s + 6}$
$Open - loop\ T.F.$
$G(s) = \dfrac{s+1}{s^2 + 5s + 6}$
閉迴路 Root locus 起點為開迴路 T.F.極點 $\Rightarrow$ pole 在 $s = -3, -2$

8. $\Delta = s^3 + s^2 + s + 3 + k$
利用 Routh- Hurwitz 準則
$\begin{array}{ccc} s^3 & 1 & 1 \\ s^2 & 1 & 3+k \\ s^1 & 1-3-k & \\ s^0 & 3+k & \end{array}$
$1 - 3 - k > 0 \Rightarrow k < -2$
$3 + k > 0 \Rightarrow k > -3$
$\Rightarrow -3 < k < -2$

9.   先計算邊限穩定之 k 值
$\Delta = s^3 + 3s^2 + 2s + k$
$\begin{array}{ccc} s^3 & 1 & 2 \\ s^2 & 3 & k \\ s^1 & 6-k & \\ s^0 & k & \end{array}$
$0 < k < 6$
$GM = 20\log\dfrac{\text{邊際穩定 k 值}}{\text{設計 k 值}} \Rightarrow GM = 20\log\dfrac{6}{k} = 20\log 2 \Rightarrow k = 3$

10. $\Delta = \det|sI - A| = \begin{vmatrix} s-k & 0 & 0 \\ 0 & s+1 & 0 \\ 0 & 0 & s+1+k \end{vmatrix}$
$= (s-k)(s+1)(s+1+k)$
$= [s^2 + (1-k)s - k](s+1+k)$
$= s^3 + (1-k)s^2 - ks + s^2 + (1-k)s - k + ks^2 + (k-k^2)s - k^2$
$= s^3 + (-k^2 - k + 1)s - (k^2 + k)$
$\begin{array}{ccc} s^3 & 1 & -k^2-k+1 \\ s^2 & \epsilon^+ & -k(k+1) \\ s^1 & \epsilon^+(-k^2-k+1)+k^2+k & \\ s^0 & -k(k+1) & \end{array}$
$-k(k+1) > 0 \Rightarrow -1 < k < 0$

11. $$\left|G(j\omega_g)\right| = 1 = \frac{2}{\omega_g{}^2(\omega_g{}^2 + 1)}$$

$$\omega_g{}^4 + \omega_g{}^2 - 2 = 0$$

令 $x = \omega_g{}^2$，$x^2 + x - 2 = 0 \Rightarrow (x + 2)(x - 1) = 0 \Rightarrow x = 1, -2(-2 \text{ 不合})$

$\omega_g = 1$，$PM = 180° + \angle G(j\omega_g) = 180° - 90° - \tan^{-1} 1 = 45°$

12. $\Delta(s) = [s(s + 1)(s + 3) + (s + K)] = s^3 + 4s^2 + 4s + K$

$$\begin{array}{ccc} s^3 & 1 & 4 \\ s^2 & 4 & K \\ s^1 & \dfrac{16 - K}{4} & \\ s^0 & K & \end{array}$$

$K > 0$，$16 - K > 0 \Rightarrow 0 < K < 16$

13. $$\begin{array}{ccc} s^3 & 1 & 2 + K_P \\ s^2 & 3 & K_I \\ s^1 & \dfrac{6 + 3K_P - K_I}{3} & \\ s^0 & 3 & \end{array}$$

$6 + 3K_P - K_I > 0$，$K_I > 0$

$3K_P - K_I > -6 \Rightarrow K_P > \dfrac{K_I}{3} - 2$

14. $\Delta(s) = s^3 + 5s^2 + (K - 6)s + 2K = 0$

$$\begin{array}{ccc} s^3 & 1 & (K - 6) \\ s^2 & 5 & 2K \\ s^1 & \dfrac{3K - 30}{5} & \\ s^0 & 2K & \end{array}$$

$2K > 0 \Rightarrow K > 0$

$3K - 30 > 0 \Rightarrow 3K > 30 \Rightarrow K > 10$

15. $\Delta(s) = s^n + a_1 s^{n-1} + a_2 s^{n-2} + \cdots + a_{n-1}s + a_n$

$$\begin{array}{ccc} s^n & 1 & a_1 \\ s^{n-1} & a_2 & a_3 \\ s^{n-2} & \dfrac{a_1 a_2 - a_3}{a_1} & \Rightarrow \dfrac{a_1 a_2 - a_3}{a_1} \\ s^{n-3} & & \end{array}$$

16. 由於在 s^1 列出現整列為 0

自上一列 $A(s) = 3s^2 + 3$ 做微分，得到 $A'^{(s)} = 6s \Rightarrow$ 新的 s^1 列的第一行數值為 6

18. 因為主極點兩根為 $s^2 + 2s + 2$ 的解

主極點為 $-1 \pm j$ 另一根在 -10

$\Rightarrow$ 兩極點相差十倍，所以若要近似可以忽略 -10 的 pole $\Rightarrow G(s) = \dfrac{20}{10(s^2 + 2s + 2)}$

19. $y(t) = 0.5 + e^{-t}\sin(2t) - 2e^{-t}\cos(2t) + 3\sin(4t)$

暫態響應隨著時間愈長而會漸漸收斂歸零

$\Rightarrow e^{-t}\sin(2t) - 2e^{-t}\cos(2t)$ when $t \to \infty \Rightarrow e^{-\infty} = 0$

20. $\left(k_p + \dfrac{10}{s}\right) \times \dfrac{100}{s^2 + 10s + 100} = \left(\dfrac{k_p s + 10}{s}\right) \times \dfrac{100}{s^2 + 10s + 100} = \dfrac{100(k_p s + 10)}{s(s^2 + 10s + 100)}$

$k_v = \lim_{s \to 0} s \times \dfrac{100(k_p s + 10)}{s(s^2 + 10s + 100)} = \dfrac{1000}{100} = 10$

$e_{ss(ramp)} = \dfrac{1}{k_v} = 0.1$

21. $G(s) = \dfrac{s(s+1)}{s^2(s+12)(s+5)}$ ，輸入：$\dfrac{1}{2}t^2$

$k_a = \lim_{s \to 0} s^2 \times \dfrac{s(s+1)}{s^2(s+12)(s+5)} = \dfrac{5}{12 \times 5} = \dfrac{1}{12}$

$e_{ss} = 12$

22. $\pounds[te^{-at}] = \displaystyle\int_0^\infty te^{-at} \times e^{-st}dt$

$= \displaystyle\int_0^\infty te^{-(s+a)t}dt = \dfrac{1}{(s+a)^2}$

23. 因 $\pounds^{-1}\left[\dfrac{1}{s^2 + a^2}\right] = \dfrac{1}{a}\sin at$ ，兩端對 a 微分

$\Rightarrow \pounds^{-1}\left[\dfrac{-2a}{(s^2 + a^2)^2}\right] = -\dfrac{1}{a^2}\sin at + \dfrac{t}{a}\cos at$

$\Rightarrow \pounds^{-1}\left[\dfrac{1}{(s^2 + a^2)^2}\right] = \dfrac{1}{2a^3}\sin at - \dfrac{t}{2a^2}\cos at$ ，以 $a = 3$ 代入

24. $A = \begin{bmatrix} 1 & -1 & -2 \\ 3 & -1 & 1 \\ -1 & 3 & 4 \end{bmatrix}$, $A^T = \begin{bmatrix} 1 & 3 & -1 \\ -1 & -1 & 3 \\ -2 & 1 & 4 \end{bmatrix}$

$A^{-1} = \dfrac{\begin{bmatrix} 1 & 3 & -1 \\ -1 & -1 & 3 \\ -2 & 1 & 4 \end{bmatrix}}{\Delta} = -\dfrac{1}{10}\begin{bmatrix} -7 & -2 & -3 \\ -13 & 2 & -7 \\ 8 & -2 & 2 \end{bmatrix}$

25. $\dfrac{Y(s)}{U(s)} = C(SI - A)^{-1}B + D$

$[1 \quad 0]\begin{bmatrix} s-1 & -2 \\ 3 & s+4 \end{bmatrix}^{-1}\begin{bmatrix} 0 \\ 5 \end{bmatrix} + 2$

$\dfrac{1}{(s-1)(s+4) + 6}[1 \quad 0]\begin{bmatrix} s+4 & 2 \\ -3 & s-1 \end{bmatrix}\begin{bmatrix} 0 \\ 5 \end{bmatrix} + 2$

$= \dfrac{1}{s^2 + 3s + 2}[s+4 \quad 2]\begin{bmatrix} 0 \\ 5 \end{bmatrix} + 2 = \dfrac{10 + 2s^2 + 6s + 4}{s^2 + 3s + 2} = \dfrac{2s^2 + 6s + 14}{s^2 + 3s + 2}$

26.
$$\frac{Y(s)}{U(s)} = C(SI - A)^{-1}B + D$$

$$[2 \quad 3 \quad 1]\begin{bmatrix} s & -1 & 0 \\ 0 & s & -1 \\ 1 & 2 & s+3 \end{bmatrix}^{-1}\begin{bmatrix} 0 \\ 0 \\ 1 \end{bmatrix}$$

$$= \frac{1}{s^2(s+3) + 1 - (-2s)}[2 \quad 3 \quad 1]\begin{bmatrix} s^2+3s+2 & s+3 & 1 \\ -1 & s^2+3s & s \\ -s & -2s+1 & s \end{bmatrix}\begin{bmatrix} 0 \\ 0 \\ 1 \end{bmatrix}$$

$$= \frac{1}{s^3+3s^2+2s+1}[2 \quad 3 \quad 1]\begin{bmatrix} 1 \\ s \\ s^2 \end{bmatrix}$$

$$= \frac{s^2+3s+2}{s^3+3s^2+2s+1}$$

27.
$$\frac{1}{C}\int i(t)dt + i(t)R + L\frac{di(t)}{dt} = 0$$

$$2\int i(t)dt + 3i(t) + \frac{di(t)}{dt} = 0 \ 兩端微分$$

$$2i(t) + 3i'(t) + i''(t) = 0$$

令 $i(t) = e^{mt}$，$(m^2 + 3m + 2)i(t) = 0 \Rightarrow (m+2)(m+1) = 0 \Rightarrow m = -2, -1$

$$i(t) = C_2e^{-2t} + C_1e^{-t} \Rightarrow i(0) = 1 \ , \ i'(0) = 2$$

$$\begin{cases} C_1 + C_2 = 1 \\ -2C_1 - C_2 = 2 \end{cases} \Rightarrow \begin{cases} 2C_1 + 2C_2 = 2 \\ -2C_1 - C_2 = 2 \end{cases} \Rightarrow C_1 = -3 \ , \ C_2 = 4 \Rightarrow i(t) = -3e^{-t} + 4e^{-2t}$$

28.
$$y(t) = 1 - \frac{7}{3}e^{-t} + \frac{2}{3}e^{-2t} - \frac{1}{6}e^{-4t}$$

$$y(s) = G(s) \times u(s) = G(s) \times \frac{1}{s}$$

$$G(s) = y(s) \times s$$

$$\pounds[y(t)] = y(s) = \frac{1}{s} - \frac{7}{3}\frac{1}{(s+1)} + \frac{2}{3}\frac{1}{(s+2)} - \frac{1}{6}\frac{1}{(s+4)}$$

$$G(s) = y(s) \times s = 1 - \frac{7}{3}\frac{s}{s+1} + \frac{2}{3}\frac{s}{s+2} - \frac{1}{6}\frac{s}{s+4}$$

$$= \frac{1}{6}\left[6 - 14\frac{s}{s+1} + \frac{4s}{s+2} - \frac{s}{s+4}\right] = \frac{1}{6}\left[\frac{-5s^3 - 25s^2 - 6s + 48}{(s+1)(s+2)(s+4)}\right]$$

30.
$$f(t) = My''(t) + By'(t) + ky(t)$$

兩端取拉式轉換並設初值 $= 0$

$$\Rightarrow F(s) = (Ms^2 + Bs + K)Y(s) \Rightarrow \frac{Y(s)}{F(s)} = \frac{1}{Ms^2 + Bs + K}$$

31.
Laplace transform：

$$(s^4 + 2s^3 + s^2 + 20s + 5)Y(s) = (2s+1)U(s) \Rightarrow \frac{Y(s)}{U(s)} = \frac{(2s+1)}{s^4 + 2s^3 + s^2 + 20s + 5}$$

32.
INCLUDE + 路徑
INCLUDE C:\ASSM\MARCO.MAC

33. 中斷(interrupts)有兩種來源：由硬體產生的和由軟體產生的。通常，在硬體週邊設備需要 CPU 時(例如，要跟 CPU 要資料，或是有資料要給 CPU)，會對 CPU 發出中斷要求。軟體也可以利用 INT n 指令來對 CPU 發出中斷要求軟體產生的例外，是由 INT O、INT 3、和 BOUND 指令產生的。例如，INT 3 命令會發出一個「程式中斷點」的例外。

INT 3 是針對程式除錯使用之指令；且為 1BYTE 大小的指令

34. CS 是指一個程式從哪個位址開始，CS 通常會搭配 IP 使用，程式目前跑到的

位置，就由 (CS)0 + IP 決定

CS: 00 A3；IP: 01 27 ⇨ 現在位址為 A3 127

35. MOV 目的，來源 ⇨ 將來源資料複製到目的

SHL 資料，左移次數 ⇨ 將資料乘以 2 的左移次數次方

ADD dst, src，dst = dst + src

$AX = AX \times 2, BX = AX \times 2, AX = AX \times 2 \times 2 \times 2$

$BX = BX + AX, BX = AX \times 2 + AX \times 2 \times 2 \times 2 \times 2 ⇨ BX = 18AX$

36. /: 求商

%: 求餘數

$n = 765/100 = 7$

$t = 765\%100 = 65/10 = 6$

$u = 765\%10 = 5$

37. 13 位元，計數從 0 開始：$2^{13} = 8192 - 1 = 8191$

38. 由 1：64 得知分頻器設定為倍頻 ⇨ $1\mu s \times 64\mu s \times 2^8 = 16.384 \, ms$

40. 8051/8052 的一個機械週期(Machine Cycle)是由 6 個狀態週期(State)S1 − S6 組成。而每一個狀態週期包含 2 個振盪週期分別稱為 Pl 與 P2。因此一個機械週期有 12 個振盪週期，若採用 12MHZ 石英晶體振盪器，則振盪週期為 l/12 微秒(μs)，因此每個機械週期是 lμs

12 個 clock = 1 個 machine cycle

12MHZ ÷ 12 = 1MHZ

1 ÷ 12MHZ = 1μs

以機械週期(Machine Cycle)為計時基準，每經過一個機械週期，其計時/計數器暫存器會自動增加 1，由於一個機械週期為 12 個振盪週期，因此計時器的最小時間單位為 12 個振盪週期 ⇨ 計時單位為 1μs

41. MOD.32 為求餘數之指令 ⇨ 8092 除以 32 的餘數為 28

42. 8051/8052 的一個機械週期(Machine Cycle)是由 6 個狀態週期(State)S1 − S6 組成。
而每一個狀態週期包含 2 個振盪週期分別稱為 Pl 與 P2。因此一個機械週期有 12 個
振盪週期。

12 個 clock = 1 個 machine cycle，每一計數需要 2 個 machine cycle
12MHZ ÷ 12 = 1MHZ
1MHZ ÷ 2 = 500 KHZ

48. $64M \times 8 = (2^6 \times 2^{10})K \times 8$
$256K \times 4 = 2^8 K \times 4$
$(2^6 \times 2^{10}) \times 8 \div (2^8 \times 4) = 512$

49. 十條位址線 $\Rightarrow 2^{10}K = 1KK = 1M \Rightarrow$ 記憶體晶片容量為 $1M \times 4$

63. 堆疊的特性是先進後出，PUSH 和 POP 皆為堆疊存取之指令
PUSH 來源，資料轉移指令，來源是暫存區或立即的資料，目的是堆疊段的記憶區
POP 與 PUSH 成對的指令，每筆資料需使用一個 POP 取回資料
先放入的資料分別為(80)H、(81)H、(82)H、(83)H，把握先進後出原則，故
用 POP 取出時，依序從最後方取出，分別為(83)H、(82)H、(81)H、(80)H
$\Rightarrow$ C 暫存器內容為(81)H

64. MIPS 為每秒可傳送百萬個指令
把 40MIPS 看成 40MHZ $\Rightarrow$ 40MHZ 轉成週期為 $0.025\mu s = 25ns$(在每一個指令下)

65. $800 \times 600 \times 256 = 480000 \times 2^8 = 480\ KB$

73. $120rpm = \dfrac{2\ 圈}{s}$

$360 \div 1.8 = 200$，轉 200 步時會轉一圈

$\dfrac{200\ 步}{圈} \times \dfrac{2\ 圈}{s} = \dfrac{400\ 步}{圈}$，而每 4 個脈波完成一個激磁循環週期

$\dfrac{4}{400} = 10\ ms$

74. 以下為示意圖，假設 VBE 為 0.5V，$\dfrac{5 - 0.5}{10mA} = 0.45K = 450\ \Omega$

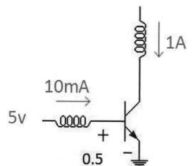

75. 單極激磁依各相之間激磁順序的不同，可分為一相激磁、二相激磁及一、二相激磁三種

1.一相激磁

為一相激磁脈衝信號的順序推動，每次只有一個相機磁，因此稱為一相激磁。若要步進馬達反轉，只要將推動順序反過來就可以了

2.二相激磁

為二相激磁脈衝信號的推動順序，每走一步都有兩極同時激磁，因此所產生的轉矩比一相激磁的轉矩大。

3.一、二相激磁

為一二相激磁脈衝信號的推動順序，這種方法是一相激磁和二相激磁的混合方式。他的最大的優點在於步進馬達每走一步的步進角為前兩種激磁方式的一半，因而得到更小的步進角，也叫做半步激磁。

一相和二相的步進角一樣為 1.8 度，且每走一步都有兩極同時激磁

77. 一相激磁和二相激磁的混合方式，為一相步進角度的一半 ⇨ 0.9 度

78. 若把四位數之轉速切成前兩位和後兩位當作 c 輸入的話，程式中要顯示的是十位數字和千位數字，故填入%，先取兩位數中的前位數字，再由後面和 0x30 做 or 的程式處理，而 ASCII 的 30H 到 39H，為 0 到 9，故會輸出 31H 和 39H，為十進位的 1 和 9

例:14 和 98 分別輸入，當作程式中宣告的 c，程式順序中，對輸入的 c 做取餘數和取商數的處理，若 c 先輸入 14 會得到 1，接著與 0x30 做 or 的程式處理，會得到 31H，然後輸入 98 會先得到 9，接著與 0x30 做 or 的程式處理，會得到 39H，而 ASCII 的 31H 和 39H，為 1 和 9，得到千位和十位數

80. $1.5 \times 40 - 1.5 \times 10 = 45$

83. 12 位元中有效字元為 8 位元 ⇨ $\frac{8}{12} \times 115200 = 76800$

84. 一個字元為 1BYTE，等於 8 位元

$1B \times 1000 = 8000b$

$8000b \div 8 = 1000$ 次

$1000 \times 10 = 10000b$

$10000 \div 2500 = 4\,s$

87. $G(S) = \dfrac{A(s + B)}{C(s)}$，$(s + B)$ 為轉移函數的零點，

⇨ 在波德圖中零點會產生 $+20\,db/decade$

⇨ 由圖觀察可得知轉折頻率在 $\omega = 5$，$B = 5$

88. 當 GH(jω)的相位為 180 度時，此時的頻率為相位交越頻率，在此時定義增益邊界

$$GM = 20 \log \frac{1}{GH(j\omega_p)} = 20 \log \frac{1}{a}$$

系統的開迴路轉移函數之奈氏路徑與負實軸交會在 0.25，

$$\Rightarrow 20 \log_{10} \frac{1}{0.25} = 12.041 \text{ dB}$$

89. 增益邊界定義：

$$GM = 20 \log \frac{1}{GH(j\omega_p)} = 20 \log \frac{1}{a}$$

K 值範圍相當於系統到達臨界穩定前還能增加或減少增益，又系統的開迴路轉移

函數之奈氏路徑與實軸交於 -1 時，$20 \log \frac{1}{a} = 0$dB，此時閉迴路臨界穩定

$$\Rightarrow 20 \log_{10} 1/0.25k = 0\text{dB}，\frac{1}{0.25k} = 1，k = 4$$

92. 系統的 $G(s) = k \frac{s+1}{s^2(s+9)}$，漸近線角度：$\theta_A = \frac{(2q+1)\pi}{n-m}$，$(q = 0, 1, 2, 3)$

n = 極點數目，m = 零點數目

$\theta_A = \frac{\pi}{2} \Rightarrow \theta_A = 90°$，$\partial_A = \frac{\text{極點和} - \text{零點和}}{n-m} \Rightarrow \partial_A = -4$

在 $S = 0$ 時極點的根軌跡要往漸近線跑過去直到$\infty \Rightarrow S = 0$ 時離去角 $= \pm 90°$

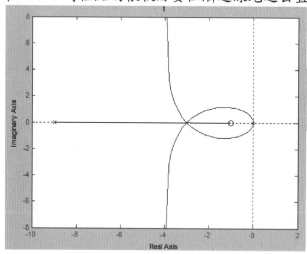

93. $\Delta(s) = s^3 + 8s^2 + 16s + K = 0$，與虛軸交點可用羅斯表

$$\begin{array}{c|cc}
s^3 & 1 & 16 \\
s^2 & 8 & K \\
s^1 & \dfrac{128-K}{8} & \\
s^0 & K &
\end{array}$$

當 K = 128 時，有一列全為 0

$\Rightarrow$ 要使用輔助方程式 $A(s) = 8s^2 + 128 = 0 \Rightarrow s = \pm j4$

94. $G(s) = \dfrac{K}{s(s+1)}$ ，p：$0, -1$，n $= 2$，Z：無

$\theta_A = \dfrac{\pi}{2} \Rightarrow \theta_A = \pm 90°$，$\partial_A = \dfrac{極點和 - 零點和}{n - m} \Rightarrow \partial_A = -\dfrac{1}{2}$

極點之根軌跡會從 $K = 0^+$ 往漸近線 $\pm 90°$ 跑到 $K = \infty$

由靈敏度公式：$\dfrac{\partial T}{\partial k} \times \dfrac{K}{T}$，若 $K = \infty$ 時，靈敏度 $= \infty \Rightarrow s = -\dfrac{1}{2}$ 時，靈敏度 $= \infty$

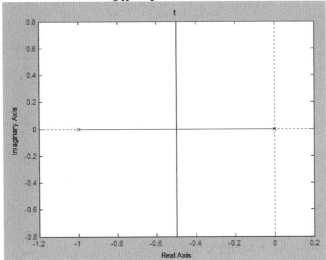

95. 定義：$GM = 20\log\dfrac{1}{GH(jwp)} = 20\log\dfrac{1}{a} = -20\log a$

角度在 $-180°$ 所對應到值為 $-45dB$，取絕對值 $= 45dB \Rightarrow GM = 45\,dB$

96. 大小為 $0dB$ 所對應到的角度為 $-130°$，離臨界穩定 $(-180°)$ 相差 $50°$

$\Rightarrow$ 相位邊界 $= 50°$

97. 在波德圖中極點會產生 $-20\,db/dec$

由圖形可知有兩個極點 $\Rightarrow$ 此多項式為二次多項式

98. $-\dfrac{\sqrt{3}}{2} - j\dfrac{1}{2}$ 對應到的角度為 $-150°$

$PM = -150° - (-180°) = 30°$

101. $e_o = \dfrac{\dfrac{1}{sc}}{R + sL + \dfrac{1}{sc}} = \dfrac{1}{sRC + s^2 Lc + 1} = \dfrac{1}{LCs^2 + RCs + 1}$

102. 設C_1的端電壓為e_1

$$\frac{1}{Se_1} \parallel \left(R_2 + \frac{1}{SC_2}\right) = \frac{1}{Se_1} \parallel \left(\frac{SR_2C_2 + 1}{SC_2}\right)$$

$$= \frac{\dfrac{SR_2C_2 + 1}{S^2C_1C_2}}{\dfrac{1}{SC_1} + \dfrac{SR_2C_2 + 1}{SC_2}} = \frac{\dfrac{SR_2C_2 + 1}{S^2C_1C_2}}{\dfrac{SC_2 + S^2R_2C_2 + SC_1}{S^2C_1C_2}} = \frac{SR_2C_2 + 1}{S^2R_2C_1C_2 + S(C_1 + C_2)}$$

$$e_1 = \frac{\dfrac{SR_2C_2 + 1}{S^2R_2C_1C_2 + S(C_1 + C_2)} \times e_i}{R_1 + \dfrac{SR_2C_2 + 1}{S^2R_2C_1C_2 + S(C_1 + C_2)}}$$

$$= \frac{\dfrac{SR_2C_2 + 1}{S^2R_2C_1C_2 + s(C_1 + C_2)}}{\dfrac{S^2R_1R_2C_1C_2 + SR_1(C_1 + C_2) + SR_2C_2 + 1}{S^2R_2C_1C_2 + s(C_1 + C_2)}} \times e_i$$

$$e_o = \frac{\dfrac{1}{SC_2}}{R_2 + \dfrac{1}{SC_2}} \times e_1 = \frac{\dfrac{1}{SC_2}}{\dfrac{SR_2C_2 + 1}{SC_2}} \times e_1 = \frac{1}{SR_2C_2 + 1} \times e_1$$

$$= \frac{1}{SR_2C_2 + 1} \times \frac{SR_2C_2 + 1}{S^2R_1R_2C_1C_2 + SR_1(C_1 + C_2) + SR_2C_2 + 1} \times e_i$$

$$\frac{e_o}{e_i} = \frac{1}{S^2R_1R_2C_1C_2 + SR_1(C_1 + C_2) + SR_2C_2 + 1}$$

103. $v_a = e_a + R_a i_a = K\omega + R_a i_a$

$T_m = K_i i_a$

$J \dfrac{d\omega}{dt} + B\omega = T_m = K_i i_a$

$i_a = \dfrac{J}{K_i}\omega s + \dfrac{B}{K_i}\omega$

$v_a = K_b\omega + R_a\left(\dfrac{J}{K_i}\omega s + \dfrac{B}{K_i}\omega\right) = \left[\left(K_b + \dfrac{R_aB}{K_i}\right) + \dfrac{R_aJ}{K_i}s\right]\omega$

$\dfrac{\omega}{v_a} = \dfrac{1}{\dfrac{R_aJ}{K_i}s + \left(K_b + \dfrac{R_aB}{K_i}\right)} = \dfrac{K_i}{R_aJs + K_iK_b + R_aB}$

105. $L_1 : -G_2G_3H_2$，$L_2 : -G_1G_2H_1$，$L_3 : G_1G_2G_3$，$L_4 : -G_4H_2$，$L_5 : G_1G_4$

無兩兩相接觸的迴路

前進路徑 1：$G_1G_2G_3$，前進路徑 2：G_1G_4

$$\frac{Y(s)}{R(s)} = \frac{G_1G_2G_3 + G_1G_4}{1 + G_1G_2H_1 + G_4H_2 + G_1G_4 + G_1G_2G_3 + G_2G_3H_2}$$

106. $L_1 : -G_2H_2$，$L_2 : -G_1H_1$

前進路徑：$G_1G_2G_3$

$\Delta = 1 + G_2H_2 + G_1H_1$

$$\frac{Y}{R} = \frac{G_1G_2G_3}{1 + G_2H_2 + G_1H_1}$$

108. 假設輸出為 y

列出 $my'' + cy' + ky \Rightarrow 0.1y'' + 2y' + 90y$

令齊次解 $y = e^{mx}$

$0.1m^2 + 2m + 90 \Rightarrow m^2 + 20m + 900$

對比 $S^2 + 2\zeta\omega_n S + \omega_n^2 \Rightarrow \omega_n^2 = 900 \Rightarrow \omega_n = 30$

109. 列出 $my'' + cy' + ky \Rightarrow 0.1y'' + 2y' + 90y$

令齊次解 $y = e^{mx}$ 代回

$0.1m^2 + 2m + 90 \Rightarrow m^2 + 20m + 900$

對比 $S^2 + 2\zeta\omega_n S + \omega_n^2 \Rightarrow \omega_n^2 = 900 \Rightarrow \omega_n = 30$

$20 = 60\zeta \Rightarrow \zeta = \dfrac{1}{3}$

110. $F = my'' + cy' + ky \Rightarrow F(s) = (ms^2 + cs + k)Y(s)$

$F(s) = 3u(t)$，take Laplace $\Rightarrow \dfrac{3}{s}$

$Y(s) = \dfrac{1}{ms^2 + cs + k}F(s) = \dfrac{3}{s(0.1s^2 + 2s + 90)}$

$= \dfrac{30}{s(s^2 + 20s + 900)} = \dfrac{1}{30s} \times \dfrac{As + B}{s^2 + 20s + 900}$

$= \dfrac{1}{30s} \times \dfrac{-\dfrac{1}{30}s - \dfrac{2}{3}}{s^2 + 20s + 900}$

$£^{-1}[Y(s)] = \dfrac{-3 - 3.182e^{-10t}\sin(28.28t + 70.53°)}{90}$

112. $T(s) = \dfrac{6s + 3}{s^3 + 2s^2 + 8s + 3}$，$r(t) = u_s(t) + tu_s(t)$

$E(s) = R(s) - Y(s) = \left[1 - \dfrac{Y(s)}{R(s)}\right]R(s) = \dfrac{s^3 + 2s^2 + 2s}{s^3 + 2s^2 + 8s + 3} \times R(s)$

$= \dfrac{s^3 + 2s^2 + 2s}{s^3 + 2s^2 + 8s + 3} \times \left(\dfrac{1}{s} + \dfrac{1}{s^2}\right)$

$e_{ss} = \lim\limits_{s \to 0} s \times \left(\dfrac{s(s^2 + 2s + 2)}{s^3 + 2s^2 + 8s + 3} \times \dfrac{1}{s} + \dfrac{s(s^2 + 2s + 2)}{s^3 + 2s^2 + 8s + 3} \times \dfrac{1}{s^2}\right)$

$= \lim\limits_{s \to 0} \dfrac{s(s^2 + 2s + 2)}{s^3 + 2s^2 + 8s + 3} + \dfrac{(s^2 + 2s + 2)}{s^3 + 2s^2 + 8s + 3} = \dfrac{2}{3}$

113. 極點為 $s = -10, -20$

$(s + 10)(s + 20) = s^2 + 30s + 200 = s^2 + 2\zeta\omega_n s + \omega_n^2$

$\omega_n^2 = 200 \Rightarrow \omega_n = 10\sqrt{2}$

$2\zeta\omega_n = 30 \Rightarrow \zeta\omega_n = 15$

$\zeta = 15 \div 10\sqrt{2} = 1.0606$

114. 極點為 $s = -4, -9$

$(s + 4)(s + 9) = s^2 + 13s + 36 = s^2 + 2\zeta\omega_n s + \omega_n^2$

$\omega_n^2 = 36 \Rightarrow \omega_n = 6$

115.

$$T(s) = \frac{8}{s^2 + 3s + 2 + 8} = \frac{8}{s^2 + 3s + 10} \text{ 系統為穩定}$$

$$G(s) = \frac{8}{(s+1)(s+2)} \Rightarrow k_p = \lim_{s \to 0} \frac{8}{2} = 4$$

$$e_{ss(step)} = \frac{1}{1 + k_p} = \frac{1}{1 + 4} = 0.2$$

116.

$$k_v = \lim_{s \to 0} s \times \frac{12(s+3)}{s(s+1)(s+2)} = \frac{36}{2} = 18$$

117.

$$L_1 : -\frac{1}{s^2} \,, \, L_2 : -\frac{k(s+4)}{s^2}$$

$$\frac{Y(s)}{R(s)} = \frac{\dfrac{1}{s^2}}{1 + \dfrac{1}{s^2} + \dfrac{k(s+4)}{s^2}} = \frac{1}{s^2 + 1 + k(s+4)}$$

特徵方程式 $\Delta = s^2 + ks + 4k + 1$

118.

$$\frac{\theta(s)}{v(s)} = \frac{2.5 \times 300}{(s+10)(s^2 + 3.873s + 3.75)10} = \frac{75}{(s+10)(s^2 + 3.873s + 3.75)}$$

$$\theta(s) = \frac{75}{(s+10)(s^2 + 3.873s + 3.75)} \times \frac{8}{s}$$

$$= \frac{600}{s(s+10)(s^2 + 3.873s + 3.75)}$$

$$= \frac{A}{s} + \frac{B}{(s+10)} + \frac{Cs + D}{s^2 + 3.873s + 3.75}$$

$$= \frac{A(s+10)(s^2 + 3.873s + 3.75) + Bs(s^2 + 3.873s + 3.75) + (Cs + D)s(s+10)}{s(s+10)(s^2 + 3.873s + 3.75)}$$

令 $s = 0$

$$A \times 10 \times 3.75 = 600 \Rightarrow A = \frac{600}{10 \times 3.75} = 16$$

令 $s = -10$

$$B \times (-10)(100 - 38.73 + 3.75) = 600 \Rightarrow B = -\frac{600}{650} = -0.923$$

$$16(s+10)(s^2 + 3.873s + 3.75) - 0.923s(s^2 + 3.873s + 3.75) + (Cs + D)s(s+10)$$
$$= 600$$

$$16(s^3 + 3.873s^2 + 3.75s + 10s^2 + 38.73s + 3.75) - 0.923(s^3 + 3.873s^2 + 3.75s)$$
$$+ (Cs^3 + 10Cs^2 + Ds^2 + 10Ds) = 600$$

$$16s^3 + 16 \times 3.873s^2 + 16 \times 42.48s + 16 \times 37.5 - 0.923s^3 - 0.923 \times 3.873s^2 - 0.923$$
$$\times 3.75s + Cs^3 + (10C + D)s^2 + 10Ds = 600$$

$$(16 - 0.923 + C)s^3 + (16 \times 13.873 - 0.923 \times 3.873 + 10C + D)s^2$$
$$+ (16 \times 42.48 - 0.923 \times 3.75 + 10D)s + 600 = 600$$

$$16 - 0.923 + C = 0 \Rightarrow C = -15.077$$

$$16 \times 42.487 - 0.923 \times 3.75 + 10D = 0 \Rightarrow D = -67.6219$$

$$\frac{-15.077s - 67.6219}{s^2 + 3.873s + 3.75} = \frac{-3852.139}{s + 1.931} + \frac{3837.062}{s + 1.942}$$

$$\frac{16}{s} - \frac{0.923}{s + 10} - \frac{3852.139}{s + 1.931} + \frac{3837.062}{s + 1.942}$$

$$\Rightarrow 16 - 0.923e^{-10t} - 3852.139e^{-1.931t} + 3837.062e^{-1.942t}$$

119.

$$\frac{k\left(s+\frac{7}{9}\right)}{s+1} \times \frac{1}{s(s+2)(s+3)} = \frac{k\left(s+\frac{7}{9}\right)}{s(s+1)(s+2)(s+3)} = G(s)$$

$$T(s) = \frac{k\left(s+\frac{7}{9}\right)}{s^4 + 6s^3 + 11s^2 + ks + 0.778} \Rightarrow \Delta = s^4 + 6s^3 + 11s^2 + ks + 0.778k$$

s^4	1	11	$\frac{7}{9}k$
s^3	6	$k+6$	
s^2	$\frac{60-k}{6}$	$\frac{7}{9}k$	
s^1	$\frac{360+26k-k^2}{60-k}$		
s^0	$\frac{7}{9}k$		

$60 - k > 0 \Rightarrow k < 60$

$360 + 26k - k^2 > 0 \Rightarrow -10 < k < 36$

$\frac{7}{9}k > 0 \Rightarrow k > 0$

$\Rightarrow 0 < k < 36$

120.

$$G(s) = \frac{16}{(s+1)(0.5s+1)} = \frac{32}{(s+1)(s+2)}$$

$$y_{ss} = s \lim_{s \to 0} \frac{32}{(s+1)(s+2)} R(s) = \lim_{s \to 0} \frac{s \times 32}{(s+1)(s+2)} \times \frac{1}{s} = 16$$

121.

$$T(s) = \frac{6K}{s^3 + 5s^2 + 9s + 6k}$$

$$\Delta(s) = s^3 + 5s^2 + 9s + 6k$$

s^3	1	9
s^2	5	$6K$
s^1	$\frac{45-6K}{5}$	
s^0	$6K$	

$45 - 6K > 0 \Rightarrow K < \frac{45}{6}$

$6K > 0 \Rightarrow K > 0$

$\Rightarrow 0 < K < \frac{45}{6}$

122. 將原式兩端取拉式轉換 $\Rightarrow (s^3 + s^2 + 6s + K - 3)Y(s) = U(s)$

$$\frac{Y(s)}{U(s)} = \frac{1}{s^3 + s^2 + 6s + K - 3}$$

$\Delta = s^3 + s^2 + 6s + K - 3$

$$
\begin{array}{c|cc}
s^3 & 1 & 6 \\
s^2 & 1 & K-3 \\
s^1 & 6-K+3 & \\
s^0 & K-3 & \\
\end{array}
$$

$9 - K > 0 \Rightarrow K < 9$

$K - 3 > 0 \Rightarrow K > 3$

$\Rightarrow 3 < K < 9$

123. $\Delta = s^5 + s^4 + 6s^3 + 5s^2 + 12s + 20$

$$
\begin{array}{c|ccc}
s^5 & 1 & 6 & 12 \\
s^4 & 1 & 5 & 20 \\
s^3 & 1 & -8 & \\
s^2 & 13 & 20 & \\
s^1 & -8 & & \\
s^0 & 20 & & \\
\end{array}
$$

羅斯表第一行有兩次變號，代表在右半平面有兩個極點 $\Rightarrow$ 右半平面的 pole 數 $= 2$

124. 利用羅斯表

$$
\begin{array}{c|cc}
s^3 & 1 & 5 \\
s^2 & 3 & K \\
s^1 & \dfrac{15-K}{3} & \\
s^0 & K & \\
\end{array}
$$

$K > 0$，$K < 15$

$\Rightarrow 0 < K < 15$

Level 2

125. 利用羅斯表

$$
\begin{array}{c|cc}
s^3 & 1 & K+3 \\
s^2 & 2 & 4 \\
s^1 & \dfrac{2K+6-4}{3} & \\
s^0 & 4 & \\
\end{array}
$$

$2K + 2 > 0 \Rightarrow K > -1$

126. $G(s) = \dfrac{k(s+6)}{s(s+2)(s+3)}$，$T(s) = \dfrac{k(s+6)}{s^3 + 5s^2 + 6s + ks + 6k}$

$\Delta(s) = s^3 + 5s^2 + (k+6)s + 6k$

$$
\begin{array}{c|cc}
s^3 & 1 & K+6 \\
s^2 & 5 & 6K \\
s^1 & \dfrac{5K+30-6K}{5} & \\
s^0 & 6K & \\
\end{array}
$$

$-K + 30 > 0 \Rightarrow K < 30$

$K > 0$

$\Rightarrow 0 < K < 30$

127.
$$T(s) = \frac{s+4}{s^2 + (K-2)s - 2K + s + 4} = \frac{s+4}{s^2 + (K-1)s + 4 - 2K}$$
$\Delta(s) = s^2 + (K-1)s + 4 - 2$
System 要穩定必使各項係數為正
$K - 1 > 0 \Rightarrow K > 1$
$4 - 2K > 0 \Rightarrow K < 2$
$\Rightarrow 1 < K < 2$

128.
$$\theta_A = \frac{(2q+1)\pi}{8-3} = \frac{(2q+1)\pi}{5} , (q = 0,1,2,3)$$
$\theta_A = \pm 36°, \pm 108°, 180°(5 條漸進線)$
8 個極點代表有 8 個極點要往零點或 $-\infty$ 跑 $\Rightarrow$ 有 8 條根軌跡
$8 + 5 = 13$

129.
$$G(s) = \frac{K(s+4)}{(s-1)(s+2)(s+5)(s+7)}$$
極點：$1, -2, -5, -7 \Rightarrow n = 4$
零點：$-4 \Rightarrow m = 1$
$$\theta_A = \frac{\pm 180°}{4-1} = \pm 60°, 180°, 漸進線數 = 3$$
$$d_A = \frac{1-2-5-7+4}{4-1} = -3 \, 與實軸交點在 -3$$
$3 - 3 = 0$

130.
$$G(s) = \frac{k(s+2)}{s(s+1)}$$
P：$0, -1$，Z：-2
$n - m = 1$ 且 $\theta_A = 180°$
此根軌跡圓心在 $(Z,0) = (-2,0)$
半徑 $r = \sqrt{(P_1 - Z)(P_2 - Z)} = \sqrt{(0+2)(-1+2)} = \sqrt{2}$
$Z \pm r$ 為分離點及重和點
$-2 + \sqrt{2} = -0.586$
$-2 - \sqrt{2} = -3.414$
分離點 + 重和點 = -4

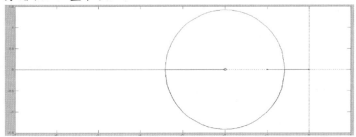

273

131.　$G(s) = \dfrac{K}{(s+1)(s+2)(s+3)} \Rightarrow T(s) = \dfrac{K}{s^3 + 6s^2 + 11s + 6 + K}$

$\Delta(s) = s^3 + 6s^2 + 11s + 6 + k$

與虛軸交點發生不穩定，所以可以羅斯表求得共振頻率 ω

$\begin{array}{lll} s^3 & 1 & 11 \\ s^2 & 6 & 6+K \\ s^1 & \dfrac{66-6-K}{6} & \\ s^0 & 6+K & \end{array}$

$K + 6 > 0，60 - K > 0 \Rightarrow -6 < K < 60$

$K = 60，6s^2 + 66 = 0 \Rightarrow 6s^2 = -66 \Rightarrow s^2 = -11$

$s = j\sqrt{11}，\omega = \sqrt{11} \Rightarrow \omega^2 = 11$

132.　$\begin{aligned} \Delta(s) &= s^3 + 3s^2 + 2s + ks + 4k + 3s^2 + 9s + 6 \\ &= s^3 + 6s^2 + 11s + 6 + k(s+4) \end{aligned}$

$1 + GH = 1 + \dfrac{k(s+4)}{s^3 + 6s^2 + 11s + 6}$

$GH = \dfrac{k(s+4)}{(s+1)(s+2)(s+3)}$

$\theta_A = \dfrac{(2q+1)\pi}{n-m} = \pm 90°，(2\ 條漸進線) = n$

$d_A = \dfrac{-1-2-3+4}{n-m} = -1 = a$

$n + a = 2 + (-1) = 1$

133.　$G(s) = \dfrac{20K}{s(s^2 + 20s + 100)}$

$T(s) = \dfrac{20K}{s^3 + 20s^2 + 100s + 20K}$

$\Delta(s) = s^3 + 20s^2 + 100s + 20K$

$\begin{array}{lll} s^3 & 1 & 100 \\ s^2 & 1 & K \\ s^1 & 100-K & \\ s^0 & K & \end{array}$

$100 - K > 0$

穩定範圍：$K < 100$，若 $k > 100$ 時 system 不穩定

134.　$G(s) = \dfrac{(s+1)}{s^2(s+9)}$

計算重根 $\dfrac{dG(s)}{ds} = 0$

$s^2(s+9) - (s+1)(3s^2 + 18s) = 0$

$s^3 + 9s^2 - 3s^3 - 21s^2 - 18s = 0$

$-2s^3 - 12s^2 - 18s = 0$

$2s(s^2 + 6s + 9) = 0 \Rightarrow s = 0, -3, -3$

$G(s) = \dfrac{k(s+1)}{s^2(s+9)}$

$\Delta(s) = s^3 + 9s^2 + ks + k$

令 $\Delta(s)$ 以 $s = -3$ 代入得 0

$-27 + 9 \times 9 - 3k + k = 0 \Rightarrow k = 27$

274

135. 令動態方程式中的矩陣 $\begin{bmatrix} 0 & 1 \\ 3-k & -2-k \end{bmatrix} = A$

若假設系統穩定，則 A 矩陣必為可控制矩陣 $\Rightarrow \text{rank}(A) = 2 \Rightarrow \det(A) \neq 0$

若且唯若 $\det(A) \neq 0$，$\text{rank}(A) = 2 \Rightarrow$ 系統可控制

$\Rightarrow \det(A) = -(3-k) > 0 \Rightarrow k > 3$

136. $G(s) = \dfrac{k(s+2)}{(1+100s)(1+1000s)}$, $\theta_A = \dfrac{(2q+1)\pi}{n-m}$, $(q = 0, 1, 2, 3) \Rightarrow \dfrac{180°}{2} = \pm 90°$

137. 將 $s = -1 + j$ 代入 $G(s)$

$G(s) = \dfrac{k(s+2)}{(s+1+j)(s+1-j)}$

$\emptyset_1 = \angle \dfrac{k(s+2)}{(s+1+j)(s+1-j)} |s = -1+j$

$\emptyset_1 = \angle \dfrac{k(1+j)}{2j}$ 看角度時可以忽略增益值

$\Rightarrow \emptyset_1 = \angle \dfrac{k(1+j)}{2j} = \tan^{-1} 1 - 90° = -45°$

$\emptyset_p = (2q+1)\pi + \emptyset_1 = 180° - 45° = 135°$

138. N：極點個數，M：零點個數

$\theta_A = \dfrac{(2+1)\pi}{n-m}$, $(q = 0, 1, 2)$

$= \dfrac{\pi}{3-1}$, $(q = 1)$

$= \pm 90°, 180° \Rightarrow$ 有兩條漸近線

139. $d_A = \dfrac{極點和 - 零點和}{n-m} = \dfrac{-1-2-(-5)}{2} = \dfrac{2}{2} = 1$

140. $s^4 + 1 + 2ks^2 + ks = s^4 + 1 + k(2s^2 + s) = 1 + \dfrac{k(2s^2 + s)}{s^4 + 1}$

$G(s) = \dfrac{k(2s^2 + s)}{s^4 + 1}$ 極點有 4 個，每一極點會往零點或 $-\infty$ 跑 $\Rightarrow$ 有 4 條根軌跡

141. 根軌跡的起始點都是由極點出發往零點

$\Rightarrow$ Root Locus 之起點為 $G(s)$ 的極點(pole)

143.
$$\dot{x} = Ax + bu$$
$$(sI - A)X(s) = bu$$
$$X(s) = (sI - A)^{-1}bu$$
$$y(s) = CX(s) = C(sI - A)^{-1}bu(s)$$
$$G(s) = \frac{y(s)}{u(s)} = C(sI - A)^{-1}b$$

$$(sI - A)^{-1} = \begin{bmatrix} s & -1 \\ 4 & s-1 \end{bmatrix}^{-1} = \frac{1}{s(s-1)+4}\begin{bmatrix} s-1 & 1 \\ -4 & s \end{bmatrix} = \frac{1}{s^2 - s + 4}\begin{bmatrix} s-1 & 1 \\ -4 & s \end{bmatrix}$$

$$C(sI - A)^{-1}b = \begin{bmatrix} 1 & 0 \end{bmatrix}\frac{1}{s^2 - s + 4}\begin{bmatrix} s-1 & 1 \\ -4 & s \end{bmatrix}\begin{bmatrix} 0 \\ 3.62 \end{bmatrix}$$

$$= \frac{1}{s^2 - s + 4}\begin{bmatrix} 1 & 0 \end{bmatrix}\begin{bmatrix} 3.62 \\ 3.62s \end{bmatrix} = \frac{3.62}{s^2 - s + 4}$$

$$\left|\frac{3.62}{(j\omega)^2 - j\omega + 4}\right| = 0$$

$$\left|\frac{3.62}{(4 - \omega^2) - j\omega}\right| = 1$$

$$\frac{3.62}{\sqrt{\omega^2 + (4 - \omega^2)^2}} = 1$$

$$(3.62)^2 = \omega^2 + (4 - \omega^2)^2 = \omega^2 + 16 - 8\omega^2 + \omega^4$$

$$\omega^4 - 7\omega^2 + 2.8956 = 0$$

$$(\omega^2 - 6.5585)(\omega^2 - 0.4415) = 0$$

$$\omega^2 = 6.5585 \Rightarrow \omega = 2.5609$$

$$\omega^2 = 0.4415 \Rightarrow \omega = 0.6645$$

以 $\omega = 2.5609$ 帶入

$$\angle\frac{3.62}{(4 - 6.5585) - j2.5609} = \angle\frac{3.62}{-2.5585 - j2.5609} = \angle\frac{3.62(-2.5585 + j2.5609)}{(-2.5585)^2 + (2.5609)^2}$$
$$\cong -45°$$

144.
145.
$$令 s = j\omega = \left|\frac{11.7}{j\omega(1 + 0.05j\omega)(0.1j\omega + 1)}\right| = 1 \Rightarrow \left|\frac{234}{j\omega(j\omega + 20)(0.1j\omega + 1)}\right| = 1$$

$$\frac{234}{\omega\sqrt{\omega^2 + 400}\sqrt{0.1^2\omega^2 + 1}} = 1 \Rightarrow 234 = \omega\sqrt{\omega^2 + 400}\sqrt{0.1^2\omega^2 + 1}$$

$$54756 = \omega^2(\omega^2 + 400)(0.1^2\omega^2 + 1)$$

$$5475600 = \omega^2(\omega^2 + 400)(\omega^2 + 100)$$

令 $\omega^2 = x$

$$5475600 = x(x + 400)(x + 100)$$

$$x^3 + 500x^2 + 40000x - 5475600 = 0 \Rightarrow x = 69.05，-243.78，-325.27(負不合)$$

$$\omega_g = \sqrt{x} = \sqrt{69.05} = 8.31$$

$$\angle G(j\omega_g) = \angle\frac{11.7}{j\omega_g(1 + 0.05j\omega_g)(0.1j\omega_g + 1)}，以 s = j\omega_g 帶入$$

$$= -90° - \tan^{-1}0.415 - \tan^{-1}0.83 = -152.2311°$$

$$P.M. = \angle G(j\omega_g) + 180° = 27.76°$$

146.

令 $s = j\omega$ 代回 G(s) 中 $\Rightarrow \dfrac{1300}{j\omega(j\omega + 2)(j\omega + 50)}$

$\angle \dfrac{1300}{j\omega(j\omega + 2)(j\omega + 50)} = -180°$

$-90° - \tan^{-1}\dfrac{\omega}{2} - \tan^{-1}\dfrac{\omega}{50} = -180°$

$\tan^{-1}\dfrac{\omega}{2} + \tan^{-1}\dfrac{\omega}{50} = 90°$

根據公式 $\dfrac{\tan x \pm \tan y}{1 \mp \tan x \tan y}$

兩端取 $\tan$ 得 $\dfrac{\dfrac{\omega}{2} + \dfrac{\omega}{50}}{1 - \dfrac{\omega}{2} \times \dfrac{\omega}{50}} = \infty \Rightarrow \dfrac{\omega^2}{100} = 1 \Rightarrow \omega^2 = 100 \Rightarrow \omega = 10$

$\omega = \omega_p = 10$

$GM = -20\log\dfrac{1300}{j\omega(j\omega + 2)(j\omega + 50)} = -20\log\dfrac{1300}{10 \times \sqrt{104} \times \sqrt{2600}} = 12 \text{ dB}$

147.

單位負回授系統轉移函數為 $\dfrac{G}{1 + GH}$

$G = \dfrac{10}{s\left(1 + \dfrac{s}{5}\right)\left(1 + \dfrac{s}{50}\right)} = \dfrac{10}{s\left(\dfrac{s + 5}{5}\right)\left(\dfrac{s + 50}{50}\right)} = \dfrac{2500}{s(s + 5)(s + 50)}$

$= \dfrac{2500}{s(s^2 + 55s + 250)} = \dfrac{2500}{s^3 + 55s^2 + 250s}$

$\dfrac{G}{1 + GH} = \dfrac{\dfrac{2500}{s^3 + 55s^2 + 250s}}{1 + \dfrac{2500}{s^3 + 55s^2 + 250s}} = \dfrac{2500}{s^3 + 55s^2 + 250s + 2500}$

$= \dfrac{2500}{(s + 51.0629)(s + 1.9686 \pm 6.7145i)}$

$= \dfrac{2500}{(s + 51.0629)(s^2 + 3.9372s + 48.9599)}$

$\omega_n^2 = 48.9599 \Rightarrow \omega_n = 6.9971$

$2\zeta\omega_n = 3.9372 \Rightarrow \zeta = \dfrac{3.9372}{2 \times 6.9971} = 0.2813$

共振峰值為

$\dfrac{1}{2\zeta\sqrt{1 - \zeta^2}} = \dfrac{1}{2 \times 0.2813\sqrt{1 - (0.2813)^2}} = \dfrac{1}{2 \times 0.2813 \times 0.9596} = 1.8523$

$20\log_{10}(1.8523) = 5.3542 \text{ dB} \cong 5.35 \text{ dB}$

148.

$\displaystyle\lim_{\omega \to \infty} GH = 1$

$\displaystyle\lim_{\omega \to 0} GH = \infty$

$GH(s) = 1 + \dfrac{1}{s} = \dfrac{s + 1}{s}$

149.　$20 \log_{10} d = 6$
$\log_{10} d = 0.3$
$d = 10^{0.3} = 1.9953$

150.　$|G(j\omega)| = 0 \Rightarrow \omega = 10^2 = 100\ \text{rad}/_{\text{sec}}$

151.　$\dfrac{64}{s(s+8)} \Rightarrow \omega_n{}^2 = 64 \Rightarrow \omega_n = 8$

$2\zeta\omega_n = 8 \Rightarrow \zeta = \dfrac{8}{2\omega_n} = \dfrac{8}{2 \times 8} = 0.5$

共振頻率 $\omega_r = \omega_n\sqrt{1 - 2\zeta^2} = 8 \times \sqrt{1 - 2 \times 0.5^2} = 5.6569 \cong 5.66$

152.　$G(s) = \dfrac{10}{\left(1 + \dfrac{s}{5}\right)\left(1 + \dfrac{s}{100}\right)}$

$r(t) = 1$ 為輸入步階函數

$\therefore e_{ss(step)} = \dfrac{1}{1 + k_p}$

$k_p = \lim_{s \to 0} G(s) = \lim_{s \to 0} \dfrac{10}{\left(1 + \dfrac{s}{5}\right)\left(1 + \dfrac{s}{100}\right)} = 10$

$e_{ss} = \dfrac{1}{1 + 10} = \dfrac{1}{11}$ or (0.091)

156.　$\dfrac{12M}{384 \times (256 - TH1)} = 2400 \Rightarrow TH1 \cong 243$

$\Rightarrow \text{Baud\_rate} = 2403$

誤差約 $\dfrac{2403 - 2400}{2400} \times 100\% = 0.125\ \%$

159.　SETB C，設定 C 的值為 1
R0 的值為 11H，A 的值為 AAH
ADDC = A + @R0 + C $\Rightarrow$ (11)H + (AA)H + (1)H = (BC)H

160.　R0 的值為 2AH，A 的值為 AAH
XCH A, @R0，將暫存器的值與@R0 交換
A $\longleftrightarrow$ @R0 $\Rightarrow$ @R0 = (AA)H，R0 = (2A)H(位址)

161.　MOV DPTR, #TBL $\Rightarrow$ DPTR 指向 TBL 的起始位址
MOV A, #5H $\Rightarrow$ A = 5H
MOVC A, @A + DPTR $\Rightarrow$ 將 DPTR 的第六個位址資料搬給 A

162.　JMP @A + DPTR $\Rightarrow$ (PC) $\leftarrow$ +(A) + (DPTR)
PC = (02)H + (1028)H = (102A)H

164. 09H 轉二進位為 00001001 ⇨ D1 和 D4 會先暗
經過 SWAP 指令後低四位和高四位會互換，變成 10010000，變成 D8 和 D5 暗，
用 Loop 迴圈會不斷重複上述 ⇨ 閃爍之順序為 D1、D4 → D5、D8 → 重複

165. 以發光二極體之方向判斷電位訊號需為低電位

168. A = 00010100，3CH = 00111100 ⇨ A AND 3CH = 00010100
00010100 右移變成 00001010 ⇨ D1、D3、D5、D6、D7、D8 亮

169. A = 11111111，3CH = 00111100 ⇨ A AND 00111100 = 00111100
00111100 左移兩次變成 11110000 ⇨ D1、D2、D3、D4 亮

170. MOV DPTR #PATN 為指向字形表之指令
MOVC A, @A + DPTR 為取出字形之指令

171. 此鍵盤輸入是由四條掃描線與四條接收線組合而成。其動作方式是每次將一條掃描線
送出低電位(其餘掃描線為高電位)，然後再偵測四條返回線中是否有低電位回傳(有低
電位回傳表示有按鍵盤)
從 P3.2 開始掃描(腳位) ⇨ 指令為 MOV R0, #11111011

187. 因為要讓 CS 輸出為 1，由圖可知輸入 0 的時候 CS 反向為 1 ⇨ Y7 = 0，要讓 Y7 為 0，
由真值表可知，G1 = 1、A2 = 1、A3 = 1、A4 = 1、A5 = 0、A6 = 0，而要讓
G1 = 1，合理推斷 A7 = 1、A8 = 1、A9 = 1、A10 = 1、A11 = 0、A12 = 0、
A13 = 0、A14 = 1、A15 = 1，而題目選擇 PORT B ⇨ A1 = 1、A0 = 0
A12 = 0、A13 = 0、A14 = 1、A15 = 1，(1100)B = (C)H
A8 = 1、A9 = 1、A10 = 1、A11 = 0，(0111)B = (7)H
A4 = 1、A5 = 0、A6 = 0、A7 = 1，(1001)B = (9)H
A0 = 1、A1 = 0、A2 = 1、A3 = 1，(1101)B = (D)H
⇨ (C79D)H

204. 微分方程式之導數最高階為 3 階，即 y'''，其次方數為 2 次

205. $$G(s) = \frac{s-1}{s^2 + 4s + 5} = \frac{(s+2)-3}{(s+2)^2 + 1} = \frac{s+2}{(s+2)^2 + 1} + (-3)\frac{1}{(s+2)^2 + 1}$$
$$L^{-1}[G(s)] = e^{-2t}\cos t - 3e^{-2t}\sin t = e^{-2t}(\cos t - 3\sin t)，t \geq 0$$

206. 正向增益為 G_1，G_2，且為負迴授系統，轉移函數 $\frac{\theta_o}{\theta_i} = \frac{G_1 G_2}{1 + G_1 G_2 H}$

207. 流入率 − 流出率 = 體積變化率
$q_i − q_o = h(t)A$ take Lapalce
$\Rightarrow Q_i − Q_o = HAs$ & $H = Q_oR$
$\Rightarrow Q_i = Q_oRAs + Q_o$
$\dfrac{Q_o}{Q_i} = \dfrac{1}{RAs + 1}$ $\Rightarrow \dfrac{H}{Q_i} = \dfrac{Q_oR}{Q_i} = \dfrac{R}{RAs + 1}$

208. $q_i − q_o = T'(t)C_t$ take Laplace
$\Rightarrow Q_i − Q_o = TC_ts$
$Q_i = TC_ts + Q_o$
$\Rightarrow Q_o = \dfrac{T}{R_t}$
$Q_i = TC_ts + \dfrac{T}{R_t}$
$R_tQ_i = R_tTC_ts + T$
$\dfrac{T}{Q_i} = \dfrac{R_t}{R_tC_ts + 1}$

209. 電壓源電壓 = 迴路電壓差
$V(t) = L\dfrac{d_i}{d_t} + \displaystyle\int C\,di + Ri$ take Laplace
$V = (Ls + \dfrac{1}{Cs} + R)I$
$\dfrac{I}{V} = \dfrac{1}{Ls + \dfrac{1}{Cs} + R} = \dfrac{Cs}{LCs^2 + RCs + 1}$

210. 臨界阻尼即阻尼比為 1，最大超越量 = 0

211. $G(s) = \dfrac{k}{s(s + 10)}$
閉迴路 transfer function
$T = \dfrac{G}{1 + G} = \dfrac{k}{s^2 + 10s + k} = \dfrac{\omega_n{}^2}{s^2 + 2\zeta\omega_ns + \omega_n{}^2}$
$2\zeta\omega_n = 10$，且 $\zeta = 0.707 \Rightarrow \omega_n = \dfrac{10}{\sqrt{2}}$
$k = \omega_n{}^2 = \dfrac{100}{2} = 50$

212. 利用 final value theorem
$C(\infty) = \lim_{s \to \infty} sC(s)$
$C(s) = \dfrac{G}{1 + GH} \times R = \dfrac{s + 2}{s^3 + 6s^2 + 11s + 7} \times \dfrac{1}{s}$
$C(\infty) = \lim_{s \to 0} s \times \dfrac{s + 2}{s^3 + 6s^2 + 11s + 7} \times \dfrac{1}{s} = \dfrac{2}{7}$

213. 閉迴路 $T = \dfrac{G}{1 + GH} = \dfrac{50}{s^2 + 25s + 15}$

穩態誤差 $e_{ss} = \lim\limits_{s \to 0} sE = \lim\limits_{s \to 0} sR(1 - T) = \lim\limits_{s \to 0} s \times \dfrac{2}{s}[1 - T(0)] = 2 \times (1 - \dfrac{50}{15}) = -\dfrac{14}{3}$

214. 閉迴路 transfer function

$T = \dfrac{G}{1 + GH} = \dfrac{k_p}{s^2 + s + k_p}$ 為二階標準式 $\Rightarrow k_p = \omega_n{}^2$

215. 速度回授控制：$\dfrac{\omega(s)}{v(s)} = \dfrac{\dfrac{1}{s + 1}}{1 + \dfrac{k_v}{s + 1}} = \dfrac{1}{s + (k_v + 1)}$

$\dfrac{\theta(s)}{u(s)} = \dfrac{\dfrac{1}{s[s + (k_v + 1)]}}{1 + \dfrac{1}{s[s + (k_v + 1)]}} = \dfrac{1}{s^2 + (k_v + 1)s + 1}$

二階系統：$s^2 + 2\zeta\omega_n + \omega_n{}^2$

臨界阻尼 $\zeta = 1 \Rightarrow 2\omega_n = k_v + 1 \Rightarrow k_v = 2\omega_n - 1$

216. 利用 Routh–Hurwitz 準則

$$
\begin{array}{cccc}
s^5 & 1 & 2 & 4 \\
s^4 & \varepsilon & 3 & 5 \\
s^3 & \dfrac{2\varepsilon - 3}{\varepsilon} & & \\
s^2 & & & \\
s^1 & & & \\
s^0 & & &
\end{array}
$$

令 ε 取代 0，假設 $\varepsilon = 0^+$

$\dfrac{2\varepsilon - 3}{\varepsilon} \cong \dfrac{負值}{正值} < 0$

第一行的正負號有產生轉換 $\Rightarrow$ 不穩定

217 利用 Routh–Hurwitz 準則

$$
\begin{array}{ccc}
s^3 & 1 & 8 \\
s^2 & 4 & k \\
s^1 & 32 - K & \\
s^0 & k &
\end{array}
$$

第一行需同號，則系統穩定 $\Rightarrow 32 - k > 0$，$k > 0 \Rightarrow 0 < k < 32$

218. Close $-$ loop transfer function

$$T = \dfrac{\dfrac{10}{s+1} \times \dfrac{1}{s(s+4)}}{1 + \dfrac{10}{s+1} \times \dfrac{1}{s(s+4)} \times k}$$

特性方程式為開迴路特性函數之分母

$\Delta = s(s+1)(s+4) + 10k = s^3 + 5s^2 + 4s + 10k$

$s^3 \qquad 1 \qquad\quad 4$
$s^2 \qquad 5 \qquad\quad 10k$
$s^1 \quad 20 - 10k$
$s^0 \qquad 10k$

$20 - 10k > 0 , 10k > 0 \Rightarrow 0 < k < 2$

219. $\Delta = \det \begin{vmatrix} s & -1 \\ 7 & s+4 \end{vmatrix} = s^2 + 4s + 7$

$s^2 \quad 1 \quad 7$
$s^1 \quad 4$
$s^0 \quad 7$

$\Rightarrow$ 系統穩定

220. 純虛根在 Routh-Hurwitz 的判斷上，整列為 0

$s^5 \qquad 1 \qquad\qquad 2 \quad 3$
$s^4 \qquad 1 \qquad\qquad 2 \quad 4$
$s^3 \qquad \varepsilon^+ \qquad\qquad -1$
$s^2 \qquad 2\varepsilon^+ + 1 \qquad 4$
$s^1 \quad 4\varepsilon^+ + 2\varepsilon^+ + 1$
$s^0 \qquad 4$

$\Rightarrow$ 無純虛根

221. $s^3 \qquad\quad 1 \qquad\quad k+2$
$s^2 \qquad\quad 3k \qquad\quad 4$
$s^1 \quad 3k^2 + 6k - 4$
$s^0 \qquad\quad 4$

$3k > 0$ 且 $3k^2 + 6k - 4 > 0$

$\Rightarrow k > 0.528$

222. $G(s) = \dfrac{s+1}{(s^2 + 5s + 6)} = \dfrac{s+1}{(s+2)(s+3)}$

$\Rightarrow$ pole 點在 $S = -2, -3$

223.
漸近線交點 $\sigma_a = \dfrac{\sum(-p_i) - \sum(-z_i)}{\text{有限 pole} - \text{有限 zero}}$

$\Delta = s(s+4)(s^2+2s+2) + k(s+1)$

令 $\dfrac{\Delta}{s(s+4)(s^2+2s+2)} = 1 + \dfrac{(s+1)}{s(s+4)(s^2+2s+2)} = 0$

$\text{Close} - \text{loop T.F.} = \dfrac{G}{1+GH}$

其中特性方程式 $\Delta = 1 + GH$，GH 為開迴路轉移函數

有限 pole 個數 $= 4$ $(p = 0, -4, \dfrac{-2 \pm \sqrt{4-8}}{2})$

有限 zero 個數 $= 1$ $(z = -1)$

$\sigma_a = \dfrac{\left[0 + (-4) + \dfrac{-2+\sqrt{4-8}}{2} + \dfrac{-2-\sqrt{4-8}}{2}\right] - (-1)}{4-1} = \dfrac{\left(-4 + \dfrac{-2-2}{2}\right) - (-1)}{3} = -\dfrac{5}{3}$

224.
$\theta_A = \dfrac{\pm(2q+1)\pi}{n-m}$, $(q = 0, 1, 2)$

$\quad = \dfrac{\pm 180°}{4}$, $(q = 0)$

$\quad = \pm 45°$

if $q = 1 \Rightarrow \pm \dfrac{3\pi}{4} = \pm 135°$

$\theta_A = \pm 45°, \pm 135°$

225.
$GH = \dfrac{k(s+2)(s+3)}{s(s+1)}$

根軌跡從極點出發 $s = 0, -1$

226.
$\angle \dfrac{k(s-1+j)(s-1-j)}{(s+1)(s+2)} \bigg|_{s=1+j} 代入$

$\angle \dfrac{2j}{(j)(1+j)}$

$\phi_1 = 90° - 90° - \tan^{-1}1 = -45°$

$\phi_A = (2q+1)\pi + \phi_1 = 180° - 45° = 135°$

$(q = 0, 1, 2)$

227.
$\dfrac{dG(s)}{ds} \Rightarrow \dfrac{-k(3s^2+8s+5)}{(s^3+4s^2+5s)^2} = 0$

$3s^2 + 8s + 5 = 0 \Rightarrow s = -1, -\dfrac{5}{3}$ (不合)

$\Rightarrow$ 分離點在 $-1, -\dfrac{5}{3}$

228.
根據公式 $N = Z - P$

229. $\Delta(s) = s^3 + 8s^2 + 15s + k$

$$\begin{array}{cc} s^3 & 1 & 15 \\ s^2 & 8 & k \\ s^1 & \dfrac{120-k}{8} \\ s^0 & k \end{array}$$

$\Rightarrow 0 < k < 120$

$k = 120$ 使用輔助方程式

$8s^2 + 120 = 0 \Rightarrow s^2 + 15 = 0 \Rightarrow s = \pm j\sqrt{15}$

震盪頻率 $= \sqrt{15}$

230. 閉迴路系統的根是 $1 + KG(s) = 0 \Rightarrow KG(s)$ 的極座標圖不可包住 -1

兩種情況如下:

$\dfrac{-0.4}{2}K < -1 \Rightarrow K > \dfrac{2}{0.4} = 5 \Rightarrow K > 5$

$\dfrac{-4}{2}K > -1 \Rightarrow K < \dfrac{2}{4} = 0.5 \Rightarrow K < 0.5$

231. $\Delta = 2s^3 + 3s^2 + s + k$

$$\begin{array}{cc} s^3 & 2 & 1 \\ s^2 & 3 & k \\ s^1 & 3-2k \\ s^0 & k \end{array}$$

$3 - 2k > 0$ 且 $k > 0$

$\Rightarrow 0 < k < \dfrac{3}{2}$

當 $k = \dfrac{3}{2}$ 時,系統為臨界穩定

232. 一階系統 $G(s) = \dfrac{1}{\tau s + 1}$

Bandwidth $= \dfrac{1}{\tau}$

$G(j\omega) = \dfrac{1}{\tau j\omega + 1}$

$W_{B.W} = \dfrac{1}{1} = 1$

233. $|G(j\omega_g)| = 1$

$\dfrac{1}{\omega_g{}^2(\omega_g{}^2 + 1)(0.004\omega_g{}^2 + 1)} = 1$

令 $x = \omega_g{}^2$

$0.004x^3 + 1.04x^2 + x - 1 = 0 \Rightarrow x = 0.607 \Rightarrow \omega_g = 0.78$

$PM = 180° + \angle G(j\omega_g) = 180° - 90° - \tan^{-1} 0.78 - \tan^{-1} 0.156 = 43.2°$

240. XRL A,#0FH,邏輯運算,比較後相同給 0,比較後不同的話給 1
(0F)H = 00001111,(6B)H = 01101011 ⇨ A = 01100100,轉十進位為 100

249. 1 個 machine cycle = 12 個 clock 組成
$$\frac{12}{11.059M} = 1.085 \ \mu s$$

251. $2^{13} - 5000 = 3192$

253. $2^7 = 128 > 100$ ⇨ 至少需有 7 個正反器

254. 8 位元介面電路 ⇨ $2^8 = 256$
$10 \div 256 = 0.0390625$,每單位之伏特
$0.0390625 \times 2 = 78.125 \ mV$

256. $2^8 = 256 > 250$ ⇨ 至少需有 8 個位元

257. 減 1 是因為需要包括第一個位址
16K 約有(4000)H 大小,1000 + 4000 − 1 = (4FFF)H

258. 有 16 條位址線,再轉成 KB ⇨ $(2^{16}B \div 1024) - 4KB = 60 \ KB$

264. 設 X 為至少需要位元之輸入
$\frac{1}{2^x} \times 100\% = 0.0244\%$ ⇨ X = 12

266. 設 X 為增加之電壓
$\frac{10}{256} = \frac{X}{32}$ ⇨ X = 1.25

267. $2^4 = 16$
$10 \div 16 = 0.625$,每單位之伏特
(1111)B = 十進位 15
$0.625 \times 15 = 9.375V$

270. 360/200 = 1.8
$1.8 \times 20 = 36$

TAIROA

機 械 設 計

選擇題

1 一延展性金屬材料之降伏強度(Yield stress)為 340MPa(N/mm^2)，則根據變形能理論 (distortion-energy theory)，其剪切降伏強度(Yield stress in shear)應為？ (A)241 (B)196 (C)589 (D)170 MPa。

2 一傳動軸之傳遞功率為 117kW，傳動軸的運轉轉速為 2250rpm，試問此傳動軸所承受之扭矩 為多少 N-m？ (A)98 (B)249 (C)497 (D)994 N-m。

3 一鋼軸之扭轉角度為 $1°$ 軸長 1800mm，若軸之容許剪應力為 83MPa，求此鋼軸之半徑為？(材 料之剪彈性係數為 G＝77000MPa) (A)56.4 (B)32.2 (C)111.2 (D)204.6 mm。

4 直徑 25 釐米之實心鋼軸(Solid Shaft)，若其材料的最大許可剪應力值為 42MPa，試問在轉 速每分鐘 710 轉下，依最大剪應力學說(Maximum Shear Stress Theory)，此鋼軸可傳送最 大功率約為： (A)1 (B)10 (C)25 (D)50 仟瓦。

5 一銷用以固定同樣材料的軸與轂，以傳動動力，下列何者為正確？ (A)銷比軸與轂強度較弱 (B)銷比軸與轂強度較強 (C)銷比軸與轂強度相同 (D)銷材料可以任意選擇。

6 一實心圓軸承，轉速 2Hz，可傳送 150kW 之功率，若容許剪應力為 40MPa，試求所需容許最 小直徑為何？ (A)95 (B)105 (C)115 (D)125 mm。

7 一直徑 12mm 之實心軸，當兩端相對轉角為 $90°$，而不超過其容許剪應力 70MPa(令材料剪力 模式 G=80GPa)，則軸長度為？ (A)12 (B)10.8 (C)9.6 (D)7.2 m。

8 薄銅片(E=120GPa)長為 L=1.5m，厚為 t=1mm，彎成圓形且在其兩末端恰好相接觸處固持住(見 圖)，求銅片中最大彎曲應力 σ_{max}？ (A)223 (B)198 (C)251 (D)274 MPa。

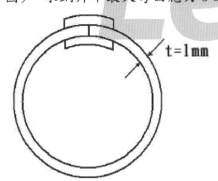

9 內徑 600mm 之鋼球壓力槽，設計壓力為 6MPa，鋼之降伏應力為 400MPa，若抗降伏之安全係數 為 2.5，求必需的最小厚度 t？ (A)4.375 (B)4.862 (C)5.625 (D)5.235 mm。

10 長 L 的均勻桿 AB 藉兩端相連之兩線支持，由基本身重量，被懸在一水平位置（見圖），兩線材料及截面積均相同，但長度為 L_1 及 L_2，試導出要在距 A 端施加一垂直力 P，而仍能使桿保持水平的距離 x 之公式為？ (A) $x = \frac{L_2 L}{L_1 + L_2}$ (B) $x = \frac{(L_2 - L_1)L_1}{L}$ (C) $x = \frac{LL_1}{L_1 + L_2}$ (D) $x = \frac{L_1 L_2}{L_1 + L_2}$ 。

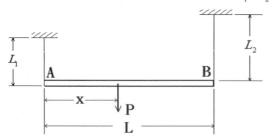

11 如圖所示的圓柱兩端被固定，距左端(A)L/3 處受集中力 P 作用，請問右端(B)的支撐力的大小為何？ (A)P/3 (B)2P/3 (C)P (D)0。

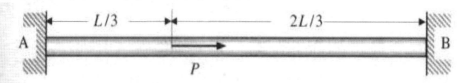

12 如圖的圓柱受拉力 P 作用，請問截面內哪一點先降伏？ (A)A (B)B、D 同時 (C)C、D 同時降伏 (D)不會降伏。

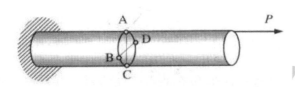

13 材料內部某點應力為 σ_x=100MPa，σ_y=-20MPa，σ_z=-40MPa、剪應力都是 0。假設 E =200GPa，G =80GPa，ν =0.25。請問該點之最大剪應變為何？ (A)4.25x10^{-4} (B)5.5x10^{-4} (C)7.5x10^{-4} (D)8.75x10^{-4} 。

14 一均質平板 ABCD 受到兩軸的向的力量作用，正向應力 σ_x=150MPa 及 σ_z=100MPa。已知平板的彈性模數 E=200GPa，蒲松比 ν =0.324，AB 邊長變化量？ (A)7.5 (B)10.8 (C)60 (D)120 μm 。

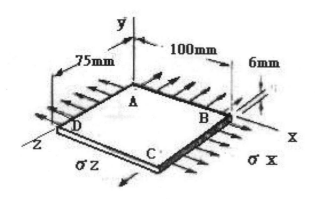

15 梁的彎矩正向如圖(a)。某梁承受如圖(b)的外力，請選出相對應的彎矩圖。

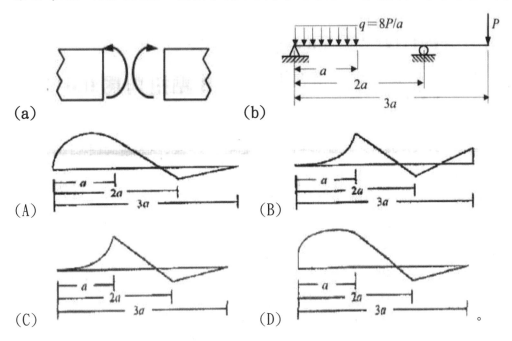

(a)　　　　　　　　　　　(b)

(A)　　　　　　　　　　(B)

(C)　　　　　　　　　　(D)　　　。

16 如圖示為一半圓形的梁，梁的橫斷面不隨位置而變，梁的 a、b 兩端固定在牆上，梁的中央 c 點吊掛一重物 W 使得的梁下垂，請指出以下哪個敘述是錯誤的？ (A)c 點的斷面內無垂直剪力 (B)c 點的斷面內無水平剪力 (C)c 點的斷面內無扭矩 (D)a 點的斷面內無扭矩。

17 圖示結構係由兩根相同截面但不同條件的桿間接合而成。已知承受軸力構件的位移 u(x) 必須滿足 $\dfrac{d}{dx}(EA\dfrac{du}{dx})+q(x)=0$ 的方程式，其中 E 為楊氏模數，A 為截面積。若左側與右側桿件的軸向位移分別以 u_L 與 u_R 表示，楊氏模數分別為 E_L 與 E_R 表示，則在 $x=a$ 處的接合面須滿足何種條件？

(A) $u_L = u_R$, $\dfrac{duL}{dx} = \dfrac{duR}{dx}$　　　(B) $u_L = u_R$, $E_L\dfrac{duL}{dx} = -E_R\dfrac{duR}{dx}$

(C) $u_L = u_R$, $E_L\dfrac{duL}{dx} = E_R\dfrac{duR}{dx}$　　(D) $u_L = u_R$, $\dfrac{duL}{dx} = -\dfrac{duR}{dx}$　。

18 如圖為平面應力結構，請選出相應的應力張量。

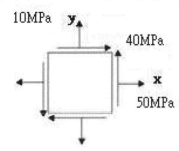

(A) $\begin{bmatrix} 50 & -40 & 0 \\ -40 & 10 & 0 \\ 0 & 0 & 0 \end{bmatrix} MPa$ (B) $\begin{bmatrix} 50 & 40 & 0 \\ 40 & 10 & 0 \\ 0 & 0 & 0 \end{bmatrix} MPa$

(C) $\begin{bmatrix} 50 & -40 & 0 \\ -40 & -10 & 0 \\ 0 & 0 & 0 \end{bmatrix} MPa$ (D) $\begin{bmatrix} -50 & 40 & 0 \\ 40 & -10 & 0 \\ 0 & 0 & 0 \end{bmatrix} MPa$。

19 三種不同的薄壁空心軸設計，如圖所示，如果三者材料，壁薄厚度 t 均相同，則若要得到同樣的扭轉角，須施予的扭矩大小為？ (A)A>B>C (B)B>A>C (C)C>B>A (D)C>A>B。

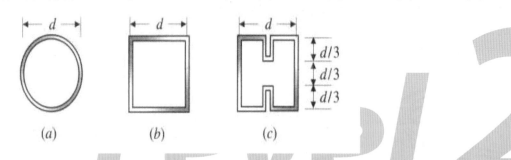

(a) (b) (c)

20 對延展性材料而言，根據下列何種理論所求出之降伏檢強度為最精確？ (A)最大正應力 (B)最大剪應力 (C)最大變形能 (D)庫倫-莫爾 理論。

21 設計時，下列何者優先為之？ (A)求應力 (B)求撓度(deflection) (C)畫自由體圖(free body diagram) (D)不一定。

22 卡式提格利諾理論(Theorem of Castigliano) $A = \dfrac{\partial B}{\partial C_d}$，其中 A、B、C、d 分別代表？

(A)負載、撓度、承受負載的方向與位置、全部應變能 (B)全部應變能、負載、撓度、承受負載的方向與位置 (C)承受負載的方向與位置、撓度、全部應變能、負載 (D)撓度、全部應變能、負載、承受負載的方向與位置。

23 某剛材拉力降伏強度(yield stress)為60kpsi，承受平面應力狀態(plane stress state)之主應力(principle stress)為 $\sigma_1 = 30$kpsi， $\sigma_2 = 10$kpsi，是利用最大剪應力理論，求安全係數？ (A)2 (B)0.5 (C)6 (D)3。

24 (a)受衝擊負載，尤其在低溫。(b)高溫下長期承受負載。(c)常溫下之疲勞負載。(d)經淬火後尚未回火之材料。(e)經加工硬化後的材料。(f)受三軸向應力的材料。以上有哪幾種情形延性材料也會產生脆性材料的分離或破裂的破壞面的傾向？ (A)3 (B)4 (C)5 (D)6。

25 物件受三維應力作用，若其三個主法向應力值的大小依次為$\sigma_1 > \sigma_2 > \sigma_3$，而其三個主剪應力(principal shear stress) 分別為$\tau_{1/2}$、$\tau_{2/3}$與$\tau_{1/3}$，則最大的剪應力的值應為？ (A)$\tau_{1/2}$ (B)$\tau_{2/3}$ (C)$\tau_{1/3}$ (D)$\sigma_1 - \sigma_3$。

26 對於脆性金屬材料受靜負荷導致的損壞，通常都以下列何者破壞理論作為分析準則？ (A)最大法向應力 (B)最大剪應力 (C)畸變能 (D)延性庫倫-莫爾 理論。

27 如圖所示，直徑1.5in 的實心鋼軸於兩端簡支。兩皮帶輪以鍵固定於軸上，其中皮帶輪B的直徑為4in，而皮帶輪C的直徑為8in。試求位於皮帶輪B處的最大拉應力為多少psi？
(A)18,640 (B)22,690 (C)24,890 (D)26,640。

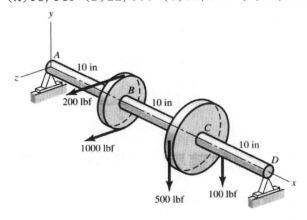

28 如圖所示，當圓管壁的厚度t遠小於管壁的半徑r時，可視為薄壁管。若薄壁管的剪應力與管壁厚的乘積τt為定值，且厚度中分線內的封閉面積為A_m，則此薄壁圓管可承受的總扭矩為何？ (A)$\frac{1}{3}A_m\tau t$ (B)$\frac{1}{2}A_m\tau t$ (C)$A_m\tau t$ (D)$2A_m\tau t$。

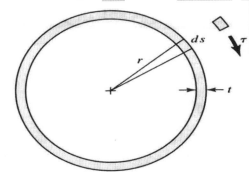

29 一連桿以$S_u = 700\,\text{MPa}$ 的鋼製造，若其修正疲勞限$S_e = 140\,\text{MPa}$，最大平均應力$\sigma_m = 150\,\text{MPa}$，最大反覆應力$\sigma_a = 40\,\text{MPa}$，試問：若以如圖所示之古德曼線失效準則判定，為避免此連桿因疲勞而失效，則安全因數應為多少？ (A)1.8 (B)2 (C)2.2 (D)2.4。

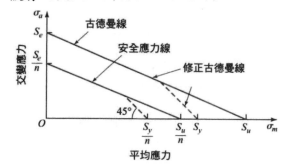

30 螺旋之機械利益僅和 (A)導程 (B)螺紋深度 (C)螺紋 (D)螺紋種類 有關。

31 彈簧是利用金屬之復原力將何種能予以吸收之一種彈性體？ (A)震動能 (B)彈性能 (C)動能 (D)重量位能，固可用於緩和衝擊與絕緣振動。

32 通常帶圈緊側與鬆側張力之比應維持？ (A)3：7 (B)7：3 (C)1：6 (D)6：1。

33 在純粹滾動接觸之兩圓錐形摩擦輪，其每分鐘迴轉數與其半頂角之？ (A)正弦成正比 (B)餘弦成正比 (C)正弦成反比 (D)餘弦成反比。

34 帶狀制動器中剎車帶的緊邊張力若等於鬆邊張力，即發生？ (A)平衡 (B)自鎖 (C)失調 (D)差動現象 此種情況甚為危險。

35 鑄鐵管常做為自來水管及瓦斯管，而其管徑在？ (A)25 (B)50 (C)75 (D)100 mm 以上。

36 蔡氏直線運動機構，固定中心連線：曲柄：連趕之連比為？ (A)5：4：2 (B)4：5：2 (C)2：5：4 (D)3：5：2。

37 離心泵中心用於調整水流，使其具有壓力，通常裝一？ (A)導葉 (B)蝸旋殼 (C)螺旋孔 (D)旋轉板。

38 錨行擒縱器之缺點？ (A)易引起週期之不確定 (B)擺角較大 (C)擒縱力過大 (D)易於損壞。

39 30n6 的公差尺寸為？ (A) $30^{+0.013}_{-0.000}$ (B) $30^{+0.020}_{+0.027}$ (C) $30^{-}_{+0.080}$ (D) $30^{+0.000}_{-0.013}$。

40 $\varphi 58G6$ 表示？ (A)$\varphi 58^{+0.015}_{0.000}$ (B)$\varphi 58^{0.000}_{-0.015}$ (C)$\varphi 58^{+0.029}_{+0.010}$ (D)$\varphi 58^{-0.010}_{-0.019}$。

41 ISO K 級公差尺寸？ (A) $25^{+0.006}_{-0.016}$ (B) $25^{+0.021}_{0}$ (C) $25^{+0.053}_{+0.020}$ (D) $25^{-0.053}_{-0.021}$。

42 以下基孔制配合中何者為干涉配合(Interference Fit)？(A)H11/c11 (B)H8/f7 (C)H7/g6 (D)H7/s6。

43 以下各軸，孔之配合標示，何者為緊縮配合？ (A)52 H/g6 (B)52 j6/E6 (C)52 h7/G7 (D)52 M6/m6。

44 下列何種公差具最大優先權？ (A)尺寸 (B)角度 (C)幾何 (D)錐度。

45 一般機械零件配合用的配合公差為？ (A)IT01~IT4 (B)IT5~IT10 (C)IT11~IT14 (D)IT14~IT18。

46 中心線平均粗糙度(Ra)、最大粗糙度(Rmax) 及十點平均粗糙度(Rz)間之關係何者正確？ (A)Ra=Rz (B)Rmax=Ra (C)Rmax=2Rz (D)Rz=4Ra。

47 ISO9000 品質管理系列認證係針對？ (A)產品生產者 (B)產品消費者 (C)產品經銷者 (D)產品本身。

48 φ 48 H7/m4 代表的尺寸公差為？ (A)干涉 (B)餘隙 (C)游動 (D)精密 配合。

49 下列哪一個配合是干涉配合？ (A)H6/g5 (B)H6/h5 (C)H6/js5 (D)H6/p5。

50 利用小間隙阻止流體洩漏，因間隙較小，為防擦碰，要借助於潤滑膜的動壓力維持間隙，請問一般間隙 h 為？ (A)1200~2700 (B)600~1800 (C)120~900 (D)5~500 μm。

51 機械密封漏泄量與摩擦狀況有關，邊界摩擦之漏泄量概略值為？（其中 D_m 為直徑，P_c 為壓力，ΔP 為壓差，S 為間隙係數，$h_0 = \frac{1}{2}(R_{a1} + R_{a2})$，$R_a$ 為端面粗糙度的微觀不平深度）

(A) $Q = \frac{\pi D_m h_0^2 S}{P_c^2}$ (B) $Q = \frac{\pi D_m \Delta p h_0^3 S}{P_c^2}$ (C) $Q = \frac{\pi D_m^2 \Delta p h_0^2 S}{P_c^2}$ (D) $Q = \frac{\pi D_m \Delta p h_0^2 S}{P_c^2}$。

52 如圖設計為停車密封裝置，試問該密封適用於下列哪一情況下？ (A)載荷輕的場所 (B)中負荷的場所 (C)載荷重的場所 (D)都可以。

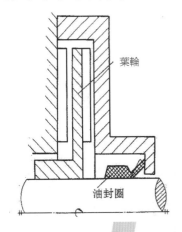
葉輪
油封圈

53 何種適用於旋轉機械密封氣體？其特點為非接觸、不需潤滑、允許自由熱膨脹、維修方便、壽命長。 (A)迷宮 (B)浮動環 (C)真空靜 (D)皮革 密封。

54 非接觸型的迷宮密封，氣體通過密封齒和膨脹空腔因節流、膨脹和渦流摩擦消能、降壓，接近於等熔膨脹過程，其間隙 h 應在多少範圍內？ (A)1200~2400 (B)800~1800 (C)120~1200 (D)10~1000 μm。

55 油封密封性能好壞取決之關鍵為？ (A)軸旋轉速度 (B)油膜厚度與接觸壓力分怖 (C)潤滑油之黏度 (D)以上皆非。

56 具有耐高速性、優異之減磨性及自潤滑性之油封材料為？ (A)矽橡膠 (B)氟橡膠 (C)丁晴橡膠 (D)聚四氟乙烯(PTFE)。

57 油封在自由狀態(未裝彈簧)下，唇口內徑比軸外徑？ (A)大 (B)小 (C)相等 (D 以上皆可。

58 油封唇口與軸之干涉量，若軸徑小於 20mm 時唇口干涉量應約取？ (A)1 (B)3 (C)5 (D)7 mm。

59 油封唇口對軸表面允許之偏心量，若軸徑為 80mm 於高速應約取？ (A)2 (B)1 (C)0.8 (D)0.2 mm。

60 下列以何型式油封動態密封性能最佳？ (A)  (B) (C) (D) 。

61 當油封直接和傳動軸表面接觸時產生摩擦，因為傳動軸的材料較軟，運動時在油封與傳動軸接觸逐漸磨耗其密封效果變差，為避免傳動軸之快速磨損之方法，下列何者設計較佳？ (A)軸上加裝套筒 (B)軸表面上鍍層 (C)軸上加裝聚四氟乙烯套環 (D)將軸之粗糙度降低。

62 當油封直接和傳動軸表面接觸時，如果軸的表面粗糙度太光滑，油容易被擠出，油膜厚度會變小，導致油封唇口溫度升高，表面粗糙度太高則油封唇口磨損快，易造成泄漏，因此推薦較佳之粗糙度約為？ (A)0.1m 以下 (B)0.8~3.2m (C)3.2~5.0m (D)以上皆適合。

63 下列何種結構之非接觸式油封，只適合用於高速場合？ (A)間隙節流溝槽 (B)離心式 (C)迷宮 (D)螺旋 密封。

64 油封失效原因，下列何者最為嚴重是？ (A)油封材質老化唇口出現裂痕 (B)油封與軸滑移缺油摩擦 (C)長時間使用油封唇口彈性彈簧剛性下降 (D)軸與油封接觸面刮痕。

65 以下何者非油封的優點？ (A)減少洩漏與摩擦 (B)提高可靠性 (C)降低效能以提高工作穩定度 (D)延長使用壽命。

66 在選擇軸承密封形式時，通常不考慮下列哪項因素？ (A)軸承外部工作環境 (B)軸的支承結構與特點 (C)軸承的轉速與密封表面的圓周速度 (D)潤滑劑的種類與價格。

67 整個機械密封發生洩漏時，則此機械密封則可認為已經失效，其失效的標準不可能是下列哪個項目？ (A)密封系統內壓力增加的值超標 (B)密封系統流體損失的量超標 (C)密封系統內壓力降低的值超標 (D)加入到密封系統的阻塞流體或緩衝流體的量超標。

68 分析密封失效現象對解決故障十分有價值，而拆卸前的檢查對直接分析還是事後診斷都很有意義，下列何者不屬於拆卸前檢查範疇？ (A)有毒/或有害物質或氣體檢驗 (B)檢查密封端面的損耗狀況 (C)密封洩漏狀態 (D)工作環境與機器振動狀況紀錄。

69 下列屬於機械密封端面對正常磨損情況：(黑色是磨損區域)

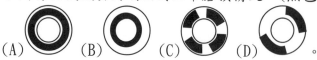

(A)   (B)   (C)   (D) 。

70 有一截面 5cm×5cm 之方鍵，若裝在一直徑為 25cm 之軸上，而此軸承受 10^3 kg-m 之扭轉力矩且鍵長為 15cm，試求此鍵所受之剪應力為何？ (A)86.7 (B)106.7 (C)112.4 (D)136.7 kg/cm^2。

71 有一直徑為 89mm 之軸，裝有一 25mm 之方鍵，若已知軸之降伏強度為 207MPa，鍵之降伏強度為 172.5MPa，且 $\tau_{yp} = 0.5\sigma_{yp}$，安全數取 FS=3，試依其扭矩求所需之鍵長？ (A)149.3 (B)77.4 (C)122 (D)96.8 mm。

72 若有一滾珠軸承之預期壽命加倍，則其負載變為多少？ (A)0.63F$_1$ (B)0.72F$_1$ (C)0.76F$_1$ (D)0.79F$_1$，其中 F$_1$ 為原來的負載。

73 有一直徑為 75mm 之傳動軸，轉速為 1800RPM，用以傳送 1000KW 之動力。若選用凸緣聯軸器作為連接用，而且採用六支直徑為 20mm 之螺栓，其中螺栓之允許剪應力為 30MPa，試求該六支螺栓須位於直徑最少為多少之圓周上？ (A)187 (B)245 (C)293 (D)104 mm。

74 如圖所示, 在不考慮軸質量狀況下，該圓盤之臨界轉速為何？ (A)$\sqrt{\dfrac{EI}{6L^3m}}$ (B)$\sqrt{\dfrac{EI}{6L^2m}}$ (C)$\sqrt{\dfrac{EI}{3L^3m}}$ (D)$\sqrt{\dfrac{EI}{3L^2m}}$ 。

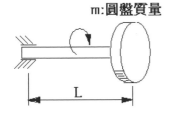

m:圓盤質量

75 斜角滾珠軸承可承受？ (A)徑向 (B)軸向 (C)軸向與徑向 (D)偏心 負荷。

76 斜爪離合器適宜？ (A)高速 (B)單向 (C)雙向 (D)過載 傳動。

77 聯結器使用上，如互相平行但不在同一中心線上的兩軸，其偏心極微且兩軸角速度須絕對相等時，應使用？ (A)撓性齒輪聯結器 (B)筒形聯結器 (C)萬向接頭 (D)歐丹聯結器。

78 下列何者為剛性聯結器？ (A)賽勒氏錐形聯結器 (B)鏈條聯結器 (C)歐丹聯結器 (D)萬向接頭。

79 相較於圓形實心軸，以下何者最有可能不是使用非圓形實心軸之優點？ (A)不需用鍵即可做軸孔結合來傳遞扭轉力矩 (B)非圓形實心軸形狀有變化、承受扭轉力矩能力一般而言會較佳 (C)承受彎曲力矩能力可以較佳 (D)容易進行精密加工。

80 以下哪一種是傳動軸一般所應具備的機械性質？ (A)軸表面具硬度、軸心部具硬度 (B)軸表面具韌性、軸心部具硬度 (C)軸表面具硬度、軸心部具韌性 (D)軸表面具韌性、軸心部具韌性。

81 以中碳鋼具有韌性(延性)材質製作傳動軸，當進行強度設計計算時，一般考慮哪種應力破壞形式？ (A)剪應力 (B)壓應力 (C)拉應力 (D)軸向混合應力 破壞。

82 若傳動軸截面積相同的條件下，哪一種截面形狀的傳動軸可以承受最大的扭轉力矩？ (A)實心圓軸 (B)內徑較小的空心圓軸 (C)內徑較大的空心圓軸 (D)實心正方形截面軸。

83 設計實心圓形傳動軸時，若軸的長度增加為原來 2 倍，則傳動軸扭轉剛性(torsional stiffness)變為原來的？ (A)1/2 (B)2 (C)4 (D)8 倍。

84 假設以脆硬的鑄鐵製作傳動軸，當進行強度設計計算時，一般考慮哪種應力破壞形式？ (A)剪應力 (B)正向壓應力 (C)正向拉應力 (D)軸向剪應力 破壞。

85 圖示一冷抽 UNS G 41300 鋼棒，抗拉強度為 600MPa，使用三支 M12X1.75 級 8.8 螺栓，抗拉強度為 586MPa，抗剪強度為 338MPa，連接在 150－mm 的槽鋼上。若不考慮槽鋼，並取安全因數至少為 2.8。外伸鋼棒上可承載的最大力量 F 為？ (A)5.25 (B)5.85 (C)6.25 (D)7.15 kN。

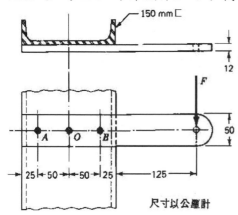

86 如圖所示，焊部的容許剪應力為 20kpsi（英制），容許負荷 F 為？ (A)15.4 (B)17.7 (C)19.6 (D)21.4 kip。

87 已知許可應剪力為 20kips，試求下列桿件的許可扭矩 T？ (A)18.2 (B)20.2 (C)22.2 (D)24.2 kip·in。

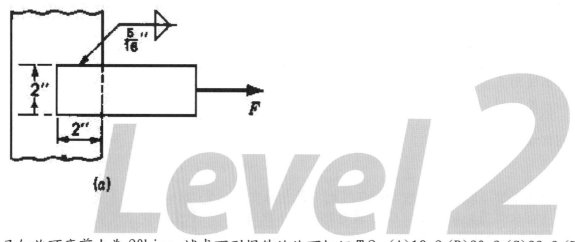

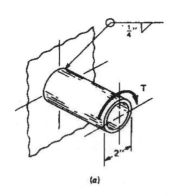

88 有一鉚釘搭接之元件，已知其版厚為 10mm，鉚釘直徑為 18mm，鉚釘節距為 50mm，板之允許拉應力為 40kg/mm²，鉚釘允許剪應力為 30kg/mm²，板之接合效率 η_p 和鉚釘接合效率 η_b 為？ (A)$\eta_p = 57\%$，$\eta_b = 36.4\%$ (B)$\eta_p = 64\%$，$\eta_b = 38.2\%$ (C)$\eta_p = 68\%$，$\eta_b = 42.4\%$ (D)$\eta_p = 74\%$，$\eta_b = 40.8\%$。

89 如圖所示的樑，係由焊接而成。試求焊材最大剪應力為？ (A)2.59 (B)10.8 (C)7.9 (D)7.8 *kpsi*。

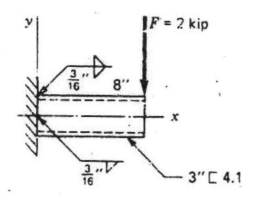

90 機螺釘共分為0～12號，其號數愈大，則？ (A)直徑愈小 (B)直徑愈大 (C)直徑相同 (D)直徑與號數無關。

91 螺帽的鎖緊裝置中，法國制鎖緊是屬於？ (A)確閉 (B)撓性 (C)剛性 (D)摩擦 鎖緊。

92 欲使螺栓結合之兩機件，其中一件為光滑孔，另一件則有陰螺紋時，應使用何種螺栓？ (A)帶頭 (B)柱頭 (C)環首 (D)貫穿 螺栓。

93 用以阻止兩機件間的相對運動，或調節兩機件間的相對位置，此為？ (A)機螺釘 (B)固定螺釘 (C)帽螺釘 (D)肩螺釘。

94 螺帽上開數條槽孔以配合安裝開口銷，防止螺帽鬆脫之型式為？ (A)翼形 (B)環首 (C)堡形 (D)蓋頭 螺帽。

95 螺絲的尺寸如圖所標示，試問下列何者為正確的導程角 β 與導程 l 的關係？
(A) $\tan \beta = \dfrac{l}{\pi d_2}$　(B) $\tan \beta = \dfrac{l}{\pi d}$　(C) $\tan \beta = \dfrac{l}{2\pi d_1}$　(D) $\tan \beta = \dfrac{l}{2\pi d}$。

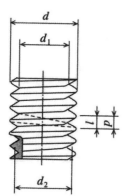

96 如圖所示的軟鋼製掛鉤,當於軸向施力 40,000N 時,若螺栓的容許拉伸應力為48MPa,則掛勾的螺紋的有效拉應力面積應為多少 mm² ? (A)569.2 (B)638.5 (C)746.4 (D)833.3。

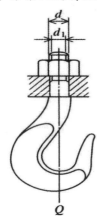

97 下列哪一種焊接法屬於壓接的焊接方式? (A)電弧焊接 (B)氣體焊接 (C)硬焊 (D)電阻焊。

98 在分析如圖所示之填角焊接部位的應力時,可設其抗張應力為 $\sigma = \dfrac{P}{tl}$,剪斷應力為 $\tau = \dfrac{P}{tl}$,而其中的 P 為作用力,l 為焊接長度,則 t 通常是指? (A)實際焊縫厚度 (B)理論焊縫厚度 (C)長邊的焊腳長度 (D)短邊的焊腳長度。

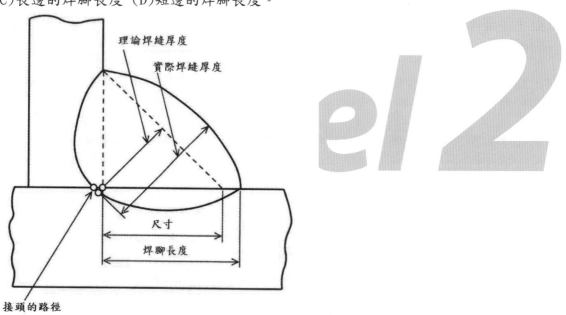

99 某經熱處理的 UNS G10350 鋼軸,具有降伏強度為75kpsi,該軸的直徑為 1 又 7/16in,軸的轉速為 600rpm,並經齒輪傳遞 40hp 的功率。經計算後,軸表面承受了 5850lb 的作用力,並選擇以冷拉鋼成的 3/8in 方鍵置於軸與齒輪間,若只考慮鍵的強度,試問鍵的長度至少應為多少 in? 假設鍵的降伏強度為 65kpsi,鍵的剪強度為 37.5kpsi,且安全因數為 2.8。(A)1.06 (B)1.16 (C)1.24 (D)1.34。

100 一螺旋彈簧(helical spring)之彈簧係數為 10N/mm,該彈簧安裝在另一彈簧係數為 6N/mm之螺旋彈簧之上,設兩彈簧有相同之負荷,當兩串聯之彈簧總變形量為 48mm,試求其所需之力大小為? (A)300 (B)108 (C)768 (D)180 N。

101 兩同心壓縮螺旋彈簧,其外部的較大彈簧的彈簧係數為400N/mm,內部較小彈簧的彈簧係數為200N/mm,外部彈簧之自由高度比內部彈簧之自由高度高25mm,當兩同心壓縮螺旋彈簧承受70000N 負荷時,試求外部彈簧承受多少負荷？ (A)15300 (B)20000 (C)50000 (D)60000 N。

102 有一圓球重W,另有一彈簧,其彈簧係數為K,若將此球至於彈簧上,則彈簧之變形量δ=50mm,若此球自600mm 高之處掉落於彈簧上,求此彈簧之壓縮量δ為？ (A)265 (B)145 (C)435 (D)300 mm。

103 一壓縮彈簧之線徑為2mm,彈簧平均直徑為18mm,並承受壓荷重10N,則彈簧線索承受之最大剪應力為何？ (A)117.18 (B)111.42 (C)60.48 (D)54.12 MPa。

104 兩彈簧之剛性均為K,若兩彈簧並聯使用,則合成系統之剛性為？ (A)2 (B)1 (C)0.5 (D)0.1 K。

105 壓縮螺旋彈簧承受負載時,其鋼絲內部所受之應力主要為何？ (A)彎曲應力 (B)拉應力 (C)剪應力 (D)壓應力。

106 彈簧大都用金屬製造,下列何者不屬彈簧之常用材料？ (A)鑄鋼 (B)琴鋼線 (C)油回火線 (D)英高鎳。

107 某螺旋彈簧承受200牛頓之負荷,撓曲量為5公分,則彈簧常數為？ (A)10 (B)20 (C)30 (D)40 牛頓／公分。

108 錐形彈簧壓縮時,最初壓縮變形較大的部份是？ (A)小直徑 (B)大直徑 (C)大小直徑皆相同 (D)視負荷之大小而定。

109 適合於製作小型彈簧,其機械性質佳、抗拉強度高且韌性大之材料為？ (A)矽錳鋼 (B)磷青銅 (C)琴鋼線 (D)孟鈉合金。

110 設計壓縮彈簧進行其強度計算時,一般主要是考慮哪一種應力破壞？ (A)剪應力 (B)壓應力 (C)拉應力 (D)彎矩正向應力 破壞。

111 下列何者不是一般使用的壓縮彈簧端部的形式？ (A)壓平端(Squared end) (B)壓平研磨端(Squared & ground end) (C)普通端(Plain end) (D)特別負載端(Special loading end)。

112 下列何者不是一般常用彈簧種類之稱呼？ (A)壓縮 (B)扭轉 (C)剪斷 (D)板型 彈簧。

113 下列何者不是彈簧應用的主要功能與目的？ (A)傳動扭矩 (B)儲存能量 (C)吸收製造誤差 (D)吸收或隔絕振。

114 如圖表示管與管配件的接合方式為何？ (A)凸緣 (B)插承 (C)熔接 (D)螺紋 接合。

115 如圖所示為哪一種管配件？ (A)盲凸緣 (B)管帽 (C)管塞 (D)直管接頭。

116  如圖表示管與管配件的接合方式為何？ (A)凸緣 (B)插承 (C)熔接 (D)螺紋接合。

117 管路圖中符號 "BOP" 表示？ (A)高度 (B)管底 (C)管中心 (D)管徑。

118 管路圖中符號 "TOS" 表示？ (A)鋼架頂面 (B)鋼架底部 (C)管中心 (D)管底。

119 下列何者可做為管路圖中標註尺度的標註點？ (A)閥的中心 (B)管配件中心 (C)管中心線 (D)以上皆對。

120 管路單線圖中以 (A)粗鏈線 (B)粗實線 (C)細鏈線 (D)細實線 來表示管路。

121 管路流程圖中以 (A)FA (B)FE (C)FI (D)FR 來表示流量指示器。

122 有關立體管路圖的敘述何者錯誤？ (A)採用等角圖繪製 (B)管路長度必須依照比例繪出 (C)適當配置使管配件不重疊 (D)圖中包含材料表。

123 整廠管路圖之設計包含？ (A)廠區配置圖 (B)設備流程圖 (C)立體管路圖 (D)以上皆對。

124 標稱直徑相同的管子，下列哪一種管的外徑最大？ (A)標準管 (B)特強管 (C)加倍特強管 (D)外徑均相同。

125 CNS 標準規定，繪製 (A)300 (B)350 (C)400 (D)450 mm(含)以上之大口徑管路採用雙線圖。

126 有關止回閥的敘述，何者錯誤？ (A)升降型止回閥常用於防止氣體回流 (B)擺動型止回閥常用於防止液體回流 (C)可調節流量 (D)流體只從單一方向通過。

127  如圖之管路平面圖？ (A)A 管位置較高 (B)B 管位置較高 (C)兩管位置一樣高 (D)無法判斷。

128  如圖之管路平面圖中，有幾個90°彎頭？ (A)2 (B)3 (C)4 (D)5。

129 下列何者不屬於塑膠類管？ (A)PEP (B)PVCP (C)PBP (D)CIP。

130 金屬管彎曲時，其彎曲部份之內曲半徑通常不得小於管子內徑之？ (A)2 (B)4 (C)6 (D)8 倍。

131 管子厚度與標稱厚度號數Ｓｃｈ.？ (A)成正比 (B)成反比 (C)無關係 (D)不成比例。

132 凸緣接頭螺栓孔數是依管內壓力大小而定，但通常是否有一定的法則？ (A)是，採用奇數，且應平均分佈 (B)是，採用三的倍數，並需平均分配 (C)是，採用四的倍數，且應平均分佈 (D)否。

133 彎管管徑為 D，彎曲半徑為 R，彎曲角度為 θ，管厚度為 t，則管彎曲所需長度 L 之計算公式應為？ (A)$L = 2\pi D \times (\theta/360)$ (B)$L = \pi(D-t) \times (\theta/360)$ (C)$L = 2\pi(R+D) \times (\theta/360)$ (D)$L = 2\pi R \times (\theta/360)$。

134 鍍鋅鋼管之接合一般都採用何種接頭？ (A)膠合 (B)螺紋 (C)壓接 (D)銲接。

135 防止管路中流體之回流，需於管路上裝設？ (A)三角閥 (B)球閥 (C)止回閥 (D)調節閥。

136 管線承受壓力超過規定時，能自動釋壓，應裝設何種閥件？ (A)浮球閥 (B)底閥 (C)安全閥 (D)止回閥。

137 常溫下流量為 $0.25m^3/s$，水壓 2.0MPa，平均流速為 3m/s，$\eta = 1$，$\sigma t = 80MPa$，c=0.2，求選用無縫管之規格為何？ (A)250 (B)300 (C)350 (D)400 mm ch10。

138 標準鋼管之長度有？ (A)3 公尺與 6 公尺 (B)4 公尺與 8 公尺 (C)5 公尺與 10 公尺 (D)6 公尺與 12 公尺等兩種。

139 STPG 是哪種管的代號？ (A)壓力配管用碳鋼鋼管 (B)鉛管 (C)鑄鐵管 (D)鐵筋混凝土管。

140 輸送流體用？ (A)管之外徑 (B)管之內徑 (C)管之厚度 (D)管之密度 決定其流量及流速。

141 塑膠管路與鐵管管路之連接，為了維修時拆卸方便；且不致破壞原有管路系統，應選擇下列何種管件連接為佳？ (A)鐵塑由令 (B)塑膠閥接頭 (C)鐵由令 (D)凸緣接頭。

142 管之內壁圓滑而阻力最小之管是？ (A)鉛管 (B)塑膠管 (C)銅管 (D)鋼管。

143 在管路系統中，流體以直線穿過閥孔，且常使於全開或全關場合的閥為？ (A)閘閥 (B)球閥 (C)角閥 (D)蝶閥。

144 兩個互相嚙合的齒輪，下列哪個參數不需相同？ (A)周節 (B)壓力角 (C)徑節 (D)節徑。

145 目前市面上供應最多的齒輪，其壓力角為何？ (A)14.5° (B)18° (C)20° (D)25°。

146 兩個互相嚙合的正齒輪，小齒輪轉速為 180rpm，齒數 60，大齒輪轉速為 90rpm，則其齒數為？ (A)30 (B)60 (C)120 (D)150。

147 採用齒輪傳動時，若要得到較大的減速比應採用？ (A)蝸桿蝸 (B)正齒 (C)行星齒 (D)螺旋齒 輪組。

148 關於正齒輪的習用畫法，下列何者錯誤？ (A)以粗實線畫齒頂圓 (B)以粗實線畫齒底圓 (C)以細鏈線畫節圓 (D)剖視圖中輪齒不畫剖面線。

149 某齒輪組由壓力角為 20° 的 16 齒的小齒輪驅動 40 齒的大齒輪所組成。齒輪的模數為 m=10，而齒冠與齒根分別 1m 與 1.25m。試問：此齒輪組的接觸比為何？ (A)1.37 (B)1.45 (C)1.53 (D)1.61。

150 一個 15kW 的電動機，機軸上以鍵固定之螺旋齒輪的法壓力角為 20°，螺旋角為 30°，齒數為 19 齒，法模數為 2.5mm，驅動另一嚙合的螺旋齒輪，電動機以 1800rpm 轉速運轉。試求：作用於此螺旋齒輪的軸向力為多少 N？ (A)4113 (B)3351 (C)1935 (D)1409。

151 如圖所示的三個嚙合的齒輪具有5mm的模數,以及20°的壓力角,若驅動的1號齒輪以1000rpm的速度傳遞 20kW 到軸上的 2 號惰輪,試問:作用在 2 號齒輪的切線力為多少 kN? (A)3.18 (B)3.46 (C)3.82 (D)4.24。

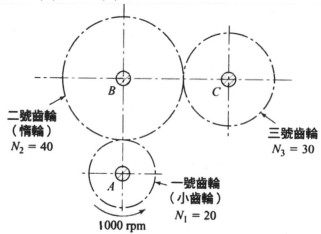

二號齒輪
(惰輪)
$N_2 = 40$

三號齒輪
$N_3 = 30$

一號齒輪
(小齒輪)
$N_1 = 20$

1000 rpm

152 一個 25°壓力角,25 齒的正齒輪具有 2mm 的模數,以 900rpm 轉速運轉。若此齒輪的可容許彎曲負載(allowable bending load)為 4.15kN,且其動態負載(dynamic load)為其切線負載(tangential load)的 1.8 倍,試問:齒輪可傳遞的功率應為多少 kW? (A)3.64 (B)3.89 (C)4.57 (D)5.43。

153 關於平行軸螺旋齒輪的傳動,下列何者之敘述不正確? (A)二齒輪的螺旋角必需相同 (B)二齒輪的模數必需相同 (C)使用螺旋齒輪傳動不會產生軸向推力 (D)二齒輪必為一右手螺旋、一左手螺旋。

154 常用的齒輪齒形為漸開線及圓弧兩種,兩者齒形相比較下,下列何者非漸開線齒形優於圓弧齒形的特點? (A)彎曲強度較高 (B)接觸強度較高 (C)中心距敏感度較低 (D)噪音較佳。

155 下列何者非螺旋傘齒輪(Spiral Bevel Gear)優於直傘齒輪(Straight Bevel Gear)的特點? (A)強度較強 (B)壽命較長 (C)傳動較平穩安靜 (D)以上皆是。

156 若有一齒輪根部發生折斷的現象,下列何者非發生原因? (A)齒面硬度不足 (B)模數過小 (C)齒輪彎曲強度不足 (D)衝擊負荷過大。

157 下列何者非決定螺旋齒輪的主要幾何參數? (A)壓力角 (B)螺旋角 (C)模數 (D)以上皆是。

158 若齒輪的接觸強度不足時,使用一段時間後通常會於齒輪何處發生點蝕(Pitting)的情況? (A)齒頂 (B)齒根 (C)節圓 (D)基圓。

159 下列哪一項不屬於導螺桿強度設計時,主要驗算項目? (A)導螺桿必須要有足夠強度 (B)導螺桿必須要有足夠大的彎曲變形量 (C)導螺桿必須要有足夠運轉壽命 (D)導螺桿轉速必須遠離其危險轉速。

160 下列哪一項不是滾珠導螺桿預壓的主要形式? (A)過大螺帽的預壓形式 (B)固定壓力的預壓形式 (C)過大滾珠的預壓形式 (D)固定位置(固定變形量)的預壓形式。

161 下列哪一項預壓形式,一般不需要使用兩個螺帽來達成? (A)過大螺帽的預壓形式 (B)固定壓力的預壓形式 (C)過大滾珠的預壓形式 (D)固定位置(固定變形量)的預壓形式。

162 下列哪一項不是增加滾珠導螺桿的精度(accuracy)後,會產生機械特性或情況? (A)會增加導螺桿成本 (B)可以增加進給軸精度 (C)可以降低機器振動 (D)可以明顯增加進給剛性。

163 只考慮導螺桿本身變形,而不考慮螺帽、滾珠、軸承等其它組件,若選擇增加導螺桿直徑為原來 3 倍,導螺桿的拉伸剛性大約將變為原來的 (A)3 (B)9 (C)27 (D)81 倍。

164 下列哪一項機械特性,可能與計算滾珠導螺桿的壽命時,有最直接的關係? (A)動額定負荷 (B)靜額定負荷 (C)額定靜態剛性 (D)額定動態剛性。

165 下列何者方式可以提高滾珠螺桿的臨界轉數(critical speed)? (A)增加螺桿直徑 (B)增加螺桿長度 (C)增加螺桿導程 (D)增加螺桿精度等級。

166 一滾珠螺桿若所承受負荷減少 1/2,則其壽命為 (A)減少 2 (B)增加 2 (C)減少 8 (D)增加 8 倍。

167 一滾珠螺桿若其轉速為 150rpm,扭矩為 1106in-lb,則其所需之功率為? (A)1.63 (B)2.63 (C)3.63 (D)4.63 hp。

168 滾珠螺桿型號為 CCT6010-6-P3 下列表示何者為非? (A)60 代表公稱直徑 (B)10 代表接觸角 (C)-6-代表滾珠圈數 (D)3 代表精度等級。

169 精度為 C 級滾珠螺桿 300mm 之導程公差約為?(A)5 (B)15 (C)25 (D)50 μm。

170 精度為 C 級滾珠螺桿表面粗糙度約為? (A)0.2 (B)0.6 (C)0.8 (D)1.6 μm。

171 較大長徑比滾珠螺桿設計要求為高精度、耐磨性及抗疲勞強度您會選用下列材料為適合? (A)9Mn2V (B)GCr15 (C)38CrMoA1A (D)GCr15SiMn。

172 設計高速滾珠螺桿其滾珠循環選用下列哪種較為適合? (A)內循環 (B)外循環螺旋槽式 (C)外循環端蓋式 (D)外循環插管式。

173 滾珠螺桿傳動之特點 下列何者為非? (A)摩擦力小,傳動效率高 (B)可高速傳動及微進給 (C)傳動靈敏,容易產生滯滑(stick-slip) (D)磨損小,壽命長及定位精度高。

174 滾珠螺桿傳動之高速進給可經由提高轉速來達成,但最高轉速受 dN 值之限制,以目前滾珠螺桿傳動最大 dN 值可達? (A)10000 (B)100000 (C)150000 (D)300000。

175 精密高速滾珠螺桿傳動以目前技術水準下列敘述何者為非? (A)傳動速度 0-120m/min (B)加(減)速度 05-1.5g (C)噪音 10db (D)動態剛性 90~180N/μm。

176 下列何者非滾珠螺旋傳動的特點? (A)傳動效率高 (B)傳動精度高 (C)具自鎖性功能 (D)使用壽命長。

177 下列何者非滾珠外循環的方式? (A)螺旋槽式 (B)插管式 (C)插槽式 (D)端蓋式。

178 為消除滾珠螺旋傳動軸向間隙及提高軸向剛性,下列何者不是常用調整預緊的方式? (A)墊片調整式 (B)油壓預緊式 (C)螺紋間隙式 (D)齒差調系式。

179 下列何者不是採用滾珠導螺桿取代傳統之螺桿之考量點？ (A)精度較高 (B)無背隙 (C)單向傳輸 (D)馬達驅動力較低。

180 下列何者不是採用滾珠內循環的優點？ (A)迴路短 (B)滾珠少 (C)滾珠流暢性佳 (D)加工簡單。

181 下列哪一項不是一般進行線性滑軌設計時，主要考慮的項目？ (A)顏色 (B)數量 (C)形式 (D)長度。

182 一般而言，下列哪一項不是屬於線性滾動滑軌之主要特點？ (A)吸振能力強 (B)精度高 (C)使用方便容易 (D)可以達到幾乎零餘隙滑運對。

183 下列關於線性滑軌之敘述何者為真？ (A)每一進給軸常需要使用三支線性滑軌 (B)線性滾動滑軌一定要使用滾珠來做為滾動體才可以 (C)線性滑軌都很精密，所以設計時不需要再考慮精度了 (D)線性滑軌常應用於機器的平移進給軸。

184 用於重型和高精度機械應採用線性滑軌類型為？ (A)滑動 (B)滾動 (C)靜壓 (D)動壓 滑軌。

185 用於高速度，阻尼大，抗振性好，適合採用線性滑軌類型為？ (A)滑動 (B)滾動 (C)靜壓 (D)動壓 滑軌。

186 動壓線性滑軌摩擦特性曲線(f 為摩擦係數，v 滑動係數)為？

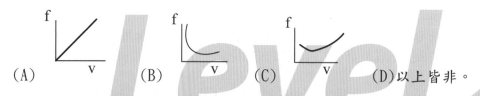

(A)　　　　　　(B)　　　　　　(C)　　　　(D)以上皆非。

187 靜壓線性滑軌摩擦特性曲線(f 為摩擦係數，v 滑動係數)為？

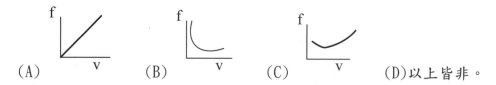

(A)　　　　　　(B)　　　　　　(C)　　　　(D)以上皆非。

188 線性滑軌運動出現滯滑(stick-slip)現象是一種非線性自激振動，其不可能處於潤滑狀態為？ (A)全油膜潤滑 (B)邊界潤滑 (C)複合潤滑 (D)邊界潤滑或複合潤滑。

189 線性滑軌之動導軌與靜導軌之間運動，允許自由度為？ (A)0 (B)1 (C)2 (D)3。

190 線性滑軌常用組合形式，而不能單獨使用之截面形式為？ (A)V (B)圓柱 (C)矩 (D)鳩尾 形。

191 常用滑動導軌之組合形式，下列何種組合之接觸剛度最佳 (A)雙 V 形 (B)V 形與平面 (C)矩形與平面 (D)鳩尾形。

192 線性滑軌使用最廣且具有耐磨及抗振性之材料為？ (A)鋼 (B)工程塑料 (C)鑄鐵 (D)非鐵金屬。

193 與滑動導軌相比,滾動導軌之特點下列何者為非? (A)移動及定位精度高 (B)摩擦係數小 (C)低速運動會出現滯滑(stick-slip)現象 (D)對溫度變化敏感性低。

194 線性滑軌按導軌面間的摩擦性質屬於哪一類? (A)滑動摩擦 (B)滾動摩擦 (C)流體摩擦 (D)以上皆是。

195 在導軌結構設計中,盡量減小驅動元件與導軌面間距離的主要原因是? (A)減少力矩 (B)方便設計 (C)輕量化 (D)以上皆是。

196 線性滑軌的特點? (A)摩擦小 (B)定位精度高 (C)磨損較小,壽命長 (D)以上皆是。

197 直線導軌的材料要求主要有? (A)硬度高 (B)性能穩定 (C)良好加工性能 (D)以上皆是。

198 線性滑軌可應用於? (A)印表機 (B)雷射雕刻機 (C)CNC 加工機 (D)以上皆是。

199 下列何種傳動元件的運動精度最高? (A)齒輪 (B)皮帶 (C)線性滑軌 (D)螺桿。

200 選用滑塊的尺寸與數目,主要由下列何者所決定? (A)經驗 (B)負載 (C)運動速度 (D)環境溫度。

201 影響線性滑軌的使用壽命為? (A)表面硬度 (B)工作負荷 (C)溫度 (D)以上皆是。

202 欲增加線性滑軌之剛性,需將線性滑軌? (A)增加預壓 (B)減小預壓 (C)增加潤滑 (D)增加防塵。

203 理想的線性滑軌,其內部的鋼珠接觸角為? (A)0 (B)45 (C)60 (D)90 度。

204 蒲松氏比(ν)定義為橫向應變與軸向應變之比,試問 ν 在拉伸與壓縮時有何不同? (A)拉伸時較大 (B)壓縮時較大 (C)不變 (D)視材料而定。

205 由彎矩方程式($EIv'' = -M$)積分求樑之撓度,當考慮樑支承的邊界條件時,下列何者為非? (A)簡支端:$v'' = 0$ (B)自由端:$v'' = 0$ (C)簡支端:$v = 0$ (D)自由端:$v = 0$。

206 一個薄的正方形鋼片,四邊分別和 x 與 y 軸垂直,且四邊均只受到正向拉應力 σ 作用,$\sigma_x = \sigma_y = \sigma$,則此鋼片在對角線方向的正向應力 $\sigma_{45°}$ 與剪應力 $\tau_{45°}$ 分別為何? (A)$\sigma_{45°} = \sigma$,$\tau_{45°} = \sigma$ (B)$\sigma_{45°} = 0$,$\tau_{45°} = \sigma$ (C)$\sigma_{45°} = \sigma$,$\tau_{45°} = 0$ (D)$\sigma_{45°} = 0$,$\tau_{45°} = 0$。

207 一個軸徑 $10\,\mathrm{mm}$,承受 $5\,\mathrm{N\cdot m}$ 扭力矩作用,則其最大扭轉剪應力為何? (A)$\dfrac{20}{\pi}$ (B)$\dfrac{80}{\pi}$ (C)$\dfrac{60}{\pi}$ (D)$\dfrac{40}{\pi}$ MPa。

208 某韌性材料之拉力降伏強度為 200MPa,承受平面應力狀態,主應力分別為 $\sigma_1 = 200\,\mathrm{MPa}$ 和 $\sigma_2 = 100\,\mathrm{MPa}$,如以最大剪應力理論求安全因素,所得的安全因素為何? (A)2 (B)4 (C)6 (D)8。

209 線性滑軌係為一種滾動導引，其滾動導引的摩擦係數可降至原來滑動導引的幾倍？ (A)1/5 (B)1/10 (C)1/30 (D)1/50 倍。

210 兩端封閉之圓筒形薄壁容器，內裝壓力為 850kPa 之壓縮空氣，已知容器之內徑為 1.2m，筒壁厚度為 10mm，試求筒壁之最大拉應力？ (A)102 (B)25.5 (C)38.3 (D)51.0 MPa。

211 有關矩形梁受剪力作用，下列敘述何者正確？ (A)斷面平面保持平面 (B)可適用於各種斷面梁 (C)剪應力隨高度變化呈線性關係 (D)最大剪應力發生在中性軸位置。

212 平面應力莫爾圓圓心之水平座標距離座標原點為何？（其中 σ_x 與 σ_y 為兩方向之正向應力，τ_{xy} 為剪應）(A)σ_x 與 σ_y 之差 (B)σ_x 與 σ_y 之之和 (C)σ_x 與 σ_y 之平均值 (D)σ_x、σ_y 與 τ_{xy} 之平均值。

213 下列何者可作為彈性模數的單位？ (A)N/mm^2 (B)m^2/kg (C)無單位 (D)kgf-m。

214 某一材料之應力－應變曲線如圖所示，試問在應變為 0.001 時，其應力應為多少？ (A)50 (B)100 (C)125 (D)250 MPa。

215 下列蒲松氏比(**Poisson's Ratio**)，哪一個不合理？ (A)0.3 (B)0.7 (C)0.4 (D)0.25。

216 一稜體桿件承受軸向壓力而破裂，其破裂面大約與桿件軸向成 45 度角，該破壞應屬？ (A)壓力 (B)拉力 (C)彎曲 (D)剪力 破壞。

217 一截面寬度為 b，深度為 h 的矩形梁，對平行 b 邊通過重心的慣性矩(I)為？ (A)$(bh^3)/12$ (B)$(bh^3)/6$ (C)$(bh^3)/3$ (D)$(bh^3)/2$。

218 物體內某點的應力為 σ_x=80psi，σ_y=-100psi 及 τ_{xy}=60psi，試求其最大剪應力為？ (A)130.2 (B)120.2 (C)100.2 (D)108.2 psi。

219 有一截面積為 50mm^2 的鋼材，其長度為 1m，彈性模數 E 為 207GPa，若施加 5kN 的張力負荷，則其變形量為若干？ (A)0.48 (B)0.25 (C)0.10 (D)0.05 mm。

220 一長度為 L、斷面積為 A 的鋼桿，其彈性係數為 E，降伏強度為 S，受到拉伸負荷作用，若安全因數為 n，則容許的伸長量為？ (A)nL/AE (B)Ns/AE (C)SL/nAE (D)SL/nE。

221 一斷面積為 50mm^2 的圓桿，受到 2000N 的拉伸負荷作用，若其彈性係數為 200GPa，則其軸向應變為多大？ (A)1×10^{-4} (B)1.5×10^{-4} (C)2×10^{-4} (D)2.5×10^{-4}。

222 下列有關彈性模數 E、柏松比 ν 與剪力彈性模數 G 之敘述何者正確？ (A)G=E/(1+2ν) (B)G=E/(1-2ν) (C)G=2E/(1+ν) (D)G=E/2(1+ν)。

223 某一懸臂梁承受之軸向拉力(P)變為 2 倍時，其伸長量變為若干？ (A)4 倍 (B)2 倍 (C)0.5 倍 (D)不變。

224 一塊厚度為 1mm、抗剪強度為 60N/mm^2 之鋼板，試求在該鋼板上打穿直徑 50mm 的圓板所需必要的力？（註：圓周率 $\pi = 3.14$ 計算） (A)4710 (B)9420 (C)18840 (D)471000 N。

225 某剛體元件受到二維平面的外力作用處於靜平衡狀態時，需滿足幾個平衡方程式？ (A)2 (B)3 (C)4 (D)6 個。

226 觀察某元件受力後的材料應力應變性質，下列何者的敘述是錯的？ (A)脆性材料(brittle material)的拉伸度百分比為 5%以下 (B)延性材料於拉伸實驗時有明顯的頸部現象(necking) (C)延性材料無應變硬化(strain hardening)現象 (D)延性材料有幾乎相同的拉應力極限強度(ultimate strength)及壓應力極限強度。

227 彈性係數(E)又稱為楊氏係數，其值隨材料而不同，大部份的鋼材，其 E 值約在 200 及 210 之間，請問其單位為何？ (A)MPa (B)GPa (C)psi (D)ksi。

228 一圓軸受扭轉時因而所產生之應力為？ (A)拉應力 (B)壓應力 (C)拉應力及剪應力 (D)剪應力。

229 樑會因降伏而產生破壞的條件下，樑的容許正向應力值 σ_{all} 可為降伏強度 S_y 或極限強度 S_u，樑的剖面模數 S (Section Modulus)可由數學式 $S = \dfrac{M_{\max}}{\sigma_{\text{all}}}$ 求得，其中 $M_{\max}$ 為樑承受的最大彎曲力矩。根據所計算的 S 值，可決定許多樑的尺寸。有關此樑的尺寸設計考量何者正確？ (A)選擇單位長度重量最重的樑，再選擇具有最大斷面面積的樑 (B)選擇單位長度重量最重的樑，再選擇具有最小斷面面積的樑 (C)選擇單位長度重量最輕的樑，再選擇具有最大斷面面積的樑 (D)選擇單位長度重量最輕的樑，再選擇具有最小斷面面積的樑。

230 一電動馬達可用於驅動一個內含三組正齒輪及一組鏈輪和鏈條的傳動系統。若一組正齒輪與一組鏈輪和鏈條的機械效率分別為 e_g 與 e_c，則此傳動系統的機械效率為？ (A)$e_g + e_c$ (B)$3e_g + e_c$ (C)$e_g e_c$ (D)$e_g^3 e_c$。

231 機械元件不會於使用中損壞的機率統計量度，成為該機件的可靠度。若有某一機械元件可靠度為 0.994，亦即不同時間製作此機件 10,000 件中會於使用中損壞的件數最不可能為？ (A)60 (B)100 (C)50 (D)40。

232 下列何種不是表面硬化法？ (A)滲碳法 (B)淬火法 (C)氮化法 (D)高週波硬化法。

233 下列四個製程系列中哪一個所製出之孔最精密？ (A)鑽孔、搪孔(Bouing)、鉸孔 (B)鑽孔、內孔磨削、搪光(Honing) (C)鑽孔、搪孔、拉孔 (D)鑽孔、搪孔、布輪拋光。

234 經拉伸試驗時，應力－應變圖中沒有明顯降伏現象的材料，一般是以多少的永久變形定義為降伏點？ (A)0.02 (B)0.2 (C)2 (D)5 %。

235 常見的各種規範中，代號 ISO 表示為？ (A)中國國家標準 (B)日本工業標準 (C)國際標準化組織 (D)美國材料試驗協會。

236 彈性係數是用於表示材料何種特性好壞之指標？ (A)材料硬度 (B)材料剛性 (C)材料韌性 (D)材料強度。

237 在 MKS 制單位中，1 牛頓等於？ (A)1N-m/sec² (B)1kg-cm/sec² (C)1kg-mm/sec² (D)1kg-m/sec²。

238 某材料之彈性係數 E=200GPa，剪割彈性係數 G=80GPa，則其蒲松氏比(Poisson's Ratio)μ 為？ (A)0.2 (B)0.25 (C)0.3 (D)0.35。

239 有些彈性材料長期受到載重後，會漸漸發展出額外的應力，此現象稱為？ (A)乾縮 (B)脆化 (C)潛變 (D)軟化。

240 推導梁內應力公式之基本假設何者有誤？ (A)平面保持平面 (B)微小變形 (C)中性軸不伸長縮短 (D)與虎克定律無關。

241 每吋 4 牙之單螺紋，導螺桿每轉一圈其導程為多少 mm？ (A)6.35 (B)3.175 (C)0.25 (D)12.7 mm。

242 下列何者會使碳鋼的疲勞強度降低？ (A)表面碳化和氮化 (B)表面殘留拉伸應力 (C)表面冷軋加工 (D)表面珠擊處理。

243 鑄鐵連桿元件上一點之應力狀態為σ_x=2,000psi，σ_y=400psi，τ_{xy}=600psi，材料強度為σ_{yp}=4,000psi，利用最大剪應力損壞理論求安全因數 Fs？ (A)4.64 (B)3.64 (C)2 (D)1.82。

244 當設計中間有一圓孔的矩形板，受到拉力時，需考慮應力集中的因素。若該板的尺寸不變，中間孔的直徑越小，則其孔邊的應力對平均應力的比為？ (A)越大 (B)越小 (C)常數 (D)資訊不足。

245 某鋼材元件受到彎曲應力，其材料之降服強度為 1640MPa。允許應力為 0.6，若需安全因子為 4，設計應力需多少？ (A)410 (B)3936 (C)6560 (D)246 MPa。

246 腳踏車所用的鏈條是？ (A)無聲 (B)塊狀 (C)滾子 (D)輸送 鏈。

247 萬向接頭常成對使用的原因為？ (A)調整兩軸的角度偏差 (B)使兩軸角速度相同 (C)增強輸出扭力 (D)延長傳動距離。

248 何種螺紋廣泛地應用於導螺桿及動力傳輸上？ (A)惠氏 (B)統一 (C)方 (D)愛克姆 螺紋。

249 已知一柱的的柱常數 Cc 小於其過渡細長比，試問當分析此柱時適用於何種公式？ (A)Euler (B)J.B. Johnson (C)Lagrange (D)Coriolis 公式。

250 對於延性材料失效的預測分析，用下列何者理論較適於分析延性材料？ (A)最大正應力 (B)內部摩擦 (C)畸變能 (D)修正莫爾 理論。

251 有關螺紋配合及公差的敘述，下列何者不正確？ (A)3B 公差大於 1B 公差 (B)3A 為英制外螺紋之配合等級 (C)3 級為公制一般螺紋之配合等級 (D)同等級螺紋中直徑較大者，其公差值較大。

252 下列何者敘述不正確？ (A)工件配合的鬆緊程度可分為鬆配合、過度配合、干涉配合 (B)基軸制適用於鬆配合 (C)基孔制適用於緊配合 (D)因為製造因素，一般較常採用基軸制。

253 A、B 兩元件的長度尺寸分別為 $1.750\,^{+0}_{-.010}$ 與 $1.250\,^{+0}_{-.010}$，求兩元件沿著長度方向連接後之總長度為？ (A)$3.000\,^{+0}_{-.010}$ (B)$3.000\,^{+0}_{-.020}$ (C)$3.000\,^{+.010}_{-.010}$ (D)$3.000\,^{+.020}_{-0}$。

254 機械製圖上只標註尺寸，沒有標示公差，此情況表示實際公差為？ (A)無公差 (B)一般公差 (C)任意公差 (D)忘記標住。

255 軸孔配合中，若孔之尺寸為 $\varphi\,40\,^{+0.080}_{-0.000}$ mm，軸之尺寸為 $\varphi\,40\,^{+0.035}_{-0.003}$ mm，則二者配合之最大間隙為？ (A)0.077 (B)0.035 (C)0.045 (D)0.083 mm。

256 軸孔配合中，若孔之標準尺寸為 $\varphi\,50\,^{+0.030}_{-0.000}$ mm，而軸為 $\varphi\,50\,^{+0.021}_{-0.002}$ mm，則下列何者敘述不正確？ (A)最大餘隙為 0.009mm (B)最小餘隙為 -0.021mm (C)軸的上界限為 $\varphi\,50.021$mm (D)屬過渡配合。

257 軸孔配合中，若孔之尺寸為 $\phi\,20\,^{+0.070}_{-0.000}$ mm，軸之尺寸為 $\phi\,20\,^{+0.035}_{-0.002}$ mm，則二者配合之最大間隙為何？ (A)0.068 (B)0.035 (C)0.037 (D)0.072 mm。

258 有關表面粗糙度的敘述，下列何者為錯誤？ (A)Ra 為中心線(或稱算術)平均粗糙度值 (B)Rmax 為最大粗糙度值 (C)Rz 為十點平均粗糙度值 (D)Ra≈Rmax≈4Rz。

259 兩圓柱元件的公差與配合設計時，下列何者的敘述是正確的？ (A)所有配合等級(classes of fit)的元件是不能更換的 (B)餘隙(clearance)型式的配合為轂(hub)徑小於軸徑 (C)中間等級的配合，容差(allowance)與干涉(interference)量很小或幾乎為零 (D)干涉量越大的轂軸可傳遞的扭矩越小。

260 兩相配合件中，孔與軸之公差或有部份重疊，實際尺寸可能產生干涉或留隙配合之不定情況，這種配合稱為？ (A)過渡 (B)留隙 (C)過盈 (D)容差 配合。

261 如圖 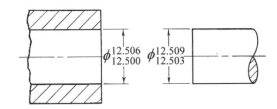，表面符號位置(3)係用來表示？ (A)加工方法 (B)加工裕度 (C)表面粗糙度 (D)刀痕方向。

262 如圖的尺寸標註方式為何種配合形式？ (A)餘隙 (B)干涉 (C)過渡 (D)線性 配合。

$\phi\,^{12.506}_{12.500}$ $\phi\,^{12.509}_{12.503}$

263 如圖 ◎ 0.05 公差符號所代表的意義為？ (A)直徑的總公差 (B)兩同心圓間公差帶的總寬度 (C)兩同心圓中心處公差帶總寬度 (D)圓的真位置公差。

264 下列敘述何者不正確？ (A)釋放閥是用來控制流體壓力的閥 (B)封環(Seal)常裝置於兩個無相對運動的剛性元件間，其目的是阻止流體的通過 (C)針閥是用來控制流體流動方向之閥 (D)封蓋(Shield)用於防止外物衝擊到機器之某一部分，並沒有完全密封的效果。

265 O 形密封圈用于旋轉密封時，應使 O 形圈的內徑比軸徑？ (A)大 1%~2% (B)大 3%~5% (C)小 1%~2% (D)不改變。

266 標準油封型式規格 SCW 30*50*7，其中 7 代表什麼？ (A)外徑結構 (B)軸徑 (C)孔徑 (D)油封高度。

267 柱塞式液壓馬達主軸軸承不良時，容易引起？ (A)油封漏油 (B)柱塞潤滑不良 (C)液壓馬達作用無力 (D)斜板角度作用不良。

268 行走馬達減速齒輪側，發現油量增加，可能的原因為？ (A)主系統壓力過高造成 (B)行走馬達軸承磨損，油封損壞 (C)鏈輪之浮動油封損壞 (D)齒輪箱內齒輪油壓力過高。

269 選用良好的靜力密封元件時，下列何者的敘述是不正確的？ (A)具有平而硬的表面 (B)具有薄的厚度 (C)與需密封的流體接面為最小 (D)裝置密合墊的空間餘隙越小越好，無餘隙為最佳。

270 機械軸封主要的目的是防塵與防漏，問高速與高溫環境下，哪種型式的密封裝置最適合？ (A)O 形環 (B)迷宮式(labyrinth seals) (C)摩擦式(rubbing seals) (D)油毛氈式(felt seals)。

271 下列何種密封裝置不適時高壓時使用？ (A)O 型環 (B)J 型迫緊環 (C)U 型迫緊環 (D)V 型迫緊環。

272 裝配油封之軸箱孔直徑的配合為？ (A)F8 (B)H8 (C)N8 (D)K8。

273 在較高溫的環境中下列何種形式密封較適宜？ (A)Pusher Seal (B)Bellows Seal (C)Radial Lip Seal (D)Clearance Seal。

274 下列何種油封是屬於非接觸式油封？ (A)O 型環 (B)螺旋式 (C)脣形 (D)機械 油封。

275 關於線性滑軌的優點，下列何者不正確？ (A)定位精度高可達 μm 級 (B)低摩擦適合高速運行 (C)組裝容易且互換性佳 (D)低磨耗無須潤滑。

276 若滾動軸承的密封裝置是利用彈性體施加一定的接觸壓力在滑動面上，來達到密封效果。請問此密封裝置是 (A)非接觸型密封 (B)接觸型密封 (C)曲折填封 (D)甩油圈密封。

277 軸承號碼為 686，其內徑為？ (A)86 (B)68 (C)6 (D)686。

278 公稱號碼 6308 之單列深槽滾珠軸承的內徑為？ (A)35 (B)40 (C)45 (D)50 mm。

279 軸承的精度等級分為幾等級？ (A)3 (B)4 (C)5 (D)6 等級。

280 下列何種軸承可承受徑向及軸向負荷？ (A)斜角滾珠 (B)單列止推滾珠 (C)單列徑向滾珠 (D)滾針 軸承。

281 有一平鍵，其規格之標註為 12x8x50 雙圓端，表示？ (A)鍵寬 8mm (B)鍵寬 12mm (C)鍵高 50mm (D)鍵長 96mm。

282 假設鋼軸的角變形每1500mm長不超過1°，容許剪應力為80MPa，鋼材剪彈性模數(G)為 80000MPa，試求軸的直徑？ (A)172 (B)43 (C)86 (D)21.5 mm。

283 實心鋁合金軸，長度為L，直徑為d，受扭矩T作用後，產生之扭轉角為φ，今將相同材料 之軸，長度更改為2L，直徑更改為2D，扭矩更改為4T，則產生之扭轉角變為？ (A)0.25 (B)0.5 (C)1 (D)2 φ。

284 設計機械傳動軸的第一步驟是什麼？ (A)選擇所需材質 (B)計算該軸承受的最大應力 (C)製作該軸的受力自由體圖(free body diagram) (D)選用適當的設計失效策略(failure criterion)。

285 下列敘述裡哪個選項不是飛輪(fly wheel)的功能？ (A)降低轉動軸的速度變異 (B)減少轉 動軸所需的最大扭力 (C)儲存能量於需用時釋出 (D)提升煞車效果。

286 同時具有軸向與徑向負載時，宜選用的軸承為？ (A)滾針軸承 (B)錐形滾子 (C)徑向軸承 (D)止推軸承。

287 下列何種鍵的類型適用於較高精度、高轉速、承受變動負荷和衝擊的軸上？ (A)半圓鍵 (B)方鍵 (C)圓銷 (D)楔形鍵。

288 萬向接頭的主動軸以等角速度旋轉，而從動軸做？ (A)等角加速度 (B)等角速度 (C)變角加 速度 (D)變角速度 運動。

289 如圖所示Oldham聯結器(Oldham coupling)的特性是？ (A)可用來做平行且共線軸間的傳動 (B)互相嵌合滑動的鍵槽為直線形 (C)輸入軸(桿2)、輸出軸(桿4)、中間的浮盤(桿1)的角 速度不一定要相同 (D)連結器鍵槽必通過原盤圓心。

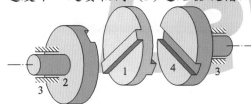

290 不容許聯結偏心與偏角的傳動軸以達到傳動目的聯結器為？

(A)   (B)   (C)   (D)以上皆非。

291 若螺紋標註為L-2N M30×1.5-6H/6g，則下列敘述何者正確？ (A)螺紋為右螺紋 (B)螺紋導程 為1.5mm (C)內螺紋公差6H及外螺紋公差6g的配合 (D)螺紋節徑為30mm。

292 公制標準推拔銷，其錐度為？ (A)1：10 (B)1：20 (C)1：50 (D)1：100。

293 如圖所示，若板寬為 100mm，板厚為 8mm，鉚釘直徑為 10mm，受到 31.4kN 的負荷作用，試問鉚釘所承受的剪應力為多少 MPa？ (A)400 (B)800 (C)1200 (D)1600。

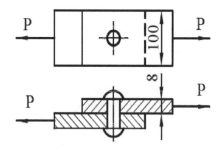

294 公制三角形螺紋之螺牙角度為幾度？ (A)15 (B)30 (C)45 (D)60 度。

295 兩軸間距較遠，而速比又需要精確且固定時，使用下列何種傳動機構較佳？ (A)凸輪 (B)摩擦輪 (C)鏈輪 (D)滑輪。

296 下列何者屬於利用摩擦緊鎖裝置來防止螺帽鬆脫的方法？ (A)開口銷 (B)鎖緊螺帽 (C)堡形螺帽 (D)彈簧線鎖緊。

297 一般管路之永久接頭常以下列何種方法連接？ (A)搭接 (B)鍛接 (C)銲接 (D)鉚接。

298 外徑 200mm、內徑 100mm 之單面摩擦離合器，假設 μ =0.2，P_{max}=0.9MPa，假設均勻磨耗，求傳送扭矩 T=？ (A)1695600 (B)847800 (C)211950 (D)67500 N－mm。

299 一般鉚釘接合常見的損壞方式中，不包括下列哪一種？ (A)拉力損壞 (B)剪力損壞 (C)扭轉損壞 (D)軋碎或壓碎。

300 承受扭力負荷的焊接組(weld group)，如何求解作用在焊接組上的結果剪應力？ (A)扭剪應力之向量和 (B)直接剪應力之向量和 (C)直接剪應力與扭剪應力之較大值 (D)直接剪應力與扭剪應力之向量和。

301 可使兩軸迅速連接及分離的機件，稱為？ (A)離合器 (B)制動器 (C)萬向接頭 (D)聯結器。

302 如圖所示一個具有不同控制閥的往覆式被動氣缸。下列敘述何者錯誤？ (A)當電磁線圈 1 被一個電力啟動開關致動時，空氣被送至方向控制閥 (B)當電磁線圈 1 停止致動時，空氣源被切斷 (C)當電磁線圈 2 被一個電力啟動開關致動時，空氣被允許進入氣缸的左側且活塞往外移動直至衝程尾端為止。氣缸的右側空氣經由控制閥排放掉 (D)當電磁線圈 2 被切斷且電磁線圈 3 被啟動時，空氣被允許進入氣缸的左側且活塞縮回直至衝程起始點為止。

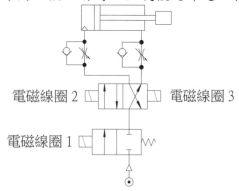

303 一聯接組件其構件的的彈簧率為 km，而其所用的螺栓彈簧率為 kb，試問其接頭常數 C(joint constant)為？ (A)$\frac{k_b k_m}{k_b+k_m}$ (B)$\frac{k_b+k_m}{k_b k_m}$ (C)$\frac{k_m}{k_b+k_m}$ (D)$\frac{k_b}{k_b+k_m}$。

304 壓縮彈簧在圖上的長度是指？ (A)安裝 (B)自由 (C)工作 (D)壓實 長度。

305 一個螺旋彈簧(Helical spring)之彈簧係數 10N/mm，該彈簧安裝在另一彈簧係數為 5N/mm 之螺旋彈簧上。設兩彈簧具有相同之負荷，當兩串連之彈簧總變形量為 60mm，則所需之施加外力的大小為？ (A)300 (B)150 (C)240 (D)200 N。

306 某鋼質螺旋彈簧以 2.3in 的撓度支撐 100 lb 的靜負荷。彈簧指數為 6，若彈簧以 8 號的鋼線繞成，查表知剪力彈性模(G)=11,500,000psi，線徑(d)=0.162in 試求所需作用圈數？ (A)22 (B)25 (C)28 (D)32。

307 有一壓縮彈簧，其彈簧常數為 20N/mm，在 200N 的負荷作用下，彈簧所儲存的能量為？ (A)10N-mm (B)100N-mm (C)1kN-mm (D)4kN－mm。

308 有一螺旋壓縮彈簧，施以 100N 之壓力時，量得彈簧長度為 90mm；施以 250N 之壓力時，量得彈簧長度為 60mm；則施以 300N 之壓力時，此彈簧之長度應為多少 mm？ (A)40 (B)45 (C)50 (D)55。

309 機車支架緩衝器或汽車避震器，使用彈簧元件之主要應用功能為何？ (A)緩和震動衝擊 (B)產生作用力 (C)力量量度裝置 (D)產生能量。

310 扭轉桿直徑 0.25in，在離固定端 10in 處施以 100 lb-in 的扭力矩，設剪力彈性模數 G=1x10^7lb/in^3，則該扭轉桿的等效彈簧常數 k 為何？ (A)23.96 (B)383.3 (C)766.6 (D)3066.4 lb-in/rad。

311 於螺旋壓縮彈簧的應力分析時，何種受力狀況需使用曲度修正因子(curvature correction factor)？ (A)週期循環負荷 (B)衝擊負荷 (C)大的靜負荷 (D)扭力負荷。

312 彈簧指數為彈簧的重要參數，一般而言彈簧指數越小其所代表的意義下列何者錯誤？ (A)剛性越大 (B)較易製作 (C)彈簧內外側應力差越大 (D)較難消除彈簧挫曲的傾向。

313 下列對扭轉彈簧的敘述何者錯誤？ (A)扭轉彈簧負載增加時平均直徑減少 (B)扭轉彈簧負載增加時長度增加 (C)常套裝於圓桿上 (D)安裝時至少需要兩個支承點。

314 下列敘述何者不正確？ (A)青銅管加工容易、耐蝕性優且傳熱快，常用於加熱器或鍋爐 (B)12 吋以下之管子是以管內徑表示其公稱尺寸 (C)鍋爐用管不論管子大小，均用外徑表示其公稱管徑 (D)填料(Packing)常用來密封兩元件間經常無相對運動或旋轉運動之情況。

315 下列敘述何者不正確？ (A)以空心軸取代實心軸傳送扭力，因它導致較均勻的應力分布 (B)空間結構應使用三面體，因為此種幾何形狀可使連桿僅承受拉或壓的應力 (C)接頭設計盡可能使用容許產生均勻應力的浮動機件 (D)由一個機件將應力分佈至另一機件的搭配表面，可使接觸應力最小化。

316 下列何者在安裝時，不須注意它的方向性？ (A)閘閥 (B)球型閥(Globevalve) (C)安全閥 (D)止回閥。

317 為防止排水管路中之存水產生自發性虹吸作用，應裝設？ (A)洩壓閥 (B)排水閥 (C)通氣管 (D)減壓閥。

318 管因溫度之變化而有很大的脹縮時，可採用？ (A)凸緣 (B)套頭 (C)套管 (D)永久 接頭。

319 管路系統中保險閥是一種？(A)壓力控制閥 (B)流體控制閥 (C)流向控制閥 (D)以上皆非。

320 於薄壁的內壓管路，管壁上承受的最大應力是哪個方向？ (A)半徑方向 (B)軸方向 (C)切線方向 (D)三方向的應力都相同。

321 當設計大管徑的管路接合時，為了方便於組合與拆卸，常採用何種管接頭？ (A)螺旋 (B)凸緣 (C)撓性 (D)脹縮 接頭。

322 切斷鑄鐵管之最佳方式為？ (A)鋸切 (B)氧乙炔切割 (C)瓦斯切斷法 (D)電銲條切割。

323 鋼管與鋼管之連接宜採用何種方式接合？ (A)銅銲 (B)電銲 (C)銀銲 (D)錫銲 接合。

324 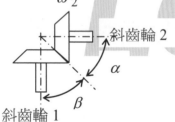 如圖止回閥中的 "→" 記號是表示？ (A)靠左安裝 (B)靠右安裝 (C)管路流向 (D)管路流量。

325 壓力角各為15度與20度的兩相同模數的全齒制標準齒輪，則兩齒輪的不同點為？ (A)齒根的厚度 (B)齒高的高度 (C)齒頂的高度 (D)全齒的高度。

326 如圖所示之斜齒輪機構，角度 $\alpha = 60°$，$\beta = 30°$。若斜齒輪1轉速為 ω_1、斜齒輪2轉速為 ω_2，則轉速比 $\dfrac{\omega_1}{\omega_2}$ 為？ (A)$\sqrt{3}/2$ (B)$4/\sqrt{3}$ (C)$\sqrt{3}$ (D)2。

斜齒輪 2

α

β

斜齒輪 1

327 正齒輪的模數為2時，則其周節為？ (A)$2/\pi$ (B)$\pi/2$ (C)2 (D)2π。

328 設模數為3，齒數為48齒，求外徑為？ (A)120 (B)150 (C)160 (D)180。

329 若凸輪的外型曲線可使接觸點的公法線與連心線相交於固定的節點上，即稱為符合齒輪嚙合傳動的基本定律。符合齒輪嚙合傳動基本定律的曲線稱為？ (A)正弦 (B)餘弦(C)共軛 (D)圓錐 曲線。

330 模數為5的一對正齒輪，兩齒輪中心距C=200mm，速比為4:1，試求小大齒輪的節圓直徑 d_1、d_2？ (A)d_1=40mm、d_2=160mm (B)d_1=80mm、d_2=320mm (C)d_1=120mm、d_2=280mm (D)d_1=160mm、d_2=240mm。

331 大小齒輪各為40齒及16齒，徑節(diametral pitch)為2/inch，壓力角為20度，兩齒輪的中心距為多少？ (A)14 (B)17.8 (C)28 (D)35.6 in。

332 基本的齒輪強度設計需考慮的應力分析是什麼？ (A)彎曲應力 (B)彎曲應力及接觸應力 (C)接觸應力 (D)扭轉剪應力。

333 滾珠螺桿之敘述何者不正確？ (A)其鋼珠標準硬度高於螺帽、螺桿的標準硬度，分別為 HRC 62~66、HRC 58~62、HRC 58~62 (B)通常滾珠螺桿必須搭配深溝滾珠軸承，尤其是以高壓力角設計的軸承為較佳的選擇 (C)聯軸器結合不牢固或本身剛性不佳，會使滾珠螺桿與馬達間產生轉動差(relative rotation) (D)若不適合以齒輪驅動或驅動結構不是剛體，可用時規皮帶來驅動以防止產生滑動。

334 下列敘述何者不正確？ (A)滾珠的循環方式如採內循環式，可承受較大的負荷，通常適合於高導程及預壓雙螺帽型滾珠導螺桿 (B)安裝螺桿時造成的偏心，其徑向力或反覆應力(Fluctuating stress)，會產生異常的交變剪應力，並使滾珠螺桿提早損壞 (C)機械超行程會造成滾珠螺桿迴流管的損傷及凹陷，甚至斷裂，而造成鋼珠無法正常運轉 (D)不論結合元件表面是研磨或剷花，只要其平行度或平面度超出公差範圍，通常在支撐座與機器本體間以薄墊片來達到調整的目的。

335 下列何者為滾珠螺桿的優點？ (A)滾珠螺桿中的滾珠沿著螺桿與螺帽間滾動，因此比過去的滑動螺桿具有較高的效率 (B)可以將回轉運動變為直線運動，可將直線運動變為回轉運動 (C)起動扭矩極小，不會產生如滑動運動中易出現的蠕動現象(stick & slip)可以進行正確的微量進給 (D)以上皆是。

336 如圖所示之差速螺旋機構，螺桿導程分別為 15mm(左螺紋)和 10mm(左螺紋)。若由左側觀察到螺桿逆時針方向旋轉一圈，則螺帽滑件的位移量為何？ (A)向右位移量 25mm (B)向右位移量 5mm (C)向左位移量 5mm (D)向左位移量 25mm。

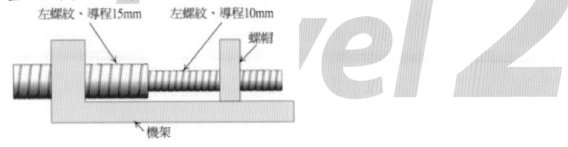

337 一對相嚙合的標準漸開線正齒輪，模數 2.0，若兩齒輪的齒數分別為 20 齒與 40 齒時，則理論中心距為？ (A)120 (B)100 (C)80 (D)60 mm。

338 以下列的操作條件，計算滾珠螺桿平均的轉速為何？ (A)300 (B)350 (C)400 (D)450 rpm。

條件	回轉數 (rpm)	使用時間比 (%)
1	800	40
2	100	30
3	200	25

339 滾珠螺桿運轉時，溫升會影響到機械傳動系統的精度，特別是高速且高精度的機械，以下何者是影響滾珠螺桿溫升的因素？ (A)預壓力 (B)潤滑 (C)預拉 (D)以上皆是。

340 由於滾珠螺桿的螺桿軸及螺帽均是點接觸之滾動運動,在導程角(Lead Angle)大於 4° 以上時，其效率可高達？ (A)60 (B)70 (C)80 (D)90 %以上。

341 為了克服啟動摩擦力，傳統導螺桿的啟動扭力較滾珠螺桿？ (A)大 (B)小 (C)一樣 (D)以上皆非。

342 下列選項的敘述中，哪一項是滾珠螺旋組的長處？ (A)構造相對簡單，加工較易 (B)運動平穩，傳動精度較高 (C)具自鎖性能 (D)摩擦阻力小，傳動效率較高。

343 CNC 銑床的傳動螺桿應採用？ (A)方形 (B)梯形 (C)滾珠 (D)V 形 螺桿。

344 數控機械為提高移動速度、精密度，螺桿的型式大都使用？ (A)梯牙 (B)V 型牙 (C)方牙 (D)滾珠 螺桿。

345 下列何者非滾珠螺桿傳動的特點？ (A)傳動效率高 (B)傳動精度高 (C)能自鎖 (D)工作壽命長。

346 滾珠螺桿預壓的目的為？ (A)消除軸向背隙 (B)減少軸向彈性位移 (C)改善螺桿剛性 (D)以上皆是。

347 滾珠螺桿的 DmN 值對於滾珠螺桿的噪音、工作溫度與壽命它所代表的意義為何？ (A)公稱直徑×平均轉速 (B)公稱直徑×最高轉速 (C)節圓直徑×最高轉速 (D)公稱直徑×最高轉速。

348 線性滑軌之敘述何者不正確？ (A)其滾動摩擦阻力可減小至滑動導軌摩擦阻力的 1/20~1/40 (B)可同時承受來自四個方向等的負荷，並保持其行走精度 (C)出貨時已進行鋰肥皂基潤滑油脂封入，使用中無須再加注潤滑油 (D)只要在銑削或研磨加工的安裝面上，以一定的組裝步驟，即能重現線性滑軌的加工精密度。

349 線性滑軌係為一種滾動導引，藉由鋼珠在滑塊與滑軌之間作無限滾動循環，負載平台能沿著滑軌輕易地以高精度作線性運動，與傳統的滑動導引相較，滾動導引的摩擦係數可降低至原來的？ (A)1/50 (B)1/40 (C)1/30 (D)1/25。

350 一般工具機所使用線性滑軌的精度為？ (A)H (B)P (C)SP (D)UP 級。

351 採用哥德型四點接觸設計之線性滑軌，可同時承受？ (A)1 (B)2 (C)3 (D)4 方向的負荷。

352 計算線性滑軌的壽命時，除了工作負荷與運行速率外，有最直接的關係為下列哪一項機械特性？ (A)靜額定負荷 (B)動額定負荷 (C)額定靜態剛性 (D)額定動態剛性。

353 若採用截面為三角形的滑動導軌，導軌的高度不變下，下列哪種導軌頂角度能提高導向精度？ (A)120 度 (B)90 度 (C)60 度 (D)導軌頂角不影響導軌精度，只影響承載力。

354 當三角形導軌與平面導軌組合使用時，下列選項中何者的敘述是錯的？ (A)平面導軌製造簡單，具一般良性的導向性及剛度 (B)導螺桿裝置於靠近平面導軌側 (C)可避免熱變形影響 (D)三角形導軌與平面導軌的磨損不一致。

355 如圖為不同形式的直線性滑軌,何者方向精度較高、承載能力較大耐磨性較佳,且對溫度變化的敏感性較低? (A)V型 (B)液靜壓 (C)開放式滾珠 (D)滾動軸承 滑軌。

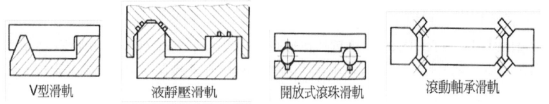

V型滑軌　　　液靜壓滑軌　　　開放式滾珠滑軌　　　滾動軸承滑軌

356 一般線性滑軌使用鋼珠作為滾動體之額定壽命為? (A)40 (B)50 (C)60 (D)80 km。

357 某簡支梁長度 L、抗撓剛度 EI、其上承受往下均布負載 w 作用,且其右端同時承受一逆時針彎矩 Mo 作用。若 Mo=wL^2/2,則梁右端之旋轉角(撓角)應為 (A)3wL^3/24EI (B)4wL^3/24EI (C)5wL^3/24EI (D)7wL^3/24EI。

358 某平面應力元素,若 σ_x=120MPa、σ_y=-80MPa、τ_{xy}=60MPa。則其主應力 σ_1 應為 (A)36.6 (B)136.6 (C)236.6 (D)336.6 MPa。

359 一端固定,而另一端為自由端、承受軸向 P 力之長柱(Column),若長度為 L、抗撓剛度 EI,則其臨界負荷大小為 (A)π^2EI/2L^2 (B)π^2EI/L^2 (C)π^2EI/4L^2 (D)4π^2EI/L^2。

360 有一直徑 100mm 圓棒,若施以 8000N 之張力負荷,則其正交應力為若干? (A)0.98 (B)1.00 (C)1.02 (D)1.04 MPa。

361 一實心軸,傳遞 10kw 之動力,且轉速為 1200rpm,若其軸徑為 20mm 其最大剪應力為多少 MPa? (A)48.52 (B)50.64 (C)54.82 (D)58.82。

362 下列何種情況,不需考慮應力集中之影響? (A)延展性材料受靜負荷 (B)延展性材料受週期負荷 (C)延展性材料受衝擊負荷 (D)脆性材料受靜負荷。

363 一均勻鋼桿長 1.5m、矩形截面寬 50mm、厚 25mm,上端固定、下端懸掛一物體重 25kN,鋼的彈性模數為 207GPa,試求桿的伸長量?(A)0.072 (B)0.145 (C)0.217 (D)0.289 mm。

364 一矩形樑寬 30mm、高 40mm,兩端受彎曲力矩 750N-m(朝外),試求其最大彎曲應力值? (A)93.8 (B)187 (C)281 (D)375 MPa。

365 三維應力元素之應力為 σ_x=150MPa,σ_y=30MPa,σ_z=0MPa,τ_{xy}=20MPa,其餘為零,則最大剪應力為何? (A)90.0 (B)76.6 (C)63.2 (D)60.0 MPa。

366 試求長度 L 之懸臂樑(彈性模數 E、慣性矩 I),自由端 A 點受負荷 P 作用後之撓度為何? (A)PL^3/EI (B)PL^3/2EI (C)PL^3/3EI (D)PL^3/4EI

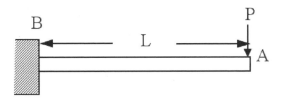

367 下列何種情況,不需考慮應力集中之影響? (A)延展性材料受靜負荷 (B)延展性材料受週期負荷 (C)延展性材料受衝擊負荷 (D)脆性材料受靜負荷。

368 一延展性金屬材料之降伏強度(yield strength)為350MPa(N/mm^2)，依據畸變能理論 (Distortion energy theory)，其降伏剪強度(yield strength in shear)應為？ (A)175 (B)202 (C)247 (D)606 MPa。

369 下列何者正確? (A)τ=Tc/J 公式，適用於矩形斷面軸之應力計算 (B)τ_{max}=3V/2A 是矩形樑上緣之橫向剪應力 (C)τ_{max}=4V/3A 是圓形樑中立軸上之橫向剪應力 (D)σ=Mc/I 公式，適用於任何斷面樑之應力計算。

370 某元素之應力值為σ_x=50MPa，σ_y=-80MPa，τ_{xy}=40MPa，則其主應力分別為 (A)61.3及-91.3 (B)42.5及-96.3 (C)26.2及-75.4 (D)12.3及56.3 MPa。

371 一脆性材料製作的傳動軸因受一扭力而破壞，其斷裂面與傳動軸線 (A)平行 (B)呈45度角 (C)呈60度角 (D)垂直。

372 一傳動軸承受彎曲應力與扭轉應力，如果在負載、材料等條件皆不變且不考慮材料強度之尺寸因素時，傳動軸危險斷面之軸徑若變為原來的1.5倍時，則安全係數可以提高為原來的幾倍？(A)2.25 (B)3 (C)3.375 (D)4.5 倍。

373 脆性材料不像延性材料有明顯的降伏點，因此通常以產生永久應變之應力取代，此永久應變為 (A)0.2 (B)0.5 (C)1 (D)2 %。

374 如圖，凹槽底邊寬45cm。大圓柱40-kg、直徑36cm；小圓柱10-kg、直徑24cm。若接觸面均為光滑面，則大圓柱D處受力為若干kg？ (A)4.77 (B)7.77 (C)6.77 (D)5.77。

375 下列敘述何者正確？ (A)工件配合的鬆緊程度可分為鬆配合、過渡配合及干涉配合 (B)因為製造因素，一般較常採用基軸制 (C)基孔制適用於鬆配合 (D)基軸制適用於鬆配合。

376 下列有關應力破壞理論之敘述何者錯誤？ (A)最大正交應力破壞理論適用於脆性材料 (B)最大剪應力破壞理論適用於延性材料 (C)最大畸變能理論較適用於脆性材料 (D)庫倫-莫耳理論較適用於延性材料。

377 下列哪一種齒輪傳動系統可以在單級減速時得到較大之減速比？ (A)正齒輪 (B)斜齒輪 (C)蝸桿與蝸輪系 (D)螺旋齒輪系。

378 機械元件按使用的目的分為鎖緊用機械元件、傳動用機械元件、軸用機械元件，下列何者為傳動用機械元件？ (A)螺栓 (B)鉚釘 (C)鏈條 (D)軸承。

379 下列何者屬於表面層加工法？ (A)研磨 (B)輪磨 (C)磁力形成 (D)以上皆是。

380 下列何種加工法比較不會改變金屬材料的機械性質？ (A)熱處理 (B)珠擊法 (C)超音波加工 (D)金屬線抽製。

381 延性材料可能因下列何種情況而產生脆性材料之破裂或分離損壞？ (A)常溫下之週期負荷 (B)高溫下之長期靜負荷 (C)低溫下之衝擊或瞬間負荷作用 (D)以上皆是。

382 一般所稱 von Mises 等效應力係基於下列何種損壞理論推導而來？ (A)最大正交應力 (B)最大剪應力 (C)畸變能 (D)內部摩擦 理論。

383 材料耐久限(endurance limit)與材料表面之加工方式息息相關，在相同抗拉強度下，材料耐久限大小依序為： (A)研磨＞車削＞熱軋＞鍛造 (B)研磨＞熱軋＞車削＞鍛造 (C)研磨＞車削＞鍛造＞熱軋 (D)車削＞研磨＞熱軋＞鍛造。

384 一方形桿長度 1,500mm、寬度 75mm、厚度 15mm，一端固定、另一端為自由端且加以一軸向拉力 P=20,000N，E=206,900MPa，試求桿之伸長量？(A)0.065 (B)0.13 (C)0.26 (D)0.52 mm。

385 球型壓力容器，球壁上之周向應力 σ_1 與縱向應力 σ_2 之關係為 (A)$\sigma_1 > \sigma_2$ (B)$\sigma_1 = \sigma_2$ (C)$\sigma_1 < \sigma_2$ (D)不能比較。

386 直徑 10mm 之鋼軸，S_{yp}=480MPa，受純扭矩之靜負荷作用，剪應力為 70MPa，利用 Von Mises-Hencky 畸變能理論求安全係數(Fs)： (A)1.32 (B)1.98 (C)2.64 (D)3.96。

387 下列何者正確？ (A)最大正向應力理論較適合用於延性材料 (B)畸變能理論(Distortion Energy Theory)較最大剪應力理論(Max. Shear-Stress Theory)保守 (C)Soderberg 準則用於材料受靜態負荷破壞之預估 (D)最大剪應力理論認為材料之剪降伏應力為降伏應力的一半。

388 下列有關疲勞強度之敘述何者錯誤？ (A)材料內部之缺陷會降低疲勞強度 (B)殘留壓應力會提高疲勞強度 (C)材料尺寸越大，疲勞強度越高 (D)表面越光滑，疲勞強度越高。

389 材料之降伏強度 s_y=100ksi，耐久限度 s_e=50ksi，材料受到循環變動正向應力作用，若已知平均應力 σ_m=10ksi，若安全因數 N=2，應力集中因數 K_t=2，根據 Soderberg 準則，則容許之交替應力 σ_a 為 (A)40 (B)30 (C)20 (D)10 ksi。

390 鐵材以下列何種加工方式可具有最佳的強度？ (A)砂模鑄造 (B)鍛造 (C)壓延 (D)擠壓鑄造。

391 下列何種材料最適合用於製作散熱器？(A)銅 (B)鐵 (C)鋁 (D)錫。

392 粗糙度 $\sqrt{\dfrac{1}{L}\displaystyle\int_0^L [f(x)]^2\,dx}$ = ？ (A)R_a (B)R_q (C)R_z (D)R_y。

393 A＝12.50±0.25mm，B＝4.75±0.15mm，C＝5.30±0.45mm。則配合時 GAP 最大尺寸為 (A)1.6 (B)2.2 (C)3.3 (D)0.85 mm。

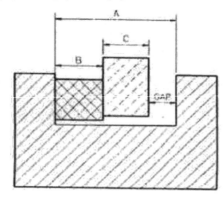

394 下列因素何者對表面粗糙度影響較小？ (A)切削加工方法 (B)切削速度 (C)切削深度 (D)刀具幾何形狀。

395 下列敘述中何者為錯誤？ (A)表面粗糙度量測儀之收錄器常採用 LVDT (B)表面粗糙度量測儀之收錄器無滑動器時可量測真直度 (C)表面粗糙度量測儀之濾波器常採用 0.8mm 之切斷值 (D)表面粗糙度量測儀之濾波器常採用 2.5mm 之切斷值。

396 關於傳統滑塊式的表面粗糙度分析儀中滑塊之主要功能，下列敘述何者不正確？ (A)可減低震動效應，而增加量測精度 (B)檢測並進而可濾掉表面波形 (C)防止觸針陷入窄針槽 (D)支持觸針，以免觸針受到傷害。

397 關於尺寸與公差的說明，下列何者錯誤？ (A)極限(limit)是指最大或最小尺寸 (B)公差(tolerance)為二極限值之差 (C)餘隙(clearance)牽涉到圓柱元件配合，只用於內部元件小於部元件 (D)裕度(allowance)指配合件中若是餘隙則為最大值。

398 一般應用上，經拋光(lapping)加工所得表面的平均粗糙度約為 (A)0.01~0.05 (B)0.1~0.4 (C)0.8~1.6 (D)2.0~6.3 μm。

399 若孔 $\phi20^{+0.039}_{0}$，軸 $\phi20^{+0.033}_{+0.017}$，則下列敘述何者錯誤？ (A)兩配合之最大餘隙為 0.022 (B)兩配合之最大干涉為 0.033 (C)兩配合為過渡配合 (D)兩配合之裕度為-0.033。

400 表面粗糙度 25 s 表示工作物表面粗糙度曲線最高峰至最低谷之垂直距離為 (A)25mm (B)0.25mm (C)0.25μm (D)0.025mm。

401 表面加工符號 之解讀何者錯誤？ (A)輪磨切削加工 (B)表面粗糙度 0.4a (C)刀痕方向成同心圓狀 (D)加工裕度 0.02μm。

402 幾何公差標註為 ⊥ 0.1 A 是指 (A)垂直度公差 (B)公差數值為垂直圓柱直徑 0.1μm (C)符號 A 是指最大實體方式標註 (D)整個方框是錯誤的標註。

403 以下哪一種加工方式的表面粗糙度無法達到表面符號 的要求？ (A)銼 (B)刨 (C)車 (D)雷射切割。

404 符號  代表 (A)平行度 (B)真圓度 (C)圓柱度 (D)對稱度。

405 下列何者不是 O 型油封之特點？ (A)種類及尺寸選擇性多,取得容易 (B)整體式溝槽設計, 降低了零件和設計費用 (C)價格便宜,易於保養和維修 (D)可重複使用。

406 選擇適當的油封材料時,何者不是必備的條件？ (A)對於油封對象之流體,其化學變化要少 (B)永久變形小,耐磨性好 (C)對於流體有耐透性 (D)替換性高,價格低廉。

407 下列有關接觸式旋轉運動用防漏裝置之敘述,何者不正確？(A)油封一般採用合成橡膠製成, 利用唇部前端與軸之接觸部分加以密封,形狀與構造簡單,密封效果佳 (B)機械軸封適用於 潤滑能力較差之流體之封閉作用,但不可用於高速高壓的環境下 (C)填塞式襯墊是可用於旋 轉運動與往復運動之密封 (D)O 型油封的缺點是裝置對方之滑動面或滑動槽之加工精度及 尺寸均需充分注意。

408 機器內的軸經常藉由油或油脂所潤滑的軸承所支持,在其外部經常需要密封,下列何者非密 封主要功能？ (A)避免潤滑劑逸出機器 (B)防止污染物或灰塵入侵 (C)防止加壓流體逸出 (D)增強機器內部強度。

409 下列哪一項不是密封裝置的基本要求？ (A)在要求的壓力和溫度範圍內具有良好的密封性 能 (B)摩擦阻力大,摩擦係數不穩定 (C)磨損少,磨損後在一定程度上能自動補償,工作壽 命長 (D)結構簡單,盡可能標準化、系列化、便於拆裝、維修,價格低廉。

410 關於密封裝置的敘述,下列何者不正確？ (A)密封裝置用以防止流體洩露或外部異物侵入 (B)管接頭之類靜態用途的密封物稱為墊料(gasket)或氣密墊 (C)活塞或軸承的密封物稱為 填料(packing) (D)有非接觸式利用離心力密封如曲折密封。

411 下列密封裝置中,何者屬於接觸式且主要利用流體或介面潤滑？ (A)油封 (B)吊環 (C)O 形 環 (D)油脂槽。

412 活塞於汽缸中作往復運時,為防止洩漏所使用之密合裝置元件為 (A)O 形環 (B)油封 (C)填 料 (D)襯墊。

413 下列何者不是金屬墊圈(washer)之功用？ (A)增加承壓面積 (B)密封防漏 (C)減少鬆動 (D)獲得光滑平整之接觸面。

414 安裝旋轉軸唇型油封(Lip Seal)時,對軸而言,何者為錯誤的安裝環境？ (A)光滑的表面(粗 度 0.2~0.8μm Ra) (B)較低的硬度(HRC20-30) (C)加工紋路應垂直於軸線 (D)15 至 30 度導 角。

415 市面上 O-ring 可分為 P、G、V、S 系列(JIS B2401),一般在活動對件之防漏應使用 (A)P 系列動密封 (B)G 系列靜密封 (C)V 系列真空法蘭密封 (D)S 系列。

416 靜力密封墊片需求為: (A)應為平而軟的表面 (B)厚的密合墊片 (C)與流體接觸的填料面積 要小 (D)密封材料可為鐵金屬。

417 下列何項是油封的用途之一？ (A)防止泥沙自外侵入軸承中 (B)減少噪音 (C)減少軸與軸承的間隙 (D)增加軸承散熱速度。

418 油封與軸之間的配合應為 (A)間隙配合 (B)過渡配合 (C)過盈配合 (D)以上皆可。

419 某軸轉速為900rpm承受扭矩為10,000in-lb，則此軸傳遞馬力(HP)數應為 (A)142.8 (B)242.8 (C)342.8 (D)442.8。

420 滾動軸承之級序標示中，重級系號應為 (A)300 (B)400 (C)500 (D)600。

421 下列哪一項不是滾動軸承的優點？ (A)起動時摩擦較小，適於經常起動停止之間歇性工作 (B)所佔之軸向空間較大 (C)在橫向平面內，負載容許有傾斜角度 (D)能承受推力分量。

422 有一允許剪應力8000 lb/in^{3}之軸，支持著30000 lb-in之扭力矩，試求此軸之直徑為何(四捨五入到小數點兩位)？ (A)2.16 (B)2.67 (C)3.16 (D)3.37 in。

423 一直徑50mm的旋轉軸，承受最大穩定扭矩1,200N-m及穩定彎曲矩800N-m，已知材料降伏強度400MPa，試依ASME規範(此情況取常數C_m=1.5及C_t=1.0)求該軸的安全因數？ (A)1.45 (B)2.17 (C)2.89 (D)3.62。

424 下列機械式制動器(brake)中，何者具有較佳的散熱效果及抗衰減能力？ (A)塊狀 (B)帶狀 (C)錐形 (D)卡鉗圓盤 制動器。

425 一空心軸，承受3,000,000N-mm之扭矩時，軸內之剪應力不得超過50MPa，若內徑為外徑的0.7倍，求外徑值？ (A)36.9 (B)73.8 (C)147.6 (D)221.4 mm。

426 一軸以1,900rpm的速率旋轉，並承受1,000,000N-mm的扭矩，試求其所傳送的功率為？ (A)99.5 (B)199 (C)597 (D)796KW。

427 一短桿直徑為4.00in承受75,000 lb的軸向壓力和20,000 lb-in的扭矩則汽缸桿受到之最大剪應力為 (A)952 (B)1831 (C)2444 (D)3382 psi。

428 下列有關滾動軸承之敘述何者正確？ (A)6208之內孔徑為80mm (B)6208比6308能承受較大徑向力 (C)6208之C=3650 lb，C_0=5050 lb (D)6208為單列深溝滾珠軸承。

429 一齒輪使用鍵與軸連結成一體以傳動扭力，此鍵的材料強度應如何選擇較為恰當 (A)大於齒輪/小於軸 (B)小於齒輪/大於軸 (C)小於齒輪/小於軸 (D)大於齒輪/大於軸。

430 滾珠軸承6320的基本動額定負荷C=13,000kgf，當其承受負載P=6,500kfg以600rpm運轉時，其壽命約為 (A)20 (B)220 (C)350 (D)1000 Hr。

431 軸與輪轂配合中若須傳遞極重負荷，則應使用之鍵的種類為 (A)栓槽鍵 (B)平鍵 (C)方鍵 (D)圓鍵。

432 常用於鍋爐、泵浦、壓縮機及高壓力之管，應採用 (A)銲接管 (B)無縫管 (C)鍛接管 (D)鑄造管。

433 關於螺紋，下列敘述何者不正確？ (A)M5x0.8 中，「5」表示螺紋的外徑 (B)可用於傳達動力或固定機件 (C)導程為螺紋旋轉一圈前進的距離 (D)英制螺紋又稱ISO螺紋標準。

434 一雙道紋方牙之螺旋千斤頂，若其外徑為 30mm，節距為 4mm，螺紋之間摩擦係數為 0.08，螺紋和套環間的摩擦係數為 0.06，套環之平均直徑 d_c=42mm。如負荷為 7.2kN，則舉起負荷所需之扭矩為何？ (A)26.43 (B)36.43 (C)22.51 (D)32.51 N・m。

435 欲產生螺栓預負荷 F_i 所需的扭矩 T 可寫成 T=KF$_i$d，其中 K 為扭矩係數及 d 為螺栓公稱直徑，若狀況未說明時一般常令 K 等於 (A)0.2 (B)0.4 (C)0.6 (D)0.8。

436 某填角熔接之腳高 6mm、長 50mm，承受熔接方向 13kN 靜負荷，熔接金屬降伏強度為 360MPa，試求其安全因數？ (A)1.47 (B)2.08 (C)2.94 (D)4.15。

437 錐形離合器最理想的半錐角角度應為 (A)15.5° (B)12.5° (C)10.5° (D)8.5°。

438 萬向聯結器(universal coupling)上的兩軸 (A)不在一直線上，且其中心線相交於一點 (B)在一直線上，且其中心線不相交於一點 (C)在一平面上，且其中心線相交於無窮遠處 (D)不在一平面上，且其中心線相交於無窮遠處。

439 螺紋之標註下列何者正確？ (A)螺紋公差等級 1A、2A、3A 用於公制螺紋 (B)只標註 M20 則其螺距為粗牙 2.5mm (C)螺紋之標稱直徑是指期節圓直徑 (D)-20UNC 是指每吋 20 牙，細牙。

440 有一軸轉速為 1800rpm，承受 500kW 之穩定負載，軸徑為 75mm，若選用凸緣聯軸器連接，六支螺栓位於直徑 150mm 之圓周上，螺栓之容許剪應力為 30MPa，則螺栓之直徑應為 (A)11.2 (B)15.8 (C)19.2 (D)23.5 mm。

441 欲將齒輪與軸連為一體時應使用何種螺絲較為恰當？ (A)埋頭 (B)固定 (C)半圓頭 (D)平頂圓頭 螺絲。

442 以下對螺絲 $\frac{1}{4}$-20UNC-2A 描述是錯誤的？ (A)外徑是 1/4 英吋 (B)公差等級是 2A (C)細牙螺絲 (D)每英吋 20 牙。

443 下列何者不是使用彈簧的功能？ (A)提高機構剛性 (B)吸收震動 (C)產生作動力 (D)力的量測。

444 如圖為 (A)圓盤 (B)渦形 (C)皿形 (D)疊片 彈簧。

445 若要在很小的軸向間距產生很大的彈簧力，一般可選用 (A)板片彈簧(leaf spring) (B)貝里彈簧(Belleville spring) (C)定力彈簧(constant-force spring) (D)環圈彈簧(Garter spring)。

446 若彈簧需使用於溫度零度以下的場合，一般建議使用下列何種材料所製成的彈簧？ (A)硬拉 (B)琴 (C)油回火 (D)不銹 鋼線。

447 通常大型彈簧材料，皆採用 (A)黃鋼 (B)青銅 (C)鋁合金 (D)彈簧鋼。

448 在使用滾珠導螺桿為傳動元件時,如因裝設空間的限制可使用 (A)外循環 (B)內循環 (C)端蓋式 (D)多導程 滾珠導螺桿。

449 已知一彈簧受 12.0 lb 時長 1.25in, 受 8.0 lb 時長 1.75in,則其彈簧率為 (A)2.5 (B)4.5 (C)6.0 (D)8.0 lb/in。

450 有關彈簧之敘述,下列何者錯誤? (A)彈簧指數越大越不易挫屈 (B)兩端整平之自由長度 $L_f=pN_a+3D_w$ (C)節距越大節距角越小 (D)螺旋壓縮彈簧之線材上之應力為剪應力。

451 扭力螺旋彈簧所受的是 (A)拉伸應力 (B)壓縮應力 (C)剪應力 (D)彎曲應力。

452 壓縮螺旋彈簧所受的是 (A)拉伸應力 (B)壓縮應力 (C)剪應力 (D)彎曲應力。

453 管與管件螺紋接合, 應使用何種工具?(A)活動扳手 (B)扭力扳手 (C)切管器 (D)管鉗。

454 不銹鋼管主要應用於 (A)高溫配管用 (B)低溫配管用 (C)化學工業用 (D)食品工業用。

455 某無縫鋼管內徑 160mm,管壓 10MPa,容許應力 80MPa,可依薄壁管計算厚度,並估計腐蝕磨耗 1mm,則管厚為? (A)5 (B)7 (C)9 (D)11 mm。

456 關於閥(valve)的敘述,下列何者錯誤? (A)閘閥用於大口徑管路 (B)在全開狀況下,匣閥的流阻比其它閥小 (C)針閥適用於小口徑管路 (D)停止閥主要在防止流體倒流。

457 在管路中欲防止流體倒流,則需安裝 (A)安全閥 (B)止回閥 (C)旋塞閥 (D)閘閥。

458 一管子內徑為 D,流體流速為 V,流量為 Q,若不計管內摩擦損失,則三者之關係為 (A)$V=\sqrt{\dfrac{4D}{\pi Q}}$ (B)$Q=\sqrt{\dfrac{\pi D}{4V}}$ (C)$D=\sqrt{\dfrac{4Q}{\pi V}}$ (D)以上皆非。

459 配管用管規格之敘述何者正確? (A)相同標稱直徑的管,其標稱級別(如 Sch20、Sch30、…)數字越大,肉厚越厚 (B)不同級別,相同標稱直徑的管,其內徑相同 (C)標準管相當於 Sch80 (D)以 A、 B 分級的管子,相同標稱直徑時,A 級管肉厚較厚。

460 水錘吸收器之敘述何者錯誤? (A)功能是防止水錘震動發出噪音的裝置 (B)可用標準之三通接頭將其裝置管路系統中 (C)最佳安裝位置在管路最上端 (D)其結構可為汽缸或隔膜片形成壓縮氣室。

461 在氣壓系統中要維持供氣壓力穩定應使用 (A)逆止閥 (B)壓力調節閥 (C)限壓閥 (D)比例閥。

462 下列何種材料不適合於做管線使用?(A)鑄鐵 (B)不鏽鋼 (C)聚氯乙烯 (D)石棉。

463 下列有關正齒輪之敘述,何者為正確? (A)公制齒輪之模數與英制齒輪之徑節互為倒數 (B)一對嚙合之公制齒輪,模數必需相同 (C)漸開線齒輪之壓力角非固定不變 (D)一對嚙合之齒輪,轉速與齒數成正比。

464 下列有關漸開線與擺線齒輪之敘述何者錯誤? (A)漸開線齒輪較易製造 (B)擺線齒輪較不易干涉 (C)漸開線齒輪壓力角會變動 (D)擺線齒輪較不易磨損。

465 下列何種齒輪組可提供較大的減速比？ (A)內齒輪 (B)螺旋齒輪 (C)針齒輪 (D)蝸桿與蝸輪。

466 20 齒 P_d=5 的齒輪與 63 齒的齒輪嚙合，試求標準中心距的值？ (A)8.2 (B)8.3 (C)8.4 (D)8.5 in。

467 正常安裝下，下列哪些類型的齒輪不會產生軸向負荷？ (A)正齒輪、斜齒輪 (B)正齒輪、人字齒輪 (C)螺旋齒輪、人字齒輪 (D)斜齒輪、蝸輪。

468 齒輪最常發生的損壞型式為 (A)輪齒斷裂 (B)表面點蝕 (C)刮傷 (D)以上皆是。

469 相同節圓直徑之齒輪，有關齒輪壓力角之敘述何者錯誤？(A)壓力角越大其齒根越厚 (B)14 齒之 25°全深齒輪不會與齒條干涉，同理 20°相同齒數的齒輪亦不會與齒條干涉 (C)兩節圓的切線與齒輪面的法線所形成之夾角稱為壓力角 (D)壓力角越大其基圓越小。

470 齒輪之等級之敘述何者錯誤？ (A)齒輪之等級一般使用 AGMA 之品質數字，品質越高數字越大 (B)品質數字越小之齒輪越適合高轉速 (C)齒輪的品質是指個別齒輪的精確度和兩相關齒輪旋轉的配合精度 (D)汽車傳動器所使用的齒輪品質數字比水泥桶式攪拌器高。

471 兩傳動軸軸距為 80mm 轉速比為 1：4，以模數 0.5 的簡單齒輪組作為變速元件，齒數應分別為 (A)240：60 (B)30：120 (C)128：32 (D)256：64。

472 蝸輪減速機使用雙導程蝸桿配合 100 齒的蝸輪，其減速比為 (A)1/100 (B)1/50 (C)1/200 (D)1/25。

473 下列有關滾珠螺桿之敘述，何者不正確？ (A)過大的預壓力將造成摩擦扭矩大增及溫昇，使預期壽命減短 (B)太低的預壓力會使滾珠螺桿剛性不足，增加失步的可能 (C)滾珠螺桿的螺桿軸與螺帽都是線接觸之滾動運動，故其機械效率可達90%以上 (D)滾珠螺桿應使用伸縮保護套防止灰塵或異物侵入。

474 使用滾珠螺桿時，需考慮應用上的變數，下列何項不包含？(A)螺桿的直徑 (B)在轉動時，螺桿所推動的軸向負荷 (C)螺桿的轉速 (D)螺桿的長度。

475 關於滾珠螺桿的敘述，下列何者不正確？ (A)將滑動摩擦轉變為滾動摩擦 (B)因低摩擦特性，多數用於高速旋轉 (C)承受壓縮負荷時,不必考慮挫屈現象 (D)傳遞作用力的效率可達90%，約為傳統螺桿的 3 倍。

476 數控機械為提高移動速度、精密度，螺桿的型式大都使用 (A)梯牙 (B)V 型牙 (C)方牙 (D)滾珠 螺桿。

477 為達 CNC 機台的重現性與高剛性，滾珠螺桿採用施加預壓力，一般建議預壓力不超過動負荷的 (A)0 (B)8 (C)30 (D)50 %。

478 有關滾珠螺桿之敘述何者有誤？ (A)滾珠螺桿為滾動摩擦 (B)$\dfrac{L_1}{L_2}=\left[\dfrac{P_1}{P_2}\right]^2$ 可用來描述滾珠螺桿的負荷與壽命關係 (C)滾珠螺桿之滾珠與座圈的點蝕(pitting)是疲勞損壞造成的 (D)滾珠螺桿之典型效率取為90%。

479 有關滾珠螺桿預壓之敘述何者有誤？ (A)預壓可降低軸向力造成的彈性位移 (B)預壓力最好是動額定負荷的 12-15% (C)預壓力增加會增加螺桿的摩擦扭矩 (D)預壓可以消除螺桿的軸向背隙。

480 下列合者非線性滑軌的驅動馬達？ (A)DC (B)AC (C)變頻 (D)步進 馬達。

481 線性滑軌仍需潤滑以減少摩擦。下列何者不為潤滑劑所提供的作用？ (A)減少滾動部分的摩擦、防止燒傷並降低磨損 (B)在滾動的面與面之間形成油膜，可延長滾動疲勞壽命 (C)防止生鏽 (D)增加動態剛性。

482 線性滑軌之基本額定動負荷的定義：以一批相同規格與使用條件之線性滑軌，在大小方向不變的荷重下，運行 50km 而能有 (A)70 (B)80 (C)90 (D)100 %以上的產品不產生金屬疲勞表面剝落，此荷重為此線性滑軌在額定壽命 50km 之基本動額定負荷。

填充題

1 100HP 之二極馬達與同馬力之四極馬達主軸,何者軸徑較大? _____,約大 _____ 倍。

2 有一允許剪應力為 8000 lb/in^2 之軸,支持著 30000 lb-in 之扭力矩,試求此軸之直徑 _____。

3 長度 L 為 6m 之軟鋼製實心軸,承受 T 為 320kg•m 之扭矩,如對於全長扭轉角度 θ 限制為 3 度以內,則此軸直徑 d 至少要 _____ mm。但其剪彈性模數 G 為 0.81×10^4kg/mm^2。

4 一斷面為 5 公分×5 公分之方鍵長 20 公分,如果裝在一直徑為 30 公分的軸上,此軸受 1200 公斤-公尺之扭力(kg•m)之扭力,請問此鍵所受的剪應力為 _____ 公斤/平方公分。

5 有一方鍵高及寬均為 10mm(公厘),與輪及軸材料相同,降伏強度 $S_y = 600$N/mm^2,剪降伏強度 $S_{sy} = 300$N/mm^2。若傳力 F = 100000N,取安全係數 n = 2,求所需鍵長 L 為 _____ mm。

6 如圖所示之樑,求距左端 3m 處之剪力 V= _____ kN 及彎矩 M= _____ kN-m。

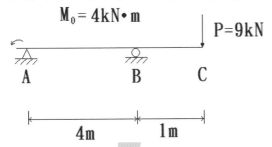

7 一曲棒 ABC 如圖所示,受兩大小相等、方向相反的力 P,棒軸變成一半徑為 r 的半圓,試求在角 θ 所定義之截面上。其軸向力 N= _____,剪力 V= _____ 和彎矩 M= _____。

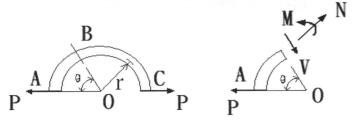

8 如圖兩相等之荷重 P,距離為 d,這組力可於 AB 樑上由左向右移動,試求最大彎矩 M_{max} 為何 _____,此時之距離 x 為 _____。

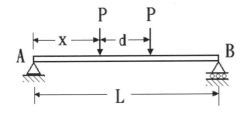

9 薄矩形鋼板承荷圖示之均勻正交應力 σ_x 及 σ_y。在板上 A 點處，貼上 x 與 y 方向的應變規，其讀數為正交應變 $\varepsilon_x = 0.001$ 及 $\varepsilon_y = -0.0007$。已知 $E = 30 \times 10^6\, psi$，$v = 0.3$，求應力 σ_x = _____ psi 與 σ_y = _____ psi。

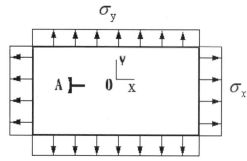

10 實心圓桿(直徑 d=3in)同時受軸向拉力荷重 P=45klbs 及扭矩 T=30in-klbs(見圖)作用，求桿中最大拉應力 σ_t = _____ psi，最大壓應力 σ_c = _____ psi 及最大剪應力 τ_{max} = _____ psi。

11 當元素的主應力都相等時稱為 _____。

12 圓形體橫斷面的微小面與圓心距離平方相乘稱為 _____。

13 已知一受力體如圖，請決定最大剪應力 _____。

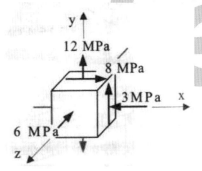

14 如圖球狀壓力容器厚度 t，球內半徑為 r，內壁承受壓力為 p，請問球殼之拉應力 σ 為 _____。

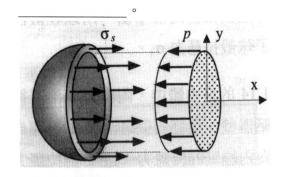

15 力距面積第一定理求撓角差 $\theta_A - \theta_B$ 公式為 _____。

16 當剪力 V 沒通過橫斷面的形心時會產生梁氏剪應力及 _____ 力。

17 考量結構上的最大負荷具有±15%的不確定性，而導致損壞的不確定性亦為±20%，則為補償此不確定性的設計因數(design safety)或安全因數(factor of safety)至少應為 _____ 。

18 用延性材料的最大畸變能理論所推導的剪降伏強度 S_{sy}，通常為該材料降伏強度 S_y 的 _____ 倍。

19 如圖所示，直徑 1.5in 的實心鋼軸於兩端簡支。兩皮帶輪以鍵固定於軸上，其中皮帶輪 B 的直徑為 4in，而皮帶輪 C 的直徑為 8in。試求位於 B 與 C 間的軸所承受的扭矩為 _____ lb-in。

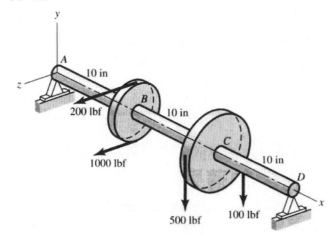

20 材料經過特定的循環次數後失效時的完全反覆應力值稱為疲勞強度(fatigue strength)或忍耐強度(endurance strength)。而材料可抵抗無限次循環次數的最大完全反覆應力值，則定義為 _____ 。

21 一連桿以 $S_u = 750\,\mathrm{MPa}$ 的鋼製造，若其修正疲勞限 $S_e = 150\,\mathrm{MPa}$，最大平均應力 $\sigma_m = 125\,\mathrm{MPa}$，安全因數 $n = 2$，試問：若以如圖所示之古德曼線失效準則判定，為避免此連桿因疲勞而失效，則容許的最大交變應力 σ_a 應為 _____ MPa。

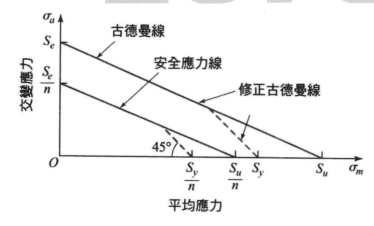

22 材料之靜態強度可用 _____ 實驗畫出應力應變關係圖。

23 安全係數 n＝ _____ 。

24 材料脆性斷裂，其斷裂面與受力方向 _____ 。

25　延性材料受拉伸、扭轉或彎曲，出現塑性變形，但未分離或斷裂其滑動面與剪應力方向 _____ 。

26　應力集中因數在 _____ 材料中可以不計，在 _____ 材料可計。

27　鎳碳合金彈性係數在零下 _____ 度F至 _____ 度F間，永不變形。

28　V型帶輪之溝槽，以 _____ 度以下為宜。

29　擺線齒輪，齒面部分 _____ 線，齒腹部分為 _____ 線。齒條之齒面及齒腹部分均為 _____ 線。

30　單定滑車的機械效益為 _____ ，單動滑車的機械效益為 _____ 。

31　5 連桿組之瞬心有 _____ 個。

32　間歇齒輪因其所連接之兩軸位置之不同，可分為 _____ 及 _____ 等。

33　軸之基本尺寸 40mm，軸之最大直徑為 39.97mm，最小直徑為 39.95mm，則此軸公差(tolerance)
　　為 _____ mm。

34　軸與孔配合，其公稱基本尺寸為 40.0mm，最小餘隙(clearance)為 0.01mm 最大餘隙為 0.05mm，
　　軸之公差為 0.015mm，孔之公差 0.025mm 若為單向公差，採用基軸制，則軸之尺寸應是
　　_____ mm。

35　一軸孔配合標示為 ϕ30 m6/N7，其配合情形為 _____ 。

36　孔之最大尺寸為 30.035mm，最小尺寸 30.010mm，軸之最大尺寸 30.105mm，則軸與孔最大干
　　涉 _____ mm。

37　在裝配圖中，標註 ϕ10 H7/m6 屬於軸件公差等級＝ _____ 。

38　計量管制圖中，最常用的為 _____ 與全距管制圖。

39　公差等級數字越 _____ ，表示精密度越高。

40　配合件之圓孔直徑標示為 32H6，其中符號 H6 表示基孔制且公差等級為 _____ 。

41　CNS 採用之粗糙度表示法為 _____ 粗糙度。

42　真圓度與平行度均屬於 _____ 公差。

43　H7/g6 是一種 _____ 配合。

44　法蘭密封面形式選擇，主要根據 _____ 、介質特性以及對密封面的要求，並配以相應
　　的墊片。

45　當工作壓力超過 3MPa 時，視為高壓機械密封。當工作溫度超過 _____ 度時，視為高溫
　　機械密封。

46　高真空靜密封墊片材料主要是橡膠，請問密封圈的壓縮變形率為 _____ 。

47 在高壓下，O 型圈的一部份擠入溝槽內，為防止擠出破壞的辦法是採用 _____ ，及正確選擇膠料硬度及溝槽間隙。

48 航空發動機主軸密封裝置中，密封環有三環、對環和單環等結構。為減少密封載荷，在主密封面(內圓)和副密封面(端面)上刻有 _____ ，可使單位長度上的徑向接觸載荷降低。

49 密封方法是經由密封裝置來防止潤滑油泄漏，依工作運動狀態不同可分為兩個主要類型分為：_____ 及 _____ 。

50 旋轉油封的密封唇與軸間存在由刃口控制的液体動壓油膜，油膜厚度約為 _____ μm，如油膜厚度太大，會引起泄漏，油膜厚度太小，則會密封唇、軸發生摩擦及溫升，軸表面出現刮痕，以至密封唇提早磨損而失效。

51 影響油封密封性能之主要因素有：_____ ，_____ ，_____ ，_____ 。

52 油封干涉量選取之基本依據為 _____ 和 _____ 。

53 油封從結構上區分有 _____ 、_____ 、包膠式和包鐵式油封。

54 油封通常是由橡膠，鋼皮骨架和 _____ 組成。

55 螺旋密封是利用螺旋泵的原理，常用的螺旋機械油封有單向迴流式、雙向增壓式和 _____ 等。

56 對於線速度高(20m/s 以上)的密封部位，摩擦條件嚴苛，軸偏心大的工作場合應採用 _____ 油封能使泄漏問題得到有效的解決。

57 油封使用性能測試包括動摩擦係數、摩擦扭矩、唇口升溫、_____ 和 _____ 等的性能試驗。

58 油封在 _____ 潤滑狀態時油封唇口對軸具有良好的接觸狀態，且表面接觸應力集中分佈在 0.1~0.25mm 的接觸帶上，因此具有良好的吸附能力和密封效果。

59 密封件是機械設備中應用最廣的零件之一，其主要功能是 _____ 。

60 靜密封可利用哪些手段：膠密封、焊接與 _____ 。

61 一般密封件的習慣稱謂 _____ 。

62 密封介質固化、聚合、結焦、結晶、溶解等問題是由於 _____ 變化所導致。

63 O 形密封圈的尺寸和溝槽已經標準化了，請問其介質靠著 _____ 、_____ 和 _____ 來改變接觸狀態，而使之實現密封的。

64 迷宮式密封屬於 _____ 密封形式。

65 在工作環境灰塵環繞與潮濕的場合，一般會採取 _____ 密封形式。

66 滾珠軸承承受 3000 磅負載於轉速每分鐘 33.3 轉時，其 90%之壽命為 1500 小時，若其承受負載增加一倍，試求其壽命 _____ 小時。

67 有一圓錐形離合器，錐體角度為 11.5°，平均摩擦直徑為 320mm，面寬為 60mm，該離合器可傳動的轉矩，摩擦係數為 0.26。假設壓力均勻，其軸向驅動力 F 為 _____ kN。

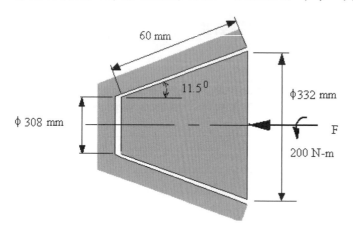

68 已知軸之容許剪應力為 55MPa，最大允許扭轉角為每米 0.5°，且軸材料的剪力模式 G=82800MPa，試求其軸徑應為 _____ mm。

69 一圓盤型離合器，具有一 5 吋 OD×3 吋 ID 的嚙合面，摩擦係數為 0.10。求壓力為 120psi 時，所需的軸向啟動力為 _____ lb。

70 使用萬向接頭，兩軸中心線相交的角度，最大不宜超過 _____ 度。

71 一圓盤離合器之圓盤外徑為 10cm，內徑為 6cm，若傳動扭矩為 40N-cm，摩擦係數為 0.2，則所需軸向推力為 _____ N。

72 滾動軸承編號 638，其中 _____ 係代表尺寸級序。

73 錐形離合器為了維持良好之接觸，常以 _____ 作用於離合器來克服軸向推力。

74 多孔性軸承是以 _____ 加工方法製成。

75 一個實心圓形軸的各項數據如下：圓軸直徑為 d=10mm、長度為 L=200mm、極慣性面矩為 J，軸的剛性模數為 G=84000MPa，若圓軸一端固定，自由端承受一扭轉力矩 T=1000N-mm，則此圓軸所承受的最大剪應力為 _____ MPa。

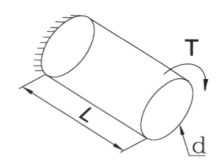

76　一個實心圓形軸各項數據如下：圓軸直徑為 d=15mm、長度為 L=100mm，製作軸的材料之剛性模數為 G=8400MPa，若將圓軸一端固定，自由端承受一扭轉力矩 T=2000N-mm，則該實心圓軸在自由端之扭轉變形角度為 ＿＿＿＿＿＿＿ rad。

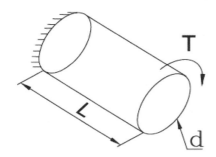

77　若圓軸內徑是其外徑的一半（即 di=0.5d），則如圖中之空心圓軸的面積慣性矩是實心圓軸的面積慣性矩 ＿＿＿＿＿＿＿ 倍。

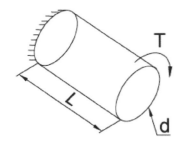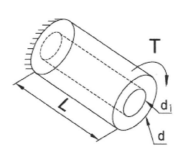

78　設計實心圓形傳動軸時，若圓軸直徑增加為原來 2 倍，其它條件不變，則圓軸的扭轉剛性（torsional stiffness）會變為原來的 ＿＿＿＿＿＿ 倍。

79　設計圓形實心傳動軸時，承受相同的扭轉力矩負載下，若將圓軸直徑增加為原來的 2 倍（其它條件不變），實心圓軸所承受的最大剪應力將變為原來的 ＿＿＿＿＿＿ 倍。

80　試求圖示接頭上每支螺柱的總剪力荷重，$F_o=$ ＿＿＿＿ kN，$F_A=$ ＿＿＿＿ kN，$F_B=$ ＿＿＿＿ kN。

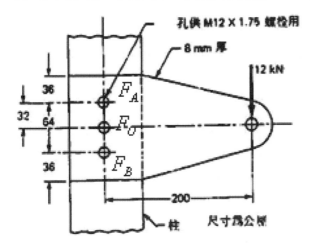

81　已知板厚為 10mm 之兩個材料，採用單排鉚釘搭接的方式接合，其鉚釘直徑 16mm，板材承受 10000kg 之拉力，板及鉚釘之允許剪應力為 10kg/mm²，允許壓應力為 15kg/mm²，試決定所需至少之鉚釘數為 ＿＿＿＿＿＿。

82 如圖所示之鉚釘接合，已知截面積 100×6mm²，鉚釘直徑為 16mm，板及鉚釘之允許拉應力 15kg/mm²，允許壓應力 30kg/mm²，允許剪應力 10kg/mm²，求容許負載 F= _____ kgf。

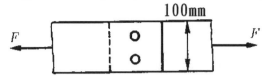

83 如圖所示之鉚釘接合元作，已知負載 F=500kg，b=100mm，t=10mm，鉚釘之允許應力為 10kg/mm²，試決定鉚釘最小容許直徑 _____ mm 及板所受之拉應力 _____ kg/mm²。

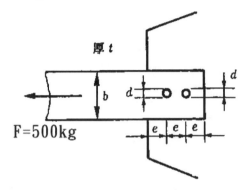

84 M12 之 300mm 長之鋼質螺栓，已知其承受 6.8N-m 之衝擊能量，彈性係數為 207GPa，應力面積為 80.9mm²，螺栓根部所受之應力為 _____ MPa。

85 於原有螺帽上再加裝另一螺帽，稱為 _____，可以達到防鬆的目的。

86 某螺栓標註 1/4-20UNC-2A，式中之 20 表示 _____。

87 螺帽鎖緊裝置可分為 _____ 及摩擦鎖緊裝置。

88 在機械用途上，使用最廣的螺帽為 _____。

89 依螺栓標註 M 16x1.5x50-1，式中 "16" 表示螺栓 _____ 為 16mm。

90 一般粗牙三角螺絲的螺紋角為 _____ 度。

91 某方螺紋傳動螺栓的外徑(大徑，major diameter)為 32mm，節距為 4mm，且為雙螺紋，則此螺栓的根徑(小徑，minor diameter)應為 _____ mm。

92 直徑為 30mm，節距為 3.5mm 的公制螺紋，可用 _____ 符號來表示。

93 三零件以橫向填角熔接接合在一起，如圖所示。則焊道的抗張應力 σ 可寫成 $\sigma = \dfrac{ap}{hl}$，其中

a= _____。

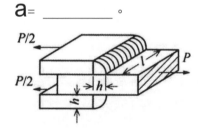

94 兩支 1in × 4in 的 1018 冷軋鋼棒，以兩片 1/2in × 4in 的冷軋編結鋼板作對頭編結，並使用 4 支 3/4in-16 UNF 等級 5 的螺栓連接，如圖所示。如果螺栓含螺紋的部份並未進入剪切平面，則所有螺栓可承受之剪力 F= _____ kip。螺栓的 S_{sy}=49kpsi，安全係數為 1.5。

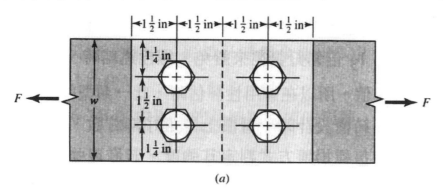

(a)

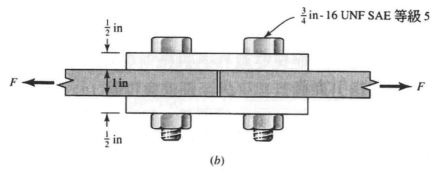

(b)

95 有一螺旋壓縮彈簧鋼線直徑為 0.047 吋，其扭轉降伏強度為 108kpsi 外徑為 0.5 吋，有效圈數為 14 圈，G＝11.5x10⁶psi，試求基於降伏強度求出最大之靜力負荷是 _____ lb。

96 有一螺旋壓縮彈簧鋼線直徑為 0.047 吋，其扭轉降伏強度為 108kpsi 外徑為 0.5 吋，有效圈數為 14 圈，G＝11.5x10⁶psi，基於降伏強度求出最大之靜力負荷，在此負荷下，其撓度 δ = _____ in。

97 有一螺旋壓縮彈簧鋼線直徑為 0.047 吋，其扭轉降伏強度為 108kpsi 外徑為 0.5 吋，有效圈數為 14 圈，G＝11.5x10⁶psi，基於降伏強度求出最大之靜力負荷，彈簧常數 k= _____ lb/in。

98 有一螺旋壓縮彈簧鋼線直徑為 0.047 吋，其扭轉降伏強度為 108kpsi 外徑為 0.5 吋，有效圈數為 14 圈，G＝11.5x10⁶psi，基於降伏強度求出最大之靜力負荷，若彈簧兩端各有一圈固定，其密實高度為 _____ in。

99 有一螺旋壓縮彈簧鋼線直徑為 0.047 吋，其扭轉降伏強度為 108kpsi 外徑為 0.5 吋，有效圈數為 14 圈，G＝11.5x10⁶psi，基於降伏強度求出最大之靜力負荷，若彈簧壓成密實而應力未達彈簧降伏強度時，長度 _____ in。

100 兩彈簧以並聯方式懸吊 200N 之負荷，彈簧常數分別為 10N/cm 與 40N/cm，則該組合彈簧之總伸長量為 _____ 公分。

101 螺旋彈簧之線圈平均直徑 8cm，線的直徑 0.5cm，則彈簧指數為 _____。

102 彈簧各圈相互貼緊，兩端成掛鉤狀以利吊掛，此彈簧稱之為 _____。

103 兩拉伸彈簧之彈簧常數分別為 1kN/cm 與 3kN/cm，則該組合彈簧之彈簧常數為 _____ kN/cm。

104 彈簧用於支持負載的圈數，稱為彈簧的 _____。

105 K_w 表示壓縮彈簧之剪應力計算公式中之華耳因子(Wahl factor)，其公式為

$K_w = \dfrac{4C-1}{4C-4} + \dfrac{0.615}{C}$，式中 C 為彈簧指數(spring index)。若彈簧平均直徑 D=30mm、繞線的線徑 d=3mm，則華耳修正因子= _____。

106 壓縮彈簧的彈性係數(spring rate)k=20N/mm，彈簧自由長 L0=50mm，承受一壓負載 F=100N，壓縮彈簧長度變為 _____ mm。

107 壓縮彈簧的彈性係數(spring rate)$k = \dfrac{d^4G}{8D^3N}$，若彈簧平均直徑 D=30mm、繞線的線徑 d=4 mm，線材剛性模數 G=80GPa，有效圈數 N=10 圈，則壓縮彈簧的彈簧率為 _____ N/mm。

108 如圖彈簧是哪一種常用螺旋彈簧？ _____ 彈簧。

109 若彈性係數(spring rate)公式 $k = \dfrac{d^4G}{8D^3N}$，其中 D：彈簧平均直徑、d：繞線的線徑，G：線材剛性模數，N：有效圈數。將如圖彈簧的全部尺寸縮小為原來 1/2(但有效圈數 N 不變)，此壓縮彈簧的彈性係數(spring rate)大約會變為原來的 _____ 倍。

110 如圖表示管與管配件的接合方式為 _____。

111 如圖表示之凸緣為哪一種凸緣？ _____。

112 如圖所示為哪一種閥？ _____。

113 如圖所示為哪一種閥？ _____。

114 管系的俯視圖習慣上稱為平面圖，管系的前視圖則稱為 _____。

115 管路圖以高度尺寸表示法標註尺度時，各高度尺寸前必須加上 _____ 符號。

116 管配件中，用於改變流體流向的管配件為 _____。

117 管路標註尺度時，以螺紋接合的閥通常標註至 _____。

118 管路標註尺度時，以凸緣接合的閥通常標註至 _____。

119 管路圖中標註 "FW" 的代號，其意義為 _____。

120 標稱管徑小於 300mm 時，此管徑代表標準管的 _____ 尺度。

121 管路流程圖中，虛線表示 _____ 管路。

122 欲表示管路圖之方位，必須在圖上方適當位置畫出 _____ 予以註明。

123 球閥除了用來開啟或關閉管路，還有 _____ 功能。

124 管路採用凸緣接合時，各凸緣螺栓孔之數目應為 _____ 個或其倍數。

125 標準鋼管依厚度不同來分級，共分為 _____ 個級別。

126 管與管配件之接合方式有螺紋接合、熔接接合、凸緣接合、_____ 接合與套接接合等五種。

127 氣密管螺紋採用 _____ 螺紋及錐度為 _____ 之推拔角度。

128 螺紋管配件常用之肘管接頭有 90°肘管接頭、45°肘管接頭及 _____ 肘管接頭等三種。

129 _____和 _____ 是用來阻斷流體的流動或調節流體的流量。

130 配管用的管接頭有螺旋式管接頭、凸緣管接頭、焊接管接頭、_____ 管接頭和彈性接頭等五種。

131 _____是膜瓣出入口相互垂直，可適用在管路有直角轉彎處。

132 _____接頭用於管內壓力高或管徑大而時常裝卸之場合。

133 凸緣接頭為保持氣密，在接頭與接頭之間填充 _____。

134 使用 _____ 性連接法可以使管內流體不會洩漏、節省重量與設備費用。

135 為配合管內流體之識別，應在管外壁塗上顏色，紅色表示管內為蒸汽、綠色表示管內為_____、青色表示管內為空氣、咖啡色表示管內為 _____、黑色表示管內為瀝青、橙色表示管內為酸性流體、淡紫色表示管內為鹼性流體。

136 _____裝置用以防止流體洩漏或異物自外部侵入。

137 當齒輪傳遞動力時，兩嚙合輪齒間的作用力沿著一條與兩基圓相切的線作用，此線稱為
_____。

138 對於正齒輪而言，目前最廣泛採用的齒形為哪一種？ _____。

139 漸開線齒輪的齒數少於某一程度時，嚙合齒輪的齒根與齒冠會相互抵擋無法迴轉，這種現象
稱為 _____。

140 某一公制正齒輪的模數為 4，齒數為 20，則其節圓直徑為 _____ mm。

141 兩互相嚙合的正齒輪，其模數為 4，齒數分別為 20 和 30，則其中心距離為 _____ mm。

142 某齒輪組由模數為 10，壓力角為 $20°$ 的 16 齒的小齒輪驅動 40 齒的大齒輪所組成，則此齒輪
組的中心距為 _____ mm。

143 壓力角為 $20°$，具漸開線齒形的標準齒小齒輪，若此小齒輪與齒條嚙合將不會發生干涉現象，
則此小齒輪的最少齒數應為 _____ 齒。

144 如圖所示之行星齒輪系中，太陽齒輪具有 20 齒、行星齒輪具有 30 齒、外圍齒輪具有 80 齒，
若外圍齒輪為固定輪，太陽齒輪為驅動輪且轉速為 2000rpm，則旋轉臂的速度為
_____ rpm。

145 某 2 齒右手螺旋蝸桿驅動一個 30 齒的蝸輪轉動，若該蝸輪的橫向徑節為 6 齒/in，則蝸桿的
導程應為 _____ in。

146 一齒輪機構如圖所示，若於輸入端的輸入轉速為 100RPM，旋轉方向為逆時針方向，試問輸出
端的輸出轉速為 _____ RPM 及其旋轉方向為 _____ 時針。

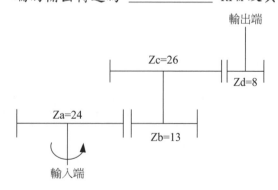

147 運轉中的斜齒輪所承受的切線負載 F_t 可視為作用在節點 P 上，如下左圖所示。而斜齒輪所承受的推力 F_a 與徑向力 F_r 以及切線負載 F_t 間的幾何關係，如下右圖所示。試問：

$$\frac{F_r}{F_t} = \underline{\hspace{3cm}} \text{。}$$

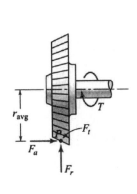
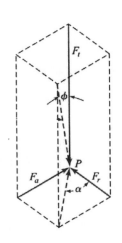

148 模數 m=2mm、壓力角 a=20 度及轉位係數皆為 0 的正齒輪對，其減速比 mg=2，主動齒的小齒輪齒數為 20，試問此齒輪對中心距為 _____ mm。

149 齒形修整可增加齒輪壽命及改善嚙合情況，以 _____ 加工及 _____ 加工是齒筋方向常見的修整方法。

150 一般設計上常利用正轉位來防止齒輪產生過切(Undercut)的現象產生，但是施予過量的正轉位會發生 _____ 的現象。

151 一對漸開線齒輪對要能正確咬合的主要條件為齒輪的 _____ 必須相等。

152 只考慮導螺桿本身，不考慮螺帽、滾珠、軸承等其它組件因素，若將導螺桿直徑增加為原來 2 倍時，導螺桿扭轉剛性(torsional stiffness)會變為原來的 _____ 倍。

153 使用伺服馬達直結驅動滾珠導螺桿來設計一進給速度 V=20m/min 之進給軸，假設馬達轉速為 N=2000rpm，導螺桿為雙頭螺紋，則選用的導螺桿之導程必須為 _____ mm。

154 不考慮摩擦損失，伺服馬達直結驅動滾珠導螺桿(導程 L=10mm)之進給軸設計，假設馬達以固定轉速 N=500rpm、輸入扭矩 T=2000N-mm，所產生導螺桿軸向推力 F= _____ N。

155 兩根導螺桿除了長度不同外，其它條件皆相同，導螺桿的長度越長，珠導螺桿的軸向剛性越 _____ 。

156 若一滾珠螺桿其導程(Lead)為 L，所承受負荷為 F，所需扭矩(Torque)為 T，若忽略摩擦，則計算滾珠螺桿之傳動效率(efficiency)之方程式為 e= _____ 。

157 滾珠螺桿施加預負荷(preload)之最主要目的為提高 _____ 及 _____ 。

158 滾珠螺桿傳動機構主要組成元件有螺桿，滾珠、 _____ 及 _____ 。

159 滾珠螺桿傳動摩擦小且具有傳動之可逆性，但不能 _____ ，因此設計垂直升降傳動機構時，需再附加制動裝置。

160 滾珠螺桿傳動中滾珠與滾道表面在接觸點公法線與螺桿直徑線之夾角 β 稱為 _____ ，其理想之 β = _____ 度。

161 滾珠螺桿傳動設計中依滾珠循環方式有內循環及外循環兩種方式。外循環機構設計類型有：_____ 式、_____ 式及 _____ 式。

162 滾珠螺桿機構傳動承受軸向負荷時，滾珠與滾道接觸產生交變應力，其最主要破壞形式為：_____ 。

163 滾珠螺桿傳動機構其最主要缺點為 _____ 及 _____ 。

164 滾珠螺桿傳動產生振動與噪音最主要為滾珠與導珠管之接觸碰撞，其影響因素有 _____ 、_____ 及 _____ 。

165 滾珠螺桿傳動依螺桿法向斷面形狀設計目前常用的有 _____ 及 _____ 。

166 螺旋傳動主要是將馬達的 _____ 運動轉換成 _____ 運動的關鍵元件。

167 伺服控制系統中採滾動螺旋傳動方式，可提高效率及減小顫動，機台中常使用 _____ 作為力矩傳動元件。

168 滾珠螺桿都會注意間隙問題而採用預壓或是預拉，若是預壓過大，則導致組件運作時 _____ ，使得壽命降低。

169 線性滑軌之導軌依接觸面之摩擦性質，可分為 _____ 、_____ 及 _____ 。

170 線性滑軌之導軌依斷面形狀，有 _____ 、_____ 、_____ 及 _____ 。

171 線性滑軌可以藉由施加預壓負荷來提高 _____ 及消除 _____ 。

172 滾動線性滑軌機構主要由滑軌、_____ 、_____ 、_____ 及 _____ 組成。

173 線性滑軌其滑軌導向精度主要取決於 _____ 及 _____ 。

174 線性滑軌為保持滑軌優異性能其滑動表面間必須有設計間隙調整裝置以保持適當間隙，設計間隙調整方法有 _____ 、_____ 及 _____ 。

175 線性滑軌之導軌磨損形式，有 _____ 、_____ 及 _____ 。

176 流體動壓導軌為依動壓油膜，形成動壓油膜之必須具備條件：收斂間隙，潤滑劑黏度及 _____ 。

177 線性滑軌運動過程中保持原有幾何精度之能力稱為精度保持性，其主要取決於：_____ 及 _____ 。

178 線性滑軌幾何精度一般包括垂直與水平平面之 _____ ，及兩條導軌面間之平行度。

179 工具機的導軌設計上，在自動化或高速輕切削的機器中，以 _____ 成為必備的關鍵零件。

180 直線導軌的作用是用來支承和引導運動部件按給定的方向作往復 ＿＿＿＿＿＿ 運動。

181 線性滑軌係為一種滾動導引，藉由 ＿＿＿＿＿＿＿＿ 在滑塊與滑軌之間作滾動循環，負載機構或平台能沿著滑軌輕易地以高精度作線性運動。

182 線性滑軌與傳統的滑動導軌相比較，其接觸方式由 ＿＿＿＿＿＿ 替代滑動。

183 依照機械運動學原理，一個剛體在空間有六個自由度，對於線性滑軌為保留 ＿＿＿＿＿＿ 方向移動的自由度。

184 進給系統在移動件移動時，除進給方向外，尚需有直線導軌來限制其自由度，稱之為導軌或引導，一般包含 ＿＿＿＿＿＿ 與 ＿＿＿＿＿＿ 兩種。

185 一般使用之線性滑軌，有點接觸的 ＿＿＿＿＿＿＿ 與線接觸的 ＿＿＿＿＿＿＿ 兩種型式，因為不是面接觸，摩擦係數遠小於硬軌。

186 由於線性滑軌移動時摩擦力非常小，只需較小動力便能讓床台運行，尤其是在床台的工作方式為經常性往返運行時，更能明顯降低機台電力損耗量可適用於 ＿＿＿＿＿ 速運行。（高、中、低）

187 由於線性滑軌特殊的束制結構設計，可承受 ＿＿＿＿＿＿＿＿ 方向的負荷，不像滑動導引在平行接觸面方向可承受的側向負荷較輕，易造成機台運行精度不良。

188 傳統的滑動導引，須對運行軌道加以鏟花，既費事又費時，且一旦機台精度不良，又必需再鏟花一次。線性滑軌具有互換性，可分別更換 ＿＿＿＿＿＿ 或 ＿＿＿＿＿＿ ，機台即可重新獲得高精密度的導引。

189 ＿＿＿＿＿＿＿＿ 定義為在特定應力程度下的應力－應變圖的斜率。

190 使用直徑為 19mm 之衝頭，在厚 6mm 之鋼鈑上衝孔，需力 p＝116kN。鈑中之平均剪應力為 ＿＿＿＿＿＿＿ MPa。（四捨五入到個位數）

P =116kN

19mm

6mm 鋼鈑

191 長度(L)為 1m 之某汽車底座「鋼樑」的楊氏係數 E=200GPa，兩端受拉力作用後，其伸長量(δ)為 2mm，試求該「鋼樑」所承受的拉應力(σ)為 ＿＿＿＿＿＿ MPa。

192 一個直徑 2 公尺、厚度 10 公分球型壓力容器，當其內之氣體壓力為 6MPa 時，容器的板材所承受的應力為 ＿＿＿＿＿＿＿ MPa。

193 鋁合金容易 ＿＿＿＿＿＿＿＿＿ ，所以銲接性不好。

194 若某機械元件可接受的損壞率為每 1000 個中允許出現 5 個損壞率，則其可靠度 R 為 ＿＿＿＿＿＿＿＿＿ 。

195 在常態取樣時，得知鋼軸直徑為 10±0.06mm，試問此鋼軸之平均尺寸為 ＿＿＿＿＿＿＿ mm。

196 設計承受多軸應力的機械元件時，最常用於延性材料元件的失效預測理論為最大剪應力理論 (MSST) 及畸變能理論 (DET)，在數值計算時都需要以 ＿＿＿＿＿＿＿＿ 應力為基礎。

197 一般機件配合，單向負公差宜用於 ＿＿＿＿＿＿＿＿ 。

198 定位銷之孔、軸配合，係選用 ＿＿＿＿＿＿＿ 配合。

199 兩元件間有相對運動接觸面，可能是直接接觸或隔著薄層流體，元件的表面粗糙度 (surface roughness) 對精密度及耐久度都有很大影響。若 $z_i (i=1,2,...,N)$ 為第 i 個參考點的粗糙高度量測值，則算數平均表面粗糙度 (arithmetic average surface roughness, R_a) 的數學表示為 ＿＿＿＿＿＿＿＿ 。

200 管中或壓力容器中的流體內壓力，降低了密合墊片的接觸壓力，如果接頭要維持緊密，經驗顯示密合接觸壓力與流體壓力間的比值不可小於某特定值。此特定比值稱為 ＿＿＿＿＿＿＿ ，其值隨密合墊片的類別而變。

201 滾動軸承孔徑號碼為 00，表示內孔直徑為 ＿＿＿＿＿＿＿＿ mm。

202 一群一樣的滾動軸承中有 90% 到達或超過第一個發生疲勞破壞的軸承旋轉次數 (或是定速下的時間) 稱為 ＿＿＿＿＿＿＿ (L_{10})。基本動額定負載 (Basic dynamic load rating) 是指保持一定的徑向負載下，一群一樣的滾動軸承在穩定的負載中，可以達到 ＿＿＿＿＿ 次內環旋轉的額定壽命。

203 滾動軸承的型式，依其接觸角大小可分成徑向軸承與 ＿＿＿＿＿＿＿ 軸承。

204 若不考慮材料之彈性變形，「滾子軸承 (Roller Bearing)」可承受的負荷能力較「滾珠軸承 (Ball Bearing)」可承受之負荷能力為 ＿＿＿＿＿＿＿ 。

205 兩軸平行但不在同一直線上 (偏心)，角速度又需絕對相等時，則使用 ＿＿＿＿＿＿＿ 最洽當。

206 使用單個螺紋連接元件連接兩個物件時，當連接件承受剪應力時的安全設計需考慮的情況有：(1)物件的彎曲應力 (2)物件的拉伸應力 (3)螺紋連接件的剪力及 (4)＿＿＿＿＿＿＿ 。

207 在彈簧種類中，可防止機件發生軸向運動者為 ＿＿＿＿＿＿ 彈簧。

208 某一螺旋拉伸彈簧線圈直徑 $d_1 = 3\,mm$ 與平均彈簧直徑 $D_1 = 30\,mm$，若有相同的線圈材料與線圈數的第二個彈簧且其平均彈簧直徑 $D_2 = 240\,mm$，則當這兩個彈簧具有相同的彈簧率時，求第二個彈簧的線圈直徑 d_2 為 ＿＿＿＿＿＿＿ mm。

209 大部分彈簧的損壞是因疲勞所導致，可用 ＿＿＿＿＿＿ 法將其表面留下壓應力，以提高彈簧的疲勞壽命。

210 某一彈簧常數 k=40N/mm 的彈簧被拉伸了 20mm，試求彈簧所儲存的能量為 ＿＿＿＿＿＿ N-mm。

211 螺旋拉伸彈簧的端面鉤狀物(hook)之形狀需加以良好設計，以降低 ＿＿＿＿＿＿ 效應。

212 如圖所示一個具有不同控制閥的往複式被動氣缸。請寫出這些控制閥的名稱？
(1)＿＿＿＿＿＿＿＿ 、(2) ＿＿＿＿＿＿＿＿ 、(3) ＿＿＿＿＿＿＿＿ 。

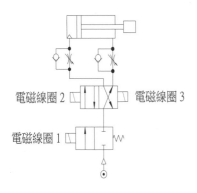

213 管路圖以管路長度表示法標註尺度時，若標註到管中心線，各尺寸前必須加上 ＿＿＿ 符號。

214 設模數為 3，齒數為 35，則齒輪的外徑為 ＿＿＿＿＿＿ mm。

215 如圖所示一具有四個平行軸的複式普通輪系，齒輪 2 為主動輪，齒輪 7 為從動輪、轉數 $\omega_7 = 300\,\text{rpm}$（反時針方向）。若各齒的齒數為 $T_2 = 28$、$T_3 = 56$、$T_4 = 24$、$T_5 = 56$、$T_6 = 24$、$T_7 = 42$，且各齒輪徑節 $P_d = 8$，試求(a)齒輪 2 的轉速 ω_2 與方向？ ＿＿＿＿＿＿ (b)輸入軸與輸出軸間的距離 C？＿＿＿＿＿＿

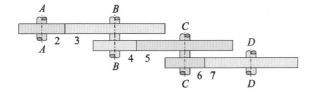

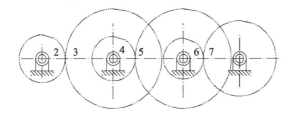

216 滾珠螺桿的細長比(Slender ratio)越小剛性越高，細長比的界限必須在 ＿＿＿＿＿ 以下，如果細長比太大螺桿會產生自重下垂，此種較弱剛性的設計應儘可能避免。

217 滾珠螺桿在靜止狀態，滾珠和軌道接觸面都不致產生大於萬分之一(0.0001)鋼珠直徑之塑性變形量時，滾珠螺桿之最大可承受負荷稱為 ＿＿＿＿＿＿ 。

218 當施加扭矩時於如圖所示之滾珠螺桿機構,則提供所需推力的驅動扭矩 T(N·mm)可由數學式 $T = \dfrac{F_a L}{2\pi\eta}$ 計算獲得,其中 $F_a = \mu \times mg$ 是導向面上的摩擦阻力(N)、μ 是導向面上的摩擦係數、L 是進給螺桿的導程(mm)、η 是進給螺桿的正效率。若用有效直徑 33mm、導程 10mm(導程角:5°30')的螺桿,運送質量為 618kg 的物體,摩擦係數 $\mu = 0.003$,螺桿的效率 $\eta = 0.96$,則所需的驅動扭矩為何? _____ N·mm。

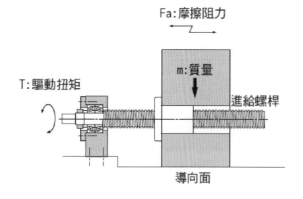

219 滾珠導螺桿組有多種結構型式,其主要差異為:(1)螺紋滾道型面的形狀 (2)滾珠的循環方式 (3)_____,及 (4)調整預緊。

220 若滾珠螺桿導程 10mm,轉速為 500rpm,則安裝於螺帽上工作檯的速度為何? _____ cm/min。

221 一個轉速為 1200rpm 的馬達,經由減速比 3 的減速器,驅動導程 10mm 滾珠螺桿轉動,則安裝於螺帽上工作檯的速度為何? _____ cm/min。

222 影響線性滑軌組精度的物理因素之一為導軌組的受力情形。除了需降低環境溫度及運動件的熱影響造成熱應力外,要提高導軌組的導向精度,應提高導軌組結構的 _____。

223 一 4in 的傳動軸在 330rpm 轉速下,其內扭矩為 2000ft-lb,試求可能傳送的馬力為多少 hp? _____。

224 如圖所示之圓軸,若圓軸靜止,且端點為簡單支撐求:距右端點 $\dfrac{l}{4}$ 處,中性面上支點 B 之應力圖,並註明應力值? _____ MPa。

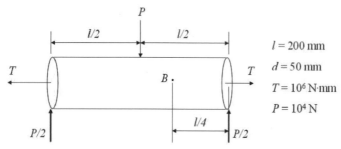

$l = 200$ mm
$d = 50$ mm
$T = 10^6$ N·mm
$P = 10^4$ N

225 假設一軸的扭轉變形角(Torsion angle)每 1500 毫米不得超過 1°,容許應力為 90MPa,試求軸的直徑? _____ mm。(軸材料的剪力彈性模數 G=80GPa)

226 有一如圖所示之圓桿，承受 200000N 之壓力負荷，若材料為鋼材，降伏強度為 420MPa，當要求安全係數為 2 時，此桿件之直徑應為 _____ mm。

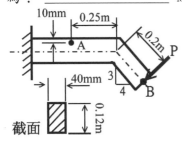

227 一個截面寬 40mm 高 120mm 的結構元件承受一負載 P=30kN 如圖，試求出點 A 所受 x 方向應力為？ _____ MPa。

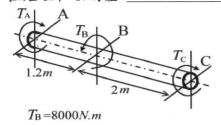

228 一個由鋁管與螺栓所組成的組件所敘，其中鋁管的截面積為 A_t，彈性模數為 E_t，長度為 L_t，螺栓的截面積為 A_b，彈性模數為 E_b，長度為 L_b，螺栓為單螺紋且節距為 2mm，當螺帽與鋁管緊貼後再旋緊 1/2 圈，試求在鋁管與螺栓內的軸向力？ _____ kN。
$A_t = 300mm^2, E_t = 70GPa, L_t = 0.6m, A_b = 600mm^2, E_b = 200GPa$

229 何謂自潤軸承？ _____、
何謂無油軸承？ _____。

230 有一長度為 2000mm 之軸，設限定其角變形量不得超過 1˚。若允許之剪應力為 80MPa，求軸之直徑？ _____ mm。設軸材料為鋼，G=79300MPa。

231 如圖中的軸，在所示位置承受 8000N.m 扭矩。扭矩承受位置位於 A, B, C 點，分別在軸心上，A, C 點在之兩端，B 點位於 A 點右方 1.2m 處，距離 C 點 2m。若軸的兩端固定不轉，求反作用扭矩 T_A 和 T_C 的差 _____ N.m。

232 長 280in 之 8V 型皮帶，運轉於直徑 20in 與 30in 之皮帶輪上，小輪轉速 900rpm，預期壽命 20000hr，試求皮帶在損壞之前可轉多少圈？ _____。

233 一螺旋彈簧，以直徑 5mm 之鋼線繞成，彈簧承受 600N 之靜負荷時會產生 30mm 之撓度，設彈簧材料所允許之最大剪應力為 400MPa，此彈簧之平均直徑 D= _____ mm 及作用圈數 N= _____ 圈。設 G=19300MPa。

234 假設容許剪應力 τ 為 $80N/mm^2$，如圖以側面填角焊接方式焊接，欲承受最大負荷 10^5 牛頓時，其焊腳長度至少應多少？ _____ mm 以上。（不考慮彎曲和應力集中因素）

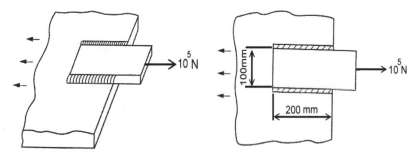

235 一彈簧之彈性係數 k=50N/mm，承受一外力 F=3kN，若欲使系統之總伸長量為 100mm，試求此彈簧需並聯或串聯另一彈性係數 k_2 為何？ _____ N/mm。

236 在標準漸開線齒制中，小齒輪其壓力角為 $20°$ 齒冠為模數的一倍，試問此小齒輪與齒條互相嚙合時發生干涉的最小齒數為 _____ 齒。

237 一行星齒輪系如圖其中齒輪 A 固定，齒輪 B 與齒輪 C 同軸且相接，齒輪 D 中心與輸出軸相接，輸入軸為旋臂，齒輪 A、B、C、D 的齒數分別為 49 齒、50 齒、51 齒、50 齒，試求輸出軸與輸入軸速率比？ _____。

238 線性滑軌由哪些元件組合而成？ _____、_____、_____。

239 目前機械上使用的「線性滑軌」與傳統硬軌比較，其主要優點有：

_____、

_____、

_____、

_____。

240 浦松比(Poisson's Ratio)定義為 _____。

241 每單位長度所產生的長度變化稱為 _____。

242 一軸傳送動力 750W，轉速 1750rpm，試求其扭矩為 _____ N-m。

243 一圓筒裝有壓力 P 為 300psi 的氣體,上附螺栓旋住的蓋板封閉(如圖所示)。螺栓直徑 d_b=1in,降伏應力為 18000psi,安全係數(Fs)為 2,若圓筒外徑 D=16in,試求螺栓蓋子所需之螺栓數目至少為？ ＿＿＿＿＿＿＿＿＿＿＿ 個。

螺栓

244 一電動馬達 750W 以 1750rpm 迴轉,計算其輸出扭矩為多少 N·m? ＿＿＿＿＿＿＿＿。

245 機件在運動中受反覆之作用力而呈 ＿＿＿＿＿＿ 現象。

246 鋼料淬火的目的是要得到 ＿＿＿＿＿＿ 組織。

247 AISI 碳鋼編號 1045 之 45 代表什麼？ ＿＿＿＿＿＿。

248 彈性模數 E、剪彈性模數 G、蒲松比 υ 等三者之間的關係為 ＿＿＿＿＿＿＿。

249 將金屬緩慢加熱到一定溫度,保持足夠時間,然後以緩慢冷卻的熱處理稱為 ＿＿＿＿＿＿＿。

250 將鋼鐵加熱後投入油或水中使快速冷卻的熱處理方式稱為 ＿＿＿＿＿＿。

251 軸件之尺寸為 10±0.03mm,則公差為 ＿＿＿＿＿＿＿＿ mm。

252 若基本尺寸為 34mm,鬆配合(loose running fit)時該尺寸的公差為 0.160mm,軸的基本差異為 -0.120mm,則軸的最小尺寸為 ＿＿＿＿＿＿＿ mm。

253 加工表面符號粗糙度值的公制單位是 ＿＿＿＿＿＿＿＿。

254 一配合為 φ50H7/k6,孔的上下偏差分別為 0.025 及 0.000,軸的上下偏差分別為 0.018 及 0.002,則軸孔之最大餘隙及最大干涉量分別為 ＿＿＿＿＿＿,＿＿＿＿＿＿ mm。

255 H7/p6 是 ＿＿＿＿＿＿＿ 配合。

256 氈圈密封使用溫度一般不超過 ＿＿＿＿＿＿ ℃,常用於電機、齒輪傳動等機械中。

257 通常在高壓情形下,O 形環之類密封裝置會造成擠出現象,但若搭配使用 ＿＿＿＿＿＿＿ 則可防止。

258 螺紋接觸面間常以何種方式密合？ ＿＿＿＿＿＿＿。

259 O 型環的用途是作為 ＿＿＿＿＿＿＿。

260 某直徑 5cm 實心傳動軸,轉速為 400rpm,傳送 150PS 之動力。傳動軸承受之最大剪應力為 ＿＿＿＿＿＿ kg/cm²。

261 軸是由軸承所支持,作旋轉而傳達 ＿＿＿＿＿＿＿ 的元件。

262 旋轉軸到達某一轉速將顯現動態不平衡,並可能引起大幅振動,發生此種現象時的轉速一般稱為 _____。

263 單一集中質量之軸(不計軸本身的質量、摩擦效應等),其第一臨界轉速約為 _____。

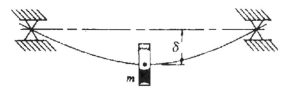

264 一徑向滾珠軸承受 1250 lb 負荷,轉速為 880rpm,若設計壽命為 20,000h,求所需之基本額定動負荷 _____ lb。

265 國際公認的軸承壽命公式為 $L_u = (\dfrac{C}{P})^\varepsilon$,如為滾子軸承 ε 應為 _____。

266 螺帽轉一圈所前進的距離為 _____。

267 將兩機件或材料以不同的第三種材料結合在一起的程序稱為 _____;因此,硬焊(brazing)、軟焊(soldering)、膠結(cementing)或使用黏著劑,均屬於這種接合方式。

268 與軸緊配合的方鍵,其上所受之壓應力為剪應力之幾倍? _____ 倍。

269 有一截面 9.5x9.5mm 之方鍵,其降伏強度 S_y=480MPa,τ_y=270MPa。若用來傳遞 40kW 的動力,已知軸徑為 38mm,轉速 600rpm,安全因數取 2,試求鍵的長度為? _____ mm。

270 M14 螺絲內徑面積為 102mm²,螺帽上有螺絲強度代號 6.8,安全係數取 Fs=2 時,此螺絲所能承受之拉力為 _____ N。

271 _____ 彈簧會產生拉應力及壓應力。

272 兩同心螺旋彈簧中,外圈彈簧的彈簧率為 200N/mm,內圈彈簧的彈簧率為 300N/mm,外圈彈簧較內圈彈簧長 10mm,若總負荷為 8,000N,試求外圈彈簧所承受的負荷為? _____ N。

273 線性彈簧在彈性限內,所受外力和變形量成 _____ 比。

274 有一彈簧受到 54.05N 之負荷作用,其收縮量為 39.47mm,彈簧常數為 1.47N/mm,其自由長為 _____ mm。

275 一個壓力安全閥的活塞直徑 15mm 如圖所示,當壓力超過 100kPa 時開始開啟,當壓力到達 300kPa 時活塞移動距離 5mm 完全打開,請問彈簧常數 k 為 _____ N/mm。

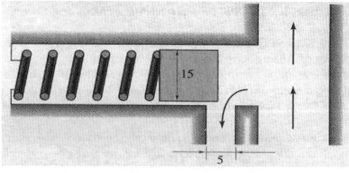

276 當管路壓力超過額定限制，_____ 閥可將自動打開排放過多流體，以降低管壓，保護管路系統。

277 一液壓管體之壓力 20kg/m^2，其流量 $45\text{m}^3/\text{sec}$，則可傳送之馬力數為？_____ 馬力。

278 一般管配件與管的接合方法有四種,分別為螺紋接合、_____ 接合、溶接接合及插承接合。

279 一氣壓缸內徑為 20mm，當出力為 100N 時氣壓應為 _____ kPa。

280 兩個模數為 3 之齒輪嚙合,其中心距為 384mm、速比為 7：9，則 N1 和 N2 齒輪之齒數應為 _____ 及 _____ 。

281 兩相接合之正齒輪,其兩節圓相切之點稱為 _____ 。

282 正齒輪系中,齒輪 1 有 15 齒,模數 5,轉速 2150rpm;齒輪 4 有 43 齒,模數 6,轉速 450rpm;軸 A 與軸 C 的距離為 317mm,則齒輪 3 有 _____ 齒。齒輪連接如圖所示,此圖為上視圖。

283 一對正齒輪,A 輪有 20 齒,每分鐘迴轉數 650，B 輪每分鐘迴轉數 130，則 B 齒輪齒數為若干齒？_____ 齒。

284 兩嚙合之齒輪,其模數 m=3,中心距離 C=384mm，速比為 7：9，試決定該二齒輪的齒數比為 _____ 。

285 對於同一個齒輪,其模數和徑節數之乘積是多少？_____ 。

286 軸上裝置一 20°壓力角之正齒輪,節圓直徑 20in，以 600rpm 傳遞 200hp，則作用在軸上之橫向力總和為 _____ lb。

287 現在常用的齒輪齒型有 _____ 與 _____ 兩種。

288 滾珠螺桿的預期壽命最主要以 _____ 為依據。

289 滾珠螺桿的缺點價格貴且有時因效率過高而需根據使用條件裝配防止逆轉的裝置及 _____ 等。

290 當傳遞負荷時,滾珠螺桿所受的應力與滾珠軸承相似,若滾珠螺桿的負荷減半,則其壽命將增為 _____ 倍。(假設不考慮環境因素的影響)

291 有一滾珠螺桿的設計壽命 3500hr，導程 10mm，轉速為 487.5rpm，等效軸向力為 432.5kgf，試計算其所需之基本動額定負荷 C？_____ kgf。

292 機台設計對線性運動有高效率、零背隙、高剛性、安靜等要求時,可使用何種螺桿為傳動元件 _____ 。

293 同一批完全相同的線性滑軌，在相同的條件及額定負荷下運轉，其中 90%未曾發生表面剝離現象而能達到的總運行距離，定義為線性滑軌的 _____。

294 線性滑軌精密定位之控制主要有 _____、單晶片、PC BASED 等控制模式。

295 線性滑軌的摩擦係數約為 4×10^P，則 p= _____。

296 某線性滑軌供應商建議之壽命及負荷關係式為 $L = \left[\dfrac{f_h \cdot f_t \cdot C}{f_w \cdot P} \right]^3 \cdot 50km$，在不考慮環境及使用因素影響時，單一滑塊的負荷為 2.5 kN，選用滑軌的基本動額定負荷為 38.74kN，則此滑軌之壽命為 _____ km。

297 線性滑軌安裝時為了增大滑塊的剛性與消除間隙，預先施加內部負荷於鋼珠稱為 _____。

298 若滾動軸承的密封裝置是利用小間隙或離心力來達到密封效果,則設計方式有油溝、甩油圈、曲折填封等方式；由於幾乎沒有摩擦,因此溫升小且不生磨損,是適合於高速迴轉的密封裝置。再者若密封方法是如圖所示的多段曲折通道設計,藉著增長通路來提高密封效果,請問此密封裝置是？ _____。

解答 – 選擇題

1. B	2. C	3. C	4. B	5. A	6. C	7. B	8. C	9. C	10. C
11. A	12. A	13. D	14. C	15. A	16. B	17. C	18. B	19. B	20. C
21. A	22. D	23. D	24. D	25. C	26. A	27. C	28. D	29. B	30. A
31. A	32. B	33. C	34. B	35. C	36. B	37. B	38. A	39. B	40. C
41. A	42. D	43. D	44. C	45. B	46. D	47. A	48. D	49. D	50. D
51. D	52. A	53. A	54. D	55. B	56. D	57. B	58. A	59. D	60. B
61. A	62. B	63. B	64. D	65. C	66. D	67. A	68. B	69. A	70. B
71. A	72. D	73. A	74. C	75. C	76. B	77. D	78. A	79. B	80. C
81. A	82. C	83. A	84. C	85. B	86. B	87. C	88. B	89. B	90. B
91. D	92. A	93. B	94. C	95. A	96. D	97. D	98. B	99. D	100. D
101. C	102. D	103. C	104. A	105. C	106. A	107. D	108. B	109. B	110. A
111. D	112. C	113. A	114. D	115. A	116. C	117. B	118. A	119. D	120. B
121. C	122. B	123. D	124. D	125. B	126. C	127. A	128. C	129. D	130. C
131. A	132. C	133. D	134. B	135. C	136. C	137. C	138. D	139. A	140. B
141. A	142. B	143. A	144. D	145. C	146. C	147. C	148. B	149. D	150. C
151. C	152. D	153. C	154. B	155. A	156. A	157. D	158. C	159. B	160. A
161. C	162. D	163. D	164. A	165. A	166. D	167. B	168. B	169. A	170. A
171. C	172. D	173. C	174. D	175. C	176. C	177. C	178. B	179. C	180. D
181. A	182. A	183. D	184. C	185. D	186. C	187. A	188. A	189. B	190. B
191. C	192. C	193. C	194. B	195. A	196. D	197. D	198. D	199. C	200. B
201. D	202. A	203. B	204. C	205. D	206. C	207. B	208. A	209. D	210. A
211. D	212. C	213. A	214. C	215. B	216. D	217. A	218. D	219. A	220. D
221. C	222. D	223. B	224. B	225. B	226. C	227. B	228. D	229. D	230. D
231. B	232. B	233. B	234. B	235. C	236. B	237. D	238. B	239. C	240. D

241. A	242. B	243. C	244. A	245. D	246. C	247. B	248. D	249. C	250. C
251. A	252. D	253. D	254. B	255. D	256. A	257. D	258. D	259. C	260. A
261. A	262. C	263. B	264. B	265. B	266. D	267. A	268. B	269. D	270. B
271. B	272. B	273. B	274. B	275. D	276. B	277. C	278. B	279. D	280. A
281. B	282. A	283. B	284. C	285. D	286. B	287. B	288. D	289. B	290. A
291. C	292. C	293. A	294. D	295. C	296. B	297. C	298. C	299. C	300. D
301. A	302. D	303. D	304. B	305. D	306. B	307. C	308. C	309. A	310. B
311. A	312. D	313. D	314. A	315. B	316. A	317. C	318. D	319. A	320. C
321. B	322. A	323. B	324. C	325. A	326. C	327. D	328. B	329. C	330. B
331. A	332. B	333. B	334. A	335. D	336. B	337. D	338. C	339. D	340. D
341. A	342. D	343. C	344. D	345. C	346. D	347. C	348. C	349. A	350. B
351. D	352. B	353. C	354. B	355. B	356. B	357. C	358. B	359. C	360. C
361. B	362. A	363. B	364. A	365. C	366. C	367. A	368. B	369. C	370. A
371. B	372. C	373. A	374. D	375. A	376. C	377. C	378. C	379. D	380. C
381. D	382. C	383. A	384. B	385. B	386. D	387. D	388. C	389. D	390. B
391. A	392. B	393. C	394. C	395. D	396. C	397. D	398. B	399. C	400. D
401. D	402. A	403. D	404. C	405. D	406. D	407. B	408. D	409. B	410. D
411. A	412. A	413. B	414. B	415. A	416. C	417. A	418. C	419. A	420. B
421. B	422. B	423. C	424. D	425. B	426. B	427. D	428. D	429. C	430. B
431. A	432. B	433. D	434. A	435. A	436. C	437. B	438. A	439. B	440. B
441. B	442. C	443. A	444. D	445. B	446. D	447. D	448. B	449. D	450. C
451. D	452. C	453. D	454. D	455. D	456. D	457. B	458. C	459. A	460. C
461. B	462. D	463. B	464. C	465. D	466. B	467. B	468. D	469. B	470. B
471. D	472. B	473. C	474. C	475. C	476. D	477. B	478. B	479. B	480. C
481. D	482. C								

解答 - 填充題

1. 四極馬達主軸，1.26

2. 2.673 in

3. 82.4

4. 80

5. 66.66

6. 1.25(↓)，7.75$^{(2)}$

7. $N = P\sin\theta$, $V = P\cos\theta$, $M = \Pr\sin\theta$

8. $M_{max} = \dfrac{p}{2L}(L - \dfrac{d}{2})^2$, $x = \dfrac{L}{2} - \dfrac{d}{4}$

9. $\sigma_x = 26044\,psi$, $\sigma_y = -13187\,psi$

10. $\sigma_t = 9676psi$、$\sigma_c = -3309.7psi$、$\tau_{max} = 6492.7psi$

11. 球應力狀態

12. 極慣性距(polar moment of inertia)

13. 10.97 MPa

14. $\sigma = pr/2t$

15. $\theta_A - \theta_B$ = 兩點間的 M/EI 圖面積 or 兩點間 y''圖面積

16. 扭轉剪應力

17. 1.4375

18. 0.577

19. 1,600

20. 疲勞限(endurance limit)

21. 50

22. 拉伸

23. 破壞強度 / 容許應力

24. 垂直

25. 平行

26. 延性，脆性

27. 50、150

28. 40

29. 外擺線、內擺線、正擺線

30. 1、2

31. 10

32. 間歇正齒輪、間歇斜齒輪

33. 0.02

34. $40.000\,{}^{0}_{0.0015}\ mm$

35. 過度配合

36. −0.095

37. 6

38. 平均值

39. 小

40. IT6

41. 中心線平均

42. 幾何

43. 餘隙

44. 設計壓力

45. 150 ℃

46. 15 ~ 20 %

47. 擋圈

48. 平衡槽

49. 靜密封、動密封

50. 1~3

51. 徑向壓力、軸轉速、表面粗糙度、軸偏心量

52. 橡膠材料的彈性恢復速度、軸之幾何精密度

53. 骨架式，無骨架式

54. 彈簧

55. 雙向抽真空式

56. 流體動壓油封

57. 泄漏時間與泄漏量

58. 邊界潤滑(boundary lubrication)

59. 防止洩漏

60. 墊片

61. 油封

62. 溫度

63. 壓力、接觸壓力、接觸力

64. 動密封、非接觸式

65. 接觸式

66. 187.5

67. 0.958

68. 152.2

69. 1508

70. 30

71. 50

72. 3

73. 彈簧

74. 粉末冶金

75. 5.1

76. 4.8×10^{-3}

77. 15/16

78. 16

79. 0.125

80. 4、37.7、37.7

81. 取5

82. 4021

83. 5.64、0.530

84. 402.7

85. 鎖緊螺帽

86. 每吋之牙數

87. 確閉鎖緊裝置

88. 六角螺帽

89. 公稱直徑

90. 60

91. 28

92. M30 × 3.5

93. 0.707

94. 57.7

95. 9.24

96. 1.71

97. 5.4

98. 0.752

99. 2.462

100. 4

101. 16

102. 拉伸彈簧

103. 0.75

104. 有效圈數

105. 1.1448

106. 45

107. 9.48

108. 拉伸彈簧

109. 0.5

110. 熔接接合

111. 熔接頸凸緣

112. 釋壓閥

113. 控制閥

114. 立面圖

115. EL

116. 彎頭

117. 閥中心

118. 凸緣端面

119. 現場熔接

120. 內徑

121. 儀器電路

122. 指北標

123. 調節流量

124. 4

125. 10

126. 插承

127. 韋氏、1：16

128. 90°異徑

129. 控制閥、旋塞

130. 伸縮形

131. 角閥

132. 凸緣

133. 密合墊

134. 永久

135. 水、油

136. 密封

137. 壓力線

138. 漸開線齒形

139. 漸開線干涉

140. 80

141. 100

142. 280

143. 18

144. 400

145. 1.0472

146. 600、逆

147. $\tan\phi\cos\alpha$

148. 60

149. 削鼓形(Crowing)、削端形(Relieving)

150. 齒頂變尖

151. 基圓節距

152. 16

153. 20

154. 1256.6

155. 小（低）

156. $\dfrac{FL}{2\pi T}$

157. 軸向剛性、傳動精密度

158. 螺母(nut)滾珠循環返回裝置(return tube)

159. 自鎖(self-locking)

160. 接觸角、45

161. 螺旋槽、插管、端蓋

162. 疲勞點蝕(pitting)

163. 不能自鎖、成本高

164. 導程角、反向角、導珠管幾何形狀

165. 單圓弧、雙圓弧型

166. 旋轉、直線

167. 滾珠(導)螺桿

168. 工作溫度升高

169. 滑動導軌、滾動導軌、靜壓及動壓

170. 三角形(V 形)、矩形、鳩尾形、圓形、平面

171. 剛性、間隙

172. 滑塊、滾珠、保持器、端蓋

173. 滑軌幾何精度、配合間隙

174. 加墊片、採用平鑲條、用斜鑲條

175. 磨料磨損、黏附磨損、疲勞磨損

176. 相對運動速度

177. 滑軌耐磨性、尺寸穩定性

178. 直線度

179. 線性滑軌

180. 直線

181. 滾珠或滾柱

182. 滾動

183. 一個

184. 滾動接觸、滑動接觸

185. 滾珠型、滾柱型

186. 高

187. 上下左右

188. 滑塊、滑軌

189. 楊氏模數(Young's modulus)

190. 324

191. 400

192. 30

193. 氧化

194. 0.995(或 99.5 %)

195. 10

196. 主要正向應力

197. 外徑軸

198. 過渡

199. $R_a = \dfrac{1}{N}\displaystyle\sum_{i=1}^{N}\left|Z_i\right|$

200. 密合墊片因數

201. 10

202. 額定壽命、10^6

203. 止推

204. 高

205. 歐丹聯結器

206. 物件的軸承壓應力（compressive bearing force）

207. 扣環

208. 14.27

209. 珠擊

210. 8000

211. 應力集中

212. 二口二位閥、四口二位方向控制閥、流量控制閥

213. ¢

214. 111

215. (a)$\omega_2 = 2450 \, rpm(cw)$ (b)14.375 in

216. 60

217. 靜負荷

218. 30.12

219. 消除軸向間隙

220. 500

221. 400

222. 靜剛度

223. 125.7

224. 44.14

225. 193.4

226. 35

227. 100.4

228. 29.8

229. 1.利用粉末冶金法製造的多孔軸承，其孔隙內充以非膠質潤滑油，提供自動潤滑作用，故稱為「自潤軸承」。
2.在軸承面與軸頸間填充石墨或固體潤滑劑的軸承，使用時不需再加潤滑油，稱為「無油軸承」。

230. 232

231. 2000

232. 2.42352x10^8 圈

233. 30.22、2.28

234. 4.419

235. 75

236. 18

237. 1/2500

238. 滑座、滑軌與滾動體元件

239. 1.線性滑軌之運動為動摩擦,故其摩擦力較小,最小移動單位準確,且電力消耗少。
2.線性滑軌之材質適於熱處理,壽命長。
3.熱變位小,精度安定,機械性能佳。
4.裝配容易,具互換性及擴充性。

240. 側向應變/軸向應變

241. 單位應變

242. 4.09

243. 9

244. 4.09

245. 疲勞

246. 麻田散鐵

247. 含碳量 0.45%

248. $G = \dfrac{E}{2(1+\upsilon)}$

249. 退火

250. 淬火

251. 0.06

252. 33.720

253. μm

254. 0.023 及 0.018

255. 過盈

256. 90℃

257. 背托環(back-up ring)

258. 止洩帶

259. 密封

260. 1094.3

261. 扭力

262. 臨界速度(臨界轉速)

263. $\omega = \sqrt{\dfrac{g}{\delta}}$

264. 12729.1

265. $\dfrac{10}{3}$

266. 導程

267. 膠合(bonding)

268. 2

269. 29.4

270. 23990

271. 扭轉彈簧

272. 4400

273. 正

274. 76.2

275. 7.068

276. 安全閥

277. 12

278. 凸緣

279. 318.5

280. 112，144

281. 節點

282. 21

283. 100

284. 112：144

285. 25.4

286. 2235

287. 漸開線齒型、擺線齒型

288. 動負荷

289. 制動器

290. 8

291. 2023

292. 滾珠螺桿

293. 額定壽命

294. PLC

295. -3

296. 186049.6

297. 預壓

298. 曲折填封

題庫在命題編輯過程難免有疏漏，為求完美，歡迎大家一起來找碴！
若您發覺題庫的題目或答案有誤，歡迎向台灣智慧自動化與機器人協會投書反應；
第一位跟協會反應並經審查通過者，將可獲得**50元/題**的等值禮券。
協會e-mail:exam@tairoa.org.tw

詳答摘錄 — 選擇題

1. 由最大變形能理論
   $$\tau_{max} = 0.577 \times S_{yp}$$
   $$\tau_{ys} = \tau_{max} = 0.577 \times 340 = 196.2$$

2. 功率(KW)：$\dfrac{T \times (2\pi N)}{1000 \times 60}$

   $\dfrac{(2\pi N)}{60}$ 轉換 RPM，$\dfrac{T}{1000}$ 轉換成 KW

   $$117 = \frac{T \times (2\pi \times 2250)}{1000 \times 60} \Rightarrow T = 497\,N-m$$

3. $\tau_w = \dfrac{Tr}{J}$，$\varphi = \dfrac{TL}{GJ}$，$1° = 0.0174\,rad = \dfrac{83 \times 1800}{77000 \times r} \Rightarrow r = 111.5$

4. $\tau_w \dfrac{Tr}{J} = \dfrac{16T}{\pi d^3}$，$42 = \dfrac{16T}{\pi \times 25^3}$，$T = 128854\,N-mm = 128.854\,N-m$

   功率(KW)：$\dfrac{T \times (2\pi N)}{1000 \times 60} = \dfrac{128.854 \times (2\pi \times 710)}{1000 \times 60} \Rightarrow$ 功率 $= 9.58\,KW$

6. $P = 2\pi fT$，$150 \times 10^3 = 2\pi \times 2 \times T \Rightarrow T = 11936\,N-m$

   $\tau = \dfrac{Tr}{I_p}$，$40 \times 10^6 = \dfrac{11936 \times \dfrac{d}{2}}{\dfrac{\pi}{32}d^4} \Rightarrow d = 0.115\,m = 115\,mm$

7. $\tau_{all} = Gr\dfrac{\varnothing}{L}$，$70 = \dfrac{80 \times 10^3 \times \dfrac{0.012}{2} \times \dfrac{\pi}{2}}{L} \Rightarrow L = 10.8\,m$

8. $r = \dfrac{L}{\theta} = \dfrac{L}{2\pi} = \dfrac{1500}{2\pi} = \dfrac{750}{\pi}\,mm$

   $k = \dfrac{1}{\rho} = \dfrac{1}{r}$，$y = -\dfrac{t}{2}$

   $\sigma_{max} = -Eky = \dfrac{E_t}{2r}$(張力)$= \dfrac{120 \times 10^9 \times 1}{2 \times \dfrac{750}{\pi}} = 251 \times 10^6(Pa) = 251\,Mpa$

9. $\sigma_{all} = \dfrac{\sigma_y}{S_f} = \dfrac{400}{2.5}$

   $S_f = \dfrac{Pr}{2t} = \dfrac{6 \times (0.6/2)}{2t}$

   $t = \dfrac{2.5 \times 6 \times 0.3}{400 \times 2} = 5.625 \times 10^{-3}(m) = 5.625\,mm$

13.

$$\varepsilon_x = \frac{1}{E}\left[\sigma_x - \nu(\sigma_y + \sigma_z)\right] = \frac{1}{200 \times 10^3} \times (100 - 0.25 \times -60) = 5.75 \times 10^{-4}$$

$$\varepsilon_y = \frac{1}{E}\left[\sigma_y - \nu(\sigma_x + \sigma_z)\right] = \frac{1}{200 \times 10^3} \times (-20 - 0.25 \times 60) = -1.75 \times 10^{-4}$$

$$\varepsilon_z = \frac{1}{E}\left[\sigma_z - \nu(\sigma_x + \sigma_y)\right] = \frac{1}{200 \times 10^3} \times (-40 - 0.25 \times 80) = -3 \times 10^{-4}$$

$$\gamma_{max} = \varepsilon_x - \varepsilon_z = 8.75 \times 10^{-4}$$

14.

$$\varepsilon_x = \frac{1}{E}\left[\sigma_x - \nu(\sigma_y + \sigma_z)\right] = 6 \times 10^{-4}$$

$$\Delta AB = \varepsilon_x \times AB = 60\ \mu m$$

23.

$$S_f = \frac{\sigma_1}{\sigma_2} = \frac{30}{10} = 3$$

27.

$$M_B = \sqrt{2000^2 + 8000^2} = 8246\ lb-in$$

$$\sigma = \frac{Md/2}{\pi d^4/64} = \frac{32M}{\pi d^3} = \frac{32 \times 8246}{3.14 \times 1.5^3} \cong 24890\ psi$$

29.

$$n = \frac{S_u}{\sigma_m + \frac{S_u}{S_e}\sigma_a} = \frac{700}{150 + \frac{700}{140} \times 40} = 2$$

70.

$$F = \frac{T}{r} = \frac{10^3 \times 10^3}{\frac{1}{2} \times 250} = 8000\ kgf$$

$$\tau = \frac{F}{l \times b} = \frac{8000}{150 \times 50} = 1.067 \left(\frac{kg}{mm^2}\right) = 106.7\ kg/cm^2$$

71.

$$\tau = \frac{Tr}{J} = \frac{\tau_{yp}}{FS}$$

$$T = \frac{\frac{\pi}{32} \times (89)^4 \times 0.5 \times 207}{\frac{1}{2} \times 89 \times 3} = 4775.5 \times 10^3\ N-mm$$

$$F = \frac{T}{r} = \frac{4775.5 \times 10^3}{\frac{1}{2} \times 89} = 107315\ N$$

考慮鍵的壓應力時

$$\tau = \frac{F}{l \times b} = \frac{\tau_{yp}}{FS}$$

$$l = \frac{3F}{\frac{1}{2} \times 25 \times 172.5} = 149.3\ mm$$

73.
$$\text{Power} = T \times n \Rightarrow T = \frac{1000 \times 10^3 \times 60}{1800 \times 2\pi} = 5.3 \times 10^3 \ N - m$$

$$\tau_b = \frac{5.3 \times 10^6}{\frac{D}{2} \times 6 \times \frac{\pi \times 20^2}{4}} = 30 \Rightarrow D = 187 \ mm$$

85.
$$F'_A = F'_B = F'_C = F/3$$

$$F''_A = F''_C = \frac{Mr_A}{r_A^2 + r_C^2} = \frac{200F(50)}{2(50)^2} = 2 \ F$$

So $F_c = F'_C + F''_C = 2\frac{1}{3}F$ is max

Bolts：$S_y = S_F = 586 \ MPa$

Members：$S_y = 600 \ MPa$

Shear of bolt：$A_S = \frac{\pi(12)^2}{4} = 113 \ mm^2$，since $\frac{S_{sy}}{n} = \frac{F_c}{A_2}$

$$F = \frac{S_{sy}}{n}\frac{A_s}{2.33} = \frac{338}{2.8} \times \frac{113}{2.33} \times 10^{-3} = 5.85 \ kN$$

$$F = \frac{S_{sy}}{n}\frac{A_b}{2.33} = \frac{586}{2.8} \times \frac{144}{2.33} \times 10^{-3} = 12.9 \ kN$$

Strength of member：$I = \frac{b}{12}(h_1{}^3 - h_2{}^3)$

$$I = \frac{12}{12}(50^3 - 12^3) = 123(10)^3 \ mm^4$$

$$\frac{I}{c} = \frac{123 \times (10)^3}{50/2} = 4920 \ mm^3$$，$M = 150F \ N \cdot m$

$$\frac{S_{sy}}{n} = \frac{M}{I/c}$$，or $\frac{600}{2.8} = \frac{150F(10)^3}{4920}$，$F = \frac{4920 \times 600}{2.8 \times 150 \times 10^3} = 7.03 \ kN$

So F = 5.85 kN based on shear of both

86.
$$\tau = \frac{F}{2(0.707)hl}$$

$$F = 2(0.707)hl\tau = 2(0.707)\left(\frac{5}{16}\right)(2)(20) = 17.7$$

87.
$$J_u = 2\pi r^3 = 2\pi(1)^3 = 6.28 \ in^3$$

$$J = 0.707hJ_u = 0.707(0.25)(6.28) = 1.11 \ in^4 \ ; \ \tau = \frac{Mr}{J} = \frac{T(1)}{1.11}$$

$$T = 1.11(20) = 22.2 \ kip \cdot in$$

88.
板之接合效率

$$\eta_p = \frac{40 \times (50 - 18) \times 10}{40 \times 50 \times 10} = 64\%$$

鉚釘效率

$$\eta_b = \frac{30 \times 18^2 \times \frac{\pi}{4}}{40 \times 50 \times 10} = 38.2\%$$

89.
$$A = 0.707h(2b + d) = 0.707\left(\frac{3}{16}\right)(2.82 + 3) = 0.772 \text{ in}^2$$

$$I_u = \frac{d^2}{12}(6b + d) = \frac{9}{12}[6(1.41) + 3] = 8.60 \text{ in}^3$$

$$I = 0.707hI_u = 0.707\left(\frac{3}{16}\right)(8.60) = 1.14 \text{ in}^4$$

$$\sigma = \frac{Mc}{I} = \frac{8(2)(1.5)}{1.14} = 21 \text{ kpsi}$$

$$\tau_{max} = \sqrt{10.5^2 + 2.59^2} = 10.8 \text{ kpsi}$$

96.
$$A = \frac{P}{\sigma_{yield}} = \frac{40000}{48} = 833.3$$

99.
$$\frac{S_{sy}}{n} = \frac{F}{tl} \Rightarrow \frac{37.5(10^3)}{2.8} = \frac{5850}{0.375l} \Rightarrow l = 1.16 \text{ in}$$

$$\frac{S_y}{n} = \frac{F}{\frac{tl}{2}} \Rightarrow \frac{65(10^3)}{2.8} = \frac{5850}{\frac{0.375l}{2}} \Rightarrow l = 1.34 \text{ in}$$

100.
$$\frac{1}{K} = \frac{1}{K_1} + \frac{1}{K_2} = \frac{1}{10} + \frac{1}{6} \Rightarrow K = 3.75 \text{ N/mm}$$

$$F = K\delta = 3.75 \times 48 = 180 \text{ N}$$

101. 兩彈簧為同心，為並聯形式，設外部彈簧變形量δ_1彈簧常數K_1，
內部彈簧變形量δ_2彈簧常數K_2，則：
$$70000 = P_1 + P_2 = K_1\delta_1 + K_2\delta_2$$
$$70000 = 400\delta_1 + 200\delta_2 = 400(25 + \delta_2) + 200\delta_2$$
$$\delta_2 = 100 \text{ mm} \quad \delta_1 = 125 \text{ mm}$$
外部彈簧承受負荷 $= K_1\delta_1 = 400 \times 125 = 50000 \text{ N}$

102.
$$W = K\delta = K \times 50$$

$$W(600 + \delta) = \frac{1}{2}P\delta = \frac{K\delta^2}{2} = \frac{1}{2}\left(\frac{W}{50}\right)\delta^2$$

$$\delta^2 - 100\delta - 60000 = 0$$

$$\delta = 300 \text{mm or} -200 \text{ mm (不合理)} \Rightarrow \delta = 300 \text{ mm}$$

103.
$$\tau_{max} = \frac{16PR}{\pi d^3}\left(1 + \frac{1}{2 \times C}\right)$$

$$C = \frac{D}{d} = \frac{18}{2} = 9$$

$$\tau_{max} = \frac{16(10)(9)}{\pi 2^3}\left(1 + \frac{1}{2 \times 9}\right) = 60.48$$

104.
$$K_{total} = K + K = 2K$$

107.
$$K = \frac{N}{d} = \frac{200}{5} = 40 \text{ N/mm}$$

146.
$$\frac{N_a}{T_b} = \frac{N_b}{T_a} \ , \ \frac{180}{N_b} = \frac{90}{60} \Rightarrow N_b = 120$$

149.
$D_p = 160$；$D_g = 400$；$a = 10$；$C = 280$
$$p_b = 3.14(10)\cos(20°) = 29.52 \text{ mm}$$
$$L_c = \sqrt{(r_p + a)^2 - r_p^2\cos^2\varnothing} + \sqrt{(r_g + a)^2 - r_g^2\cos^2\varnothing} - C\sin\varnothing = 47.38 \text{ mm}$$
$$\gamma_c = \frac{L_c}{p_b} = \frac{47.38}{29.52} = 1.61$$

150.
$$P = T\omega \Rightarrow 15000 = T \times 1800 \times \frac{2\pi}{60} \Rightarrow T = 79.62 \text{ N} \cdot \text{m}$$
$$W_t = \frac{T}{d/2} = \frac{79.62(1000)}{2.5 \times \frac{19}{2}} = 3352 \text{ N}$$
$$W_a = W_t \tan\psi = 3352 \tan 30° = 1935 \text{ N}$$

151.
$$T = \frac{9549\text{kW}}{n} = \frac{9549(20)}{1000} = 191 \text{ N} \cdot \text{m}$$
$$F_{t,12} = \frac{T}{r_1} = \frac{191}{0.05} = 3820 \text{ N}$$

152.
$$P = \frac{F_t \pi dn}{60} = \frac{\frac{4.15}{1.8}(3.14)(0.025 \times 2)(900)}{60} = 5.43 \text{ kW}$$

163.
拉伸剛性 $= \frac{1}{EI} = \frac{1}{E \times \left(\frac{\pi}{4} \times r^4\right)}$ ；D 為原來 3 倍；拉伸剛性大約為原來 3^4 倍

166.
使用壽命 $L_h = \frac{10^6}{60Nm}\left(\frac{C}{PmFw}\right)^3$ ，L_h 使用壽命(小時)
C 基本動額定荷重，Pm 軸方向平均荷重，Fw 為運轉係數
依題意 Pm = 1/2Pm 代入 $\Rightarrow$ 8 倍 L_h

167.
$$\text{Power(hp)} = \frac{T \times 2\pi N}{33000} = \frac{1106 \times 2\pi(150)}{33000 \times 12} = 2.63 \text{ hp}$$

206.
$$\sigma_\theta = \frac{\sigma_x + \sigma_y}{2} + \frac{\sigma_x - \sigma_y}{2}\cos 2\theta + \tau_{xy}\sin 2\theta$$
$$\sigma_{45°} = \frac{\sigma + \sigma}{2} + \frac{\sigma - \sigma}{2}\cos 90° + 0 \cdot \sin 90° = \sigma$$
$$\tau_\theta = \frac{\sigma_x - \sigma_y}{2}\sin 2\theta - \tau_{xy}\cos 2\theta$$
$$\tau_{45°} = \frac{\sigma - \sigma}{2}\sin 90° - 0 \cdot \cos 90° = 0$$

207.
$$\tau_{max} = \frac{T \cdot R}{J} = \frac{5 \times 10^3 \cdot 5}{\frac{1}{2}\pi \times 5^4} = \frac{80}{\pi}$$

208.
$$\tau_\theta = \frac{\sigma_x - \sigma_y}{2}\sin 2\theta - \tau_{xy}\cos 2\theta$$
$$\tau_{max=45°} = \frac{200 - 100}{2}\sin 90° - 0 \cdot \cos 90° = 50 \text{ MPa}$$
$$n = \frac{0.5 \text{ 降伏應力}}{\text{最大剪應力}} = \frac{100}{50} = 2$$

210.
$$\sigma = \frac{Pd}{t} = \frac{850 \times 10^{-3} \times 1.2}{0.01} = 102 \text{ MPa}$$

214.　$$\sigma = E\varepsilon = 125 \times 10^3 \times 0.001 = 125 \text{ MPa}$$

218.
$$\tau_{max} = \sqrt{\left(\frac{\sigma_x - \sigma_y}{2}\right)^2 + \tau_{xy}{}^2} = \sqrt{\left[\frac{80 - (-100)}{2}\right]^2 + (60)^2} = 108.2 \text{ psi}$$

219.
$$\delta = \frac{PL}{AE} = \frac{5 \times 10^3 \times 1 \times 10^3}{50 \times 207 \times 10^3} = 0.48$$

221.
$$\varepsilon = \frac{\sigma}{E} \; ; \; \sigma = \frac{P}{A} = \frac{2000}{50} = 40$$
$$\varepsilon = \frac{\sigma}{E} = \frac{40}{200 \times 10^3} = 2 \times 10^{-4}$$

224.
$$\tau = \frac{P}{A} \; ; \; A = \pi Dt$$
$$P = A\tau = \pi Dt \times \tau = (3.14 \times 50 \times 1) \times 60 = 9420 \text{ N}$$

238.
$$G = \frac{E}{2(1 + \nu)}$$
$$\nu = \frac{E}{2G} - 1 = \frac{200}{2 \times 80} - 1 = 0.25$$

241.

$$L = P = \frac{1}{4}(in) = \frac{1}{4} \times 25.4 = 6.35 \text{ mm}$$

243.

$$\sigma_{1,2} = \frac{\sigma_x + \sigma_y}{2} \pm \sqrt{\left(\frac{\sigma_x - \sigma_y}{2}\right)^2 + \tau_{xy}{}^2}$$

$$= \frac{2000 + 400}{2} \pm \sqrt{\left(\frac{2000 - 400}{2}\right)^2 + 600^2} = 2200 \cdot 200$$

兩主應力 σ_1、σ_2 同為拉應力

$$\tau_{max} = \frac{(\sigma_1 - \sigma_2)}{2} = \frac{2200 - 200}{2} = 1000$$

$$\tau_{yp} = \frac{\sigma_{yp}}{2} = \frac{4000}{2} = 2000$$

$$F_S = \frac{\sigma_{yp}}{\tau_{max}} = \frac{2000}{1000} = 2$$

245.

$$設計應力 = \frac{0.6 \times 1640}{4} = 246 \text{ MPa}$$

282.

$$\because \tau = \frac{Tc}{J} \ ; \ J = \frac{\pi}{2} \times c^4 \quad \therefore 80 = \frac{T \times c}{\frac{\pi}{2} \times c^4} \Rightarrow T = \frac{\pi}{2} \times c^3 \times 80$$

$$1° = \frac{\pi}{180} = 0.0174 \text{ rad}$$

$$\emptyset = \frac{TL}{GJ} \Rightarrow 0.0174 = \frac{\frac{\pi}{2} \times c^3 \times 80 \times 1500}{\frac{\pi}{2} \times c^4 \times 80000}$$

$$\therefore c = 86.2 \ 直徑 = 2c = 2 \times 86.2 = 172.4 \cong 172 \text{ mm}$$

283.

$$\because \emptyset = \frac{TL}{GJ} \ ; \ 實心圓軸 J = \frac{\pi d^4}{32} \ ; \ L' = 2L \cdot d' = 2d \ \therefore \ J' = 2^4 J$$

$$T' = 4T \Rightarrow \emptyset' = \frac{4T \times 2L}{G \times 2^4 \times J} = \frac{1}{2}\emptyset$$

293.

$$\tau = \frac{P}{A} \ ; \ A = \frac{\pi}{4}d^2$$

$$\therefore A = \frac{\pi}{4} \times 10^2 = 25\pi \ ; \ \tau = \frac{31.4 \times 1000}{25\pi} = 399.79 \cong 400$$

298.

依據均勻磨耗理論：

$$傳送扭矩 \ T = \pi \times u \times P_{max} \times r_i \times (r_o{}^2 - r_i{}^2)$$
$$= 3.14 \times 0.2 \times 0.9 \times 50 \times (100^2 - 50^2)$$
$$= 211950 \text{ N-mm}$$

305.
$$k = \frac{1}{\frac{1}{10} + \frac{1}{5}} = \frac{10}{3}$$
$$F = kx = \frac{10}{3} \times 60 = 200\,N$$

306.
$$\because R = \frac{cd}{2} \;;\; N_c = \frac{\delta d^4 G}{64PR^3}$$
R = 螺圈平均半徑;c = 彈簧指數;d = 線徑,N_c = 作用圈數
δ = 螺旋彈簧的撓度;G = 剪力彈性模數;P = 負荷(力)
$$\therefore R = \frac{6 \times 0.162}{2} = 0.486\,inch$$
$$N_c = \frac{2.3 \times 0.162^4 \times 11500000}{64 \times 100 \times 0.486^3} = 24.8 \cong 25$$

307.
$$F = kx \Rightarrow 200 = 20 \times x \therefore x = 10$$
$$能量 = \frac{1}{2}kx^2 = \frac{1}{2} \times 20 \times 10^2 = 1000\,N - mm = 1\,KN - mm$$

308.
$$F = kx \Rightarrow (250 - 100) = k \times (90 - 60) \Rightarrow k = 5$$
$$\therefore (300 - 250) = 5 \times (60 - x) \therefore x = 50$$

310.
$$T = 100\,lb - in\;;\; L = 10\,in\;;\; G = 1 \times 10^7\,{}^{lb}\!/_{in^3}$$
$$J = \frac{\pi d^4}{32} = \frac{3.14 \times (0.25)^4}{32} = 3.833 \times 10^{-4}\,in^4$$
$$K = \frac{GJ}{L} = \frac{1 \times 10^7 \times 3.833 \times 10^{-4}}{10} = 383.3\,lb - {}^{in}\!/_{rad}$$

326.
$$\because \alpha + \beta = 90°$$
$$\therefore 轉速比 = \frac{\omega_1}{\omega_2} = \frac{\sin 60}{\sin 30} = \sqrt{3}$$

327.
$$\because P_C = \pi M \therefore P_C = \pi \times 2 = 2\pi$$

328.
$$D = M \times T = 3 \times 48 = 144$$
$$齒輪外徑 = D + 2M = 144 + 2 \times 3 = 150$$

330.
$$速比\,m_G = 4 : 1\;;\; \frac{d_1}{d_2} = \frac{1}{4} \Rightarrow d_2 = 4d_1$$
$$d_1 + d_2 = 2C = 400 \therefore 5d_1 = 400 \Rightarrow d_1 = 80,\; d_2 = 320$$

331.
$$中心距\,C = \frac{\left({}^{40}\!/_2 + {}^{16}\!/_2\right)}{2} = 14$$

337. $\dfrac{(20+40)\times 2}{2} = 60 \text{ mm}$

338. $n = n_1 \times \dfrac{t1}{100} + n_2 \times \dfrac{t2}{100} + \cdots + n_n \times \dfrac{tn}{100}$

$n = 800 \times 0.4 + 100 \times 0.3 + 200 \times 0.25 = 400 \text{ rpm}$

357. 旋轉角 $= wL^3/24EI + MoL/3EI = 5wL^3/24EI$

358. $\sigma_1 = \dfrac{(\sigma_x + \sigma_y)}{2} + \sqrt{(\dfrac{\sigma_x - \sigma_y}{2})^2 + \tau_{xy}^2} = 136.6 \text{ MPa}$

360. $A = \dfrac{\pi l^2}{4} = 7854 \text{ mm}^2$

$\sigma = \dfrac{F}{A} = \dfrac{8000}{7854} = 1.02 \text{ Mpa}$

361. $Hkw = \dfrac{T \times n}{9545000}$

$10 = \dfrac{T \times 1200}{9545000} \Rightarrow T = 79542$

$\tau_{max} = \dfrac{16T}{\pi d^3} = \dfrac{16 \times 79542}{\pi \times 20^3} = 50.64 \text{ MPa}$

363. $\delta = \dfrac{PL}{AE} = \dfrac{25000 \times 1500}{50 \times 25 \times 207000} = 0.145 \text{ mm}$

364. $I = \dfrac{bh3}{12} = \dfrac{30 \times 40^3}{12} = 160000$

$\sigma = \dfrac{Mc}{I} = 750000 \times \dfrac{20}{160000} = 93.8 \text{ MPa}$

365. $\tau_{max} = \sqrt{(\dfrac{\sigma_x - \sigma_y}{2})^2 + \tau_{xy}^2} = \sqrt{(\dfrac{150 - 30}{2})^2 + 20^2} = 63.2 \text{ Mpa}$

368. $\tau_{max} = \dfrac{\sigma_{yp}}{\sqrt{3}} = \dfrac{350}{\sqrt{3}} = 202 \text{ MPa}$

372. $\tau_{max} = \dfrac{16T}{\pi d^3} \Rightarrow 1.5^3 = 3.375$

374. 以 D 點鉛直線和 A 點水平線交點為力矩中心，D 處受力 $= \dfrac{10 \times 15}{15\sqrt{3}} = 5.77 - \text{kg}$

384. 截面積 $A = 75 \times 15 = 1125 \text{ mm}^2$

$$\delta = \frac{PL}{AE} = \frac{20000 \times 1500}{1125 \times 206900} = 0.129 \text{ mm}$$

386. 對於純剪情況，$\tau_{max} = \sigma_1 = -\sigma_2 = 70 \text{MPa}$

$$S = \sqrt{\sigma_1^2 - \sigma_1\sigma_2 + \sigma_2^2} = \sqrt{70^2 - 70 \times (-70) + (-70^2)} = 121.2$$

$$Fs = \frac{S_{yp}}{S} = \frac{480}{121.2} = 3.96$$

389. $$\frac{1}{N} = \frac{\sigma_m}{s_y} = \frac{K_t\sigma_a}{s_e}$$

$$\frac{1}{2} = \frac{10}{100} + \frac{2 \times \sigma_a}{50} \Rightarrow \sigma_a = 10 \text{ ksi}$$

393. $12.75 - 4.6 - 4.85 = 3.3 \text{ mm}$

419. $H = \dfrac{2\pi nT}{33,000}$ ；其中，H 為馬力(HP)，T 為扭矩(in − lb)，n 為轉速(rpm)

$$H = \frac{\dfrac{2\pi \times 900 \times 10000}{12}}{33000} \cong 142.8 \text{ HP}$$

422. $\tau = \dfrac{T\rho}{J}$ ；

$$8000 = \frac{30000 \times \dfrac{d}{2}}{\dfrac{\pi}{32}d^4} \Rightarrow d \cong 2.67 \text{ in}$$

423. $$\tau_{max} = \frac{0.5 \times \sigma_{yp}}{Fs} = \frac{16}{\pi \times d^3} \times \sqrt{(C_m \times M)^2 + (C_t \times T)^2}$$

$$\Rightarrow \frac{0.5 \times 400}{Fs} = \frac{16}{\pi \times 50^3} \times \sqrt{(1.5 \times 800000)^2 + (1 \times 1200000)^2}$$

$$\Rightarrow \frac{200}{Fs} = 69.14 \Rightarrow Fs = 2.89$$

425. $\tau = \dfrac{T\rho}{J}$ ；

$$50 = \frac{3000000 \times \dfrac{d_o}{2}}{\dfrac{\pi}{32}(d_o^4 - d_i^4)}$$

已知 $d_i = 0.7d_o$ $\therefore$ $d_o \cong 73.8 \text{ mm}$

426. 由 $P = \dfrac{2\pi nT}{單位轉換常數} = \dfrac{2\pi \times 1900 \times 1000000}{60 \times 10^6} \Rightarrow P \cong 199.0 \text{ kW}$

427. $\because \tau_{Max} = \sqrt{(\dfrac{\sigma_x - \sigma_y}{2})^2 + \tau^2}$ ，且已知 $\sigma_x = \dfrac{P}{A}$ ，$\sigma_y = 0$ ，$\tau = \dfrac{T\rho}{J}$

$\therefore \tau_{Max} \cong 3382 \text{ psi}$

430. 由公式 $L_{10h} = \dfrac{10^6}{60 \times n}(\dfrac{C}{P})^{\mathscr{P}}$ ，且 $\mathscr{P} = 3$（滾珠軸承）$\Rightarrow L_{10h} \cong 220 \text{ hr}$

434. $r_t = \text{Pitch diameter}/2 = d_{out} - \dfrac{P}{2}/2 = \dfrac{30 - \frac{4}{2}}{2} = 14 \text{ mm}$

$L = 導程 = N \times P = 2 \times 4 = 8$（$\because$ 雙道紋 $\therefore N = 2$）

又 $\because$ 方牙 $\therefore \theta_n = 0$ ，$\cos \theta_n = 1$

$T = Wr_t\left(\dfrac{\mu_1 2\pi r_t + L \cos \theta_n}{2\pi r_t \cos \theta_n - \mu_1 L} + \dfrac{r_c}{r_t}\mu_2\right)$

$\quad = 7.2 \times 14 \times \left(\dfrac{(0.08) \times 2\pi \times 14 + 8 \times 1}{2\pi \times 14 \times 1 - 0.08 \times 8} + \dfrac{42/2}{14} \times 0.06\right)$

$\quad = 26.43 \text{ N} \cdot \text{m}$

436. 填角熔接公式 $\tau = \dfrac{P}{0.707hl}$ ，且知 $n = \dfrac{\sigma_Y}{2\tau_{Max}} \Rightarrow n \cong 2.94$

440. $P = \dfrac{2\pi nT}{60}$ ，寫成 $T = \dfrac{500 \times 10^3 \times 60}{2\pi \times 1800} \cong 2652.6 \text{ N} \cdot \text{m}$

由 $\tau = \dfrac{V}{A}$ ，$T = V \times \rho$ ，V 是剪力，ρ 是力臂，

化簡為 $A = \dfrac{\pi}{4}d^2 = \dfrac{T/\rho}{\tau} = \dfrac{2652.6/0.15/2}{30 \times 10^6 \times 6} \Rightarrow d = 15.8 \text{ mm}$

449. $F = -k \times x \Rightarrow k = \dfrac{-F}{x}$ ，則 $\dfrac{12}{x_0 - 1.25} = \dfrac{8}{x_0 - 1.75}$

整理得 $x_0 = 2.75$(in) 代回原式 $\Rightarrow k = 8 \text{ lb/in}$

455. 根據薄壁圓管公式得知主應力為 $\sigma_\theta = \dfrac{Pr}{t}$ ，$\sigma_z = \dfrac{Pr}{2t}$ ，$\sigma_3 = -P$

$\sigma_{Max} = \sigma_\theta = 80(\text{MPa}) = \dfrac{P \cdot \bar{r}}{t}$ ，其中 $\bar{r} = \dfrac{160 + 1 \cdot 2 + t}{2} \Rightarrow t = 10.8 \cong 11 \text{ mm}$

466. 將 $P_d = \dfrac{N}{D}$ 改寫成 $D = \dfrac{N}{P_d}$

已知 $P_d = 5 \Rightarrow R_{20} + R_{63} = \dfrac{D_{20} + D_{63}}{2} = \dfrac{N_{20} + N_{63}}{2 \times P_d} = 8.3 \text{ in}$

471. $\dfrac{\omega_1}{\omega_2} = \dfrac{1}{4} = \dfrac{R_2}{R_1}$ ，且知 $R_1 + R_2 = 80 (mm)$ ，故 $R_1 : R_2 = 4 : 1 = 64 : 16$

又 $m = \dfrac{D}{N} = 0.5 \Rightarrow N_1 : N_2 = 256 : 64$

詳答摘錄 – 填充題

2. $\tau = \dfrac{T_r}{j} = \dfrac{16T}{\pi d^3}$

$d^3 = \dfrac{16T}{\pi\tau} = \dfrac{16 \times 30000}{\pi \times 8000} = 19.1$

$d = \sqrt[3]{19.1} = 2.673 \, in$

3. $\theta = \dfrac{TL}{GJ} = \dfrac{TL}{G\dfrac{\pi d^4}{32}}$

$d = \sqrt[4]{\dfrac{32TL}{G\pi\theta}} = \sqrt[4]{\dfrac{32 \times 320 \times 10^3 \times 6 \times 10^3}{0.81 \times 10^4 \times \pi \times 3 \times \dfrac{\pi}{180}}} = 82.4 \, mm$

4. $\tau = \dfrac{F}{A} = \dfrac{2T/d}{bL} = \dfrac{2T}{(bL)d} = \dfrac{2 \times (1200 \times 100)}{(5 \times 20) \times 30} = 80 \, kg/cm^2$

5. $\dfrac{S_y}{2} \geq \dfrac{F}{10L}$; $\dfrac{S_{sy}}{2} \geq \dfrac{F}{10L}$

需同時符合上述兩式 $\Rightarrow L = 66.66 \, mm$

6. $\sum M_B = 0$

$R_A \times 4 = 4 - 9 \times 1 \Rightarrow R_A = -1.25 \, kN$

$V = R_A = -1.25 kN = 1.25 \, kN(\downarrow)$

$M = R_A \times 3 - M_o = -1.25 \times 3 - 4 = -7.75 \, K - m = 7.75 \, KN - m^{(2)}$

7. $\sum F_y = 0 \quad \therefore N = P \sin\theta$

$\sum F_x = 0 \quad \therefore V = P \cos\theta$

對截面取力矩 $\therefore M = \left(P\cos\dfrac{\theta}{2}\right)\left(2r\sin\dfrac{\theta}{2}\right) = Pr\sin\theta$

8.

$$R_A = \frac{1}{L}[p(L-x) + p(L-x-d)] = \frac{1}{L}(2pL - 2px - pd) = 2p - \frac{2px}{L} - \frac{pd}{L}$$

$$M_x = R_L \times x = 2px - \frac{2p}{L}x^2 - \frac{pdx}{L}$$

$$\Rightarrow \frac{dM_x}{dx} = 0 \Rightarrow 2p - \frac{4p}{L}x - \frac{pd}{L} = 0 \therefore x = \frac{L}{4}\left(2 - \frac{d}{L}\right) = \frac{L}{2} - \frac{d}{4}$$

$$\Rightarrow M_{max} = 2p \times \left(\frac{L}{2} - \frac{d}{4}\right) - \frac{2p}{L}\left(\frac{L}{2} - \frac{d}{4}\right)^2 - \frac{pd}{L} \times \left(\frac{L}{2} - \frac{d}{4}\right)$$

$$= \left(\frac{L}{2} - \frac{d}{4}\right) \times \left(2p - p + \frac{pd}{2L} - \frac{pd}{L}\right)$$

$$= \frac{1}{2}\left(L - \frac{d}{2}\right) \times p\left(1 - \frac{d}{2L}\right) = \frac{P}{2L}(L - \frac{d}{2})^2$$

9.

$$\sigma_x = \frac{E}{1 - v^2}(\varepsilon_x + v\varepsilon_y)$$

$$= \frac{30 \times 10^6}{1 - 0.3^2}[0.001 + 0.3 \times (-0.0007)]$$

$$= 26044(\text{psi})$$

$$\sigma_y = \frac{E}{1 - v^2}(\varepsilon_y + v\varepsilon_x)$$

$$= \frac{30 \times 10^6}{1 - 0.3^2}[-0.0007 + 0.3 \times 0.001]$$

$$= -13187 \text{ psi}$$

10.

$$\sigma_x = \frac{P}{A} = \frac{45}{\frac{1}{4}\pi \times 3^2} = 6.366 \text{ kpsi}$$

$$\tau_{xy} = \frac{Tr}{J} = \frac{30 \times \frac{3}{2}}{\frac{\pi \times 3^4}{32}} = 5.659 \text{ ksi}$$

$$\tau_{max} = \sqrt{\left(\frac{6.366 - 0}{2}\right)^2 + 5.659^2} = 6.4927(\text{ksi}) = 6492.7 \text{ psi}$$

$$\sigma_t = \sigma_1 = \frac{6.366 + 0}{2} + 6.4927 = 9.676(\text{ksi}) = 9676 \text{ psi}$$

$$\sigma_c = \sigma_2 = \frac{6.366 + 0}{2} - 6.4927 = -3.3097(\text{ksi}) = -3309.7 \text{ psi}$$

13.
$$\tau_{max} = \sqrt{(\frac{\sigma_x - \sigma_y}{2})^2 + \tau_{xy}^2} = \sqrt{(\frac{-3-12}{2})^2 + 8^2} = 10.97 \text{ MPa}$$

17.
$$n_d = \frac{1/0.8}{1/1.15} = 1.4375$$

19.
$$\tau = \frac{T\rho}{J} = 1600 \text{ lb} - \text{in}$$

21.
$$n = \frac{S_u}{\sigma_m + \frac{S_u}{S_e}\sigma_a} = \frac{750}{125 + \frac{750}{150}\sigma_a} = 2 \Rightarrow \sigma_a = 50 \text{ MPa}$$

33. 公差＝最大直徑－最小直徑＝39.97－39.95＝0.02 mm

36. 最大干涉 ＝ 孔最小 － 軸最大 ＝ 30.010mm － 30.105mm ＝ －0.095 mm

66.
$$\frac{L_D}{L_{10}} = (\frac{C}{F})^3 = (\frac{3000}{6000})^3 = 0.125$$
$$L_D = 0.125L_{10} = 187.5 \text{ hr}$$

67.
$$D = 320 + 12 = 332\text{mm}$$
$$d = 320 - 12 = 308\text{mm}$$
$$F = \frac{3T\sin\theta}{f} \times \frac{D^2 - d^2}{D^3 - d^3} = \frac{3 \times 200 \times \sin 11.5°}{0.26} \times \frac{332^2 - 308^2}{332^3 - 308^3} = 0.958 \text{ kN}$$

68.
$$\tau = \frac{Tr}{J} = \frac{16T}{\pi d^3}$$
$$\emptyset = \frac{Tl}{GJ} = \frac{32Tl}{G\pi d^4} = \frac{32l}{Gd^4} \times \frac{\tau d^3}{16} = \frac{2l\tau}{Gd}$$
$$d = \frac{2l\tau}{\emptyset G} = 2 \times 1000 \times \frac{55}{0.5 \times \frac{\pi}{180} \times 82800} = 152.2 \text{ mm}$$

69.
$$F = \frac{\pi Pa}{4}(D^2 - d^2) = \frac{\pi \times 120}{4} \times (5^2 - 3^2) = 1507.96 \text{ lb} \cong 1508 \text{ lb}$$

71.
$$T = Fd \Rightarrow F = \frac{T}{d} = \frac{40}{(10-6) \times 0.2} = 50 \text{ N}$$

75.
$$\tau_{max} = \frac{TR}{J} = \frac{T \times (\frac{d}{2})}{\frac{\pi \times d^4}{32}} \Rightarrow \tau_{max} = \frac{1000 \times (\frac{10}{2})}{\frac{\pi \times 10^4}{32}} = 5.09 \cong 5.1$$

76.
$$J = \frac{\pi d^4}{32} = \frac{\pi \times 15^4}{32} = 4970.1$$

$$\emptyset = \frac{TL}{GJ} = \frac{2000 \times 100}{8400 \times 4970.1} = 4.79 \times 10^{-3}$$

77.
實心圓軸慣性矩：$I_1 = \dfrac{\pi \times d^4}{64}$

空心圓軸慣性矩：$I_2 = \dfrac{\pi \times (d^4 - d_i^4)}{64}$

$$\frac{I_2}{I_1} = \frac{d^4 - d_i^4}{d^4} \Rightarrow \frac{I_2}{I_1} = \frac{d^4 - 0.5d^4}{d^4} = \frac{15}{16}$$

78.
扭轉鋼性：$J_1 = \dfrac{\pi d^4}{32}$，當 $d = 2d \Rightarrow J_2 = \dfrac{\pi(2d)^4}{32} \Rightarrow \dfrac{J_2}{J_1} = 16$

79.
最大剪應力 $\tau_{max1} = \dfrac{TR}{J} = \dfrac{T \times \left(\dfrac{d}{2}\right)}{\dfrac{\pi \times d^4}{32}} = \dfrac{16 \times T}{\pi \times d^3}$

當 $d = 2d$ 時，$\tau_{max2} = \dfrac{16 \times T}{\pi \times (2d)^3} \Rightarrow \dfrac{\tau_{max2}}{\tau_{max1}} = \dfrac{1}{8} = 0.125$

80.
$F' = 4kN$；$M = 12 \times 200 = 2400\,N \cdot m$

$$F''_A = F''_B = \frac{2400}{64} = 37.5\,kN$$

$$F_A = F_B = \sqrt{(4)^2 + (37.5)^2} = 37.7\,kN$$
$$F_0 = 4\,kN$$

81.
$$\tau_1 = \frac{F}{\frac{1}{4}\pi d^2 \times N} \Rightarrow N = \frac{10^4}{\frac{1}{4} \times \pi \times 16^2 \times 10} = 4.97$$

$$\sigma_1 = \frac{F}{tdN} \Rightarrow N = \frac{10^4}{10 \times 16 \times 15} = 4.17 \Rightarrow 至少五個$$

82.
考慮鉚釘剪壞及壓壞

$$\tau_1 = \frac{F}{\frac{1}{4}\pi d^2 \times N} \Rightarrow F = 10 \times \frac{1}{4} \times \pi \times 16^2 \times 2 = 4021\,kgf$$

$$\sigma_1 = \frac{F}{tdN} \Rightarrow F = 30 \times 6 \times 16 \times 2 = 5760\,kgf$$

考慮鉚釘間皮之拉環

$$\sigma_2 = \frac{F}{(b - Nd)t} \Rightarrow F = 15 \times (100 - 2 \times 16) \times 6 = 6120\,kgf$$

考慮鉚釘後之壓壞

$$\sigma_3 = \frac{F}{tdN} \Rightarrow F = 30 \times 6 \times 16 \times 2 = 5760\,kgf$$

取其中小者，$F = 4021\,kgf$

83.
$$\tau = \frac{F}{\frac{1}{4}\pi d^2 \times N} \Rightarrow d^2 = \frac{4 \times 500}{\pi \times 10 \times 2} \Rightarrow d = 5.64 \text{ mm}$$

$$\sigma = \frac{F}{(b-a)t} = \frac{500}{(100-5.64) \times 10} = 0.530 \text{ kg/mm}^2$$

84.
$$U = \frac{F^2 l}{2EA} \Rightarrow F^2 = \frac{2EAU}{l} = \frac{2 \times 207000 \times \frac{1}{4} \times \pi \times 12^2 \times 6.8 \times 10^3}{300} \Rightarrow F = 32577.7 \text{ N}$$

$$\sigma = \frac{F}{A_s} = \frac{32577.7}{80.9} = 402.7 \text{ MPa}$$

94.
$$\tau = \frac{F}{\frac{4\pi d^2}{4}} = \frac{S_{sy}}{n_d}$$

$$F = \pi d^2 \frac{S_{sy}}{n_d} = \frac{3.14 \times 0.75^2 \times 49}{1.5} = 57.7 \text{ kip}$$

95.
$$\tau_{max} = \left(1 + \frac{1}{2C}\right)\frac{16(F_{max}R)}{\pi d^3} \text{ and } \tau_w = \tau_{max}$$

$$108 \times 10^3 = \left(1 + \frac{1}{2 \times 9.64}\right) \times \frac{16 \times \left(F_{max} \times \frac{0.453}{2}\right)}{\pi \times 0.047^3} \Rightarrow F_{max} = 9.24 \text{ lb}$$

96.
$$\delta = \frac{8PD^3 n}{Gd^4} = \frac{8 \times 9.24 \times 0.453^3 \times 14}{11.5 \times 10^6 \times 0.047^4)} = 1.71 \text{ in}$$

97.
$$k = \frac{F}{\delta} = \frac{9.24}{1.71} = 5.4 \text{ lb/in}$$

98. 彈簧總圈數 $= 14 + 2 = 16$ ，密實高度 $= 16 \times 0.047 = 0.752$ in

99. 彈簧自由長度 $=$ 密實高度 $+$ 最大撓度 $= 0.752 + 1.71 = 2.462$ in

100.
$$\delta = \frac{F}{K} \text{，彈簧並聯，彈簧常數 } K = K_1 + K_2 = 10 + 40 = 50$$

$$\Rightarrow \delta = \frac{F}{K} = \frac{200}{50} = 4$$

101. 彈簧指數 $C = \frac{D_m}{D_w} = \frac{8}{0.5} = 16$

103 組合彈簧為串聯，其彈簧常數 $K = \frac{K_1 \times K_2}{K_1 + K_2} = \frac{1 \times 3}{1 + 3} = 0.75$

105.
$$彈簧指數 C = \frac{D(彈簧直徑)}{d(彈簧線徑)} = \frac{30}{3} = 10$$

$$K_w = \frac{4C-1}{4C-4} + \frac{0.615}{C} = \frac{4 \times 10 - 1}{4 \times 10 - 4} + \frac{0.615}{10} = 1.1448$$

106.
$$彈簧係數 k = \frac{F(負載)}{\Delta L(彈簧長度變化)}$$

$$50 - X = \frac{100}{20} \Rightarrow X = 45 \text{ mm}$$

107.
$$彈簧係數 k = \frac{d^4 G}{8D^3 N} = \frac{4^4 \times 80 \times 10^3}{8 \times 30^3 \times 10} = 9.48 \text{ N/mm}$$

124. 螺栓固定於凸緣的數目，依壓力等級而不同，通常在高壓、高溫場所之凸緣，
所需螺栓數目愈多，一般凸緣接頭所使用的螺栓數目都是 4 的倍數，如 4 支、
8 支、12 支、16 支等等。
螺栓孔與螺栓孔的間隔角度，是以 360 度除以所需的螺栓數目。
例如 4 個螺栓，則每支螺栓的間隔角度為 360 ÷ 4＝90 度。

140.
$$M = \frac{D}{T} \Rightarrow D = M \times T = 4 \times 20 = 80 \text{ mm}$$

141.
$$中心距離 C = \frac{(T_1 + T_2) \times M}{2} = \frac{(20 + 30) \times 4}{2} = 100 \text{ mm}$$

142.
$$中心距離 C = \frac{(T_1 + T_2) \times M}{2} = \frac{(16 + 40) \times 10}{2} = 280 \text{ mm}$$

143.
$$N_p = \frac{2k}{\sin^2 \phi} = \frac{2 \times 1}{\sin^2 20°} = 17.09$$

144. 此行星齒輪系中，太陽齒輪為驅動輪Z_1，行星齒輪為從動輪Z_2，外圍齒輪為固定輪Z_3
$$\frac{Z_1 + Z_3}{Z_1} = \frac{N_1}{N} \; ; \; \frac{20 + 80}{20} = \frac{2000}{N} \Rightarrow N = 400 \text{ rpm}$$

145.
$$P_x = P_t = \frac{\pi}{P} = \frac{\pi}{6} = 0.5236 \text{ in}$$
$$L = P_x N_w = 0.5236 \times 2 = 1.0472 \text{ in}$$

146. 齒輪為複式輪系，

設 A、B、C、D 輪之轉速各為N_a、N_b、N_c、N_d，齒數為Z_a、Z_b、Z_c、Z_d

$$\frac{N_d}{N_a} = \frac{Z_a \times Z_c}{Z_b \times Z_d} = \frac{24 \times 26}{13 \times 8} = 6$$

$N_d = 6 \times N_a = 6 \times 100 = 600$ rpm (同為逆時針)

148. 減速比 $mg = \dfrac{N_1}{N_2} = \dfrac{T_2}{T_1} \Rightarrow T_2 = 2 \times 20 = 40$

中心距離 $C = \dfrac{(T_1 + T_2) \times M}{2} = \dfrac{(20 + 40) \times 2}{2} = 60$ mm

152. 扭轉剛性 $= \dfrac{1}{GJ} = \dfrac{1}{G \times \left(\dfrac{\pi}{32} \times D^4\right)}$ ；D 為原來 2 倍；拉伸剛性大約為原來2^4倍

153. $N = \dfrac{V \times 1000 \times 60}{Ph}$

N：馬達轉速，V：進給速度$(^m/_s)$，Ph：滾珠螺桿的螺距

$Ph = \dfrac{20 \times 1000}{2000} = 10$mm

L(導程) = n(螺紋線數) × P(螺距)

$L = 2 \times 10 = 20$ mm

154. 扭矩 $T = \dfrac{FL}{2\pi \times \eta}$ (不考慮摩擦損失 $\eta = 1$)

$F = \dfrac{2000 \times 2\pi}{10} = 1256.6$ N

190. $\tau = \dfrac{P}{\pi dt} \Rightarrow \dfrac{116000}{\pi \times 19 \times 6} = 323.89$ MPa $\cong 324$ MPa

191. $\sigma = E \times \varepsilon = E \times (\delta/L) = 200000 \times \dfrac{2}{1000} = 400$ MPa

192. $\sigma_1 = \sigma_2 = \dfrac{Pr}{2t} = \dfrac{6 \times 1000}{2 \times 100} = 30$ MPa

194. $R = 1 - \dfrac{5}{1000} = 0.995 = 99.5\ \%$

195. 在常態取樣時，得知鋼軸直徑範圍為 10 ± 0.06mm，

⇒ 取樣之直徑最大為 10.06mm、最小為 9.94mm，

⇒ 取樣鋼軸之平均呎吋為 10 mm

208.
$$k = \frac{Gd^4}{64R^3N} \; ; \; R = D/2 \; ; \; k_1 = k_2$$

$$\frac{d_1{}^4}{D_1{}^3} = \frac{d_2{}^4}{D_2{}^3} \Rightarrow d_2{}^4 = d_1{}^4 \frac{D_2{}^3}{D_1{}^3} = 3^4 \times \left(\frac{8}{1}\right)^3 \therefore d_2 = 14.27 \text{ mm}$$

210.
$$U = \frac{k\delta^2}{2} = 8000 \text{ N} - \text{mm}$$

214. 齒輪外徑＝D＋2×M＝3×35＋2×3＝111 mm

215.
$$\text{(a)}r_v = \frac{\omega_7}{\omega_2} = \frac{\omega_7}{\omega_6} \times \frac{\omega_5}{\omega_4} \times \frac{\omega_3}{\omega_2} = \left(-\frac{T_6}{T_7}\right) \times \left(-\frac{T_4}{T_5}\right) \times \left(-\frac{T_2}{T_3}\right) = -\frac{T_2 T_4 T_6}{T_3 T_5 T_7}$$

$$\frac{\omega_7}{\omega_2} = \frac{300}{\omega_2} = -\frac{28 \times 24 \times 24}{56 \times 56 \times 42} \Rightarrow \omega_2 = 2450 \text{ rpm(cw)}$$

(b)$P_d = 8 = T/D$

$D_2 = 3.5$，$D_3 = 7$，$D_4 = 3$，$D_5 = 7$，$D_6 = 3$，$D_7 = 5.25$

$R_2 = 1.75$，$R_3 = 3.5$，$R_4 = 1.5$，$R_5 = 3.5$，$R_6 = 1.5$，$R_7 = 2.625$

$C = R_2 + R_3 + R_4 + R_5 + R_6 + R_7 = 14.375 \text{ in}$

218.
$$T = \frac{F_a L}{2\pi\eta} = \frac{0.003 \times 618 \times 9.8(\text{N}) \times 10\text{mm}}{2 \times \pi \times 0.96} = 30.12 \text{ N} \cdot \text{mm}$$

220. $v = 10\text{mm} \times 500\text{rpm} = 5000 \text{ mm/min} = 500 \text{ cm/min}$

221. $v = (1200/3) \times 10 = 4000 \text{ mm/min} = 400 \text{ cm/min}$

223.
$$H = \frac{2\pi nT}{33000} = \frac{2 \times \pi \times 330 \times 2000}{33000} = 125.7 \text{ hp}$$

224.
$$\tau = \frac{T}{J} \times \frac{d}{2} = \frac{10^6}{\frac{1}{32}\pi \times 50^4} \times \frac{50}{2} = 40.74 \text{ MPa}$$

$$\frac{4V}{3A} = \frac{4}{3} \times \frac{\frac{1}{2} \times 10^4}{\frac{\pi}{4} \times 50^2} = 3.4 \text{ MPa}$$

$$40.74 + 3.4 = 44.14 \text{ Mpa}$$

225.
$$r = \frac{\tau L}{\varnothing G} = \frac{90 \times 1500}{0.01745 \times 80000} = 96.7 \text{ mm} \text{，} d = 2r = 193.4 \text{ mm}$$

226.
$$\sigma = \frac{420}{2} = \frac{P}{A} = \frac{200000}{\frac{\pi}{4}D^2} \Rightarrow D = 35 \text{ mm}$$

227. $A = 40 \times 120 = 4.8 \times 10^3 \text{ mm}^2$

$I = \dfrac{1}{12} \times 40 \times 120^3 = 5.76 \times 10^6 \text{ mm}^4$

$M = 18 \times 0.12 + 24 \times 0.41 = 12 \text{kN} \cdot \text{m}$

$\sigma_x = -\dfrac{P}{A} + \dfrac{Mc}{I} = -\dfrac{18 \times 10^3}{4.8 \times 10^{-3}} + \dfrac{12 \times 10^3 \times 0.05}{5.76 \times 10^{-6}}$

$\quad = (-3.75 + 104.17) \times 10^6$

$\quad = 100.42 \text{ Mpa}$

228. $\delta_t = \dfrac{P_t L_t}{A_t E_t}$, $\delta_b = \dfrac{P_b L_b}{A_b E_b}$,（其中 $P_t = P_b$，$L_b = L_t$）

$\delta_t + \delta_b = \Delta = \dfrac{0.002}{2} = 0.001$

$\dfrac{P_t L_t}{A_t E_t} + \dfrac{P_b L_b}{A_b E_b} = \Delta$

$P_b \left(\dfrac{1}{A_b E_b} + \dfrac{1}{A_t E_t} \right) = \dfrac{\Delta}{L_t}$

$P_b \times \left(\dfrac{1}{600 \times 200 \times 10^3} + \dfrac{1}{300 \times 70 \times 10^3} \right) = \dfrac{0.001}{0.6} \Rightarrow P_b = 29800 \text{ N} = 29.8 \text{ kN}$

230. $\theta = 1° = \dfrac{\pi}{180} = 0.01745 \text{ rad}$

$r = \dfrac{\tau L}{\theta G} = 116 \text{ mm}$，$d = 2r = 232 \text{ mm}$

231. AB 段角變形：BC 段角變形 = 1.2：2

$1.2T_A - 2T_C = 0$，$T_A + T_C = 8000 \Rightarrow T_A = 5000$，$T_C = 3000$

$T_A - T_C = 2000 \text{ N} - \text{m}$

232. $V = \dfrac{900 \times \pi \times 20}{12} = 4712.4$

$\dfrac{4712.4 \times 12}{280} = 201.96$ 圈

$N = 20000 \times 60 \times 201.96 = 2.42352 \times 10^8$ 圈

233. $\tau_t = \dfrac{4P}{\pi d^2} + \dfrac{8PD}{\pi d^3} \Rightarrow 400 = \dfrac{4 \times 600}{\pi \times 5^2} + \dfrac{8 \times 600 \times D}{\pi \times 5^3}$，$D = 30.22 \text{ mm}$

$C = \dfrac{D}{d} = 6.04$，$\delta = \dfrac{8PC^3 N}{Gd} = 25$

$\Rightarrow 25 = \dfrac{8 \times 600 \times 6.04^3 \times N}{19300 \times 5} \Rightarrow N = 2.28$ 圈

234. $h = \dfrac{\sqrt{2}}{2} l$

$\dfrac{\sqrt{2}}{2} l \times 2 \times 200 \times 80 = 10^5 \Rightarrow l = 4.419 \text{ mm}$ 以上

235. 系統之總伸長量 100mm，大於單一彈簧之伸量 $\delta_1 = \dfrac{3000}{50} = 60\ mm$，

⇨ 該彈簧須串聯一彈性係數 k_2

系統之等效彈性係數 $k = \dfrac{P}{\delta} = \dfrac{3000}{100} = 30\ N/mm$

$\dfrac{1}{k} = \dfrac{1}{k_1} + \dfrac{1}{k_2}$ ，$\dfrac{1}{30} = \dfrac{1}{50} + \dfrac{1}{k_2}$ ⇨ $k_2 = 75\ N/mm$

236. $T_{min} = \dfrac{2k}{\sin^2\varnothing} = 17.09$ ⇨ $T_{min} = 18$

237.

元件	旋臂	齒輪 A	齒輪 B	齒輪 C	齒輪 D
齒輪系固定	1	1	1	1	1
旋臂固定	0	-1	(49/50)	(49/50)	-(49/50)(51/50)
	1	0	1.98	1.98	1/2500

242. $\omega = \dfrac{2\pi rpm}{60} = 2\pi \times \dfrac{1750}{60} = 183.3$

$T = P/\omega = 750/(183.3) = 4.09\ N-m$

243. $F = PA = 300 \times \pi \times \dfrac{16^2}{4} = 60319\ lb$

$\sigma_{all} = \dfrac{\sigma_{yp}}{Fs} = \dfrac{18000}{2} = 9000\ psi$

$n = \dfrac{F}{\sigma_{all} \times A} = \dfrac{60319}{9000 \times \dfrac{\pi}{4} \times 1^2} = 8.5$ ⇨ 至少要 9 個

244. $\dfrac{2\pi \times 1750}{60} = 183.3$

$750/183.3 = 4.09\ N-m$

252. $d_{min} = d + \delta_f - \Delta_d = 34 + (-0.120) - 0.160 = 33.720\ mm$

260. $PS = \dfrac{2\pi nT}{4500}$ ⇨ $T = 268.57kg-m = 26857\ kg-cm$

$\tau = \dfrac{16T}{\pi d^3} = \dfrac{16 \times 26857}{\pi \times 5^3} = 1094.3\ kg/cm^2$

263. 向心力 $F_a = m \times r\omega^2$

其第一臨界點應為 $F_a = mg$

⇨ $F_a = m \times r\omega^2 = mg$ 且 $r = \delta$ ⇨ $\omega = \sqrt{\dfrac{g}{\delta}}$

264.
由公式 $L_{10h} = \dfrac{10^6}{60 \times n}\left(\dfrac{C}{P}\right)^{\mathcal{P}}$，且 $\mathcal{P} = 3$（滾珠軸承）

$20000 = \dfrac{10^6}{60 \times 880} \times \left(\dfrac{C}{1250}\right)^3 \Rightarrow C = 12729.1 \text{ lb}$

268.
鍵上之剪應力：$\tau = \dfrac{F}{Lb}$

鍵上之壓應力：$\sigma_c = \dfrac{2F}{Lt}$

其中，F 為軸面上的切線力、b 為鍵之寬度、t 為鍵之高度、L 為鍵之長度

方鍵，亦即 $b = t \Rightarrow$ 壓應力為剪應力之 2 倍

269.
由方鍵公式可知 $P = 40 \times 10^3 (W) = \dfrac{F \times n \times \pi D}{60} = \dfrac{F \times 600 \times \pi \times 0.038}{60} \Rightarrow F = \dfrac{4000}{0.038\pi}$

且方鍵應力為 $\sigma = \dfrac{2F}{HL}$，剪應力為 $\tau = \dfrac{F}{WL}$（$W, H, L =$ 寬, 高, 長）

因 $f_s = 2$，故得 $L_\sigma = 29.4\text{mm}$，$L_\tau = 26.1\text{mm}$

由上述式子得知，鍵長越短，所受應力越大，則取 $L = 29.4$ mm

270.
螺絲強度代號 6.8，則其降伏強度 $\sigma_Y = 60 \times 80\% \left(\dfrac{\text{kgf}}{\text{mm}^2}\right)$

$F_s = 2 = \dfrac{\sigma_Y}{\sigma_{allow}} = \dfrac{48 \times 9.8}{F_{allow}/A}$; $A = 102\text{mm}^2 \Rightarrow F_{allow} = 23990 \text{ N}$

272.
設外圈彈簧變形量為 X mm，依 $F = kx$ 可知，在 10mm 內，

外圈彈簧無法獨力承受 8,000N $\Rightarrow$ 內圈彈簧變形量為 $X - 10$ mm

$\because F = k_1 x_1 + k_2 x_2$，$8000 = 200 \times X + 300 \times (X - 10) \Rightarrow X = 22$ mm

$\Rightarrow$ 外圈彈簧 $F_{out} = 200 \times 22 = 4400$ N

274.
$\because F = kx$; $x = x_0 - x_c$; $x_c = 39.47$ mm

$\therefore 54.05 = 1.47 \times (x_0 - 39.47) \Rightarrow x_0 \cong 76.2$ mm

275.
已知在壓力 100kPa 時開啟，即彈簧的初始狀態已受力，且在壓力 300 kPa，

活塞移動 5mm，當中壓力差為 200 kPa $= 0.2$ MPa

$\Rightarrow P = \dfrac{F}{A}$，$F = PA = 0.2 \times \left(\dfrac{\pi}{4} \times 15^2\right) = 35.34$ N

又 $F = kx$，$35.34 = k \times 5 \Rightarrow k = 7.068 \dfrac{\text{N}}{\text{mm}}$

277.
$H = \dfrac{Q \times P}{75} = \dfrac{20 \times 45}{75} = 12 \text{ Hz}$

279.
$P = \dfrac{F}{A} = \dfrac{F}{\frac{\pi}{4}d^2} = \dfrac{100}{\frac{\pi}{4}0.02^2} \cong \dfrac{100}{314 \times 10^{-6}} = 0.3185 \text{ MPa} = 318.5 \text{ kPa}$

280. $\dfrac{\omega_1}{\omega_2} = \dfrac{7}{9} = \dfrac{R_2}{R_1}$ ，且 $R_1 + R_2 = 384 = \dfrac{D_1 + D_2}{2}$ ，又 $m = 3 = \dfrac{D}{N}$

推得 $N_1 = \dfrac{384 \times 2 \times \dfrac{9}{16}}{3} = 144$ 齒

$N_2 = \dfrac{384 \times 2 \times \dfrac{7}{16}}{3} = 112$ 齒

282. 通過齒輪 1 的為軸 A，通過齒輪 4 的為軸 C

已知 $\begin{cases} N_1 = 15，m_1 = 5，\omega_1 = 2150\text{rpm} \\ N_4 = 43，m_4 = 6，\omega_4 = 450\text{rpm} \end{cases}$ ， $R_1 + R_2 + R_3 + R_4 = 317\text{mm}$

由式子 $m = \dfrac{D}{N}$ ，得 $\begin{cases} D_1 = 75\text{mm} \\ D_4 = 258\text{mm} \end{cases}$ ，則 $R_2 + R_3 = 317 - \dfrac{D_1 + D_4}{2} = 150.5\text{mm}$ —①

假設 $\omega_2 = \omega_3 = \mathcal{W}$

故 $\dfrac{\omega_1}{\omega_2} = \dfrac{R_2}{R_1} \Rightarrow \mathcal{W}R_2 = \omega_1 R_1 = 80625$ —②

$\dfrac{\omega_3}{\omega_4} = \dfrac{R_4}{R_3} \Rightarrow \mathcal{W}R_3 = \omega_4 R_4 = 58050$ —③

$\dfrac{R_2}{R_3} = 1.389$ ， $R_2 = 1.389R_3$ 代回式得解 $R_3 = 63$

當嚙合時模數需相同則 $m_3 = m_4 = 6$ ， $N_3 = \dfrac{D_3}{m_3} = \dfrac{63 \times 2}{6} = 21$ 齒

283. $\dfrac{\omega_A}{\omega_B} = \dfrac{650}{130} = \dfrac{N_B}{N_A} = \dfrac{N_B}{20} \Rightarrow N_B = 100$

284. $\dfrac{\omega_1}{\omega_2} = \dfrac{7}{9} = \dfrac{R_2}{R_1}$ ，且 $R_1 + R_2 = 384 = \dfrac{D_1 + D_2}{2}$ ，又 $m = 3 = \dfrac{D}{N}$

推得 $N_1 = \dfrac{384 \times 2 \times \dfrac{9}{16}}{3} = 144$ 齒

$N_2 = \dfrac{384 \times 2 \times \dfrac{7}{16}}{3} = 112$ 齒

286. $H = \dfrac{2\pi nT}{33000}$ ， $200 = \dfrac{2 \times \pi \times 600 \times T}{33000} \Rightarrow T = 1750.7 \text{ ft} \cdot \text{lb}$

$T = F \times d$ ， $1750.7 = F \times \dfrac{10}{12} \Rightarrow F = 2100.8 \text{ lb}$

$F' = F \div \cos\phi$ ， $\phi = 20° \Rightarrow F' \cong 2235 \text{ lb}$

291.

$$L(rev) = \left(\frac{C}{F_a}\right)^3 \times 10^6 \text{ , rpm} \triangleq rev/min$$

$$487.5 \times 60 \times 3500 = \left(\frac{C}{432.5}\right)^3 \times 10^6 \Rightarrow C = 2023 \text{ kgf}$$

296.

∵ 不考慮環境及使用因素影響 ∴ 附屬影響參數 $\frac{f_h \times f_t}{f_w} = 1$

推得 $L = \left(\frac{C}{P}\right)^3 \times 50 = \left(\frac{38.74}{2.5}\right)^3 \times 50 = 186049.6 \text{ km}$

題庫在命題編輯過程難免有疏漏，為求完美，歡迎大家一起來找碴！
若您發覺題庫的題目或答案有誤，歡迎向台灣智慧自動化與機器人協會投書反應；
第一位跟協會反應並經審查通過者，將可獲得**50元/題**的等值禮券。
協會 e-mail:exam@tairoa.org.tw

TAIBOA

數 值 控 制

選擇題

1 下列何項不是切削中心(machine center)較傳統工作母機優秀的特點？ (A)可節省裝卸料時間 (B)減少物料搬運時間 (C)一工作循環中可完成許多操作道次 (D)減少刀具切削時間。

2 以下哪一項對於刀具摩耗有影響？ (A)切削速度(cutting speed) (B)切削深度(depth of cut) (C)進給速度(feed) (D)以上皆是。

3 銑床端銑刀是？ (A)端面與圓周皆有切刃 (B)端面有切刃，圓周上沒有切刃 (C)端面沒有切刃，圓周上有切刃 (D)端面與圓周皆沒有切刃。

4 一般高速車床，其導螺桿的牙型式為？ (A)方型牙 (B)60°尖牙 (C)梯型牙 (D)鋸齒型牙。

5 銑床分度頭蝸桿與蝸輪轉速比為 40：1，分度板之孔數為 37、39、41、43、47、49，欲銑製一 26 齒之齒輪，由簡單分度法可得每等分搖柄轉動之圈數為？ (A)$1\frac{21}{39}$ (B)$1\frac{21}{41}$ (C)$1\frac{23}{43}$ (D)$1\frac{25}{47}$ 。

6 下列哪一項不是數值控制機械基本元件？ (A)工件程式 (B)機械控制單元 (C)工件夾具 (D)切削刀具。

7 應用數值控制機械進行鑽孔加工，工件中的六個鑽孔位置，以下列何項座標系統標示，不會因個別尺寸誤差而造成位置誤差累積，即其中之一鑽孔的位置發生位置誤差時，並不影響之後的定位精度？ (A)絕對 (B)增量 (C)參考 (D)使用者自定 座標系統。

8 下列哪一項不是刀具系統的三個構件？ (A)刀具自動交換系統 (B)刀把 (C)刀具庫 (D)切削刀具。

9 下列哪一項不是正後傾角刀具的使用場合？ (A)粗加工或斷續切削 (B)加工如鋁銅等軟材料 (C)當工件只能輕切削時 (D)切削加工可能振刀時。

10 下列哪一項不是切削速度決定因素？ (A)刀具材質與幾何形狀 (B)夾持方式 (C)切削液 (D)切削深度。

11 回歸參考點可在下列哪一項操作模式下進行？ (A)手動 (B)手動資料輸入 MDI (C)編輯 (D)自動 模式。

12 下列哪一項車削程式指令表示順時針旋轉且定表面切削速度為500m/min？ (A)G21 G96 S500 M03； (B)G21 G97 S500 M03； (C)G21 G97 S500 M02； (D)G21 G96 S500 M02；。

13 下列哪一項車削程式指令表示順時針固定旋轉且主軸轉速1200rpm？ (A)G21 G97 S1200 M02； (B)G21 G97 S1200 M03； (C)G21 G50 S1200 M02； (D)G21 G50 S1200 M03；。

14 如圖中有兩圓弧分別標示為(1)與(2)，以絕對座標表示銑削程式指令為？
(A)G03 X-15.0 Y15.0 I-15.0; G02 X-20.0 Y-10.0 I-12.5;
(B)G02 X-15.0 Y15.0 I-15.0; G03 X-20.0 Y-10.0 I-12.5;
(C)G03 X35.0 Y25.0 I-15.0; G02 X15.0 Y15.0 I-12.5;
(D)G02 X35.0 Y25.0 I-15.0; G03 X15.0 Y15.0 I-12.5。

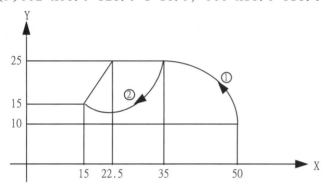

15 如圖的立體圖為？ (A) (B) (C) (D) 　。

16 如圖正確之右側視圖為？ (A) (B) (C) (D) 。

17 局部詳圖的繪製，須在視圖中該部位加畫一？ (A)粗 (B)虛 (C)細 (D)鏈 線圓，並於圓外加註一大寫英文字母。

18 A 表中心線，B 表隱藏線，C 表可見輪廓線，則依線條優先順序為？ (A)BCA (B)ABC (C)CBA (D)CAB。

19 現有立體形狀的 3D CAD 軟體中的哪一種架構技術，可很靈活的進行形狀變化或尺寸的修正及控制？ (A)線架構(Wireframe) (B)面架構(Surface Model) (C)參數式實體模型(Parametric Solid Modeling) (D)以上皆是。

20 各種 CAD 軟體都有不同的檔案格式以建構 3D 圖形，當你需要將檔案傳至另一個軟體編修或開啟時，哪一種是常用且通用的格式？ (A)JPG (B)DOC (C)IGES (D)BMP。

21 齒輪輪齒部分的表面符號，正確標註法為？

(A) 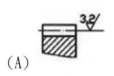 (B) (C) 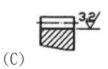 (D) 　。

22 代用表面符號▽▽相當於表面符號中的？ (A)  (B) (C) (D) 。

23 車削”M30×2.0”螺紋，如果正確，則 10 公厘長應有之螺紋數為？ (A)2 (B)5 (C)10 (D)15。

24 鑽頭直徑 12 公厘，以每分鐘 30 公尺之切削速度鑽孔時，每分鐘回轉數約為？ (A)290 (B)890 (C)490 (D)796 轉。

25 在 CAD 系統常需進行各種幾何模型轉換，包括平移(translation)、旋轉(rotation)、放大縮小(zoom in, zoom out)、鏡射等(mirror)。以下數學式中，幾何模型上點 P 經運算轉換成為 P*，P*＝P+d 此數學式代表的幾何模型轉換為？ (A)平移 (B)旋轉 (C)放大縮小 (D)鏡射。

26 造成 CNC 工具機加工件只需較低生產成本的主要因素，下列何者為非？ (A)工件程式可重複使用 (B)夾治具非常便宜 (C)只需較低技術勞工而減少成本且增加生產力 (D)非切削加工時間降低而有較佳的機器使用率。

27 根據美國電子工業協會(Electronic Industries Association, EIA)所建立的 CNC 工具機軸向定義標準(EIA-267-B)，該標準中定義了包括 9 個線性軸及 5 個旋轉軸共 14 個軸，用以描述所有型式的 CNC 工具機。以下何者非該標準定義的線性軸代碼？ (A)X, Y, Z (B)P, Q, R (C)U, V, W (D)A, B, C。

28 一個成功的 NC 加工，應該具備哪個要件？ (A)NC 工件程式及管理 (B)刀具及夾治具的預置 (C)工具機及控制器的維修 (D)以上皆是。

29 CNC 工具機的軸向定義是將主要旋轉主軸中心線一致或平行的軸定義為？ (A)X (B)Y (C)Z (D)U 軸。

30 CNC 工具機之刀具系統一般包括三個構件，不包含以下哪一個？ (A)刀具自動交換系統(Automatic Tool Changer) (B)刀把(Tool holders) (C)切削刀具(Cutting Tools) (D)斷削裝置。

31 CNC 工具機之工件定位的主要目的在於確保工件夾持在工作床台的同一位置上，定位方式及裝置的選用需依據工件的物理結構、加工製程及加工件的數量來決定；常用的「3-2-1」定位原理指出定位銷或頂銷在三個限制面的需要數量。以下哪一個不是此三個限制面？ (A)定位面(Locating Surface) (B)線面(Line-Up Surface) (C)位置面(Positioning Surface) (D)對稱面(Symmetric Surface)。

32 一般的數值控制工具機，若使用到操作指令 G01 時，其中的「G」代表何種意義？ (A)刀具 (B)準備 (C)輔助 (D)進給 機能。

33 CNC 工具機的數值控制加工程式碼中，M03、M05、M06 與 M08 四個碼，表示主軸順時針轉動的是哪一個？ (A)M03 (B)M05 (C)M06 (D)M08。

34 一般的 CNC 工具機做線性差補時，不需要以下哪一個參數？ (A)起始點座標 (B)終點座標 (C)各軸的速度指令 (D)刀具號碼。

35 下列何者非 CNC 工具機「機器零點」的一般用途？ (A)機器初始座標系統設定 (B)做為其他座標系統的參考點 (C)做為刀具長度量測點 (D)做為刀具交換點。

36 下列表示物體幾何模型的方式，哪一種表示方式最完整？ (A)點群資料 (B)線架構 (Wireframe) (C)面模型(Surface Modeling) (D)實體模型(Solid Modeling)。

37 下列哪一個系統，可讓使用者以立體圖、球、圓柱及圓錐等立體模型結合利用布林(Boolean)函數合成另一個目的物體？ (A)邊界表示法(Boundary representation, B-REP) (B)構成實體幾何法(Constructive Solid Geometry, CSG) (C)掃描法(Sweep) (D)旋轉法 (Revolution)。

38 將預先繪製的截面曲線，在指定的軸線上旋轉所得到的實體，此方法稱為？ (A)延伸實體 (Extrude body) (B)旋轉實體(Revolve body) (C)掃描實體(Sweep body) (D)管實體(Tube body)。

39 於逆向工程的應用，快速成型機(Rapid Prototype) 常用的幾何格式檔為？ (A)DXF (B)IGES (C)DMIS (D)STL。

40 電腦輔助設計與製造(CAD/CAM)系統，可建構工件實體模型、刀具加工規劃及後處理轉出加工程式，並可在系統內進行加工？ (A)過切檢測 (B)加工原點設定 (C)量測原點設定 (D)刀具磨耗檢測。

41 一般較大直徑刀具切削機加工路徑在工件凹角處會形成殘料，無法切削出符合加工要求的工件形狀，須用比較小的直徑刀具進行？ (A)穴槽加工 (B)徑向加工 (C)清角處理 (D)表面加工處理。

42 刀具在刀具運動之垂直方向的加工深度稱為切削深度；加工時，決定切削深度之兩大因素中，第一個為切削刀具與機器剛性，另一個因素為？ (A)主軸馬力 (B)進給速度 (C)刀具大小 (D)加工刀具溫度。

43 在一台車床上車削直徑 ϕ25mm 之工件，切削速度 200m/min，則主軸轉速約為？ (A)1567 (B)2546 (C)36369 (D)4758 RPM。

44 何時必須執行原點復歸的動作？ (A)每天工作前開啟電源後 (B)當過行程或按下緊急停止開關後 (C)當操作者操作不當時 (D)以上皆是。

45 原點復歸時，各軸移動至？ (A)機械原點 (B)程式原點 (C)刀具交換位置 (D)任意位置。

46 車床程式單節指令 G01 U_____ W_____ F_____；其中 U、W 之座標係指？ (A)終點座標 (B)絕對尺寸 (C)增量之向量值 (D)無法確定。

47 若圓弧切削時，圓心之位置，同時以 I、K、R 表示時，則以？ (A)I 值優先 (B)K 值優先 (C)R 值優先 (D)以參數設定，選擇優先順序。

48 副程式指令 M98 P003L005；其意指所呼叫之副程式重複執行？ (A)3 (B)5 (C)10 (D)31 次。

49 螺紋切削循環中，若第一刀之進刀深度為 1.2mm，則第三刀應為？ (A)0.265 (B)0.382 (C)0.514 (D)0.820 mm。

50 G43 G01 Z - 20.0 H01 F150；單節指令中，其刀尖於 Z 軸之實際位置為？(設 H01=-5.0) (A)-25.0 (B)-15.0 (C)-20.0 (D)-30.0。

51 G91 G47 G01 X-30.0 D02；單節指令中，設 D02=-5.0，則刀具於 X 軸之實際位移為？ (A)-20.0 (B)-25.0 (C)-35.0 (D)-40.0。

52 G84 右螺旋攻牙切削中；若主軸正轉 300rpm，螺牙節距 2mm，則進給速率 F 應為？ (A)150 (B)300 (C)600 (D)800。

53 改變在螢幕上的影像圖形和重新放置資料庫裡的各項資料是屬於電腦輔助設計繪圖系統中的？ (A)分段功能 (B)輸入功能 (C)轉換功能 (D)視窗控制功能。

54 在 2 軸的直角座標系統中，某一點的座標值(x, y)，對原點逆時針旋轉30˚後座標值變成 (x', y')，以 R 表示此旋律矩陣，$[x', y'] = [x, y]R$，則 R=？ (A)$\begin{bmatrix} \cos 30° & \sin 30° \\ \sin 30° & \cos 30° \end{bmatrix}$ (B)$\begin{bmatrix} \cos 30° & \sin 30° \\ -\sin 30° & \cos 30° \end{bmatrix}$ (C)$\begin{bmatrix} \cos 30° & \sin 30° \\ \sin 30° & -\cos 30° \end{bmatrix}$ (D)$\begin{bmatrix} \cos 30° & -\sin 30° \\ -\sin 30° & \cos 30° \end{bmatrix}$。

55 圓錐曲線包括了？ (A)橢圓 (B)拋物線 (C)雙曲線 (D)以上皆是。

56 在曲線嵌合(curve fitting)中，可以通過所有已知點的是？ (A)cubic spline 曲線 (B)Bezier 曲線 (C)B-spline 曲線 (D)以上皆可。

57 我國國家標準數值控制之語碼係以？ (A)EIA (B)ISO (C)ASCII (D)JIS 碼為基礎。

58 在設定挖槽銑削之加工參數時，假設刀具直徑 10mm，設定刀具直徑百分比50%，則？ (A)最大切削深度 5mm (B)兩個刀具路徑距離 5mm (C)精加工預留厚度 5mm (D)以上皆是。

59 銑削時，在選擇切削模式時，若希望得到較高的加工面精度，應該採用？ (A)順銑 (B)逆銑 (C)雙向 (D)以上皆可。

60 下列哪一項不是數值控機械應用領域？ (A)切削加工 (B)搬運 (C)研磨 (D)非傳統加工。

61 一個數值控制機械工作台利用閉迴路定位控制系統來操作，系統由伺服馬達、驅動器、螺桿和光學編碼器所組成，螺桿導程為6mm，並且齒數比為 5：1(驅動馬達 5 轉對螺桿 1 轉)來與馬達軸心聯結。若工作台利用程式要在進給率 600mm/min 的速度下進行 250mm 的移動，則此時馬達轉速為？ (A)500 (B)600 (C)700 (D)800 rev/min。

62 大型數值控制機械工作台常使用下列何種伺服驅動系統？ (A)步進馬達 (B)液壓伺服 (C)直流伺服馬達 (D)交流伺服馬達 驅動。

63 下列哪一項工件夾持方法可防止工件承受切削力及背面夾持力時所造成的撓曲？ (A)下壓夾持 (B)工件邊夾持 (C)工件頂持 (D)擋塊夾持。

64 手動模式操作無法執行下列哪一項機能？ (A)參考點回歸 (B)連續寸動 (C)單節程式程式操作 (D)手輪進給。

65 下列何項工作適合採用切削速度一定機能”G96”？ (A)車削外螺紋 (B)鑽孔 (C)車削內螺紋 (D)車削錐度或端面。

66 下列哪一個指令碼，不用於螺紋車削程式中？ (A)G75 (B)G76 (C)G34 (D)G33。

67 下列哪一項不是銑床切削液控制機能指令？ (A)M06 (B)M07 (C)M08 (D)M09。

68 如圖正確之立體圖為？ (A) (B) (C) (D) 。

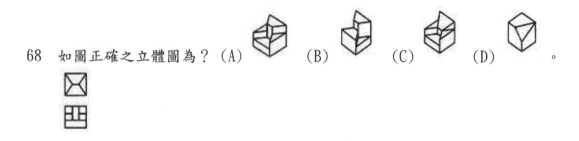

69 如圖正確之俯視圖為？ (A) (B) (C) (D) 。

70 如圖正確之俯視圖為？ (A) (B) (C) (D) 。

71 組合圖中可省略的線條為？ (A)剖面 (B)折斷 (C)中心 (D)隱藏 線。

72 延長中心線當做尺度界線使用時，其延伸部分需畫成？ (A)細鏈 (B)細實 (C)虛 (D)粗實 線。

73 下列哪一種方法用來統一表示物體的立體部分(立體造型)，也就是說，適合立體物體的計算機處理的模型，也被稱為體造型(volume modeling)？ (A)實體造型 (B)曲面造型 (C)線框模型 (D)以上皆是。

74 其中「3.2」表示？ (A)表面粗糙度值的最大界限 (B)刀痕方向的符號 (C)加工方法的符號 (D)表面粗糙度值的最小界限。

75 經一次或多次研磨加工後所得之加工表面，幾乎無法以觸覺或視覺分辨出加工之刀痕者，為？ (A)光胚 (B)精切 (C)超光 (D)細切 面。

76 精銑削如圖曲面部份，使用下列何種刀具銑削才能加工轉角處？ (A)圓角端 (B)錐形端 (C)球形端 (D)平口端 銑刀。

77 下列哪一種刀具可得最高切削速度？ (A)立方氮化硼 (B)燒結碳化物 (C)高速鋼 (D)非鐵鑄合金。

78 CNC 工具機 EIA 語碼中之轉速一定機能為？ (A)G92 (B)G97 (C)G98 (D)G99。

79 CNC 工具機 EIA 語碼中之直線切削機能為？ (A)G00 (B)G01 (C)G02 (D)M00。

80 數值控制系統不包含下列哪些元件？ (A)指令程式 (B)控制單元 (C)刀具路徑 (D)工具機或被控製程。

81 數值控制定義為一種可程式的自動化形態，其過程藉由下列何者來控制？ (A)數值 (B)文字 (C)符號 (D)以上皆是。

82 數值控制機械的驅動系統一般採用滾珠導螺桿的理由不包含下列何者？ (A)摩擦係數低 (B)移動速率快 (C)定位精度有限 (D)無阻滑現象。

83 一般加工中心均有刀庫的設計，以便利多樣刀具的使用，有關刀庫的形式不包含下列何者？ (A)鼓型 (B)自動射出型 (C)鍊條型 (D)轉塔型。

84 加工中心的刀具均須裝置於刀把，試問刀把不包含下列何種元件？ (A)拉拴 (B)轉接器 (C)筒夾 (D)錐柄。

85 數值控制機械不包含下列哪項系統？ (A)切削液系統 (B)數控系統 (C)驅動系統 (D)機械本體。

86 在工件圖研判後，應進行下列何種規劃以利加工的進行？ (A)刀具規劃 (B)夾治具規劃 (C)加工路徑規劃 (D)以上皆是。

87 在 CNC 加工機上機操作前，無須進行下列何種項目的動作？ (A)開啟主電源 (B)檢查空油壓表 (C)手動原點復歸 (D)開啟切削液

88 切削液開啟的指令為何？ (A)M06 (B)M08 (C)M41 (D)M46。

89 執行 G91G02 X 30.0R15.0;可得到？ (A)R=15.0 反時針方向之全圓 (B)R=15.0 順時針方向全圓 (C)R=15.0 順時針方向之半圓 (D)R=15.0 反時針方向之半圓。

90 銑削 YZ 平面之圓弧須使用指令？ (A)G17 (B)G18 (C)G19 (D)G20。

91 當以銑刀進行工件加工時，刀具始終會與下列何種表面保持接觸？ (A)工件表面 (B)驅動表面 (C)驗算表面 (D)以上皆是。

92 鑽孔型式的加工，其特徵不包含下列哪項？ (A)使用點對點路徑 (B)刀具轉速為可變 (C)可適用於鑽孔、攻牙等加工 (D)只在向下進刀時使用進給速率。

93 兩軸半的平面銑削乃利用外型邊界來定義加工的範圍，試問外型邊界不包含下列哪項？ (A)表面 (B)曲線 (C)內孔 (D)已定義的永久邊界。

94 在 CAM 的三軸銑削加工中，用以進行刀具模擬的邊界驅動加工方式不包含下列哪一項？ (A)直線式 (B)角度式 (C)放射式 (D)外形驅動。

95 當以等高度銑削來進行曲面的加工時，若以球鼻端銑刀來加工，相較於平底形端銑刀，試問以下何種現象不會出現？ (A)在淺斜面留下少量殘料 (B)在水平面容易留下刀痕 (C)在陡斜面會留下較小殘料 (D)表面會較粗糙。

96 一般在 CAM 中實施的三軸銑削，採用哪種刀具路徑？ (A)等高度降層加工 (B)Z 軸等高線加工 (C)輪廓導引加工 (D)以上皆是。

97 手工數值控制程式設計，是指由工作圖到程式設計完成，包含：(1)座標值計算 (2)程式編寫 (3)工作圖研判 (4)程式模擬…等，其順序應為下列哪一個？ (A)1234 (B)4321 (C)2314 (D)3124。

98 電腦數值控制切削中心機與電腦數值控制銑床，本體結構多了下列何項？ (A)主軸箱 (B)自動刀具交換裝置 (C)床柱 (D)底座。

99 NC 銑床程式設計時，一般是假設？ (A)工件固定，刀具移動 (B)刀具固定，工件移動 (C)工件、刀具均固定 (D)工件、刀具均移動。

100 設定固定轉速(rpm)之指令為？ (A)G95 (B)G96 (C)G97 (D)G98。

101 刀具長度補正，應選用操作面板之？ (A)PRGRM (B)POS (C)DGNOS (D)OFFSET 鍵。

102 切削中心機，採用尋邊器作程式原點補償，應選用操作面板之？ (A)PRGRM (B)POS (C)DGNOS (D)OFFSET 鍵。

103 製圖時，圖框線應為？ (A)細實 (B)粗實 (C)虛 (D)粗鏈 線。

104 以 CAM 軟體繪製工作圖時，工作圖之基準點應對正繪圖區之原點，此原點是指？ (A)機械 (B)程式 (C)中間 (D)第二中間 原點。

105 圖面上如不能用視圖或尺度完整表達的資料，而以文字說明者稱為？ (A)文字 (B)註解 (C)圖示 (D)線型。

106 繪圖時，若遇到線條重疊，最優先的是？ (A)中心 (B)剖面 (C)隱藏 (D)輪廓 線。

107 以 CAM 軟體繪製 2D 工作圖時，一般採用？ (A)俯視 (B)前視 (C)側視 (D)立體 圖。

108 CNC 車床兩頂心作業，下列哪一項不適合？ (A)切斷 (B)端面 (C)螺紋 (D)錐面。

109 CNS 標準中規定，裝訂的圖框距紙邊為？ (A)10 (B)15 (C)20 (D)25 mm。

110 為表現物體中複斜面之實形，可繪製？ (A)輔助 (B)放大 (C)俯 (D)剖面 視圖。

111 一般簡稱電腦數值控制系統為？ (A)MNC (B)DNC (C)NC (D)CNC 系統。

112 數控工具機與傳統加工機之應用最大不同為？ (A)數控工具機加工單一簡單工件較快 (B)數控工具機適合少量多樣，適用性佳 (C)傳統加工機適合少量多樣，適用性佳 (D)傳統加工機加工複雜工件較快。

113 數控工具機中，哪一種方式連結伺服馬達與滾珠螺桿驅動床台較無慣性問題？ (A)直接連結式 (B)減速齒輪組連結式 (C)時規皮帶連結式 (D)以上皆非。

114 數控工具機為提高加工精度，大多應用何種驅動系統？ (A)併合伺服 (B)開環 (C)閉環 (D)半閉環 系統作位置檢出。

115 ATC 自動換刀裝置應用換刀至儲刀庫時，乃依何種方式較節省時間？ (A)依刀庫號 (B)現有對應之刀庫號 (C)任意刀庫號 (D)以上皆可。

116 CNC 車床夾持方式大多應用？ (A)油壓 (B)氣壓 (C)T 形板手 (D)萬能夾具 夾持固定工件。

117 CNC 程式編輯修改，下列按鍵何者不適用？ (A)INSERT (B)ALTER (C)OFFSET (D)DELETE。

118 CNC 加工機之三軸及 CNC 車床之二軸為？ (A)ABC，AB (B)XYZ，XY (C)ABC，XZ (D)XYZ，XZ 軸。

119 G71U2.5R1.0；G71P101Q102U0.3W0.1F0.2；以上車削程式，每次進刀量及直徑減少為？ (A)2.5 及 1.0 (B)2.5 及 2.5 (C)2.5 及 5.0 (D)2.5 及 0.3 mm。

120 CNC 車床切斷圓形工件時，宜應用何種指令作轉速設定較安全？ (A)G70 (B)G71 (C)G96 (D)G97。

121 CNC 銑削應用刀具偏左補正為何種指令？ (A)G40 (B)G41 (C)G42 (D)G43。

122 如圖中『6.3』及『3.0』是表示所指部位之？ (A)表面粗糙度最大界限值及基準長度 (B)表面粗糙度最小界限值及基準長度 (C)基準長度及表面粗糙度最大界限值 (D)基準長度及表面粗糙度最大界限值。

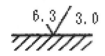

123 M8×1.25 螺紋表示法中，8 及 1.25 各代表？ (A)外徑及螺距 (B)外徑及螺紋深 (C)螺距及外徑 (D)螺距及螺紋深。

124 第三角法投影符號為下列何者？ (A) ⊕▷ (B) ▷⊕ (C)以上皆可 (D)以上皆非。

125 Φ8H7，H7 之標示為？ (A)基軸制 (B)基孔制 (C)基軸基孔制 (D)7 孔制。

126 一般 CAM 經後處理形成 NC 程式，程式起頭除程式號碼及某些標示(刀具規格、日期、加工示別…等)外，為防撞機通常加入下列指令？ (A)G40、G80、G49 (B)G41、G83、G43 (C)M03、M30、M80 (D)M05、M30、M80。

127 在 CAM 作加工規劃時，決定加工之主軸轉速時下列何者可忽略？ (A)材料材質 (B)加工深度 (C)刀具材質 (D)切削公差。

128 下列何者不是 CAD/CAM 常見的轉檔格式？ (A)STEP (B)PSD (C)IGES (D)STL DXF。

129 採用 NC 工具機加工之優點為？ (A)節省材料 (B)一致性最好 (C)初期投資成本低廉 (D)以上皆非。

130 CNC 車床之程式語言通常將縱向進刀軸稱為？ (A)V (B)X (C)Y (D)Z 軸。

131 CNC 車床之程式語言通常將橫向進刀軸稱為？ (A)V (B)X (C)Y (D)Z 軸。

132 連續式命令方式適合？ (A)鑽床 (B)搪孔機 (C)沖床 (D)銑床。

133 數值控制車床無法完成的工作項目是？ (A)車削曲軸 (B)車削螺紋 (C)車削圓弧 (D)車削錐度。

134 數值控制加工作業中，程式員的工作是？ (A)繪製工件圖 (B)IC 程式編譯 (C)韌體程式設計 (D)將工作圖轉譯成程式。

135 下列何者為彈性製造系統(FMS)之加工單元？ (A)NC 或 CNC 機具 (B)自動化倉儲系統 (C)無人搬運車 (D)以上皆是。

136 下列何者不是數值控制的基本定義？ (A)系統的一系列動作是透過輸入的數值資料來控制，並至少對資料的一部份作自動插補 (B)用一群符號語言在電腦上定義工件的幾何形狀及刀具路徑 (C)一種多功能的可程式自動化形式 (D)藉由字元、數字、符號等組成的一系列指令碼來控制機器各種動作。

137 數值控制的一系列指令碼被轉成脈衝及 ON/OFF 等兩種電子控制訊號，其中下列何者為脈衝輸出訊號的功能？ (A)控制主軸旋轉速度及方向 (B)暫停、選擇性暫停、自動夾持及鬆開 (C)作主軸與加工件的定位及進給速度控制 (D)切削刀具的選擇。

138 下列敘述何者正確？ (A)直接數值控制(DNC)為 NC 工具機可透過遙控電腦直接控制加工 (B)電腦數值控制(CNC)為一部電腦直接架構在機器控制單元來控制工具機 (C)CNC 與 DNC 最主要差異在遙控的控制方式上，CNC 的控制方式是直接將電腦置入工具 (D)以上皆是。

139 針對分散式數值控制下列敘述何者不正確？ (A)係利用電腦網路協調數部 CNC 工具機運作 (B)可利用網路將工件程式傳至 NC 工具機加工工件 (C)此系統能處理其它數個重要功能，包括生產線機器加工量平衡分散與加工計劃清單 (D)此系統無法執行監控與與產生管理資料。

140 CNC 系統的功能，下列何者敘述不正確？ (A)具有執行工件圖形尺寸由程式作比例放大縮小，但無法執行軸對稱鏡映與對圓點作角度旋轉等功能 (B)若機器的後處理器儲存於控制器的記憶體中，只要 CNC 記憶體及邏輯區段空間足夠，即可執行工件程式及時(Real Time)處理資料 (C)CNC 皆由機器控制單元內電腦來控制，故可產生有用的參數資料，如加工時主軸轉速、工件加工時間與非加工時間、加工件數等，便於資料分析 (D)刀具補償功能能使 CNC 加工時使用不同尺寸刀具、用同一把刀具作粗加工與精加工及重磨刀具時皆可完全不需修改程式。

141 選擇 CNC 工具機可從控制系統與工具機整體表現評比、標準機能、選配機能、操作機能與服務機能等五個角度加以考慮，其中，下列何者不是選配機能？ (A)運動誤差與背隙補償 (B)刀具壽命管理 (C)機器閒置(因故障或其它原因)監控 (D)錯誤及狀態顯示。

142 下列何者非 CNC 工具機量測系統中，位置檢測與電氣訊號轉換之轉換器元件？ (A)編碼器 (B)解析器 (C)定位器 (D)光學尺。

143 控制器開機時，螢幕(CRT)畫面上顯示"NOT READY"是表示？ (A)機器無法運轉狀態 (B)伺服系統過負荷 (C)伺服系統過熱 (D)主軸過熱。

144 可傳遞最大動力,且能在軸上滑行的鍵為? (A)平 (B)栓槽 (C)胺形 (D)半月 鍵。

145 傳統車床上的導螺桿是用? (A)錐形 (B)鋸齒形 (C)梯形 (D)圓形螺紋。

146 RESET 鍵是表示? (A)重置 (B)刀具補正 (C)游標指示 (D)刪除 鍵。

147 滾珠軸承常使用的潤滑劑為? (A)水 (B)機油 (C)石墨 (D)黃油。

148 下列馬達何者具有加減速與速度控制容易且安定優點? (A)直流伺服 (B)脈衝 (C)液壓脈衝 (D)步進 馬達。

149 一般使用在重型工具機之床台上進給的驅動馬達採用? (A)直流伺服 (B)脈衝 (C)液壓脈衝 (D)步進 馬達。

150 下列何者不是數值控制工具機的構造? (A)數控 (B)伺服 (C)回饋 (D)記憶 系統。

151 何者為位置量測裝置? (A)扭力計 (B)加速規 (C)光學尺 (D)頻譜分析儀。

152 下列何者裝置將進給伺服馬達的旋轉運動轉換成直線運動? (A)滾珠導螺桿 (B)線性滑軌 (C)深溝滾珠軸承 (D)聯軸器。

153 下列何者裝置主要功用是支撐工作床台與切削時的負荷? (A)滾珠導螺桿 (B)線性滑軌 (C)深溝滾珠軸承 (D)聯軸器。

154 依耐熱程度情況而論,何種車刀材質高溫硬度佳? (A)陶瓷 (B)碳化鎢 (C)高速鋼 (D)工具鋼。

155 NC 工具機 EIA 碼中,"T" 機能是? (A)輔助 (B)進給率 (C)刀具選擇 (D)主軸選擇 機能。

156 試削工件度量尺寸發生誤差時應如何? (A)調整刀具 (B)磨礪刀具 (C)換新刀片 (D)使用刀具補正。

157 空車測試 DRY RUN 的主要用意是測試? (A)工具路徑及切削狀態 (B)機器潤滑是否良好 (B)主軸溫度 (D)刀具是否銳利。

158 下列何者非使用鑽模夾具之目的? (A)減低工時 (B)提高互換性 (C)導引刀具路徑 (D)增加刀具強度。

159 下列何者非鑽模夾具常使用之夾緊方式? (A)凸輪 (B)彈簧 (C)錐或楔 (D)以上皆是。

160 ATC 為何項縮寫? (A)數值工具機 (B)電腦輔助設計 (C)自動換刀機構 (D)電腦整合製造。

161 單獨執行 T 機能並不會作刀具交換動作,必須與 (A)M00 (B)M02 (C)M04 (D)M06 指令一起使用。

162 一個工件至少應在三個互相垂直的方向上用夾具將其夾持,使其定位在床台的唯一位置上,將工件作此三方向的限制時,下列何者不是三個定位面? (A)定位面 (B)線面 (C)位置面 (D)工作面。

163 工件夾持位置何者不適當？ (A)夾持在工件剛性較佳處 (B)夾具應不在刀具路徑干涉位置上 (C)應直接在固定支座或定位銷上方夾持 (D)夾持在工件較薄處。

164 針對 NC 工件夾持下列敘述何者不正確？ (A)工件夾持二要素為定位與夾持 (B)夾持主要目的是將工件確實夾緊在定位面，並有足夠強度可承受作用在工件的切削力 (C)銷與鈕的功能是將工件支撐與定位，其中銷是用來作垂直定位，鈕則用作水平定位，且銷一般較鈕長 (D)可調式銷與定位器應用在不規則表面定位與支撐時較為方便。

165 在車削時，下 T0101 指令的意思，何者不對？ (A)選用刀具 T01 (B)刀具補正號碼為 01 (C)選取刀庫中第 101 把刀具 (D)T0100 表示取消刀具補正。

166 設有測定修正反饋裝置的是？ (A)伺服式 (B)步進式 (C)閉環式 (D)循環式 控制系統。

167 數值控制(NC)車床上，車削精密的外推拔面,最好的方法是用？ (A)尾座偏置法 (B)用推拔切削附件 (C)用複式刀座 (D)用程式控制直接車出。

168 從事車床工作，右列何種防護具不得使用？ (A)手套 (B)安全眼鏡 (C)安全鞋 (D)耳塞。

169 缸徑規用以度量工件何部位？ (A)內徑 (B)外徑 (C)螺紋 (D)槽寬。

170 OFFSET 為何鍵？ (A)開關 (B)重置 (C)設定 (D)刀鼻補正。

171 深度游標卡尺不可量度？ (A)孔深 (B)兩平面間之高度 (C)孔距(配合機工鈕扣) (D)孔徑。

172 有關『試車(DRY RUN)』的目的，以下何者為非？ (A)瞭解切削路徑狀況 (B)檢視是否有刀具干涉現象 (C)檢視新程式是否符合規劃 (D)檢查刀具斷屑能力。

173 在『編輯(EDIT)』模式下，且在保護鎖被打開的狀態下 (程式無保護),CNC 機器無法執行以下何項功能？ (A)試車程式 (B)程式編輯 (C)程式傳輸 (D)呼叫程式。

174 CNC 車床加工之前，常以內徑刀具加工軟爪，以下何者不是軟爪加工的主要目的？ (A)增加工件被夾持的面積 (B)製造工件夾持的基準面 (C)方便上下料 (D)防止工件局部變形。

175 控制器螢幕上的絕對座標(Absolute coordinate)是指刀具所在位置與 (A)機械原點 (B)工件程式原點 (C)工件任一參考點 (D)床台表面 之間的距離。

176 加工工件為外徑 50mm 的模具鋼(HRC60)圓形心軸，欲以 CNC 車床進行切削，目標外徑 45mm，刀具為立方晶氮化硼(CBN)，則規劃程式時，以下何種轉數適當？ (A)4000 (B)2000 (C)1000 (D)500 (rpm)。

177 CNC 車床上，欲獲孔壁粗糙度 Ra 1.0mm，考量成本與加工速度，規劃最適宜的加工是？ (A)鑽削並粗搪孔 (B)鑽削並粗及精搪孔 (C)直接鑽削加工 (D)啄鑽加工。

178 在 CNC 車床程式中，輔助機能 M 之後附加幾位數字？ (A)1 位(0~9) (B)2 位(00~99) (C)3 位(000~999) (D)4 位(0000~9999)。

179 在 CNC 車床程式，暫停一秒指令為？ (A)G04P1.0 (B)G04P100 (C)G04P1000 (D)G04P10000。

180 CNC 車床程式 G97 S50 中之指令值係表示主軸？ (A)每分鐘轉數 (B)最高轉數 (C)最低轉數 (D)周速度。

181 在 CNC 車床中切削螺距 10 公釐之螺紋時，請選最恰當轉速？ (A)400 (B)800 (C)1200 (D)1600。

182 以 CNC 車床執行加工，自動運轉中調整進給率其一般範圍為？ (A)0~100 (B)0~125 (C)0~150 (D)0~200 %。

183 在 CNC 車床中要進行程式刪除，面板上首先應按哪一個鍵？ (A)OFFSET (B)INPUT (C)CAN (D)DELETE。

184 CNC 綜合切削中心機使用何種指令，可使刀具回復至機械原點？ (A)G91 G28 X0. Y0.; (B)G91 X0. Y0.; (C)G91 G01 X0. Y0.; (D)G90 G01 X0. Y0.;。

185 指令『G41 D05』意指端銑刀？ (A)向右補償，補償值 5.0mm (B)向右補償，第 5 號補償 (C)向左補償，補償值 5.0mm (D)向左補償，第 5 號補償。

186 CNC 綜合切削中心機進行精密搪孔加工(Fine boring cycle)，當搪孔刀搪至孔底時，搪孔刀會定向停止，並偏位一小距離再提刀，以防刀刃刮傷工件孔壁，以下指令何者具此項功能？ (A)G75 (B)G76 (C)G77 (D)G78。

187 欲使加工中的程式於某一特定位置暫停，以便檢視加工狀況，則程式中，應插入何種指令？ (A)M00 (B)M01 (C)M02 (D)M03。

188 CNC 綜合切削加工機上，欲校正虎鉗固定邊的平行精度，應使用何種量具？ (A)雷射干涉儀 (B)游標卡尺 (C)量錶 (D)分厘卡。

189 CNC 綜合切削加工機上，以下何項指令無法進行工件座標系的設定？ (A)G54 (B)G55 (C)G92 (D)G93。

190 在 CNC 綜合切削中心機上，程式 G91 G17 G42 對何軸刀具補正無效？ (A)X (B)Y (C)Z (D)X，Y 軸。

191 在 CNC 綜合切削中心機上，若以程式 G44 H02；G42 D02 銑削後深尺度過大，則原程式應如何修改？ (A)G44 改 G43 (B)G42 改 G41 (C)修改 H02 值 (D)修改 D02 值。

192 加工時切削深度與下列參數無關？ (A)主軸馬力 (B)切削刀具剛性 (C)加工機剛性 (D)資料傳輸速度。

193 在 CNC 綜合切削中心機上精銑削如圖之曲面轉角處，應使用何種刀具？ (A)球形 (B)平口 (C)圓角 (D)錐形 銑刀。

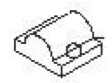

194 在 CNC 綜合切削中心機中使用尋邊器可得何種效益？ (A)定出刀具與工作位置關係 (B)得知刀具磨損狀況 (C)定出工作範圍 (D)安排鑽削順銑。

195 要以 CNC 綜合切削中心機加工出如圖所示之圓弧切削(R=20)，正確程式應為？ (A)G91 G17 G03 X-40.0 I-20.0 (B)G91 G19 G03 X-40.0 I-20.0 (C)G90 G18 G03 X-20.0 I 20.0 (D)G90 G18 G03 X-20.0 I-20.0。

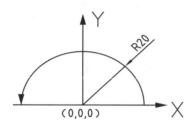

196 電腦輔助設計中，一般所用『A3』圖紙，其正確尺度應為？ (A)841×594 (B)594×420 (C)420×297 (D)297×210 (mm)。

197 視圖標註尺度時，其數字方向應儘量？ (A)朝上朝左 (B)朝下朝左 (C)朝上朝右 (D)朝下朝右。

198 電腦輔助製圖對於物件的『輪廓線』，適宜的線寬應為？ (A)0.1 (B)0.2 (C)0.4 (D)0.6 (mm)。

199 視圖的選擇，應以最能代表此物體的特徵為？ (A)俯 (B)前 (C)側 (D)剖 視圖。

200 一中空圓柱體，需以幾個視圖方可清楚表達？ (A)1 (B)2 (C)3 (D)4。

201 以下何種『面』，在三視圖中，可以清楚表達該面的實際面積？ (A)正垂 (B)單斜 (C)複斜 (D)去角 面。

202 一直線長度 50mm，平行於前視圖，則有關此直線於側視圖的投影，下述何者錯誤？ (A)可能等於 50mm (B)可能小於 50mm (C)可能大於 50mm (D)可能為一點。

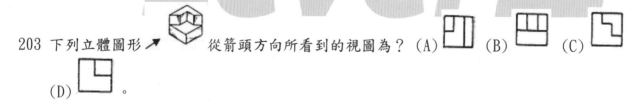

203 下列立體圖形➚ 從箭頭方向所看到的視圖為？ (A) (B) (C) (D) 。

204 下列三視圖 的右側視圖為？ (A) (B) (C) (D) 。

205 下列符號 代表第幾角法？ (A)第一 (B)第二 (C)第三 (D)第四 角法。

206 空間中的一個點至少需投影於互相垂直的幾個面上才能確定其位置？ (A)一 (B)二 (C)三 (D)四 個。

207 下列敘述何者正確？ (A)無限延長之直線最多能通過空間中的兩個象限 (B)通過兩個象限的直線可能有兩個水平跡或直立跡 (C)無限延長之直線若平行於直立投影面、水平投影面或穿過基線，則最多可通過三個象限 (D)一無限長之直線，若平行於主基線時，僅可通過一個象限。

208 透視圖中，視點與畫面位置固定，物體離視點越遠時，投影在畫面圖形？ (A)越大 (B)大小不變 (C)越小 (D)大小無關。

209 在電腦上繪製三個圓，並使三圓兩兩相切，則三個圓的圓心連線將形成？ (A)一定為正三角形 (B)一定為三角形 (C)一定為等腰三角形 (D)不能構成三角形。

210 電腦上繪製一對邊為 50mm 的正六邊形，則下述何者錯誤？ (A)正六邊形的外接圓直徑大於 55mm (B)正六邊形的每一內角皆為 120° (C)正六邊形的內切圓直徑為 50mm (D)正六邊形每一邊長為 25mm。

211 對於元件設計，為維持美觀與安全使用，常在元件的外肩角處設計圓角或去角(Chamfer)，若去角標註為『2C』，則表示？ (A)以 45°去角 (B)去角的斜邊 2mm (C)元件有兩處去角 (D)加工方法。

212 單擺擺錘運動，由一端擺盪至另一端，若單擺於起始端以實線表示，則另一端應以何種線條繪製，以表示單擺的擺盪角度？ (A)粗實 (B)細實 (C)細鏈 (D)虛 線。

213 以四心近似法繪製橢圓，若橢圓的外切菱形的四個內角均大於 60° 時，則構成此橢圓的四個『心』會落在？ (A)菱形裡面 (B)菱形上面 (C)菱形外面 (D)橢圓外面。

214 繪製組合圖時，在組合圖內何項零件可以被剖切？ (A)軸 (B)螺帽 (C)螺栓 (D)彈簧。

215 欲產生下列圖形，以何種指令畫法最快？ (A)旋轉 (B)陣列 (C)鏡射 (D)複製。

216 要從下列圖中的左圖完成為右圖，以何種指令畫法最快？ (A)鏡射 (B)陣列 (C)旋轉 (D)複製。

217 將剖面旋轉，沿割面線之方向移出，繪於原圖外之圖稱為 (A)旋轉 (B)移轉 (C)局部 (D)半 剖面。

218 3D 架構圖形有哪些模式？ (A)線架構 (B)面架構 (C)實體架構 (D)以上皆是。

219 要形成一條三次的 Bezie 曲線需要指定一個開口的幾邊形上的頂點？ (A)三角形 (B)四邊形 (C)五邊形 (D)六邊形。

220 如圖之立體圖為？ (A) (B) (C) (D) 。

221 一條已定義的曲線沿著一條非圓弧形狀的 Spline 曲線前進，其掃過的區域所形成的曲面為何種曲面？ (A)規則曲面(ruled surface) (B)掃掠曲面(swept surface) (C)旋轉曲面(revolution surface) (D)板展曲面(tabulated surface)。

222 Hermite 曲線、Bezier 曲線、B-Spline 曲線都是使用控制點來控制曲線的形狀。當變動某一控制點時僅此控制點附近的曲線形狀會受到改變,此種特性吾人稱之為局部控制(local control)功能,請問上述三種曲線中,何者具有局部控制功能? (A)Hermite 曲線 (B)Bezier 曲線 (C)B-Spline 曲線 (D)三種都有。

223 在電腦輔助製造中,機械鎖定(Machine Lock)關閉之作用是? (A)電源鎖住、無法任意切削 (B)程式鎖住、不得更改 (C)重新定位刀具起點 (D)執行程式 X、Y、Z 軸無法位移。

224 公差配合中,46 E7 比 46 E8: (A)上偏差高、公差小 (B)上偏差高、公差大 (C)下偏差低、公差小 (D)下偏差低、公差大。

225 圖為測量長度 L 範圍內的表面粗糙度曲線 f(x),若以 $\frac{1}{L}\int_0^L |f(x)| dx$ 之計算式所求得的表面粗糙度之值為: (A)R_a (B)R_z (C)R_{max} (D)R.M.S. 。

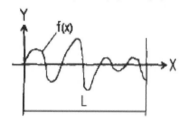

226 以下關於 IGES 轉檔格式的敘述何者錯誤? (A)它擁有 ASCII 與 Binary 兩種格式 (B)在 ASCII 格式中,每個 IGES 檔都含有五個節(section) (C)目前最新版本為 4.0 (D)它是最早被定義出來的一套公用轉檔格式。

227 下列何者為干涉配合? (A)f10H9/d9 (B)f10H7/m6 (C)f10H7/s6 (D)f10H7/h7。

228 工件之表面粗糙度值愈小,則? (A)基準長度愈大 (B)切削方法愈多 (C)工件表面愈光滑 (D)刀痕愈明顯。

229 採用刀具補正指令用途,下列敘述何者不正確? (A)加工路徑規畫時,在粗加工與精加工均相同 (B)程式設計者可直接依工件座標值來完成所需刀具路徑 (C)刀具磨損重磨或更換刀具造成刀具尺寸變化時,須變更刀具路徑 (D)粗加工切削時,刀具半徑補償量為實際加工刀具半徑再加精加工預留量。

230 精加工與粗加工的切削速度與下列無關? (A)刀具直徑 (B)工件材質 (C)外徑或內徑切削等加工類別 (D)表面粗糙度。

231 CNC 控制器至少需提供工作座標補正、刀具半徑補正與刀具長度偏移等三種形式的補正或偏移功能,其中,在 NC 程式中何項指令屬於刀具長度偏移? (A)G54 (B)G41 (C)G42 (D)G43。

232 具有刀具半徑補正的路徑規劃的 NC 程式指令為 N35 G41 H20 X0.Y0.,其中,H20 的意思為? (A)刀具長度向下偏移 20mm (B)刀具半徑補正 20mm (C)端銑刀直徑值為 20mm (D)端銑刀直徑值儲存於 H20 的補正暫存器上。

233 就加工機驅動機構的背隙因素選用,採用何者較適用? (A)上銑 (B)下銑 (C)二者均可 (D)二者均不適用。

234 採用何者具有較佳切削表面？ (A)上銑 (B)下銑 (C)二者均佳 (D)二者均不佳。

235 切削軟鐵金屬材料、鑄鐵及其它如黃銅等延展性材料，採用何者較適宜？ (A)上銑 (B)下銑 (C)二者均可 (D)二者均不適用。

236 加工表面較硬的工件時，何者刀具有較佳的刀具壽命？ (A)上銑 (B)下銑 (C)二者均佳 (D)二者均不佳。

237 如圖，加工工件外廓採取刀具半徑補正，其指令為何？ (A)G41 (B)G42 (C)G18 (D)G19。

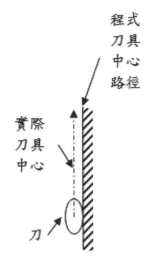

238 銑切工件外廓何時會發生過切？ (A)加工凸曲面時，刀具半徑大於切削圓弧半徑 (B)加工凹曲面時，刀具半徑大於切削圓弧半徑 (C)無論加工凸曲面或凹曲面時，只要刀具半徑大於切削圓弧半徑 (D)加工凹曲面時，刀具半徑小於切削圓弧半徑。

239 將建構完成的圖檔，以刀具路徑進行模擬，並產生 CNC 碼，再由 CNC 機器將所設計的物件加工完成，此項製程稱之為？ (A)CAD (B)CAM (C)CAE (D)FMS。

240 把 2D 圖形或刀具路徑，貼附於具有複雜曲面造型的工件面上，以進行刀具路徑鋪設，以便後續的曲面加工，此項加工稱為？ (A)投影加工(Projection processing) (B)等高加工(Contour processing) (C)流線加工(Flowline processing) (D)殘料加工(Leftover machining)。

241 對具複雜造型元件的加工，在外型加工完成後，角隅需進行清除，此項作業稱之為？ (A)投影加工(Projection processing) (B)等高加工(Contour processing) (C)流線加工(Flowline processing) (D)清角加工(Leftover machining)。

242 以下何者不是自由曲線？ (A)Bezier curve (B)B-Spline curve (C)Poly curve (D)NURBS curve。

243 通過一組斷面輪廓而形成的曲面，稱之為？ (A)直紋 (B)舉昇 (C)掃掠 (D)牽引 曲面。

244 三軸銑削加工中，以下何項設定不會影響加工精度？ (A)最大切削間距 (B)弦差 (C)切削層深 (D)提刀位置 設定。

245 二心間之車削加工時，選用半頂心之主要目的為車削？ (A)端面 (B)螺紋 (C)溝槽 (D)偏心。

246 大量生產工作中，檢驗螺栓節徑最適當之量具是螺紋？ (A)節徑規 (B)分厘卡 (C)環規 (D)塞規。

247 試車削時，測得長度為 22.05mm，如要車製 22mm 長的尺寸時，則該刀具須補正直徑值多少？ (A)X=0.05 (B)X=-0.05 (C)Z=0.05 (D)Z=-0.05。

248 精車削時何者有較佳之表面粗糙度 (A)降低轉速 (B)增加轉速 (C)降低進給量 (D)增加進給量。

249 錐度公式 T=(D-d)/L，其中 L 代表？ (A)導程 (B)工件全長 (C)錐度長度 (D)半錐角。

250 CNC 工具機 EIA 碼中，"F" 機能是？ (A)輔助 (B)進給率 (C)刀具選擇 (D)主軸或刀具選擇機能。

251 車削加工時，工件表面發亮可能原因為？ (A)刀片鬆動 (B)轉速不夠 (C)刀具為固緊 (D)刀尖高過中心。

252 鋼質工件之孔徑為 240mm，工件長 100mm，切削速度每分鐘設定為 120m，則其主軸每分鐘之迴轉數，宜選？ (A)80 (B)160 (C)800 (D)1,600 轉。

253 選擇適宜的切削速度，可提昇切削刀具之？ (A)強度 (B)硬度 (C)精度 (D)壽命。

254 右列何者係決定車刀隙角與斜角主要因素？ (A)車床性能 (B)工件材質 (C)加工精度 (D)工件大小。

255 下列何者非使用切削液之主要目的？ (A)移除熱量 (B)潤滑 (C)防止焊黏及刀具磨損 (D)防鏽。

256 使用 5 刃的端銑刀，主軸以每分鐘 600 轉銑削加工，若進給速度為每分鐘 120mm，則此刀具每一刃的進給為？ (A)0.01 (B)0.02 (C)0.04 (D)0.08 mm。

257 下列哪一項不是銑床刀具長度補正指令？ (A)G43 (B)G44 (C)G45 (D)G49。

258 電腦數值控制，一般簡稱為 (A)CNC (B)DNC (C)MNC (D)NC。

259 第一部數控工具機為 1952 年 (A)美國太空總署 (B)美國麻省理工學院 (C)日本富士通公司 (D)日本牧野公司 所研發推出。

260 利用一大型監控電腦，同時控制多部數控工具機之作動者為 (A)CNC (B)DNC (C)MNC (D)NC。

261 以下何者為數值控制機械之缺點？ (A)初期投資成本高 (B)投資報酬率低 (C)加工製造之適應性不佳 (D)操作員之訓練成本高。

262 閉迴路系統與開迴路系統最大的差異在於前者有 (A)驅動系統 (B)控制單元 (C)刀具庫 (D)回饋系統。

263 目前 CNC 工具機大都採用 (A)步進 (B)脈衝 (C)直流伺服 (D)交流伺服 馬達。

264 下列何種工具機為定位型數控機械？(A)CNC 銑床 (B)CNC 線切割機 (C)CNC 鑽床 (D)CNC 車床。

265 假設滾珠螺桿的螺距為 5mm，步進馬達每脈波轉 0.9 度，若要移動 1mm，則馬達需供給 (A)50 (B)60 (C)80 (D)90 脈波。

266 CNC 工具機專用的滾珠導螺桿，以下何項不是它的特性？(A)高傳動效率及可逆性 (B)高定位精度 (C)無須預壓(Pre-load)即可消除鋼珠與螺桿間隙 (D)不產生滑動。

267 欲於 CNC 車床上精切削鋼類材料，若選用碳化鎢刀具，則應使用何種等級刀片？ (A)K10 (B)P10 (C)M10 (D)任意。

268 CNC 車床尾座內部裝置有止推軸承(Thrust bearing)，主要是設計用來承受切削時所發生的？(A)徑 (B)切 (C)軸 (D)周 向力。

269 CNC 車床操控面板上的'FEEDRATE OVERRIDE' 調整鈕，係針對以下何種指令設計？ (A)M00 (B)M01 (C)G00 (D)G01。

270 CNC 車床上調整油壓夾頭的壓力，主要考量因素是？ (A)工件材質 (B)切削劑使用 (C)工件加工長度 (D)刀具進給速度。

271 以下何項指令適用於螺紋切削時之切削速度控制？ (A)G97 S1000 (B)G96 S1000 (C)G95 S1000 (D)G94 S1000。

272 量測系統之轉換器元件中，不受螺桿精度影響者為 (A)解析器 (B)編碼器 (C)圓形感應尺 (D)光學尺。

273 CNC 工具機程式執行中如果氣壓不足，機台會產生何種情形？ (A)三軸無法移動 (B)仍可自動裝卸刀具(C)主軸無法動作(CW,CCW) (D)不會出現警示訊息。

274 護罩未關好，機器不能動，此種防護稱為 (A)固定護罩 (B)連鎖裝置 (C)自動護罩 (D)動作限制。

275 CNC 銑床比 CNC 綜合加工機少裝的裝置為 (A)磁力尺 (B)編碼器 (C)光學尺 (D)自動換刀裝置。

276 A 軸是指相對於下列何軸旋轉？ (A)Y (B)X (C)Z (D)B。

277 Z 軸向上的銑床為 (A)立式 (B)臥式 (C)膝式 (D)Z 式。

278 CNC 床台進給系統，常用 (A)油壓 (B)步進 (C)伺服 (D)氣壓 馬達。

279 開機時如果潤滑油不足，會產生何種情形？(A)三軸無法移動 (B)仍可自動裝卸刀具 (C)主軸無法動作(CW,CCW) (D)出現警示訊息。

280 以下何種系統，會在機器床台邊裝置光學尺？ (A)閉環 (B)開環 (C)半閉環 (D)半開環 系統。

281 目前，精密的 CNC 數值控制工具機，大多採用？ (A)閉環 (B)開環 (C)半閉環 (D)併合伺服系統。

282 以下何種 CNC 車床適合重型工作件加工？ (A)臥式 (B)立式 (C)斜背式 (D)車銑複合式。

283 以下何者不是數值控制CNC車床的特點？ (A)多把刀具選用 (B)滾珠導螺桿傳動 (C)多級變速齒輪箱 (D)油壓自動夾頭。

284 CNC 機器傳動系統，對於 AC 伺服馬達的驅動描述，以下何者錯誤？ (A)需要碳刷 (B)適合於惡劣環境下工作 (C)加減速能力佳 (D)旋轉精度高。

285 CNC 機器適用於多軸同步切削加工的刀具路徑是屬於？ (A)點到點控制 (B)輪廓切削控制 (C)直線切削控制 (D)曲線切削控制。

286 使用" 3-2-1 "定位原理將工件定位在床台上時，需要幾個定位面？ (A)3 (B)2 (C)1(D)6 個。

287 下列何項常用於夾具上的夾緊裝置？ (A)墊塊 (B)擋塊 (C)定位銷 (D)凸輪。

288 端銑刀於銑削中發生磨損，宜採下述何對策？ (A)降低進給速度 (B)增加進刀深度 (C)增加刀具伸出量 (D)繼續操作。

289 切削不銹鋼時宜選用下列何種碳化物刀片？ (A)M10 (B)K30 (C)P10 (D)M40。

290 下列何者可避免工件安裝在夾具時，可能產生的裝置錯誤？ (A)加裝與定位無關的銷或方塊 (B)定位較小公差 (C)調整工件高度 (D)改變工件尺寸。

291 工件形狀若為不規則或薄片，則下列何種裝置較適宜用於定位？ (A)V 型定位件 (B)承窩定位件 (C)柱塞定位件 (D)方塊定位件。

292 體積較大之工件，通常的夾持方式為 (A)利用虎鉗夾持 (B)不必夾持 (C)利用 V 型塊 (D)直接夾持 於床台。

293 與傳統工作母機比較，對於 CNC 工具機的描述，下列何者不是正確的？ (A)可減少人為疏忽 (B)刀具壽命有可能會增加 (C)使用之夾治具增加 (D)生產效率高。

294 以下何者是正確的 CNC 車床換刀指令？(A)T0202; (B)T0202 M06; (C)T02 M06; (D)T02;。

295 為有效夾緊工作件，CNC 車床上常以何種，夾具進行夾持？ (A)油壓硬爪 (B)油壓生爪 (C)一般三爪夾頭夾爪 (D)一般四爪夾頭夾爪。

296 CNC 工具機中的「ATC 裝置」，是指？ (A)自動刀具程式 (B)自動刀具交換 (C)自動程式輸入 (D)自動托板交換。

297 以下何種刀具適合精切削鈦(Ti)合金？ (A)碳化鎢 (B)陶瓷 (C)鑽石 (D)高速鋼。

298 若無適當夾治具輔助，CNC 車床無法加工？ (A)螺紋 (B)圓弧 (C)錐度 (D)偏心。

299 下列敘述何者正確？ (A)旋臂鑽床規格一般以床面大小表示 (B)旋臂鑽床用於加工笨重工作物 (C)用鉸刀鉸屑時，為了要斷屑與潤滑，鉸刀可以反轉使用，以得到精密加工面 (D)鑽床主軸孔應用加諾錐度。

300 原點復歸時，各軸移動至 (A)機械原點 (B)程式原點 (C)刀具交換位置 (D)任意位置。

301 機械鎖定(MACHINE LOCK)之作用是 (A)重新定位刀具起點 (B)程式鎖住，不得更改 (C)機械不動，執行程式 (D)電源鎖住，無法任意切斷。

302 手動回歸機械原點，若發生超行程時之排除方法為 (A)人力拉回 (B)按反向移動按鈕 (C)修改程式 (D)操作手動單節(MDI)開關。

303 車削不規則形狀之工作物宜選用 (A)套筒 (B)雞心 (C)三爪 (D)四爪夾頭。

304 在 CNC 銑床上銑切直徑 ϕ21.6mm 深 20mm 之盲孔，較適宜之加工程序為? (A)直接使用 ϕ21.6mm 之端銑刀 (B)中心鑽、ϕ21.6mm 之 2 刃端銑刀 (C)中心鑽、ϕ18mm 鑽頭、ϕ21.6mm 之 2 刃端銑刀 (D)ϕ18mm 鑽頭、ϕ21.6mm 之 2 刃端銑刀。

305 NC 程式欲輸入補正值資料時，應按下列何機能鍵再進行補正值輸入? (A)PRGRM (B)GRAPH (C)PARAM (D)OFFSET。

306 若執行記憶體程式，發覺進給率較高時，處置方法為 (A)調整操作面板上之主軸旋轉率旋鈕 (B)立即停機修改程式中的 F 值 (C)調整操作面板上之進給率旋鈕 (D)立即停機更改主軸的每分鐘回轉數。

307 下列何者為 NC 製程規劃? (A)刀具規劃 (B)加工規劃 (C)夾具規劃 (D)以上皆是。

308 加工製程選定，如圖所示，加工此元件分成(a)平頂面、(b)外形輪廓、(c)三孔等三個工件特徵，加工製程順序何者較為適確? (A)abc (B)bca (C)bac (D)cba。

309 如圖，程式參考原點選在何位置? (A)1 (B)2 (C)3 (D)123 均可。

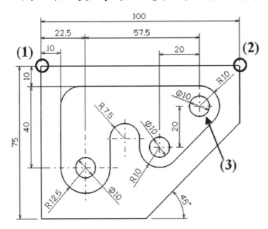

310 平頂面採用何者加工法? (A)槽銑 (B)面銑 (C)側銑 (D)車削。

311 外形輪廓採用何者加工法? (A)槽銑 (B)面銑 (C)側銑 (D)車削。

312 製程能力係指切削製程的加工限度，一般用製程加工時可達到的 (A)最小或最大尺寸 (B)尺寸精度 (C)表面粗度 (D)以上皆是 來定義。

313 下列何者不是加工參數? (A)素材大小 (B)切削速度 (C)進給率 (D)切削深度。

314 下列何者不是決定切削次數的因素? (A)刀具一次切削允許切削量 (B)材料切除總量 (C)切削所需表面粗度 (D)換刀次數。

315 工件圖無法提供下列何項資訊? (A)公差與精度 (B)工件材料 (C)設定與量測基準面 (D)工件夾持位置。

316 車床程式單節指令 G01 U_____ W_____ F_____ ;其中 U、W 之座標係指 (A)終點座標 (B)絕對尺寸 (C)增量之向量值 (D)起點座標。

317 圓弧切削時，圓心之位置，同時以 I、K、R 表示時，則以 (A)I 值優先 (B)K 值優先 (C)R 值優先 (D)以參數設定，選擇優先順序。

318 副程式指令 M98 P005L003;其意指所呼叫之副程式重複執行 (A)3 (B)5 (C)10 (D)51 次。

319 螺紋切削循環中，若第一刀之進刀深度為 1.2mm，則第三刀應為 (A)0.265 (B)0.382 (C)0.514 (D)0.820 mm。

320 當試車削後，測得長度為 42.05mm，如欲車製 42mm 長時，則該刀具須補正值多少 mm? (A)X=-0.05 (B)X=0.05 (C)Z=-0.05 (D)Z=0.05。

321 G74 指令碼適用於 (A)車削階級面 (B)自動退刀 (C)重車削 (D)深孔鑽削。

322 M05 指令是 (A)程式 (B)冷卻液 (C)主軸 (D)進給 停止。

323 下列何者為螺紋車削複循環指令? (A)G32 (B)G33 (C)G76 (D)G92。

324 以下何種指令，無法車削直線螺紋與錐度螺紋? (A)G92 (B)G32 (C)G64 (D)G76。

325 對於大端面的切削，為使切削速度自始至終都能維持一定，主軸迴轉速度指令應如何設定? (A)G96 S160; (B)G97 S160; (C)G98 S160; (D)G99 S160;。

326 對於 G50 的描述，以下何者錯誤? (A)設定車床座標系 (B)與 S 指令配合，可設定主軸最高迴轉速度 (C)通常寫在程式號碼之下 (D)是一種移動指令的宣告。

327 使用 G73 指令的主要目的是? (A)適用於外型成型粗胚加工 (B)適用於鑽削成型加工 (C)適用於快速切斷加工 (D)適用於螺紋切削加工。

328 G97 模式下，車削指令 M03 S1000;係表示? (A)主軸正轉，切削速度 1000m/min (B)主軸正轉，主軸轉數 1000rpm (C)主軸逆轉，切削速度 1000m/min (D)主軸逆轉，主軸轉數 1000rpm。

329 以下何項是使用 G74 指令的主要目的? (A)工件可獲得較佳的表面粗糙度 (B)可避免工件被刮傷 (C)可節省程式指令的寫作時間 (D)可確保工件加工後的尺寸精度。

330 G43 G01 Z-20.0 H01 F150;單節指令中,其刀尖於 Z 軸之實際位置為?(設 H01=-5.0)(A)-25.0 (B)-15.0 (C)-20.0 (D)-30.0。

331 下列何者為非?切削速度係指 (A)刀具中心 (B)刀具切刃 (C)表面 的速度。

332 如圖所示車削工件錐度之敘述,何者正確? (A)用尾座偏置法,其尾座偏置量為 5mm (B)用尾座偏置法,其尾座偏置量為 2.5mm (C)用複式刀座偏轉法,偏轉角為 5° (D)用複式刀座偏轉法,偏轉角為 2.5°。

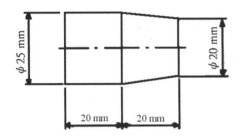

333 若 H01=200.0,補正位移量為 Z-150.0,下列何者正確? (A)G43 Z0 H01 (B)G44 Z50.0 H01 (C)G43 Z50.0 H01 (D)G44 Z0 H01。

334 執行程式 G01X20.0Y20.0F250;M03S1500;M08;…,若主軸轉速調整鈕位於 80%處,下列敘述何者錯誤? (A)250mm/min (B)冷卻液開 (C)迴轉速 1500rpm (D)主軸正轉。

335 N10 G73 X_Y_R_Z_F_ ;N20 G01X_Y_ ;N30X_ ;以下何者正確?(A)N20 不可無 F 指令 (B)執行 N20 後固定循環指令將被取消 (C)不能執行 G01 指令 (D)可繼續執行固定循環指令。

336 G91 G00 G43 Z20.0 H01;若 H01=-200.0,執行此單節的軸位移量為 (A)-120.0 (B)-180.0 (C)120.0 (D)180.0。

337 銑削 XY 平面之圓弧須使用指令 (A)G17 (B)G18 (C)G19 (D)G20。

338 CNC 綜合切削加工機指令「G33 Z-50. F3.0;」,其中,「F」對工件而言,正確含意是? (A)進給率 (B)螺紋節距值 (C)切削深度 (D)工件轉速。

339 CNC 綜合切削加工機使用「G04, G09, G61」等指令,主要目的在? (A)增進加工之表面粗糙度 (B)提高切削速度 (C)改善幾何精度 (D)避免撞車。

340 在 CNC 綜合切削加工機的固定切削循環指令中,何種指令不具切削機能? (A)G80 (B)G81 (C)G82 (D)G83。

341 下述何項指令在 CNC 綜合切削加工機中,具間歇切削機能? (A)G76 (B)G75 (C)G73 (D)G72。

342 CNC 綜合切削加工機指令「G92 X200.Y40.Z-20.;」「G90 G03 X140.Y100.I-60.F300;」意謂? (A)刀具順時鐘方向切削 (B)座標以增量值設定 (C)圓弧中心位於 140,100 (D)圓弧半徑 60。

343 於 CNC 綜合切削加工機上,使用固定切削循環指令,何種指令具加工盲孔機能? (A)G85 (B)G86 (C)G87 (D)G88。

344 等角圖是根據 (A)透視 (B)斜 (C)輔助 (D)正 投影原理繪製。

345 等角投影圖三軸角皆為 (A)120° (B)60° (C)45° (D)30°。

346 在輔助視圖中代表參考基準面的簡稱為下列何者？ (A)PP (B)RP (C)CP (D)HP。

347 下列何者不完全符合平面之定義？ (A)二平行線 (B)二相交線 (C)任意三點 (D)不在一直線上之三點。

348 對於下列線條種類與用途之敘述,何者錯誤？ (A)剖面線是用細實線 (B)割面線是用細實線 (C)節線是用細鏈線 (D)隱藏線是用虛線。

349 機件的某一部分需做特殊的加工或處理,應採用下列哪一種線表示？ (A)粗實線 (B)粗鏈線 (C)細實線 (D)細鏈線。

350 公制螺紋標註法 L-2N M6×1-6H/5g6g 中,6H 代表的意義為下列何者？ (A)內螺紋的大徑公差等級為 6H (B)內螺紋的節徑公差等級為 6H (C)外螺紋的大徑公差等級為 6H (D)外螺紋的節徑公差等級為 6H。

351 機件剖面線,常以塗黑表示的是何者選項？ (A)齒輪 (B)軸 (C)型鋼 (D)螺母。

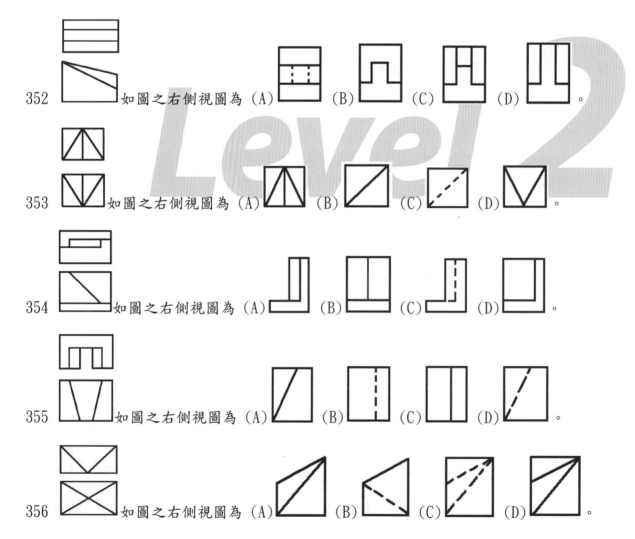

352 如圖之右側視圖為 (A) (B) (C) (D) 。

353 如圖之右側視圖為 (A) (B) (C) (D) 。

354 如圖之右側視圖為 (A) (B) (C) (D) 。

355 如圖之右側視圖為 (A) (B) (C) (D) 。

356 如圖之右側視圖為 (A) (B) (C) (D) 。

357 下列由四個機件組成之組合圖，其剖面線之表示方法，何者正確？

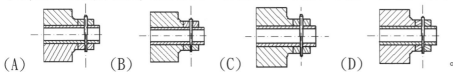

(A)　　　　(B)　　　　(C)　　　　(D)　　　　。

358 第三角投影法是 (A)觀察者→投影面→物體 (B)觀察者→物體→投影面 (C)物體→投影面→觀察者 (D)物體→觀察者→投影面。

359 我國製圖之規範是依據 (A)JIS (B)DIN (C)ISO (D)CNS。

360 下列何種線條不是細線？ (A)虛線 (B)尺寸線 (C)中心線 (D)剖面線。

361 在視圖中,物體被遮蔽部分的邊線、交線是以 (A)剖面 (B)中心 (C)隱藏 (D)延伸 線表示。

362 視圖中,當線條重疊時其優先順序為 (A)虛線→實線→尺寸線 (B)實線→尺寸線→虛線 (C)尺寸線→實線→虛線 (D)實線→虛線→尺寸線。

363 決定視圖時,通常把物體最大尺度部份設置在 (A)俯 (B)前 (C)後 (D)側 視圖。

364 在尺寸標註中,用以表示與其他零件之組合關係的尺寸稱為 (A)關係 (B)功能 (C)參考 (D)主要 尺寸。

365 尺寸標註時,數字方向應與尺寸線成 (A)垂直 (B)平行 (C)夾角 30 度 (D)夾角 45 度。

366 機械圖中,常用的尺度單位是 (A)in (B)mm (C)cm (D)m。

367 繪圖比例 1：3,是指當物體長度是 60mm 時,則圖面上的長度是 (A)10 (B)20 (C)30 (D)180 mm。

368 為清楚表示複雜物體的內部結構,應繪製 (A)立體圖 (B)輔助視圖 (C)剖視圖 (D)透視圖。

369 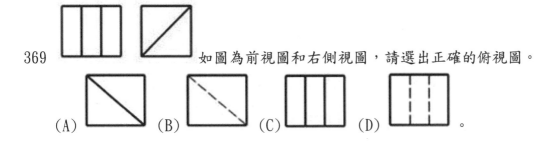 如圖為前視圖和右側視圖,請選出正確的俯視圖。

(A)　　　　(B)　　　　(C)　　　　(D)　　　　。

370 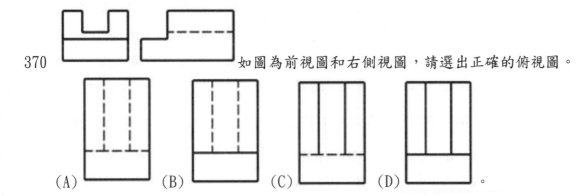 如圖為前視圖和右側視圖,請選出正確的俯視圖。

(A)　　　　(B)　　　　(C)　　　　(D)　　　　。

371 　右側三視圖的立體圖是？

(A)　　　　　(B)　　　　　(C)　　　　　(D) 　　　　　。

372 　右側三視圖的立體圖是？

(A)　　　　　(B)　　　　　(C)　　　　　(D) 　　　　　。

373 　右側前視圖的右側視圖是？

(A)　　　　　(B)　　　　　(C)　　　　　(D) 　　　　　。

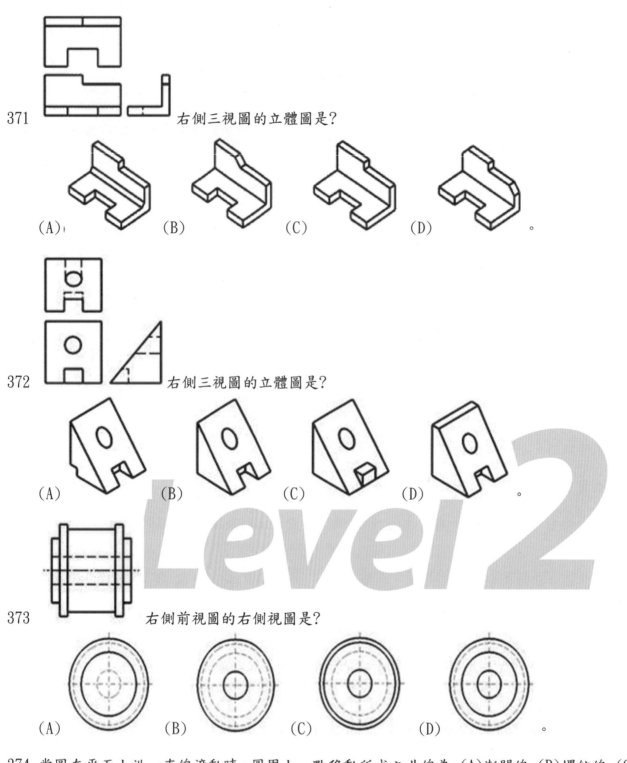

374 當圓在平面上沿一直線滾動時，圓周上一點移動所成之曲線為 (A)漸開線 (B)螺紋線 (C)雙曲線 (D)擺線。

375 以一平面切割直立圓錐，若該平面與圓錐軸線平行，則截面為 (A)圓 (B)拋物線 (C)橢圓 (D)雙曲線。

376 一條直線與圓周相切於一點，此點和圓心連線與該直線的夾角應為 (A)0 (B)30 (C)60 (D)90 度。

377 兩外切圓之圓心所連成的直線等於 (A)兩直徑和 (B)兩半徑和 (C)兩直徑差 (D)兩半徑差。

378 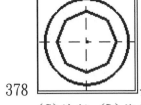 如圖若已畫好圖形 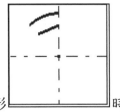 時,再以何種畫法最快? (A)旋轉 (B)陣列 (C)鏡射 (D)複製。

379 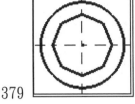 如圖若已畫好圖形 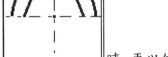 時,再以何種畫法最快? (A)旋轉 (B)陣列 (C)鏡射 (D)複製。

380 如圖所示,除三個主要視圖外,下列何者敘述正確?(A)含 2 個複斜面,1 個單斜面 (B)含 2 個單斜面,1 個複斜面 (C)含 3 個單斜面 (D)含 3 個複斜面。

381 下列何者為空間曲線? (A)漸開線 (B)擺線 (C)拋物線 (D)螺旋線。

382 在三維實體模型中所執行導角或薄殼的動作,將被操作歷程記錄為 (A)結構 (B)造型 (C)特徵 (D)零件。

383 下列何者不是建構螺旋線的輸入條件? (A)切線 (B)節距 (C)長度 (D)旋轉軸。

384 對於實體模型的描述,下列何者有誤? (A)可進行體積、重量等物理量的計算 (B)可由一個或多個未封閉的平面區域直接長成實體模型 (C)可進行消除隱藏線、布林運算等處理 (D)三維曲面模型加上厚度就是實體模型。

385 如圖之實體模型,其建構指令不包含下列何者?(A)薄殼 (B)擠出 (C)挖除 (D)旋轉。

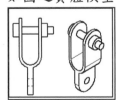

386 車削一工件，其工件程式如下：
　　O1000
　　N05 G50 X50. Z100. ;
　　N10 T0202;
　　N15 G50 S2000;
　　N20 G00 X32. Z63. ;
　　N25 G96 S500 M03;
　　N30 G71 U1.5 R0.5;
　　N35 G71 P40 Q60 U0.5 W0.1 F0.05;
　　N40 G00 X10. ;
　　N45 G01 W-18. F0.15;
　　N50 G03 U10. W-5. R5. ;
　　N55 G01 W-20. ;
　　N60 U10. W-5. ;
　　N65 G70 P40 Q60;
　　N70 G00 X50. Z100. ;
　　N75 T0200;
　　N80 M30;
　　程式中，何指令代表精車削循環？ (A)G50 (B)G70 (C)G71 (D)G96。

387 承上題，程式中，何指令代表外徑粗車削循環？ (A)G50 (B)G70 (C)G71 (D)G96。

388 承上題，程式中，外徑粗車削循環的切削深度為 (A)0.25 (B)0.5 (C)1.0 (D)1.5 mm。

389 承上題，程式中，X方向(徑向)精加工預留量為 (A)0.1 (B)0.25 (C)0.5 (D)1.0 mm。

390 承上題，程式中，Z方向(軸向)精加工預留量為 (A)0.1 (B)0.25 (C)0.5 (D)1.0 mm。

391 下列何者非電腦輔助製造軟體？ (A)POWERMILL (B)CADCES (C)ANSYS (D)MASTERCAM。

392 應用電腦輔助製造軟體進行工件加工路徑設計時，下列何者不須考慮？ (A)CNC加工機控制器種類 (B)加工範圍 (C)工件材質 (D)加工刀具種類與尺寸。

393 下列何種非NC路徑資料儲存格式？ (A)APT(Automatically Programmed Tools) (B)CL(Cutter Location File) (C)NC程式 (D)IGES(Initial Graphics Exchange Specifications)。

394 應用電腦輔助製造軟體完成工件加工路徑設計後，在後處理輸出加工用NC程式碼時必需考慮下列何者？ (A)工件原點座標 (B)工件大小 (C)CNC加工機控制器種類 (D)刀具轉速。

395 下列何種刀具最適合3D型面精加工？ (A)鑽頭 (B)球形端銑刀 (C)搪孔刀 (D)強力粗銑刀。

396 下列何項並非工件在粗加工時情形？ (A)工具機主軸易受損 (B)工具機機台震動大 (C)刀刃易磨損 (D)不須切削液。

397 工件經銑削精加工後，其工件表面粗糙程度與下列何項無關？ (A)刀刃磨耗 (B)排削不佳 (C)順、逆銑加工 (D)加工機控制器種類。

398 有一塊 80x60x45mm³ 六面體粗胚工件要銑削加工其六個平面，哪一面先行銑削較佳？
(A)80x60mm² (B)60x45mm² (C)80x45mm² (D)任何一面。

399 加工凹槽時，槽寬必須大於 (A)0.5 (B)1 (C)1.5 (D)2 倍的刀具半徑，否則將發生過切而發出警告訊號。

400 G90 為 (A)絕對座標值 (B)增量座標值 (C)座標系設定 (D)快速移位。

401 G91 G01 X40. Y30. F50 切削時間為 (A)1 秒鐘 (B)1 分鐘 (C)0.8 秒鐘 (D)0.6 分鐘。

402 銑削半徑為 R 的圓弧時，下列敘述何者為非？(A)圓心角小於 180 度，R 值為正 (B)圓心角等於 180 度，R 值為正 (C)圓心角大於 180 度，R 值為負 (D)R 值的正負號與圓心角無關。

403 若外型尺寸複雜或階梯形狀尺寸，尺寸標定採用 (A)絕對值 (B)增量值 (C)AB 均可 (D)AB 並用 較為理想。

404 以 G41 D02；指令銑削工作外型尺寸，經量測後若工件外型尺寸大於圖面尺寸，則應修改 (A)G41 改為 G42 (B)增加 D02 之補正量 (C)減少 D02 之補正量 (D)與補正值無關。

405 在輪廓外形銑削時，下列何項非順銑加工之優點？ (A)切削力小 (B)刀具磨耗少 (C)銑削面品質佳 (D)工件震動大。

406 一塊六面體素材進行挖槽銑削時，下列何種加工模式不佳？ (A)以球形端銑刀進行挖槽加工 (B)先以鑽頭移除挖槽材料後再以端銑刀進行挖槽加工 (C)以端銑刀採等深度進給量加工凹槽 (D)以鑽頭先於凹槽銑削下刀處鑽一較端銑刀大之孔，再以端銑刀由內往外加工。

407 如圖，以多少半徑尺寸球形端銑刀進行多刀清角加工最佳？ (A)半徑尺寸 2.5mm (B)半徑尺寸 5mm (C)半徑尺寸 4mm 球刀 (D)半徑尺寸 3.5mm。

R3(mm)

408 如圖，以何種刀具進行挖槽加工較佳？ (A)球形 (B)直角 (C)圓角(D)T 型 端銑刀。

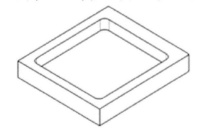

409 在碳鋼工件上進行挖槽銑削加工，其冷卻方法下列為佳？ (A)用少量切削液 (B)用壓縮空氣吹 (C)用大量切削液 (D)不必使用。

410 如圖，以右旋端銑刀進行輪廓外型順銑加工，其路徑依序為何？ (A)1-4-3-2 (B)1-2-3-4 (C)1-4-2-3 (D)1-2-4-3。

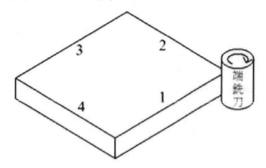

411 以一外徑 D 之面銑刀銑削平面，其每次加工位移量 P 為多少 D 較佳？ (A)P≦3/4D (B)P≦1/2D (C)P≦1/3D (D)P=D。

412 若要以 CNC 加工機加工直徑 20 mm 深 30 mm 之盲孔，其加工程序何項較佳？ (A)直接使用直徑 20 mm 之端銑刀加工 (B)中心鑽，直徑 20 mm 之球形端銑刀，直徑 20 mm 之直角端銑刀 (C)直徑 18 mm 之鑽頭，直徑 20 mm 之直角端銑刀 (D)中心鑽，直徑 18 mm 之鑽頭，直徑 20 mm 之直角端銑刀。

413 臥式銑床傳統銑刀，主要是靠下列何者固定？ (A)彈簧套筒 (B)螺絲 (C)固定銷 (D)鍵。

414 銑削加工在何者情況應降低銑削速度？ (A)精加工 (B)銑刀切刃已磨耗但尚堪用 (C)不考慮銑刀壽命 (D)工件材質較軟。

415 銑削加工時，下述何種情形即應減少每一刀刃進刀量？ (A)工件較厚 (B)要求較佳之表面粗糙度 (C)使用高強度銑刀片 (D)銑削較淺溝槽時。

416 銑削平行面時，應於工件底面與虎鉗鉗台之間墊以何物，以銑得平行面？ (A)圓桿 (B)V 形枕 (C)角尺 (D)平行塊。

417 曲面上凸部份的最小曲率半徑為 3mm，最大為 10mm，下凹部份的最小曲率半徑為 8mm，最大為 20mm。若欲精加工此曲面，則可選用最大的球刀半徑為 (A)3 (B)8 (C)10 (D)20 mm。

418 電腦與 CNC 加工機連線進行曲面 DNC 加工時，常發生加工中有停頓現象，其原因為何？ (A)NC 資料傳輸速度慢 (B)NC 程式發生錯誤 (C)加工機電源供應不穩定 (D)加工機主軸過熱。

419 如圖，欲得到較平順的平面，以何種加工路徑較佳？ (A)沿 X 軸單向加工 (B)沿工件外形由內向外環繞加工 (C)沿 Y 軸單向加工 (D)沿工件外形由外向內環繞加工。

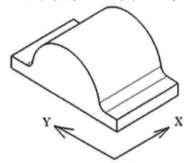

420 以一球形端銑刀進行曲面銑削時，NC 程式路徑以何為基準較佳？ (A)球形端銑刀 R 中心 (B)球形端銑刀底部刀尖 (C)主軸頭前端中心 (D)刀把前端中心。

421 在曲面銑削時為避免刀具過負荷而發生斷裂,應對工件曲面進行何種加工? (A)用手動砂輪機先行拋光加工 (B)對曲面造形凹處進行清角加工 (C)啄鑽加工 (D)直接曲面銑削加工。

422 一般在曲面銑削之 NC 程式大多以 G01 方式加工,為使被加工工件之曲面曲率能更滑順,在應用電腦輔助製造軟體設計路徑時可調整何項參數? (A)刀具轉速 (B)弦高誤差值 (C)加工速率 (D)順逆銑加工模式。

423 以 CNC 加工進行無人化曲面加工,下列何項為非必要設備? (A)刀具檢測 (B)ATC (C)DNC (D)照明 系統。

424 一塊六面體素材進行曲面銑削,為提高材料移除速率,在粗削曲面時以下列何種銑刀較佳? (A)面銑刀 (B)球形端銑刀 (C)直角端銑刀 (D)T 型端銑刀。

425 如圖,NC 程式以球刀中心為基準,假設工件底部 Z 軸高度值為 15mm,校高塊高度為 50mm,球刀半徑 10mm,請問於 CNC 加工機之控制器下 G92 指令設定為何? (A)G92Z60. (B)G92Z65. (C)G92Z10. (D)G92Z75.

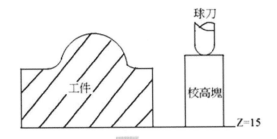

426 度量外螺紋節徑最理想的量具是 (A)樣柱 (B)鋼尺 (C)節距規 (D)螺紋分厘卡。

427 螺紋的公稱尺度是以 (A)外徑 (B)節徑 (C)底徑 (D)節距 表示之。

428 檢驗螺紋節距是否正確,應選用的量具是 (A)分厘卡 (B)節距規 (C)外卡 (D)三線量規配合分厘卡。

429 M30×3.5 之牙角是 (A)60° (B)55° (C)30° (D)29°。

430 進給速度理論值為 180mm/min,通常,XY 平面進給速度取較低於理論值之 150mm/min,而 Z 軸進刀則應為 (A)100 (B)150 (C)180 (D)250 mm/min。

431 車削鋼材時的切削速度與進給率如下表,在一具有 25HP 的 CNC 車床用高速鋼刀具車削 150BHN 勃氏硬度的普通低碳鋼,粗車時工件直徑從 20mm 車削至 17.5mm,切削速度的單位 m/m 為 (A)每秒鐘幾公釐 (B)每轉幾公釐 (C)每分鐘幾公尺 (D)每轉幾公尺。

鋼	處理條件	硬度 BHN	高速鋼		碳化鎢	
			切削速度 (m/m)	進給率 (mmpr)	切削速度 (m/m)	進給率 (mmpr)
低碳易削鋼	冷抽拉	170~190	60	0.12	225	0.15
中碳易削鋼	冷抽拉	200~230	50	0.12	150	0.12
普通低碳鋼	退火	110~165	40	0.12	170	0.15
普通中碳鋼	淬火及回火	210~250	30	0.10	140	0.12
普通高碳鋼	淬火及回火	320~375	15	0.10	75	0.10
合金鋼	退火	150~240	30	0.10	140	0.15
	正常化或淬火及回火	240~310	25	0.10	105	0.12
	淬火及回火	315~370	15	0.10	95	0.10
	淬火及回火	380~440	15	0.08	70	0.10
	淬火及回火	450~550	10	0.08	60	0.10
	淬火及回火	510~560	10	0.08	40	0.10

432 承上題,由表可得知,在相同刀具車削工件,工件的材質愈硬,切削速度愈 (A)快 (B)慢 (C)無關 (D)一樣。

433 一對相互嚙合的正齒輪,安裝在減速機上,得到中心距離為 150mm,齒輪齒數分別為 19 齒與 56 齒,則齒輪的模數為為若干? (A)4 (B)3 (C)2 (D)1。

434 以車床車削節距為 3mm 之螺紋,導螺桿之節距為 6mm,若主軸齒輪之齒數為 24 齒,則應搭配多少齒數的導螺桿齒輪? (A)12 (B)36 (C)48 (D)72 齒。

435 何者非切削液主要之功能? (A)冷卻 (B)潤滑 (C)增加刀具壽命 (D)抗氧化。

填充題

1　數值控制機械採用閉迴路定位系統，可提高控制精度，定位系統回授感測器一般採用下列兩種：＿＿＿＿＿＿＿＿＿　與光學尺。

2　一個數值控制機械工作台利用閉迴路定位控制系統來操作。系統有伺服馬達、驅動器、螺桿和光學編碼器所組成。螺桿導程為6mm，並且齒數比為5：1(驅動馬達5轉對螺桿1轉)來與馬達軸心聯結。光學解碼器在其輸出軸上產生48脈衝/轉，輸出軸與螺桿以4：1減速方式來進行聯結(解碼器4轉對螺桿1轉)。工作台已經利用程式要在進給率500mm/min的速度下進行250mm的移動，控制系統要接收 ＿＿＿＿＿＿＿ 脈衝以證實工作台確實移動至250mm。

3　目前表示3D物體的方法有三種：線框架構、表面模型、＿＿＿＿＿＿＿＿＿。

4　剖面線一般採用哪種線條？ ＿＿＿＿＿＿＿＿。

5　圖面比例標示為1：5，表示圖面大小為實物的 ＿＿＿＿＿＿ 倍。

6　圓弧如以半徑標註時，則指此圓弧所對的圓心角未超過 ＿＿＿＿＿＿ 度。

7　G04 P500；係表示暫停 ＿＿＿＿＿ 秒 。

8　G84右螺紋攻絲循環指令，若主軸正轉100rpm，螺牙節距為2mm，則進給率F應為mm/min？＿＿＿＿＿＿＿。

9　銑刀直徑10mm，主軸轉速1500rpm銑削鐵塊，則銑削速度為 ＿＿＿＿＿＿＿ m/min。

10　群組技術(Group Technology)之英文簡稱為 ＿＿＿＿＿＿＿。

11　英文縮寫CIM所代表之中文名稱： ＿＿＿＿＿＿＿＿＿＿＿。

12　CNC車床操作時,縱向主軸方向進刀屬於 ＿＿＿＿＿＿＿ 軸向，橫向向前進刀屬於－X軸向。

13　一部完整數值控制工具機，其系統構成分成機械結構、＿＿＿＿＿＿ 系統、驅動系統與＿＿＿＿＿＿ 系統等四部分。

14　程式自動編輯工具，英文縮寫為 ＿＿＿＿＿＿＿，是利用一群符號語言在電腦上定義工件的幾何形狀及刀具路徑，具有定義複雜加工曲面的能力。

15　CNC系統最常用的四個評量標準為精度、解析度、重現性與系統響應等，其中，四個評量標準中，不是以mm為量度單位為 ＿＿＿＿＿＿＿，又滑軌在500mm的行程內的不準確係指四個評量標準中的 ＿＿＿＿＿＿。

16　CNC工具機驅動系統採用何種型式的進給螺桿：＿＿＿＿＿＿＿ 導螺桿。

17　CNC工具機之伺服控制驅動系統之形式：分有閉環迴路系統及 ＿＿＿＿＿＿＿ 兩類。

18　CNC工具機之伺服控制驅動馬達分為 ＿＿＿＿＿＿＿ 馬達、交流伺服馬達及直流伺服馬達。

19　數值控制車床所使用的夾頭依動力源一般可分為：氣壓夾頭及 ＿＿＿＿＿＿ 夾頭。

20 步進馬達精度計算：有一每轉一圈有 200 個脈波的步進馬達，接一組減速比為 2/5 的齒輪減速機構，再接一螺距為 5mm 的導螺桿，則每一脈波可使床台移動 ＿＿＿＿＿＿＿＿ mm。

21 步進馬達藉由控制輸給馬達的脈波 ＿＿＿＿＿＿ 來精確控制馬達運動角度，控制脈波 ＿＿＿＿＿＿ 來精確控制馬達轉動速度。

22 在閉迴路 CNC 系統中，利用光學尺量測床台實際移動量，稱為 ＿＿＿＿＿＿＿ 量測，而利用角度編碼器量測滾珠導螺桿旋轉量，不是直接量測床台的位置，稱為間接量測，會受背隙或其他機構傳動的誤差影響量測精度。

23 鑽模或夾具用來夾緊工作物，和工作物接觸之部分須經何種熱處理，以免磨損？＿＿＿＿＿＿＿ 處理。

24 規範及引導鑽切刀具行進路徑之模具裝置稱為 ＿＿＿＿＿＿＿。

25 能將工件正確、快速的固定及定位在工具機及工作台上之夾持裝置稱為 ＿＿＿＿＿＿＿。

26 CNC 執行刀具交換功能前，須使主軸回到 ＿＿＿＿＿＿＿，即下 ＿＿＿＿＿＿ 指令。

27 車削夾頭有三爪自動對心夾頭、四爪獨立夾頭與動力夾頭等三種形式，其中，最適合夾持圓形工件為 ＿＿＿＿＿＿＿ 夾頭，適於夾持非對稱及非圓形的工件為 ＿＿＿＿＿＿ 夾頭。

28 選用刀把要素有凸緣型式、＿＿＿＿＿＿＿ 與需使用切削刀具。

29 為避免加工時產生累進或連續誤差，規劃 CNC 加工路徑時可以採用 ＿＿＿＿＿＿＿ 座標。

30 數控工具機於安裝時都設有一個永久不變的位置，機械定位及移位計算皆以此位置做為基點，此點稱為 ＿＿＿＿＿＿＿。

31 機械加工時須先設定 ＿＿＿＿＿＿＿ 原點（校刀），設定後工具則依此原點做切削加工。

32 若綜合切削加工機之導螺桿節距為 12mm，今令此導螺桿旋轉 3 度，則在此軸向上的刀具移動 ＿＿＿＿＿＿＿ mm 距離。

33 閉環系統(Closed loop system)中，為提高數值控制機器的移動精度，通常會在床台側邊加裝 ＿＿＿＿＿＿＿ 裝置。

34 若車削進給率與主軸轉數分別設定為 200mm/min，2000rpm，則換算成每轉進給率應為 ＿＿＿＿＿＿＿ (mm/rev)。

35 螺紋規格標註『2N-M20×2.5』，2N 是指雙線螺紋，若以 CNC 車床進行螺紋切削，則指令『G92 X19.0 Z-25.0 F____；』，F 應為若干？＿＿＿＿＿＿＿。

36 CNC 車床對於軸向的深孔鑽削，應選用具有啄鑽(Peck-drilling)功能的指令，以利切屑排出，在複合循環指令中，＿＿＿＿＿＿＿ 指令具此功能。

37 CNC 車床，欲以 1200rpm 車削螺紋，則於螺紋程式之前，需先宣告工件的迴轉數固定，指令如下：『＿＿＿＿ S1200；』，空格為何？＿＿＿＿＿＿＿。

38 在 CNC 車床程式 G97 S130 M30 中的 M30 表示什麼功能？＿＿＿＿＿＿＿。

39 在 CNC 車床進行車削時,使用指令 G04「刀具暫停指令」的兩個主要功用為何?
＿＿＿＿＿＿＿＿ 、 ＿＿＿＿＿＿＿＿ 。

40 在 CNC 車床程式中,刀具機能 T 之後附加 4 位數字 T(2+2),其中前後兩個 2 位數各代表什麼意義?＿＿＿＿＿＿＿＿ 、 ＿＿＿＿＿＿＿＿ 。

41 執行指令『G92 X200. Y40. Z0. ;』及『G17 G90 G03 X140. Y100. I-60. F200;』之後,刀具中心路徑所描繪的軌跡,其半徑為 ＿＿＿＿＿＿＿ mm。

42 若 D01=+16.3,則執行指令『G91 G45 X0. D01;』之後,刀具實際的位移量在 X 方向為＿＿＿＿＿＿ mm。

43 欲將刀軸上的刀把(第 12 號)換掉,並抓取刀倉上的第 16 號刀把,則換刀指令應寫成『＿＿＿＿ T16;』。空格中,應填入何種指令? ＿＿＿＿＿＿ 。

44 在 CNC 綜合切削中心機中以 G17 在平面進行直線切削,若 X、Y 軸之移動速率之分量皆為 20m/min,則切削進給率為?(四捨五入至個位數) ＿＿＿＿＿＿＿ 。

45 CNC 綜合切削中心機比 CNC 銑床多了何種裝置? ＿＿＿＿＿＿＿＿ 。

46 在 CNC 綜合切削中心機的程式 G17 G91 G00 G45 X-5.0 D01 中,若 D01 設定為-5.0,則 X 軸移動多少 mm? ＿＿＿＿＿＿＿＿＿ 。

47 所謂『等角投影圖』是指三等角軸的夾角互成 120°,而其大小為『等角圖』的 ＿＿＿＿ 倍。

48 三視圖中的『＿＿＿＿＿＿＿ 圖』,可以呈現物體的寬度與深度。

49 當一機件上有一平面不與投影面平行時,其投影會產生變形及縮小的情況,為了彌補此一缺點,常需使用何種投影法? ＿＿＿＿＿＿＿＿＿＿ 。

50 請補上下列三視圖中的正確右側視圖。 ＿＿＿＿＿＿＿＿＿＿ 。

51 一正 16 邊形,欲將之輻射方向等分為 16 份,最適宜的繪圖指令是 ＿＿＿＿＿＿ 。

52 中心線以『細鏈線』表示,而剖面線應以『＿＿＿＿＿ 線』繪製。

53 一線緊繞於一圓柱,線的一端點 A 逐漸展開,當拉展成切線模式時,則線的端點移動的軌跡,稱為 ＿＿＿＿＿＿＿ 線。

54 要在 2D 的 CAD 軟體中建立一個正五邊形,除了已知中心點、內接於圓、及外切於圓等模式之外,還有一種什麼模式? ＿＿＿＿＿＿＿＿＿ 。

55 吾人常以多項式來表示三度空間曲線,請問能夠提供有連續斜率通過特定點保證的最低次方多項式為幾次多項式? ＿＿＿＿＿＿＿ 。

56　空間中的曲線常以 C^0、C^1 ... C^n 等來表示其連續性，如 C^0 代表曲線連續、C^1 代表斜率連續、C^2 代表曲率連續，請問一條直線與一圓弧相切是屬於何種連續？ _____。

57　目前最常被使用的兩種 3D 實體模型演算法有兩種，一種稱為 B-rep，另一種為何？ _____。

58　空間中有一圓柱螺旋曲線，其迴繞半徑為 R，節距(pitch)為 P，若以 t 為參數，請寫出其參數表示式。（前進軸向為 Z 軸）_____。

59　表面粗造度符號中，$\overset{6.3/8}{\bigvee}$ 的「8」代表的是表面的何種意義？ _____。

60　表面粗造度符號中，刀痕方向符號「C」表示刀痕成什麼形狀？ _____。

61　欲加工如圖之工件 ，請問哪兩個面可做為基準面？ _____。

62　通常，粗加工的切削速度(_____)(快或慢)於精加工的切削速度，而粗加工的切削深度與進刀率(_____)(大或小)於精加工。

63　若切削速度為 V=150m/min，當工件軸徑為 D=50mm 時，則迴轉速為 _____ rpm。

64　具有刀具半徑補正的路徑規劃的 NC 程式如下：
....
N35 G41 H21 X0. Y0.
N40 Y50.
....
則若刀具直徑為 50mm，在 Y=25. 位置時，刀具中心座標為 X=(_____)。

65　範例：利用鑽孔切削循環指令來鑽工件六個孔，程式如下：
O1101；
N05 G90 G80 G40；
....
N15 G92 X-45. Y67. Z32.；
N20 S750 M03；
N25 G00 Z10.；
N30 G99 G81 X30. Y30. Z-7.5 R2. F75；
N35 X50.；
N40 X70.；
N45 Y60.；
N50 X50.；
N55 X30.；
N60 G80 G91 G28 Z0 M05；
N65 G91 G28 X0 Y0；
N70 M30；
多孔鑽孔循環返回高度為 _____ mm，鑽孔進給速度為每分鐘 _____ mm。

66 ＿＿＿＿＿＿＿＿ 為鑽孔切削循環開始指令，＿＿＿＿＿＿＿＿ 為鑽孔切削循環結束指令。

67 承第 65 題，二孔水平(x 軸)間距為 ＿＿＿＿＿＿＿ mm，垂直(y 軸)間距為 ＿＿＿＿＿＿＿ mm，鑽孔深度為 ＿＿＿＿＿＿＿ mm。

68 『三軸銑削』，係指 X、Y、Z 三軸。在軸向定義上，一般將平行於夾持刀具主軸的軸，定義為 ＿＿＿＿＿＿＿ 軸(X、Y、Z 擇一回答)。

69 3D 加工中的昆式曲面(Coons surface)加工，基本上是由 ＿＿＿＿＿＿＿ 個任意邊曲線所圍而成的曲面。

70 以直徑 12mm 的球銑刀加工三次元曲面，工作物為鋁合金，若選用的切削速度為 180m/min，則在刀具設定頁中，設圓周率=3，主軸應選用多少的迴轉速(rpm)？ ＿＿＿＿＿＿＿。

71 切削螺紋時，M10×1.5-5g 6g 的 1.5 代表：＿＿＿＿＿＿＿。

72 三線螺紋的螺旋線相隔 ＿＿＿＿＿＿＿ 度。

73 欲攻牙的螺紋規格為 M10×1.5，主軸轉速為 300rpm 時，需將進給速度設定為 ＿＿＿＿＿＿＿ (m/min)。

74 當切削速度 V=100m/min、切削屑厚 t_0=0.50mm、切削寬度 w=3.0mm，則材料移除率為 ＿＿＿＿＿＿＿ mm³/min。

75 直徑 200mm 之 8 刃端銑刀，若每刃每轉進刀量為 0.02mm，且每分鐘進給量為 13mm，則銑削速度約為 ＿＿＿＿＿＿＿ m/min(取整數)。

76 若 BCD(Binary Coded Decimal)碼採 8 位元作業，則欲表示十進位的「56」，應寫成？ ＿＿＿＿＿＿＿。

77 當切削速度選用 300m/min，對於外徑 100mm 的中碳鋼而言，最適當的主軸轉數應為？ ＿＿＿＿＿＿＿ rpm。

78 數控機器所用滾珠導螺桿，節距若為 12mm，若驅動馬達轉動 3 度，則床台移動若干距離？ ＿＿＿＿＿＿＿ mm。

79 ＿＿＿＿＿＿＿ 馬達可直接驅動位移床台，並無滾珠導螺桿的摩擦磨耗，亦無背隙發生，是未來 CNC 工具機驅動系統的主流。

80 使用刀具自動交換裝置的切削中心機，當控制器接到刀具交換指令後，主軸快動至刀具交換位置上，接著刀具夾持器順時針旋轉 ＿＿＿＿＿＿＿ 度同時夾住刀具交換位置及主軸兩位置上的刀具。

81 最適合切削淬火硬化鋼的刀具是 ＿＿＿＿＿＿＿。

82 外徑車刀的刀具角度中，有助於引導排屑的角度是？ ＿＿＿＿＿＿＿ 角及 ＿＿＿＿＿＿＿ 角。

83 車削指令 G01 X20.0 Z-10.0 F0.2；其 F 指令的單位為？ ＿＿＿＿＿＿＿。

84 程式結束，並將游標還原至程式第一行，其指令為？ ＿＿＿＿＿＿＿。

85 切削過程中，為檢視刀具是否磨耗或度量半成品的尺寸精度，通常使用的輔助機能是？ _____。

86 在 CNC 綜合切削加工機上使用 G33 螺紋切削指令，當螺紋車刀切至孔底後，主軸需定向停止，以利偏位退刀。何項指令能提供主軸定向停止機能？ _____。

87 在一立體空間中，一平面最多穿越幾個象限： _____。

88 一面與三主要投影面都不平行，則此面稱為 _____。

89 若弧長為 S，圓心角為 θ，圓半徑為 R，則 S 等於： _____。

90 若 A 表示虛線、B 表示中心線、C 表示粗實線，若線條重疊時，線條之優先順序應為 _____ → _____ → _____。

91 曲線方程式 $y^2 = 4cx$ 的曲線型狀稱為 _____ 線。

92 橢圓長、短軸之夾角為幾度： _____。

93 端銑刀可分為二刃、三刃與四刃等三種形式，通常粗加工採用 _____ 刃端銑刀。

94 端銑刀可分為二刃、三刃與四刃等三種形式，精加工採用 _____ 刃端銑刀。

95 車削一工件，其工件程式如下：
O1000
N05 G50 X50. Z100. ;
N10 T0202;
N15 G50 S2000;
N20 G00 X32. Z63. ;
N25 G96 S500 M03;
N30 G71 U1.5 R0.5;
N35 G71 P40 Q60 U0.5 W0.1 F0.05;
N40 G00 X10. ;
N45 G01 W-18. F0.15;
N50 G03 U10. W-5. R5. ;
N55 G01 W-20. ;
N60 U10. W-5. ;
N65 G70 P40 Q60;
N70 G00 X50. Z100. ;
N75 T0200;
N80 M30;
程式中，N30 與 N50 的 R 分別代表意義為(N30： _____)，
(N50： _____)

96 車削一工件，其工件程式如下：

O1000
N05 G50 X50. Z100. ;
N10 T0202;
N15 G50 S2000;
N20 G00 X32. Z63. ;
N25 G96 S500 M03;
N30 G71 U1.5 R0.5;
N35 G71 P40 Q60 U0.5 W0.1 F0.05;
N40 G00 X10. ;
N45 G01 W-18. F0.15;
N50 G03 U10. W-5. R5. ;
N55 G01 W-20. ;
N60 U10. W-5. ;
N65 G70 P40 Q60;
N70 G00 X50. Z100. ;
N75 T0200;
N80 M30;

程式中，N35 與 N65 行的 P 與 Q 代表 _____。

97 G03 是指 _____，G42 是指_____。

98 G92 X0 Y0 Z0
G91 G00 X30 Y-60
G92 X0 Y0
G91 G00 X15 Y10
G00 X20 Y0
G00 X15 Y10
G00 X0 Y10

程式原點在機械原點座標為 _____，最後刀具位置在機械原點座標為 _____，
最後刀具位置在程式原點座標為 _____。

99 若程式起點為(0,0)，經 G45 G01 X200. Y100. D01 (D01=+20.)則最後位置座標為 _____。

100 在圓轉盤上銑一同心槽時，最適宜用 _____ 銑床加工。

101 錐銷之錐度為：1/_____。

102 有一工件長度為 200mm，端面為 10×20 mm，若在立式銑床上銑削該端面，應用何種銑刀？
_____。

103 M8×1，即螺紋外徑為 _____ mm，節距為 _____ mm 之細牙。

104 切削螺紋時必須使用中心規校正，使車刀中心與工作物軸心成 _____ 度。

105 試車 M8×1.25 螺紋，在車削長度為 30mm 時，外徑上會出現 _____ 圈(條)螺紋。

106 刀刃 10 齒,外徑 100mm 的銑刀,以轉數 200rpm 銑削低碳鋼工件,若銑刀每一迴轉每齒的進給量為 0.05mm,求銑刀每分鐘之進給量為 _____ (mm/min)。

107 以轉速為 500rpm、每轉進給為 0.3mm 之切削條件,車削工件外徑時,若工件長度為 150mm,須花 _____ min 來完成車。

108 如下表,車削鋼材時的切削速度與進給率在一具有 25HP 的 CNC 車床用高速鋼刀具車削 150BHN 勃氏硬度的普通低碳鋼,粗車時工件直徑從 20mm 車削至 17.5mm,其切削速度為 _____ m/m

鋼	處理條件	硬度 BHN	高速鋼		碳化鎢	
			切削速度 (m/m)	進給率 (mmpr)	切削速度 (m/m)	進給率 (mmpr)
低碳易削鋼	冷抽拉	170~190	60	0.12	225	0.15
中碳易削鋼	冷抽拉	200~230	50	0.12	150	0.12
普通低碳鋼	退火	110~165	40	0.12	170	0.15
普通中碳鋼	淬火及回火	210~250	30	0.10	140	0.12
普通高碳鋼	淬火及回火	320~375	15	0.10	75	0.10
合金鋼	退火	150~240	30	0.10	140	0.15
	正常化或淬火及回火	240~310	25	0.10	105	0.12
	淬火及回火	315~370	15	0.10	95	0.10
	淬火及回火	380~440	15	0.08	70	0.10
	淬火及回火	450~550	10	0.08	60	0.10
	淬火及回火	510~560	10	0.08	40	0.10

109 承上題,主軸轉速約為 _____ rpm。(四捨五入)

110 承上題,若刀具改為碳化鎢,則主軸轉速約為 _____ rpm。(四捨五入)

111 承上題,若用碳化鎢刀具車削長度 24mm 的 300BHN 合金鋼工件,則工件需 _____ 轉。

解答 – 選擇題

1. D	2. D	3. A	4. C	5. A	6. C	7. A	8. C	9. A	10. B
11. A	12. A	13. B	14. C	15. A	16. B	17. C	18. C	19. C	20. C
21. A	22. A	23. B	24. D	25. A	26. B	27. D	28. D	29. C	30. D
31. D	32. B	33. A	34. D	35. C	36. D	37. B	38. B	39. D	40. A
41. C	42. A	43. B	44. D	45. A	46. C	47. C	48. B	49. B	50. A
51. D	52. C	53. C	54. B	55. D	56. D	57. B	58. B	59. A	60. B
61. A	62. B	63. C	64. C	65. D	66. A	67. A	68. A	69. C	70. C
71. D	72. B	73. A	74. D	75. B	76. D	77. A	78. B	79. B	80. C
81. D	82. C	83. B	84. C	85. A	86. D	87. D	88. B	89. C	90. C
91. A	92. B	93. C	94. A	95. D	96. D	97. D	98. B	99. A	100. C
101. D	102. B	103. B	104. B	105. B	106. D	107. A	108. A	109. D	110. A
111. D	112. B	113. A	114. A	115. B	116. A	117. C	118. D	119. C	120. D
121. B	122. A	123. A	124. B	125. D	126. A	127. D	128. B	129. B	130. D
131. B	132. D	133. A	134. D	135. D	136. B	137. C	138. D	139. D	140. A
141. D	142. C	143. A	144. B	145. C	146. A	147. D	148. A	149. C	150. D
151. C	152. A	153. B	154. A	155. C	156. D	157. A	158. D	159. D	160. C
161. D	162. D	163. D	164. C	165. C	166. C	167. D	168. A	169. A	170. D
171. D	172. D	173. A	174. C	175. B	176. D	177. B	178. B	179. C	180. A
181. A	182. D	183. D	184. A	185. D	186. B	187. B	188. C	189. D	190. C
191. C	192. D	193. B	194. A	195. A	196. C	197. A	198. D	199. B	200. B
201. A	202. C	203. B	204. D	205. C	206. B	207. D	208. C	209. B	210. D
211. A	212. C	213. A	214. D	215. B	216. A	217. B	218. D	219. B	220. C
221. B	222. C	223. D	224. A	225. A	226. C	227. C	228. C	229. C	230. A
231. D	232. D	233. A	234. B	235. A	236. A	237. A	238. B	239. B	240. A

241. D	242. C	243. B	244. D	245. A	246. C	247. D	248. C	249. C	250. B
251. D	252. B	253. D	254. B	255. D	256. C	257. C	258. A	259. B	260. B
261. A	262. D	263. D	264. C	265. C	266. C	267. B	268. C	269. D	270. A
271. A	272. D	273. A	274. B	275. D	276. B	277. A	278. C	279. D	280. A
281. D	282. B	283. C	284. A	285. B	286. A	287. D	288. A	289. A	290. A
291. B	292. D	293. C	294. A	295. B	296. B	297. C	298. D	299. B	300. A
301. C	302. B	303. D	304. C	305. D	306. C	307. D	308. A	309. A	310. B
311. C	312. D	313. A	314. D	315. D	316. C	317. C	318. A	319. B	320. C
321. D	322. C	323. C	324. C	325. A	326. D	327. A	328. B	329. C	330. A
331. A	332. B	333. B	334. C	335. B	336. B	337. A	338. B	339. A	340. A
341. C	342. D	343. D	344. D	345. A	346. B	347. C	348. B	349. B	350. A
351. C	352. C	353. C	354. A	355. B	356. A	357. C	358. A	359. D	360. A
361. C	362. D	363. B	364. B	365. A	366. B	367. B	368. C	369. C	370. D
371. C	372. B	373. D	374. D	375. D	376. D	377. B	378. B	379. C	380. C
381. D	382. C	383. A	384. B	385. A	386. B	387. C	388. D	389. B	390. A
391. C	392. A	393. D	394. C	395. B	396. D	397. D	398. A	399. D	400. A
401. B	402. D	403. B	404. B	405. D	406. A	407. A	408. B	409. C	410. A
411. A	412. D	413. D	414. B	415. B	416. D	417. B	418. A	419. C	420. A
421. B	422. B	423. D	424. C	425. D	426. D	427. A	428. B	429. A	430. A
431. C	432. B	433. A	434. C	435. D					

題庫在命題編輯過程難免有疏漏，為求完美，歡迎大家一起來找碴！
若您發覺題庫的題目或答案有誤，歡迎向台灣智慧自動化與機器人協會投書反應；
第一位跟協會反應並經審查通過者，將可獲得50元/題的等值禮券。
協會 e-mail:exam@tairoa.org.tw

解答 － 填充題

1. 光學編碼器

2. 8000

3. 實體模型

4. 細實線

5. 1/5

6. 180

7. 0.5

8. 200

9. 47.1

10. GT

11. 電腦整合製造

12. $-Z$

13. 量測，數控

14. APT

15. 系統響應，精度

16. 滾珠

17. 開環迴路系統

18. 步進

19. 油壓

20. 0.01

21. 數目、頻率

22. 直接

23. 硬化

24. 鑽模

25. 夾具

26. 機械原點，G28

27. 三爪自動對心，四爪獨立

28. 主軸錐度或錐柄錐度

29. 絕對

30. 機械原點

31. 程式

32. 0.1

33. 光學尺

34. 0.1

35. 5

36. G74

37. G97

38. 程式終了

39. 鑽孔、切溝槽

40. 刀具號碼、刀具補正號碼

41. 60

42. 16.3

43. M06

44. 28 m/min

45. 自動換刀裝置

46. −10.0

47. 0.81

48. 俯視

49. 輔助視圖投影法

50.

51. 陣列

52. 細實

53. 漸開

54. 已知邊長

55. 三次

56. C^1

57. CSG

58. x=R*cos(2π*t) y=R*sin(2π*t) z=P*t

59. 基準長度

60. 同心圓狀

61. A，B

62. 慢，大

63. 955

64. -25mm

65. 2.0，75

66. G81，G80

67. 20，30，7.5

68. Z

69. 4

70. 5000

71. 螺紋節距

72. 120

73. 0.45

74. 150000

75. 51

76. 00111000

77. 955

78. 0.1

79. 線性

80. 90

81. 立方晶氮化硼(CBN)

82. 邊斜、後斜

83. mm/rev

84. M30

85. M01

86. M19

87. 4

88. 複斜面

89. Rθ

90. C → A → B

91. 拋物

92. 90°

93. 二

94. 三或四

95. N30：退刀距離 0.5mm，N50：圓弧半徑 5mm

96. 車削循環從 N40 至 N60

97. 逆時針方向圓弧切削，向右刀徑補正

98. (30, -60), (80, -30), (50, 30)

99. (220, 120)

100. 立式

101. 50

102. 端銑刀

103. 8，1

104. 90

105. 24

106. 100

107. 1

108. 40

109. n=1000*40/(pi*20)=637

110. n=1000*170/(pi*20)=2706

111. 24/0.12=200

詳答摘錄 – 選擇題

5.

搖柄轉動圈數 $n = \dfrac{40}{N(欲等份數)}$

已知條件：

蝸桿與蝸輪轉速比為 40：1，分度板之孔數為 37、39、41、43、47、49，

欲等份數 26

$\therefore n = \dfrac{40}{26} = \dfrac{20}{13} = \dfrac{20 \times 3}{13 \times 3} = \dfrac{60}{39} = 1\dfrac{21}{39}$

23.

已知條件：

M30 × 2.0：螺紋外徑為 30mm，螺距為 2.0mm，螺紋長 10mm

$\therefore 螺紋數 = \dfrac{螺紋長\ L(mm)}{螺距\ P(mm)} = \dfrac{10}{2} = 5\ 圈$

24.

主軸轉速 $N(m/min) = \dfrac{1000 \times 切削線速度\ V(m/min)}{\pi \times 刀具直徑\ D(mm)}$

已知條件：D = 12mm，V = 30m/min

$\therefore 主軸轉速\ N = \dfrac{1000 \times 30}{\pi \times 12} = 796\ rpm$

43.

主軸轉速 $N(m/min) = \dfrac{1000 \times 切削線速度\ V(m/min)}{\pi \times 刀具直徑\ D(mm)}$

已知條件：D = 25mm，V = 200m/min

$\therefore 主軸轉速\ N = \dfrac{1000 \times 200}{\pi \times 25} = 2546\ rpm$

52.

攻牙進給率 F(mm/min) = 主軸轉速 N(rpm) × 螺距(mm)

已知條件：

主軸轉速 N = 300rpm，螺距 = 2mm

$\therefore 攻牙進給率\ F(mm/min) = 300(rpm) \times 2(mm) = 600\ mm/min$

61. 已知條件：螺桿導程為 6mm，驅動馬達與螺桿轉速比為 5：1，

工作台進給率為 600mm/min，工作台欲移動 250mm。

∴ 螺桿旋轉圈數 $= \dfrac{\text{工作台移動距離 L(mm)}}{\text{螺桿導程 l(mm/rev)}} = \dfrac{250}{6} \text{rev}$

∵ 驅動馬達與螺桿轉速比為 5：1

∴ 驅動馬達旋轉圈數 $=$ 導螺旋轉圈數 $\times$ 驅動馬達與螺桿轉速比 $= \dfrac{250 \times 5}{6}$

工作台以進給率為 600mm/min 移動 250mm，所需時間為 $\dfrac{250}{600}$

∵ 驅動馬達需在 $\dfrac{250}{600}$min 內旋轉 $\dfrac{250 \times 5}{6}$ 圈

∴ 馬達轉速 $n = \dfrac{250 \times 5}{6} \times \dfrac{600}{250} = 500 \text{ rev/min}$

252. 主軸轉速 $N(m/min) = \dfrac{1000 \times \text{切削線速度 V(m/min)}}{\pi \times \text{刀具直徑 D(mm)}}$

已知條件：$D = 240mm$，$V = 120m/min$

∴ 主軸轉速 $N = \dfrac{1000 \times 120}{\pi \times 240} = 160 \text{ rpm}$

256. 每刃切削量 $FPT(mm) = \dfrac{\text{進給率 F(mm/min)}}{\text{主軸轉速 N(rpm)} \times \text{刀具刃數 z(刃)}}$

已知條件：

進給率 $F = 120mm/min$，主軸轉速 $N = 600rpm$，刀刃數 $z = 5$ 齒

∴ 每刃切削量 $FPT = \dfrac{120}{600 \times 5} = 0.04 \text{ mm}$

265. 已知條件：

滾珠螺桿轉一圈前進 5mm，步進馬達每脈波轉 0.9 度，前進 1mm 即轉 72 度

∴ 馬達需供給脈波 $= \dfrac{72}{0.9} = 80$ 脈波

430.

$$進給速度 F_z(mm/min) = \sqrt{F^2(進給速度) - F_{xy}^2 (XY平面進給速度)}$$

已知條件：

進給速度 $F = 180(mm/min)$，XY平面進給速度 $F_{xy} = 150(mm/min)$

$$\therefore F_z(mm/min) = \sqrt{180^2 - 150^2} = 100\ mm/min$$

433.

$$模數(M) = \frac{C(中心距) \times 2}{(T_1 + T_2)}$$

已知條件：

中心距離 $C = 150mm$，齒數 $T1 = 19$ 齒，齒數 $T2 = 56$ 齒

$$模數(M) = \frac{150 \times 2}{(19 + 56)} = 4$$

434.

$$\frac{車削節距}{主軸齒數} = \frac{導螺桿節距}{導螺桿齒數}$$

已知條件：

車削節距 $= 3mm$，主軸齒數 $= 24$ 齒，導螺桿節距 $= 6mm$

$$\therefore \frac{3}{24} = \frac{6}{導螺桿齒數}$$

$$\therefore 導螺桿齒數 = \frac{6 \times 24}{3} = 48 \text{ 齒}$$

題庫在命題編輯過程難免有疏漏，為求完美，歡迎大家一起來找碴！
若您發覺題庫的題目或答案有誤，歡迎向台灣智慧自動化與機器人協會投書反應；
第一位跟協會反應並經審查通過者，將可獲得**50元/題**的等值禮券。
協會**e-mail:exam@tairoa.org.tw**

詳答摘錄 – 填充題

2.　　數值控制閉迴路控制系統示意圖如下圖所示(僅供參考)。

已知條件：

螺桿導程 l = 6mm，工作台移動距離 L = 250mm

光學解碼器於輸出軸上產生 48 脈衝/轉，輸出軸與螺桿為 4：1(減速比)

∴ 螺桿旋轉圈數 $= \dfrac{\text{工作台移動距離 L(mm)}}{\text{螺桿導程 l(mm/rev)}} = \dfrac{250}{6} \text{rev}$

∵ 光學解碼器於輸出軸上產生 48 脈衝/轉，輸出軸與螺桿為 4：1(減速比)

∴ 工作台移動 250mm 所產生的脈波數 Plus(p)

$p = $ 螺桿旋轉圈數(rev) × 輸出軸脈波數(p/rev) × 輸出軸減速比$(\frac{4}{1})$

$= \dfrac{250}{6} \times 48 \times 4 = 8000 \text{ plus}$

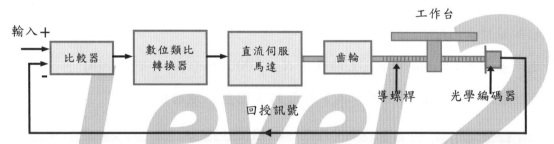

數值控制閉迴路控制系統(資料來源：仿自 S. Kalpakjian and S. R. Schmid, Manufacturing Engineering and Technology, 6th edition, Pearson, pp.1062, 2010)

8.　　已知條件：

螺距 P = 2mm，主軸轉速 N = 100rpm

∵ 進給率 F(mm/min) = 螺距 P(mm) × 主軸轉速 N(rpm)

∴ 進給率 F = 2 × 100 = 200 mm/min

9.　　已知條件：

銑刀直徑 D = 10mm，主軸轉速 N = 1500rpm

∵ 銑削速度 $V(\text{m/min}) = \dfrac{\pi \times \text{銑刀直徑 D(mm)} \times \text{主軸轉速 N(rpm)}}{1000}$

∴ 銑削速度 $V = \dfrac{\pi \times 10 \times 1500}{1000} = 47.1 \text{ m/min}$

20. 已知條件：

步進馬達每轉一圈有 200 脈波，齒輪減速比為 $\frac{2}{5}$，導螺桿螺距 P = 5mm

導螺桿每轉一圈可使床台移動距離 L(mm) = 螺距 P(mm) × 齒輪減速比

$= 5 \times \frac{2}{5} = 2$ mm

∵ 步進馬達每轉一圈脈波數 p = 200 脈波

∴ 每一脈波使床台移動量 $= \dfrac{L(mm)}{p(脈波數)} = \dfrac{2}{200} = 0.01$ mm

32. 已知條件：

導螺桿節距 P = 12mm，導螺桿旋轉 3°

∵ 導螺桿旋轉一圈為 360°

∴ 刀具移動距離 $L = 12 \times \dfrac{3}{360} = 0.1$ mm

34. 已知條件：

進給率 F = 200mm/min，主軸轉速 N = 2000rpm(rpm = rev/min)

每轉進給率：以車床為例，為主軸每轉一圈所行進的距離。

∵ 每轉進給率 $f(mm/rev) = \dfrac{進給率\ F(mm/min)}{主軸轉數\ N(rev/min)}$

∴ 每轉進給率 $f = \dfrac{200}{2000} = 0.1$ mm/rev

63. 已知條件：

切削速度 V = 150m/min，工件軸徑 D = 50mm

∵ 主軸轉速 $N(rpm) = \dfrac{1000 \times 切削速度\ V(m/min)}{\pi \times 刀具直徑\ D(mm)}$

∴ 主軸轉速 $N = \dfrac{1000 \times 150}{\pi \times 50} = 955$ rpm

70. 已知條件：

刀具直徑 D = 12mm，切削速度 V = 180m/min，圓周率 π = 3

∵ 主軸轉速 N(rpm) = $\dfrac{1000 \times 切削速度\ V(m/min)}{π \times 刀具直徑\ D(mm)}$

∴ 主軸轉速 N = $\dfrac{1000 \times 180}{3 \times 12}$ = 5000 rpm

73. 已知條件：

螺紋節距(P) = 1.5mm，主軸轉速(N) = 300rpm

∵ 進給率 F(mm/min) = 螺紋節距 P(mm) × 主軸轉速 N(rpm)

∴ 進給率 F = 1.5 × 300 = 450 mm/min

答案單位要求(m/min) ⇨ 答案為 0.45 m/min

74. 已知條件：

切削速度 V = 100m/min = 100000mm/min

切屑厚度t_0 = 0.5mm，切削寬度 w = 3mm

∵ 金屬材料移除率 Q(mm³/min)

= 切削速度 V(m/min) × 切屑厚度 t_0(mm) × 切削寬度 w(mm)

∴ 金屬材料移除率 Q = 100000 × 0.5 × 3 = 150000 mm³/min

75. 已知條件：

每齒進給量 FTP = 0.02mm，每分鐘進給量 F = 13mm/min，刀刃數 z = 8 刃

∵ 主軸轉速 N(rpm) = $\dfrac{每分鐘進給量\ F(mm/min)}{每刃進給量\ FTP(mm) \times 刀刃數\ z}$

∴ 主軸轉速 N = $\dfrac{13}{0.02 \times 8}$ = 81.25 rpm

已知條件：

銑刀直徑 D = 200mm，主軸轉速 N = 81.25rpm(由上式獲得)

∵ 銑削速度 V(m/min) = $\dfrac{π \times 銑刀直徑\ D(mm) \times 主軸轉速\ N(rpm)}{1000}$

∴ 銑削速度 V = $\dfrac{π \times 200 \times 81.26}{1000}$ = 51 m/min

77. 已知條件：

切削速度 V = 300m/min，工件外徑 D = 100mm

$$\because 主軸轉速\ N(rpm) = \frac{1000 \times 切削速度\ V(m/min)}{\pi \times 刀具直徑\ D(mm)}$$

$$\therefore 主軸轉速\ N = \frac{1000 \times 300}{\pi \times 100} = 955\ rpm$$

78. 已知條件：

節距 = 12mm，驅動馬達轉動 3 度

$$移動距離 = \frac{12 \times 3}{360} = 0.1$$

105. 已知條件：

車削長度(L) = 30mm

M8 × 1.25：螺紋公稱直徑 8mm，螺距(P)1.25mm

螺距定義：為相鄰兩螺紋上對應點的軸向距離

$$\therefore 螺紋圈數\ n = \frac{車削長度\ L(mm)}{螺距\ P(mm)} = \frac{30}{1.25} = 24\ 圈$$

106. 已知條件：

每齒進給量 FPT = 0.05mm，主軸轉速 N = 200rpm，刀刃數 z = 10 齒

$$\because 每分鐘進給量\ F(mm/min) = 每齒進給量\ FPT(mm) \times 主軸轉速\ N(rpm) \times 刀刃數\ z$$

$$\therefore 每分鐘進給量\ F = 0.05 \times 200 \times 10 = 100\ mm/min$$

107. 已知條件：

主軸轉速 N = 500(rpm = rev/min)，每轉進給 f = 0.3(mm/rev)

$$\because 每分鐘切削長度L_t = 主軸轉速\ N(rev/min) \times 每轉進給\ f(mm/rev)$$

$$\therefore 每分鐘切削長度L_t = 500 \times 0.3 = 150\ mm/min$$

已知條件：

工件長度 L = 150mm

$$\therefore 切削時間 = \frac{工件長度\ L(mm)}{每分鐘切削長度L_t(mm/min)} = \frac{150}{150} = 1\ min$$

108. 由下表可得知使用高速鋼刀具車削 150BHN 普通低碳鋼其：

切削速度 V = 40(m/min)

鋼	處理條件	硬度 BHN	高速鋼		碳化鎢	
			切削速度 (m/min)	進給率 (mmpr)	切削速度 (m/min)	進給率 (mmpr)
低碳易削鋼	冷抽拉	170~190	60	0.12	225	0.15
中碳易削鋼	冷抽拉	200~230	50	0.12	150	0.12
普通低碳鋼	退火	110~165	40	0.12	170	0.15
普通中碳鋼	淬火及回火	210~250	30	0.10	140	0.12
普通高碳鋼	淬火及回火	320~375	15	0.10	75	0.10
合金鋼	退火	150~240	30	0.10	140	0.15
	正常化或淬火及回火	240~310	25	0.10	105	0.12
	淬火及回火	315~370	15	0.10	95	0.10
	淬火及回火	380~440	15	0.08	70	0.10
	淬火及回火	450~550	10	0.08	60	0.10
	淬火及回火	510~560	10	0.08	40	0.10

109. 由下表可得知使用高速鋼刀具車削 150BHN 普通低碳鋼其：

切削速度 V = 40(m/min)，而工件直徑 D = 20mm

$$\because 主軸轉速 \ N(rpm) = \frac{1000 \times 切削速度 \ V(m/min)}{\pi \times 刀具直徑 \ D(mm)}$$

$$\therefore 主軸轉速 \ N = \frac{1000 \times 40}{\pi \times 20} = 637 \ rpm$$

鋼	處理條件	硬度 BHN	高速鋼		碳化鎢	
			切削速度 (m/min)	進給率 (mmpr)	切削速度 (m/min)	進給率 (mmpr)
低碳易削鋼	冷抽拉	170~190	60	0.12	225	0.15
中碳易削鋼	冷抽拉	200~230	50	0.12	150	0.12
普通低碳鋼	退火	110~165	40	0.12	170	0.15
普通中碳鋼	淬火及回火	210~250	30	0.10	140	0.12
普通高碳鋼	淬火及回火	320~375	15	0.10	75	0.10
合金鋼	退火	150~240	30	0.10	140	0.15
	正常化或淬火及回火	240~310	25	0.10	105	0.12
	淬火及回火	315~370	15	0.10	95	0.10
	淬火及回火	380~440	15	0.08	70	0.10
	淬火及回火	450~550	10	0.08	60	0.10
	淬火及回火	510~560	10	0.08	40	0.10

110. 由下表可得知刀具材料改為碳化鎢：

切削速度 V = 170(m/min),工件直徑 D = 20mm

$$∵ 主軸轉速\ N(rpm) = \frac{1000 \times 切削速度\ V(m/min)}{\pi \times 刀具直徑\ D(mm)}$$

$$∴ 主軸轉速\ N = \frac{1000 \times 170}{\pi \times 20} = 2706\ rpm$$

鋼	處理條件	硬度 BHN	高速鋼		碳化鎢	
			切削速度 (m/min)	進給率 (mmpr)	切削速度 (m/min)	進給率 (mmpr)
低碳易削鋼	冷抽拉	170~190	60	0.12	225	0.15
中碳易削鋼	冷抽拉	200~230	50	0.12	150	0.12
普通低碳鋼	退火	110~165	40	0.12	170	0.15
普通中碳鋼	淬火及回火	210~250	30	0.10	140	0.12
普通高碳鋼	淬火及回火	320~375	15	0.10	75	0.10
合金鋼	退火	150~240	30	0.10	140	0.15
	正常化或淬火及回火	240~310	25	0.10	105	0.12
	淬火及回火	315~370	15	0.10	95	0.10
	淬火及回火	380~440	15	0.08	70	0.10
	淬火及回火	450~550	10	0.08	60	0.10
	淬火及回火	510~560	10	0.08	40	0.10

111. 由下表可得知使用碳化鎢刀具車削 300BHN 合金鋼工件，其：

每轉進給率 f (mmpr) = 0.12(mm/rev)，車削長度 L = 24mm

$$\therefore 轉數\ N(rpm) = \frac{車削長度\ L(mm)}{每轉進給率\ f(mm/rev)} = \frac{24}{0.12} = 200\ rev$$

鋼	處理條件	硬度 BHN	高速鋼		碳化鎢	
			切削速度 (m/min)	進給率 (mmpr)	切削速度 (m/min)	進給率 (mmpr)
低碳易削鋼	冷抽拉	170~190	60	0.12	225	0.15
中碳易削鋼	冷抽拉	200~230	50	0.12	150	0.12
普通低碳鋼	退火	110~165	40	0.12	170	0.15
普通中碳鋼	淬火及回火	210~250	30	0.10	140	0.12
普通高碳鋼	淬火及回火	320~375	15	0.10	75	0.10
合金鋼	退火	150~240	30	0.10	140	0.15
	正常化或淬火及回火	240~310	25	0.10	105	0.12
	淬火及回火	315~370	15	0.10	95	0.10
	淬火及回火	380~440	15	0.08	70	0.10
	淬火及回火	450~550	10	0.08	60	0.10
	淬火及回火	510~560	10	0.08	40	0.10

量測原理與技術

選擇題

1 中華民國實驗室認證體系 CNLA(Chinese National Laboratory Accreditation)之實驗室認證服務，目前由下列何機構執行？ (A)工研院量測中心實驗室認證制度 LAP (B)經濟部中央標準局度量衡國家檢校服務體系 NCS (C)中華民國認證委員會 CNAB (D)財團法人全國認證基金會 TAF。

2 一般長度實驗室之環境溫度應接近？ (A)0 (B)15 (C)20 (D)25 ℃。

3 下列何者不屬於國際單位制 SI 之基本單位？ (A)電壓 V (B)時間 s (C)質量 kg (D)長度 m。

4 下列有關量測值 28.56cm 之敘述，何者錯誤？ (A)有效數字有 4 位 (B)準確數字有 3 位 (C)量具最小刻度為 mm (D)量具最小刻度為 0.01 cm。

5 某一尺寸之真實值為 5.21，下列哪一組量測值的精密度(Precision)最佳？ (A)5.28；5.29；5.30；5.29 (B)5.18；5.27；5.29；5.26 (C)5.21；5.18；5.22；5.19 (D)5.21；5.19；5.17；5.15。

6 某一尺寸之真實值為 8.21，下列哪一組量測值的準確度(Accuracy)最佳？ (A)8.28；8.29；8.30；8.29 (B)8.18；8.27；8.29；8.26 (C)8.21；8.18；8.22；8.19 (D)8.21；8.19；8.17；8.15。

7 有一組量測數據，包含四個量測值 3.21；3.18；3.22；3.19，下列有關統計數據之敘述，何者錯誤？ (A)平均值(Mean)為 3.20 (B)全距(Range)為 0.04 (C)若量測工件之公差為 0.08，則製程能力指數 Cp 大於 1 (D)製程能力指數 Cp 大於 1，代表製程能力不足。

8 下列有關尺寸公差 $40^{-0.009}_{-0.025}$ 之敘述，何者錯誤？ (A)上偏差為 -0.009 (B)最小極限尺寸為 39.975 (C)屬於雙向公差 (D)公差為 0.016。

9 下列何者不屬於靜配合？ (A)干涉 (B)精密 (C)過渡 (D)中間 配合。

10 下列有關公差符號 60H7 之敘述何者正確？ (A)表示軸件之公差 (B)公差等級為 H (C)下偏差 0.007 (D)最小極限尺寸較 60B7 小。

11 下列配合何者屬於餘隙配合？ (A)H7s6 (B)H8d9 (C)P6h5 (D)T7h6。

12 有關公差等級，下列何者敘述不正確？ (A)共分 20 等級 IT01、IT0、IT1~IT18 (B)相同基本尺寸下，公差等級越大，表示工件精度越低 (C)IT5~IT10 適用於一般配合機械零件的製造公差 (D)IT17~18 試用於量具樣規的製造公差。

13 人類可聽到的音頻範圍最高的界限最適當應為何？ (A)2 (B)20 (C)100 (D)200 KHz。

14 量具對量測值所能顯示之最小讀數能力謂之？ (A)靈敏度(sensitivity) (B)精確度(accuracy) (C)解析度(resolution) (D)重覆性(repeatability)。

15 光學平鏡之測量原理主要係利用光線之下列何者現象以產生明暗相間光帶？ (A)干涉 (B)反射 (C)折射 (D)繞射。

16　當光學平鏡用於機件表面粗糙度量測，平鏡與機件表面之間距恰為 1/2 光波長之下列何者倍數關係時將形成明光帶？　(A)1、2、3、⋯　(B)1、3、5、⋯　(C)1/2、1、3/2、⋯　(D)1/2、3/2、5/2、⋯。

17　下列何者不是光學平鏡之主要用途？　(A)精密尺寸比較量測　(B)平面度檢驗　(C)平行度檢驗　(D)真圓度檢驗。

18　熱電偶兩端的輸出電壓與冷熱接點間的溫差成下列何者關係？　(A)反比　(B)正比　(C)平方反比　(D)平方正比。

19　一般常利用下列何種電子零件所產生一連串脈波訊號，用於馬達轉數控制以及汽車行車速度檢出？　(A)固態繼電器　(B)光偶合器　(C)光遮斷器　(D)光敏電阻。

20　指示型量錶一般不用於下列何項量測工作？　(A)高度比較　(B)垂直度　(C)真圓度　(D)表面粗糙度。

21　水平儀一般用以量測工件表面的？　(A)平行度　(B)真平度　(C)粗糙度　(D)真圓度。

22　雷射干涉儀最常用於檢驗工具機的何種誤差？　(A)線性位置　(B)直度　(C)直角度　(D)平行度 誤差。

23　下列何者不是雷射光之光學特性？　(A)單色光性　(B)寬帶性　(C)高同調性　(D)高方向性。

24　投影機一般不用於量測工件之？　(A)長度　(B)直徑　(C)角度　(D)內孔深度。

25　有關游標卡尺，下列何項為不正確？　(A)可用於量測孔槽深度　(B)可作工件劃線工具　(C)可用於量孔之尺寸　(D)不可用於找粗圓棒端面之中心點。

26　下列何者的線性位移量測精度最高？　(A)直線電位計(Line Potentiometer)　(B)線性差動變壓器(Linear Variable Differential Transformer, LVDT)　(C)光學尺(Optical scale)　(D)雷射干涉儀(Laser Interferometer)。

27　下列何者的線性位移量測範圍最大？　(A)直線電位計(Line Potentiometer)　(B)線性差動變壓器(Linear Variable Differential Transformer, LVDT)　(C)三角探頭雷射(Triangulation Laser Probe)　(D)雷射干涉儀(Laser Interferometer)。

28　當工件的公差為 0.2mm 時，下列量具的精度，何者最經濟且足以滿足被測物的精度要求？　(A)0.05　(B)0.02　(C)0.01　(D)0.005 mm。

29　下列何者屬於比較式量測量具？　(A)直尺　(B)量錶　(C)游標卡尺　(D)分厘卡。

30　下列何者不屬於長度量測之量具？　(A)塊規　(B)正弦桿　(C)空氣量規　(D)游標卡尺。

31　下列量具何者精度最佳？　(A)塊規　(B)直尺　(C)分厘卡　(D)游標卡尺。

32　下列有關游標卡尺的使用，何者不正確？　(A)工件夾持越靠近測爪根部，產生之阿貝(Abbe)誤差越大　(B)量測槽寬時，兩側爪應在軸線上量測最小距離　(C)量測內孔徑時，兩側爪應在軸線上量測最大距離　(D)深度桿不適宜用來作階級段差量測。

33 下列有關 V 型測砧分厘卡的敘述,何者不正確? (A)專供量測 3 槽或 5 槽的銑刀、鉸刀等工具之外徑 (B)3 槽分厘卡之砧座量測面成 60˚V 形槽狀 (C)3 槽分厘卡之主軸螺桿螺距為 0.75mm,可直接讀出工件實際尺寸 (D)5 槽分厘卡之主軸螺桿螺距為 0.5mm,可直接讀出工件實際尺寸。

34 下列有關指示量錶的敘述,何者不正確? (A)用於比較式量測 (B)最小讀數為 0.01mm 時,又稱為百分錶 (C)錶面刻劃分成連續型及平衡型錶面 (D)平衡型錶面適用於單向公差

35 下列有關槓桿式量錶的敘述,何者正確? (A)量測範圍甚小,錶面大多採單一指針 (B)針對不同量測工件,可以更換不同長度測桿 (C)量測時,測桿與量測面應盡量垂直 (D)量錶軸部應經常上油潤滑。

36 下列有關塊規的敘述,何者不正確? (A)可以用光學平鏡檢驗塊規之真平度 (B)塊規的精度可以用三次元量測儀檢驗 (C)塊規一般性檢驗項目包含平行度檢驗 (D)塊規密接性的檢驗不必依賴其他量測儀器。

37 高度規不適用於下列何種工作? (A)劃線 (B)高度及平面比較量測 (C)孔徑量測 (D)深度量測。

38 下列何者不是常用的長度量測工具? (A)分厘卡 (B)游標尺 (C)水平儀 (D)雷射干涉儀。

39 下列測量工具中最精確的應選用? (A)有公英製標示的鋼捲尺 (B)游標卡尺 (C)分厘卡 (D)千分錶。

40 圓周某段弧長等於該圓之半徑時,其所對應的圓周角為? (A)1 度 (B)1 分 (C)1 秒 (D)1 弧度。

41 下列何者屬於直接式角度量測法? (A)組合角尺 (B)角尺 (C)角度塊規 (D)正弦桿。

42 萬能量角器(又稱游標角度規)之量測精度與功能,優於一般量角器。下列敘述,何者不正確? (A)有活動直尺,活動直尺為無刻度的鋼尺 (B)有裝置放大鏡,方便觀察量測讀數 (C)有分度盤,分度盤具有本尺及副尺,本尺圓盤分兩大等分,每個等分為 180˚ (D)有銳角附件,可增大量測功能。

43 將氣泡式水平儀放在 500mm 長的直規上,在直規的一端墊高 0.01mm,氣泡水平儀的氣泡會移動一格,此氣泡水平儀的靈敏度為? (A)0.01 (B)0.02 (C)0.03 (D)0.04 mm/m。

44 為提高氣泡式水平儀的量具靈敏度,下列作法,何者正確? (A)增大玻璃管圓弧曲率半徑 (B)增大玻璃管最小刻線距離 (C)減少氣泡的流動性 (D)縮小量具框架長度。

45 正弦桿設定的角度若超過? (A)15˚ (B)30˚ (C)40˚ (D)45˚ 誤差會劇增。

46 正弦桿是用來量測? (A)長度 (B)角度 (C)深度 (D)表面粗糙度。

47 正弦桿配合量錶、塊規以及平台可以做哪方面的量測? (A)高度 (B)平行度 (C)角度 (D)長度。

48 長度 30mm 的工件,其兩端直徑為 36mm 與 31mm,則其錐度為何? (A)1/4 (B)1/6 (C)1/8 (D)1/10。

49 下列對角度塊規之敘述,何者不正確? (A)組合操作方法與長度塊規類似 (B)作正向組合時,角度相加 (C)作負向組合時,角度相減 (D)可用來進行角度之直接量測。

50 用最少的角度塊規組合成 32°26′6″,需要幾塊?角度塊規的規格:1°,3°,9°,27°,41°,1′,3′,9′,27′,3″,6″,18″,30″。 (A)4 (B)5 (C)6 (D)7 塊。

51 以鳩尾座銑刀加工之鳩尾槽,可用何種方法測得正確的傾斜角或錐角? (A)以圓柱方式輔助量測 (B)以游標卡尺直接量測 (C)以直尺量測 (D)以分厘卡直接量測。

52 生產線上大量檢驗錐桿或錐孔時,應使用? (A)游標卡尺 (B)錐度分厘卡 (C)錐度環規或塞規 (D)標準圓柱或圓球配合塊規。

53 下列敘述中何者為不正確? (A)角度制有度、分、秒等單位 (B)角度制中一直角為 90 度 (C)角度量測之大小,常用角度制和弧度制來表示 (D)密位制僅用在軍事上,一圓周可區分成 3200 密位。

54 水平儀可用來量測工件的? (A)平行度 (B)垂直度 (C)圓柱度 (D)真平度。

55 下列何者不是組合角尺的構件? (A)直角規 (B)中心規 (C)角度規 (D)游標卡尺。

56 下列何者無法檢測角度或錐度? (A)電子水平儀 (B)正弦桿 (C)環規 (D)角度塊規。

57 下列哪個儀器常用於檢驗工具機的垂直度誤差? (A)白光干涉儀 (B)雷射干涉儀 (C)全像術 (D)光纖陀螺儀。

58 下列何者量測法與光波相位有關? (A)干涉 (B)全像干涉 (C)斑點干涉 (D)以上皆是。

59 一般三次元量測儀的接觸式掃描式探頭,內部結構為何種設計? (A)三點支撐式 (B)槓桿式 (C)撓性連桿式 (D)彈性平行四邊形式。

60 非接觸式探頭包括 _____,接觸式探頭包括 _____。 a.中心顯微鏡 b.類比探頭 c.中心投影器 d.硬式探頭 (A)ab, cd (B)ac, bd (C)ad, bc (D)abc, d。

61 「中心線平均粗糙度」的代表符號是? (A)Ra (B)Rb (C)Rc (D)Rd。

62 下列何者不能量測長度? (A)游標卡尺 (B)光學投影機 (C)酒精水平儀 (D)塊規。

63 表面組織的基本幾何形狀有三種,下列哪一個不是? (A)形狀 (B)波紋 (C)空間 (D)粗糙度。

64 關於疊紋技術在應力的分析上,下列敘述何者為非? (A)可用於高溫量測 (B)不能量測應變之絕對值 (C)可量測二維或三維的透明試片 (D)可量測大的彈性或塑性變形。

65 有關雷射準直儀,下列何者敘述為非? (A)應用在建築工程做為準直之用 (B)可作為光學平面調整 (C)可檢測工具機的垂直度 (D)雷射雖然不具高方向性,但具高亮度性,所以能以平行光的方式傳送到足夠遠的目標又不擴束。

66 關於全像術,下列敘述何者為非? (A)可看到物體三次元立體的影像 (B)全像術是應用光學干涉原理 (C)光源可使用雷射光 (D)只要全像片有些微破損,物體影像便難以重建。

67 雷射干涉儀通常不用於檢驗工具機的何種誤差？ (A)線性定位 (B)角度 (C)平行度 (D)真圓度 誤差。

68 測量工具機定位誤差最常應用的設備為？ (A)球桿循圓測定儀 (B)雷射干涉儀 (C)雷射準直儀 (D)自動視準儀。

69 下列何者正確？ (A)線性編碼器較雷射干涉儀精度為高 (B)光學尺中一片固定不動者稱為副尺，另一片可移動者稱為主尺 (C)反射型光電編碼器其兩尺之間無直接接觸，因此即使移動亦不產生磨損，故量具之壽命甚長而且不須作特別維護 (D)光電圓編碼器係以長度為量測對象。

70 投影放大儀又稱輪廓投影機或光學投影機，下列敘述何者正確？ (A)穿透式投影又稱為表面投影 (B)反射式投影又稱為輪廓投影 (C)穿透式投影之待測工件往往並非透明物，因此我們在投影幕上只能看到物體外緣的輪廓 (D)輪廓投影機可量測物體三維輪廓。

71 關於工具顯微鏡十字線旋轉中心之校正，下列敘述何者有誤？ (A)使用一個微小點狀之物體作為校正指標 (B)利用 X-Y 軸平移台將指標置於十字線交叉中心點 (C)轉動角度盤，令 x－y 十字線旋轉 180 度，此時如果指標物仍在中心點位置，則可以確定旋轉中心並未跑掉 (D)當指標物偏離之座標為(x，y)時，需利用 4 個微調螺絲，將指標物之位置一次調回成(0，0)。

72 一般可見光波長範圍約為？ (A)400-700 (B)150-650 (C)650-1350 (D)1100-1800 nm。

73 通常以光二極體(photodiode)作為光感測器時，其輸入對輸出響應的線性度比光電晶體(phototransistor)？ (A)優 (B)劣 (C)各有優劣 (D)無法比較。

74 發光二極體(LED)之每單位立體角(steradian)的輻射功率，係指？ (A)照度(illuminance) (B)亮度(luminance) (C)光強度(luminous intensity) (D)輻射出度(radiant exitance)。

75 光二極體(PD)做為光感測器時，前置放大電路(pre-amplifier)設計觀念何者為非？ (A)PD 順向偏壓 (B)PD 逆向偏壓 (C)PD 零偏壓 (D)該電路係將光電流轉換成電壓。

76 光柵式光譜儀(grating-based spectrometer)可使用？ (A)光敏電阻 (B)光電晶體 (C)光耦合器 (D)電荷耦合器(charge coupled device) 做為光電轉換元件。

77 三菱鏡(prism)式光譜儀，係利用該元件？ (A)折射率 (B)反射率 (C)吸收率 (D)光學密度(optical density) 為光波波長函數之特性，來解析光譜成分。

78 下列何者為光源亮度之單位？ (A)cd (B)lux (C)cd/m^2 (D)Watt。

79 一般光學成像系統之空間解析度係以？ (A)數值孔徑(numerical aperture) (B)有效焦距(effective focal length) (C)光學密度(optical density) (D)調變轉移函數(modulation transfer function) 表示。

80 若一個點光源對全空間輻射，則該立體角為？ (A)π (B)2π (C)3π (D)4π。

81 以光二極體為光感測器之弱點？ (A)量測範圍窄 (B)線性度差 (C)響應速率慢 (D)輸出電流小。

82 下列何者不是幾何光學理論基礎？ (A)光的直線傳播定律 (B)光的折射定律 (C)光的反射定律 (D)繞射。

83 下列何者不是雷射特性？ (A)光束平行 (B)不容易產生干涉條紋 (C)強度高 (D)同調長度長。

84 光學薄膜是 (A)多光束干涉 (B)多光束繞射 (C)多光束吸收 (D)單光束繞射 的一個具體實例。

85 光的振動方向對於傳播方向的不對稱性叫做 _____，只有 _____ 才有偏振現象。 (A)偏振、橫波 (B)散射、縱波 (C)偏振、縱波 (D)散射、橫波。

86 如何從自然光中獲得線性偏振光？ (A)通過消色差凸透鏡 (B)通過偏振片 (C)通過空間濾波器 (D)通過消光片。

87 關於邁克爾遜干涉儀下列敘述何者錯誤？ (A)是接觸式量測 (B)是非接觸式量測 (C)必須使用同一光源 (D)兩道光的光程差相同可以產生干涉條紋。

88 當兩列頻率相同振動方向相互垂直，且沿同一方向傳播的平面偏振光，其相位差等於 $\pi/2$ 時，會出現？ (A)線 (B)圓 (C)橢圓 (D)無 偏振。

89 在光學儀器量測中，有不正確的色彩出現時，稱為？ (A)畸變 (B)慧形象差 (C)球面象差 (D)色差。

90 下列何者不是干涉現象的應用？ (A)牛頓圈 (B)楊式雙狹縫 (C)Fabry-Perot (D)望遠鏡。

91 下列何者不屬於光學儀器？ (A)眼睛 (B)放大鏡 (C)顯微鏡 (D)聲納。

92 影像擷取卡是影像感測器與電腦間的重要介面，大致可分為類比訊號輸入與數位訊號輸入兩大類，以下何者為數位訊號輸入？ (A)RS170 (B)NTSC (C)PAL (D)Camera Link。

93 當顯微鏡頭的放大倍率為 4.5 倍時，若選用 640×480 像素、尺寸為 1/2 英吋的 CCD 感測晶片 (6.4mm x 4.8mm)，則每個像素點所對應的實際長度約為？ (A)2.2 (B)1 (C)0.5 (D)0.01 mm。

94 當以線雷射執行掃描量測時，由於雷射影像寬度常佔據數個像素，常需將其縮為僅佔一個像素寬度的影像，此影像處理的過程稱為？ (A)二值化 (B)細線化 (C)光學濾波 (D)長條圖強化。

95 在影像濾波處理方法上，下列敘述何者有誤？ (A)低通濾波通常會產生影像模糊的效果 (B)高通濾波的作用恰與低通濾波作用完全相反，其增強了影像高頻特性 (C)索貝爾(Sobel)運算可提供各方向之邊緣偵測處理 (D)Laplace 運算可提供邊緣模糊化。

96 在自動對焦技術中，下列敘述何者有誤？ (A)主動式對焦技術常利用紅外線或超音波投射至被攝物體上執行對焦動作 (B)被動式對焦技術常透過被攝物體影像的對比分析來調整焦距 (C)對焦清楚的影像其對比較低 (D)自動對焦技術也可用來執行物體三維形貌的量測。

97 如果影像係經過n次取像再取其平均值而得，則影像之信號雜訊比的平方值也將提高？ (A)n (B)3n (C)2n (D)0.1n 倍。

98　光學三維輪廓非接觸式量測技術主要可分為主動式量測與被動式量測兩類,下列何者不為主動式量測的技術? (A)線雷射掃描 (B)立體視覺法 (C)結構光法 (D)投射條紋法。

99　光學非接觸式三維輪廓量測技術均需使用影像感測器,下列何項量測技術通常必須使用二個影像感測器? (A)線雷射掃描法 (B)結構光法 (C)投射疊紋法 (D)立體視覺法。

100　以線雷射掃描量測待測物三維輪廓需使用下列何者技術? (A)三角法 (B)飛行時間法 (C)焦點法 (D)照度法。

101　下列何項三維輪廓量測技術需使用垂直掃描法執行量測? (A)雷射位移計 (B)線雷射掃描 (C)結構光 (D)白光干涉儀。

102　雷射位移計控制器將光信號轉換成類比信號輸出時,下列敘述何者有誤? (A)須執行零點 Zero 之校正,即雷射位移計設定某一位置為零點 (B)須執行測距 Span 之校正,即待測物與零點之距離顯示值之校正 (C)輸出之電壓值與量測所得距離成線性關係 (D)待測物距離零點越遠,精度越高。

103　下列何者的轉速量測精度最高? (A)轉速發電機(Tacho-Generator) (B)離心式轉速計(Centrifugal Type Tachometer) (C)電磁式轉速量測裝置(Magnetic pick-up unit) (D)光學式轉速量測裝置(Rotary encoder)。

104　下列何者為非接觸式的轉速量測設備? (A)轉速發電機(Tacho-Generator) (B)電磁式轉速量測裝置(Magnetic pick-up unit) (C)離心式轉速計(Centrifugal Type Tachometer) (D)旋轉電位計(Rotating Potentiometer)。

105　如圖所示,以電磁式感測器(Magnetic pick-up sensor)量測一 100 齒之金屬齒輪,一秒鐘內由儀表顯示有 1667 個脈衝(pulses),此金屬齒輪的轉速為? (A)500 (B)1000 (C)1500 (D)2000 rpm。

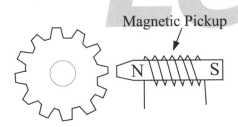

Magnetic Pickup

N　S

106　一光學式轉速計,旋轉一圈時,共有 1000 個脈衝(pulses),當實際應用於機械軸的轉速量測時,一秒鐘內由儀表顯示出 16667 個脈衝(pulses),此機械軸的轉速為? (A)500 (B)1000 (C)1500 (D)2000 rpm。

107　採用直線電位計(Line Potentiometer)、線性差動變壓器(Linear Variable Differential Transformer, LVDT)、光學尺(Optical scale)量測物體的直線運動速度時,需將輸出訊號做何種訊號處理才能得到速度訊號? (A)對時間一次微分 (B)對時間二次微分 (C)對時間一次積分 (D)對時間二次積分。

108　進行機台的振動控制時,通常需要得到位移與速度的訊號,以進行回授控制,當選擇加速規作為回授之感測器時,需將加速規的輸出訊號做何種訊號處理才能得到速度訊號? (A)對時間一次微分 (B)對時間二次微分 (C)對時間一次積分 (D)對時間二次積分。

109 進行機台的振動控制時，通常需要得到位移與速度的訊號，以進行回授控制，當機台的振動位移量微小不易量測時，通常會選擇加速規來進一步得到位移與速度的訊號，其主要原因為加速度訊號正比？ (A)振動頻率的二次方 (B)最大振幅的二次方 (C)振動頻率的三次方 (D)最大震幅的三次方。

110 閃頻儀(Stroboscope)為利用閃光同步視覺暫留的原理來進行物體的動態檢測，下列敘述，何者不正確？ (A)一般皆用於觀察慢速的物體運動 (B)可測量轉動或運動機械之轉速 (C)可觀察振動物體的頻率與振福 (D)一般皆架設於暗室中使用。

111 下列何種轉速量測設備，必須將輸出訊號對時間微分後，其輸出訊號才能正比於轉速？ (A)轉速發電機(Tacho-Generator) (B)離心式轉速計(Centrifugal Type Tachometer) (C)電磁式轉速量測裝置(Magnetic pick-up unit) (D)旋轉電位計(Rotating Potentiometer)。

112 由陀螺儀感測器(Gyroscopic sensor)輸出的訊號，可求得？ (A)角位移 (B)角速度 (C)角加速度 (D)以上皆是。

113 如圖所示，離心式轉速計(Centrifugal Type Tachometer)為一目前廣泛使用於角速度量測的儀器，下列對離心式轉速計之敘述，何者不正確？ (A)使用時與待測旋轉軸連接，為一接觸式量測方法 (B)藉由離心力之軸向分力使線性彈簧發生變形 (C)待測旋轉軸的角速度ω越快，線性彈簧變形量 X 越大 (D)待測旋轉軸的角速度ω與線性彈簧變形量 X 成正比。

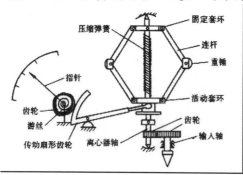

114 如圖所示，移動線圈型速度量測裝置(Moving-coil velocity pickup)為一線速度量測的儀器，下列敘述何者不正確？ (A)當移動線圈或是移動永久磁鐵時，會有感應電壓輸出 (B)感應電壓與線圈移動速度v成正比 (C)感應電壓與線圈的長度成反比 (D)感應電壓與磁場強度成正比。

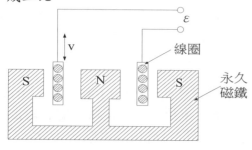

115 下列對轉速發電機(Tacho-Generator)之敘述，何者不正確？ (A)待測物之轉速可由發電機之輸出電壓推算而得 (B)發電機之輸出電壓與轉子轉速成正比 (C)發電機之輸出電壓與線圈的長度成反比 (D)發電機之輸出電壓與磁場強度成正比。

116 下列何者正確？ (A)速度(velocity)有大小有方向 (B)速率(speed) 有大小有方向 (C)速度有大小無方向 (D)兩者一樣。

117 根據都卜勒效應(Doppler Effect)，音源發射者朝向音源接受者移動時,若發射者的頻率 fr，接受者的頻率 fs，則？ (A)fr>fs (B)fr<fs (C)fr＝fs (D)無法判斷。

118 測速雷達主要係利用下列何項效應來測量車輛速度？ (A)壓電 (B)霍爾 (C)都卜勒 (D)焦電 效應。

119 測速槍是以下列何種光波來量測速度？ (A)紅外線 (B)微波 (C)紫外線 (D)藍光。

120 下列何種儀器可測量高速位移？ (A)光學顯微鏡(Optical Microscope) (B)線性差動變壓器(LVDT) (C)閃光同步儀(Stroboscope) (D)電位儀(Potentiometer)。

121 下列何種測速儀器原理應用到電阻值的改變？ (A)都卜勒雷射 (B)熱線 (C)閃頻 (D)雷達測速儀。

122 量測加速度與下列何種牛頓定律有關？ (A)牛頓第一運動定律 (B)牛頓第二運動定律 (C)牛頓第三運動定律 (D)萬有引力定律。

123 下列何者內不含加速度感測器？ (A)振動感測器 (B)安全氣囊系統 (C)Wii 電玩搖桿 (D)汽車手排檔系統。

124 熱(heat)之轉移方式，下列何者為非？ (A)傳導(conduction) (B)對流(convection) (C)輻射(radiation) (D)轉動(rotation)。

125 對於理想氣體，溫度係指該氣體分子之平均？ (A)位能(potential energy) (B)位移動能(translational kinetic energy) (C)速度(speed) (D)加速度(acceleration)。

126 下列何者不是熱敏電阻(thermistor)的類型？ (A)正溫度係數(positive temperature coefficient) (B)負溫度係數(negative temperature coefficient) (C)複合溫度係數(composite temperature coefficient) (D)臨界溫度電阻(critical temperature resistor)。

127 濕度感測器一般可分為阻抗變化型以及？ (A)靜電容量 (B)電感 (C)位移 (D)壓力 變化型。

128 在使用電阻式溫度感測器之溫度量測系統中，電阻對電壓轉換器電路以下列何種接法誤差較大？ (A)一 (B)二 (C) 三 (D)四 線式。

129 白金(Pt)溫度感測器的電阻值會隨外界溫度上升而？ (A)增加 (B)減少 (C)不變 (D)非線性地減少。

130 積體電路(integrated circuit, IC)型溫度感測器，一般測溫範圍為？ (A)-55°C 至＋150°C (B)-250°C 至＋650°C (C)-150°C 至＋450°C (D)-250°C 至＋350°C。

131 熱敏電阻之電阻值對外界溫度響應之線性化，通常使用下列何種元件所形成之電路？ (A)電阻 (B)電感 (C)電容 (D)二極體。

132 熱輻射溫度量測方式，最高溫度可達？ (A)500 (B)1000 (C)1500 (D)2000 ℃。

133 通常 IC 型溫度感測器之輸出線性較熱敏電阻或熱電耦者？ (A)劣 (B)優 (C)各有優劣 (D)無法比較。

134 下列何種溫度感測器是屬於被動型，須外加電源？ (A)電阻式 (B)熱膨脹式 (C)雙金屬式 (D)形狀記憶合金式。

135 熱電偶(Thermocouple)量測溫度是利用何種效應？ (A)霍爾效應(Hall Effect) (B)焦電效應(Pyroelectric Effect) (C)壓電效應(Piezoelectric Effect) (D)西貝克效應(Seebeck Effect)。

136 電流通過兩種不同的金屬導線之接合點時，接合點處產生放熱或吸熱之現象的效應是指？ (A)皮爾第效應(Peltier Effect) (B)西貝克效應(Seebeck Effect) (C)湯姆生效應(Thomson Effect) (D)焦電效應(Pyroelectric Effect)。

137 將空氣冷卻至飽和有水蒸氣凝結時之溫度稱為？ (A)濕球溫度 (B)乾球溫度 (C)露點 (D)飽和點。

138 25℃，1atm 下某空氣含水蒸氣分壓為 14mmHg，若 25℃ 的飽和水蒸氣壓為 21mmHg，則該空氣的相對濕度是？ (A)67 (B)33 (C)21 (D)14 %。

139 以槓桿原理製成的濕度計是？ (A)乾濕球 (B)露點 (C)電阻式 (D)毛髮 濕度計。

140 下列何者不是壓力單位？ (A)Hp (B)Pa (C)atm (D)Torr。

141 位移式壓力感測器之位移轉換成電信號可用線性差動變壓器(LVDT)，LVDT 是利用何種原理？ (A)電容 (B)電感 (C)電阻 (D)壓電。

142 應變計(Strain Gage)是利用？ (A)壓電 (B)電容 (C)電感 (D)電阻 原理。

143 皮托管(Pitot Tube)測速儀乃可用於測量？ (A)動壓力＋靜壓力 (B)流體的靜壓力 (C)流體的瞬時流速 (D)流體的黏度。

144 文氏管(Venturi Tube)是？ (A)速度式 (B)差壓式 (C)體積式 (D)面積式 流量計。

145 利用霍爾效應(Hall Effect)或霍爾元件可量測下列何者物理量？ (A)熱容量 (B)光通量 (C)應變量 (D)磁通密度。

146 下列何種可見光波對人眼視覺的敏感度最大？ (A)紅光 (B)綠光 (C)藍光 (D)紫光。

147 下列何者具霍爾效應(Hall Effect)之材料？ (A)砷化鎵 (B)硫化鉻 (C)鈦酸鋇 (D)氧化鋅。

148 流明(Lumen)是下列何者之單位？ (A)光強度 (B)光度 (C)照度 (D)光通量。

149 光敏電阻乃因下列何者效應而產生電阻變化？ (A)形狀記憶效應(Shape Memory Effect) (B)壓電效應(Piezoelectric Effect) (C)光導電效應(Photoconductive Effect) (D)焦電效應(Pyroelectric Effect)。

150 下列何者無法透過儀器靜態校正(static calibration)技術來校驗？ (A)靈敏度誤差 (B)線性度誤差 (C)系統性誤差(systematic error) (D)響應頻寬(response bandwidth)。

151 量測的隨機誤差(random error)？ (A)可使用靜態校正消除 (B)可使用多次統計平均消除 (C)可提高儀器的解析度來消除 (D)可提高儀器的響應頻寬來消除。

152 下列何者可能是儀器產生系統性誤差原因？ (A)儀器未經過校正 (B)環境的振動 (C)儀器受到電磁干擾 (D)在量測週期內儀器供應電源不穩定。

153 感測器的靈敏度(sensitivity)為？ (A)輸出與輸入信號的振幅比值 (B)輸出與輸入信號的頻率比值 (C)輸出與輸入信號的電壓比值 (D)輸出與輸入信號的電流比值。

154 下列有關感測器的靈敏度(sensitivity)描述何者正確？ (A)靈敏度愈高則量測範圍愈廣 (B)靈敏度愈小則量測範圍愈廣 (C)靈敏度的非線性誤差與量測範圍無關 (D)靈敏度不受溫度影響。

155 感測器的動態範圍(dynamic range)指的是？ (A)感測器的頻率響應能力 (B)感測器的最大振幅量測範圍 (C)感測器可以正常操作的溫度範圍 (D)感測器的量測範圍與解析度的比值。

156 量測儀器的線性度誤差(linearity error)是指？ (A)儀器零點隨著時間的漂移 (B)儀器靈敏度在量測範圍的變化 (C)儀器量測範圍的變化 (D)儀器供應電壓的變動。

157 下列有關量測儀器的動態校正(dynamic calibration)何者正確？ (A)需要變動儀器的環境溫度 (B)需要變動儀器的供應電壓 (C)需要變動儀器的電壓基準點 (D)需要變動輸入信號的頻率。

158 下列有關量測儀器的頻寬的敘述何者正確？ (A)指輸出信號的振福衰減為-3db 時的頻率範圍 (B)指輸出信號的振福衰減為-10db 時的頻率範圍 (C)指輸出信號的相位落後於輸入信號 45 度時的頻率範圍 (D)指輸出信號的相位落後於輸入信號 180 度時的頻率範圍。

159 下列何者正確？ (A)感測器頻寬愈高則輸出信號相位延遲愈大 (B)感測器頻寬愈高則輸出信號相位延遲愈小 (C)感測器時間常數愈大則輸出信號相位延遲愈小 (D)感測器時間常數隨著輸入信號振幅而變。

160 感測器的磁滯誤差(hysterisis error)？ (A)與輸入信號振幅無關 (B)與輸入信號反覆次數無關 (C)隨輸入信號反覆次數增加而變大 (D)隨輸入信號反覆次數增加而減少。

161 下列有關於感測器的時間常數(time constant)的描述何者正確？ (A)是指輸出信號達到最終值的 95%所需的時間 (B)是指輸出信號達到最終值的 90%所需的時間 (C)是指輸出信號達到最終值的 63%所需的時間 (D)是指輸出信號達到最終值的 50%所需的時間。

162 感測器的時間常數(time constant)？ (A)隨供應電壓(excitation)而變 (B)隨感測器的輸入信號振幅而變 (C)感測器頻寬愈高則時間常數愈大 (D)感測器頻寬愈高則時間常數愈小。

163 如果要將時間量測精度控制在 1 秒，則應該考慮選用下列何種精度的計時器？ (A)0.01 (B)0.1 (C)0.5 (D)1 秒。

164 下列何者是一級標準實驗室的環境溫度控制要求？ (A)正負 0.01°C (B)正負 0.1°C (C)正負 0.5°C (D)正負 1°C。

165 下列有關目前 ISO 的長度標準何者正確？ (A)其單位為 mm (B)其標準原器是以光在大氣中的速度為量測標準 (C)其標準原器是一支放在法國的白金米尺 (D)標準原器可能隨著社會進步而變重新制定的。

166 ISO 國際標準將物理單位分為基本單位與導出單位？ (A)功率 Watt 是基本單位 (B)電壓伏特 Volt 是基本單位 (C)溫度 Kelvin 是基本單位 (D)熱量 Joule 是基本單位。

167 根據 ISO 的定義，壓力(Pa)是屬於？ (A)基本單位 (B)輔助單位 (C)導出單位 (D)無因次物理量。

168 假設有一個筆記型電腦外殼模具從加工廠移入長度實驗室進行尺寸精度檢驗時，需要在長度實驗室擺置多久時間是模具分度與實驗室溫度達到平衡後，才能開始進行量測較為適宜？ (A)1 分鐘 (B)30 分鐘 (C)1 小時 (D)24 小時。

169 下列有關量測儀器的精密性的描述何者為正確？ (A)是指量測儀器的最小變化量辨識能力 (B)是指儀器輸出值能接近真正值的能力 (C)是指儀器輸出值的重複性能力 (D)儀器的精密度愈佳則精確度也愈高。

170 下列有關量測結果的準確度(Accuracy) 描述何者有誤？ (A)可以透過校正將系統性誤差消除而提升準確度 (B)可以透過多次平均來提升量測結果的準確度 (C)可以透過多次平均來降低隨機誤差 (D)如提高儀器的解析度可以將準確度提升。

171 儀器的精密度常用統計學上的標準差(standard deviation)來表示，下列何者有關標準差之敘述為正確？ (A)正負 3 標準差是指 90%百分比的數據範圍 (B)儀器標準差愈小則愈精密 (C)標準差與樣本的數目無關 (D)標準差與工件的平均值成正比。

172 製程能力指標 Cp 是表示製程能力是否恰當的判斷工具，恰當的製程能力指標是？ (A)1.67<Cp (B)1.33<Cp<1.67 (C)1<Cp<1.33 (D)Cp<1。

173 下列何者與阿貝誤差(Abbe error)無關聯？ (A)要盡量縮短量測儀器軸線與待測工件軸線間的距離 (B)當量測儀器軸線與待測工件軸線在同一軸線時則阿貝誤差降為零 (C)要盡量減少游標本尺軸線與游尺軸線間平行角度誤差 (D)要盡量將量測接觸力減小。

174 阿貝誤差(Abbe error)？ (A)通常可以藉由儀器校正來消除 (B)可以透過多次重複量測的統計值來消除 (C)可以透過提高控制迴路的頻寬來消除 (D)可以提高感測器的解析度來消除。

175 下列何者對於正弦誤差(sine error)的敘述正確？ (A)由游標本尺軸線與游尺軸線間有平行角度誤差造成 (B)由量測球型探針與工件表面的接觸點位置差異所造成 (C)由量測軸線與待測表面的接觸變形所造成 (D)由量測軸線與待測表面的傾斜角度時。

176 轉動心軸能於空氣軸承中順利運轉必須使用？ (A)干涉 (B)餘隙 (C)靜 (D)緊 配合。

177 下列有關公差配合的敘述何者有誤？ (A)要牢靠固定齒輪與心軸上要採取該干涉配合 (B)要使轉軸能於液動壓潤滑條件必須採用餘隙配合 (C)公差數值愈嚴格愈好 (D)可換刀的拉刀具應該採單向公差設計。

178 在量測的電氣接線佈置上，下列何者有誤？ (A)電力供應電線(power line)與信號線(single line)要盡量遠離 (B)信號線要盡量採取絞合(twisted)方式 (C)信號線的迴路面積(loop area)要愈小愈好 (D)所有電氣線不論是電力線或信號線都應該接到同一個接地位置點上。

179 一游標尺主尺最小刻劃 0.5mm，採用游標微分原理，欲得 0.02mm 最小讀數值，其游尺刻劃總長為 12mm，則游尺刻劃總等分數為多少？ (A)20 (B)25 (C)40 (D)45。

180 一游標尺主尺最小刻劃 0.5mm，採用長游標微分原理，欲得 0.02mm 最小讀數值，其游尺刻畫共 25 等分，則其游尺刻劃總長多少 mm？ (A)12 (B)12.5 (C)24 (D)24.5。

181 下列游標尺量測敘述何者不正確？ (A)圓孔內徑量測，內測爪應取最大值 (B)圓棒外徑量測，外測爪應與軸件垂直並取最小值 (C)槽寬量測，內測爪應取最大值 (D)深度量測，應使測桿垂直孔或槽底。

182 下列對於游標尺量測敘述何者正確？ (A)游標尺之深度測桿可用於量階級尺寸 (B)外測爪量測應儘量靠近本尺，可降低阿貝誤差影響 (C)M 型游標尺可進行歸零誤差調整 (D)M 型游標尺有棘齒定壓裝置，使用時無量測壓力誤差。

183 齒輪游標尺可量測齒輪哪一部份尺寸？ (A)齒頂高 (B)齒根高 (C)弦齒厚 (D)模數。

184 測孔中心距之游標尺，其測爪端應製成何種形狀？ (A)圓棒形 (B)矩形 (C)圓錐形 (D)刀刃型。

185 一公制分厘卡螺桿螺距 0.5mm，外套筒圓周等分 100 格，此分厘卡之最小刻劃讀數多少 mm？ (A)0.005 (B)0.01 (C)0.02 (D)0.05。

186 一公制分厘卡螺桿螺距 0.5mm，外套筒圓周等分 50 格，此分厘卡之襯筒上在外套筒 9 格範圍內等分 10 格游標線，此分厘卡之最小刻劃讀數多少 mm？ (A)0.001 (B)0.005 (C)0.01 (D)0.02。

187 下列對於分厘卡操作敘述何者不正確？ (A)公制分厘卡每 25mm 有一支，依量測尺寸選用分厘卡 (B)公制分厘卡解析度有 0.01mm 與 0.001mm 兩種，依工件精度要求選用 (C)外徑分厘卡使用時存在阿貝誤差，量測姿勢夾角誤差使量測值較正確值小 (D)可利用專用板手進行歸零誤差調整。

188 齒輪跨齒厚量測可用下列哪種分厘卡？ (A)尖頭 (B)圓盤 (C)球面 (D)扁頭直進 分厘卡。

189 螺紋 V 溝分厘卡可量測螺紋哪部份尺寸？ (A)螺紋節徑 (B)螺紋外徑 (C)螺紋牙角 (D)螺紋牙深。

190 量測鑽頭鑽腹厚度可用下列哪一種特殊分厘卡？ (A)尖頭 (B)扁頭直進 (C)球面 (D)溝槽分厘卡。

191 五溝槽外徑分厘卡，可用於量測 5 刃的鉸刀外徑，其 V 型鑽座夾角多少度？ (A)60 (B)90 (C)108 (D)120。

192 量測奇數刀鋒鉸刀之外徑，可用下列哪一種特殊分厘卡？ (A)尖頭 (B)圓盤 (C)V溝 (D)溝槽 分厘卡。

193 以光學平鏡與單色光源(波長λ)檢測分厘卡之鉆座平坦度，若觀察到6條平行的直線干涉條紋，則平行度誤差若干？ (A)鉆座完全平坦無誤差 (B)鉆座中央隆起，平坦度誤差3λ (C)鉆座中央凹陷，平坦度誤差3λ (D)鉆座中央隆起，平坦度誤差6λ。

194 以光學平鏡與單色光源(波長λ)檢測分厘卡之鉆座與心軸鉆座平行度，若觀察到鉆座3圈同心圓，心軸鉆面5條平行直線干涉紋，下列敘述何者正確？ (A)3 (B)4 (C)5 (D)8 λ。

195 下列何種量具適合用於卡規尺寸精度之檢驗？ (A)光學平鏡與單色燈 (B)卡儀型內徑分厘卡 (C)電子比測儀 (D)塊規。

196 下列哪一種量具對圓孔的量測精度最高？ (A)卡儀型內側分厘卡 (B)棒型內側分厘卡 (C)三點式內徑分厘卡 (D)游標卡尺。

197 下列對柱塞樣規敘述何者正確？ (A)通過端直徑較不通過端直徑大 (B)通過端上有切槽作標記 (C)通過端上有壓花紋作標記 (D)通過端長度較不通過端長。

198 下列對環形樣圈的敘述何者正確？ (A)通過端直徑較不通過端直徑大 (B)通過端上有切槽作標記 (C)通過端上有壓花紋作標記 (D)通過端長度較不通過端長度短。

199 適合大量檢測圓棒之直徑與真圓性的樣規為何？ (A)卡規 (B)柱塞規 (C)環型樣規 (D)深度樣規。

200 塊規扭合密接，下列何者非密接原因？ (A)接合面不存在空氣，大氣壓力壓合 (B)接合面非常靠近，兩塊材料間凡得瓦分子吸力 (C)接合面扭合產生靜電吸力 (D)接合面間存在極薄之油膜吸力。

201 下列何種材料不適合製作塊規？ (A)石英 (B)碳化鎢 (C)陶瓷 (D)銅合金。

202 下列何者不是塊規等級判定的檢驗項目之一？ (A)平坦度 (B)平行度 (C)表面粗糙度 (D)尺寸精度。

203 耐磨塊規為一消耗品，其由何種材料製成？ (A)不繡鋼 (B)碳化鎢 (C)石英 (D)高碳鋼表面鍍鉻。

204 一圓棒工件尺寸∮25.50±0.004mm，欲用環型樣圈檢測，其不通過端尺寸為何？ (A)25.492 (B)25.496 (C)25.504 (D)25.508 mm。

205 量錶用於圓柱與圓球凸面外徑量測的接觸點，下列何種接觸點型式最適合？ (A)球型 (B)點型 (C)平面 (D)標準 接觸點。

206 量錶之平面接觸測鉆當量測平面工件時容易發生何種誤差？ (A)阿貝 (B)正弦 (C)餘弦 (D)靜態變形 誤差。

207 垂直式指示量錶其測軸未與待測工件垂直時，造成量錶測軸未與擬量測軸線重合，將發生下列何種誤差？ (A)接觸變形 (B)正弦 (C)餘弦 (D)靜態變形 誤差。

208 下列何者不是電子比測儀的優點？ (A)敏感度高 (B)放大倍率高且有多重倍率選擇 (C)量測壓力較大 (D)重覆性高且反應速度快。

209 光學平鏡放在具反光特性平面上，以單色光源照射，平鏡與工件夾角愈小則干涉條紋？ (A)愈少 (B)愈多 (C)沒關聯性 (D)沒干涉條紋發生可能。

210 下列何種量具較適合以光學平鏡與單色燈照射干涉條紋檢測精度？ (A)塊規 (B)游標尺 (C)指示量錶 (D)卡規。

211 精密塊規高度規之分厘測頭，若其螺桿節距 0.5mm，外套環 500 等分，則此精密塊規高度規之最小讀數為何？ (A)0.001 (B)0.002 (C)0.005 (D)0.010 mm。

212 精密塊規高度規需搭配下列何種量具，協助進行工件高度設定與尺寸轉移？ (A)游標尺 (B)塊規 (C)電子比測儀 (D)分厘卡。

213 下列何者不具有相同的量測項目？ (A)萬能量角器(Universal bevel protractor) (B)自動視準儀(Autocollimator) (C)正弦桿(Sine bar) (D)測長儀(Universal measuring apparatus)。

214 下列敘述中何者為不正確？ (A)角度量測方式有直接量測與間接量測 (B)角度有一般角度與錐度 (C)角度與錐度使用相同方式量測 (D)常用角度單位有角度制和弧度制。

215 最適合表示真空度的常用壓力單位為？ (A)kgf/cm^2 (B)Bar (C)atm (D)Torr。

216 下列敘述中，何者為錯誤？ (A)多面稜規為角度標準器 (B)組合角度塊規為角度標準器 (C)旋轉分度校正盤為角度標準器 (D)分度器為角度標準器。

217 下列敘述中，何者為正確？ (A)多面稜規需配合雷射干涉儀使用 (B)多面稜規需配合自動視準儀使用 (C)多面稜規至多邊數可達 36 面 (D)多面稜規可以直接量測角度之大小。

218 利用僅有的 1°、2°、3°、10° 這四塊角度塊規並依標準程序來組成 14° 這個角度時，下列哪一塊角度塊規的堆疊方向與其它三片不同？ (A)1° (B)2° (C)3° (D)10°。

219 下列對角度塊規之敘述，何者不正確？ (A)組合操作方法與長度塊規類似 (B)可用來進行角度之直接量測 (C)作正向組合時，角度相加 (D)作負向組合時，角度相減。

220 萬能量角器(Universal bevel protractor，又稱游標角度規)之量測精度與功能優於一般量角器，下列對角度塊規之敘述，何者不正確？ (A)有二尺片，可穩固依靠於待測工件夾角之兩邊線 (B)有應用短游標微分原理，來製作本量具 (C)有裝置放大鏡、方便觀察量測讀數 (D)有銳角附件，可增大量測功能。

221 下列何者不是組合角尺(combination set)的構件？ (A)直角規 (B)中心規 (C)角度規(量角器) (D)游標尺。

222 下列何者是組合角尺(combination set)的構建之一？ (A)游標卡尺 (B)中心規 (C)指示量表 (D)塊規。

223 下列何者不屬於組合角尺(combination set)的組成？ (A)直尺 (B)角度規 (C)直角規 (D)分規。

224 下列有關組合角尺(combination set)的應用敘述,何者為不正確? (A)適用於定位圓形工件端面的近似中心 (B)適用於量測深度與高度 (C)適用於量測 $30\pm0.1°$ (D)適用於量測 $45°$ 角或直角。

225 下列對於水平儀之敘述,何者不正確? (A)常用的有氣泡式(又稱酒精式)與電子式兩種 (B)適用於大角度的測量 (C)檢驗機械與平台的真平度 (D)可量測平臺的真直度。

226 水平儀可以用來量測工件的? (A)平行度 (B)垂直度 (C)真平度 (D)圓柱度。

227 某氣泡式水平儀靈敏度為 0.01mm/m,經校正後,將其置於 20 公分長之平台上檢測其水平情形,結果發現氣泡移動了 2 刻度,試問此平台兩端高度差為多少 mm? (A)0.002 (B)0.004 (C)0.02 (D)0.04。

228 將靈敏度 0.02mm/m 的水平儀放置於一底座長 200mm 剛性平台上,若水平儀氣泡從中心位向左邊漂移三刻線,欲使氣泡回到中心位,下列敘述何者正確? (A)以水平儀底座左端為支點,將水平儀底座右端提昇 0.06mm (B)以水平儀底座右端為支點,將水平儀底座左端提昇 0.06mm (C)以水平儀底座左端為支點,將水平儀底座右端提昇 0.012mm (D)以水平儀底座右端為支點,將水平儀底座左端提昇 0.012mm。

229 將靈敏度 0.3mm/m 的氣泡室水平儀放置於一底座長 1m 長剛性平台上,量測結果顯示氣泡偏右兩格;若將水平儀拿起且原地旋轉 180 後再放回原位置,量測結果顯示氣泡偏右 1 格,試問下列敘述何者最正確? (A)平面兩端無高度差 (B)平面兩端高度差 0.6mm (C)平面兩端高度差 0.45mm (D)平面之左側較高。

230 為提高氣泡式水平儀的量具靈敏度,下列作法何者正確? (A)增長量具框架長 (B)縮小量具框架長度 (C)增大玻璃管圓弧半徑 (D)縮小玻璃管圓弧半徑。

231 下列何者無法檢驗工件的錐度? (A)錐度分厘卡 (B)量錶、正弦桿與平台 (C)錐度樣規 (D)水平儀。

232 下列何者無法檢測角度或錐度? (A)電子水平儀 (B)正弦桿 (C)環規 (D)角度塊規。

233 下列敘述中,何者為錯誤? (A)水平儀有方型框架者,可以量測機台與地面之垂直度 (B)電子水平儀常用電容式和電感式等感測原理 (C)電感式電子水平儀其量測角度可到達 $45°$ (D)水平儀之靈敏度以兩端在一定距離的高低差的分辨能力。

234 下列敘述中,何者為錯誤? (A)角度的間接量測為在無法應用直接量測角度時才使用,因此最好不採用 (B)應用正弦桿與塊規所量測角度其精度很高,可以多多採用應用 (C)正弦桿與正弦平板之使用原理相同 (D)錐度量測方式很多,工作現場中最常用錐度規量測錐度。

235 關於量具使用,下列敘述何者不正確? (A)利用光學平鏡及單色光源觀察干涉條紋,可檢驗塊規之真平度 (B)若正弦桿公稱尺寸 50mm,工件角度 $30°$,則墊高的塊規高度為 21.56mm (C)厚薄規(thickness gauge)可用於量測配合件的餘隙大小 (D)三線量測法可用於量測螺紋的節徑。

236 利用正弦桿量測角度時,H 為塊規堆疊的高度,L 為正弦桿兩端圓柱的中心距離,若正弦桿與平面之夾角為 θ,則下列關係式何者正確? (A)$\sin\theta = H/L$ (B)$\sin\theta = L/H$ (C)$\cos\theta = H/L$ (D)$\cos\theta = L/H$。

237 下列量具中,作者無法直接讀出所量測之角度值? (A)正弦桿 (B)萬能量角器 (C)組合角尺 (D)直角尺。

238 下列敘述中,何者為錯誤? (A)角度塊規量測角度不受45°範圍之限制 (B)使用正弦桿量測角度時,角度愈大誤差愈小 (C)萬能量角器藉著游標原理可以量測至5′ (D)水平儀可以量測機台與機件之真平度。

239 若以公稱尺寸為100mm的正弦桿量測角度為30°的工件,若其中一端放置高度20mm塊規,則另一端須墊高的塊規高度為多少? (cot 30°=1.732, tan 30°=0.577, cos 30°=0.866, sin 30°=0.500) (A)193.2 (B)106.6 (C)77.7 (D)70 mm。

240 若以公稱尺寸為300mm的正弦桿,量測角度為30°的工件,則須墊高的塊規高度為多少? (tan 30°=0.577, cos 30°=0.866, sin 30°=0.500) (A)86.600 (B)129.900 (C)150.000 (D)173.100 mm。

241 正弦桿配合量錶、塊規以及平台可以做哪方面的量測? (A)高度 (B)平行度 (C)角度 (D)長度。

242 正弦桿利用塊規疊合成適當高度時,以量錶檢驗待測工件斜面使保持水平,將此高度除以正弦桿兩圓柱中心距,即為此待測工件角度之正弦值,若是正弦桿兩圓柱之半徑不相等時,此角度兩側即會有誤差發生,試問此項誤差發生原因來自下列何者? (A)量具設計 (B)量具功能 (C)量具調整 (D)量具製造 誤差。

243 一工作物長150mm,兩端直徑分別為30mm及20mm,錐度部分長100mm,則車製此工件時,其尾座偏置量為何? (A)5 (B)7.5 (C)10 (D)15 mm。

244 下列儀器中,何者不屬於小角度的量測? (A)雷射干涉儀 (B)自動視準儀 (C)錐度分厘卡 (D)電子水平儀。

245 下列儀器中,何者不屬於小角度量測? (A)雷射干涉儀 (B)自動視準儀 (C)光學平鏡 (D)水平儀。

246 下列何種量測設備無法用於真直度量測? (A)電子水平儀 (B)自動視準儀 (C)雷射干涉儀 (D)輪廓量測儀。

247 以圓筒直角規配合量錶作直角度量測,須作每90度之旋轉幾次? 若量錶讀數不變則為正確位置? (A)一 (B)二 (C)三 (D)四 次。

248 花崗石平板,相較於鑄鐵平板,下列何者非其優點? (A)表面容易產生反光 (B)不易起毛邊 (C)受溫度變化影響較鑄鐵小 (D)抗腐蝕性高。

249 輪廓量測儀之探針接觸工件力量約為? (A)0.02N-0.06N (B)0.2N-0.6N (C)2.0N-6.0N (D)20.0N-60.0N。

250 輪廓量測儀之量測原理按下列哪一種量測儀器相類似? (A)三次元量測儀 (B)真圓度量測儀 (C)粗糙度量測儀 (D)雷射干涉儀。

251 下列何種方法不是用於建構真圓度量測參考圓之方法? (A)最小平方圓方法 (B)最小區間圓法 (C)最小外接圓法 (D)最小內切圓法。

252 真圓度量測儀之收錄器(Pick-up)其常用的形式為？ (A)電容式感測器 (B)線性差動變壓器 (C)位置感測器 (D)四象限感測器。

253 下列何種方法無法用於真圓度量測？ (A)周緣限制量規法 (B)兩頂心旋轉法 (C)兩點探針法 (D)真圓度量測儀法。

254 下列何者非工件表面組織的幾何形狀組成之主要因素？ (A)形狀(Form) (B)波紋(Waviness) (C)粗糙度(Roughness) (D)紋向(Lay)。

255 均方根粗糙度(Root-mean-square roughness, Rq)相較於中心線平均粗糙度(Roughness average, Ra)，二者關係為？ (A)Ra 較 Rq 大 11% (B)Ra 較 Rq 大 21% (C)Rq 較 Ra 大 11% (D)Rq 較 Ra 大 21%。

256 下列何種粗糙度參數可用於評估工件表面之耐壓及耐磨的強度？ (A)中心線平均粗糙度(Roughness average, Ra) (B)均方根粗糙度(Root-mean-square roughness, Rq) (C)平均波峰間距(Mean peak spacing, Ms) (D)承壓比值(Bearing ratio)。

257 下列何者非粗糙度參數主要三大類之參數？ (A)振幅參數(Amplitude parameter) (B)頻率參數(Frequency parameter) (C)波長或間距參數(Wavelength or spacing parameter) (D)綜合參數(Hybrid parameter)。

258 下列何者不是雷射掃描儀(Laser scanner) 的用途？ (A)管件之外徑量測 (B)線材之外徑量測 (C)板材邊緣位置之量測 (D)板材之粗糙度量測。

259 光學投影機下列敘述，何者為真？ (A)光學輪廓投影機原理：反射照明法 (B)光學表面投影機原理：透射照明法 (C)光學全貌投影機原理：干涉法 (D)光學全貌投影機原理：透射反射共同照明法。

260 光學投影機可作下列何種量測？ (A)形狀輪廓 (B)內孔深度 (C)真平度 (D)水平度。

261 下列何種量測方式較適合進行工件輪廓外形量測？ (A)游標卡尺 (B)光學投影機 (C)雷射掃描儀 (D)雷射干涉儀。

262 若工具顯微鏡物鏡放大倍率可更換為3x、5x、10x，量測範圍為 73mm，目鏡放大倍率固定為 10x，則可形成下列哪幾種不同倍率供選用？ (A)3x、5x、10x (B)3x、15x、30x (C)3x、15x、100x (D)30x、50x、100x。

263 下列何種敘述對工具顯微鏡而言是正確的？ (A)高精度的二次元座標量測儀 (B)可作大尺寸之厚度量測 (C)可量測曲面 (D)接觸式量測。

264 常用的三角法雷射位移計是利用光學的何種原理設計而成？ (A)相位差 (B)反射式 (C)鏡射式 (D)散射式。

265 白光干涉儀橫向解析度取決於？ (A)顯微鏡數值孔徑 (B)干涉測量方法 (C)光源種類 (D)操作人員技術。

266 雷射都卜勒位移計其量測原理是利用？ (A)飛行時間 (B)外差干涉 (C)飛行時間與外差干涉 (D)飛行時間、外差干涉作用與全反射法。

267 線上 AOI(Automated Optical Inspection, AOI)檢測大面積極微細瑕疵時採用何種檢測設備較適當？ (A)點雷射 (B)面型攝影機 (C)線型攝影機 (D)均可。

268 邊緣偵測下列敘述何者較正確？ (A)對影像進行低通濾波可讓影像輪廓模糊 (B)對影像進行高通濾波讓影像主體模糊 (C)正向光源較適用於輪廓檢測 (D)中通濾波較適合。

269 下列特性哪一項對自動光學檢測系統最重要？ (A)速度與正確率 (B)多功能 (C)親合力 (D)價格。

270 採用氦氣燈(波長 $0.588\mu m$)為光源，以光學平鏡量測塊規之平面度(或稱真平度)時，觀測到四條平行等間距直線的暗帶，則此塊規之平面度為多少？ (A)0.3 (B)0.6 (C)1.2 (D)0 μm。

271 使用光學平板量測工件真平度，量測結果干涉條紋呈直線分佈，其間距較密處表示工件表面為？ (A)平坦 (B)斜面 (C)凸圓 (D)凹圓。

272 採用氦氣燈(波長 $0.588\mu m$)為光源，以光學平鏡量測工件之平行度時，觀測到標準塊規有 5 條平行等距直線的暗帶，待測工件有 7 條平行等距直線的暗帶，則待測物真平度佳，但與標準塊規比較？ (A)低 $0.294\mu m$ (B)高 $0.294\mu m$ (C)低 $0.588\mu m$ (D)高 $0.588\mu m$。

273 不同顏色的光線通過鏡頭時，因為折射率的不同，而產生成像焦點不同位置的現象。此現象稱為？ (A)畸變(distortion) (B)色差(chromatic aberration) (C)像散(astigmatism) (D)慧差(coma)。

274 在顯微鏡的物鏡或是一般鏡頭規格中，所謂的 Numerical aperture(N.A. 與 F-number 呈反比的關係)與下列何者有關？ (A)工作距離 (B)焦距 (C)解析度 (D)景深。

275 以白熾燈泡光源的 coherent length 比雷射光源的 coherent length？ (A)兩者相同 (B)雷射光源的較長 (C)白熾光的較長 (D)以上皆非。

276 在應用光學干涉原理的測量器材中，如白光干涉儀(white-light inferometer)光源的 Coherence length 越長，可以產生清晰干涉條紋的光程差是？ (A)越長 (B)越短 (C)沒有影響 (D)與溫度有關。

277 測量流體速度的皮托管(Pitot tube)裝置，測量流體中的靜壓(static pressure)與動壓(dynamic pressure)的壓力差，請問流體的速度(V)與此壓力差 P 的關係是？ (A)線性 V=K*P (B)平方根 $V=KP^{1/2}$ (C)平方 $V=KP^2$ (D)立方根 $V=KP^3$。

278 利用皮托管(Pitot tube)空速計測量的空速需要考慮哪些因素，才能得到真實空速？ (A)空氣密度 (B)安裝位置是順風還是逆風 (C)氣流速度 (D)以上皆是。

279 在馬達控制中，下列方法中何者可以直接量得轉速信號？ (A)編碼器(encoder) (B)轉速發電機(tacho-generator) (C)霍爾偵測元件 (D)磁性尺。

280 微機電陀螺儀(MEMS gyro)可以測量？ (A)速度 (B)重力 (C)角加速度 (D)角速度。

281 微機電振動式陀螺儀具有雙振動臂，振動臂以同一頻率朝相同方向振動。請問振動陀螺儀是根據何種工作原理？ (A)離心力 (B)慣性力 (C)靜電力 (D)科式力(Coriolis force)。

282 熱線測速儀(hot-wire(film) anemometer)可以測量流體速度,請問其工作原理是根據? (A)波干涉原理 (B)都卜勒效應 (C)熱傳 (D)以上皆非。

283 以超音波測速器發出超音波測量移動中的物體的速度,請問此測速器是利用下列何種工作原理? (A)干涉 (B)飛行時間(time of flight) (C)相位角 (D)頻率變化。

284 下列項目中,何者不是壓電式加速度規(piezoelectric accelerometer)的特性? (A)高敏感度 (B)高頻率範圍 (C)可以測量固定加速度 (D)體積小。

285 一具馬達編碼器(shaft encoder)具有 A,B 相二個輸出信號,每轉輸出 1000 個脈波。請問其最大解析度為每轉? (A)1000 (B)2000 (C)2500 (D)4000 單位。

286 測量速度可以利用都卜勒效應(Doppler effect)。假設,以速度 Vt 移動的發射端發出的信號頻率為 Ft;而以速度 Vr 移動的接收端,所收到信號的頻率是 Fr。聲音時速為 C。請問兩者的關係是? (A)Fr/(C+Vr)=Ft/(C+Vt) (B)Fr/(C+Vt)=Ft/(C+Vr) (C)Fr/Ft=exp[(C+Vr)/(C+Vt)] (D)Fr/Ft=exp[(C+Vt)/(C+Vr)]。

287 運用何種數學計算,可以從位移數據求得速度資料? (A)積分 (B)差分 (C)低通濾波 (D)高通濾波。

288 馬達編碼器(shaft encoder)的輸出信號具有 A,B 與 Z(home index)項目,請問 A,B 信號之間的相位角度為? (A)45 (B)90 (C)120 (D)180 度。

289 熱線測速儀(hot-wire anemometer) 是以導體線置於流體中測量流體速度,請問下列各選項中,何者不是導體線的驅動方式? (A)固定電壓 (B)固定電流 (C)固定電阻 (D)固定功率。

290 某電阻式溫度感測器(RTD)之規格如下:鎢質材料(α=0.0045°C-1)、0°C 時電阻值為 200Ω,其於 100°C 時之電阻值為? (A)290 (B)300 (C)310 (D)320 Ω。

291 下列何者為可量度高頻信號之壓力感測器? (A)巴登管 (B)負荷計 (C)壓電晶體 (D)應變計。

292 下列何者為壓力的單位? (A)lpm (B)Torr (C)Knot (D)pps。

293 下列何者為非接觸性溫度量測裝置? (A)細腰管 (B)熱電偶 (C)光學高溫儀 (D)熱敏電阻。

294 有一壓力 P 作用於風箱(bellow)之輸入口,風箱外徑為 10cm,內徑為 8cm,且風箱之彈簧常數為 10 牛頓/公分,現該風箱之受力面位移 10cm,求壓力 P 約為多少 bar? (A)0.016 (B)0.16 (C)1.6 (D)16。

295 設隔膜(diaphragm)之直徑為 $\frac{4}{\sqrt{\pi}}$ cm,於其兩面輸入壓力後,該隔膜向一方位移 5cm,設隔膜之彈簧常數為 10 牛頓/公分,求兩輸入壓力之壓力差為多少 bar? (A)1.25 (B)2.25 (C)3.25 (D)4.25。

296 一壓力量測裝置如下：壓力信號送入伸縮風箱，由風箱驅動一電位計。風箱的規格為：大徑 5cm、小徑 3cm、彈簧常數 2500π N/m(其中 π 為圓周率)；電位計的規格為：長度 24cm、電源 電壓 12V。現量得該裝置之輸出電壓為 1.6V，求：待測壓力為多少 psi？ (A)26 (B)27 (C)28 (D)29。

297 設惠斯頓電橋之 VEXC=20V，R1=R2=R3=350Ω。R4 為應變計，其阻值 350Ω，Gage Factor 為 2.03 且 α=0.004°C-1。若施以 1200μm/m 之應變，且環境有 2°C 之溫度變化。求在無溫度補 償下，該裝置之誤差百分比？ (A)127 (B)227 (C)327 (D)427 %。

298 設惠斯頓電橋之 VEXC=20V，R1=R2=R3=350Ω。R4 為應變計，其阻值 350Ω，Gage Factor 為 2.03 且 α=0.004°C-1。若施以 1200μm/m 之應變，且環境有 2°C 之溫度變化。求在有溫度補 償下，該裝置之誤差百分比？ (A)-0.82 (B)-0.92 (C)-1.02 (D)-1.12 %。

299 某管路中 a-a 截面內徑為 10in，b-b 截面內徑為 5in。若 a-a 處流速為 1ft/sec，求：b-b 處流速。(設密度均勻不變) (A)2 (B)4 (C)8 (D)16 ft/sec。

300 某管路中 a-a 截面內徑為 10in，b-b 截面內徑為 5in。若 a-a 處流速為 1ft/sec，求：b-b 處流量。(設密度均勻不變) (A)0.35 (B)0.45 (C)0.55 (D)0.65 ft^3/sec。

301 某管路中 a-a 截面內徑為 1.2m，靜壓為 1kgw/m^2，若流量為 1.14m^3/sec 且流體密度保持 1kgw/m^3 均勻不變，求內徑為 0.8m 處之靜壓？ (g=9.8m/sec^2) (A)0.49 (B)0.59 (C)0.69 (D)0.79 kgw/m^2。

302 某管路中流體之重量密度為 1kgw/m^3，其內徑為 200cm，管路內裝設有一直徑為 40cm 之節流 孔。現以差壓感測器測得節流孔上下流之壓力差為 29.1kgw/m^2，當地之重力加速度為 9.8m/sec^2，求該管路之流量？ (A)1 (B)2 (C)3 (D)4 m^3/sec。

303 直徑為 $\frac{1}{\sqrt{\pi}}$m 之管中置一頻差式超音波流量計，發射器與接收器間距離為 50cm，現量得該管路 中流體所造成之頻率差為 40Hz，求該管路的流量？ (A)1.5 (B)2.5 (C)3.5 (D)4.5 m^3/sec。

304 直徑為 $\frac{1}{\sqrt{\pi}}$m 之管中置一時差式超音波流量計，發射器與接收器間距離為 50cm，超音波波速為 340m/sec，現量得該管路中流體順流波與逆流波抵達接收器之時間差為 0.086ms，求該管路 的流量？ (A)1.5 (B)2.5 (C)3.5 (D)4.5 m^3/sec。

305 以一發射頻率為 40kHz 之都卜勒式超音波流量計量測直徑為 $\frac{1}{\sqrt{\pi}}$m 之管中流體流量，發射器與 接收器間夾角為 45°，超音波波速為 340m/sec。現量得發射波與接收波之頻率差為 2kHz，求 該管路的流量？ (A)3 (B)4 (C)5 (D)6 m^3/sec。

306 在 1atm，25°C 下以 40kHz 之超音波測距，從發射到接收回音所需時間為 4 秒，求待測距離？ (A)390.6 (B)490.6 (C)590.6 (D)690.6 m。

307 一個 120 齒之電磁式角位移感測器，五秒內得 20pulse，求待測物之轉速 rpm？ (A)1 (B)2 (C)3 (D)4。

308 8bit 的圓盤編碼器之解析度為何？ (A)0.7° (B)1.4° (C)2.1° (D)2.8°。

309 以超音波測速，發射頻率 f_t 為 40kHz，氣溫為 16°C，如圖。求接收頻率 f_r 與發射頻率間之頻率差 (f_r-f_t)？ (A)1530 (B)2530 (C)3530 (D)4530 Hz。

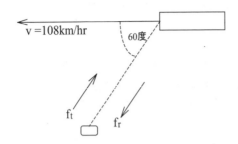

310 以 AD 590(溫度 IC)量測一熱源溫度。AD 590 一端供給+5V 電壓、另一端串聯一 1kΩ 電阻。現於該 1kΩ 電阻兩端量得 300mV 電壓，求該熱源的溫度？ (A)27 (B)37 (C)47 (D)57 °C。

311 30°C 等於多少°R？ (A)245.7 (B)345.7 (C)445.7 (D)545.7 °R。

312 下列何者在可見光的頻率範圍？ (A)500GHz (B)500THz (C)500PHz (D)500EHz。

313 下列何者屬於間接量測量具？ (A)正弦桿 (B)游標卡尺 (C)分厘卡 (D)鋼直尺。

314 量具本身精度為工件公差多少倍最適合？ (A)1/100 (B)1/50 (C)1/10 (D)1/2。

315 下列何種量具採用直接式量測？ (A)螺紋三線規 (B)小孔規 (C)塞規 (D)正弦桿。

316 下列何者為最新長度基準定義？ (A)米原器 (B)光在真空中於 1/299792458 秒所行走距離 (C)氪 86 橘光波長的 1650763.73 倍 (D)地球上從北極通過巴黎的子午線到赤道的一千萬分之一。

317 下列何者不是國際度量衡的基本單位？(A)m 公尺 (B)°K 凱氏溫度 (C)mol 物質量 (D)g 公克。

318 一千萬公里可用下列何種表示法？ (A)1Gm (B)10Gm (C)100Mm (D)1Tm。

319 功的單位焦耳(J)為一導出單位，其組成不包含下列哪項基本單位？ (A)m 公尺 (B)sec 秒 (C)kg 公斤(D)A 安培。

320 多次重複量測計算的標準差，最能代表下列哪一項量具特性？(A)精密度(precision) (B)準確度(accuracy) (C)解析度 (D)靈敏度。

321 量測儀器本身的誤差，可經由校正手段改善下列哪一項特性？(A)精密度(precision) (B)準確度(accuracy) (C)解析度 (D)靈敏度。

322 多次重複量測取其量測值標準差，一般 3 倍標準差精度代表信賴度為多少？ (A)50 (B)68 (C)95 (D)99.7 %。

323 圖面尺寸 $\phi 30 JS10$，則工件實測尺寸下列哪一項正確？ (A)30 ± 0.04 (B)$30^{+0.08}_{-0}$ (C) $30^{+0.10}_{-0.02}$ (D) $30^{+0.00}_{-0.04}$。

324 國際標準公差用於一般機件配合的等級為 (A)IT1-IT4 (B)IT5-IT10 (C)IT11-IT15 (D)IT17-IT20。

325 30H7/f7 其配合屬於下列哪一種情形？ (A)餘隙 (B)精密 (C)靜 (D)干涉 配合。

326 國際標準組制定的尺寸基本公差共分為多少級？ (A)10 (B)15 (C)18 (D)20。

327 干涉配合的判定準則為下列何種關係？ (A)在最小實體條件軸徑大於孔徑 (B)在最小實體條件軸徑小於孔徑 (C)在最大實體條件軸徑大於孔徑 (D)在最大實體條件軸徑小於孔徑。

328 一般所指公稱尺寸及為下列何種尺寸？ (A)實測 (B)基本 (C)最小極限 (D)最大極限 尺寸。

329 軸孔餘隙配合，下列敘述何者為最小餘隙值？ (A)在最大實體條件軸徑與孔徑之差 (B)在最小實體條件軸徑與孔徑之差 (C)孔最大極限尺寸與軸最小極限尺寸之差 (D)孔最小極限尺寸與軸最小極限尺寸之差。

330 軸孔為靜配合(transition fit)，下列敘述何者正確？ (A)在最小實體條件軸徑大於孔徑 (B)在最大實體條件軸徑小於孔徑 (C)在最大實體條件軸徑大於孔徑 (D)以上皆非。

331 下列基孔制敘述何者不正確？ (A)適用於精密配合，成品種類多數量少工作 (B)孔多用鉸削、搪孔或研磨加工，精度較高 (C)常用於軸承環內孔配合工作 (D)可應用於各種配合條件，量具為一卡規多組塞規，因此量具費用較高。

332 各種物理量有其基本單位(fundamental unit)，其中電學的基本單位為 (A)庫倫(c) (B)電阻(ohm) (C)電壓(V) (D)電流(A)。

333 下列敘述何者正確？ (A)系統誤差可探究原因並尋求校正改善 (B)量具本身誤差屬於隨機誤差 (C)操作環境變異造成量測誤差屬於系統誤差 (D)量測依常態分佈，取 3 個標準差(3σ)之不良率為 3%。

334 下列敘述何者不正確？ (A)量具之精度係指量測結果可信賴的程度 (B)量具測定值的精密度與準確度二者合稱為量具的精度 (C)量測值分散範圍大小稱為準確度 (D)量測時發生隨機誤差，發生原因往往不確定，所以也無法補正。

335 ϕ3mm10 級公差量為 0.04mm，8 級公差量為 0.022mm，則 ϕ3H10/h8 之配合裕度值為多少？ (A)0 (B)0.018 (C)0.042 (D)-0.018 mm。

336 一組靜配合組件，配合最大餘隙 0.05mm，最大干涉 0.03mm，其基本尺寸 ϕ30.00mm，孔公差 0.03mm，若採基孔制，其軸件尺寸為？ (A)$30^{+0.03}_{+0.00}$ (B)30 ± 0.03 (C)$30^{+0.03}_{-0.02}$ (D)$30^{+0.00}_{-0.03}$。

337 $\phi 30^{+0.032}_{+0.000}$ 之孔與 $\phi 30^{+0.012}_{-0.024}$ 軸配合，則下列敘述何者正確？ (A)配合為鬆配合 (B)裕度為 +0.012mm (C)配合之最大餘隙 0.056mm (D)軸之下偏差 0.012mm。

338 下列何者公差等級適用於軸承孔徑之加工？ (A)IT2 (B)IT5 (C)IT10 (D)IT15。

339 下列何組配合為干涉配合？ (A)30H7/g7 (B)30H7/k6 (C)30J8/h7 (D)30H7/t7。

340 $\phi 20^{+0.04}_{+0.00}$ 之孔與 $\phi 20^{+0.01}_{-0.04}$ 軸配合,則下列敘述何者正確? (A)配合為靜配合 (B)最大干涉 0.04mm (C)最大餘隙 0.08mm (D)裕度為-0.01mm。

341 下列公差標示法中哪一個不是單向公差標示? (A)40H7 (B)40JS7 (C)40P7 (D)40G7。

342 下列敘述何者錯誤? (A)配合種類選用與產品機能有關 (B)公差之選用與產品製造成本有關 (C)50H6 公差量較 100H6 小 (D)100H7 公差量較 100P7 小。

343 下列有關游標卡尺的使用,何者正確? (A)爪根部夾持工件,產生之阿貝(Abbe)誤差越小 (B)量測槽寬時,兩測爪應在軸線上量測最大距離 (C)可用於找出圓棒端面之中心點 (D)可作為工件劃線工作。

344 下列敘述中,何者為錯誤? (A)最小讀數為 1/40mm 之游標尺,本尺刻度為 0.5mm,取本尺 24.5mm 作為游尺之 25 等分 (B)最小讀數為 1/50mm 之游標尺,本尺刻度為 1mm,取本尺 49mm 作為游尺之 50 等分 (C)最小讀數為 1/20mm 之游標尺,本尺刻度為 1mm,取本尺 19mm 作為游尺之 20 等分 (D)最小讀數為 1/22mm 之游標尺,本尺刻度為 0.5mm,取本尺 10.5mm 作為游尺之 11 等分。

345 游標卡尺不可用來進行下列何項量測工作? (A)外側尺寸 (B)階段尺寸 (C)真平度 (D)孔槽深度。

346 游標卡尺無法直接進行下列何項量測工作? (A)外側尺寸 (B)階段尺寸 (C)錐度 (D)孔槽深度。

347 下列何種量測儀器,較容易發生嚴重的阿貝(Abbe)誤差? (A)分厘卡 (B)游標卡尺 (C)塊規 (D)水平儀。

348 游標卡尺的副尺與主尺間的相對滑動部份,發生磨損之後,在量測圓棒的外徑時,最容易發生的誤差是 (A)溫度變化 (B)阿貝(Abbe) (C)接觸變形 (D)視覺 誤差。

349 關於齒輪游標卡尺的應用,其最主要的功能在於量測正齒輪的哪一部分? (A)節圓直徑 (B)壓力角 (C)弦齒厚 (D)齒隙。

350 關於分厘卡,下列敘述何者不正確? (A)分厘卡之固定砧面與主軸砧面須檢驗其平面度及平行度 (B)分厘卡無法量測工件之二維輪廓尺寸 (C)游標卡尺可用於校驗分厘卡 (D)分厘卡尾端之棘輪彈簧鈕,可防止量測時壓力過大造成誤差。

351 下列何種類型的分厘卡不符合阿貝原理,量測時誤差較大? (A)螺紋 (B)深度 (C)圓盤型 (D)卡尺式 分厘卡。

352 用以量測 3 槽或 5 槽的銑刀、鉸刀、奇數槽螺絲攻刀等之直徑,應使用哪一種型式分厘卡? (A)針型 (B)圓盤 (C)卡尺式 (D)V溝 分厘卡。

353 一般分厘卡量測長度超過 25mm 以上時,皆附有標準棒的配件,若標準棒的全長為 L,則較長的標準棒為確保兩邊量測面的平行,支持點必須位於 (A)Airy 點 (B)距離兩邊 1/4L 處 (C)距離兩邊 1/8L 處 (D)Bessel 點。

354 分厘卡刻度設計,若其螺距為 0.5mm,將外套筒圓周刻度分割為 50 等分時,再將其中 9 格在襯筒上作 10 等分,其主軸最小讀數為 (A)0.01 (B)0.001 (C)0.05 (D)0.005 mm。

355 分厘卡中，若量測主軸(螺紋)之螺距為 p，當主軸旋轉 θ 弳度時，主軸前進距離為 m，則下列關係何者正確？ (A)m=pθ/2π (B)m=pθ/π (C)m=2π/pθ (D)m=π/pθ。

356 使用凸輪軸量測儀(Camshaft Tester)量測凸輪時，轉軸必須使用分度頭準確旋轉凸輪軸的角度，且需搭配下列何種量具才能進行？ (A)鋼尺 (B)游標卡尺 (C)分厘卡 (D)量錶。

357 指示量錶不可用於下列何項量測工作？ (A)真圓度 (B)平行度 (C)表面粗糙度 (D)同心度。

358 下列有關指示量錶的敘述，何者不正確？ (A)可用於車床加工的偏心量調整 (B)最小讀數為0.01mm 時，又稱為百分錶 (C)可用於工件的平面度與垂直度量測 (D)齒桿主軸應經常加潤滑油，使軸心能自由移動。

359 槓桿式量錶於量測時，測桿雖可作調整(約120°左右)，然為避免發生餘弦誤差，測桿與工件表面的夾角應在多少度以下？ (A)5° (B)10° (C)15° (D)20°。

360 量測過程中，指示量錶之量測軸與被測工件成30°角的偏差時，量錶讀值為0.5mm，則量測誤差為多少 mm？ (A)0.5cos30° (B)0.5(1-cos30°) (C)0.5sin30° (D)0.5(1-sin30°)。

361 作為量具室之參考，及提供高精密量測儀器校準使用的塊規，應選用下列何種等級較適宜？ (A)00 (B)0 (C)1 (D)2 級。

362 下列有關塊規的精度檢驗敘述，何者不正確？ (A)可以用光學平鏡檢驗其真平度 (B)可以用放大鏡仔細檢查塊規面及四周邊角的刮痕與缺口 (C)可以用光學平鏡檢驗其平行度 (D)必需依賴量測儀器來進行密接性的檢驗。

363 關於塊規使用的敘述，何者不正確？ (A)決定各塊規之尺寸時，應由大而小依次決定 (B)塊規扭合方法有推疊密接法與旋轉密接法 (C)塊規密合時須先密合最厚者，由厚而薄密合 (D)塊規之組合以片數愈少愈好。

364 下列何者不是角度的標準器？(A)萬能量角器(Universal bevel protractor) (B)角度塊規 (C)多面稜規(Ploygons) (D)旋轉分度校正盤。

365 一般萬能量角器(Universal bevel protractor)的游標刻度最小可讀到 (A)2 (B)5 (C)12 (D)15 分。

366 下列哪一種量測裝置可用於量測工件較大傾斜角度？ (A)電子水平儀 (B)自動視準儀 (C)雷射干涉儀 (D)正弦桿。

367 若以公稱尺寸為100mm 的正弦桿，量測角度為30°的工件，則須墊高的塊規高度為多少 mm？ (tan30°=0.577, cos30°=0.866, sin30°=0.500) (A)5.000 (B)29.900 (C)50.000 (D)73.200。

368 下列何者不是壓力單位？ (A)kgf/cm³ (B)Psi (C)bar (D)mmHg。

369 自動視準儀無法用於量測工件的 (A)真直度 (B)真平度 (C)微小傾斜角度 (D)平行度。

370 當工件擬量測加工面與基準面成兩種角度時，可使用下列何種裝置來調整角度？ (A)水平儀 (B)正弦桿 (C)正弦平板 (D)複合正弦平板。

371 下列何者非角度的間接量測方法？ (A)正弦桿 (B)正弦平版 (C)用圓柱或圓球配合塊規、分厘卡 (D)萬能量角器。

372 工作級的角度塊規，其精度約為 (A)1 (B)5 (C)10 (D)30 秒。

373 下列何者非多面稜規(Optical polygons)的面(邊)數？ (A)4 (B)5 (C)6 (D)7。

374 1 弳(radian)為 (A)206,265 (B)306,265 (C)406,265 (D)506,265 秒。

375 下列何者裝置不適於量測工件之錐度？ (A)正弦桿 (B)三次元量測儀 (C)用圓柱或圓球配合塊規、分厘卡 (D)雷射干涉儀。

376 下列敘述中，何者為不正確？ (A)多面稜規需配合電子水平儀使用 (B)多面稜規需配合自動視準儀使用 (C)多面稜規至多邊數可達 72 面 (D)多面稜規無法直接量測角度之大小。

377 市面上常用量角器(Protractor)的最小讀數為 (A)0.1 (B)1 (C)2 (D)5 度。

378 組合角尺(Combination aquare set)其量測角度最小讀數為 (A)0.1 (B)0.5 (C)1 (D)2 度。

379 下列儀器中，何者屬於小角度的量測？ (A)三次元量測儀 (B)自動視準儀 (C)真圓度量測儀 (D)輪廓量測儀。

380 以正弦桿量測工件角度，超過 (A)30 (B)35 (C)40 (D)45 度則誤差會增加。

381 下列對於電子水平儀之敘述，何者正確？ (A)該裝置利用氣泡式原理 (B)適用於大角度的測量 (C)可檢驗平台的真平度 (D)無法量測床台的真直度。

382 下列對於正弦桿之敘述，何者正確？ (A)無法配合塊規產生一正確傾斜角度 (B)可用於工件內錐度的測量 (C)可檢驗平台的真平度 (D)可檢驗平台的真直度。

383 運用自動視準儀量測真直度時，其量測步驟與下列何者之運用相似？ (A)直規(straightedge) (B)刀邊直規 (C)水平儀 (D)直角規。

384 應用直規作標準而量測待測物之真平度時，直規之兩個支點須置於何處？ (A)愛里(Airey)點 (B)貝爾塞(Bessel)點 (C)直規長度之等距分割處 (D)離兩端點之1/4 長度處。

385 應用直規量測待測工件之真平度時，若採用反向技術(reversal technique)，在完成第一次量測後，下述之接續步驟何者正確？ (A)將工件反轉180°再量測工件之先前平面 (B)將工件反轉180°再量測工件之反轉平面 (C)將直規反轉180°再根據直規之先前平面進行量測 (D)將直規反轉180°再根據直規之反轉平面進行量測。

386 有關花崗岩平板之敘述，下列何者為正確？ (A)與物體碰撞處之周圍會凹下但不會凸起 (B)剛性較鑄鐵平板為佳 (C)不生鏽，亦不會扭曲 (D)在磨耗特性上劣於鑄鐵平板。

387 以直角量測儀量測直角度時，可用自動視準儀量測待測工件之角度誤差。若第一次將待測工件置於直角量測儀之左側所量得的誤差為R1，而第二次將工件置於右側所量得的誤差為R2，則該工件的角度偏差為？ (A)R1+R2 (B)R1-R2 (C)(R1+R2)/2 (D)(R1-R2)/2。

388 真圓度之量測方法中，一般而言何種方法所獲得之精度最高？ (A)直徑法 (B)三點法 (C)半徑法 (D)圓周法。

389 真圓度常以失圓(out of roundness)尺寸大小表示之，對於同一工件而言，何種量測參考圓所獲得之失圓最小？ (A)最小環帶圓 (B)最小平方圓 (C)最大內切圓 (D)最小外接圓。

390 針對表面粗糙度之量測，下列何者之敘述有誤？ (A)截斷(cut-off)值越小，表面粗糙度越小 (B)量測長度一般約為截斷值之5倍 (C)粗糙度乃屬於斷面曲線之高頻波紋 (D)粗糙度曲線大多肇因於機器振顫或工件撓曲。

391 針對同一工件所量得之表面粗糙度，以下列何種符號表示時，其值通常為最大？ (A)Ra (B)Rq (C)Ry (D)Rz。

392 下列何者並非量測螺紋節徑之方法？ (A)節距規檢驗法 (B)分厘卡量測法 (C)螺紋樣規檢驗法 (D)三線測量法。

393 三次元量測儀在量測過程中，若牽涉到旋轉式探測頭必須轉向時，則應進行何種動作？ (A)重新設定機械原點 (B)配合探測頭調整待測工件的方向 (C)更換多點量測式探測頭 (D)重新規劃量測方式。

394 有關觸發式探測頭(touch-trigger probe)之敘述，下列何者有誤？(A)在圓周上每隔120°設有1組圓銷及圓球所構成之觸發機構 (B)觸發機構之圓球與圓銷的接觸狀態由彈簧調整其鬆緊度，而圓銷的基座乃直接與探針連接 (C)當探針與工件接觸時，會促使圓銷偏離圓球而產生觸發之電氣信號 (D)藉由觸發信號記錄當時探針的位置，進而可連續掃描工件輪廓而獲得三次元座標。

395 三次元量測儀若針對面之基本幾何形狀進行在量測，則至少必須有幾個量測點？ (A)3 (B)4 (C)6 (D)8 點。

396 齒輪游標卡尺可分別調整垂直及水平游尺的位置，其主要的量測參數為何？ (A)弦齒頂 (B)弦齒厚 (C)跨齒厚 (D)周節。

397 線性可變差動傳感器(LVDT)常見於量測儀器的應用中，但下列何者之應用並不恰當？ (A)接觸式 3D 掃描式探測頭 (B)三次元量測儀之 XY(水平)軸的移動量測 (C)槓桿式量錶 (D)真圓度量測儀之探針量測機構。

398 下列之儀器或量具，何者較常運用於量測小平面之真平度？ (A)直規 (B)雷射干涉儀 (C)水平儀 (D)光學平板及單色光源。

399 量測輪廓與量測表面粗糙度之儀器與量測方式極為相似，其最主要的差異點為何？ (A)量測數據之後續處理 (B)探針的選用 (C)量測範圍的設定 (D)量測力的設定。

400 下列之量具或基準件，何者不直接運用於量測真圓度？ (A)分厘卡 (B)缸徑規 (C)階級規 (D)V 型塊。

401 有關近代超高精密 3D 輪廓量測儀，在探針運動之檢測上，大多採用下列何種儀器的量測原理？ (A)線性可變差動傳感器(LVDT) (B)雷射干涉儀 (C)雷射掃描儀 (D)渦電流感測器。

402 對於直徑小且厚度薄的齒輪，一般使用何種儀器進行齒形誤差檢驗？(A)光學投影機 (B)齒形量測儀 (C)三次元量測儀 (D)齒輪測微器。

403 有關中心線平均粗糙 Ra 之敘述，下列何者有誤？ (A)在中心線上、下方之粗糙度曲線的面積相同 (B)Ra 乃是以中心線為基準，再取粗糙度曲線之絕對值進行平均運算 (C)Ra 相同之兩個表面，其外形輪廓也會相同 (D)Ra 符號之意義在大多數國家中均通用。

404 投影機通常無法量測工件的 (A)長度 (B)直徑 (C)角度 (D)內孔深度。

405 光學投影機用於量測 (A)長度 (B)工件輪廓 (C)圓錐度 (D)角度 若與其他一般方法比較，最為省工時。

406 有一工件，尺寸薄且小，擬量測其內、徑尺寸，下列何種儀器最適宜？(A)雷射干涉儀 (B)雷射掃描器 (C)投影比較機 (D)輪廓量測儀。

407 在下列敘述中，何者為錯誤？ (A)光學投影機可量測長度、角度、形狀 (B)光學投影機其特點為最適合彈性、脆性材料之量測 (C)光學投影機設有自動尋邊器甚為方便 (D)光學投影機可對盲孔量測甚為方便。

408 工具顯微鏡的用途，下列敘述何者不正確？ (A)可量測工件的輪廓或外形，以標準比對片作比對量測 (B)可檢驗工件表面狀況 (C)可將工件微小尺寸放大，並且作曲面量測 (D)可將工件微小尺寸放大，並且作角度量測。

409 下列何種效應與溫度梯度最無關連？ (A)湯姆生效應(Thomson Effect) (B)焦電效應(Pyroelectric Effect) (C)壓電效應(Piezoelectric Effect) (D)西貝克效應(Seebeck Effect)。

410 光學平鏡放置於一理想球體上，則其干涉條紋的圖形為 (A)平行直線 (B)平行拋物線 (C)同心圓 (D)同心橢圓。

411 下列有關光學平鏡之敘述，何者不正確？ (A)係利用光波之干涉原理 (B)可用工件高度比較時之量測 (C)色帶的曲線可表示工件真平度的誤差 (D)精度可達四分之一光波波長。

412 光學平鏡(optical plate)不能用於檢驗 (A)平面度 (B)平行度 (C)尺寸誤差 (D)粗糙度。

413 等厚干涉可應用於下列何種量測？ (A)工件輪廓 (B)牛頓環曲率半徑 (C)粗糙度 (D)溫度變化。

414 需要利用光學平鏡 檢驗其精度的量具是 (A)游標卡尺 (B)樣規 (C)電子比較儀 (D)精測塊規。

415 應用光學平鏡檢驗工件之平面度時，其精度可達 (A)一個光波波長 (B)二分之一光波波長 (C)四分之一光波波長 (D)精度與所用光源光波波長無關。

416 工具機鞍座在滑軌上移動時，在 X 軸方向會有六個定位誤差，下列何者不屬此六個定位誤差？(A)俯仰度(pitching) (B)平行度(paralleling) (C)偏搖度(yawing) (D)橫轉度(rolling)。

417 雷射準直儀的應用，下列敘述何者為不正確？ (A)可作機器之準直量測之用 (B)可作機器之真平度量測之用 (C)需與多面稜規一併使用，才能量測角度 (D)可作機器轉軸之校準用。

418 下列有關濕度感測器的敘述，何者有誤？(A)半導體濕度感測器屬於阻抗變化型 (B)金屬氧化物濕度感測器屬於阻抗變化型 (C)靜電容量變化型濕度感測器靈敏度較低，但可靠度佳 (D)濕度感測器不受溫度影響，免作溫度補償。

419 評估真直度最常採用且簡單的儀器為 (A)雷射干涉儀 (B)自動視準儀 (C)雷射準直儀 (D)表面輪廓量測儀。

420 雷射探頭的應用中，下列敘述何者為不正確？ (A)雷射探頭廣泛應用在三次元量床上 (B)雷射探頭應用散射式之原理 (C)雷射探頭光源使用氦氖雷射 (D)雷射探頭受反射光的影響，因此量測範圍小。

421 自動光學檢測去除鹽和胡椒雜訊可採用 (A)低通濾波 (B)可適性濾波(Adaptive filter) (C)影像平均 (D)帶拒濾波(Band reject filtering)。

422 光學檢測下列何種光源的使用是對的？ (A)下照式光源較適合檢測表面瑕疵 (B)上照式光源較適合檢測表面瑕疵 (C)下照式光源較適合檢測表面粗糙度 (D)環型光源較適合檢測表面瑕疵。

423 自動光學檢測對於邊緣偵測不宜採用下列何種濾波器？ (A)Sobel (B)低通 (C)高通 (D)Laplace 濾波器。

424 光學儀器的分解能可用來表示儀器的 (A)構造複雜不易分解 (B)構造簡單容易分解 (C)操作難易 (D)性能。

425 應變規不可用於檢測： (A)長度變化 (B)溫度變化 (C)載重 (D)外型輪廓。

426 疊紋技術可用於檢測： (A)微小角度 (B)同軸度 (C)表面粗糙度 (D)外型輪廓。

427 銑削主軸轉速的常用單位為 (A)迴轉圈數/分鐘 (B)公厘/分鐘 (C)公尺/分鐘 (D)公厘/刀刃。

428 下列何者不正確？ (A)速度(velocity)是距離對時間之一次微分 (B)角速度是角度對時間之一次微分 (C)角速度有大小無方向 (D)速度有大小有方向。

429 銑削進給率的設定，不必依據 (A)刀具規格 (B)工件硬度 (C)切削速度 (D)工件厚度。

430 雷射測速槍是以下列哪一種光之傳送時間來決定速度？ (A)紅外線光 (B)紫外光 (C)黃光 (D)白光。

431 接觸式RPM轉速量測儀器其最大的缺點是 (A)量測過程中依賴接觸壓力 (B)不適合應用於細微物體 (C)不適合於高轉速 (D)以上皆是。

432 下列何者非用來量測流體速度？ (A)熱線式風速計 (B)正弦桿 (C)皮托管(即皮氏管) (D)旋轉式風速計。

433 刀具壽命與 (A)切削速度成正比 (B)切削速度成反比 (C)切削劑無關 (D)刀具材質無關。

434 欲精確量測物體的直線速度時，除了採用直線電位計(Line Potentiometer)、線性差動變壓器(Linear Variable Differential Transformer, LVDT)外，最好搭配下列何種單元？(A)光學尺 (B)塊規 (C)卡鉗 (D)游標卡尺。

435 雷射測速槍與雷達測速槍之比較下列何者正確？ (A)雷射測速槍測試時間比較慢 (B)雷射測速槍比較貴 (C)雷射測速槍動態使用比較容易 (D)雷射測速槍正確性較差。

436 進行銑削加工時，若量測得到主軸轉數為 600rpm，且銑刀直徑 100mm，則銑削速度約為 (A)33 (B)99 (C)188 (D)220 m/min。

437 下列哪一種量測轉速的方法比較準確安全？ (A)光學式 RPM 轉速測量法 (B)接觸式 RPM 轉速量測方法 (C)兩者皆是 (D)兩者皆非量測轉速方法。

438 一光學式轉速計，旋轉一圈時共有 1000 個脈衝(pulses)，今實際量測一個轉速 2000rpm 的運動軸時，系統一秒鐘內顯示出幾個脈衝？ (A)33333 (B)16667 (C)8333 (D)4167。

439 下列何者為量測風速的技術之一？ (A)雷射都卜勒儀速度量測技術(Laser Doppler Velocimetry, LDV) (B)微粒圖像(Particle Image Velocimetry, PIV)速度量測技術 (C)分子標記(Molecular Tagging Velocimetry, MTV)速度量測技術 (D)以上皆是。

440 接觸性風速量測系統如熱線測速儀(Hot-Wire Anemometer)，熱線測速儀可分為定溫及定電流兩種樣式，主要應用於哪一種液體或氣體流場之量測？ (A)黏滯性高 (B)速度變化迅速 (C)低壓 (D)高溫。

441 下列何者非量測誤差的來源之一？(A)人工因素 (B)系統誤差 (C)風險誤差 (D)隨機誤差。

442 針對溫度感測器 Pt100，下列敘述何者有誤？ (A)每攝氏溫度變化為 100 歐姆 (B)在 0℃ 時電阻為 100 歐姆 (C)屬電阻式溫度感測元件 (D)其電阻變化與溫度變化成線性關係。

443 有關 Pt100 感溫元件之敘述，下列敘述何者有誤？(A)Pt100 是一種正溫度係數型的電阻性溫度檢測器 (B)電阻變化與溫度變化成指數關係 (C)適用溫度範圍大約-200℃~+630℃ (D)常用於工業控制中的溫度檢測。

444 有關 Pt100 的構造與應用，下列敘述何者有誤？(A)若有保護管可適用於較惡劣的環境，但反應速度會較慢 (B)若無保護管，反應速度較快，但易受污染 (C)使用定電壓或定電流驅動，不需考慮輸出電路之非線性問題 (D)組成材料以白金最為常見。

445 針對熱電偶特性敘述，下列何者最不正確？(A)屬自發型溫度感測元件，不需外加電源 (B)屬絕對式溫度量測，不需考慮參考接點問題 (C)適用溫度範圍廣 (D)靈敏度低，使用時需注意雜訊並加裝放大電路。

446 針對熱電偶特性敘述，下列何者最不正確？(A)運用 Seebeck 效應製成的 (B)屬相對式溫度量測，需考慮參考接點問題 (C)只要正負極材料不同即可有熱電動勢輸出 (D)量測範圍大，適合高溫環境使用。

447 下列何者不是熱電偶的參考點補償方法之一？(A)電壓法 (B)電橋法 (C)冷卻法 (D)加熱法。

448 下列有關 AD590 之敘述，何者有誤？ (A)屬電流輸出型之負溫度特性半導體感測元件 (B)使用時須工作電壓 (C)電流輸出大小變化與絕對溫度變化成正比 (D)所串電阻越大電流輸出越大。

449 若有一 AD590，靈敏度為 $1\mu A/K$，0℃時電流輸出為 $273\mu A$，則 27℃時電流輸出應為多少 μA? (A)27 (B)300 (C)327 (D)27000。

450 針對熱膨脹型溫度感測元件，下列敘述何者有誤？ (A)利用物體受熱膨脹的特性來感測溫度 (B)玻璃管溫度計乃利用熱膨脹液體如水銀或酒精之體積變化，來顯示溫度 (C)金屬式溫度計可以指針顯示溫度，亦可作為溫控開關 (D)金屬溫度計由兩種不同熱膨脹係數的金屬板堅固結合而成，當兩種金屬一起受熱膨脹時，會向較高膨脹係數之金屬材料方向彎曲。

451 下列有關熱敏電阻之敘述，何者有誤？ (A)NTC 熱敏電阻具負溫度特性，溫度越高電阻越小 (B)體積小且靈敏度低 (C)PTC 熱敏電阻具正溫度特性，可作自動限制電流用途 (D)CTR 臨界溫度型具開關特性。

452 下列何者不是熱敏電阻型溫度感測元件之型式？ (A)正溫度係數型 (B)負溫度係數型 (C)負電阻係數型 (D)臨界溫度型。

453 有關紅外線測溫儀之原理與應用，下列敘述何者有誤？ (A)利用焦電效應，當有熱源輻射能量作用於焦電材料上時，產生利用焦電效應，當熱源輻射能量作用於焦電材料上時，產生電阻變化 (B)可應用於人體偵測、防盜燈光自動控制器 (C)可利用焦電效應作成耳溫槍 (D)可應用在肉眼不易查覺之溫度監控或檢測。

454 下列何者不是電阻型溫度感測元件？ (A)RTD (B)NTC Thermister (C)AD590 (D)Pt-100。

455 下列何者屬非接觸式溫度感測器？ (A)Pt-50 (B)紅外線測溫儀 (C)熱電偶 (D)熱膨脹型溫度感測元件。

456 下列何者屬接觸式溫度感測器？ (A)Optical Pyrometer (B)Radiation Pyrometer (C)Infrared Pyrometer (D)AD590。

457 若有三個壓力分別為 P1=2atm，P2=2bar，P3=1530mmHg，下列何者是正確的？ (A)P1>P2>P3 (B)P2>P3>P1 (C)P3>P1>P2 (D)P1>P3>P2。

458 如圖當電橋施加電壓 V_i=12VDC，當平衡時其輸出電壓 V_o為零，則電阻 R 應為 (A)10 (B)15 (C)20 (D)25 Ω。

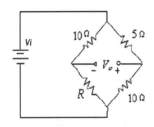

459 如圖電阻 R=10Ω時，當電橋施加電壓 V_i=12VDC，則輸出電壓 V_o 應約為 (A)-2 (B)2 (C)-4 (D)4 V。

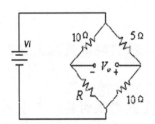

題庫在命題編輯過程難免有疏漏，為求完美，歡迎大家一起來找碴！
若您發覺題庫的題目或答案有誤，歡迎向台灣智慧自動化與機器人協會投書反應；
第一位跟協會反應並經審查通過者，將可獲得**50元/題**的等值禮券。
協會e-mail:exam@tairoa.org.tw

填充題

1 K-Type 熱電偶元件之正極為鉻鎳材料，負極為 ＿＿＿＿＿＿＿＿ 材料。

2 華氏(℉)與攝氏溫標(℃)之換算為何？ ℉= ＿＿＿＿＿＿＿＿＿＿ 。

3 電阻式溫度感測之電路中常有 Wheatstone Bridge(惠斯頓電橋)，如圖所示，其輸出電壓 Vout= ＿＿＿＿＿＿＿＿＿＿ Vin。

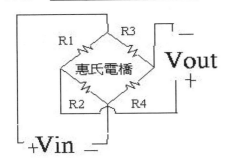

4 相對濕度之定義乃空氣中水蒸氣含量與當時溫度下空氣之 ＿＿＿＿＿＿＿＿ 的百分比值。

5 絕對溼度是指單位體積空氣中的水汽含量(即水汽密度)，單位為 ＿＿＿＿＿＿＿＿ 。

6 請寫出下列壓力單位之換算：1bar= ＿＿＿＿＿＿＿ Pa。

7 應變計的靈敏度 GF(Gage Factor)是單位應變所造成的 ＿＿＿＿＿＿＿＿ 變化。

8 流體流動的形式，可依據雷諾數(Re)分層流及擾流，Re 與管徑特徵尺寸、流速密度、流速及 ＿＿＿＿＿＿＿＿ 有關。

9 感測器(sensor)是接收信號或刺激並反應的器件，能將待測 ＿＿＿＿＿＿＿ 或化學量轉換成另一對應輸出的裝置。

10 溫度感測器 Pt100 乃是使用金屬 ＿＿＿＿＿＿＿＿ ，在 0°C 時電阻為 100 歐姆的元件。

11 光電耦合元件主要由 ＿＿＿＿＿＿＿＿ 和光偵測器組成。兩種元件通常會整合到同一個封裝，但它們之間除了光束之外不會有任何電氣或實體連接。

12 兩種不同金屬接面上因溫度差而造成電壓，此種現象稱為 ＿＿＿＿＿＿＿＿＿＿ 。

13 光學式旋轉編碼器一般可區分成增量式及 ＿＿＿＿＿＿＿＿ 等二種。

14 量具量測值中所能顯示之最小讀數能力謂之 ＿＿＿＿＿＿＿＿ 。

15 喇叭音量量測之單位為 ＿＿＿＿＿＿＿＿ 。

16 游標卡尺的主尺刻度為 0.5mm，取本尺 24.5mm，副尺等分為 25 格，則該游標卡尺之最小讀值為 ＿＿＿＿＿＿＿＿ mm。

17 游標卡尺的刻劃如圖所示，其中倒三角形表示主尺與副尺對齊的刻線，該游標卡尺正確讀數應為 ＿＿＿＿＿＿＿ mm。

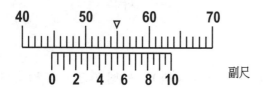

副尺

18 游標卡尺的刻劃如圖所示，其中倒三角形表示主尺與副尺對齊的刻線，該游標卡尺正確讀數應為 ＿＿＿＿＿＿＿ mm。

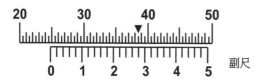

副尺

19 某一量測值標示為 $25\,\mu m$，相當於 ＿＿＿＿＿＿＿ mm。

20 某量具之精度標示為(3.0+L/250)，若量測200mm長之尺寸時，其量測不確定度(Uncertainty)為± ＿＿＿＿＿＿＿ μm。

21 外分厘卡的刻劃如圖所示，該分厘卡正確讀數應為 ＿＿＿＿＿＿＿ mm。

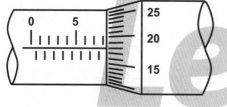

22 內分厘卡的刻劃如圖所示，該分厘卡正確讀數應為 ＿＿＿＿＿＿＿ mm。

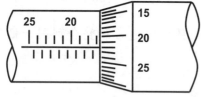

23 超音波的音速c、波長λ、頻率 f 之間關係式為 ＿＿＿＿＿＿＿＿＿。

24 分厘卡(micrometer)之螺距為1mm，外套筒圓周刻度分劃200等分，則其主軸最小的讀數為 ＿＿＿＿＿＿＿ mm。

25 游標卡尺的主尺長度為19mm，副尺具20等分格，則該游標卡尺之最小讀值為 ＿＿＿＿ mm。

26 長度量測之ISO等級有A、B、C以及 ＿＿＿＿ 等四種。

27 游標卡尺之主尺與副尺間，當相對滑動部份發生磨損及量測圓棒外徑時，最容易發生的誤差稱為 ＿＿＿＿＿＿＿。

28 組合角尺欲求出圓桿中心，直尺應與 ＿＿＿＿＿＿＿＿＿ 配合使用。

29 萬能量角器(又稱游標角度規)的分度盤具有本尺及副尺，若在副尺圓盤取本尺圓盤 23 刻劃 (23°)之弧長等分為 12 等分，則此萬能量角器的最小角度讀值為 ＿＿＿＿＿＿＿＿。

30 氣泡式水平儀的靈敏度為 4 秒，氣泡玻璃管每格寬度為 2mm，則此玻璃管的曲率半徑約為 ＿＿＿＿＿＿＿＿。

31 設正弦桿公稱尺寸 100mm，工件角度 30°，求墊高塊規的高度為？ ＿＿＿＿＿＿＿＿。

32 在平板上，正弦桿設定 25°，將斜度為 25°之工件置於正弦桿上量測，若量錶在工件測量面 上移動 30mm 距離，量錶的讀數差為 0.02mm，則此工件的角度誤差約為 ＿＿＿＿＿＿＿＿。

33 工具顯微鏡的敘述，下列有兩個是正確的，請選出 ＿＿＿＿＿＿＿＿ 為正確。(A)可用於非接觸式 三維形貌量測 (B)可觀測工件表面加工的情況 (C)可觀測小型工件輪廓與形狀

34 下列儀器中，＿＿＿＿＿＿＿＿ 為光電檢測儀器。 (A)干涉儀 (B)游標卡尺 (C)光纖陀螺儀 (D)影 像偵測器 (E)塊規。

35 三次元量測儀中，移動橋架型、柱式橋架型、閉環橋架型，以 ＿＿＿＿＿＿＿＿ 橋架型的結 構精度最佳。

36 在三次元量測儀中，探頭有 CCD 探頭、觸發式探頭、雷射式探頭等，以 ＿＿＿＿＿＿＿＿ 探頭 最常用。

37 在下列量測儀器中，分厘卡、量角器、光學投影機、自準儀，只有 ＿＿＿＿＿＿ 不能量測角度。

38 顯微鏡之放大率 M 可以如右式表示：M=MOMe=(Δ/f)(250/F)，其中 Me 為目鏡的放大率，MO 為 ＿＿＿＿＿＿＿＿ 之放大率，f 為物鏡焦距，F 為目鏡焦距，Δ 為物鏡與目鏡焦點距離。

39 大平面之真平度量測，主要有使用直規、雷射干涉儀、自動視準儀和 ＿＿＿＿＿＿＿＿ 等四種儀 器來量測。

40 目前評估真直度最常用的方法，係應用線性迴歸方式，找到穿越量測點群且和各點距離的 ＿＿＿＿＿＿＿＿ 的參考直線，由量測值與參考值的正、負差異最大值的和判斷真直度誤差。

41 一般而言，光柵光譜分光之角度色散(angular dispersion)比三菱鏡分光者較 ＿＿＿＿＿＿。

42 光學繞射現象，可基於 ＿＿＿＿＿＿＿＿＿ 原理說明。

43 基本上，光源的同調性(coherence)，除了時間同調(temporal coherence)之外，尚有 ＿＿＿＿＿＿＿＿。

44 麥克森干涉儀(Michelson interferometer)屬於振幅分割干涉(amplitude-splitting interference)，而楊氏雙狹縫干涉(Young's double-slit interference)實驗，則是 ＿＿＿＿＿＿＿＿ 分割干涉。

45 許多光學儀器應用光程差(optical path difference)之觀念來進行物理量之精密量測(例如表面輪廓)，其中光程(optical path length)除了計算光傳播路徑長度之外，尚需考慮介質之 ＿＿＿＿＿＿＿＿＿。

46 繞射通常可區分為兩種。＿＿＿＿＿＿ 繞射：此種繞射是光源到狹縫的距離，與狹縫到屏幕的距離皆非常遠。＿＿＿＿＿＿ 繞射：此種繞射是光源到狹縫的距離，與狹縫到屏幕的距離皆很近。

47 從牛頓與惠更斯所提出的理論，我們可知光具有 ＿＿＿＿＿＿ 與 ＿＿＿＿＿＿ 兩種特性。

48 波的振動方向和波的傳播方向相同，這種波稱為 ＿＿＿＿＿＿ 波。波的振動方向和波的傳播方向相互垂直，這種波稱為 ＿＿＿＿＿＿ 波。

49 白光與雷射光兩者中，因為 ＿＿＿＿＿＿＿ 的同調長度較長，用來作為光源時，易於找到干涉條紋。

50 光線由介質 1 入射至介質 2，θi、θt，分別代表入射角、折射角，而 n1、n2 則分別為介質 1 與介質 2 的折射率，滿足 Snell's Law：$n1\sin\theta i = n2\sin\theta t$。現在光線從折射率為 1 的空氣射入折射率為 $\sqrt{3}$ 的未知液體中，入射角為 60°，請問折射角是多少度？＿＿＿＿＿＿。

51 視野範圍(FOV)指影像感測系統所能觀察到的最大可視面積，當選用 1/2 英吋之 CCD 擷取影像時，若鏡頭光學放大倍率為一倍，其實際之視野範圍為 4.8mm×6.4mm；若光學放大倍率為四倍，其實際之視野範圍則為 ＿＿＿＿＿＿＿。

52 灰度(又稱灰階)是用於描述像素點的亮度變化值，以黑白感測為例，當感測器的像素灰度值以 8 位元表示時，灰度範圍即是落在 ＿＿＿＿＿＿＿ 之間。

53 光學三維輪廓量測因應不同的量測技術有不同的三維數據擷取原理，其中如結構光法與立體視覺法等係使用 ＿＿＿＿＿＿＿ 擷取量測數據。

54 白光顯微干涉儀係一種使用低同調光為光源的奈米級精度量測設備，其高度量測除了使用干涉顯微鏡之外，還需採用 ＿＿＿＿＿＿＿ 量測技術。

55 ＿＿＿＿＿＿＿＿ 是一種藉著引入已知的相位調變量於干涉圖中，使干涉圖產生動態的變化，透過擷取連續數組固定相位變化的干涉圖，即可對干涉條紋進行自動化量化分析的技術。

56 當使用一個 1000×1000 像素的 CCD 執行 40 公分×30 公分印刷電路板的瑕疵檢測時，量測解析度設定為 25 微米，則至少需要擷取 ＿＿＿＿＿＿ 張影像才能完成檢測。

57 三角法是三維光學量測應用最廣且最普遍的技術,如圖所示,當由光源處投射一光點至待測物 P 點上,其空間座標值為 (X, Y, Z),P'為 P 點在 CCD 相機中之成像點,其在 CCD 相機內的影像座標值為 (x, y),f 為成像鏡頭的焦距,D 是光源中心與鏡頭中心之距離,θ 角是投射光源與待測點的連線與 X 軸所夾的角度,即光源的投射角度,依據三角幾何關係可推算出待測點 $P(X, Y, Z)$ 的座標位置為:$\dfrac{Dx}{f\cot\theta - x}$,$\dfrac{Dy}{f\cot\theta - x}$,_____。

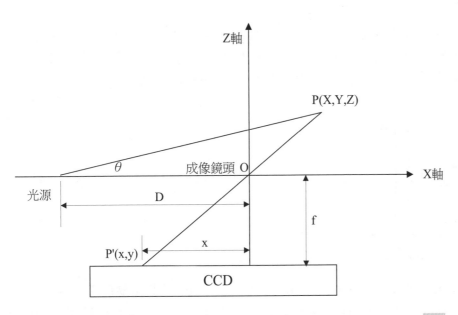

58 立體視覺法是利用人類雙眼成像的原理所發展而成的,如圖所示,使用二個 CCD 相機,經由不同視角對物體取得相同場景,空間中一點 (X, Y, Z) 投影至左右 CCD 上的座標分別為 (x_1, y_1) 與 (x_2, y_2),左右兩 CCD 的光學軸互相平行,CCD 鏡頭中心與影像平面的距離為 d,兩鏡心之距離為 B,鏡心距離空間座標的原點之 Z 方向距離為 D,即可得到空間座標點 (X, Y, Z) 的座標值為:$\dfrac{B}{2 \cdot (x_1 - x_2)} \cdot (x_1 + x_2)$,$\dfrac{B}{2 \cdot (x_1 - x_2)} \cdot (y_1 + y_2)$,_____。

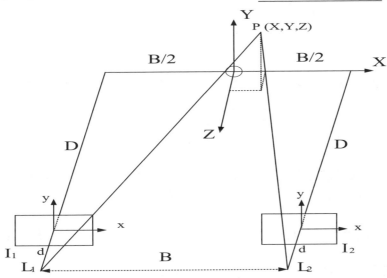

59 當以 CCD 擷取影像時,常會將擷取影像作一些處理,其中將彩色或灰階影像轉為僅黑和白兩種顏色的影像處理技術稱為 _____。

60 當以線雷射執行掃描量測時，由於雷射影像寬度常佔據數個像素，此時最常用的影像處理技術為 ＿＿＿＿＿＿＿＿，將其縮為僅佔一個像素寬度的影像。

61 光柵間距為 20μm 之線性編碼器(Linear Encoder)，每秒可得 100 個脈衝(pulses)，則待測物的速度為 ＿＿＿＿＿＿＿ mm/s。

62 兩光電管相距 10cm，物體通過第一個光電管與第二光電管後，儀表上紀錄的時間為 0.2 秒與 1.2 秒，則此物體的平均速度為 ＿＿＿＿＿＿＿＿ m/s。

63 如圖所示，加速規為一種量測加速度的振動量測儀器，一般最簡單的設計，是將彈簧、阻尼器、感震質量與感測器設計安裝於架構中，並將架構固定於基座上，藉由感測器予以記錄出感震質量與基座間的 ＿＿＿＿＿＿＿＿＿＿ 值，以進一步得到加速度值。

彈簧
感測器
感振質量
阻尼
基座

64 一移動線圈型速度量測裝置(Moving-coil velocity pickup)，當移動線圈時，會有感應電壓輸出，若運動方向與磁場垂直，則感應電壓 ε、線圈長度 l、磁場 B 與線圈移動速度 v 的關係式為 ＿＿＿＿＿＿＿＿＿。

ε
v
線圈
S   N   S   永久磁鐵

65 若已知 V_0 為物體之初速，a 為物體之加速度，則該物體作等加速度直線運動之位移 c 與時間 t 的關係為 c= ＿＿＿＿＿＿＿＿＿＿＿＿＿＿。

66 一般而言，金屬的電阻具有 ＿＿＿＿＿＿＿ 溫度係數。

67 一般濕度感測器不能加入直流電壓或含有直流成分之交流電壓，否則會使得感濕材料發生 ＿＿＿＿＿＿＿＿ 現象而使壽命減短，以及可靠度降低。

68 IC 型溫度感測器之基本原理係利用，PN 二極體之 ＿＿＿＿＿＿＿ 特性相對於溫度的關係。

69 溫度感測器計有電壓輸出型與 ＿＿＿＿＿＿＿＿ 輸出型者。

70 ISO 將物理量分為 7 個基本物理量與單位分為-長度、質量、時間、＿＿＿＿＿＿＿、溫度、物量與光強度。

71 ISO 定義長度的基本單位為公尺 m、溫度的基本單位為克耳文 K、時間基本單位分為秒 s、物量基本單位為 _____ 、與亮度基本單位為燭光(cd)。

72 長度量測過程中，影響最大的因素為環境條件，因此 ISO 對長度實驗環境因素的要求條件甚嚴，包括：溫度、相對濕度、塵埃、氣壓、_____ 、電磁、電源、接地電阻、照明、噪音。

73 量測不確定度通常以標準差來估算，當設為正負 1 倍標準差時則其正確性為 68.26%，若設為正負 _____ 倍標準差時則其正確性為 99.73%。

74 製程能力指標 Cp 是指 _____ 與 6 倍標準差的比例，Cp 值太大或太小都不理想，Cp 值太大代表製程能力過剩，而 Cp 值太小代表製程能力不足。

75 自動視準儀的主要功用除可微小角度量測外，可作量測 _____ 、垂直度、真平度、材料的變形、校正角度量具等功用。

76 現有角度單位系統有角度制、弧度制、新度制和 _____ 等四種。

77 常用的角度標準器有 _____ 、多面稜規和旋轉分度校正盤等三種。

78 角尺主要功用在於 _____ 或檢校組合件。

79 量角器最小讀數可達 1 度，萬能量角器最小讀數可達 _____ 。

80 組合角尺係由鋼尺、直角規、中心規和 _____ 所組成，其最小讀數可達 1 度。

81 目前工業界常用之水平儀有氣泡水平儀和 _____ 等二種型式

82 常見到之光學式編碼器，可區分成增量式和 _____ 等二種旋轉編碼器。

83 加工錐度時，欲檢驗其錐度是否準確時，如待測工件兩頂心工作時，可用 _____ 錐度分厘卡。

84 小角度量測的特性有 _____ 和精度可達到幾分之一秒等二種。

85 評量真直度誤差的方法，常用的有簡易法、_____ 、和最小區間法等三種。

86 光學平板配合單色光源可用來量測小平面之 _____ 。

87 進行真平度量測時，取樣方法有 _____ 及方格型等二種。。

88 從量測演進而言，真圓度量測的方法為量取工件之直徑、_____ 、或半徑等三種方法。

89 近代高精度粗糙度量測儀主要有 _____ 及光探針式自動對焦伺服探頭感測法二種。

90 可整合於三次元量測儀進行非接觸式量測的探頭為 _____ 。

91 光學投影機的投影型式有三種：_____ 、表面投影、全貌投影。

92 工具顯微鏡是利用光學原理將工件置於載物台玻璃上,使其輪廓經由 ＿＿＿＿＿＿＿、稜鏡、目鏡放大成虛像,再利用分釐卡測頭與目鏡網線等輔助,以作為尺寸、角度與形狀等量測工作,亦可檢測工件表面。

93 雷射位移計(Laser displacement meter)配合 X-Y 平台可構成三次元量測設備,以替代接觸式探頭,避免探針變形與 ＿＿＿＿＿＿＿＿＿。

94 Michelson 干涉儀主要構造包括:雷射光源、感光器、＿＿＿＿＿＿＿、移動鏡、固定鏡。

95 雷射干涉儀配合各種折射鏡、反射鏡等可進行線性位置、速度、角度、真平度、＿＿＿＿＿＿、平行度、垂直度等量測工作。

96 白光干涉儀最常使用 Mirau 干涉物鏡,產生干涉條紋。附加的壓電驅動器(PTZ)可產生 ＿＿＿＿＿＿＿＿＿＿＿＿＿＿。

97 干涉儀常採用雷射為光源,因其具有下列特性:高強度、高度方向性、＿＿＿＿＿＿＿、窄帶寬、單色性。

98 自動光學檢測系統主要包括照明系統、＿＿＿＿＿＿＿＿＿、機電控制系統、影像處理系統、分析系統等五個系統所組成。

99 光學平板又稱為光學平鏡,它是應用光學干涉原理,可檢驗工件的 ＿＿＿＿＿＿＿、平行度及高度。

100 測量引擎馬力的動力計,必須同時測量 ＿＿＿＿＿＿ 與轉速。

101 以旋轉的飛球作為轉速計(flyball tachometer)的工作原理是利用(何種力量)?重力與 ＿＿＿＿＿＿＿ 的平衡以指示轉速。

102 在某一溫度時,攝氏(Celsius)的數值剛好等於華氏(Fahrenheit)的數值,請問該數值為? ＿＿＿＿＿＿＿。

103 以一玻璃管水銀溫度計(膨脹係數 0.00016)量測一容器內液體的溫度,溫度計 30℃ 以下之部份沒入液中,溫度計指示值為 90℃,而環境溫度為 25℃,該液體正確的溫度為 ＿＿＿＿＿＿＿ ℃。

104 若應變計受力前之電阻為R_0,受力前後的電阻變化為ΔR,受力前之長度為l_0,受力前後的電阻變化為Δl,則應變計因子(Gage factor)的定義是:＿＿＿＿＿＿＿＿＿＿＿＿＿＿＿。

105 在懸臂樑上、下各安裝一枚 Strain Gage(阻值為 R)以量測樑之應變(ε)及應力(P)，該裝置及其信號處理電路如圖所示。求：放大器的輸出電壓 Vom 為：_____。

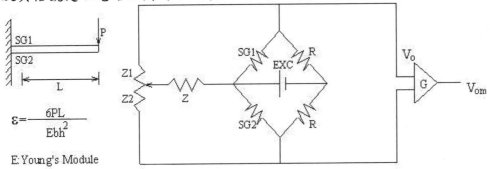

$$\varepsilon = \frac{6PL}{Ebh^2}$$

E:Young's Module

106 以 Type K Thermocouple 測溫，裝置如圖。感測器輸出電壓 Vm 代表什麼物理意義？
_____。

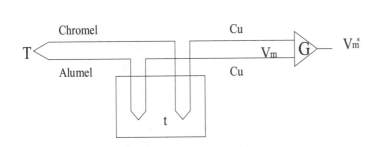

107 音速 C 與溫度 °F 間的關係為：_____。

108 設同步器(Synchro)之轉子輸入電壓=110Vrms，60Hz，且令轉子與定子 S2 平行時為原點。若定子 S3 與定子 S1 間之電壓$E_{S3,S1} = 270\,V$，求轉子偏轉的角度？_____。設$\frac{N_s}{N_r} = 2$。

109 都卜勒效應中，設音源(S)頻率 fS=1kHz，音波速度 C=1000ft/sec，若 S 靜止不動，聽者(L)以 500ft/sec 遠離 S，求 fL=？_____。

110 以空速管量測飛行器之空速，設量得靜壓為100Pa，總壓為150Pa，流體之重量密度為1kgw/m³，重力加速度為標準 g 值，則飛行器之空速為：_____ m/sec。

111 量測裝置如圖。若$\frac{N_1}{n} = 0.5$，$R_L = 1K\Omega$，導磁環的耦合係數為 0.8，此時量得輸出電壓 Vom 為 5V 求待測電流 I 大小？_____。

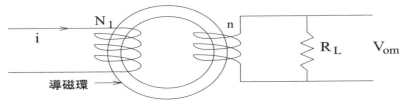

112 若以 20.00mm 塊規組合校驗游標卡尺之外側測爪精度，得知其讀值為 20.15mm。如果以此游標卡尺量測某一工件，得知其長度讀值為 40.30mm，則此工件的正確尺寸應為 _____ mm。

113 游標尺刻度設計中，若本尺每刻度為 1mm 取 39 等分作為游尺 20 等分時，可得到最小讀數為 _____ mm。

114 螺紋分厘卡的用途是測量螺紋的 _____。

115 如圖之分厘卡,其螺距為 0.5mm,外套筒一圓周劃分成 50 等分,並在外套筒 9 格相等距離之襯筒設有 10 等分之水平刻劃;試問本分厘卡目前之讀數為 ＿＿＿＿＿＿ mm。(以圖中之圓點為基準)

襯筒　外套筒

116 製作一分厘卡,選擇螺距為 0.5mm 的螺紋,若希望分厘卡的最小位移量為 0.002mm,則手動套筒的圓周刻度需要劃分成 ＿＿＿＿＿＿ 等分。

117 使用固定於比較式檢驗台的指示量錶進行下述量測工作,首先先量測一厚度 20.00mm 的塊規並將錶面刻度歸零,然後再量測一工件,結果量錶指針顯示值為 0.02mm,則此工件之尺寸應為 ＿＿＿＿＿＿ mm。

118 採用平接觸式測頭的指示量錶進行量測,若平接觸式測頭的直徑為 10mm,則當量錶量測軸線傾斜 $1°$ 時,量測誤差量為多少? ＿＿＿＿＿＿ mm。($\cos 1°=1$、$\sin 1°=0.0175$)

119 利用改變極板間間隙引起電容變化的原理所設計而成的量錶,稱之為電容式電子量錶。若利用線性差動變壓(Linear Variable Differential Transformer)原理設計而成的量錶,則稱之為 ＿＿＿＿＿＿ 式電子量錶。

120 使用每盒112片的塊規組,其規格分別為 1.0005mm 的 1 片,1.001~1.009mm 共 9 片(每0.001mm 為一階級),1.01~1.49mm 共 49 片(每 0.01mm 為一階級),0.5~24.5mm 共 49 片(每 0.5mm 為一階級),25~100mm 共 4 片(每 25mm 為一階級),如欲組合成 135.7895mm 的尺寸,則最少需要 ＿＿＿＿＿＿ 片塊規。

121 電子水平儀之主要原理有電容式和 ＿＿＿＿＿＿ 等兩種。

122 常用來作為小角度之量測儀器有: 雷射干涉儀、自動視準儀、及 ＿＿＿＿＿＿ 等。

123 自動視準儀可藉著 ＿＿＿＿＿＿ 校驗分度盤和轉盤等。

124 錐度分厘卡的構造是 ＿＿＿＿＿＿ 與分厘頭組成。

125 較常見之角度編碼器有增量式角度編碼器和 ＿＿＿＿＿＿ 。

126 圓柱直角規的材質可用鋼、鑄鐵或 ＿＿＿＿＿＿ 製成。

127 進行真平度之量測時,量測路徑通常可分為方格型及 ＿＿＿＿＿＿ 等兩種。

128 加工件之表面組織的幾何形狀,一般是由形狀、波紋、及 ＿＿＿＿＿＿ 等三種要素所組成。

129 編碼器(encoder)在量測儀器上的應用相當普及,若依編碼方式分類,可分為絕對式及 ＿＿＿＿＿＿ 等兩種。

130　運用鋼線量測螺紋之節徑時，在計算鋼線之最佳直徑前，應先量得節距及 ＿＿＿＿＿＿ 等兩個參數。

131　表面粗糙度若以波長或間距參數類來表示，則主要的表示法有 ＿＿＿＿＿＿ 及平均波峰間距等兩種。

132　關於真平度之誤差分析，主要的評估法有最小平方法及 ＿＿＿＿＿＿＿＿ 等兩種。

133　以三點法量測真圓度時，若工件為 5 凸圓，則 V 形塊的角度應為 ＿＿＿＿＿＿ 度。

134　依 CNS4-2 之規定，將限界量規(Limit Gauge)之型式分成工作量規及 ＿＿＿＿＿＿ 等兩種。

135　量測表面粗糙度時，設定之截斷值會與量測值有關。若不加以設定，則一般常用的值為 ＿＿＿＿＿＿ mm。

136　光學投影機是一種 ＿＿＿＿＿＿ 式的量測系統，它應用 ＿＿＿＿＿＿ 作用，可作為 ＿＿＿＿＿＿、＿＿＿＿＿＿、＿＿＿＿＿＿ 和表面等檢驗工作。

137　工具顯微鏡常量測工件之＿＿＿＿＿＿、＿＿＿＿＿＿ 和 ＿＿＿＿＿＿等方面，乃藉著光線將工件放大成虛像，以進行量測。

138　雷射掃描儀是藉著 ＿＿＿＿＿＿ 來量測工件，它需先用兩支精密極高之已知尺寸作為設定標準，因此也稱為 ＿＿＿＿＿＿。

139　一般光學原理有 ＿＿＿＿＿ 和 ＿＿＿＿＿ 等二種反射方式。雷射探頭應用 ＿＿＿＿＿ 反射。

140　雷射都卜勒位移器是由＿＿＿＿＿＿、＿＿＿＿＿＿、＿＿＿＿＿＿、＿＿＿＿＿＿、＿＿＿＿＿＿ 等所組成。

141　自動光學檢測用於檢視信封上的郵遞區號，程序包括了：＿＿＿＿＿＿、＿＿＿＿＿＿、＿＿＿＿＿＿、＿＿＿＿＿＿ 與 ＿＿＿＿＿＿。

142　幾何光學用於 ＿＿＿＿＿＿ 分析，物理光學則用於＿＿＿＿＿＿ 分析。

143　光具有振幅、相位與波長，振幅決定了光的 ＿＿＿＿＿＿，相位決定了光所在的 ＿＿＿＿＿＿，波長則決定了光的 ＿＿＿＿＿＿。

144　加速度是 ＿＿＿＿＿＿ 對時間之一次微分。

145　銑削速度＝ π ×銑刀直徑× ＿＿＿＿＿＿。

146　超音波測速器測量移動中的物體速度時，是利用 ＿＿＿＿＿＿ 工作原理。(提示：頻率、波長或速度變化)

147　若物體通過第一個光電管與第二個光電管後，儀表上紀錄的時間為 0.5 秒與 2.5 秒，所量測得到的物體平均速度為 0.2m/s，則儀器的兩光電管相距 ＿＿＿＿＿＿ cm。

148　使用測速雷達時，當目標向雷達天線靠近時，反射信號頻率將高於發射機頻率；反之，反射信號頻率將低於發射機率。如此即可計算出目標與雷達的相對速度，此係利用 ＿＿＿＿＿＿ 原理。

149 有一皮氏靜壓管係數為 0.98，置於一管流中心，管中流體與皮式管相接其差壓計讀數為 20 cm，試求管中心之流速為 _____ m/sec。假設管中流體為水，測壓計量液為水銀(比重 13.6)。公式為 $V = C^n_p \sqrt{2g(\frac{P_s}{r} - \frac{p^1_s}{r})}$ 。

150 若有一 Pt100 溫度感測器，已知靈敏度為 $0.39\Omega/K$，則 200℃ 時電阻應為 _____ Ω。

151 有一含線性換能器之 Pt100 溫度感測器，已知攝氏 0 度與 500 度時，電壓輸出分為 1V 及 6V，若輸出電壓為 2.5V 時，則量測到溫度應為攝氏 _____ 度。

152 熱電偶(Thermocouple)是利用 _____ 效應作成的接觸式溫度感測器。

153 熱電偶的常用的參考點補償方法有電橋法、冷卻法、_____。

154 熱電偶的常用的參考點補償方法有電橋法、加溫法、_____。

155 熱電偶的常用的參考點補償方法有冷卻法、加溫法、_____。

156 若有一熱電偶溫度感測器，冷接點為 0℃ 冰點溶液，已知 0℃ 到 200℃ 間，其單位溫度變化之電壓輸出約為 $50\mu V/℃$(線性)，若測出輸出電壓為 9.5mV 時，則待測溫度約為 _____ ℃。

157 若有一熱電偶溫度感測器，冷接點為 0℃ 冰點溶液，已知 0℃ 到 200℃ 間，其單位溫度變化之電壓輸出平均約為 $53\mu V/℃$(線性)，若待測溫度為 120℃ 時，則其輸出電壓約為 _____ mV。

158 耳溫槍是利用 _____ 效應作成的非接觸式溫度感測器。

159 若有一錶壓力為 $3kgf/cm^2$ 之氣壓系統，相當於絕對壓力為 _____ pa。

160 若有一錶壓力為 $3kgf/cm^2$ 之氣壓系統，相當於絕對壓力為 _____ bar。

161 氣象局發布本日氣溫最高為華氏 95 度(℉)，相當於攝氏溫度為 _____ 度(℃)。

解答 – 選擇題

1. D	2. C	3. A	4. D	5. A	6. C	7. D	8. C	9. D	10. D
11. B	12. D	13. B	14. C	15. A	16. A	17. D	18. B	19. C	20. D
21. B	22. A	23. B	24. D	25. B	26. D	27. D	28. B	29. B	30. B
31. A	32. A	33. D	34. D	35. A	36. B	37. C	38. C	39. D	40. D
41. A	42. C	43. B	44. A	45. D	46. B	47. C	48. B	49. D	50. B
51. A	52. C	53. D	54. D	55. D	56. C	57. B	58. D	59. D	60. B
61. A	62. C	63. C	64. B	65. D	66. D	67. D	68. B	69. C	70. C
71. D	72. A	73. A	74. C	75. A	76. D	77. A	78. C	79. D	80. D
81. D	82. D	83. B	84. A	85. A	86. B	87. A	88. B	89. D	90. D
91. D	92. D	93. A	94. B	95. D	96. C	97. A	98. B	99. D	100. A
101. D	102. D	103. D	104. B	105. B	106. B	107. A	108. C	109. A	110. A
111. D	112. D	113. D	114. C	115. C	116. A	117. B	118. C	119. A	120. C
121. B	122. B	123. D	124. D	125. D	126. C	127. A	128. B	129. A	130. A
131. A	132. D	133. B	134. A	135. D	136. A	137. C	138. A	139. D	140. A
141. B	142. D	143. A	144. B	145. D	146. B	147. A	148. D	149. C	150. D
151. B	152. A	153. A	154. B	155. D	156. B	157. D	158. A	159. B	160. C
161. C	162. D	163. B	164. B	165. D	166. C	167. C	168. D	169. C	170. D
171. B	172. B	173. D	174. A	175. D	176. B	177. C	178. D	179. B	180. A
181. C	182. B	183. C	184. C	185. A	186. A	187. C	188. B	189. A	190. A
191. C	192. C	193. A	194. B	195. D	196. C	197. D	198. A	199. C	200. C
201. D	202. C	203. B	204. B	205. C	206. B	207. C	208. C	209. A	210. A
211. A	212. C	213. D	214. C	215. D	216. D	217. B	218. A	219. B	220. B
221. D	222. B	223. D	224. C	225. B	226. C	227. B	228. C	229. C	230. C
231. D	232. C	233. C	234. A	235. B	236. A	237. A	238. B	239. D	240. C

241. C 242. D 243. B 244. C 245. C 246. D 247. D 248. A 249. A 250. C

251. D 252. B 253. C 254. D 255. C 256. D 257. B 258. D 259. D 260. A

261. B 262. D 263. A 264. D 265. A 266. C 267. C 268. B 269. A 270. D

271. B 272. C 273. B 274. C 275. B 276. A 277. B 278. D 279. B 280. D

281. D 282. C 283. D 284. C 285. D 286. A 287. B 288. B 289. D 290. A

291. C 292. B 293. C 294. B 295. A 296. D 297. C 298. A 299. B 300. C

301. D 302. C 303. B 304. B 305. A 306. D 307. B 308. B 309. C 310. A

311. D 312. B 313. A 314. C 315. C 316. B 317. D 318. B 319. D 320. A

321. B 322. D 323. A 324. B 325. A 326. D 327. A 328. B 329. A 330. C

331. D 332. D 333. A 334. C 335. A 336. C 337. C 338. B 339. D 340. C

341. B 342. D 343. A 344. A 345. C 346. C 347. B 348. B 349. C 350. D

351. D 352. D 353. A 354. B 355. A 356. D 357. C 358. D 359. B 360. D

361. B 362. D 363. A 364. A 365. B 366. D 367. C 368. A 369. D 370. D

371. D 372. A 373. D 374. A 375. D 376. A 377. B 378. C 379. B 380. D

381. C 382. B 383. C 384. B 385. C 386. A 387. D 388. C 389. A 390. D

391. C 392. A 393. A 394. D 395. B 396. B 397. B 398. D 399. A 400. C

401. B 402. A 403. C 404. D 405. B 406. C 407. D 408. B 409. C 410. C

411. D 412. D 413. B 414. D 415. B 416. B 417. D 418. D 419. C 420. C

421. A 422. A 423. B 424. D 425. D 426. A 427. A 428. C 429. D 430. B

431. D 432. B 433. B 434. A 435. B 436. C 437. A 438. A 439. D 440. B

441. C 442. A 443. B 444. C 445. B 446. C 447. A 448. D 449. B 450. D

451. B 452. C 453. A 454. C 455. B 456. D 457. C 458. C 459. B

解答 – 填充題

1. 鋁鎳

2. $^\circ F = \dfrac{9}{5} {}^\circ C + 32$

3. $\dfrac{R_2}{R_1 + R_2} - \dfrac{R_3}{R_3 + R_4}$

4. 飽和水汽含量

5. 克／立方公尺

6. 10^5

7. 電阻值

8. 流體絕對黏度

9. 物理量

10. 鉑

11. 光發射器

12. 席貝克效應

13. 絕對式

14. 解析度

15. dB

16. 0.02

17. 44.55

18. 24.78

19. 0.025

20. 3.8

21. 8.18

22. 16.72

23. c = f λ

24. 0.005

25. 0.05

26. AA

27. 阿貝誤差（Abbe error）

28. 中心規

29. 5 分

30. 103 m

31. 50 mm

32. 138 秒

33. B、C

34. A、C、D

35. 閉環

36. 觸發式探頭

37. 分厘卡

38. 物鏡

39. 水平儀

40. 平方和為最小（或最小平方和）

41. 大

42. 海更斯（Huygens）

43. 空間同調（spatial coherence）

44. 波前（wavefront）

45. 折射率（refractive index）

46. 遠場、近場

47. 微粒（光子）、波動

48. 縱、橫

49. 雷射光

50. 30°

51. 1.2 mm × 1.6 mm

52. 0~255

53. 三角法

54. 垂直掃描

55. 移相干涉術

56. 192

57. $\dfrac{Df}{f\cot\theta - x}$

58. $D - \dfrac{d}{x_1 - x_2} \cdot B$

59. 二值化

60. 細線化

61. 2

62. 0.1

63. 相對位移（若只寫 "位移"，也可給分）

64. $\varepsilon = Blv$

65. $c = V_0 t + \dfrac{1}{2} at^2$

66. 正

67. 電解

68. 電壓-電流

69. 電流

70. 電流

71. 莫爾(mol)

72. 振動

73. 3

74. 公差

75. 真直度

76. 密位制

77. 組合角度塊規

78. 檢校工件

79. 5分

80. 量角器

81. 電子水平儀

82. 絕對式

83. 量錶量測

84. 量測範圍極小

85. 最小平方法

86. 真平度

87. 米字型

88. 三點

89. 探針式雷射干涉感測法

90. 三角雷射探頭(Triangulation laser probe)

91. 輪廓投影

92. 物鏡

93. 探頭半徑補正

94. 分光鏡

95. 真直度

96. 相位移或垂直掃描

97. 空間同調性

98. 取像系統

99. 真平度

100. 扭力

101. 離心力

102. −40

103. 90.624

104. $\dfrac{\frac{\Delta R}{R_0}}{\frac{\Delta l}{l_0}}$

105. $\pm\dfrac{1}{2}\dfrac{\Delta R}{R}\times EXC \times G$

106. 感測器輸出電壓 Vm 所對應之溫度為 T 與 t 之差

107. $C = 20 \times \sqrt{\dfrac{5}{9}\left(^{\circ}F\right)+255.37}$

108. 30°

109. 500Hz

110. 10

111. 12.5mA

112. 40.15

113. 1/20

114. 節圓直徑（節徑）

115. 6.813

116. 250

117. 20.02

118. 0.0875

119. 電感

120. 6

121. 電感式

122. 水平儀

123. 多面稜規或角度塊規

124. 正弦桿

125. 絕對式角度編碼器

126. 花崗石

127. 米字型

128. 粗糙度

129. 增量式

130. 螺紋角

131. 波峰數

132. 最小區間法

133. 108°

134. 校對量規

135. 0.8

136. 非接觸、放大、長度、角度、形狀

137. 尺寸、角度、形狀

138. 掃描技術、雷射測規

139. 鏡射式、散射式、散射式

140. 雷射頭、光電系統、反射器、接收器、處理器、顯示器

141. 影像擷取、影像前處理、影像分割、影像描述、解讀

142. 光路、干涉

143. 強弱、平面、顏色

144. 速度

145. 每分鐘迴轉數

146. 頻率變化

147. 40

148. 都卜勒(效應)

149. 6.9

150. 178

151. 150

152. 西貝克(Seebeck Effect)

153. 加溫法

154. 冷卻法

155. 電橋法

156. 190

157. 6.36

158. 焦電(Pyroelectric)

159. 395300

160. 3.953

161. 35

Level 2

詳答摘錄 – 選擇題

105. $1667 \times 60/100 = 1000$

106. $16667 \times 60/1000 = 1000$

179. $\dfrac{1}{2} = \dfrac{L}{N - 1}$
$N - 1 = 2 \times 12$
$N = 25$

180. $0.02 = \dfrac{1}{50} = \dfrac{L}{N(N + 1)}$
$L = \dfrac{24 \times (24 + 1)}{50} \Rightarrow L = 12 \text{ mm}$

185. $R = \dfrac{0.5}{100} = 0.005$

186. $R = \dfrac{L}{N(N - 1)} = \dfrac{0.09}{10(10 - 1)} = 0.001$

191. $\theta = 180 - \dfrac{360}{5} = 108$

204. $25.5 - 0.004 = 25.496$

211. $R = \dfrac{0.5}{500} = 0.001$

285. $1000 \times 4 = 4000 \text{ pluse/rev.}$

290. $R_t = R_0 \times (1 + \alpha \times t)$
$R_{100} = 200 \times (1 + 0.0045 \times 100) = 290 \ \Omega$

294. $F = k \times x = 10 \times 10 = 100 \text{ (N)}$
$P = \dfrac{F}{A} = \dfrac{100}{\left[\dfrac{\pi}{4}\left(\dfrac{0.1 + 0.08}{2}\right)^2 \right]} = 15719 \text{ (Pa)} = 0.15719 \text{ bar}$

295. $F = k \times x = 10 \times 5 = 50 \text{ N}$

$P = \dfrac{F}{A} = \dfrac{50}{\left[\dfrac{\pi}{4}\left(\dfrac{4}{\sqrt{\pi}}\right)^2 \times 10^{-4}\right]} = 1.25 \times 10^5 \text{ Pa} = 1.25 \text{ bar}$

296. $V_{out} = \dfrac{h}{L} \times V_{in} = \dfrac{h}{24} \times 12 = 1.6 \text{ V} \Rightarrow h = 3.2 \text{ cm}$

$P = \dfrac{F}{A} = \dfrac{25\pi \times 3.2}{\left[\dfrac{\pi}{4}\left(\dfrac{5+3}{2}\right)^2 \times 10^{-4}\right]} = 2 \text{ bar} = 2 \times 14.5 \text{ psi} = 29 \text{ psi}$

297. 應變計受應變所產生之電阻變化：

$\Delta R = GF \times \varepsilon \times R_0 = 2.03 \times 1200\mu \times 350 = 0.853 \ \Omega$

應變計受溫度變化所產生之電阻變化：

$\Delta r = R_0 \times \alpha \times \Delta t = 350 \times 0.004 \times 2 = 2.8 \ \Omega$

欲量測由應變所造成之輸出：

$V_{out(\Delta R)} = \left(\dfrac{350}{350 + 350} - \dfrac{350}{350 + 350 + 0.853}\right) \times 20 = 12.17 \text{ m(V)}$

由應變與溫度差所造成之輸出：

$V_{out(\Delta R + \Delta r)} = \left(\dfrac{350}{350 + 350} - \dfrac{350}{350 + 350 + 0.853 + 2.8}\right) \times 20 = 51.91 \text{ m(V)}$

$\text{Error \%} = \dfrac{51.91 - 12.17}{12.17} \times 100\% = 326.5\%$

298. 應變計受應變所產生之電阻變化：

$\Delta R = GF \times \varepsilon \times R_0 = 2.03 \times 1200 \times 350 = 0.853 \ \Omega$

應變計受溫度變化所產生之電阻變化：

$\Delta r = R_0 \times \alpha \times \Delta t = 350 \times 0.004 \times 2 = 2.8 \ \Omega$

欲量測由應變所造成之輸出：

$V_{out(\Delta R)} = \left(\dfrac{350}{350 + 350} - \dfrac{350}{350 + 350 + 0.853}\right) \times 20 = 12.17 \text{ m(V)}$

採用 Dummy Strain gage 與 Active Strain gage 的架構以消除溫度因素(溫度補償)

採用溫度補償後電橋之輸出：

$V_{out(\Delta R + \Delta r)} = \left(\dfrac{350}{350 + 2.8 + 350} - \dfrac{350}{350 + 350 + 0.853 + 2.8}\right) \times 20 = 12.07 \text{ m(V)}$

$\text{Error \%} = \dfrac{12.07 - 12.17}{12.17} \times 100\% = -0.82 \ \%$

299. 連續方程式：$A_a v_a = A_b v_b$

$\dfrac{\pi}{4} \times \left(\dfrac{10}{12}\right)^2 \times 1 = \dfrac{\pi}{4} \times \left(\dfrac{5}{12}\right)^2 \times v_b \Rightarrow v_b = 4 \ \text{ft}/_{\text{sec}}$

300. 連續方程式：$A_a v_a = A_b v_b$

$$\frac{\pi}{4} \times \left(\frac{10}{12}\right)^2 \times 1 = \frac{\pi}{4} \times \left(\frac{5}{12}\right)^2 \times v_b \Rightarrow v_b = 4 \ {}^{ft}\!/_{sec}$$

$Q = Av$

$$Q = \frac{\pi}{4} \times \left(\frac{5}{12}\right)^2 \times 4 = 0.55 \ {}^{ft^3}\!/_{sec}$$

301. 連續方程式：$A_a v_a = A_b v_b$

白努利定律：$\dfrac{v_a^2}{2g} + \dfrac{P_a}{\rho} = \dfrac{v_b^2}{2g} + \dfrac{P_b}{\rho}$

$$v_a = \frac{Q}{A_a} = \frac{1.14}{\frac{\pi}{4}(1.2)^2} = 1.008 \ m/sec$$

$$v_b = \frac{Q}{A_b} = \frac{1.14}{\frac{\pi}{4}(0.8)^2} = 2.268 \ m/sec$$

白努利定律：$\dfrac{(1.008)^2}{2 \times 9.8} + \dfrac{1}{1} = \dfrac{(2.268)^2}{2 \times 9.8} + \dfrac{P_b}{1} \Rightarrow P_b = 0.79 \ kgw/m^2$

302.

差壓流量方程式：$Q = Av = A \times \sqrt{\dfrac{2g(p_1 - p_2)}{\rho(1 - \beta^4)}}$

$\beta = \dfrac{D_2}{D_1} = \dfrac{40}{200} = 0.2$

$$Q = Av = \frac{\pi}{4}(0.4)^2 \times \sqrt{\frac{2 \times 9.8 \times (29.1)}{1(1 - 0.2^4)}} = 3 \ m^3/sec$$

303. 設 C 為超音波波速、v 為管路內流體的流速、l 發射器與接收器間距離、Δf 為頻率差，則：

$\Delta f = f_{順流波} - f_{逆流波}$

$= \dfrac{C + v}{l} - \dfrac{C - v}{l} = \dfrac{2v}{l}$

$\Rightarrow v = \dfrac{l}{2} \times \Delta f$

$$Q = Av = \frac{\pi}{4}\left(\frac{1}{\sqrt{\pi}}\right)^2 \times \frac{0.5}{2} \times 40 = 2.5 \ m^3/sec$$

304. 設 C 為超音波波速、v 為管路內流體的流速、l 發射器與接收器間距離、Δt 為時間差，則：

$\Delta t = t_{逆流波} - t_{順流波} = \dfrac{l}{C - v} - \dfrac{l}{C + v} \cong \dfrac{2lv}{C^2} \Rightarrow v \cong \dfrac{C^2}{2l} \times \Delta t$

$$Q = Av = \frac{\pi}{4}\left(\frac{1}{\sqrt{\pi}}\right)^2 \times \frac{340^2}{2 \times 0.5} \times 0.086 = 2.5 \ m^3/sec$$

305. 設 C 為超音波波速、v 為管路內流體的流速、θ 為發射器與接收器間夾角、

f_t 為發射頻率、f_r 為接收頻率、Δf 為發射波與接收波之頻率差，則根據都卜勒效應：

$$\Delta f = f_r - f_t \cong \frac{2f_t \times v \times \cos\theta}{C} \Rightarrow v \cong \frac{C}{2f_t \times \cos\theta} \times \Delta f$$

$$Q = Av = \frac{\pi}{4}\left(\frac{1}{\sqrt{\pi}}\right)^2 \times \frac{340}{2 \times 40000 \times \cos 45°} \times 2000 = 3 \text{ m}^3/\text{sec}$$

306. $C = 20 \times \sqrt{T} = 20 \times \sqrt{°C + 273.15} = 20 \times \sqrt{25 + 273.15} = 345.3 \text{ m/sec}$

$D = \frac{C \times \Delta t}{2} = \frac{345.3 \times 4}{2} = 690.6 \text{ m}$

307. $\emptyset = \frac{360}{120} = 3 \text{ deg/pulse}$

$\omega = \frac{\Delta\theta}{\Delta t} = \frac{3 \times 20}{5} = 12 \text{ deg/sec}$

$\text{rpm} = 12 \times \frac{60}{360} = 2$

308. $\text{resolution} = \frac{360}{2^8} = 1.4°$

309. $C = 20 \times \sqrt{k} = 20 \times \sqrt{°C + 273.15} = 20 \times \sqrt{16 + 273.15} = 340 \text{ m/sec}$

$v = 108 \text{ km/h} = 30 \text{ m/sec}$

由都卜勒效應：$\Delta f \cong \frac{2f_t \times v \times \cos\theta}{C}$

$\Delta f \cong \frac{2 \times 40k \times 30 \times \cos 60°}{340} = 3530 \text{ Hz}$

310. 300 mV 代表溫度為 300 K

$300 \text{ K} = (300 - 273)°C = 27 °C$

311. $30°C = (30 + 273.15) \times 1.8° \text{R} = 545.7 °\text{R}$

336. $0.05 = 0.03 - (-0.02)$

$-0.03 = 0 - (0.03)$

337. $0.056 = 0.032 - (-0.024)$

344. $\dfrac{24.5}{49\dfrac{(49+1)}{2}} = \dfrac{1}{50}$

354. $\dfrac{0.5}{50} = 0.01$ mm

$0.01 \times \dfrac{9}{9(9+1)} = 0.001$ mm

436. $V = 3.1416 \times 0.1 \times 600 = 188.5$ m/min

438. $2000 \times 1000 \div 60 = 33333$ pulses

449. $273 + 1 \times (27 - 0) = 300$ μA

457. 1 atm $= 1.013$ bar $= 1.013 \times 10^5$ pa $= 760$ mmHg $= 14.7$ psi $= 1.033$ kgf/cm^2

1 pa $= 1$ N/m^2

458. $R = 10 \times (10/5) = 20$

459. $12 \times (10/15) - 12 \times (10/20) = 8 - 6 = 2$ V

詳答摘錄 － 填充題

62. $\dfrac{\dfrac{10}{100}}{1.2 - 0.2} = 0.1$ m/s

65. $X = V_0 t + \dfrac{1}{2} at^2$

102. 設該值為 x，則：$(x - 32) \times \dfrac{5}{9} = x$，

$\Rightarrow x = -40$

103. 根據插入效應(Immersion Effect)，

修正量 $= 0.00016 \times (90 - 30) \times (90 - 25) = 0.624\ ℃$

正確溫度 $=$ 讀值＋修正量

$T = 90 + 0.624 = 90.624\ ℃$

105. $V_{om} = \left[\dfrac{R}{(R - \Delta R) + R} - \dfrac{R}{R + (R + \Delta R)} \right] \times \text{EXC} \times G$

$= \dfrac{2R \times \Delta R}{4R^2 - \Delta R^2} \times \text{EXC} \times G$

$\cong \dfrac{1}{2} \dfrac{\Delta R}{R} \times \text{EXC} \times G$

(Note：若在 SG2，$V_{om} \cong -\dfrac{1}{2} \dfrac{\Delta R}{R} \times \text{EXC} \times G \Rightarrow$ 本題答案正、負皆為正確)

107. $$C = 20 \times \sqrt{K} = 20 \times \sqrt{°C + 273.15}$$
$$= 20 \times \sqrt{(°F - 32) \times \frac{5}{9} + 273.15}$$
$$= 20 \times \sqrt{\frac{5}{9}(°F) \times +255.37}$$

108. $E_{S3,S1}(\theta) = \sqrt{3}kE_r \sin\theta$
$E_{S3,S1}(\theta) = \sqrt{3} \times 2 \times 110\sqrt{2} \sin\theta = 270$
$\Rightarrow \theta = 30°$

109. 都卜勒方程式：$f_L = \dfrac{C + V_L}{C + V_S} \times f_S$
$$f_L = \frac{1000 + (-500)}{1000 + 0} \times 1000 = 500 \text{ Hz}$$

110. $$v = \sqrt{2g\frac{Pd}{\gamma}}$$
$$v = \sqrt{2 \times 9.8 \frac{(150 - 100) \times \frac{1}{9.8}}{1}} = 10 \text{ m/sec}$$

111. $i_{R_L} = \dfrac{5}{1k} = 5 \text{ mA}$
$i = 5m \times 2 \times \dfrac{1}{0.8} = 12.5 \text{ mA}$

112. $40.30 - (20.15 - 20.00) = 40.15$

113. $\dfrac{39}{39\dfrac{(39 + 1)}{2}} = \dfrac{1}{20}$

115. $6.5 + 0.31 + 0.003 = 6.813$

116. $0.5/0.002 = 250$

117. $20.00 + 0.02 = 20.02$

118. $\dfrac{10}{2} \times \sin 1° = 5 \times 0.0175 = 0.0875$

120.　　$135.7895 - 1.0005 - 1.009 - 1.28 - 7.5 - 25 - 100 = 0$

133.　　$108° = 180° - 360°/5$

147.　　$0.2 \times (2.5 - 0.5) = 0.4 \text{ m} = 40 \text{ cm}$

149.　　$\dfrac{P_s - p_s'}{r} = \dfrac{0.2 \times (13.6 - 1) \times 9800}{9800} = 2.52 \text{ m}$

　　　　$V = 0.98\sqrt{2 \times 9.81 \times 2.52} = 6.9 \text{ m/sec}$

150.　　$100 + (200 - 0) \times 0.39 = 178 \, \Omega$

151.　　$0 + (2.5 - 1) \times (500 - 0)/(6 - 1) = 1.5 \times 100 = 150$

156.　　$0 + 1000 \times 9.5/50 = 190 \, ℃$

157.　　$(120 - 0) \times 53/1000 = 6.36 \text{ mV}$

159.　　$P_{abs} = 101300 \text{ Pa} + 3 \times 98000$
　　　　$P_{abs} = 101300 \text{ Pa} + 294000 = 395300 \text{ Pa}$

160.　　$P_{abs} = 101300 \text{ Pa} + 3 \times 98000$
　　　　$P_{abs} = 101300 \text{ Pa} + 294000 = 395300 \text{ Pa} = 3.953 \text{ bar}$

161.　　$TC = (TF - 32) \times 5/9 = (95 - 32) \times 5/9 = 35 \, ℃$

Level 2

題庫在命題編輯過程難免有疏漏，為求完美，歡迎大家一起來找碴！
若您發覺題庫的題目或答案有誤，歡迎向台灣智慧自動化與機器人協會投書反應；
第一位跟協會反應並經審查通過者，將可獲得**50元/題**的等值禮券。
協會e-mail:exam@tairoa.org.tw

TAIBOA

電 機 機 械

選擇題

1 厚度 t 的矽鋼片的渦流損 P_e 與電源頻率 f 和最大磁通密度 B_m 的關係是： (A)$P_e=K_e(t)^2(B_m)^2(f)^2$ (B)$P_e=K_e(t)(B_m)^{1.6}(f)$ (C)$P_e=K_e(t)(B_m)^2(f)$ (D)$P_e=K_e(t)(B_m)^2(f)^{1.6}$。

2 矽鋼片的磁滯損 P_h 與電源頻率 f 的關係是： (A)無關 (B)成正比 (C)成反比 (D)成平方正比。

3 在工程上的應用，電氣用矽鋼片的直流或一般磁化曲線(dc B-H 曲線)，通常由材料製造商提供圖形來表示。請問該磁化曲線的刻度為 (A)均勻 (B)對數 (C)半對數 (D)指數 刻度。

4 直流電機的補償繞組所通過的電流等於 (A)電樞電流 (B)分激磁場電流 (C)電樞電流的半數 (D)串激磁場電流的半數。

5 某直流電動機的輸出機械功率 P_{out}=10700W，轉速 N_m=1000rpm，其輸出轉矩 T 為？ (A)102.2 (B)90.2 (C)75.5 (D)10.42 N-m。

6 某三相 5hp 感應電動機，端電壓 220V、頻率 60Hz、4 極，若在額定運轉時，其滑差率(slip) 為 0.04，試求此電動機的輸出轉矩為？ (A)20.61 (B)21.46 (C)2.10 (D)2.20 N-m。

7 佛萊銘左手定則是 (A)螺線管定則 (B)發電機定則 (C)安培右手定則 (D)伸出左手大姆指，食指，中指並使之互成直角，若以食指指磁場方向中指表示導線電流方向，則姆指所示為導體上所受電磁力方向。

8 如圖為繞有 N 匝線圈的鐵心，鐵心之長度為 l_c、截面積為 A_c，相對導磁係數為 μ_r，真空中的導磁係數為 μ_0，則鐵心磁阻與下列何者成正比？ (A)μ_r (B)μ_0 (C)A_c (D)l_c。

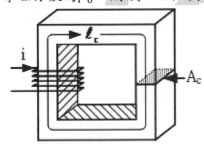

9 如圖為繞有 N 匝線圈的鐵心，鐵心之長度為 l_c、截面積為 A_c，相對導磁係數為 μ_r，真空中的導磁係數為 μ_0，當線圈電流為 i 時則鐵心內產生磁通 ϕ 為？ (A)$\frac{\mu_r\mu_0 A_c Ni}{l_c}$ (B)$\frac{l_c}{\mu_r\mu_0 A_c Ni}$ (C)$\frac{\mu_0 A_c Ni}{\mu_r l_c}$ (D)$\frac{\mu_r l_c \mu_r l_c}{\mu_0 A_c}$。

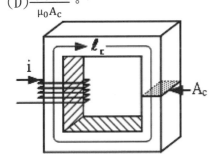

10 一部 460V，60Hz，25Hp 之三相感應電動機，以額定電壓 460V 起動時，起動電流為 141A，起動轉矩 105 牛頓-米，若改用 Y－Δ 降壓起動，則起動電流及起動轉矩分別為多少？ (A)47A，181.7 牛頓-米 (B)47A，35 牛頓-米 (C)81.4A，35 牛頓-米 (D)81.4 A，60.7 牛頓-米。

11 三相感應電動機之定子旋轉磁場係由下列何種方式產生？ (A)由轉子磁場耦合得到 (B)永久磁鐵 (C)定子繞組輸入平衡三相電源 (D)定子繞組輸入直流電源。

12 關於三相感應電動機之三相定子繞組之輸入電壓的相位與空間位置的安排，下列敘述何者正確？ (A)電壓相位各差 120 度、空間位置各差 60 度 (B)電壓相位各差 120 度、空間位置也互差 120 度 (C)電壓相位各差 30 度、空間位置也互差 60 度 (D)電壓相位各差 30 度、空間位置也互差 120 度。

13 長為 25 公分的導線在均勻磁場中以 2 公尺/秒移動，若導線運動方向與磁場方向垂直，欲使該導線之感應電勢為 30V，則該磁場之磁通密度為 (A)5 (B)6 (C)50 (D)60 韋伯/平方公尺。

14 某載流導體置放於均勻磁場如圖所示，導體的電流為流出紙面，則導體的運動方向為 (A)向左 (B)向右 (C)向上 (D)向下。

$$N \quad \odot \quad S$$

15 單相電動機能要獲得啟動轉矩，則電動機的起動繞組與行駛繞組的裝置位置應相差多少電機角？ (A)0° (B)90° (C)120° (D)180°。

16 要改變步進馬達的轉向可採用下述何種方法？ (A)改變輸入脈波頻率 (B)降低輸入電壓 (C)降低輸入電流壓 (D)改變繞組激磁順序。

17 某繞有線圈 100 匝的鐵心，鐵心的磁路長為 20cm 、截面積為 $10cm^2$，若鐵心的磁通密度 B 與磁場強度 H 的關係為 B=1.5H/(100+H)，當鐵心中的磁通量為 1.49 毫韋(mWb)，則線圈中的電流應為幾安培(A)？ (A)12.9 (B)14.9 (C)22.35 (D)29.8。

18 某一部兩相旋轉電機中單獨由其中之 A 相電流所產生的空氣隙磁場強度可以表示為

$$H_a(\theta) = KI_a \sin\left(\theta - \frac{\pi}{6}\right)$$，而由其中之 B 相電流所產生的空氣隙磁場強度則可以表示為

$$H_b(\theta) = KI_b \cos\left(\theta - \frac{\pi}{6}\right)$$。若 $I_a = I_{max} \cos(\omega t)$，$I_b = I_{max} \sin(\omega t)$，則：此電機空氣隙中所產生的總旋轉磁場強度可表示為？

(A) $H_R = KI_{max} \sin\left[\omega t + \left(\theta - \frac{\pi}{6}\right)\right]$ (B) $H_R = KI_{max} \sin\left[\omega t - \left(\theta - \frac{\pi}{6}\right)\right]$

(C) $H_R = KI_{max} \cos\left[\omega t + \left(\theta - \frac{\pi}{6}\right)\right]$ (D) $H_R = KI_{max} \cos\left[\omega t - \left(\theta - \frac{\pi}{6}\right)\right]$。

19 如圖為一個 200 匝線圈繞於長度 100cm、截面積 25cm² 、相對導磁係數 2500 的鐵心上，當線圈由連接於電源電壓為 $v = 120\sqrt{2}\cos(120\pi t)$ 時，則線圈電感約為 (A)0.031 (B)0.062 (C)0.31 (D)0.62 亨利。

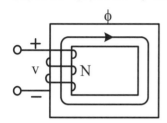

20 如圖為一個 200 匝線圈繞於長度 100cm、截面積 25cm² 、相對導磁係數 2500 的鐵心上，當線圈由連接於電源電壓為 $v = 120\sqrt{2}\cos(120\pi t)$ 時，則鐵心中的磁通密度為 (A)$0.5\sin(120\pi t)$ (B)$0.5\cos(120\pi t)$ (C)$0.9\sin(120\pi t)$ (D)$0.9\cos(120\pi t)$ 韋伯。

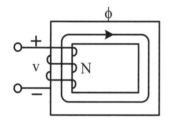

21 如圖之線性直流機，磁通密度為 0.2T，方向進入紙面，電阻 0.25Ω，導體長 $\ell = 1.0m$，當蓄電池電壓為 100V 時，則啟動時之初使力為 (A)80 牛頓、向左 (B)80 牛頓、向右 (C)160 牛頓、向左 (D)160 牛頓、向右。

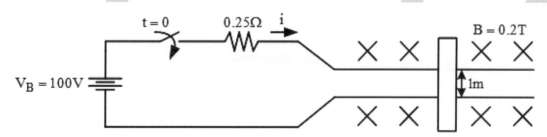

22 何者是循環性能源? (A)太陽能 (B)風力 (C)石油 (D)水力。

23 電機採用的絕緣為 Y 級，其可持續運轉的最高溫度為 (A)90°C (B)105°C (C)180°C (D)超過 180°C。

24 在 220V/110V，60Hz 的理想變壓器中，將 11Ω 的電阻加於二次線圈兩端，則一次側電流為 (A)2.5A (B)5A (C)10A (D)以上皆非。

25 變壓器使用至今已經超過一個世紀，最常見的應用方式為 (A)電壓與電流的變換 (B)等效阻抗與匹配 (C)相位變換 (D)以上皆是。

26 單相變壓器以△接線形成三相時，下列何者正確? (A)線電壓等於相電壓的 $\sqrt{3}$ 倍 (B)線電流等於相電流的 $\sqrt{3}$ 倍 (C)線電壓等於相電壓的 3 倍 (D)線電流等於相電流。

27 兩變壓器接線為下列何者時,不適於並聯運轉? (A)Y-△與△-Y (B)Y-△與△-△ (C)△-△與 Y-Y (D)Y-Y 與 T-T。

28 變壓器的無載損失與下列何者無關? (A)磁通量 (B)外加電壓 (C)外加電壓平方 (D)負載電流。

29 一具100kVA,2.4KV/240V 的單相變壓器,在高壓側所量得的無載電流為1.08A,下列何者正確? (A)高壓側無載電流標么值為 0.025pu (B)高壓側的電流基準為 41.6A, (C)低壓側的電流基準為 410A (D)低壓側無載電流標么值為 0.025pu。

30 馬達的轉出功率為 2 馬力(2HP)、轉速為 800rpm,則輸出轉矩為 (A)1.82 (B)3.82 (C)5.82 (D)17.81 kg-m。

31 鐵心的截面積為100cm^2,磁通密度為0.5T,則磁通量為多少韋伯(Wb)? (A)50x10^{-2} (B)5x10^{-2} (C)5x10^{-3} (D)2x10^{-3}。

32 某單根導體的有效長度為 0.1m 在均勻磁場下,磁場的磁通密度為 0.5T,導體運動的速度為 10m/s,此單根導體兩端的感應電壓為 (A)0.1 (B)0.5 (C)5 (D)20 V。

33 某導體的有效長度為 0.1m,在均勻磁場下,磁場磁通密度為 0.5T,導體的電流為 20A,導線和磁通密度的角度=90 度,此導體的作用力為 (A)1 (B)2 (C)3 (D)4 N。

34 某電感為 0.1H,匝數為 100 匝,若電流 20A,此耦合的磁通量為 (A)1x10^{-2}Wb (B)2x10^{-2}Wb (C)2x10^{-1}Wb (D)1x10^{-1}Wb。

35 某電感器的磁阻$R_g = 5 \times 10^5$ A − turns/Wb,有效匝數為200匝,其電感值為 (A)80mH (B)60mH (C)80μH (D)60μH。

36 在磁路中,磁阻 R,磁動勢 F 及磁通量 φ 的關係為 (A)$\phi = \frac{F}{R}$ (B)$\phi = FR$ (C)$\phi = \frac{R}{F}$ (D)$\phi = \frac{R^2}{F}$。

37 永久磁石的工作象限為其磁化(B-H)曲線的 (A)第一 (B)第二 (C)第三 (D)第四 象限。

38 一電動機提供 60(N·m)的轉矩給它的負載,如果電動機轉軸以 1800(r/min)的速度旋轉,試問提供給負載的機械功率是多少? (A)10.8 (B)11.3 (C)21.6 (D)22.6 (kW)。

39 下列何種磁石之剩磁磁通密度(Br)大於 1.2 特斯拉(Tesla)以上? (A)鐵氧體 (B)MQ 磁石 (C)釤鈷 (D)燒結釹鐵硼。

40 載有電流之導體在磁場中所受力之大小決定於 (A)磁通密度 B (B)導體有效長度 ℓ (C)導體所載電流 I (D)以上皆是。

41 某電動機內,磁極所產生之磁通密度為 1 韋伯/米^2,電樞導體有效長度為 40 公分,通 20 安培電流,則施於每導體之力為 (A)2 (B)4 (C)6 (D)8 牛頓。

42 長 0.5 公尺之導體垂直置於磁場中,產生 5 牛頓之電磁力,結果在 0.5 秒內移動 10 公尺,若該磁場之磁通密度為 1 韋伯/米^2,則該導體之機械功率及電流各為 (A)10 瓦、10 安培 (B)10 瓦、100 安培 (C)100 瓦、10 安培 (D)100 瓦、100 安培。

43 如果鐵心的磁通路徑中有氣隙(air gap)存在，則氣隙有效截面積應相較於氣隙兩端鐵心之截面積 (A)大 (B)小 (C)相等 (D)視鐵心材料而定。

44 由平均長度 55cm，截面積 150cm² 的鐵心磁路，繞於其上之線圈為 200 匝，鐵心之導磁係數為 0.00696H/m，欲使鐵心中磁通為 0.012Wb 時，則線圈電流為 (A)0.12 (B)0.54 (C)0.18 (D)0.316 A。

45 由一固定與一可移動的鐵心構成的磁路，固定鐵心上繞有線圈且線圈電流為 i，可移動鐵心之位移為 x，線圈磁通交鏈為 $\lambda = 3x^2 * i^2$，當 i=2A 及 x=1m 時，作用於可移動鐵心的作用力為何? (A)11 (B)16 (C)21 (D)10.45 N。

46 一磁路中磁阻主要出現在何者? (A)線圈 (B)矽鋼片 (C)氣隙 (D)疊片化架構。

47 黏滯摩擦轉矩(Viscous Friction Torque)與轉速之關係為 (A)黏滯摩擦轉矩與轉速成反比 (B)黏滯摩擦轉矩與轉速平方成反比 (C)黏滯摩擦轉矩與轉速成正比 (D)黏滯摩擦轉矩與轉速無關。

48 庫侖摩擦轉矩(Coulomb Friction Torque) 與轉速之關係為 (A)庫侖摩擦轉矩與轉速成反比 (B)庫侖摩擦轉矩與轉速平方成反比 (C)庫侖摩擦轉矩與轉速成正比(D)庫侖摩擦轉矩與轉速無關。

49 試問同步電動機如何啟動? (A)由外加之感應電動機帶動 (B)輸入電源之頻率由小緩增至額定頻率 (C)在轉子側增加阻尼繞組 (D)以上皆可。

50 試問可以使用交、直流電源驅動之『萬用電機』指的是 (A)感應電動機 (B)磁阻電動機 (C)直流串激電動機 (D)直流無刷電動機。

51 直流電機的應電勢 E_a 和磁場電流 I_f 的關係曲線稱為 (A)磁化 (B)負載(C)內部 (D)外部 特性曲線。

52 某三相感應電動機，端電壓 220V、線電流 50A、功率因數 85%、效率 85%，此電動機的輸出為 (A)9350 (B)16295 (C)7948 (D)13765 W。

53 直流分激式電動機的起動控制，起動電阻串接於電樞電路，其目的為 (A)增加起動轉矩 (B)限制電樞電流 (C)改善起動時的效率 (D)改變旋轉方向。

54 某三相、6 極、繞線型轉子感應電動機，當堵轉時，轉子繞組的頻率及感應電壓分別為 60Hz 及 100V。若轉子運轉在 1100rpm 時，請問下列敘述何者錯誤? (A)轉子繞組的頻率為 55Hz (B)轉差率為 0.0833 (C)轉子繞組的感應電壓為 8.33V (D)同步轉速為 1200rpm。

55 某三相感應電動機在額定運轉時，總輸入功率為 2000W，轉差率為 0.08；若定子銅損為 150W，轉子之摩擦及風阻損為 30W，請問此時電動機的運轉效率約為 (A)0.94 (B)0.84 (C)0.74 (D)0.64。

56 直流馬達轉速是 (A)與反電勢成正比，與每極磁通量成反比 (B)與反電勢成反比，與每極磁通量成正比 (C)與反電勢及每極磁通量均成正比 (D)與反電勢及每極磁通量均成反比。

57 直流馬達轉矩是 (A)與電樞電流成正比與每極磁通量成反比 (B)與電樞電流及每極磁通量均成反比 (C)與電樞電流及每極磁通量均成正比 (D)與電樞電流及每極磁通量均無關。

58 依CNS規定電機B級絕緣材料最高容許溫度為攝氏 (A)90 (B)120 (C)130 (D)155 度。

59 有一三相 60Hz 220V 5Hp 定額之抽水馬達在定額下電流為 15 安，功因為 0.8。如連續使用 3 小時，則耗電 (A)13.72 (B)9.9 (C)8 (D)17.1 KWH。

60 感應馬達之銘牌上註記額定頻率 50Hz 額定電壓 200V 額定轉速 720rpm 額定輸出 15KW，則此電動機之極數為 (A)4 (B)6 (C)8 (D)10 極。

61 三相感應馬達以 Y-△ 起動，其起動電流約為滿載電流的 (A)50~100 (B)100~125 (C)150~250 (D)500~700 %。

62 一無載之直流馬達在加上一直流電壓後達到最終速度之 63.2%所需之時間，稱： (A)機械時間常數(mechanical time constant) (B)阻尼常數(damping constant) (C)電氣時間常數(electrical time constant) (D)轉矩常數(kt)-(torque constant)。

63 單相電動機啟動轉矩最大的是 (A)串激式 (B)推斥式 (C)電容式 (D)敝極式。

64 在馬達控制應用中，何者是錯誤的？ (A)解角器(resolver)可感測馬達轉子位置 (B)解角器可感測馬達之轉速 (C)解角器激磁信號是直流 (D)解角器激磁信號是交流。

65 單相定額是 110V 1/4Hp 60Hz 四極感應電動機，功率因數、效率均為 0.58，其滿載電流為 (A)2.5 (B)5 (C)7.5 (D)10 安。

66 三相定額是 220V 1/2Hp 60Hz 四極感應電動機，功率因數、效率均為 0.62，其滿載電流為 (A)2.55 (B)3.76 (C)3.39 (D)6.78 安。

67 以下何種電機會同時產生激磁轉矩(excitation torque)和磁阻轉矩(reluctance torque)？ (A)繞線式轉子感應機 (B)凸極(salient pole)同步機 (C)鼠籠式感應機 (D)隱極(non-salient pole)同步機。

68 以下何者不為直流電動機電樞反應(armature reaction)之負面效應？ (A)總和氣隙磁場減弱 (B)磁場之中性面偏移 (C)轉速降低 (D)換向器火花變大。

69 以下何種電機最適合交直流兩用？ (A)繞線式轉子感應機 (B)永磁式同步機 (C)鼠籠式感應機 (D)串激式直流機。

70 感應機之轉子設計成雙鼠籠式的效果是 (A)提高啟動轉矩，降低啟動電流 (B)降低啟動轉矩，提高啟動電流 (C)提高啟動轉矩，提高啟動電流 (D)啟動轉矩和啟動電流均降低。

71 某永磁式直流馬達的無載端電壓為 90V，馬達電樞繞組的等效電阻 0.5Ω，若外加電壓為 100V 且轉速維持固定，則電樞電流為 (A)10 (B)20 (C)30 (D)40 A。

72 某直流馬達的電樞繞組的等效電阻為 0.5Ω，若外加電樞電壓為 24V，起動時其轉速為零，則起動時電流為 (A)12 (B)24 (C)48 (D)100 A。

73 三相感應電動機的額定頻率為 60Hz，若滑差率為 0.1 時，則轉子導體電流頻率為 (A)60 (B)30 (C)10 (D)6 Hz。

74 感應電動機在靜止時(轉速為零)其滑差率為 (A)0 (B)0.5 (C)1.0 (D)2.0。

75 三相永磁式同步電動機的極數為 10 極，在正常運轉下，若轉速為 1500rpm，則其輸入電流的頻率為 (A)50 (B)60 (C)100 (D)125 Hz。

76 同步發電機做開路及短路試驗之主要目的為 (A)測量同步阻抗 (B)測量磁場強度 (C)測量耐壓強度 (D)測量耐溫程度。

77 同步電動機 V 曲線中，各曲線對最低點所形成之線其功率因數為 (A)0.8 落後 (B)0.8 超前 (C)0 (D)1。

78 一部交流同步發電機之轉速為 900r/min，產生 60Hz 之交流電壓，則發電機之極數為 (A)4 (B)6 (C)8 (D)10 極。

79 三相 Y 接，4 極，60Hz，208V 的感應電動機，此電動機在額定電壓與頻率下工作，且運轉在轉差率為 0.04 時，試求電動機的轉速為？ (A)28 (B)4 (C)1728 (D)1800 rpm。

80 可以做直線運動的電動機稱為 (A)步進 (B)線性 (C)直流 (D)伺服 電動機。

81 下列對於步進馬達的敘述何者有誤？ (A)無電刷與換向器，維修容易 (B)角度的誤差量小，不會累積誤差 (C)轉速與數位脈波的頻率成反比 (D)以上皆非。

82 步進馬達之出力與驅動電路之配合有甚大關係，但其最大轉矩都是發生在 (A)啟動時 (B)高速時 (C)定速時 (D)不一定。

83 三相感應電動機之負載由無載加至滿載，則相對應之功率因數將 (A)逐漸增大 (B)逐漸減少 (C)先增大再減少 (D)先減少再增大。

84 下列對雙鼠籠式感應電動機的敘述何者錯誤？ (A)外層繞組電阻值高 (B)啟動時有較高的啟動轉矩 (C)內層繞組電感值高 (D)正常運轉時轉子電流由兩繞組均分。

85 已知一直流串激電動機電樞電流為 40A 時，輸出轉矩為 17 牛頓米。假設其磁化曲線為線性，求電樞電流為 50A 時的輸出轉矩為多少牛頓米？ (A)24.8 (B)25.4 (C)26.6 (D)27.8。

86 一他激式直流電動機，電樞電阻為 0.5 歐姆。以 100V 電壓驅動電樞時，電樞電流 20A，轉速 1100rpm；若磁通增加 10%，且負載變動使電樞電流增為 38A，則此時的轉速為每分鐘多少轉？ (A)826 (B)859 (C)875 (D)900。

87 某 115 伏特直流電動機之電樞電阻為 0.2 歐姆，在額定電流為 25 安培；速度為每分鐘 1200 轉時，試求無載時該機啟動電流為？ (A)455 (B)550 (C)575 (D)600 安培。

88 某 115 伏特直流電動機之電樞電阻為 0.02 歐姆，在額定電流為 25 安培；速度為每分鐘 1200 轉時，試求如起動電流約為額定電流 2 倍時所需之電阻？ (A)2.28 (B)2.3 (C)4.38 (D)4.4 歐姆。

89 某 115 伏特直流電動機之電樞電阻為 0.02 歐姆，在額定電流為 25 安培；速度為每分鐘 1200 轉時，試求轉部損失 512 瓦時輸出為幾馬力？ (A)3.11 (B)3.13 (C)3.15 (D)3.17 馬力。

90 三相感應機之轉差(Slip)大於 1 時(S>1)表示 (A)不可能存在 (B)發電機運轉 (C)轉子轉速高於同步轉速 (D)剎車運轉。

91 三相同步電動機的激磁電流增加,則穩態時轉速 (A)提高 (B)降低 (C)不變 (D)先提高後降低。

92 家用冰箱通常為? (A)直流串聯 (B)直流併聯 (C)同步 (D)單相感應 馬達。

93 感應馬達無負載測試猶如變壓器之? (A)開路 (B)短路 (C)極性 (D)線圈電阻 測試。

94 在凸極式同步馬達中(直軸及正相軸電抗分別為 xd, xq),則 (A)xq>xd (B)xq=xd (C)xq<xd (D)xq=0。

95 下列何種馬達之轉矩與電樞電流之平方成正比的關係? (A)直流併聯 (B)步進 (C)直流串聯 (D)兩相伺服 馬達。

96 若一交流馬達之渦流損耗在 50Hz 為 50W,則 100Hz 時為? (A)15 (B)56 (C)200 (D)800 W。

97 一部 60Hz 三相感應馬達之額定轉速為 1440rpm,則此馬達有 (A)4 (B)6 (C)12 (D)8 極。

98 一組以電動機驅動負載,並採用弱磁通控制之系統,其最大的轉動速度限制是考慮 (A)電動機之額定 (B)電動機之大小尺寸 (C)電動機驅動負載系統之機械強度 (D)以上皆非。

99 繞組因數就是 (A)分佈因數 (B)節距因數 (C)分佈因數與節距因數的和 (D)分佈因數與節距因數的乘積。

100 美國電機廠商協會(NEMA)將三相感應電動機的最常用的轉子分成 A 級設計、B 級設計、C 級設計、D 級設計四種標準設計等級,請問雙鼠籠型轉子屬於何種設計? (A)A (B)B (C)C (D)D 級設計。

101 美國電機廠商協會(NEMA)將三相感應電動機的最常用的轉子分成 A 級、B 級、C 級、D 級四種標準設計等級,請問下列敘述何者錯誤? (A)A 級設計:正常起動轉矩、正常起動電流、低轉差 (B)B 級設計:正常起動轉矩、低起動電流、低轉差 (C)C 級設計:高起動轉矩、低起動電流 (D)D 級設計:低起動轉矩、高轉差。

102 直流電動機而言 (A)磁極在轉子,電樞在定子 (B)磁極、電樞皆在定子 (C)磁極在定子、電樞在轉子 (D)磁極、電樞皆在轉子。

103 直流電動機中,用以支持電樞的是 (A)電刷 (B)磁極 (C)場軛 (D)轉軸及軸承。

104 三相感應電動機之轉子構造,最常採用者是 (A)鼠籠式 (B)繞線式 (C)鐵筒式 (D)以上皆非。

105 無刷直流電動機以 (A)永久磁鐵 (B)電刷 (C)電樞 (D)換向片 為轉子。

106 三相感應電動機之理想起動特性 (A)起動轉矩大,起動電流大 (B)起動轉矩小,起動電流小 (C)起動轉矩大,起動電流小 (D)起動轉矩小,起動電流大。

107 步進電動機之原理與下類何種電動機相類似? (A)直流 (B)感應 (C)伺服 (D)同步 電動機。

108 三相感應電動機若有一相突然斷路,則將成為 (A)直流 (B)單相感應 (C)二相感應 (D)三相感應 電動機。

109 同步電動機在凸極磁極面上裝設短路繞組,其目的 (A)僅防止追逐作用 (B)僅產生起動作用 (C)僅產生制動作用 (D)起動時有起動作用,同步運轉時無作用,速度變動時可防止追逐作用。

110 步進電動機的轉動角度與輸入脈波數成 (A)反比 (B)正比 (C)平方正方 (D)無關。

111 直流電機補償繞組所流電流產生的磁場方向與 (A)電樞電流同方向 (B)電樞電流反方向 (C)激磁電流同方向 (D)激磁電流反方向。

112 感應電動機在起動時,轉子頻率與電源頻率 (A)無關 (B)相等 (C)不一定 (D)為零。

113 下列何者為非旋轉類電動機? (A)伺服 (B)DC (C)步進 (D)線性 馬達。

114 繞線型轉子三相感應電動機,如在轉部串聯電阻起動,則下列敘述哪一項錯誤? (A)串聯電阻可以降低起動電流,但起動轉矩亦必比例降低 (B)起動電流雖然減小,但起動轉矩則可能增大 (C)起動時之功率因數將升高 (D)起動電流將減小。

115 某步進電動機,其轉子有八齒,定子有三相,試求轉子轉動之步進角度? (A)15° (B)5° (C)18° (D)90°。

116 關於步進電動機(stepping motor),下列敘述何者是錯誤的? (A)可正、逆轉 (B)可直接做開迴路控制 (C)會產生累積誤差 (D)轉動角度與輸入的脈波數成正比。

117 雙鼠籠型轉子導線特性 (A)下層導線粗,電感大 (B)下層導線粗,電感小 (C)上層導線細,電感大 (D)上層導線粗,電感小。

118 關於感應電動機之構造,下列敘述何者正確? (A)定子與轉子鐵心採用矽鋼片疊積而成,主要是為減少磁滯損 (B)雙鼠籠式轉子設計主要目的為提高起動電流,降低起動轉矩 (C)為抵消電樞反應,故採用較小氣隙長度設計 (D)轉子鐵心採用斜槽設計可減低旋轉時之噪音。

119 感應電動機若轉子達到同步轉速時 (A)能感應電勢 (B)產生最大轉矩 (C)產生最大電源 (D)不能感應電勢。

120 下列有關步進馬達之敘述何者錯誤? (A)步進角極小,一般採開迴路控制 (B)可由數位信號經驅動電路控制 (C)在可轉動範圍內,轉速與驅動信號頻率成正比 (D)當驅動信號停止時,馬達仍會繼續轉動,然後才慢慢停止。

121 某步進電動機,定子4相、8齒,轉子12齒,以每秒960步之速度轉動,試問其步進角度為若干? (A)30° (B)15° (C)7.5° (D)1.8°。

122 直流電機轉動時,下列何者維持固定不動? (A)電樞鐵心 (B)電刷 (C)換向器 (D)電樞繞組。

123 有一部直流電機,一個圓周共有1080度電機角,是為 (A)12 (B)8 (C)6 (D)4 極電機。

124 一部交流電機的電樞繞組採用全節距繞,則其線圈節距等於 (A)720 (B)360 (C)180 (D)90 度電機角。

125 有關三相感應電動機構造之敘述,下列何者不正確? (A)轉子為鼠籠式或繞線式 (B)定子上有三相線圈 (C)繞線式感應電動機可改變啟動轉矩 (D)電刷應裝置於磁中性面。

126 有關鼠籠式感應馬達的優點之敘述,下列何者不正確? (A)便宜 (B)堅固 (C)構造簡單 (D)轉速控制容易。

127 光電編碼器(photo encoder)俗稱光電盤,常用於馬達的速度或位置的量測,下列何者不屬於其組成元件? (A)LED 發光二極體 (B)編碼圓盤 (C)光電晶體 (D)功率電晶體。

128 下列有關光電編碼器之敘述,何者不正確? (A)輸出訊號常為相位相差 90 度的 A/B 兩相訊號 (B)由 A/B 兩相訊號,可偵測出馬達轉動方向 (C)由 A/B 兩相訊號,可偵測出馬達的轉速 (D)由 A/B 兩相訊號可偵測出轉子的絕對位置。

129 下列何者不屬於無刷直流馬達之基本元件? (A)永磁式轉子 (B)換向器 (C)轉子位置感測器 (D)三相、四相或多相繞組之定子。

130 在對稱結構的 4 極 6 槽永磁無刷馬達中,其頓轉轉矩之週期為 (A)10 (B)20 (C)30 (D)40 (°M)。

131 一般極數多(如 30 極)的電機機械,適用於 (A)低速 (B)中速 (C)高速 (D)極高速 的場合。

132 下列何種軸承不適合使用在 10000(rpm)以上長時間運轉的電機機械? (A)滾珠 (B)陶瓷 (C)氣壓 (D)磁浮 軸承。

133 若電源被切斷,旋轉軸不小心移動,電源再恢復時可立即顯示現在值的編碼器為 (A)增量型 (B)光電式 (C)絕對型 (D)電磁式。

134 下列何者不是交流旋轉馬達的位置感測器? (A)增量型編碼器 (B)絕對型編碼器 (C)解角器 (D)光學尺。

135 旋轉馬達結合減速齒輪箱之目的在於 (A)提高轉速降低轉矩 (B)提高轉速增加轉矩 (C)降低轉速降低轉矩 (D)降低轉速增加轉矩。

136 一般 F 級絕緣的電機機械,其內部運轉溫度限制在 (A)110 (B)120 (C)130 (D)155 (°C)。

137 四極直流電機之電樞繞組為雙工疊繞,電流路徑數為 (A)4 (B)6 (C)8 (D)10。

138 下列何者非感應電機轉子中含有的元件? (A)斜導體 (B)短路環 (C)永久磁石 (D)線圈。

139 若將馬達轉子連接到減速機做減速,則可以提供何種機械輸出? (A)高速高力矩 (B)低速高力矩 (C)高速低力矩 (D)低速低力矩。

140 下列何者非馬達用減速機構造? (A)蝸輪 (B)行星齒輪 (C)磁性齒輪 (D)飛輪。

141 下列何者非軸承用途? (A)降低轉軸摩擦 (B)增加轉子轉動慣量 (C)固定轉子位置 (D)維持氣隙大小。

142 下列何者非同步馬達的轉子形式？ (A)繞線式 (B)鼠籠式 (C)磁阻式 (D)永磁式。

143 利用六步方波 120° 導通角驅動三相直流無刷電動機，試問每執行一步過程中，激發幾個功率開關？ (A)一 (B)兩 (C)三 (D)四 個。

144 利用六步方波 180° 導通角驅動三相直流無刷電動機，試問每執行一步過程中，需激發幾個功率開關？ (A)一 (B)兩 (C)三 (D)四 個。

145 利用全控型整流器驅動電動機產生嚴重的諧波，試問此時電動機如何操作較安全？ (A)減額定驅動 (B)不必理會 (C)增加額定電壓 (D)以上皆非。

146 利用全控型整流器驅動直流電動機，造成電流不連續，試問下列何者非讓電流連續之改善方法？ (A)減少功率開關之激發角 (B)在電樞電路再串聯一電感 (C)在電樞電路再串聯一電樞電阻 (D)增加驅動之負載。

147 若欲對三相感應電動機進行轉速控制，下列答案何者正確？ (A)改變輸入電源頻率 (B)改變定子磁場極數 (C)改變輸入電源之電壓振幅 (D)以上皆可。

148 一部三相 4 極，50Hz 感應電動機，於額定電流與頻率下，若轉子感應電勢之頻率為 1.8Hz，則此電動機之轉差速率為多少？ (A)36 (B)54 (C)64 (D)72 rpm。

149 變頻器供應以 60Hz、220V 於三相感應電動機與變頻器供應 50Hz、220V 電源時，則電動機 (A)轉速減慢，轉矩增大 (B)轉速減慢，轉矩減少 (C)轉速加快，轉矩增大 (D)轉速加快，轉矩減少。

150 大型感應電動機以 Y-△ 起動，其主要目的為 (A)降低起動轉矩 (B)縮短起動時間 (C)降低起動電流 (D)使運轉速度穩定。

151 三相 60Hz 感應電動機，6 極 10kW，200 伏特，若接上 50Hz，200 伏特電源使用，則磁通變為原來 (A)1 (B)1.2 (C)1.5 (D)2 倍。

152 三相感應電動機之再生制動，可利用下列何種方法？ (A)定子輸入直流激磁 (B)定子接三相可變電阻 (C)電源任兩相反接 (D)降低電源頻率使轉子轉速超過同步轉速。

153 同步電動機負載增加時，則 (A)負載角增大 (B)轉速略為降低 (C)轉速急降 (D)停止轉動。

154 如圖之驅動系統作感應電動機轉速控制，電晶體開關 Q7 於何時可能導通 (A)為保護系統安全，任何時間皆導通 (B)因需提供額外功率，馬達加速時導通 (C)因可能需消耗額外能量，馬達剎車制動減速時導通 (D)維修時測試用開關，運轉時不導通。

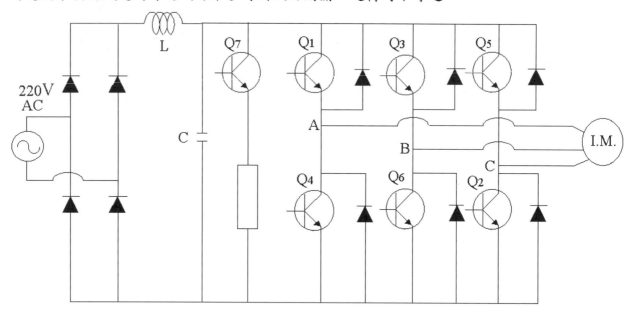

155 如圖，半控式整流器驅動直流他激式電動機，當開關 S2 與二極體 D1 接線位置互換，其餘操作環境不變，則 (A)馬達在運轉更平順 (B)整個驅動系統無法運轉 (C)馬達的轉動特性變差，可能使得轉動時會有脈動現象 (D)馬達運轉無太大變化。

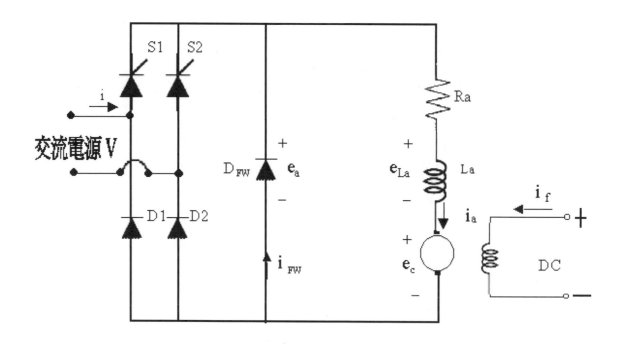

156 伺服電動機在零速附近時之轉矩為 (A)要小 (B)要大 (C)不一定 (D)以上皆非。

157 若他激式直流電動機之機械負載轉矩固定不變，當電源電壓下降時，流入電動機的電流 (A)增大 (B)減少 (C)不變 (D)不一定。

158 如圖之驅動系統作感應電動機轉速控制，其轉速與輸入整流器之交流市電電源頻率 (A)成正比 (B)成反比 (C)平方成正比 (D)無關。

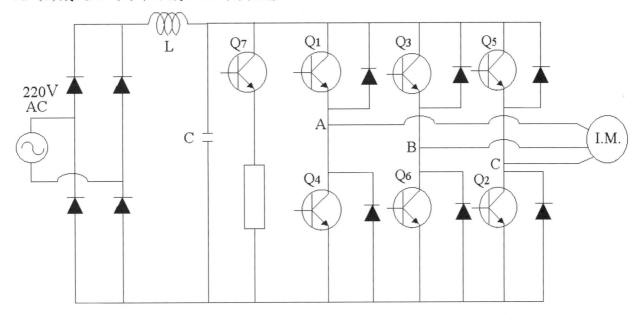

159 三相全控整流器之電路係由 (A)三個閘流體 (B)三個二極體 (C)三個二極體與三個閘流體 (D)六個閘流體 組成。

160 要完成四象限的直流電動機之驅動可採用下列哪種換流器？ (A)半控整流器 (B)全控整流器 (C)將兩組全控整流器並聯組合 (D)將半控整流器與全控整流器並聯。

161 在脈寬調變的變流器中，其每個閘流體觸發的頻率為輸出頻率的 (A)一 (B)兩 (C)三 (D)六 倍。

162 欲使單相全控整流之輸出電壓為正，則控制角需小於 (A)30° (B)60° (C)90° (D)150°。

163 一部 220V、1800rpm、14A 的直流他激式馬達由單相全控整流器供電，若整流器的輸入電壓為 $340\sin(120\pi t)$，馬達電樞電阻為 2Ω。欲使馬達以額定轉矩運轉於 1200rpm，則觸發角約為 (A)$\cos^{-1}(0.42)$ (B)$\cos^{-1}(0.52)$ (C)$\cos^{-1}(0.62)$ (D)$\cos^{-1}(0.72)$。

164 一部 220V、1800rpm、14A 的直流他激式馬達由單相全控整流器供電，若整流器的輸入電壓為 $340\sin(120\pi t)$，馬達電樞電阻為 2Ω。當觸發角為 30° 時，可使馬達運轉於於額定轉矩，則馬達速率約為 (A)867 (B)1280 (C)1125 (D)1325 rpm。

165 截波器應用於直流電動機時，若截波器導通時間為 t_{on}、截止時間為 t_{off}，則截波器的責任週期為 (A)$\frac{t_{on}}{t_{on}+t_{off}}$ (B)$\frac{t_{on}+t_{off}}{t_{on}}$ (C)$\frac{t_{off}}{t_{on}+t_{off}}$ (D)$\frac{t_{on}+t_{off}}{t_{off}}$。

166 某三相感應馬達由變頻器來進行速率控制，當操作頻率低於額定頻率時變頻器透過下述何種方式來實現定轉矩控制？ (A)電壓與頻率成正比 (B)電壓與磁通成正比 (C)頻率與磁通成正比 (D)電壓與磁通成反比。

167 一感應機若轉速高於同步轉速時，是操作於 (A)電動機 (B)電能反饋剎車(regenerative braking) (C)栓鎖(plugging) (D)飛輪 模式。

527

168 一外激式直流機驅動額定轉矩負載,低於基準轉速運轉。若要提高轉速至基準轉速,可
(A)降低磁場電流 (B)提高電樞電壓 (C)降低電樞電壓 (D)提高磁場電流。

169 直流機低於基準轉速運轉。若欲降低電樞電流,可 (A)降低磁場電流且提高電樞電壓 (B)提
高電樞電壓且提高磁場電流 (C)降低電樞電壓且降低磁場電流 (D)降低電樞電壓且提高磁
場電流。

170 電壓源變頻器根據其輸出電壓產生方式的不同,有 (A)方波變頻器 (B)波寬調變變頻器
(C)電壓消除變頻器 (D)以上皆是。

171 鼠籠式馬達屬於下列何種馬達? (A)直流 (B)感應式 (C)同步 (D)步進 馬達。

172 在定位控制系統中,下列何者馬達常被用來作為開迴路微定位控制? (A)直流(B)感應
(C)步進 (D)同步 馬達。

173 直流馬達在啟動時,通常在啟動器加入什麼限制,去避免造成損壞? (A)電樞電流 (B)磁場
電流 (C)轉速 (D)轉矩。

174 三相感應馬達之啟動方式? (A)Y-△起動方法 (B)變頻器起動方法 (C)部份繞線起動 (D)
以上皆是。

175 在永磁同步馬達(PMSM)驅動系統中,轉矩角控制提供多種控制策略選擇,下列何者是?
(A)單位功因控制 (B)弱磁控制 (C)固定互氣磁通鏈控制 (D)以上皆是。

176 直流分激式電動機若採用開迴路轉速控制方式,當負載轉矩減小,則轉速 (A)降低 (B)不變
(C)增加 (D)先降低再增加。

177 下列有關交流感應馬達定值(V/F)控制操作之敘述,何者正確? (A)定值(V/F)控制操作可保
持磁通不變 (B)定值(V/F)控制操作可保持轉速不變 (C)定值(V/F)控制操作可保持轉子電
流不變 (D)定值(V/F)控制操作可保持定子電流不變。

178 有關步進馬達的驅動控制之敘述,下列何者正確? (A)只能控制正轉,不能反轉 (B)不可使
用開迴路驅動控制,以免振盪燒毀 (C)只能做速度控制,無法做位置控制 (D)不需由馬達回
授任何訊號就可精確控制馬達轉速與位置。

179 串聯直流馬達之轉矩與電壓(V)、速度(n)之關係為? (A)$\left(\frac{V}{n}\right)^3$ (B)$\left(\frac{V}{n}\right)^2$ (C)$\left(\frac{V}{n}\right)^4$ (D)$\left(\frac{n}{v}\right)^3$。

180 以下之速度控制,哪一個不可同時適用於鼠籠式及線繞式感應馬達? (A)定子電壓控制
(B)頻率控制 (C)渦電流離合器 (D)滑差能量回收。

181 關於感應馬達,下列敘述何者錯誤? (A)要使馬達效率高,轉速差(slip)要小 (B)在變頻器
控制上通常採用電壓/頻率控制,若頻率高於額定頻率,則其變頻器之輸出電壓可能過高,
因此會採取減少磁通量以維持定電壓控制 (C)繞線式感應馬達啟動轉矩通常較鼠籠式馬達
低 (D)繞線式感應馬達啟動電流通常較鼠籠式馬達低。

182 關於馬達，下列敘述何者錯誤？ (A)線性馬達之分析與旋轉馬達類似。一般而言，直線位移取代角位移，力代替轉矩 (B)磁阻馬達在不超過脫出轉矩的情形下，轉子將一直鎖住定子磁場而運轉於同步速度 (C)鼠籠式感應馬達只有在輕載時，其功率因數才會偏高 (D)步進馬達可視為無刷直流馬達的一種。

183 直流串聯激磁馬達在啟動時需有負載，其原因為，在無載時 (A)轉子速度過高 (B)無法啟動 (C)啟動轉矩過低 (D)以上皆對。

184 一 6MW，三相，11kV，60Hz，功因為 0.9 超前之 Y-接六極同步馬達，其所需磁場繞組電流為 50A。控制方法，在額定速度以下為電壓/頻率控制。超過額定速度，則切換至定壓控制。若現馬達之速度為 750rpm，功因為 0.8 超前，則所需之磁場繞組電流約為？ (A)55 (B)155 (C)255 (D)355 A。

185 無論是直流或交流馬達，若欲降低馬達電流漣波，而使得馬達之銅損減少，可使用方法可為 (A)提高切換頻率 (B)增加等效電感值 (C)減少等效電阻 (D)以上皆是。

186 圖(a)為全橋型切換式直流伺服驅動系統。若直流伺服控制之電壓電流如圖(b)所呈現，可稱之為何種控制模式？ (A)連續導通 (B)不連續導通 (C)連續暨不連續導通 (D)無法判斷。

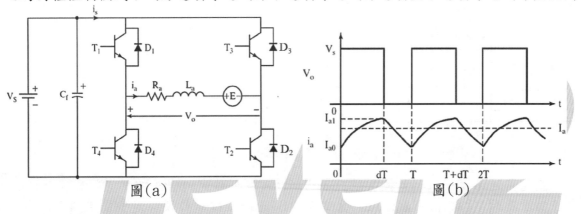

圖(a)　　　　　圖(b)

187 若感應馬達啟動特性曲線如圖所示，虛線表示馬達所承受的負載轉矩。則負載轉矩與特性曲線交叉點 Wm 表示為 (A)啟動 (B)感應 (C)暫態 (D)穩態 轉速。

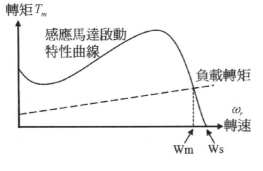

188 通常將三相感應或同步電動機之電氣方程式以直軸(d軸)與交軸(q軸)座標系統來呈現，下列何者不是其主要目的？ (A)系統方程式得以簡化 (B)電動機之動態響應可等效視為單相交流電動機模式 (C)電動機之動態響應可等效視為直流電動機模式 (D)較易呈現電動機的動態觀念。

189 假設一電壓源換流器(voltage-source inverter)，應用兩種不同之脈波寬度調變(PWM)控制方式下的某相電壓(phase voltage)如圖所示。根據圖之顯示，吾人可以確定 (A)換流器 A 之功率開關元件切換頻率較大 (B)換流器 B 之功率開關元件切換頻率較大 (C)換流器 A 之功率開關元件需多於換流器 B (D)換流器 B 之功率開關元件需多於換流器 A。

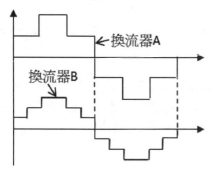

190 若一電壓源換流器(voltage-source inverter)之脈波寬度調變(PWM)控制下的交流電動機之某相電壓(phase voltage)結果如圖所呈現，則可以確定 (A)換流器 A 會產生較小之電壓諧波(harmonics) (B)換流器 A 會產生較大之切換損失 (C)換流器 B 會產生較小之電壓諧波 (D)換流器 B 會產生較大之電壓諧波。

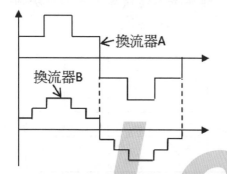

191 若一感應馬達速度伺服驅動控制設計如圖所示，下列敘述何者正確？ (A)此伺服控制主要藉由控制滑差頻率(slip frequency)來完成 (B)此伺服控制必須將定子電壓頻率保持固定 (C)此伺服控制必須將滑差頻率保持固定 (D)以上敘述皆錯誤。

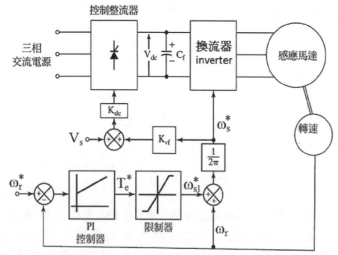

192 在磁場導向向量控制(field-oriented vector control)方式裡，若必須計算(或估測)定子磁通向量或轉子磁通向量以作為換流器(inverter)所需之輸出弦波頻率，此方式稱為 (A)直接向量 (B)間接向量 (C)直接磁通 (D)間接磁通 控制。

193 一般來說，交流電動機之電流諧波愈小(愈少)者，所產生電動機之轉矩脈動(torque pulsation)會 (A)愈小 (B)愈大 (C)不變 (D)轉矩脈動與電流諧波大小無關。

194 若同步馬達(synchronous motor)之轉子磁通鏈(rotor flux linkage)由永久磁鐵(permanent magnet)來實現，則此馬達稱為 (A)永磁式同步 (B)繞線式同步 (C)永磁式感應 (D)步進 馬達。

195 一般來說，永磁同步電動機(permanent-magnet synchronous motor，PMSM)依據其感應電勢波(induced electromotive force，induced EMF/back EMF)的外形，可區分為弦波與梯形波，其中弦波型式稱為 (A)永磁同步馬達(PMSM) (B)永磁直流無刷馬達(PM dc brushless motor) (C)永磁式感應馬達 (D)步進馬達。

196 一般來說，永磁同步電動機(permanent-magnet synchronous motor，PMSM)依據其感應電勢波(induced electromotive force，induced EMF/back EMF)的外形，可區分為弦波與梯形波，其中梯形波型式稱 (A)永磁同步馬達(PMSM) (B)永磁直流無刷馬達(PM dc brushless motor) (C)永磁式感應馬達 (D)步進馬達。

197 依鼠籠式感應馬達的 NEMA A、B、C、D 四種設計，何者較適用於需要非常大啟動轉矩的應用？ (A)A (B)B (C)C (D)D。

198 電腦機殼的風扇是利用以下何種馬達實現？ (A)直流 (B)步進 (C)單相感應 (D)直流無刷 馬達。

199 以下何種直流馬達有穩定的運轉速度？ (A)分激式直流 (B)串激式直流 (C)差複激式直流 (D)伺服 馬達。

200 新型變頻式冷氣機內部常用的馬達為 (A)三相感應 (B)單相感應 (C)直流 (D)永磁同步 馬達。

201 常用於 X-Y 繪圖機的馬達為以下何種？ (A)單相感應 (B)永磁同步 (C)直流 (D)步進 馬達。

202 一台馬達帶動的電梯，欲提升電梯的最大起動重量與上升速度至原來的三倍，此一馬達的最大輸出功率應提升至原來的多少倍？ (A)3 (B)6 (C)9 (D)27 倍。

203 以下何種馬達適用於可極高速攪拌的果汁機？ (A)分激式直流 (B)串激式直流 (C)差複激式直流 (D)伺服 馬達。

204 三相感應電動機並聯進相電容器的目的為何？ (A)幫助啟動 (B)增加轉矩 (C)降低線路電流 (D)吸收突波。

205 步進馬達若停止供應脈波，則下列敘述何者正確？ (A)馬達將維持定速轉動 (B)馬達將回歸至啟始位置 (C)馬達將立即停止並保持於固定位置 (D)馬達將依慣性慢慢減速停止。

206 以感應電動機驅動砂輪機之砂輪，當工件進行研磨時，感應電動機之響應何者正確？ (A)轉差降低、輸出轉矩增加 (B)轉差增加、輸出轉矩增加 (C)轉速降低、輸入電流降低 (D)轉速增加、輸入電流增加。

207 下列哪種馬達可不需位置回授也可完成位置控制？ (A)直流 (B)感應 (C)同步 (D)步進 馬達。

208 以電動馬達驅動下列哪一種機械負載，當馬達正轉與反轉時，馬達線電流大小差異值最小？ (A)水平輸送帶 (B)抽水機 (C)空氣壓縮機 (D)昇降吊車。

209 下列哪種直流電動機使用交流電源仍可轉動？ (A)分激 (B)積複激 (C)差複激 (D)串激 電動機。

210 以感應電動機驅動鍛造機時，下列對鍛造機加裝飛輪的敘述何者正確？ (A)提高電動機的效率 (B)減少電動機未出力時的電流 (C)減少電動機出力時轉速的變化 (D)減少電動機未出力時的轉差率。

211 有一轉動慣量為 5kg·m² 之飛輪，在靜止下加以 15N.m 的轉矩，則 5 秒後飛輪的速度為 (A)15rad/sec (B)3rad/sec (C)1.53rad/sec (D)15rev/min。

212 若一直流馬達用來驅動需長時間無載且短時間重載(如沖床)且轉軸上已裝置適當飛輪，則應選何種類型直流馬達？ (A)分激 (B)他激 (C)複激 (D)串激。

213 若一馬達須具備不必時常維護、成本低、效率高、可靠度高、可操作於骯髒環境，則應選何種馬達較適當？ (A)鼠籠式感應 (B)繞線式感應 (C)有刷同步 (D)有刷直流 馬達。

214 若電力系統中需要注入領先功因，則可以在系統上投入何種電機？ (A)同步機 (B)感應機 (C)磁阻機 (D)直流機。

215 下列何者非鼠籠式轉子相較於繞線轉子的優點？ (A)構造簡單，價格低廉 (B)無電刷火花較安全 (C)啟動轉矩大，易於全載啟動 (D)轉子電阻低，適合定速運轉。

216 有一額定 280V、10HP、50Hz 四極 Y 接之感應馬達，滿載時之轉差率為 5%，則此馬達滿載時轉子的轉速為多少 rpm？ (A)1425 (B)149.225 (C)23.75 (D)75。

217 若將運轉於 60Hz 之下的感應機接至同電壓 50Hz 電源，則下列現象何者錯誤？ (A)鐵心磁通增加 (B)轉差率下降 (C)轉速上升 (D)滿載轉矩不變。

218 有關於圓形轉子同步機與凸型轉子同步機之敘述何者正確？ (A)圓形轉子同步機適用於低轉速多極數場合 (B)圓形轉子同步機之交直軸電抗差別大 (C)凸型轉子同步機直軸電抗大於交軸電抗 (D)圓形轉子同步機之轉矩有電磁轉矩及磁阻轉矩兩種。

219 對於一部以 1200rpm 運轉中的 6 極交流發電機下列敘述何者不正確？ (A)發電機以 500rpm 運轉時可得 25Hz 的發電頻率 (B)若以 240rpm 轉速運轉但欲得 60Hz 的發電頻率則發電機極數應改為 24 極 (C)發電機以 1000rpm 的轉速運轉可得 50Hz 發電頻率 (D)此發電機目前輸出 60Hz 發電頻率。

220 對一部 12 極交流發電機而言，以下何者錯誤？ (A)轉子旋轉一周在定子上產生 12 週期的交流電壓 (B)轉子旋轉一周之電機角度為 2160 度 (C)若此發電機轉速為 600rpm 則可產生 60Hz 的交流電壓 (D)在此發電機上機械角度 30 度相當於電機角度 180 度。

221 安裝永磁直流電機之電動腳踏車，電池規格 24V/10Ah，工作電壓 24V，額定操作點輸出功率 250W，時速 15 公里，輪胎直徑 20 英寸，直流電機繞線電阻 R=0.34Ω，常數 K=1.2Nm/A=1.2V/(rad/sec)，不加裝電流限制器下，求啟動瞬間電流？ (A)70.6 (B)20 (C)10 (D)0 A。

222 安裝永磁直流電機之電動腳踏車，電池規格 24V/10Ah，工作電壓 24V，額定操作點輸出功率 250W 時速 15 公里，輪胎直徑 20 英寸，直流電機繞線電阻 R=0.34Ω，常數 K=1.2Nm/A=1.2V/(rad/sec)，不加裝電流限制器下，求啟動瞬間輸入功率？ (A)1694.1 (B)480 (C)240 (D)0 W。

223 安裝永磁直流電機之電動腳踏車，電池規格 24V/10Ah，工作電壓 24V，額定操作點輸出功率 250W 時速 15 公里，輪胎直徑 20 英寸，直流電機繞線電阻 R=0.34Ω，常數 K=1.2Nm/A=1.2V/(rad/sec)，假設直流電機旋轉一圈腳踏車輪胎也旋轉一圈，求額定操作點直流電機效率？ (A)100 (B)92 (C)82 (D)72 %。

224 安裝於小型簡易 X-Y 平台之五線四相 200 步步進馬達，工作電壓 12V，假設順時鐘旋轉可以採用 $A-B-\overline{A}-\overline{B}$ 單相全步激磁模式，如果採用單晶片 8051 輸出多少次 $(A-B-\overline{A}-\overline{B})$ 則步進馬達能順時鐘旋轉一圈？ (A)一 (B)五十 (C)一百 (D)二百 次。

225 步進馬達與下列馬達運轉原理相同？ (A)感應 (B)分激直流 (C)串激直流 (D)同步 電動機。

226 手持式電鑽可用何種電動機？ (A)同步 (B)差複激 (C)積複激 (D)串激 電動機。

227 電樞反應與下列何者有關？ (A)電樞 (B)磁場線圈 (C)中間極線圈 (D)補償線圈 電流。

228 伺服馬達系統由馬達、驅動器與編碼器組成，控制模式採用 (A)開路迴路 (B)密閉迴路 (C)前述二者皆可 (D)以上皆非。

229 1 特斯拉(Tesla)等於多少高斯(Gauss)？ (A)100 (B)1 (C)1000 (D)10000 高斯。

230 一般抽水機馬達採用交流 (A)永久電容分相啟動 (B)蔽極式啟動 (C)電容離心開關啟動 (D)以上皆非。

231 火力發電廠發電機為 (A)圓型轉子感應發電機 (B)圓型轉子同步發電機 (C)凸型轉子同步發電機 (D)以上皆非。

232 電機機械常用強磁性導磁材料矽鋼片做為定、轉子的鐵心材料，若定子的感應電勢 e(t)為餘弦(cos)波形，則對應的磁化(magnetizing)電流 i(t)的波形應為 (A)正弦(sin)波形 (B)負正弦(-sin)波形 (C)餘負弦(-cos)波形 (D)週期性的非正弦(nonsinusoid)波形。

233 某三相感應電動機，端電壓 220V、頻率 60Hz、4 極，若在額定運轉時，其滑差率(slip)為 0.04，試求此電動機的額定轉速為？ (A)1800 (B)1728 (C)1746 (D)1692 rpm。

234 欲改變三相感應電動機的旋轉方向，以下敘述何者正確？ (A)改變三相電源的波形 (B)改變三相電源的頻率 (C) 改變三相電源的電壓 (D)改變三相電源的相序。

235 某三相 5hp 感應電動機,端電壓 220V、頻率 60Hz、4 極,若在額定運轉時,其滑差率(slip)為 0.04,試求此電動機的輸出轉矩為? (A)20.61 (B)21.46 (C)2.10 (D)2.20 N-m。

236 關於三相感應電動機之旋轉磁場敘述下列何者不正確? (A)定子繞組輸入三相平衡電源將產生一個固定大小的旋轉磁場 (B)定子旋轉磁場的方向與輸入定子繞組的電源相序有關 (C)轉子導體電流的頻率與旋轉磁場的大小成正比 (D)電機轉軸旋轉方向與定子旋轉磁場相同。

237 如圖之線性直流機,磁通密度為 0.2T,方向進入紙面,電阻 0.25Ω,導體長 ℓ = 1.0m,當蓄電池電壓為 100V 時則導體之無載穩態速度為 (A)200 (B)300 (C)500 (D)800 公尺/秒。

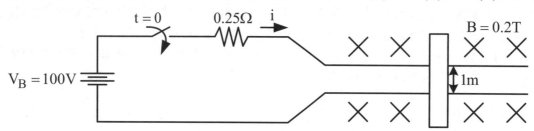

238 10 毫亨(mH)電感,若電流在 0.01 秒中,由零升至 20A,其感應電勢為 (A)10mV (B)200mV (C)20V (D)100V。

239 所謂的標么系統就是以「標么基準值」為單位的計量單位系統,應用標么系統有什麼具體效益? (A)可免除相數、極數及變壓比等換算 (B)可強化數據的量級感,有利於資料與計算過程的檢驗 (C)對於類似電壓降等之物理特性的呈現效果常優於實際值 (D)以上皆是。

240 下列何者為羅侖茲力(Lorenz's law)的作用? (A)磁阻電動機 (B)動鐵式電表 (C)感應電動機 (D)電磁鐵。

241 矽鋼片的渦流損失與頻率的關係為 (A)無關 (B)成正比 (C)成反比 (D)與頻率平方成正比。

242 一次側繞組 200 匝的變壓器,若接上 60Hz、220V 的電源,其鐵心內的最大磁通應為幾毫韋伯(mWb)? (A)1.43 (B)2.33 (C)3.23 (D)4.13。

243 變壓器可提高電壓,亦可提高電流,以下對變壓器說明何者正確? (A)變壓器的功率轉換率可大於 1 (B)變壓器的功率轉換率不能可大於 1 (C)變壓器為一主動元件 (D)以上皆可能,可視變壓器的容量而定。

244 比流器(C.T.)接線時應 (A)與電路並聯 (B)二次側不能短路 (C)二次側與電表並聯 (D)二次側不能開路。

245 將電能轉換為機械能的機械為 (A)發電機 (B)變壓器 (C)電動機(馬達) (D)變頻器。

246 F 表示受力,單位為 N,m_1 表示質量,單位為 kg,a 表示為加速度,單位為 m/s^2,則三者的關係為 (A)$F = m_1 a^2$ (B)$F = m_1 a$ (C)$F = \dfrac{m_1}{a}$ (D)$F = \dfrac{a}{m_1}$。

247 P_e 表示功率,單位為 W,T_e 表示轉矩,單位為 N-m,ω_m 表示轉速,單位為 rad/s,則三者關係為 (A)$P_e = \dfrac{T_e}{\omega_m}$ (B)$P_e = \dfrac{\omega_m}{T_e}$ (C)$P_e = T_e \omega_m$ (D)$P_e = T_e \omega_m^2$。

248 旋轉的轉速為1200rpm(轉/分)，換算為多少 rad/s？ (A)20 (B)40 (C)62.8 (D)125.6。

249 線性運動中，F_e表示作用力單位 N，v 表示速率單位為(m/s)，P_e表示功率單位為 W，則三者的關係為 (A)$P_e = F_e v$ (B)$P_e = F_e v^2$ (C)$P_e = \frac{v}{F_e}$ (D)$P_e = \frac{F_e}{v}$。

250 H 表示磁場強度單位為A/m，B 表示磁通密度單位為 T，μ 表示導磁係數單位為H/m，則三者的關係為 (A)$H = \mu B$ (B)$H = \mu^2 B$ (C)$H = \frac{B}{\mu}$ (D)$H = \frac{B}{\mu^2}$。

251 某繞組的匝數為 100 匝，耦合的磁通量 $\Phi(t)=0.01\sin 377t$ Wb，則此繞組的感應電勢有效值為 (A)10 (B)200 (C)266.7 (D)377 V。

252 某電機的磁通鏈(flux link)$\lambda = \frac{1}{2}i\sin\theta$，i 表示電流，$\theta$ 為旋轉部份與固定的夾角，此電磁轉矩為 (A)$\frac{1}{4}i^2\sin\theta$ (B)$\frac{1}{4}i^2\cos\theta$ (C)$\frac{1}{2}i^2\sin\theta$ (D)$\frac{1}{4}i^3\sin\theta$。

253 電磁鐵的繞組電流增加，鐵心的磁通量只有微量增加，此為鐵心有 (A)磁滯 (B)磁飽和 (C)渦流 (D)漏磁 現象。

254 在線圈中切割磁力線(磁通量)可感應電壓，此為何原理？ (A)法拉第定律 (B)牛頓定律 (C)戴維寧定理 (D)諾頓定理。

255 導體電流方向與產生磁力線(磁通量)的方向，依下列何者決定？ (A)法拉第定律 (B)安培定則 (C)伏特定理 (D)諾頓定理。

256 單激磁電機的磁通鏈(flux linkage)函數$\lambda_1 = L(\theta)i_1$，$L(\theta) = 0.5\sin\theta\, mH$，若電流$i_1$為 4A，$\theta$=90°時，則系統的存能為 (A)0.1 (B)0.2 (C)1.0 (D)4.0 J。

257 電動機轉軸以 1800(r/min)的速度旋轉，試問轉軸的角速度為多少(rad/sec)？ (A)30 (B)60 (C)94.3 (D)188.5。

258 下列何種磁石簡稱為 MQ 磁石？ (A)燒結釹鐵硼 (B)黏結釹鐵硼 (C)釤鈷 (D)鐵氧體。

259 下列何種磁石之剩磁磁通密度(Br)大約在 0.4 特斯拉(Tesla)左右？ (A)鐵氧體 (B)MQ 磁石 (C)釤鈷 (D)釹鐵硼。

260 感應馬達的旋轉磁場與轉子的轉動方向 (A)相同 (B)相反 (C)無關 (D)不一定。

261 旋轉磁場之每秒轉速等於三相繞組電流頻率每秒週數的幾倍？ (A)2 (B)P(極數) (C)P/2 (D)2/P。

262 設有一根長 100 公分之導體，帶有 20 安培之電流，置於磁通密度為 5000 高斯之均勻磁場中，若導體位置與磁場方向垂直，求導體受力若干？ (A)0.1 (B)1 (C)10 (D)100 牛頓。

263 設有一根長 1 公尺之導體，帶有 20 安培之電流，置於磁通密度為 5 特斯拉之均勻磁場中，若導體與磁場方向差 60°，則受力多少？ (A)0.087 (B)0.87 (C)8.7 (D)87 牛頓。

264 一載有電流之導體，垂直置於磁場中，結果該導體產生 5 牛頓之電磁力及 50 瓦之機械功率，則該導體每秒鐘可直線移動 (A)0.01 (B)0.1 (C)1 (D)10 公尺。

265 有一長度為 1 公尺的鉛直導體,在磁通密度為每平方公尺 0.5 韋伯、方向垂直指向紙面內的磁場中,以每秒 10 公尺的速率向右移動,試計算導體的感應電壓值? (A)0.5 (B)1 (C)5 (D)10 V。

266 有一長度為 1 公尺、內有電流 10 安培由上向下流動的鉛直導體,在磁通密度為每平方公尺 0.5 韋伯、方向垂直指向紙面內的磁場中,試計算導體所受力的大小? (A)0.5 (B)1 (C)5 (D)10 N。

267 一部 1500W、1000rpm 之直流電動機,其滿載轉矩為多少牛頓-米? (A)10.32 (B)1.5 (C)14.32 (D)90。

268 有關於相同馬力的感應馬達,下列敘述何者錯誤? (A)單相感應馬達噪音較大 (B)單相感應馬達可自行啟動不須輔助元件 (C)三相感應馬達轉矩較平順 (D)三相感應馬達可輕易改變轉向。

269 若負載轉矩作用方向,永遠與電動機運轉方向相反者,稱之為 (A)主動負載轉矩 (B)全方位控制轉矩 (C)被動負載轉矩 (D)以上皆可。

270 風阻力轉矩(Winding Torque)與轉速之關係為 (A)風阻力轉矩與轉速無關 (B)風阻力轉矩與轉速平方成正比 (C)風阻力轉矩與轉速平方成反比 (D)風阻力轉矩與轉速成反比。

271 感應電動機產生之電磁轉矩與輸入交流電壓間之關係為 (A)與輸入電壓成反比 (B)與輸入電壓成正比 (C)與輸入電壓平方成反比 (D)與輸入電壓平方成正比。

272 感應電動機之脫出轉矩之轉差率與輸入交流電壓間之關係為 (A)與輸入電壓成反比 (B)與輸入電壓成正比 (C)與輸入電壓平方成反比 (D)與輸入電壓毫無關係。

273 感應電動機之脫出轉矩之轉差率與轉子電阻間之關係為 (A)與轉子電阻成反比 (B)與轉子電阻成正比 (C)與轉子電阻平方成反比 (D)與轉子電阻毫無關係。

274 試問『同步電容器』指的是 (A)電力電容器 (B)直流發電機 (C)同步電動機 (D)感應發電機。

275 以下何種電機機械為雙激磁系統? (A)三相同步電動機 (B)三相感應電動機 (C)單相感應電動機 (D)三相變壓器。

276 某直流分激式電動機以控制磁場電阻大小來控制轉速,當磁場減弱時,則 (A)轉速下降且輸出轉矩下降 (B)轉速上升且輸出轉矩下降 (C)轉速下降且輸出轉矩上升 (D)轉速上升且輸出轉矩上升。

277 直流分激式電動機的速率控制方法中,下列何者不正確? (A)改變外加端電壓 (B)改變極數 (C)改變電樞電阻 (D)改變場磁通。

278 一直流馬達額定轉矩為 0.404KG-M,額定轉速為 1800RPM,則其額定輸出為 (A)0.4KW (B)0.4HP (C)1KW (D)1HP。

279 欲變更直流馬達之旋轉方向時 (A)僅將電樞繞組兩端(A,H)反接或將磁場繞組兩端反接 (B)將直流電源正負反接 (C)將電樞繞組兩端及磁場繞組兩端均反接 (D)以上皆非。

280 欲使單相感應馬達逆轉,則可 (A)將交流電源兩端反接 (B)將主繞組及起動繞組兩端同時反接 (C)將主繞組或起動繞組兩端反接 (D)以上皆是。

281 華德黎翁納德速率控制法是 (A)改變直流馬達電樞繞組兩端電壓 (B)改變直流馬達磁場強度 (C)改變直流馬達電樞電阻 (D)同時改變直流馬達電樞繞組兩端電壓及磁場強度。

282 接於三相感應馬達之三條三相交流電源任何兩條互換兩次,則電動機 (A)轉向改變 (B)轉向不變 (C)轉速昇高 (D)轉速降低。

283 三相感應馬達在啟動時為限制啟動電流及增大啟動轉矩,其最適宜之方法是 (A)Y-Δ 起動 (B)直接啟動 (C)一次加電阻或電抗起動 (D)二次外加電阻起動。

284 同步電動機當起動瞬間時 (A)先加直流激磁 (B)不加直流激磁 (C)交流及直流同時加 (D)以上皆非。

285 三相感應馬達的轉子頻率等於定子頻率時,表 (A)啟動時 (B)運轉時 (C)滿載運轉時 (D)無載運轉時。

286 在馬達控制應用中,何者是錯誤的? (A)轉速發電機(techo generator)可感測馬達之轉速 (B)轉速發電機在閉迴路控制中如斷路會造成失控 (C)轉速發電機可感測馬達之位置 (D)轉速發電機規格為(7V/Krpm)表示其為直流轉速發電機。

287 步進馬達應用中,如為四相步進馬達以每秒100步全步控制,則此馬達之轉速 (A)25 (B)30 (C)50 (D)100 rpm。

288 步進馬達的步進角度,是由何決定? (A)驅動電路 (B)順序控制電路 (C)方向開關 (D)馬達的設計。

289 遮極式單相感應電動機之轉向決定為 (A)自被遮部份往未遮部份轉動 (B)自未遮部份往被遮部份轉動 (C)電源通電方向 (D)以上皆非。

290 以下何者不為改善直流電動機電樞反應(armature reaction)之負面效應的方法? (A)加裝中間極 (B)加裝補償繞組 (C)提高電樞電壓 (D)移動電刷位置。

291 以下何種電機可當成電容使用,改善電力系統的功率因數? (A)繞線式轉子感應機 (B)同步機 (C)鼠籠式感應機 (D)串激式直流機。

292 以60Hz交流電源驅動下,何種電動機可能達到4000rpm轉速? (A)繞線式轉子感應 (B)永磁式同步 (C)鼠籠式感應 (D)串激式直流 電動機。

293 若三相電機的輸出功率為5kW,電機的總損失為500W,則此電機效率為 (A)0.61 (B)0.81 (C)0.91 (D)0.95。

294 三相感應電動機在固定電壓及頻率且穩態操作下,其滑差率的敘述何者正確? (A)隨負載轉矩提高而滑差率下降 (B)隨負載轉矩提高而滑差率上昇 (C)隨負載轉矩提高而滑差率固定 (D)負載轉矩與滑差率無相關。

295 串激發電機通常應用於 (A)可變電流的配電 (B)定電壓配電 (C)恆定電流源及升壓器 (D)遠距離的配電。

296 下列直流複激發電機,何者滿載電壓較無載電壓高? (A)過 (B)平 (C)欠 (D)差 複激。

297 一直流電動機,無載轉速為 1800rpm,滿載轉速為 1720rpm,其轉速調整率(Speed Regulation)為 (A)4.6 (B)5.6 (C)6.6 (D)7.6 %。

298 在一般直流電動機中,常稱為恆定轉速之電動機,為 (A)分激電動機 (B)串激電動機 (C)複激電動機 (D)伺服馬達。

299 交流發電機裝設阻尼繞組的目的是 (A)防止轉軸之追逐現象 (B)防止過大的衝擊電流 (C)防止過大啟動電流 (D)預防雷擊。

300 同步電動機 V 曲線的兩座標是表示 (A)電樞電流-磁場電流 (B)磁場電流-功率因數 (C)電樞電流-端電壓 (D)磁場電流-端電壓。

301 60Hz 之三相感應電動機接於 50Hz 之電源時,則 (A)轉速降低 (B)轉速增加 (C)轉速不變 (D)該機不轉。

302 三相、6 極、Y 接繞線式轉子感應電動機,若輸入電源為 60Hz 及線電壓為 220V,試求轉子旋轉速度為 1120r/min 時,其轉子導體電流頻率為 (A)3.4 (B)4 (C)4.4 (D)5 Hz。

303 電動機起動時之功率因數,一般而言,較正常運轉時為 (A)大 (B)小 (C)相等 (D)以上皆非。

304 步進馬達若停止連續脈衝之供應,供下列敘述何者正確? (A)轉子將繼續轉動 (B)轉子將急速停止,且保持固定位置,效果如同刹車 (C)轉子回歸至原來之啟動位置 (D)轉子將逆向轉動。

305 具高啟動轉矩是下列哪一種電動機的主要特性? (A)直流分激 (B)直流串激 (C)三相同步 (D)三相感應 電動機。

306 一台三相四極,2Hp/220V/60Hz 的感應電動機,其額定轉速約為每分鐘多少轉? (A)1520 (B)1620 (C)1720 (D)1800。

307 一台三相四極,2Hp/220V/60Hz 的感應電動機,其額定扭力約為多少牛頓-米? (A)1 (B)2 (C)4 (D)8。

308 一直流分激電動機以 1750rpm 運轉,其由 120V 的電源供應 36A 的電流。已知電樞電阻為 0.28 歐姆,磁場電阻為 75 歐姆,試求反電動勢為多少伏特? (A)109.2 (B)110.4 (C)112.5 (D)114.2。

309 一直流分激電動機以 1750rpm 運轉,其由 120V 的電源供應 36A 的電流。已知電樞電阻為 0.28 歐姆,磁場電阻為 75 歐姆,試求輸出轉矩為多少牛頓-米? (A)17.8 (B)18.4 (C)19.3 (D)20.7。

310 下列有關同步機的敘述何者正確? (A)同步發電機過激時,電樞電流超前電壓 (B)同步電動機過激時,電樞電流超前電壓 (C)同步電動機過激時,電源吸收落後虛功率 (D)同步發電機過激時,是超前功率因數。

311 同步電動機 V 線(V curve)水平軸及垂直軸分別為電動機的 (A)場電流與電樞電流 (B)場電流與輸出功率 (C)電樞電流與轉速 (D)轉速與輸出功率。

312 三相感應電動機，若頻率固定且電壓減少，則 (A)磁通密度變小 (B)磁通密度變大 (C)轉矩變大 (D 以上皆非。

313 一單相感應馬達可用兩組正轉與負轉之三相馬達以下列何者表示？

(A)
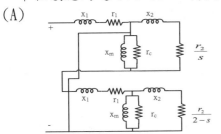

(B)
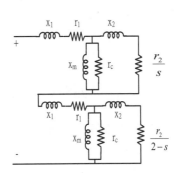

(C)
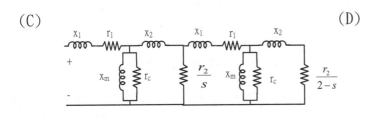

(D)
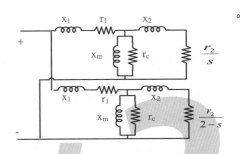

314 電容啟動，電容運轉單相感應機其運轉原理如 (A)AC 串聯 (B)DC 並聯 (C)兩相感應 (D)三相感應 馬達。

315 感應馬達之阻礙轉子測試猶如變壓器之 (A)開路 (B)短路 (C)極性 (D)線圈電阻 測試。

316 除了以下哪個馬達外，通常單相感應馬達之輔助線圈會在馬達到達某一速度即切斷？ (A)蔽極 (B)電容啟動 (C)電容啟動，電容運轉 (D)裂相 馬達。

317 下列關於馬達之敘述何，何者為誤？ (A)直流馬達的之換流器的功能將交流整流為直流 (B)要使直流串聯馬達有能量回收煞車功能其困難度高於直流並聯馬達 (C)若減少電容啟動感應馬達之電容值，則會增加啟動轉矩 (D)同步機之阻尼線圈在同步速度時並不會產生轉矩。

318 利用功率半導體元件所製作之變頻轉換器驅動電動機，試問變頻轉換器輸出至電動機之電流主要由哪部份元件之額定來決定？ (A)電動機 (B)半導體元件 (C)感應器 (D)負載轉矩。

319 美國電機廠商協會(NEMA)將三相感應電動機的最常用的轉子分成 A 級設計、B 級設計、C 級設計、D 級設計四種標準設計等級，請問 A 級設計感應電動機的最大(崩潰)轉矩是額定轉矩的？ (A)175-200 (B)200-225 (C)225-250 (D)250-275 %。

320 直流機採用滑動軸承者，轉速愈快則應採用 (A)黏度小的潤滑油 (B)黏度大的潤滑油 (C)與粘度無關 (D)以上皆非。

321 有關直流機之敘述，下列何者不正確？ (A)電樞心採斜口槽是減少噪音(B)電樞鐵心採用斜口槽是避免運轉時磁阻變化太大 (C)補償繞組係與電樞繞組並接(D)裝設補繞組是為抵消電樞反應磁動勢。

322 通過場軛及電樞心的磁力線為通過磁極者的 (A)2 倍 (B)1 倍 (C)0.5 倍(D)倍數 視磁極數而定。

323 下列何種感應電動機，起動時轉子可外接電阻？ (A)單相電容式 (B)單相推斥式 (C)三相鼠籠式 (D)三相繞線式。

324 若以 NS 表示主磁極之極性，ns 表示中間極極性，則沿著電動機旋轉方向，極性排列為 (A)NnSs (B)NsSn (C)NSns (D)SNsn。

325 一般直流電機的磁路，主要是由場軛、磁極、空氣隙和 (A)換向器 (B)電刷 (C)電樞鐵心 (D)轉軸 所形成。

326 旋轉電機外殼所使用的材料，應具有下列何種特性？ (A)高電阻 (B)高磁阻 (C)低電阻 (D)低磁阻。

327 連接直流電機定子與轉子的是 (A)換向器 (B)電刷 (C)軸承 (D)電樞。

328 交流電機的電樞鐵心採用矽鋼片疊成，主要目的是 (A)減少渦流損 (B)減少銅損 (C)減少磁阻 (D)減少電阻。

329 有關無刷直流馬達之的優點之敘述，下列何者不正確？ (A)高效率 (B)不用維修 (C)相較於有碳刷直流馬達價格便宜 (D)壽命長可靠度高。

330 一般 E 級絕緣的電機機械，其內部運轉溫度限制在 (A)110 (B)120 (C)130 (D)155 (°C)。

331 下列哪一項不屬於電機機械的定子？ (A)外殼 (B)軸 (C)軸承架 (D)定子繞組。

332 對於同步機轉子的敘述，下列何者正確？ (A)凸極式轉子磁阻力大，不適合高速旋轉 (B)凸極式轉子磁阻力小，不適合高速旋轉 (C)凸極式轉子其轉子轉軸較長，適合高速旋轉 (D)圓筒型轉子其轉子轉軸較短，適合高速旋轉。

333 下列何者屬於直流機的轉子組件？ (A)電刷 (B)軸承 (C)磁場繞組 (D)換向器。

334 下列何者屬於直流機的定子組件？ (A)電樞鐵心 (B)轉軸 (C)激磁繞組 (D)電樞繞組。

335 直流機的主磁極採用疊片可減少 (A)電刷損 (B)渦流損 (C)銅損 (D)鐵損。

336 同步發電機若為高轉速者，其轉子常是 (A)直徑較大而長度短 (B)直徑較大而長度長(C)直徑較小而長度短 (D)直徑較小而長度長。

337 下列對於凸極型同步發電機之構造何者不正確？ (A)磁極數多 (B)轉子直徑小 (C)轉軸短 (D)適用於 800rpm 以下之原動機。

338 下列何者非感應機上的元件？ (A)定子繞組 (B)短路環 (C)換相片 (D)轉子。

339 下列何者非交流電機的轉子結構？ (A)由實心鐵塊製成 (B)疊片化矽鋼片與斜導體 (C)疊片化矽鋼片與永磁 (D)疊片化塑膠片與繞線。

340 動態轉矩若為正值時，表示目前電動機為 (A)加速操作狀態 (B)減速操作狀態 (C)定速操作狀態 (D)無法確定。

341 動態轉矩若為負值時，表示目前電動機為 (A)加速操作狀態 (B)減速操作狀態 (C)定速操作狀態 (D)無法確定。

342 若電動機正在執行電氣制動時，代表此時電動機工作於 (A)發電機型態 (B)馬達型態 (C)發電機型態與馬達型態同時存在 (D)無法確定。

343 一組以電動機驅動負載之系統，若 ωm、T 與 TL 分別表示為電動機轉子轉速、電動機產生之電磁轉矩與負載轉矩，如何判斷系統穩定？ (A)$\left(\frac{dT_L}{d\omega_m} - \frac{dT}{d\omega_m} < 0\right)$ (B)$\left(\frac{dT_L}{d\omega_m} - \frac{dT}{d\omega_m} > 0\right)$ (C)$\left(\frac{dT}{d\omega_m} - \frac{dT_L}{d\omega_m} > 0\right)$ (D)無法判斷。

344 電動機在額定磁通下所獲得之額定轉子轉速，稱為 (A)起動速度 (B)主動速度 (C)基值速度 (D)加速度。

345 利用外激式直流電動機驅動負載，下列何者非控制轉速之方法？ (A)改變磁場強弱 (B)改變電樞電壓 (C)改變電樞電阻串聯之電阻值 (D)以上皆非。

346 在變頻轉換器加上煞車電阻，試問其採用何種制動原理？ (A)再生制動 (B)插塞制動 (C)反電壓制動(Plugging or Reverse Voltage Braking) (D)以上皆非。

347 利用三相電源驅動定子線圈以 Y 型接續之三相感應電動機，試問若要將運轉中之感應電動機反轉，如何處理？ (A)交換任兩組定子線圈之輸入電源線 (B)移除任一組定子線圈之電源輸入線 (C)感應電動機之轉向無法改變 (D)改變輸入電源之電壓振幅。

348 某 1000 馬力，3300V，6 極，60Hz 三相 Y 接同步電動機，接於三相 60Hz 之交流電源，則該電動機出轉速為 (A)1500 (B)1200 (C)1000 (D)750 rpm。

349 下列哪些轉換器無法從交流電源獲得可變直流電壓，用以驅動直流電動機？ (A)全控制式轉換器 (B)半控式轉換器 (C)截波控制器 (D)變頻器。

350 三相感應電動機當電源電壓上升時，若同步轉速不變，則轉差率 (A)減少 (B)增加 (C)不變 (D)不一定。

351 感應馬達在額定條件下運轉，當負載增加時，下列各項何者會變大？ (A)同步速度 (B)轉子速度 (C)轉差率 (D)定子電壓。

352 有一部 220V、10hp、1600rpm 的它激式直流馬達,由三相半控式整流器驅動,如圖所示。交流電源為三相 220V、60Hz,若功率損失可忽略不計並假定馬達電流無漣波,則負載相同時馬達轉速在觸發角 $\alpha=60°$ 約為觸發角 $\alpha=90°$ 時的 (A)2 (B)1.5 (C)0.75 (D)0.5 倍。

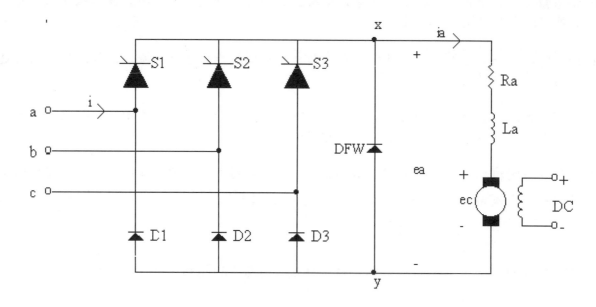

353 改變頻率控制感應機的轉速中,若端電壓未隨著頻率的減小而降低,則馬達 (A)轉速變快 (B)電流增加 (C)輸出轉矩變低 (D)沒有任何影響。

354 三相感應電動機之降壓起動電流其定子繞組接法為 (A)Y 接起動△接運轉 (B)起動及運轉均為 Y 連接 (C)起動及運轉均為△連接 (D)△接起動 Y 接運轉。

355 有關分激式(並激式)直流電動機之速率控制方法,下列何者正確? (A)增大電極串聯電阻,可使轉速升高 (B)減低磁場的磁通量,可使轉速升高 (C)減低磁場的磁通量,可降低轉速 (D)增大電樞電壓,可降低轉速。

356 步進電動機的轉速與輸入脈波之 (A)振幅 (B)週期 (C)頻率 (D)波形 成正比。

357 三相感應電動機之轉差率及功因隨負載之增大而 (A)兩者均變小 (B)兩者均增大 (C)轉差率變小,功因變大 (D)轉差率變大,功因變小。

358 如圖,半控整流器驅動直流他激式電動機,若沒有飛輪二極體(DFW),則 (A)馬達無法正常運轉 (B)馬達可以運轉,但會有寸動的現象 (C)馬達轉速變快 (D)馬達運轉轉無太大變化。

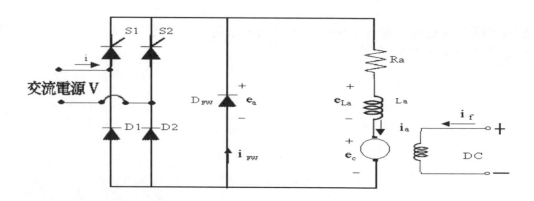

359 各種制動方法中，若制動時間未控制好，有逆轉可能者為 (A)發電 (B)電磁 (C)插塞 (D)再生 制動。

360 如圖，半控式整流器驅動直流他激式電動機，當轉換器的激發角較大時，則 (A)馬達在無載運轉時，電樞電流就容易變得連續 (B)轉速調整率變好 (C)馬達的轉動特性變差，可能使得轉動時會有脈動現象 (D)若欲使電樞電流連續，可利用移除飛輪二極體(DFW)執行飛輪操作。

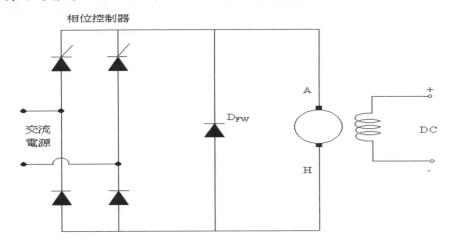

361 某直流截波器的頻率為 500Hz，當 t_{on} 時間為 1 毫秒，則責任週期為 (A)100 (B)75 (C)50 (D)25 %。

362 一部 220V、1800rpm、14A 的直流他激式馬達由單相全控整流器供電，若整流器的輸入電壓為 $340\sin(120\pi t)$，馬達電樞電阻為 2Ω。馬達樞電路加入足夠的濾波電感，以保證對轉矩高於 25%額定轉矩時，皆能操作於連續導通區域。欲使馬達以額定轉矩運轉於-1800rpm，則觸發角約為 (A)$\cos^{-1}(0.56)$ (B)$\cos^{-1}(0.76)$ (C)$180°-\cos^{-1}(0.56)$ (D)$180°-\cos^{-1}(0.76)$。

363 在截波器電路的設計中採用下述何種元件需強制換流？ (A)功率晶體 (B)GTO (C)IGBT (D)SCR。

364 關於電流源變頻器變頻器之敘述下列何者不正確？ (A)具有低輸出阻抗 (B)輸出電壓易受負載變動影響 (C)輸入的直流電流幾乎固定 (D)需要大電感來濾平整流器的輸出電流。

365 以下何者不適合做為同步電動機啟動的方法？ (A)加裝阻尼繞組(amortisseur winding) (B)降低交流電源電壓 (C)降低交流電源頻率 (D)外掛原動機(prime mover)。

366 以下何者不適合做為三相鼠籠式感應機的控速方法？ (A)改變感應機極數 (B)改變定子電源電壓 (C)改變定子電源頻率 (D)改變定子電源相序。

367 三相 4 極鼠籠式感應機額定為 220V，60Hz，10hp，功因 0.8，效率 0.85，推測額定轉速為 (A)60 (B)3600 (C)1744 (D)1800 rpm。

368 以下何者不為降低三相感應電動機啟動電流的方法？ (A)降低啟動電壓 (B)增加轉子電阻 (C)Y-△繞組切換 (D)外加輔助電容。

369 一額定為 220V，60Hz，50hp 之三相 6 極繞線式轉子之感應機，若測得轉速為 1224rpm，可推論感應機操作於 (A)電動機 (B)電能反饋剎車(regenerative braking) (C)栓鎖(plugging) (D)飛輪 模式。

370 一 220V，60Hz，三相同步電動機，穩定運轉時，測得功因為 1，若要將功因變為電容性，則應 (A)調高磁場電流 (B)降低電源電壓 (C)降低負載轉矩 (D)提高轉速。

371 以 Y-△繞組切換啟動三相感應電動機會 (A)提高啟動轉矩，降低啟動電流 (B)降低啟動轉矩，提高啟動電流 (C)提高啟動轉矩，提高啟動電流 (D)啟動轉矩和啟動電流均降低。

372 一額定為 220V，60Hz，10hp 之三相感應電動機穩定運轉時，測得轉速為 1152rpm，若將定子電源頻率改變 50Hz，推測其轉速變為 (A)960 (B)1732 (C)1000 (D)1200 rpm。

373 直流機高於基準轉速輕載運轉。若欲降低轉速，可 (A)降低磁場電流 (B)提高電樞電壓 (C)降低磁場電流且提高電樞電壓 (D)提高磁場電流。

374 三相感應機原操作於電動機模式穩定運轉。若將三相電源其中兩相互換，則感應機會 (A)先操作於栓鎖(plugging)模式，然後反轉成電動機模式 (B)先操作於電能反饋剎車 (regenerative braking)模式，然後反轉成電動機模式 (C)先操作於栓鎖模式，然後反轉成電能反饋剎車模式 (D)先操作於電能反饋剎車模式，然後反轉成栓鎖模式。

375 一串激式直流機之直流電源正負兩端互換，則直流機會 (A)操作於栓鎖(plugging)模式，旋轉方向不變 (B)操作於電能反饋剎車(regenerative braking)模式，但旋轉方向相反 (C)操作於電動機模式，但旋轉方向相反 (D)操作於電動機模式，且旋轉方向不變。

376 一繞線式轉子感應機啟動時，轉子外接電阻可 (A)提高啟動轉矩，降低啟動電流 (B)降低啟動轉矩，提高啟動電流 (C)提高啟動轉矩，提高啟動電流 (D)啟動轉矩和啟動電流均降低。

377 一外激式直流機原操作於電動機模式穩定運轉。若將供應電樞之直流電源正負兩端互換，則直流機會 (A)先操作於栓鎖(plugging)模式，然後反轉成電動機模式 (B)先操作於電能反饋剎車(regenerative braking)模式，然後反轉成電動機模式 (C)先操作於栓鎖模式，然後反轉成電能反饋剎車模式 (D)先操作於電能反饋剎車模式，然後反轉成栓鎖模式。

378 三相感應機原操作於電動機模式，驅動固定轉矩負載。穩定運轉時，若降低電源電壓，則 (A)轉速降低，電流變大 (B)轉速提高，電流變大 (C)轉速提高，電流變小 (D)轉速降低，電流變小。

379 一 220V，60Hz，三相同步電動機，穩定運轉時，測得功因為 1，若將電源電壓調整為 200V，則 (A)功因變為電感性 (B)轉速降低 (C)功因變為電容性 (D)轉速提高。

380 感應電動機的轉速控制，可以改變下列控制參數去達成？ (A)極數 (B)頻率 (C)滑差率 (D)以上皆是。

381 若你要設計一個四軸機器手臂的馬達驅動器及控制器，以選用哪一種馬達較容易達到所需的位置控制？ (A)直流伺服 (B)交流同步 (C)交流感應伺服 (D)單相感應 馬達。

382 一部交流三相感應電動機，若要改變其轉向，則可採用何種方法？ (A)將三相定子繞組改採用 Y 型接線 (B)將三相定子繞組改採用 △ 型接線 (C)將啟動繞組接線互相對調 (D)將三相電源線任兩條互相對調。

383 一部分激式直流馬達,若要改變其轉向,則可採用何種方法? (A)同時將電樞繞組與磁場繞組兩端接線互相對調 (B)並聯一個電容於磁場繞組兩端 (C)只將磁場繞組兩端接線互相對調 (D)將電源線互相對調。

384 有關直流馬達速率控制方法之敘述,下列何者不正確? (A)樞電壓控制法可供定轉矩驅動器使用 (B)場磁通控制法可供定功率驅動器使用 (C)樞電壓控制法使用在額定轉速以下 (D)場磁通控制法使用在額定轉速以下。

385 在單相感應電動機中,下列何者起動轉矩最小? (A)分相式 (B)蔽極式 (C)啟動電容式 (D)永久電容式 感應電動機。

386 下列何者不屬於單相鼠籠式感應電動機的速度控制方法? (A)改變電源頻率 (B)改變定子極數 (C)改變外加電壓 (D)改變電源功因。

387 一「定功率」負載,則轉矩與速度的關係? (A)轉矩與速度成正比關係 (B)轉矩與速度平方成正比關係 (C)轉矩與速度成反比關係 (D)轉矩與速度無任何關係。

388 圓柱式與凸極式同步馬達之最大功率分別發生在轉矩角為? (A)90度,90度 (B)小於90度,90度 (C)90度,大於90度 (D)90度,小於90度。

389 一感應馬達帶動一個定轉矩負載,其轉子滑差為5%,而同步轉速為3600rpm。若供應馬達之電源,其頻率增為兩倍高,而電壓維持不變,則新的轉子滑差為? (A)10 (B)20 (C)30 (D)40 %。

390 220伏特,40安培,1250轉/分之直流串激馬達,已知其電樞及場繞組之電阻均為0.5歐姆。今以一0.2歐姆之電阻並聯在場繞組兩端,則該馬達將產生兩倍之轉矩,若忽略電樞反應及旋轉損失,則該馬達之轉速為? (A)1296 (B)1396 (C)1496 (D)1596 轉/分。

391 三相感應馬達之最大轉矩與轉子電阻 r_2 之關係為 (A)$\propto r_2$ (B)$\propto r_2^2$ (C)$\propto \sqrt{r_2}$ (D)以上皆非。

392 某部三相感應馬達,在無載時其轉速為1200轉/分,在滿載時其轉速為1140轉/分。此馬達的輸入電壓為三相,60Hz,線對線電壓為220V。此馬達滿載時的轉子電壓頻率為 (A)13 (B)5 (C)4 (D)3 Hz。

393 一直流並聯馬達之端電壓減為一半,而轉矩則維持定值,則其速度ω與電樞電流Ia為? (A)ω 與 Ia 皆變為兩倍 (B)ω 維持定值,但 Ia 變為兩倍 (C)ω 變為兩倍,但 Ia 變為一半 (D)ω 維持定值,但 Ia 變為一半。

394 200V、10.5A、2000rpm 併聯馬達之電樞電阻為0.5歐姆,激磁電路電阻為400歐姆。若此馬達驅動之額定負載轉矩為一定值,則當端電壓降為175V馬達速度為? (A)1985 (B)1885 (C)1785 (D)1685 rpm。

395 直流馬達中稱為電樞(armature)繞組意指 (A)定子繞組 (B)轉子繞組 (C)以上皆可 (D)以上皆非。

396 分激式直流馬達其轉矩與轉速之關係圖如下,圖中標示之 N 點所指為 (A)轉換轉矩 (B)額定轉矩 (C)額定轉速 (D)額定電流。

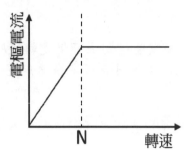

397 一般感應馬達滑差轉速(slip speed)之定義為 (A)轉子機械轉速與轉子電氣轉速之差 (B)轉子電壓與轉子電流之頻率差 (C)轉子轉速與氣隙磁通頻率之差 (D)轉子轉速與轉子電壓之頻率差。

398 若感應馬達啟動特性曲線如圖所示,虛線表示馬達所承受的負載轉矩。則特性曲線與橫軸(轉速)之交叉點 Ws 表示為 (A)啟動 (B)同步 (C)轉子 (D)滑差 轉速。

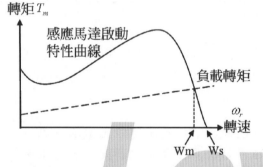

399 對於感應馬達伺服驅動器,下列何者不屬於脈波寬度調變(pulse-width modulation, PWM)式電壓源換流器(voltage-source inverter)的特性? (A)以直流電壓源供應給換流器 (B)可藉由 PWM 來調整換流器之輸出電壓振福 (C)PWM 之切換頻率愈高則馬達電流波漣愈大 (D)可藉由 PWM 來調整換流器之輸出電壓頻率。

400 對於三相交流馬達之磁場導向向量控制(field-oriented vector control),下列敘述何者為錯誤? (A)將定子磁通向量定義為 d 軸座標軸 (B)將轉子磁通向量定義為 d 軸座標軸 (C)將轉子旋轉速度向量定義為 d 軸旋轉頻率 (D)將定子電壓向量旋轉頻率定義為 d 軸旋轉頻率。

401 若感應馬達轉速伺服驅動控制之特性曲線圖如下所呈現,其中C點為感應馬達伺服控制之穩態轉速,則下列敘述何者錯誤? (A)此為調整定子電壓之大小來控制轉速 (B)曲線1所供應之定子電壓為最大 (C)曲線1與曲線2代表換流器(inverter)輸出電壓頻率相同 (D)曲線2與曲線3之滑差頻率(slip frequency)相同。

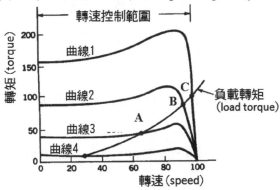

402 若一感應馬達速度伺服驅動控制設計如圖所示,則下列敘述何者正確? (A)此為磁場導向向量控制方式 (B)此為定滑差頻率(constant slip frequency)控制方式 (C)此為定子電壓頻率固定(constant stator voltage)控制方式 (D)此為定子電壓與頻率比值固定(constant volt/Hz)控制方式。

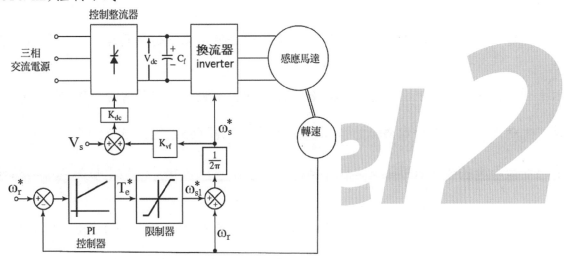

403 在磁場導向向量控制(field-oriented vector control)方式裡,若換流器之輸出弦波頻率乃藉由滑差頻率(slip frequency)之計算而獲得,則此方式稱為 (A)直接向量控制 (B)間接向量控制 (C)直接磁通控制 (D)間接磁通控制。

404 在感應馬達速度伺服驅動控制中,若轉子轉速高於額定轉速時,此時可以 (A)增加氣隙磁通鏈(air-gap flux linkage)的大小值 (B)增加轉子磁通鏈(rotor flux linkage)的大小值 (C)減少轉子磁通鏈的大小值 (D)降低定子電壓(stator voltage)的振幅大小 以維持馬達操作於定功率區。

405 在感應馬達速度伺服控制設計中,當轉子轉速高於額定轉速時,可將馬達磁通鏈控制於 (A)額定磁區 (B)弱磁區 (C)強磁區 (D)依據負載轉矩而決定之磁區,以維持定功率操作模式。

406 若同步馬達(synchronous motor)之轉子磁通鏈(rotor flux linkage)由直流激磁場繞組(dc-current-excited field winding)來實現,則稱為 (A)永磁式同步 (B)繞線式同步 (C)永磁式感應 (D)步進 馬達。

407 一部分激式直流馬達由單相全控整流器以連續電流方式供電,若整流器之輸入電壓之最大值為 V_m、激發角為 α,則電樞電壓為 (A)$\frac{2V_m}{\pi}\cos\alpha$ (B)$\frac{2V_m}{\pi}\sin\alpha$ (C)$\frac{2V_m}{\pi}(1+\cos\alpha)$ (D)$\frac{2V_m}{\pi}(1+\sin\alpha)$。

408 有關直流馬達採用截波器控制之敘述,下列何者不正確? (A)效率低 (B)重量輕 (C)體積小 (D)可使用再生制動操作。

409 三相感應電動機採用 Y-Δ 變換啟動之目的為 (A)增加啟動電流 (B)增加啟動轉矩 (C)減小啟動電流 (D)減小啟動噪音。

410 步進馬達除了可以實現位置控制還可以實現以下何種控制? (A)速度 (B)功率 (C)轉矩 (D)壓力。

411 以下何種直流馬達有最大的啟動轉矩? (A)他激式 (B)分激式 (C)串激式 (D)積複激式 直流馬達。

412 一般百貨公司、行號的電動門,其驅動馬達較適合使用以下何種馬達? (A)他激式直流 (B)步進 (C)三相感應 (D)線性 馬達。

413 高速光碟機之中所使用的馬達為 (A)單相感應 (B)永磁同步 (C)直流 (D)步進 馬達。

414 以下何種馬達較適用於電梯驅動? (A)感應 (B)步進 (C)永磁同步 (D)串激式直流 馬達。

415 某一台直流馬達在加載時速度上升,則此一馬達為以下何種? (A)差複激式 (B)積複激式 (C)分激式 (D)串激式。

416 超高速的磁浮列車是由下列何種馬達來驅動? (A)感應 (B)直流 (C)步進 (D)線性 馬達。

417 有一部 220V、60Hz 之三相感應馬達,在穩態時轉速為每分鐘 1720 轉,請問此一馬達的極數為多少? (A)2 (B)4 (C)6 (D)8。

418 何者為繞線式感應馬達增加轉子電阻的影響? (A)增加脫出轉矩大小 (B)增加啟動轉矩大小 (C)增加馬達運轉效率 (D)增加啟動電流。

419 有關直流無刷式馬達定子的說明何正確? (A)定子為電樞線圈並需輸入直流電 (B)電子為電樞線圈並需輸入交流電 (C)定子為永久磁鐵不需電流 (D)定子為磁場線圈並需輸入直流電。

420 有一直流分激馬達,在轉速為 2000rpm 時,感應電動勢為 100V,若所有條件不變,其轉速增至 2500rpm 時,感應電勢為何? (A)150 (B)125 (C)100 (D)75 V。

421 關於步進馬達,下列敘述何者是錯誤的? (A)不需要閉迴路控制 (B)有累積誤差 (C)轉速與輸入脈波的頻率成正比 (D)當驅動脈波停止時,馬達會立即停止。

422 家用抽水泵是由下列何種馬達來驅動？ (A)直流 (B)單相感應 (C)永磁同步 (D)三相感應馬達。

423 雙鼠籠式(Double Squirrel Cage)感應馬達之應用場合為 (A)高啟動電流、高啟動轉矩 (B)高啟動電流、低啟動轉矩 (C)低啟動電流、高啟動轉矩 (D)低啟動電流、低啟動轉矩。

424 下列哪種電動機較適合使用於微小型場合轉速控制應用？ (A)直流分激電動機 (B)直流串激電動機 (C)同步永磁馬達 (D)感應電動機。

425 感應電動機的滿載效率隨下列何參數的增加而降低？ (A)滿載電流 (B)滿載轉矩 (C)滿載轉速 (D)滿載轉差。

426 直流串激電動機不適合於輕載使用，其主要原因為 (A)效率差 (B)電流過大 (C)有過速的危險 (D)無法啟動。

427 下列哪種電動機最有可能無法自行啟動？ (A)直流分激 (B)直流串激 (C)三相同步 (D)三相感應 電動機。

428 下列何種電機只適用於低力矩場合？ (A)繞線式感應機 (B)蔽極式感應機 (C)繞線式同步機 (D)永磁式同步機。

429 在機械式定時器驅動中應使用何種馬達作為動力較不易使定時器因為電源電壓變動而失準？ (A)有刷直流 (B)鼠籠式轉子感應 (C)永磁式步進 (D)蔽極式感應 馬達。

430 安裝永磁直流電機之電動腳踏車，電池規格 24V/10Ah，工作電壓 24V，額定操作點輸出功率 250W 時速 15 公里，輪胎直徑 20 英寸，直流電機繞線電阻 R=0.34Ω，常數 K=1.2Nm/A=1.2V/(rad/sec)，不加裝電流限制器下，求啟動瞬間馬達轉矩？ (A)120.7 (B)240.7 (C)84.7 (D)0 Nm。

431 安裝永磁直流電機之電動腳踏車，電池規格 24V/10Ah，工作電壓 24V，額定操作點輸出功率 250W 時速 15 公里，輪胎直徑 20 英寸，直流電機繞線電阻 R=0.34Ω，常數 K=1.2Nm/A=1.2V/(rad/sec)，不加裝電流限制器下，求啟動瞬間效率？ (A)100 (B)80 (C)50 (D)0 %。

432 安裝永磁直流電機之電動腳踏車，電池規格 24V/10Ah，工作電壓 24V，額定操作點輸出功率 250W 時速 15 公里，輪胎直徑 20 英寸，直流電機繞線電阻 R=0.34Ω，常數 K=1.2Nm/A=1.2V/(rad/sec)，加裝外接電阻做電流限制器使啟動電流小於 15A，求外接電阻為？ (A)1.26 (B)1.0 (C)0.86 (D)0.66 Ω。

433 安裝永磁直流電機之電動腳踏車，電池規格 24V/10Ah，工作電壓 24V，額定操作點輸出功率 250W 時速 15 公里，輪胎直徑 20 英寸，直流電機繞線電阻 R=0.34Ω，常數 K=1.2Nm/A=1.2V/(rad/sec)，假設直流電機旋轉一圈腳踏車輪胎也旋轉一圈，求額定操作點直流電機轉速？ (A)314 (B)157 (C)300 (D)600 RPM。

434 安裝永磁直流電機之電動腳踏車，電池規格 24V/10Ah，工作電壓 24V，額定操作點輸出功率 250W 時速 15 公里，輪胎直徑 20 英寸，直流電機繞線電阻 R=0.34Ω，常數 K=1.2Nm/A=1.2V/(rad/sec)，假設直流電機旋轉一圈腳踏車輪胎也旋轉一圈，求額定操作點直流電機轉矩？ (A)10 (B)15 (C)20 (D)25 Nm。

435 安裝永磁直流電機之電動腳踏車，電池規格 24V/10Ah，工作電壓 24V，額定操作點輸出功率 250W 時速 15 公里，輪胎直徑 20 英寸，直流電機繞線電阻 R=0.34Ω，常數 K=1.2Nm/A=1.2V/(rad/sec)，假設直流電機旋轉一圈腳踏車輪胎也旋轉一圈，求額定操作點直流電機電流？ (A)12.1 (B)10.4 (C)10 (D)15 A。

436 安裝永磁直流電機之電動腳踏車，電池規格 24V/10Ah，工作電壓 24V，額定操作點輸出功率 250W 時速 15 公里，輪胎直徑 20 英寸，直流電機繞線電阻 R=0.34Ω，常數 K=1.2Nm/A=1.2V/(rad/sec)，假設轉矩(Y 軸)轉速(X 軸)，求位於第一象限直流電機特性圖為？ (A)通過原點之直線 (B)通過原點之拋物線 (C)負斜率之直線 (D)雙曲線。

437 安裝永磁直流電機之電動腳踏車，電池規格 24V/10Ah，工作電壓 24V，額定操作點輸出功率 250W 時速 15 公里，輪胎直徑 20 英寸，直流電機繞線電阻 R=0.34Ω，常數 K=1.2Nm/A=1.2V/(rad/sec)，假設負載增加輸出功率由 250W 變為 320W，轉矩(Y 軸)轉速(X 軸)，求位於第一象限直流電機特性圖的變化？ (A)轉矩轉速都增加 (B)轉矩轉速都減少 (C)轉矩轉速都不變 (D)轉矩增加轉速減少。

438 安裝永磁直流電機之電動腳踏車，電池規格 24V/10Ah，工作電壓 24V，額定操作點輸出功率 250W 時速 15 公里，輪胎直徑 20 英寸，直流電機繞線電阻 R=0.34Ω，常數 K=1.2Nm/A=1.2V/(rad/sec)，假設轉矩(Y 軸)轉速(X 軸)，當腳踏車由山頂下坡時轉速超過穩態無載轉速，求直流電機操作點為？ (A)第一象限馬達模式 (B)第一象限發電機模式 (C)第四象限馬達模式 (D)第四象限發電機模式。

439 安裝永磁直流電機之電動腳踏車，電池規格 24V/10Ah，假設電池充滿電，工作電壓 25V，輪胎直徑 20 英寸，直流電機繞線電阻 R=0.34Ω，常數 K=1.2Nm/A=1.2V/(rad/sec)，負載轉矩 15Nm，假設直流電機旋轉一圈腳踏車輪胎也旋轉一圈，求腳踏車時速？ (A)15.8 (B)15.0 (C)12.5 (D)12.0 公里。

440 安裝永磁直流電機之電動腳踏車，電池規格 24V/10Ah，假設電池電壓下降，工作電壓 22.8V，輪胎直徑 20 英寸，直流電機繞線電阻 R=0.34Ω，常數 K=1.2Nm/A=1.2V/(rad/sec)，負載轉矩 15Nm，假設直流電機旋轉一圈腳踏車輪胎也旋轉一圈，求腳踏車時速？ (A)15.0 (B)14.1 (C)13.5 (D)12.0 公里。

441 安裝永磁直流電機之電動腳踏車，電池規格 24V/10Ah，工作電壓 24V，輪胎直徑 20 英寸，直流電機繞線電阻 R=0.34Ω，常數 K 原為 1.2Nm/A=1.2V/(rad/sec)降為 1.0Nm/A=1.0V/(rad/sec)，負載轉矩 15Nm，假設直流電機旋轉一圈腳踏車輪胎也旋轉一圈，求腳踏車時速？ (A)20.0 (B)18.2 (C)17.3 (D)15.0 公里。

442 安裝永磁直流電機之電動腳踏車，電池規格 24V/10Ah，工作電壓 24V，輪胎直徑 20 英寸，直流電機繞線電阻 R=0.34Ω，常數 K 原為 1.2Nm/A=1.2V/(rad/sec)降為 1.0Nm/A=1.0V/(rad/sec)，負載轉矩 15Nm，假設直流電機旋轉一圈腳踏車輪胎也旋轉一圈，求直流電機輸出功率？ (A)300.0 (B)283.5 (C)275.4 (D)250.0 W。

443 安裝永磁直流電機之電動腳踏車，電池規格 24V/10Ah，工作電壓 24V，輪胎直徑 20 英寸，直流電機繞線電阻 R=0.34Ω，常數 K 原為 1.2Nm/A=1.2V/(rad/sec)降為 1.0Nm/A=1.0V/(rad/sec)，負載轉矩 15Nm，假設直流電機旋轉一圈腳踏車輪胎也旋轉一圈，求直流電機輸出電流？ (A)24 (B)20 (C)15 (D)10 A。

444 安裝永磁直流電機之電動腳踏車，電池規格 24V/10Ah，工作電壓 24V，輪胎直徑 20 英寸，直流電機繞線電阻 R=0.34Ω，常數 K 原為 1.2Nm/A=1.2V/(rad/sec)降為 1.0Nm/A=1.0V/(rad/sec)，負載轉矩 15Nm，假設直流電機旋轉一圈腳踏車輪胎也旋轉一圈，求直流電機效率？ (A)100 (B)92 (C)85 (D)79 %。

445 安裝於小型簡易 X-Y 平台之五線四相 200 步步進馬達，工作電壓 12V，假設順時鐘旋轉可以採用 $A-B-\overline{A}-\overline{B}$ 單相全步激磁模式，如果要逆時鐘旋轉可以採用 (A)$B-\overline{A}-\overline{B}-A$ (B)$\overline{A}-\overline{B}-A-B$ (C)$\overline{B}-\overline{A}-B-A$ (D)$A-\overline{A}-B-\overline{B}$。

446 安裝於小型簡易 X-Y 平台之五線四相 200 步步進馬達，工作電壓 12V，假設順時鐘旋轉可以採用 $A-B-\overline{A}-\overline{B}$ 單相全步激磁模式，如果採用單晶片 8051 輸出一次 $A-B-\overline{A}-\overline{B}$，則步進馬達順時鐘旋轉多少度？ (A)7.2 (B)90 (C)180 (D)360。

447 安裝於小型垂直軸之三相交流同步永磁發電機，風速增加發電機轉速隨之增加，此時發出電壓特性為 (A)電壓增加頻率固定 (B)電壓固定頻率增加 (C)電壓增加頻率增加 (D)電壓固定頻率固定。

448 安裝於小型垂直軸之三相交流同步永磁發電機，風速固定之條件下，若發電機負載增加，此時發出電壓特性為 (A)電壓下降頻率固定 (B)電壓固定頻率下跌 (C)電壓下降頻率下降 (D)電壓固定頻率固定。

449 安裝於小型水平軸之永磁直流電機，風速增加發電機轉速隨之增加，此時發出電壓特性為 (A)電壓增加頻率固定 (B)電壓固定頻率增加 (C)電壓增加頻率增加 (D)電壓固定頻率固定。

450 安裝於小型水平軸之永磁直流電機，風速固定之條件下，若發電機負載增加，此時發出電壓特性為 (A)電壓下降頻率固定 (B)電壓固定頻率下跌 (C)電壓下降頻率下降 (D)電壓固定頻率固定。

451 一台 2 極，60HZ 交流電動機，轉差率為 0.04，轉子轉速為 (A)3500 (B)1750 (C)3456 (D)1728 rpm。

452 電動機旋轉原理為 (A)安培定理 (B)冷次定理(Lenz's Law) (C)弗來明左手定理 (D)弗來明右手定理。

453 使用在固定轉速場合可用 (A)分激直流電動機 (B)感應電動機 (C)同步電動機 (D)串激電動機。

454 電腦硬磁碟機使用何種馬達？ (A)同步電動機 (B)音圈電動機(VCM) (C)交流電動機 (D)直流電動機。

455 使用在高速場合可使用 (A)鐵芯型動磁無刷 (B)音圈 (C)步進 (D)鐵芯型動圈無刷 馬達。

456 使用在一般精確度場合可使用 (A)鐵芯型動磁無刷 (B)音圈 (C)步進 (D)鐵芯型動圈無刷 馬達。

457 三相感應電動機改變轉動方向可以 (A)改變電源線之任意二條線 (B)改變電源線之任意三條線 (C)以上皆可 (D)以上皆不可。

458 一台串激直流電動機,電樞常數為 40,磁場電阻為 25×10^{-3} 歐姆,中樞電阻為 50×10^{-3} 歐姆,每極磁通為 0.04615 韋伯,外加電源為 220 伏特,電樞電流為 325 安培,鐵損為 220 瓦特,摩擦損為 40 瓦特,則其轉距為 (A)200 (B)400 (C)600 (D)800 N.m。

459 承上題,則馬達轉速為 (A)1012 (B)1106 (C)1206 (D)1650 rpm。

460 承上題,則馬達功率為 (A)15.3 (B)32.6 (C)45.8 (D)63.58 KW。

461 承上題,則馬達效率為 (A)0.76 (B)0.80 (C)88.59 (D)0.93。

462 可以改善功率因數的是 (A)交流機 (B)直流機 (C)同步機 (D)以上皆可。

463 一台 60HZ,定子為 30 個磁極之同步電動機,轉子轉速為 (A)240 (B)120 (C)60 (D)480 rpm。

464 單相馬達定子主線圈與輔助線圈在氣隙中可以形成 (A)單相磁場 (B)二相磁場 (C)分相磁場 (D)以上皆非。

465 圓型轉子同步機在欠激時 (A)電樞應電勢小於電樞端電壓 (B)電樞應電勢等於電樞端電壓 (C)電樞應電勢大於電樞端電壓 (D)以上皆非。

466 凸型轉子同步機適用於 (A)低轉速場合 (B)中等轉速場合 (C)高轉速場合 (D)以上皆可。

467 維修最低要求的馬達為 (A)直流馬達 (B)交流馬達 (C)同步馬達 (D)以上皆是。

468 同步電動機轉子為 (A)磁場繞組 (B)電樞繞組 (C)補償繞組 (D)以上皆非。

469 矽鋼片的磁滯損失與頻率的關係為 (A)無關 (B)成正比 (C)成反比 (D)與頻率平方成正比。

470 直流馬達啟動時電樞需要使用起動電阻之目的為 (A)增大起動轉矩 (B)限制起動電流 (C)增大起動電流 (D)增加轉速。

471 根據美國國家電機製造協會(NEMA)之標準,依感應電機的啟動和運轉特性設計分類,下列敘述何者不正確? (A)A 類設計:具有正常啟動轉矩、正常啟動電流、低轉差 (B)B 類設計:具有正常啟動轉矩、低啟動電流、低轉差 (C)C 類設計:具有高啟動轉矩、高啟動電流、低轉差 (D)D 類設計:具有高啟動轉矩、低啟動電流。

472 同步電動機之轉速是由 (A)頻率 (B)極數 (C)頻率及極數 (D)負載所決定的。

473 若跑入傳統有刷式直流發電機的磁場繞組與電樞繞組中,觀察磁場電流 I_f 與電樞電流 I_a,請問兩者為直流還是交流? (A)I_f 是直流、I_a 是直流 (B)I_f 是交流、I_a 是直流 (C)I_f 是直流、I_a 是交流 (D)I_f 是交流、I_a 是交流。

474 直流分激式發電機電動勢建立時,為使電動勢不致發生不穩定現象,臨界場電阻 R_{fc} 與場電阻 R_f 的關係應為 (A)$R_{fc} < R_f$ (B)$R_{fc} = R_f$ (C)$R_{fc} > R_f$ (D)$R_{fc} = 0$。

475 在直流分激式發電機中,如果磁場電阻值 R_f 大於臨界場電阻 R_{fc} 時 (A)無感應電勢存在 (B)兩者無關 (C)產生相當高的感應電勢 (D)產生相當小的感應電勢。

476 若要消除第三諧波電壓對電路的影響，在發電機中線圈繞組的節距可採用 (A)π (B)$\pi/2$ (C)$3\pi/4$ (D)$2\pi/3$ 電氣角。

477 再生制動時，感應電動機變為發電機作用，此時轉差 S 為 (A)1 (B)大於零 (C)小於零 (D)零。

填充題

1 某三相感應電動機的額定輸出機械功率 P_{out}(hp)=7.5，額定輸出轉矩 T(kg-m)=3.052，試求其額定轉速 N_m= _____ rpm。

2 某三相 220V，60Hz，4 極，15hp 感應電動機，在額定電壓 220V 時起動轉矩為 75 牛頓-米，則電壓為 176V 時起動轉矩為 _____ 牛頓-米。

3 單相感應電動機之起動法包括分相繞組法、電容起動繞組法與蔽極式起動法等三種，每種方法均可使電動機獲得 _____ 個大小相同的旋轉磁場以驅動電動機朝某方向轉動。

4 如圖中，當線圈輸入電流 i 時將產生 _____ 個磁極。

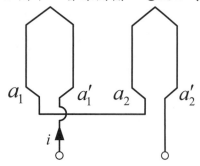

5 如圖中，當線圈輸入電流 I=2A 時，a_1 導體與 a_1' 導體間將產生的磁極為 _____ 極。

6 如圖中，當線圈輸入電流 i 時可產生 _____ 個磁極。

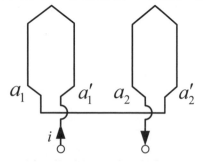

7　圖為交流電動機的定子，其中 a_1、a_1'、a_2、與 a_2' 為 a 相繞組，b_1、b_1'、b_2、與 b_2' 為 b 相繞組，c_1、c_1'、c_2、與 c_2' 為 c 相繞組，當輸入三相平衡弦波電源，則在定子將產生 ＿＿＿＿ 個磁極。

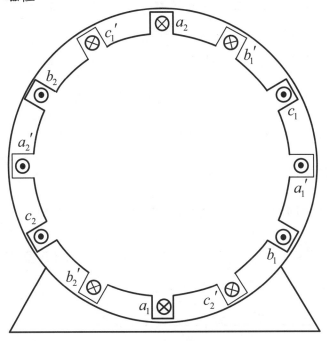

8　圖為交流電動機的定子，其中 a_1、a_1'、a_2、與 a_2' 為 a 相繞組，b_1、b_1'、b_2、與 b_2' 為 b 相繞組，c_1、c_1'、c_2、與 c_2' 為 c 相繞組，當輸入三相 60Hz 的平衡弦波電源，則在定子產生的旋轉磁場轉速為 ＿＿＿＿＿＿＿＿ rpm。

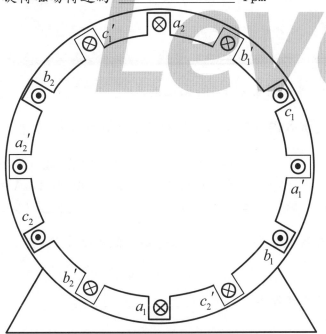

9　所謂的 ＿＿＿＿＿＿＿＿＿ 定則是一種用以說明電流與其所產生的磁場的方向關係的方法，該方法大致是當以右手輕握載有電流的導體，並以大拇指朝向電流方向時，其餘四指所指為該電流所產生之磁場的方向。

10 馬達可產生 60N-m 的扭矩給負載,假如馬達是運轉在 1800r/min 下,則作用在負載的機械功為 _____ 馬力。(1Hp=746W)

11 將一 200VA,120/12V 的單相二繞變壓器連接成升壓自耦變壓器,其一次側電壓為 120V,則其額定容量為 _____ VA。

12 變壓器若為 440/110V,則高壓線圈的電阻約為低壓線圈電阻的 _____ 倍。

13 馬達的繞組的導體損失(銅損)與其電流成 _____ 比,與繞組的等效電阻成 _____ 比。

14 鐵心的磁阻與其截面積成 _____ 比例,與其有效長度成 _____ 比例。

15 忽略磁路的磁飽和,電感與繞組的匝數成 _____ 比例。

16 某一電感為 2mH,電流為 10A,則其儲存的能量為 _____ 焦耳。

17 永久磁石的三個特性參數為剩磁磁通密度(Br)、_____ 及_____。

18 最新的稀土類磁鐵材料為 _____ 材料。

19 電機機械的鐵心損失包括 _____ 與_____。

20 如果鐵心的磁通路徑中有氣隙存在,則氣隙的有效截面積會比氣隙兩端的截面積大,此現象稱為 _____ 效應。

21 當磁通穿過一匝線圈繞組,會使線圈感應出一正比於磁通時變率的電壓,稱為 _____ 定律。

22 電磁感應所生電磁感應的方向,為反抗原磁交鏈的變化,稱為 _____ 定律。

23 真空中的導磁係數為 μ_0,而其他材質的導磁係數和 μ_0 的比值稱為 _____。

24 如果對鐵心提供磁場再將該磁場移去後鐵心內部仍有磁通密度存在,此稱鐵心的 _____。

25 試根據直流他激式發電機無載特性[E_a(V)–I_f(A)]曲線{數據如下:1. I_{f1}(A)=0、E_{a1}(V)=8;2. I_{f2}(A)=0.1、E_{a2}(V)=22;3. I_{f3}(A)=0.3、E_{a3}(V)=55;4. I_{f4}(A)=0.5、E_{a4}(V)=90;5. I_{f5}(A)=0.7、E_{a5}(V)=124。}計算改裝為分激式發電機之臨界場電阻 $R_{critical}$= _____ (Ω)。

26 有一三相感應馬達全壓直接啟動之電流為 150 安,如採 Y-Δ 起動時啟動之電流為 _____ 安。

27 鼠籠式感應電動機轉子斜槽之目的為平衡轉矩及 _____。

28 同步電動機的速率是由頻率與 _____ 決定。

29 有一 60Hz,110Vac 定額之單相抽水馬達在 2.5 安正常電流下連續使用 24 小時,耗費 3.3 度電,則該馬達之功率因數為 _____ %。

30 已知頻率為 f,轉差率為 s,極數為 P,則感應電動機之轉速 N= _____。

31 常見的三相感應馬達轉子分為繞線式轉子及 ＿＿＿＿＿＿＿＿＿ 轉子。

32 ＿＿＿＿＿＿＿＿＿ 的定義為分佈繞線感應電壓除以集中繞線之感應電壓。

33 一個三相，60Hz，2 極感應馬達之氣隙功率 5kW 為，轉子轉率為 0.02，則其電磁轉矩為 ＿＿＿＿＿＿＿＿＿ N-m。

34 直流電機其電樞繞組可分為疊繞與 ＿＿＿＿＿＿＿＿＿ 兩種。

35 一步進馬達定子上有磁極 m 個，而轉子上有 N 個凸磁極，則轉動一個步階，其轉動角位移為 ＿＿＿＿＿＿＿＿＿。

36 一三相 Y 接同步馬達，具有 2000 馬力，2100V，60Hz，20 極，同步阻抗為 2.5Ω，功率因數 為 1，則其額定最大轉矩為 ＿＿＿＿＿＿＿。

37 三相感應電動機進行堵轉試驗可用以量測何種損失？＿＿＿＿＿＿＿。

38 一台三相六極，2Hp/220V/60Hz 的感應電動機，其額定轉速為每分鐘 1180 轉，請問額定轉速 時，轉子的感應頻率為 ＿＿＿＿＿ Hz。

39 同步機短路比的定義為 ＿＿＿＿＿＿＿＿＿＿＿＿＿＿＿＿＿＿＿＿＿＿＿＿＿＿＿。

40 一直流分激電動機以 1750rpm 運轉，其由 120V 的電源供應 36A 的電流。已知電樞電阻為 0.28 歐姆，磁場電阻為 75 歐姆，則此電動機輸出馬力數為 ＿＿＿＿＿＿＿ Hp。

41 感應電動機轉矩與速度特性曲線上之最大值稱為 ＿＿＿＿＿＿＿ 轉矩。

42 三相鼠籠式感應電動機為減少啟動電流，啟動時將鼠籠式感應電動機定子線圈接成 Δ 型接續 或是 Y 型接續？＿＿＿＿＿＿＿。

43 直流電機的電樞反應與電樞電流大小成 ＿＿＿＿＿＿＿。

44 鼠籠式轉子採用斜形槽的主要目的是降低 ＿＿＿＿＿＿＿ 變化，減少 ＿＿＿＿＿＿＿。

45 當電樞線圈經過其中性區時，使電流反向之過程稱為 ＿＿＿＿＿＿＿。

46 步進電動機的激磁方式可分為：(1)一相激磁，(2)二相激磁，(3) ＿＿＿＿＿＿＿＿＿。

47 通常二相伺服電動機激磁繞組與控制繞組電流相位差角度為 ＿＿＿＿＿＿＿＿ 度，則可產生旋轉 磁場。

48 一直流馬達以 1000rpm 之轉速提供 1 牛頓-米之扭力，此馬達若安裝於一齒輪比為 1：10 之 齒輪組來驅動負荷，則輸出扭力為 ＿＿＿＿＿＿＿ 牛頓-米。

49 一部 4 極 60Hz 交流同步馬達，此馬達若安裝於一齒輪比為 1：10 之齒輪組來驅動負荷，則 輸出轉速為 ＿＿＿＿＿＿＿ rpm。

50 某一光電編碼器，其 A/B 兩相輸出訊號每轉為 2000 脈波數，則此光電編碼器可達最大解析 度為每轉 ＿＿＿＿＿＿＿ 脈波數。

51　未加電源時，永磁馬達轉子上的永久磁石與定子鐵心的齒槽相互作用產生的轉矩稱為
　　＿＿＿＿＿＿＿＿＿＿＿。

52　未加電源時，線性馬達動子上的永久磁石與定子鐵心的齒槽相互作用產生的力量稱為
　　＿＿＿＿＿＿＿＿＿＿＿。

53　電機機械的轉子構造依照轉動的方式可分為 ＿＿＿＿＿＿＿ 與 ＿＿＿＿＿＿＿ 兩種。

54　一般旋轉電機常用的位置感測器分為 ＿＿＿＿＿＿＿＿ 與＿＿＿＿＿＿＿＿ 兩種。

55　一般永磁直流有刷馬達採用固定磁場與旋轉電樞的構造，而永磁直流無刷馬達則採用
　　＿＿＿＿＿＿＿＿ 與 ＿＿＿＿＿＿＿＿ 的構造。

56　一般永磁無刷馬達的轉子構造，依照磁石的放置方式可分為 ＿＿＿＿＿＿＿＿＿＿ 與
　　＿＿＿＿＿＿＿＿＿＿ 兩種。

57　一般線性馬達常用的位置感測器為 ＿＿＿＿＿＿＿＿ 與 ＿＿＿＿＿＿＿＿ 兩種。

58　＿＿＿＿＿＿＿＿ 旋轉式編碼器，每旋轉一圈可有數個脈波產生，如單相脈波、兩相脈波、
　　以及原點位置信號之兩相脈波等信號輸出。

59　＿＿＿＿＿＿＿＿ 位置感測器是由一個轉子與兩個定子組合而成，定子由 $A\sin\omega t$ 正弦波
　　信號激磁，在轉子旋轉軸角度 θ 之參數值由 $A\sin\omega t\cos\theta$ 及 $A\sin\omega t\sin\theta$ 之 AC 信號求得。

60　交流機產生的機械損，有摩擦與風阻損兩種形式，摩擦損為 ＿＿＿＿＿＿＿ 所造成的損失。

61　一額定電壓、額定電流、電樞電阻分別為 230V、100A 與 0.1Ω 的直流外激式電動機，額定轉
　　速為 500 rpm，若忽略旋轉損失，當其驅動一與轉速無關之額定轉矩負載，並在 600rpm 運轉
　　時，其磁場強度必須減少至 ＿＿＿＿＿＿＿ 倍之額定磁通。

62　230V、500RPM、100A 的外激式直流電動機，電樞電阻為 0.1Ω，經由一可雙向控制之截波器
　　外接 230V 電壓源驅動，現在驅動額定負載之情況下，若責任比為 0.5，當電動機操作在再生
　　制動模式時，試求電動機此時之轉速為多少 rpm？＿＿＿＿＿＿＿＿。

63　一 220V、1500RPM，樞電阻與樞電感分別為 2Ω 與 28.36mH 之外激式直流電動機，以 50Hz 之
　　三相 Y 接續全控整流器驅動，穩定後當操作在連續導通區，激發角 $\alpha=0$，外激式直流電動機
　　欲輸入額定電壓時，計算需要多少交流電源電壓(以相電壓有效值表示)？＿＿＿＿＿＿＿＿。

64　一部 460V、60Hz、6 極、採 Y 接續之三相鼠籠式電動機，其額定轉速為 1180rpm，若額定功
　　率為 41.11Kw，額定轉矩為 ＿＿＿＿＿＿＿ N-m；相同負載，若在 1500rpm 運轉下，其轉矩為
　　＿＿＿＿＿＿＿ N-m。

65　有台三相感應電動機，以額定電壓 220V 起動時，全壓起動電流為 150A，若以 Y-△降壓起動，
　　則其起動電流為多少 A？＿＿＿＿＿＿＿。

66　有一部它激式直流馬達，由單相全控式整流器驅動。若功率損失可忽略不計，並假定馬達電
　　流無漣波，則負載相同時馬達轉速在觸發角 $\alpha=30°$ 約為觸發角 $\alpha=60°$ 時的 ＿＿＿＿＿＿＿ 倍。

67　同步電動機，在脫出轉矩範圍內增加負載時，其轉速將有何變化？＿＿＿＿＿＿＿。

68 220V、5hp、三相四極 60Hz 鼠籠式感應電動機,若滿載轉速為 1740rpm,則其半載轉速約為 _____ rpm。

69 有一部 220V、10hp、1600rpm 的它激式直流馬達,由三相半控式整流器驅動,如圖所示。交流電源為三相 220V、60Hz,若功率損失可忽略不計並假定馬達電流無漣波,則負載相同時馬達轉速在觸發角 α =30°約為觸發角 α =90°時的 _____ 倍。

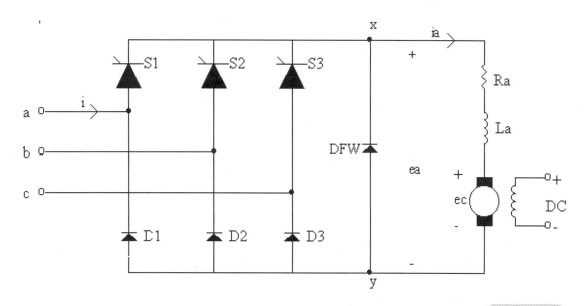

70 一額定為 220V,60Hz,10hp 之三相感應電動機穩定運轉時,測得轉速為 1152rpm,推測感應機極數為 _____ 極。

71 以三相交流變頻電源驅動一部 10hp,24 極之三相同步電動機,穩定運轉時,測得轉速為 75rpm,可推測電源頻率應為 _____ Hz。

72 一外激式直流機電樞與磁場之額定電流分別為 300A 和 12A,基準轉速(base speed)為 400rpm。當此直流機驅動 1/4 額定轉矩之定轉矩負載,轉速為 100rpm。若將磁場電流從 12A 調整為 6A,則電樞電流為 _____ A。

73 一額定為 220V,60Hz,20hp 之三相 6 極繞線式轉子之感應機,轉速為 1154rpm。若轉子以滑環外接驅動三相 6 極同步電動機,則此同步電動機轉速應為 _____ rpm。

74 一外激式直流機電樞等效電阻為 0.1Ω,電樞與磁場之額定電流分別為 100A 和 6A,基準轉速(base speed)為 400rpm。當此直流機驅動 1/2 額定轉矩之定轉矩負載,轉速為 100rpm 時,電樞輸入端電壓為 110V,磁場電流為 3A。若將轉速提高至 200rpm,磁場電流調整為 6A,則電樞輸入端電壓應調整為 _____ V。

75 欲達到交流馬達可變轉速運轉的目的,最直接的辦法就是改變輸入馬達定子側的電源頻率,因為馬達的機械轉速 W(rpm)與電源輸入頻率 F(Hz)的關係可用 _____ 公式表示。(P 為馬達極數)

76 直流電源經由變頻器控制其功率半導體開關的切換時序來改變輸出電壓(或電流)的振幅與頻率,以驅動交流馬達,依照變頻輸入直流電源型式,可區分為 _____ 變頻器及 _____ 變頻器。

77　220V，60Hz，2Hp，4 極的三相感應馬達，若在額定運轉時，其滑差率為 0.05，則轉軸的轉速為 ＿＿＿＿＿＿＿ rpm(r/min)。

78　具有 ＿＿＿＿＿＿＿ 感應電勢之永磁同步馬達稱為永磁無刷直流馬達(BLDC motor)。

79　具有弦波感應電勢的永磁馬達稱為 ＿＿＿＿＿＿＿＿＿＿＿＿＿ 馬達。

80　感應電動機在額定頻率以下運轉時，若要維持定轉矩輸出，即維持氣隙磁通量為固定值，則須維持 ＿＿＿＿＿＿＿ 為固定值。

81　無電刷式直流馬達的驅動控制系統，透過轉子位置感測器控制開關的啟閉時間，使轉子磁場和定子磁場的夾角維持在 ＿＿＿＿＿＿＿ 度，達到類似於傳統分激式直流馬達的效果。

82　圖(a)為電晶體組成之直流電壓供應式換流器(voltage-source fed inverter)。假設馬達為 Y 接模式，並利用脈波寬度調變方式來控制此六個功率電晶體開關，且獲得圖(b)之相電壓 (phase voltage)波形。根據三相平衡系統之計算，其相電壓大振幅峰值為 ＿＿＿ V_{dc}。

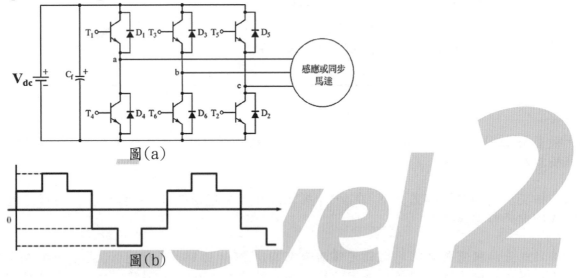

圖(a)

圖(b)

83　為了獲得伺服驅動位置或速度的快速響應，通常需要極大之電流來產生極大的轉矩，為了不讓大電流破壞伺服驅動器，可以加入 ＿＿＿＿＿＿＿ 內迴路控制，以有效限制過大之電流響應。

84　全橋型切換直流伺服驅動器之操作模式如圖所示，則(II)與(IV)的操作模式分別為 ＿＿＿＿＿＿＿＿＿＿＿＿ 及 ＿＿＿＿＿＿＿＿＿＿＿＿ 模式。

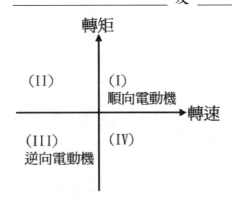

85　已知永磁式直流馬達規格參數如下：$\omega_{rated}=3700$rpm，$k_T=0.5$Nm/A，$k_E=53$V/1000rpm，$R_a=0.37\Omega$，$\tau_e=4.05$ms，$\tau_m=11.7$ms，如馬達在穩態下轉速1500rpm之轉矩為5Nm，此時馬達端電壓為 _____ V。

86　一般而言，交流馬達之磁場導向控制(field-oriented control)、或稱向量控制(vector control)有 _____ 與 _____ 兩種控制方式。

87　關於同步馬達驅動器之磁場導向向量控制(field-oriented vector control)設計，可以選擇 _____ 為直軸(d軸)座標軸，造成交軸(q軸)上之轉子磁通向量為零，以達成磁場導向向量控制。

88　若一永磁直流無刷馬達(permanent-magnet dc brushless motor，PMBDM)之速度伺服驅動控制如圖所呈現，其中絕對編碼器的使用目的在於偵測 _____ 位置，進而獲得感應電勢(induced emf)波形的換相位置。

89　對於永磁直流無刷馬達(dc brushless motor)驅動器設計，通常需要裝置 _____ 感測元件於轉子軸上磁輪位置，以感測轉子磁通(場)之絕對位置及馬達所有相序感應電勢(induced emf)之形狀及位置。

90　步進馬達可簡單分為兩種型式，分別為永磁(PM)式與 _____ 式。

91　若電壓降低20%，則三相感應馬達的啟動轉矩降低百分比為？ _____。

92　某一4相步進馬達，其轉子凸極數為18，請問其步進角為幾度？ _____。

93　某抽水系統需在一小時將20噸水輸送至揚程50米處，已知抽水系統(含原動機)之效率為65%，請問原動機馬力數為 _____ Hp。

94　三相鼠籠式感應電動機若電源電壓較額定電壓多5%，則啟動轉矩約增加 _____ %。

95　一台4000HP(3000kW)、6600V、60Hz、200rpm的同步馬達滿載時功因為0.8領先，則馬達視在功率為何？ _____。

96　一台5HP之單相馬達效率$\eta=78.5\%$、滿載電流53A、接於117V、60Hz之線路，如將功因提高至0.9滯後，則須並接多少容量之電容？ _____。

97　一台6極60Hz、400V、30HP、Y接同步電動機的同步電抗為每相$Z_s=0.5+j8\Omega$，當電機運作在滿載時功因為0.85超前，則電力輸入功率為 _____。

98 若希望馬達運轉時轉子角速度不因負載變動而變化，則應使用何種交流馬達？
　　_____。

99 安裝永磁直流電機之電動腳踏車，假設轉矩（Y軸）轉速（X軸），騎乘於上坡路段直流電機工作於第幾象限？_____。

100 旋轉直流電機，繞線電阻 R=4Ω，常數 K=2Nm/A=2V/（rad/sec），靜止時，外加電壓 12V，求啟動瞬時輸入功率？_____。

101 旋轉直流電機，繞線電阻 R=2Ω，常數 K=2Nm/A=2V/（rad/sec），外加電池電壓 12V，施加同旋轉方向之外力 6Nm，強迫旋轉直流電機轉速超過無載轉速，求電池獲得之功率？
　　_____。

102 一個光編碼器轉動一圈產生 800 個脈波，假設此編碼器接收 200 個脈波時，則此馬達轉動了_____ 圈。

103 在磁性材料中與時變磁通 $\varphi(t)$ 有關的損失有兩種，(A)渦流損、(B)磁滯損。為了減少渦流損效應，磁路結構常採用 _____ 作法。

104 馬達的輸出機械功率 P_{out}(Watt)=轉矩 T(N-m)*角速率 ω_m(rad/s)。以實用單位表示：
P_{out}(Watt)= _____ *轉矩 T(kg-m)*轉速 N_m(rpm)。

105 三相感應電動機中，若每相產生最大磁通 Φ_m，則定部旋轉磁場大小為 _____ Φ_m。

106 載有直流電流的導線置於均勻的磁場中，依佛來明左手定則左手 _____ 代表導線受力的方向。

107 如圖中，當線圈輸入電流 I=2A 時，a_2 導體與 a_2' 導體間將產生的磁極為 _____ 極。

a_1　a_1'　a_2　a_2'

I

108 一般所謂「發電」，簡單的說就是產生電壓，而產生電壓的方法之一就是利用
　　_____ 的現象。

109 一個帶電量為 q 的電荷以速度 V 在磁通密度為 B 的磁場空間運動時，會受到一股作用力 F，此現象即是 _____ 定律，並可以 $F = qv \times B$ 牛頓(N)。

110 兩具 50KVA 單相變壓器接成 V 接線，擬用以供應三相平衡負載，在不超載的前提之下所容許的負為載為 _____ V。

111 發電機模式運轉，其能量轉換是將 _____ 能轉換 _____ 能。

112 電機的磁性可分兩種極性，此極性為 ＿＿＿＿＿＿＿ 極及 ＿＿＿＿＿＿＿ 極。

113 兩個磁鐵或電磁鐵的特性為同極性相 ＿＿＿＿＿＿＿＿，異極性相 ＿＿＿＿＿＿＿＿。

114 依法拉第定律其感應電壓與磁通對時間的變化率成 ＿＿＿＿＿＿＿＿ 比例。

115 磁路中的磁阻如同在電路中的電阻，而磁路中的 ＿＿＿＿＿＿＿＿＿，如同在電路中的電動勢。

116 磁路中的磁阻如同在電路中的電阻，而磁路中的 ＿＿＿＿＿＿＿＿＿，如同在電路中的電流。

117 用來把電能轉換成機械能的電機機械裝置稱為 ＿＿＿＿＿＿＿＿＿。

118 在交流旋轉電機的定子線圈上通以多相電流，將在電機定子與轉子氣隙間產生何種磁場使轉子產生轉矩？ ＿＿＿＿＿＿＿＿＿＿。

119 傳統碳刷式直流電機的機械式換向器(commutator)又稱為整流子，請問整流子與電子式的整流器(rectifier)最大的不同是？ ＿＿＿＿＿＿＿＿＿＿＿＿＿＿＿＿＿＿＿＿。

120 傳統碳刷式直流電機的電樞繞組(armature windings)置放於電機的哪個部位？ ＿＿＿＿＿＿＿＿＿。

121 直流電機的電樞反應(armature reaction)造成 2 個問題：1. 磁場中性面偏移，2. ＿＿＿＿＿＿＿＿＿＿。

122 感應電動機之定子旋轉磁場轉速是 ＿＿＿＿＿＿＿＿。

123 同步電動機在端電壓不變及固定負載下，以場電流為橫座標，電樞電流為縱座標，所描繪之特性曲線稱為 ＿＿＿＿＿＿＿＿ 曲線。

124 同步電動機的 ＿＿＿＿＿＿＿＿ 繞組是放在極面槽內，可以幫助啟動也可以防止同步電動機的追逐作用。

125 感應電動機之轉差率 S= ＿＿＿＿＿＿＿＿＿。

126 單相電容式電動機其啟動用電容器通常採用乾式交流電解電容器而行駛電容器則常用 ＿＿＿＿＿＿＿＿＿＿。

127 電容式馬達是延續分相式馬達原理，在 ＿＿＿＿＿＿＿＿＿＿ 上串接一只電容器。

128 感應電動機之鐵損包含磁滯損與 ＿＿＿＿＿＿＿＿。

129 當一感應馬達之轉子轉差大於 1 時，則為 ＿＿＿＿＿＿＿＿ 模式。

130 一部感應馬達運轉於額定狀態，如果轉軸負載增加，則機械轉速會減少，所以轉子電流會 ＿＿＿＿＿＿＿。

131 三相平衡系統之各相電壓的有效值為相等，相位相差 ＿＿＿＿＿＿＿＿ 電工角度。

132 直流電機有兩個主要的繞組，電樞繞組的功能為 ＿＿＿＿＿＿＿＿，而場繞組的功能為 ＿＿＿＿＿＿＿＿。

133 直流電機將轉子之交流電壓與電流轉換為端點之直流電壓與電流的過程稱為 _____ 。

134 直流電機內的鐵損,就是電機磁路中的 _____ 與 _____ ,這些損失與磁通密度的平方成正比。

135 複激式發電機中同時裝置了分激磁場與串激磁場。一般而言,分激磁場的繞組匝數較 _____ ,線徑較 _____ ;串激磁場的匝數較 _____ ,線徑較 _____ 。

136 同步電動機操作在過激磁時,為 _____ 性負載;若操作在欠激磁時,則為 _____ 性負載。

137 三相感應電動機在定子側繞組加入三相平衡電源,則感應機的氣隙會產生一旋轉磁場,若電源頻率為 60Hz,極數為 4,則此旋轉磁場對定子的轉速為每分鐘 _____ 轉。

138 步進電動機係以 _____ 驅動的電動機,也可稱為脈衝馬達。

139 三相感應電動機改變轉向的方法是 _____ 。

140 如圖所示之電路中,SCR 開關(T1)與電阻(RB)所構成之支路功能為?
_____ 。

141 三相鼠籠式感應電動機每組定子激磁線圈之自感量與 _____ 成正比,與
_____ 成反比。

142 電樞鐵心採 _____ 材料疊成,是為了減少磁滯損及渦流損。

143 中間極的功用在於降低 _____ 反應,減少換向時之火花。

144 電動機以疊片方式製作鐵心可減低 _____ 。

145 直流電動機電刷的電壓為直流電壓,直流電動機電樞繞組上的電流為 _____ 。

146 同步電動機之轉速係由電機的 _____ 及電源的 _____ 所決定。

147 電機機械構造中,旋轉的部份稱為 _____ ,靜止的部份稱為 _____ 。

148 永磁無刷馬達採用斜極或斜槽的構造,主要是為了降低 _____ 。

149 同步機中的磁場繞組裝置於 _____ ;電樞繞組裝置於 _____ 。

150 鼠籠式轉子可採用 ＿＿＿＿ 型槽，進而減低噪音。

151 動力電動機的減速機構，目的在於改變電動機的 ＿＿＿＿＿＿。

152 同步機轉子場激磁，除了可用線圈提供外，尚可由 ＿＿＿＿＿＿＿＿＿。

153 安裝於旋轉電機轉子兩端用以固定轉子的元件為 ＿＿＿＿＿＿＿。

154 直流電機可利用 ＿＿＿＿＿＿＿ 與 ＿＿＿＿＿＿＿ 提供電機運轉時轉子所需電流。

155 同步發電機的轉子形式可分為兩種，分別為 ＿＿＿＿＿＿＿ 與 ＿＿＿＿＿＿＿＿。

156 一額定電壓、額定電流、電樞電阻分別為 230V、100A 與 0.1Ω 的直流外激式電動機，額定轉速為 500rpm，若忽略旋轉損失，當其驅動一與轉速無關之額定轉矩負載，並在 250rpm 運轉時，其輸入電壓為 ＿＿＿＿＿＿＿ V。

157 分別以 τ_c、τ 代表臨界轉矩與電動機目前之負載轉矩時，欲判斷直流外激式電動機之電樞電流是否連續，則當 $\tau_c < \tau$ 時，可判斷其電樞電流為 ＿＿＿＿＿＿＿＿；當 $\tau_c > \tau$ 時，可判斷電樞電流為 ＿＿＿＿＿＿＿。

158 分別以 ω_{mc}、ω_m 代表臨界角速度與電動機目前之轉速時，欲判斷直流外激式電動機之電樞電流是否連續，則當 $\omega_{mc} > \omega$ 時，可判斷其電樞電流為 ＿＿＿＿＿＿＿＿；當 $\omega_{mc} < \omega$ 時，可判斷電樞電流為 ＿＿＿＿＿＿＿。

159 感應馬達之轉速可以藉由改變定子頻率來調整。氣隙磁通可以藉由控制定子 ＿＿＿＿＿ 與定子 ＿＿＿＿＿ 之比值來維持定值。

160 當 P 極之三相感應馬達由一頻率 f 之三相電壓及電流激磁時，將在氣隙中產生正弦式且同步速率為 ＿＿＿＿＿＿＿＿＿ 之旋轉磁場。

161 有一 4 極 60HZ 的繞線型感應馬達，已知轉子的開路電壓在電源頻率為 60HZ 時為 200V，轉子速度為 1710rpm 時 1 轉子感應電壓的頻率為多少 Hz？ ＿＿＿＿＿＿＿。

162 有一每轉 200 步之步進馬達，以每秒 1,000 步之速度旋轉，其角速度為 ＿＿＿＿＿＿（弳度／秒）。

163 一 220V，60Hz，三相同步電動機，穩定運轉時，測得轉速為 90rpm，若將電源頻率調整為 90Hz，則轉速變為 ＿＿＿＿＿＿ rpm。

164 額定為 220V，55A，20hp 之三相感應電動機，額定運轉時，功因 0.8 滯後，效率為 ＿＿＿＿%。

165 額定電壓為 220V 之三相感應電動機，驅動 10hp 之負載，功因 0.8 滯後，效率為 85%，輸入電流為 ＿＿＿＿＿＿＿ A。

166 一額定為 220V，60Hz，20hp 之三相 6 極繞線式轉子之感應機，穩定運轉時，測得轉速為 1176rpm，轉子電路頻率應為 ＿＿＿＿＿＿ Hz。

167 一外激式直流機電樞等效電阻為 0.1Ω，電樞與磁場之額定電流分別為 100A 和 6A，基準轉速(base speed)為 400rpm。當此直流機驅動額定轉矩之定轉矩負載，轉速為 100rpm 時，電樞輸入端電壓為 210V。若要將轉速提高至 200rpm，則電樞輸入端電壓應調整為 _____ V。

168 一般直流馬達的驅動可區分為 _____ 驅動與 _____ 驅動兩種方式。

169 一個 15° 的步進馬達，從參考點順時針走 100 步，然後逆時針走 30 步，試問它最後的角度是 _____。

170 永磁同步馬達的直接弱磁操作方法是在找出適合最大電流與電壓限制之定子電流去磁分量，這跟 _____ 機場控制很像，其場電流是由速度決定。

171 任何永磁同步馬達控制的控制策略實現致少需要二個 _____ 感測器與一個轉子 _____ 感測器，才可以架構出一個閉回授控制系統。

172 直流分激式馬達，假設其激磁不變，在轉速為 1000rpm 時，感應電勢為 100V，若控制其轉速降為 800rpm 時，感應電勢為 _____ V。

173 在低速時需要大轉矩，而高速時需要小轉矩的機械負載而言，以選用 _____ 直流馬達最為適合。

174 繞線式感應馬達的轉子繞組迴路，可外加 _____，達到增加啟動轉矩並降低啟動電流的效果。

175 一線性直流電機，已知其內阻為 0.1Ω，磁通密度為 0.2T，若外加一直流電壓為 200V，則線性直流電機的啟動電流為 _____ A

176 一部 250V 他激式直流電機其電樞電阻為 2.5Ω，當驅動一定值轉矩負載其轉速為 600rpm 時，其電樞電流為 20A。若選用一部工作頻率為 400Hz、250V 的截波器來控制此馬達，請問驅動此定值轉矩負載，若要讓轉速降為 400rpm，則須調整截波器的運轉比率比(duty ratio)為 _____。

177 以馬達之形式來區分，馬達驅動器主要包含：直流馬達、_____、_____ 等驅動器。

178 一般直流馬達磁通之產生有兩種方式，一種為永久磁鐵產生方式；另一種為 _____ 產生方式。

179 直流馬達轉矩的產生為電樞電流與 _____ 交互作用而產生。

180 分激式直流馬達其轉矩與轉速之關係圖如下,圖中虛線之左邊為 _____ 區、右邊為定功率(弱磁)區。

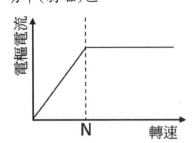

181 分激式直流馬達之轉速,可藉由定子電壓與場磁通來調整。當轉子轉速大於額定轉速時,必須將馬達之定子電壓保持在額定值,而將 _____ 降低,以維持馬達於定功率區。

182 關於三相交流感應與同步馬達驅動器之設計,最少需要 _____ 個功率切換開關,才能產生三相交流電壓或電流源。

183 目前市面上所販售之純電動汽車,其驅動裝置幾乎皆為 _____ 、 _____ 、及永磁直流無刷馬達。

184 某一分激式直流馬達的無載轉速為1300rpm,已知其速率調整率為2%,則此一馬達的滿載速率約為多少rpm? _____ 。

185 感應馬達的轉子電阻與其轉差率之間的數學關係為 _____ 。

186 直流分激馬達的電樞電阻為1歐姆,其總電刷電壓降為1V,電樞兩端外加電壓為120V。若不外加啟動電阻,此一馬達的最大啟動電流為多少安培? _____ 。

187 某一串激式直流馬達,電樞內阻為0.2歐姆,串激繞組的電阻為0.3歐姆,若外加電壓為100V,電樞電流為10A,請問電樞繞組之感應電勢為多少伏特? _____ 。

188 一部10HP、208V、60Hz之四極三相感應馬達,若轉速為1710rpm,其輸出轉矩為多少牛頓-米? _____ 。

189 某一應用於高鐵的線性感應馬達(LIM),在供電頻率50Hz的時速可達每小時360公里,請問此一馬達的極距(pole pitch)長為多少公尺? _____ 。

190 一台兩極、50Hz感應馬達供應10HP負轉時轉速為每分鐘2960轉,若供應15HP負轉時,其轉速為每分鐘幾轉? _____ 。

191 一台10kW、200V直流電動機欲使用電阻啟動法,若電樞電阻為0.2歐姆,若啟動電流需不超過2.5倍額定電流,則啟動電阻器之全電阻值應為 _____ 歐姆。

192 單相雙電容感應電動機會在轉軸上裝置 _____ 開關,用以切換電容值。

193 有一台四極同步發電機額定輸出電壓為480V、60Hz則原動機之轉速為多少rpm? _____ 。

194 在同步發電機運轉時如果需使輸出電壓相角再領先則應對機械輸入作何調整? _____ 。

195 若感應馬達需獲取高運轉效率與低滿載滑差且可串接外部電阻至轉子改善啟動性能,則適合何種轉子的感應馬達? ＿＿＿＿＿＿＿＿＿。

196 若一馬達轉子以 3000rpm 的角速度旋轉,則為多少 rad/sec? ＿＿＿＿＿＿＿＿。

197 安裝永磁直流電機之電動腳踏車,假設轉矩(Y軸)轉速(X軸),騎乘於下坡路段直流電機工作於第幾象限? ＿＿＿＿＿＿＿。

198 旋轉直流電機,繞線電阻 R=4Ω,常數 K=2Nm/A=2V/(rad/sec),啟動完成達到穩態時,假設無摩擦,外加電壓 12V,求穩態輸出功率? ＿＿＿＿＿＿＿。

199 旋轉直流電機,繞線電阻 R=4Ω,常數 K=2Nm/A=2V/(rad/sec),外加電池電壓 12V,求最大輸出功率? ＿＿＿＿＿＿。

200 旋轉直流電機,繞線電阻 R=4Ω,常數 K=2Nm/A=2V/(rad/sec),外加電池電壓 12V,求最大輸出功率點之直流電機效率? ＿＿＿＿＿＿＿。

201 旋轉直流電機,繞線電阻 R=2Ω,常數 K=2Nm/A=2V/(rad/sec),負載 6Nm,轉速 3rad/sec,求外加電壓? ＿＿＿＿＿＿。

202 旋轉直流電機,繞線電阻 R=2Ω,常數 K=2Nm/A=2V/(rad/sec),外加電池電壓 12V,施加同旋轉方向之外力 6Nm,強迫旋轉直流電機轉速超過無載轉速,求外力輸入之功率? ＿＿＿＿＿＿。

203 旋轉直流電機,繞線電阻 R=2Ω,常數 K=2Nm/A=2V/(rad/sec),外加電池電壓 12V,施加同旋轉方向之外力 6Nm,強迫旋轉直流電機轉速超過無載轉速,求損失於繞線電阻之功率? ＿＿＿＿＿。

204 線性馬達與旋轉馬達最大之差異在於 ＿＿＿＿＿＿＿＿。

205 步進馬達利用 ＿＿＿＿＿＿ 訊號控制馬達運動。

206 一台步進馬達旋轉一圈分成 600 步,若此馬達要轉動 120 度,則此馬達需前進 ＿＿＿＿＿ 步。

207 電動機轉子具有斜導體構造之目的為 ＿＿＿＿＿＿＿＿ 、 ＿＿＿＿＿＿。

208 伺服馬達主要用在 ＿＿＿＿＿＿ 與 ＿＿＿＿＿＿ 控制。

209 使用在高精確度軌跡場合可用 ＿＿＿＿＿＿ 馬達。

210 鼠籠式轉子導體二端裝置有 ＿＿＿＿＿＿ 電流環,藉以產生轉子電流。

211 一台 5hp,60HZ,220V,1755rpm 三相馬達效率為 0.83,其定子輸入電流為 ＿＿＿＿＿＿ 安培,設此馬達功率因數為 0.82。

212 一台 2KW,4 極,1750rpm,60HZ,380V 單相馬達之輸出轉矩為 ＿＿＿＿＿＿ 公斤‧米。

213 馬達的鐵心損失，主要可分為 _____ 損失及 _____ 損失。

214 感應馬達的轉子構造可分為 _____ 與 _____ 兩種 。

215 感應電動機有兩種不同型式的轉子，分別為 _____ 轉子與 _____ 轉子。

216 關於永磁同步馬達驅動器之設計，有一種方法為由量測定子電流與電壓來估測定子相之感應電勢(induced emf)，此種方式不適合在零轉速下應用，因為在零轉速時，馬達無法產生 _____ 。

217 大型的同步發電機的電樞繞組(armature windings)置放於電機的哪個部位？ _____ 。

218 水力廠的同步發電機的磁極(magnetic poles)(轉子)構造常被設計成 _____ 型式。

219 火力廠或核能廠的同步發電機的磁極(magnetic poles)(轉子)構造常被設計成 _____ 型式。

解答 - 選擇題

1. A	2. B	3. C	4. A	5. A	6. A	7. D	8. D	9. A	10. B
11. C	12. B	13. D	14. C	15. B	16. D	17. D	18. A	19. C	20. C
21. B	22. D	23. A	24. B	25. D	26. B	27. B	28. D	29. B	30. A
31. C	32. B	33. A	34. B	35. A	36. A	37. B	38. B	39. D	40. D
41. D	42. C	43. A	44. D	45. B	46. C	47. C	48. D	49. D	50. C
51. A	52. D	53. B	54. A	55. B	56. A	57. C	58. C	59. A	60. C
61. C	62. A	63. A	64. C	65. B	66. A	67. B	68. C	69. D	70. A
71. B	72. C	73. D	74. C	75. D	76. A	77. D	78. C	79. C	80. B
81. C	82. A	83. A	84. D	85. C	86. D	87. C	88. A	89. C	90. D
91. C	92. D	93. A	94. C	95. C	96. C	97. A	98. C	99. D	100. C
101. D	102. C	103. D	104. A	105. A	106. C	107. D	108. B	109. D	110. B
111. B	112. B	113. D	114. A	115. A	116. C	117. D	118. D	119. D	120. D
121. C	122. B	123. C	124. C	125. D	126. D	127. D	128. D	129. B	130. C
131. A	132. A	133. C	134. D	135. D	136. D	137. C	138. C	139. B	140. D
141. B	142. B	143. B	144. C	145. A	146. C	147. D	148. B	149. A	150. C
151. B	152. D	153. A	154. C	155. D	156. B	157. C	158. D	159. D	160. C
161. C	162. C	163. D	164. B	165. A	166. A	167. B	168. B	169. B	170. B
171. B	172. C	173. A	174. D	175. D	176. C	177. A	178. D	179. B	180. B
181. C	182. C	183. A	184. A	185. D	186. A	187. D	188. B	189. D	190. C
191. A	192. A	193. A	194. A	195. A	196. B	197. D	198. D	199. A	200. D
201. D	202. C	203. B	204. C	205. C	206. B	207. D	208. A	209. D	210. C
211. A	212. C	213. A	214. A	215. C	216. A	217. C	218. C	219. B	220. A
221. A	222. A	223. C	224. B	225. D	226. D	227. A	228. B	229. D	230. C
231. B	232. D	233. B	234. D	235. A	236. C	237. C	238. C	239. D	240. C

241. D 242. D 243. B 244. D 245. C 246. B 247. C 248. D 249. A 250. A

251. C 252. B 253. A 254. A 255. B 256. D 257. D 258. B 259. A 260. A

261. C 262. C 263. D 264. D 265. C 266. C 267. C 268. B 269. C 270. B

271. D 272. D 273. B 274. C 275. A 276. B 277. B 278. D 279. A 280. C

281. A 282. B 283. D 284. B 285. A 286. C 287. B 288. D 289. B 290. C

291. B 292. D 293. C 294. A 295. C 296. A 297. A 298. A 299. A 300. A

301. A 302. B 303. B 304. B 305. B 306. C 307. D 308. B 309. D 310. B

311. A 312. A 313. B 314. C 315. B 316. C 317. C 318. B 319. B 320. A

321. C 322. C 323. D 324. A 325. C 326. D 327. C 328. A 329. B 330. B

331. B 332. A 333. D 334. C 335. B 336. D 337. B 338. C 339. D 340. A

341. B 342. A 343. A 344. C 345. D 346. D 347. A 348. B 349. D 350. A

351. C 352. C 353. B 354. A 355. B 356. C 357. B 358. D 359. C 360. C

361. C 362. D 363. D 364. A 365. B 366. D 367. C 368. D 369. B 370. A

371. D 372. A 373. D 374. A 375. D 376. A 377. A 378. A 379. A 380. D

381. A 382. D 383. C 384. D 385. B 386. D 387. C 388. D 389. A 390. B

391. D 392. D 393. B 394. A 395. B 396. C 397. C 398. B 399. C 400. C

401. D 402. D 403. B 404. C 405. B 406. B 407. A 408. A 409. C 410. A

411. C 412. D 413. B 414. A 415. A 416. D 417. B 418. C 419. A 420. B

421. B 422. B 423. C 424. C 425. D 426. C 427. C 428. B 429. C 430. C

431. D 432. A 433. B 434. B 435. A 436. C 437. D 438. D 439. A 440. B

441. C 442. B 443. C 444. D 445. C 446. A 447. C 448. C 449. A 450. A

451. C 452. C 453. C 454. B 455. A 456. C 457. A 458. C 459. A 460. D

461. C 462. C 463. A 464. B 465. A 466. A 467. D 468. A 469. B 470. B

471. C 472. C 473. C 474. C 475. D 476. D 477. C

解答 — 填充題

1. 1735

2. 48

3. 兩

4. 兩

5. N

6. 四

7. 四

8. 1800

9. 安培右手

10. 15.2

11. 2200

12. 16

13. 平方正，正

14. 反，正

15. 平方正

16. 0.1

17. 矯頑磁力($-H_c$)、最大磁能積(BH_{max})

18. 釹鐵硼($NdFeB$)

19. 磁滯損失、渦流損失

20. 邊緣

21. 法拉第

22. 楞次（或：冷次）

23. 相對導磁係數

24. 剩磁

25. 175

26. 50

27. 減低電磁噪音

28. 極數

29. 50

30. 120f(1-S)/P

31. 鼠籠式

32. 分佈因數

33. 13.3

34. 波繞

35. 2*pi/(m*N)

36. 61.3kNm

37. 銅損

38. 1

39. 開路電壓為額定時之場電流/短路電流為額定時之場電流

40. 5

41. 脫出

42. Y 型接續

43. 正比

44. 磁阻，噪音

45. 換向

46. 1-2 相激磁

47. 90

48. 10

49. 180

50. 8000

51. 頓轉轉矩(Cogging Torque)

52. 頓力(Cogging Force)

53. 內轉子、外轉子

54. 編碼器(Encoder)、解角器(Resolver)

55. 旋轉磁場(極)、固定電樞

56. 表面磁極型(SPM)、內藏磁極型(IPM)

57. 光學尺、磁性尺

58. 增量型

59. 解角器(Resolver)

60. 軸承

61. 0.824

62. 284

63. 94

64. 332.68、261.71

65. 50

66. $\sqrt{3}$

67. 不變

68. 1770

69. $1 + \frac{\sqrt{3}}{2}$

70. 6

71. 15

72. 150

73. 46

74. 405

75. W=120F/P

76. 電壓源、電流源

77. 1710

78. 梯形

79. 具有弦波感應電勢之永磁同步馬達(pmsm)

80. 電壓/頻率

81. 90

82. $(2/3)*V_{dc}$

83. 電流

84. 逆向再生(煞車)、順向再生(煞車)

85. 83.2

86. 直接向量控制、間接向量控制（或：直接磁場導向控制、間接磁場導向控制）

87. 轉子磁軸（轉子軸向量）

88. 轉子絕對

89. 霍爾

90. 可變磁阻(VR)

91. 36 %

92. 5 度

93. 5.6

94. 10.25

95. 3750 kVA

96. 1688.8 VAR

97. 25.12 kW

98. 同步馬達

99. 第一象限

100. 36 W

101. 36 W

102. 1/4

103. 減少鐵心疊片厚度（或增加疊片數目）

104. 1.027

105. 1.5

106. 拇指

107. N

108. 電磁感應

109. 羅侖茲

110. 86.6

111. 機械、電

112. N(北)、S(南)

113. 斥、吸

114. 正

115. 磁動勢

116. 磁通

117. 電動機

118. 旋轉磁場

119. 前者可逆，後者不可逆

120. 轉部(或轉子)。

121. 磁通減弱

122. 同步轉速

123. V 型

124. 阻尼

125. $(N_s-N)/N_s$

126. 油浸紙質電容器

127. 輔助線圈

128. 渦流損

129. 煞車

130. 增加

131. 120 度

132. 感應電壓、產生磁場

133. 換向

134. 磁滯損、渦流損

135. 多、細、小、粗

136. 電容、電感

137. 1800

138. 脈衝訊號

139. 改變電源相序

140. 防止電容 C 電壓過高被打穿

141. 線圈數平方、磁路磁阻

142. 矽鋼片

143. 電樞反應

144. 渦流損失

145. 交流電流

146. 極數、頻率

147. 轉子、定子

148. 頓轉轉矩

149. 轉子、定子

150. 斜

151. 轉速

152. 永久磁石

153. 軸承(培林)

154. 電刷(或碳刷)、換相片

155. 凸型(或凸極)轉子、圓形(或隱極)轉子

156. 119.5

157. 連續操作、不連續操作

158. 連續操作、不連續操作

159. 電壓、頻率

160. $\omega_s = \dfrac{2\pi f \times 2}{p}$

161. 3

162. 31.4

163. 135

164. 89

165. 28.8

166. 1.2

167. 410

168. 電壓、電流

169. 330°

170. 它激式直流電機

171. 電流、絕對位置

172. 80

173. 串激式

174. 電阻

175. 2000

176. 0.73

177. 感應馬達、同步馬達

178. 繞線式轉子(或場繞組)

179. 場磁通(磁通鏈)

180. 定轉矩

181. 場磁通(轉子繞組磁通)

182. 六

183. (永磁)同步馬達、感應馬達

184. 1274

185. 正比關係

186. 119

187. 95

188. 41.7

189. 1

190. 2940

191. 1.4

192. 離心

193. 1800

194. 增加力矩

195. 繞線式轉子

196. 314.159

197. 第四象限

198. 0 W

199. 9 W

200. 50 %

201. 12 V

202. 54 W

203. 18 W

204. 邊端效應

205. 脈波

206. 200

207. 減少振動、噪音

208. 位置、速度

209. 無刷

210. 短路

211. 14.38

212. 1.114

213. 磁滯、渦流

214. 鼠籠式、繞線式

215. 鼠籠式、繞線式

216. 感應電勢

217. 定部(或定子)

218. 凸極式

219. 圓柱形(非凸極式)

題庫在命題編輯過程難免有疏漏，為求完美，歡迎大家一起來找碴！
若您發覺題庫的題目或答案有誤，歡迎向台灣智慧自動化與機器人協會投書反應；
第一位跟協會反應並經審查通過者，將可獲得**50元/題**的等值禮券。
協會e-mail:exam@tairoa.org.tw

詳答摘錄 – 選擇題

5. $T = \dfrac{60 \times P_{out}}{2\pi \times N_m} = \dfrac{60 \times 10700}{2\pi \times 1000} = 102.177\,\text{N}-\text{m}$

6. $N_s = \dfrac{120f}{P} = 1800\,\text{rpm}$

$s = 0.04 = \dfrac{N_s - N_r}{N_s} = \dfrac{1800 - N_r}{1800} \Rightarrow N_r = 1728\,\text{rpm}$

$T = \dfrac{60 \times P_{out}}{2\pi \times N_r} = \dfrac{60 \times 5 \times 746}{2\pi \times 1728} = 20.61\,\text{N}-\text{m}$

10. $\dfrac{I_Y}{I_\Delta} = \dfrac{\frac{V_1}{\sqrt{3}}}{\frac{\sqrt{3} \times V_1}{Z}} = \dfrac{1}{3}$

$\because T \propto V^2 \quad \therefore \dfrac{T_Y}{T_\Delta} = \dfrac{(\frac{V_1}{\sqrt{3}})^2}{V_1^2} = \dfrac{1}{3}$

$I = 141 \times \dfrac{1}{3} = 47\,\text{A}$

$T = 105 \times \dfrac{1}{3} = 35\,\text{N}-\text{m}$

13. $e = B\ell v \Rightarrow 30 = B \times 0.25 \times 2$

$\therefore B = 60\,\text{Wb}-\text{m}^2$

17. $\Phi = BA \Rightarrow B = \dfrac{\Phi}{A} = \dfrac{1.49 \times 10^{-3}}{10 \times 10^{-4}} = 1.49\,\text{Wb}-\text{m}^2$

$B = \dfrac{1.5H}{100 + H} = 1.49 \Rightarrow H = 14900\,\text{H}$

$\mu = \dfrac{B}{H} = \dfrac{1.49}{14900} = 10^{-4}$

$R = \dfrac{\ell}{\mu A} = \dfrac{0.2}{10^{-4} \times 10 \times 10^{-4}} = 2 \times 10^6\,\text{AT}-\text{Wb}$

$\Phi = \dfrac{F}{R} = \dfrac{NI}{R} = \dfrac{100 \times I}{2 \times 10^6} = 1.49 \times 10^{-3} \Rightarrow I = 29.8\,\text{A}$

19. $R = \dfrac{\ell}{\mu A} = \dfrac{1}{4\pi \times 10^{-7} \times 2500 \times 25 \times 10^{-4}} = 127388.535\,\text{AT}-\text{Wb}$

$L = \dfrac{N\Phi}{I} = \dfrac{N^2}{R} = \dfrac{200^2}{127388.535} = 0.314\,\text{H}$

20. $e = N\dfrac{d\Phi}{dt} = NA\dfrac{dB}{dt}$

$\Rightarrow B = \dfrac{120\sqrt{2}}{NA}\int \cos(120\pi t)dt = \dfrac{120\sqrt{2}}{120\pi \times 200 \times 25 \times 10^{-4}} \times \sin(120\pi t)$

$= 0.9\sin(120\pi t)$

21.
$$i = \frac{100}{0.25} = 400 \text{ A}$$
$$F = B\ell i = 0.2 \times 1 \times 400 = 80 \text{ N}$$
According to Fleming's left hand rule：
forefinger $-$ (Φ)inflow paper
middle finger $-$ (i)down
thumb $-$ (F)right

24.
$$V_1 I_1 = V_2 I_2 \Rightarrow I_1 = \frac{V_2^2}{R_1 V_1} = \frac{110^2}{11 \times 220} = 5 \text{ A}$$

29.
$$S_b = 100 \text{ kVA}$$
$$V_{1b} = 2.4 \text{ KV}$$
$$V_{2b} = 240 \text{ V}$$
高壓側的電流基準$I_{1b} = \dfrac{S_b}{V_{1b}} = 41.667 \text{ A}$

低壓側的電流基準$I_{2b} = \dfrac{S_b}{V_{2b}} = 416.667 \text{ A}$

高壓側無載電流標么值$I_{1(pu)} = \dfrac{I_1}{I_{1b}} = \dfrac{1.08}{41.667} = 0.0259 \text{ pu}$

低壓側無載電流$\dfrac{V_1}{V_2} = \dfrac{I_2}{I_1} \Rightarrow I_2 = I_1 \times \dfrac{V_1}{V_2} = 1.08 \times \dfrac{2.4\text{K}}{240} = 10.8 \text{ A}$

低壓側無載電流標么值$I_{2(pu)} = \dfrac{I_2}{I_{2b}} = \dfrac{10.8}{416.667} = 0.0259 \text{ pu}$

30.
$$T = \frac{60 \times 2 \times 746}{2\pi \times 800} = 17.82 \text{ N} - \text{m} = 1.82 \text{ kg} - \text{m}$$

31.
$$\Phi = BA = 0.5 \times 100 \times 10^{-4} = 5 \times 10^{-3} \text{ Wb}$$

32.
$$e = B\ell v = 0.5 \times 0.1 \times 10 = 0.5 \text{ V}$$

33.
$$F = B\ell i \sin\theta = 0.5 \times 0.1 \times 20 \times \sin 90° = 1 \text{ N}$$

34.
$$L = \frac{N\Phi}{I} \Rightarrow \Phi = \frac{LI}{N} = \frac{0.1 \times 20}{100} = 2 \times 10^{-2} \text{ Wb}$$

35.
$$L = \frac{N^2}{R} = \frac{200^2}{5 \times 10^5} = 0.08 = 80 \text{ mH}$$

38. $T = \dfrac{60 \times P}{2\pi \times N_r} \Rightarrow 60 = \dfrac{60 \times P}{2\pi \times 1800} \Rightarrow P = 11.3 \text{ kW}$

41. $F = B\ell i = 1 \times 0.4 \times 20 = 8 \text{ N}$

42. $F = B\ell i \Rightarrow 5 = 1 \times 0.5 \times i \Rightarrow i = 10 \text{ A}$
$W = F \times d = 5 \times 10 = 50 \text{ J}$
$P = \dfrac{W}{t} = \dfrac{50}{0.5} = 100 \text{ W}$

44. $R = \dfrac{\ell}{\mu A} = \dfrac{55 \times 10^{-2}}{6.96 \times 10^{-3} \times 150 \times 10^{-4}} = 5268 \text{ AT} - \text{Wb}$
$\Phi = \dfrac{F}{R} = \dfrac{N \times I}{R} = 0.012 = \dfrac{200 \times I}{5268} \Rightarrow I = 0.316 \text{ A}$

45. $W = \displaystyle\int \lambda di = x^2 i^3$
$F = \dfrac{\partial W}{\partial x} = 2xi^3 = 16 \text{ N} - \text{m}$

52. $\eta = \dfrac{P_o}{P_{in}} \Rightarrow P_o = P_{in} \times 0.85 = \sqrt{3} \times V_\ell \times I_\ell \times \cos\theta \times 0.85 = 13765 \text{ W}$

54. 同步轉速$N_s = \dfrac{120f}{P} = \dfrac{120 \times 60}{6} = 1200 \text{ rpm}$
轉差率$S = \dfrac{N_s - N_r}{N_s} = \dfrac{1200 - 1100}{1200} = 0.0833$
轉子繞組的感應電壓$E_{BR} = 100 \text{ V} \Rightarrow E_2 = S \times E_{BR} = 0.0833 \times 100 = 8.33 \text{ V}$
轉子繞組的頻率$f_2 = s \times f = 0.0833 \times 60 = 4.998 \text{ Hz}$

55. $P_{ag} = P_{in} - P_{cu1} = 1850$
$S = 0.08 = \dfrac{P_{cu2}}{1850} \Rightarrow P_{cu2} = 148 \text{ W}$
$\eta = \dfrac{2000 - (150 + 30 + 148)}{2000} = 0.836$

59. $\sqrt{3} \times 220 \times 15 \times 0.8 \times 3 = 13.72 \text{ kWH}$

60. 由額定轉速 720rpm 可推知同步轉速約為 750rpm
$P = \dfrac{120 \times 50}{750} = 8$

65. 取功率因數、效率為 0.58

$$I = \frac{P}{V} = \frac{0.25 \times 746}{110 \times 0.58 \times 0.58} = 5.03 \cong 5 \text{ A}$$

66. 取功率因數、效率為 0.62

$$I = \frac{P}{\sqrt{3} \times V \times 0.62 \times 0.62} = \frac{0.5 \times 746}{220\sqrt{3} \times 0.62 \times 0.62} = 2.55 \text{ A}$$

71. $E_M = V_t - I_a R_a \Rightarrow 90 = 100 - I_a \times 0.5 \Rightarrow I_a = 20 \text{ A}$

72. $$I_{start} = \frac{V_{in}}{R_a} = \frac{24}{0.5} = 48 \text{ A}$$

73. $f_2 = s \times f = 0.1 \times 60 = 6 \text{ Hz}$

75. $$N_s = \frac{120f}{P} \Rightarrow 1500 = \frac{120f}{10} \Rightarrow f = 125 \text{ Hz}$$

78. $$N_s = \frac{120f}{P} \Rightarrow 900 = \frac{120 \times 60}{P} \Rightarrow P = 8$$

79. $$N_s = \frac{120f}{P} = \frac{120 \times 60}{4} = 1800 \text{ rpm}$$
$$s = 0.04 = \frac{1800 - N_r}{1800} \Rightarrow N_r = 1728 \text{ rpm}$$

85. $T = K_a I_a^2$
$$T_o = \left(\frac{50}{40}\right)^2 \times 17 = 26.5625 \text{ N}$$

86. $E_a = V_t - I_a R_a = 100 - (0.5 \times 20) = 90 \text{ V}$
$E_a = V_t - I_a R_a = 100 - (0.5 \times 38) = 81 \text{ V}$
$$\because \omega_m = \frac{E_a}{K\phi} \qquad \therefore \omega_m \propto E_a \;,\; \omega_m \propto \frac{1}{\phi}$$
$$\omega_m = 1100 \times \frac{81}{90} \times \frac{100}{100 + 10} = 900 \text{ rpm}$$

87. $$I_{start} = \frac{115}{0.2} = 575 \text{ A}$$

88.
$$R_a + R_s = \frac{V_t}{2I_{rate}} = \frac{115}{2 \times 25} = 2.3 \text{ 歐姆}$$
$$R_s = 2.3 - R_a = 2.3 - 0.02 = 2.28 \text{ 歐姆}$$

89.
輸出轉矩 = 輸入能量 − 損耗的能量
$$= 115 \times 25 - 25^2 \times 0.02 - 512W = 2350.5 \text{ W} = 3.15 \text{ HP}$$

96.
$$P_e = K_e h^2 f^2 B^2$$
$$P_{e_1} : P_{e_2} = f_1^2 : f_2^2$$
$$50^2 : 100^2 = 1 : 4 = 50W : 200W$$

97.
$$\text{感應馬達轉速} n_m = 1400 = \frac{120f_e}{P} \times (1 - s)$$
$$\because (1 - s) \leq 1 \qquad \therefore \frac{120f_e}{P} \geq 1400$$
極數越多轉速越慢，選擇額定轉速大於 1440rpm

115.
$$\theta = \frac{360°}{\text{轉子齒數} \times \text{定子相數}} = \frac{360°}{8 \times 3} = 15°$$

121.
$$\frac{360}{\text{轉子齒數} \times \text{相數}} = \frac{360}{12 \times 4} = 7.5°$$

123.
$$\theta_e = \frac{P}{2} \times \theta_m$$
$$1080 = \frac{P}{2} \times 360°$$
$$P = 6$$

130.
$$N_p = \frac{2p}{HCF[2p, Q]} = 2$$
Q: 槽數，p: 極數，HCF: 最大公因數
$$\text{頓轉轉矩之週期} = \frac{2\pi}{(N_pQ)} = \frac{2\pi}{2 \times 6} = 30°$$

148.
$$f_r = sf_e$$
$$s = \frac{f_r}{f_e} = \frac{1.8}{50} = 0.036$$
$$n_{sync} = \frac{120f_e}{P} = \frac{120 \times 50}{4} = 1500 \text{ rpm}$$
$$n_m = (1 - s)n_{sync} = 0.964 \times 1500 = 1446 \text{ rpm}$$
$$\text{轉子速差} = n_{sync} - n_m = 1500 - 1446 = 54 \text{ rpm}$$

151. 三相定子中任一相電壓的 rms 值 $E_A = 4.44N_c\Phi f$

當電壓固定時 $\Phi \propto \dfrac{1}{f}$

$\dfrac{60Hz}{50Hz} = 1.2 = \dfrac{\Phi_{50Hz}}{\Phi_{60Hz}} = 1.2$

163. $E_A = K'\Phi\omega$

當在最高轉速時，$E_A = V_T = 220V$

當馬達 1200rpm，$E_A = 220V \times \dfrac{1200rpm}{1800rpm} = 146.67$

滿載時，$I_A = 14A$

$V_T = E_A + I_A R_A = 146.67 + 14 \times 2 = 174.67$

整流器觸發角 δ 與輸出電壓 V_T

$\dfrac{V_m}{\pi}(1 + \cos\alpha) = V_o$

$\dfrac{V_{T1} - 1}{V_{T2} - 1} = \dfrac{\cos\alpha_1}{\cos\alpha_2}$

$\cos\delta \propto V_T$

輸出電壓

$\dfrac{\cos\delta}{\cos 0°} = \cos\delta = \dfrac{174.67}{340/\sqrt{2}} \cong 0.72$

$\delta = \cos^{-1} 0.72$

164. 整流器觸發角 δ 與輸出電壓 V_T

$V_t = 0.9\,V\cos\alpha = \dfrac{2}{\pi}V_m\cos\alpha$

輸出電壓

$V_m = \dfrac{2 \times 340}{\pi}(\cos 30°) = 184.4518\ V$

$V_T = E_A + I_A R_A$

$E_A = 184.4518 - 14 \times 2 = 156.4518$

$E_A = K\Phi\omega$

$E_A \propto \omega$

$\omega = 1800rpm \times \dfrac{156.4518}{220} = 1280.06\ rpm$

184.

$$PF = 0.9 \text{ 時，流入電流} I_{A1} = \frac{6MW}{0.9 \times 11KV/\sqrt{3}} = 944.75 + j708.565 \text{ (A)}$$

$$PF = 0.8 \text{ 時，電流} I_{A2} = \frac{6MW}{0.9 \times 11KV/\sqrt{3}} = 944.75 + j457.56 \text{ (A)}$$

同步馬達功率 $P = (R_A I_A + E_A) \times I_A$

先忽略電樞電阻，以方便計算

$$I_A \propto \frac{1}{E_A}$$
$$\frac{I_{A1}}{I_{A2}} = \frac{E_{A2}}{E_{A1}} = 1.125$$
$$E_{A2} = 1.125 E_{A1}$$
$$E_A = K\emptyset\omega$$
$$I_F \propto \emptyset \propto E_A$$
$$I_{F2} \cong I_{F1} \times 1.125 = 56.25$$

202.
$P = \tau\omega$

當新的速度與啟動重量變為原來各 3 倍時，$P_{new} = 3 \times \tau \times 3 \times \omega = 9P_{old}$

211.
$\tau = J\alpha$
$\alpha = 3 \text{ rad/s}^2$
$\omega = \alpha \times t$
$\omega = 3 \times 5 = 15 \text{ rad/sec}$

216.
$$n_{sync} = \frac{120f_e}{P} = \frac{120 \times 50}{4} = 1500 \text{ rpm}$$
$$n_m = (1-s)n_{sync} = (1-0.05) \times 1500 = 1425 \text{ rpm}$$

219.
$$f_e = \frac{n_m P}{120} \Rightarrow 60 = \frac{240 \times P}{120} \Rightarrow P = 30$$

發電機極數應為 30 極才能得到 60Hz 發電頻率

220.
P 極電機轉子每旋轉一週產生 P/2 個完整波形

∴ 轉子旋轉一周在定子上產生 6 週期的交流電壓

221.
$$啟動瞬間電流 = \frac{工作電壓}{電機繞線電阻} = \frac{24}{0.34} = 70.6 \text{ A}$$

222.
$$啟動瞬間功率 = \frac{輸入電壓^2}{電機繞線電阻} = \frac{V^2}{R} = \frac{24^2}{0.34} = 1694.1 \text{ W}$$

223. 輸出功率
$$I_A E_A = 250\ W$$
$$E_A + I_A R = V_T = 24\ V$$
解聯立方程式
$$I_A = 12.695A$$
輸入功率 $250W + I^2 R = 304.8$
$$效率 = \frac{輸出功率}{輸入功率} \times 100\% = \frac{250}{304.8} \times 100\% = 82\ \%$$

233.
$$n_{sync} = \frac{120 f_e}{P} = \frac{120 \times 60}{4} = 1800\ rpm$$
$$n_m = (1 - s) n_{sync} = (1 - 0.04) \times 1800 = 1728\ rpm$$

235.
$$n_m = \frac{120 f_e}{P} \times (1 - s) = \frac{120 \times 60}{4} \times (1 - 0.04) = 1728\ rpm$$
$$\tau_{load} = \frac{P_{out}}{\omega_m} = \frac{(5\ hp)(764\ w/hp)}{(1728\ rpm) \times 2\pi \times (1\ min/60sec)} = 20.61$$

237.
$$vel = \frac{V_B}{Bl} = \frac{100}{0.2 \times 1} = 500\ m/s$$

238.
$$v = L \times \frac{di}{dt} = (10\ mH) \times \frac{20}{0.01} = 20\ V$$

242.
$$E = 4.44 N \emptyset f$$
$$\emptyset = \frac{220}{4.44 \times 200 \times 60} = 4.129\ mwb$$

248.
$$1200(rpm) = 1200 \times \frac{2\pi}{60}\left(\frac{rad}{s}\right) = 125.6$$

251.
$$e_{ind} = N \frac{d\bar{\emptyset}}{dt} = 100 \times \frac{d(0.01 \sin 377t)(Wb)}{dt}$$
$$= 100 \times 0.01 \times 377 \times \cos 377t = 377 \cos 377t$$
$$\sqrt{2} V_{rms} = V_{peak} \Rightarrow V_{rms} = \frac{377}{\sqrt{2}} = 266.579$$

252.
$$W_f = \int \lambda di = \int \frac{1}{2} i \sin\theta di = \frac{1}{4} i^2 \sin\theta$$
$$T = \frac{\partial W_f}{\partial \theta} = \frac{\partial \frac{1}{4} i^2 \sin\theta}{\partial \theta} = \frac{1}{4} i^2 \cos\theta$$

256. $\frac{1}{2}LI^2 = \frac{1}{2} \times 0.5 \sin\theta \times i^2 = \frac{1}{2} \times 0.5 \times 4^2 = 4 \text{ J}$

257. $\omega = \frac{2\pi N}{60} = \frac{2\pi \times 1800}{60} = 188.5 \text{ rad/sec}$

262. $F = (B \times l) \times i = (0.5 \times 1) \times 20 = 10 \text{ N} \cdot \text{m}$

263. $F = (B \times l) \times i = (5 \times 1 \times \sin 60°) \times 20 = 87 \text{ N} \cdot \text{m}$

264. $P = Fv$
$50 \div 5 = 10 \text{ m/s}$

265. $e_{ind} = (v \times B) \times l = 10 \times 0.5 \times 1 = 5$

266. $F = (l \times B) \times i = (1 \times 0.5) \times 10 = 5 \text{ N}$

267. $P = \tau\omega$
$1500 = \tau \times 1000 \times \frac{2\pi}{60 \text{ sec}} \Rightarrow \tau = 14.32 \text{ N} \cdot \text{m}$

278. $P = \tau \times \omega$
$= (0.404(KG-M) \times 9.8)(N-m) \times \left(1800(rpm) \times \frac{2\pi}{60}\right)\left(\frac{rad}{sec}\right) = 746.29 \text{ W} \cong 1 \text{ HP}$

287. $1.8° \times \frac{100 \text{ 步}}{\text{sec}} = 180° \frac{rad}{sec} = 180° \times \frac{1}{360°} \times 60 \text{ sec/min} = 30 \text{ rpm}$

293. $\eta = \frac{P_{out}}{P_{in}} = \frac{P_{out}}{P_{out} + P_{loss}} = \frac{5000}{5000 + 500} = 0.91$

297. $SR = \frac{n_{無載} - n_{滿載}}{n_{滿載}} = \frac{1800 - 1720}{1720} = 4.6\,\%$

302. $N = \frac{120 \times f}{P} = \frac{120 \times 60}{6} = 1200$
$1200 - 1120 = 80$，轉子電流頻率 $f = \frac{80 \times p}{120} = \frac{80 \times 6}{120} = 4$

306. 轉速 $N = \frac{120 \times f}{P} = \frac{120 \times 60}{4} = 1800$
額定轉速須考慮滑差 ⇒ 答案選 1720rpm

307. $$\tau = \frac{60 \times 2 \times 746}{2\pi N} = \frac{60 \times 2 \times 746}{2\pi \frac{120 \times 60}{4}} \cong 8$$

308. 先求 $I_s = \frac{120}{75} = 1.6$

$$V_T = E_A + I_A R_A \Rightarrow E_A = V_T - (I - I_s)R_A = 120 - (36 - 1.6) \times 0.28 = 110.368$$

309. 由上題得知 $I_s = 1.6$，$E_A = 110.368$

$$\tau = \frac{60 \times E_A I_A}{2\pi N} = \frac{60 \times 110.368 \times (36 - 1.6)}{2\pi \times 1750} = 20.7$$

348. 轉速 $N = \frac{120 \times f}{P} = \frac{120 \times 60}{6} = 1200 \text{ rpm}$

352. $$V_{dc} = \frac{V_{in}}{\pi}(1 + \cos\theta)$$

$$V_{dc1} = \frac{V_{in}}{\pi}(1 + \cos 60°)$$

$$V_{dc2} = \frac{V_{in}}{\pi}(1 + \cos 90°)$$

$$\frac{V_{dc1}}{V_{dc2}} = \frac{(1 + \cos 60°)}{(1 + \cos 90°)} = 1.5$$

由於 SCR 只有上臂，$\therefore 1.5 \div 2 = 0.75$

361. 週期 $T = \frac{1}{f} = \frac{1}{500} = 2 \times 10^{-3}$

責任週期 $D = \frac{t_{on}}{T} = \frac{1 \times 10^{-3}}{2 \times 10^{-3}} = 50\%$

362. $E = V_{in} - I_a \times R_a = 220 - 14 \times 2 = 192$

交流橋整公式 $V_{dc} = \frac{V_{in}}{\pi}(1 + \cos\theta) \Rightarrow 192 = \frac{340}{\pi}(1 + \cos\theta)$

觸發角 $\theta = \cos^{-1}\left(\frac{192 \times \pi}{340}\right) - 1 = \cos^{-1}(0.76)$

為維持額定轉數－1800rpm，觸發角需反向 $\Rightarrow \theta = 180° - \cos^{-1}(0.76)$

367. 鼠籠式馬達轉差率 3%~5%

最大轉速 $N = (1 - S)\frac{120f}{P} = (1 - S)\frac{120 \times 60}{4} = (1 - S)1800 \text{ rpm}$

$\Rightarrow$ 實際轉速介於 1746rpm~1710rpm

372. 極數 $P = \frac{120f}{N} = \frac{120 \times 60}{1152} = 6.25$

轉速 $N = \frac{120f}{P} = \frac{120 \times 50}{6.25} = 960 \text{ rpm}$

389.　感應機轉速 $N = (1-s)\dfrac{120f}{P}$
頻率 f 與 $(1-s)$ 成反比，若系統頻率變成原本的兩倍，
額定轉速不變的情況下，摩擦係數變為原本的兩倍，
所以新的轉子摩擦等於 $5\% \times 2 = 10\%$

390.　串激式 $V_T = E_A + I_A(R_A + R_S) \Rightarrow E_A = V_T - I_A(R_A + R_S) = 220 - 40 \times 1 = 180$

$T_1 = \dfrac{220 \times 40 \times 60}{2\pi \times 1250} = 67.2270 \text{ Nm}$

$I_{f2} = \dfrac{0.2}{0.2 + 0.5} \times I_{a2} = \dfrac{2}{7}I_{a2}$; $\dfrac{T_1}{T_2} = \dfrac{\frac{2}{7} \times I_{a2}{}^2}{I_{a1}{}^2} \Rightarrow I_{a2} = \sqrt{7} \times I_{a1} = 105.8301$

$E_{a2} = 220 - 105.8301 \times \left(0.5 + \dfrac{0.5 \times 0.2}{0.5 + 0.2}\right) = 151.9618$

$\dfrac{151.9618}{180} = \dfrac{2}{7} \times 105.8301 \times \dfrac{N_2}{40 \times 1250} \Rightarrow N_2 = 1396 \text{ rpm}$

392.　轉子轉速 $= N_{無載} - N_{滿載} = 1200 - 1140 = 60$

$N_{無載} = \dfrac{120f}{P} \Rightarrow P = \dfrac{120f}{N_{無載}} = \dfrac{120 \times 60}{1200} = 6$

$N_{轉子} = \dfrac{120f}{P} \Rightarrow f = \dfrac{N_{轉子} \times P}{120} = \dfrac{60 \times 6}{120} = 3 \text{ Hz}$

394.　轉矩固定不變時，$\emptyset$ 與 I_a 成反比。$E_a = K\emptyset w$ 中，w 不變得知 E 與 $\emptyset$ 成反比

先求 $I_s = \dfrac{200}{400} = 0.5$

$V_T = E_a + I_a R_a \Rightarrow E_a = V_T - (I_L - I_S)R_a = 200 - (10.5 - 0.5) \times 0.5 = 195$

$N \propto E$，當端電壓為 175V 時，$\dfrac{175}{200} = \dfrac{7}{8}$，$I_a = 10 \times \dfrac{7}{8} = 11.428$

$E_a = V_T - I_a R_a = 175 - 11.428 \times 0.5 = 169.286$

$N_2 = \dfrac{E_2}{E_1} \times \dfrac{\emptyset_1}{\emptyset_2} \times N_1 = \dfrac{169.286 \times 8}{195 \times 7} \times 2000 = 1984.3$

417.　轉速 $N = \dfrac{120f}{P} \Rightarrow P = \dfrac{120f}{N} = \dfrac{120 \times 60}{1720} = 4$

420.　$N \propto E$，則 $\dfrac{N_1}{N_2} = \dfrac{E_1}{E_2} \Rightarrow E_2 = E_1 \times \dfrac{N_2}{N_1} = 100 \times \dfrac{2500}{2000} = 125 \text{ V}$

430.　$V = iR + K_e\omega$
$i = V/R = 24/0.34 = 70.588 \text{ A}$
$\text{Torque} = iK = 70.588 \times 1.2 = 84.7 \text{ Nm}$

431. 啟動時反電勢為零 ⇨ 啟動瞬間效率為零

432. 由電樞電流公式

$$I_a = \frac{V_t - E_a}{R_a + R_s} \Rightarrow 15 = \frac{24}{0.34 + R_s} \Rightarrow R_s = 1.26 \ \Omega$$

433. 由 $K = 1.2 Nm/A \Rightarrow \frac{T}{I} = 1.2 \Rightarrow I = 12.5$

$E = V_t - I_a R_a = 24 - 12.5 \times 0.34 = 19.75$

由 $N = \dfrac{60 \times P}{2\pi T} = \dfrac{60 \times 19.75 \times 12.5}{2\pi \times 15} = 157.2 \ rpm$

434. 由轉矩公式求得

$$\tau = \frac{60P}{2\pi N} = \frac{60 \times 24 \times 10}{2\pi \times 157} \cong 15 \ Nm$$

435. $E = V - I_a \times R_a = 24 - 10 \times 0.34 = 20.6$

$P = E \times I_a \Rightarrow I_a = \dfrac{250}{20.6} = 12.1359$

439. 由 $K = 1.2 Nm/A \Rightarrow \frac{T}{I} = 1.2 \Rightarrow I = 12.5$

$E = V_t - I_a R_a = 25 - 12.5 \times 0.34 = 20.75$

由 $N = \dfrac{60 \times P}{2\pi T} = \dfrac{60 \times 20.75 \times 12.5}{2\pi \times 15} = 165.1 \ rpm(轉/分)$

　　　$= 165.1 \times 60(轉/小時) = 9906 \ (轉/小時)$

　　　$= 9906 \times 1.6 \times 10^{-3} = 15.85 \ (公里/小時)$

註：一英吋等於 2.54 公分，因電機旋轉一圈腳踏車也選轉一圈，
　　所以輪胎轉一圈為 160 公分

440. 由 $K = 1.2 Nm/A \Rightarrow \frac{T}{I} = 1.2 \Rightarrow I = 12.5$

$E = V_t - I_a R_a = 22.8 - 12.5 \times 0.34 = 18.55$

由 $N = \dfrac{60 \times P}{2\pi T} = \dfrac{60 \times 18.55 \times 12.5}{2\pi \times 15} = 147.6 \ rpm(轉/分)$

　　　$= 147.6 \times 60(轉/小時) = 8856 \ (轉/小時)$

　　　$= 8856 \times 1.6 \times 10^{-3} = 14.17 \ (公里/小時)$

註：一英吋等於 2.54 公分，因電機旋轉一圈腳踏車也選轉一圈，
　　所以輪胎轉一圈為 160 公分

441.
由 $K = 1Nm/A \Rightarrow \dfrac{T}{I} = 1 \Rightarrow I = 15$

$E = V_t - I_a R_a = 24 - 15 \times 0.34 = 18.9$

由 $N = \dfrac{60 \times P}{2\pi T} = \dfrac{60 \times 18.9 \times 15}{2\pi \times 15} = 180.5\ \text{rpm}(轉/分)$

$= 180.5 \times 60(轉/小時) = 10830\ (轉/小時)$

$= 10830 \times 1.6 \times 10^{-3} = 17.328\ (公里/小時)$

註：一英吋等於 2.54 公分，因電機旋轉一圈腳踏車也選轉一圈，

所以輪胎轉一圈為 160 公分

442.
由 $K = 1Nm/A \Rightarrow \dfrac{T}{I} = 1 \Rightarrow I = 15$

$E = V_t - I_a R_a = 24 - 15 \times 0.34 = 18.9$

由 $P = V \times I = 18.9 \times 15 = 283.5\ \text{W}$

443.
由 $K = 1Nm/A \Rightarrow \dfrac{T}{I} = 1 \Rightarrow I = 15$

444.
$\eta = \dfrac{P_{out}}{P_{in}} = \dfrac{(24 - 15 \times 0.34) \times 15}{24 \times 15} = 0.7875 = 78.75\ \%$

446.
$1\ \text{步之}\theta_s = \dfrac{360°}{步進數} \Rightarrow \theta_s = \dfrac{360°}{200} = 1.8°$

$(轉一圈)角度 = 1.8° \times 4 = 7.2°$

451.
$N = (1 - S)\dfrac{120f}{P} = (1 - 0.04)\dfrac{120 \times 60}{2} = 3456\ \text{rpm}$

458.
轉矩 $T = K\varnothing I_a = 40 \times 0.04615 \times 325 = 600\ \text{N.m}$

459.
$E = V - I_a(R_a + R_s) = 220 - 325(25 + 50) \times 10^{-3} = 195.625$

$\omega = \dfrac{E}{K\varphi} = \dfrac{195.625}{40 \times 0.04615} = 105.972(\text{rad/s}) \Rightarrow N = 1011.958$

460.
$P = E_a \times I_a = 195.625 \times 325 = 63578.125\text{W} = 63.578\ \text{KW}$

461.
$P_{銅} = 325^2 \times (25 + 50) \times 10^{-3} = 7921.875$

$P_{loss} = P_{銅} + P_{鐵} + P_{摩擦} = 7921.875 + 220 + 40 = 8181.875$

$\eta = \dfrac{P_{out}}{P_{in}} = \dfrac{P_{out}}{P_{out} + P_{loss}} = \dfrac{63578}{63578 + 8181.875} = 0.8859 = 88.59\ \%$

463.
$N = \dfrac{120f}{P} = \dfrac{120 \times 60}{30}240\ \text{rpm}$

詳答摘錄 — 填充題

1.

$1kg = 9.8N$，$1HP = 746W$，$\omega = \dfrac{2\pi}{60}N$，$T = \dfrac{P}{\omega}$

$P_{out} = 7.5HP = 7.5 \times 746 = 5595W$

假設 $\eta\% = 0.9712\%$，$P = 0.9712 \times 5595 = 5433.8\,W$

$T = 3.052\,kg - m = 3.052 \times 9.8(N - m) = 29.9096\,N - m$

$N = \dfrac{P}{\dfrac{2\pi}{60} \times T} = \dfrac{5433.8}{\dfrac{2\pi}{60} \times 29.9096} = 1735\,rpm$

2.

T 與 V^2 成正比

$T = 75 \times (\dfrac{176}{220})^2 = 48\,N - m$

8.

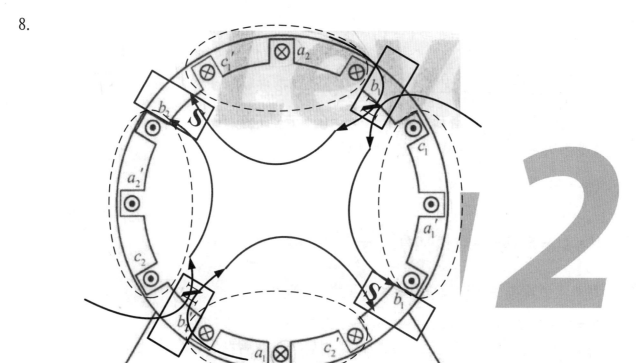

$P = 4$

$n = \dfrac{120 \times f}{P} = \dfrac{120 \times 60}{4} = 1800\,rpm$

10.

$1HP = 746W$，$\omega = \dfrac{2\pi}{60}N$，$T = \dfrac{P}{\omega}$

$P_{out} = T \times \omega = 60 \times \dfrac{2\pi}{60} \times 1800 \times \dfrac{1}{746} = 15.16 \cong 15.2\,HP$

11.

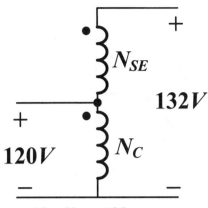

$N_{SE} = 12$, $N_c = 120$

$S_W = S_{IO} \times \dfrac{N_{SE}}{N_{SE} + N_C}$

$S_{IO} = S_W \times \dfrac{N_{SE} + N_C}{N_{SE}}$

$S_{IO} = 200 \times \dfrac{120 + 12}{12} = 2200 \text{ VA}$

12.

n:1

V_1
I_1
R_1

V_2
I_2
R_2

$V_1 = nV_2$, $I_1 = \dfrac{1}{n}I_2$, $R_1 = n^2 R_2$

$n = \dfrac{440}{110} = 4$, $n^2 = 16$

$R_1 = n^2 R_2$, $R_1 = 16R_2$

16.　　$W = \dfrac{1}{2} \times L \times I^2 = \dfrac{1}{2} \times 2 \times 10^{-3} \times 10^2 = 0.1 \text{ J}$

25.

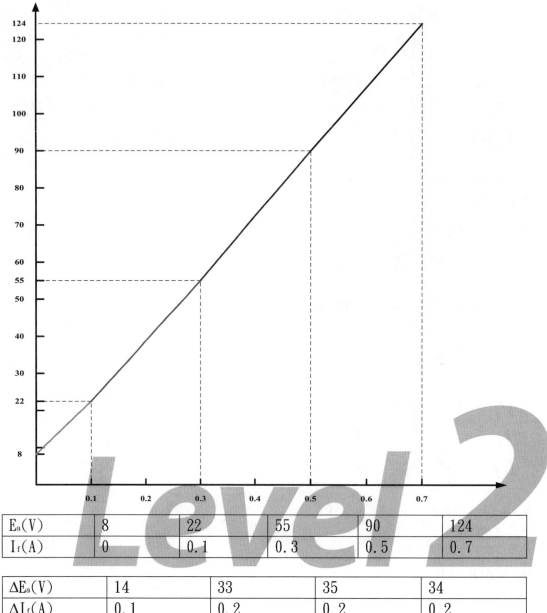

$E_a(V)$	8	22	55	90	124
$I_f(A)$	0	0.1	0.3	0.5	0.7

$\Delta E_a(V)$	14	33	35	34
$\Delta I_f(A)$	0.1	0.2	0.2	0.2

臨界場電阻的定義為磁化取現在未飽和時的斜率

$$R_{critical} = \frac{35}{0.2} = 175 \ \Omega$$

26.　Y－Δ啟動三相感應馬達，可將啟動電流降低為全壓啟動方式的 1/3 倍

$$150A \times \frac{1}{3} = 50 \ A$$

29.　$P = 110 \times 2.5 = 275W$

$$275W = \frac{275}{1000(W)} \times 24(hr) = 6.6 \ 度$$

$$PF = \frac{3.3}{6.6} = 0.5 = 50 \ \%$$

33.

$$\omega_{sync} = \frac{2\pi}{60} N_s \text{ , } N_s = \frac{120 \times f}{p} \text{ , } T = \frac{P_{AG}}{\omega_{sync}}$$

$$N_s = \frac{120 \times f}{p} = \frac{120 \times 60}{2} = 3600$$

$$T = \frac{P_{AG}}{\omega_{sync}} = \frac{5000}{\frac{2\pi}{60} \times 3600} = 13.263 \cong 13.3 \text{ N} - \text{m}$$

36.

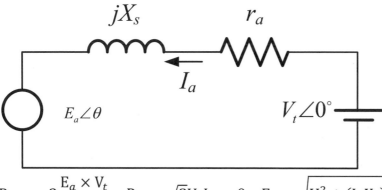

$$P_{max} = 3\frac{E_a \times V_t}{x_s} \text{ , } P_{3\phi} = \sqrt{3}V_T I_a \cos\theta \text{ , } E_a = \sqrt{V_t^2 + (I_a X_s)^2} \text{ , } \omega = \frac{2\pi}{60} N \text{ , } T = \frac{P}{\omega}$$

$$P_{3\phi} = \sqrt{3} \ V_T I_a \cos\theta \Rightarrow 2000 \times 746 = \sqrt{3} \times 2100 \times I_a \times \cos(0^\circ)$$

$$\Rightarrow I_a = \frac{2000 \times 746}{\sqrt{3} \times 2100 \times 1} \cong 410.2 \text{ A}$$

$$E_a = \sqrt{V_t^2 + (I_a X_s)^2} = 1588.3 \text{ V}$$

$$\theta = 90^\circ \text{ , } P_{max} = 3\frac{E_a \times V_t}{x_s} = 3\frac{1588.3 \times 2100}{2.5\sqrt{3}} = 2310853$$

$$N_s = \frac{120 \times 60}{20} = 360 \text{ , } T_{max} = \frac{2310853}{\frac{2\pi}{60} \times 360} = 61.297 \text{ k} \cong 61.3 \text{ k(N} - \text{m)}$$

38.

$$N_s = \frac{120 \times f}{p} = \frac{120 \times 60}{6} = 1200$$

$$s = \frac{N_s - N_m}{N_s} = \frac{1200 - 1180}{1200} = \frac{1}{60}$$

$$f_r = s \times f_e = \frac{1}{60} \times 60 = 1 \text{ Hz}$$

40.

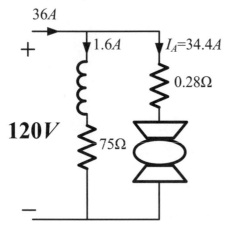

$\dfrac{120}{75} = 1.6 \text{ A}$

$I_A = 36 - 16 = 34.4 \text{ A}$

$E_A = 120 - 34.4 \times 0.28 = 110.368 \text{ V}$

$P_{out} = E_A \times I_A = 110.368 \times 34.4 = 3796.6592 \text{ W}$

$P_{out} = \dfrac{3796.6592}{746} = 5.089 \cong 5 \text{ HP}$

48. 齒輪轉矩與齒輪數成正比

$1(\text{N} - \text{m}) \times 10 = 10 \text{ N} - \text{m}$

49. $N = \dfrac{120 \times f}{p} = \dfrac{120 \times 60}{4} = 1800$

$1800 \times \dfrac{1}{10} = 180 \text{ rpm}$

50. 若編碼器有 N 個輸出訊號,其相位為 π /N,可計數脈衝為 2N 倍,

A/B 兩相輸出訊號 N = 2,4 倍計數脈衝

$2000 \times 4 = 8000$ 脈波數

61. 在額定條件穩態運轉時，

$E_{500} = K\varphi(500) = v\text{-}i_{500}R_a = 230 - (100)(0.1) = 220V$

$K\varphi = \dfrac{220}{500}$

又因為負載不變，直流外激式電動機在 600rpm 運轉時，磁場強度修正為 a 倍額定磁場強度，則可得到

$K_e\varphi i_{500} = K_e(a\varphi)i_{600} \Rightarrow i_{600} = \dfrac{i_{500}}{a} = \dfrac{100}{a}$

又直流外激式電動機在 600rpm 穩態運轉，根據 KVL，其電樞電路等效方程式為：

$v = 230 = E_{600} + i_{600}R_a$

$v = 230 = K(a\varphi)(600) + \dfrac{100}{a}(0.1)$

$230 = aK\varphi(600) + \dfrac{10}{a}$

$230a = a^2(\dfrac{220}{500})(600) + \dfrac{10}{a}$

$264a^2 - 230a + 10 = 0 \Rightarrow a = 0.824\,(適合)\ 或\ a = 0.0473$

62.

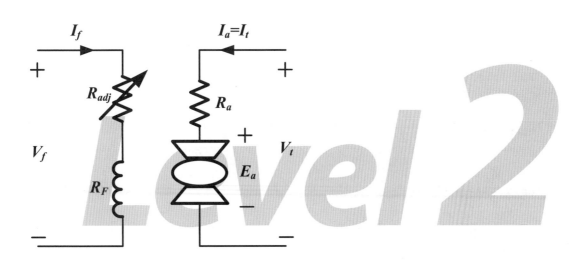

$N = \dfrac{E_a}{K\phi} = \dfrac{V_t - I_a \times R_a}{K\phi}$ ，$K\phi$ 固定

$E_a = 230 - 100 \times 0.1 = 220\ V$

Duty $= 0.5$，$V_t \times 0.5 = 115\ V$

$E_a = 115 + 100 \times 0.1 = 125\ V(再生模式)$

$\dfrac{N_{115V}}{N_{230V}} = \dfrac{E_{a,115V}}{E_{a,230V}}$ ，$N_{115V} = 500 \times \dfrac{125}{220} = 284\ \text{rpm}$

63. $\alpha = 0°$

$V_{do} = \dfrac{3\sqrt{2}}{\pi}V_{LL}\cos\alpha = 1.35V_{LL}\cos\alpha$

$V_{LL} = \dfrac{220V}{1.35\cos0°} = 162.963\ V(線電壓)$

$V_{LL} = \dfrac{162.963V}{\sqrt{3}} = 94.086 \cong 94\ V(線電壓)$

64.
$$\omega = \frac{2\pi}{60}N \ , \ T = \frac{P}{\omega}$$
$$T_{N=1180} = \frac{P}{\omega} = \frac{41.11 \times 10^3}{\frac{2\pi}{60} \times 1180} = 332.68 \cong 332.7 \ N-m$$
$$T_{N=1500} = \frac{P}{\omega} = \frac{41.11 \times 10^3}{\frac{2\pi}{60} \times 1500} = 261.71 \ N-m$$

65. $Y - \triangle$ 啟動三相感應馬達，可將啟動電流降低為全壓啟動方式的 1/3 倍

$$150A \times \frac{1}{3} = 50 \ A$$

66. 輸出平均電壓與單相全控整流器驅動觸發角 α 的 $\cos(\alpha)$ 成正比，轉速與電壓成正比

$$\cos(30°) = \frac{\sqrt{3}}{2} \ , \ \cos(60°) = \frac{1}{2}$$

負載相同時，馬達轉速在觸發角 $\alpha = 30°$ 約為觸發角 $\alpha = 60°$ 時的 $\sqrt{3}$ 倍

68.
$$S_{Full-Load} = \frac{1800 - 1740}{1800} = 0.033$$
$$S_{Half-Load} = \frac{0.033}{2}$$
$$N_{Half-Load} = (1 - S_{Half-Load}) \times 1800$$
$$N_{Half-Load} = \left(1 - \frac{0.033}{2}\right) \times 1800 = 1770 \ rpm$$

69.
$$V_{dc} = \frac{V_m}{\pi}(1 + \cos\alpha)$$
$$n = \frac{V_{dc} - I_aR_a}{K\Phi} \ , \ V_{dc} \gg I_aR_a$$
$$n \cong \frac{V_{dc}}{K\Phi} \ , \ I_a \ , \ R_a \ , \ K \ , \ \Phi \ 為定值$$

V_{dc} 與 n 成正比

$$\alpha = 30° \ , \ V_{dc} = \frac{V_m}{\pi}(1 + \cos30°) = \frac{V_m}{\pi}\left(1 + \frac{\sqrt{3}}{2}\right)$$
$$\alpha = 90° \ , \ V_{dc} = \frac{V_m}{\pi}(1 + \cos90°) = \frac{V_m}{\pi}(1)$$

負載相同馬達轉速在觸發角

$\alpha = 30°$ 約為觸發角 $\alpha = 90°$ 的 $1 + \frac{\sqrt{3}}{2}$ 倍

70.
$$n = \frac{120 \times f}{p}$$
$$p = \frac{120 \times 60}{1152} = 6.25 \cong 6 \ 極$$

71.
$$n = \frac{120 \times f}{p}$$

$$f = \frac{75 \times 24}{120} = 15 \text{ Hz}$$

72.
Φ 與 I_f 成正比

T 與 Φ 成正比

T 與 I_a 成正比

$T = K \times \Phi \times I_a$

$T = K \times 12 \times 300$

$\frac{1}{4}T = K(12 \times \frac{1}{2})(300 \times \frac{1}{2})$

$I_a = 300 \times \frac{1}{2} = 150 \text{ A}$

73.
$$n = \frac{120 \times f}{p} \text{ , } f_r = sf_e$$

$$n = \frac{120 \times 60}{6} = 1200$$

$$s = \frac{1200 - 1154}{1200} = 0.0383$$

$$f_{轉部頻率} = 0.0383 \times 60 = 2.3$$

$$n_{同步電動機} = \frac{120 \times 2.3}{6} = 46 \text{ rpm}$$

Level 2

74.

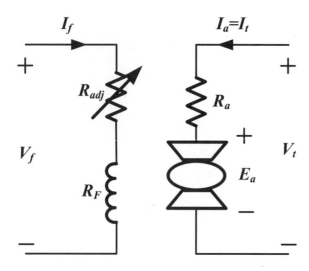

$T = K \times \Phi \times I_a$，$E_a = K \times \Phi \times N$，K 固定

$T_{Full} = 1$，$T_{0.5Full} = \dfrac{1}{2}$

$T_{Full} = 1 = K \times 6 \times 100$

$T'_{0.5Full} \left(\dfrac{1}{2} \text{倍}\right) = K \times 3 \left(\dfrac{1}{2} \text{倍}\right) \times I'_a \left(1 \text{倍}\right)$，$I'_a = 100\,A(1 \text{倍})$

$T''_{0.5Full} \left(\dfrac{1}{2} \text{倍}\right) = K \times 6 \left(1 \text{倍}\right) \times I''_a \left(\dfrac{1}{2} \text{倍}\right)$，$I''_a = 50 \left(\dfrac{1}{2} \text{倍}\right)$

$E'_a = 110 - 100 \times 0.1 = 100\,V$

$E_{a,Full} = K \times 6 \times 400 = 800\,V(8 \text{倍})$

$100(\dfrac{1}{8} \text{倍}) = K \times 3(\dfrac{1}{2} \text{倍}) \times 100(\dfrac{1}{4} \text{倍})$

$E''_a = K \times 6 \left(1 \text{倍}\right) \times 200 \left(\dfrac{1}{2} \text{倍}\right)$，$E''_a = 400\,V(\dfrac{1}{2} \text{倍})$

$V''_t = E''_a + I''_a R_a = 400 + 50 \times 0.1 = 405\,V$

77.
$n = \dfrac{120 \times f}{p} = \dfrac{120 \times 60}{4} = 1800$

$n_m = (1 - s) \times n_{sync} = (1 - 0.05) \times 1800 = 1710\,rpm$

82.

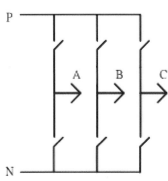

$V_{As} = V_{dc}\sin\omega t$ ， $V_{Bs} = V_{dc}\sin(\omega t - 120°)$ ， $V_{Cs} = V_{dc}\sin(\omega t + 120°)$ ， $P_k = \dfrac{2}{3}$

$V_{AN} = V_{As} - V_{sN}$ ， $V_{BN} = V_{Bs} - V_{sN}$ ， $V_{CN} = V_{Cs} - V_{sN}$ ， $V_{AN} + V_{BN} + V_{CN} = -3V_{sN}$

$V_{As} = V_{AN} + V_{sN} = \dfrac{2}{3}V_{AN} - (V_{BN} + V_{CN})$

$V_{Bs} = V_{BN} + V_{sN} = \dfrac{2}{3}V_{BN} - (V_{AN} + V_{CN})$

$V_{Cs} = V_{CN} + V_{sN} = \dfrac{2}{3}V_{CN} - (V_{AN} + V_{BN})$

Assume: $V_{dc} = V_{AN} = V_{BN} = V_{CN}$

$\vec{V}_s(1,0,0) = P_k[V_{As} + e^{j120°}V_{Bs} + e^{-j120°}V_{Cs}]$

$\vec{V}_s(1,0,0) = P_k\left[\dfrac{2}{3}V_{dc} + e^{j120°}\left(\dfrac{-V_{dc}}{3}\right) + e^{-j120°}\left(\dfrac{-V_{dc}}{3}\right)\right]$

$\vec{V}_s(1,0,0) = P_k \times V_{dc}\left[\dfrac{2}{3} + \left(\dfrac{-1}{3}\right)\left(\dfrac{1}{2} + j\dfrac{\sqrt{3}}{2}\right) + \left(\dfrac{-1}{3}\right)\left(\dfrac{-1}{2} - j\dfrac{\sqrt{3}}{2}\right)\right]$

$\vec{V}_s(1,0,0) = P_k \times V_{dc}[1 + j0] = \dfrac{2}{3}V_{dc}$

85.　$V = I \times R_a + k_g \times N$

$T = k_T \times I$

$I = \dfrac{T}{k_T} = \dfrac{5}{0.5} = 10A$

$V = 10 \times 0.37 + \dfrac{53}{1000} \times 1500 = 83.2\ V$

91.　電壓平方與轉矩大小成正比

$1 - (1 - 0.2)^2 = 0.36 = 36\ \%$

92.　$\theta = \dfrac{360°}{mT} = \dfrac{360°}{4 \times 18} = 5°$

93.　1ton = 1000kg，1kg = 9.8N，1HP = 746W

W = F × S = 20 × 1000 × 9.8 × 50 = 9800000 = P × t

$$P_{out} = \frac{W}{t} = \frac{9800000}{3600(s)} = 2722.22$$

$$P_{in} = \frac{P_{out}}{\eta\%} = \frac{2722.22}{65\%} \times \frac{1}{746} \cong 5.6 \text{ HP}$$

94.　感應機輸出轉矩與電源電壓的平方成正比關係

$(1 + 0.05)^2 - 1^2 = 0.1025 = 10.25\%$

95.　$$PF = \frac{P}{S} = 0.8$$

$$S = \frac{P}{0.8} = \frac{3000k}{0.8} = 3750 \text{ k(VA)}$$

96.　$$\eta = \frac{P_{out}}{P_{in}} \times 100\% \Rightarrow 0.785 = \frac{746 \times 5}{P_{in}}$$

$$\Rightarrow P_{in} = \frac{746 \times 5}{0.785} = 4751.6W$$

因為為單相馬達，所以功率表示為：$P_{1\varphi} = VI\cos\theta$

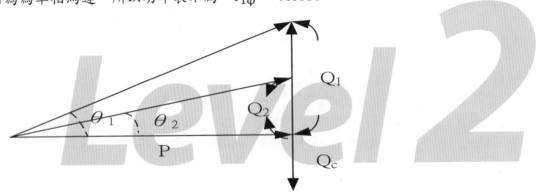

$$P_{1\varphi} = VI\cos\theta_1 \Rightarrow \cos\theta_1 = \frac{4751.6}{117 \times 53} = 0.766$$

$\theta_1 = \cos^{-1}0.766 = 40^\circ$

$\theta_2 = \cos^{-1}0.9 = 25.84^\circ$

$Q_1 = P\tan\theta_1 = 4751.6 \times 0.839 = 3986.5924 \text{ VAR}$

$Q_2 = P\tan\theta_2 = 4751.6 \times 0.484 = 2299.7744 \text{ VAR}$

$Q_c = Q_1 - Q_2 = 3986.5924 - 2299.7744 = 1688.818 \text{ VAR}$

97.

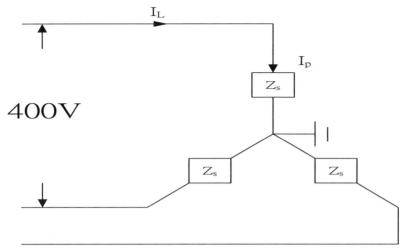

$Z_s = 0.5 + j8$

因為為三相系統，所以功率表示為：

$P_{3\varphi} = \sqrt{3}V_L I_L \cos\theta$

$P_{3\varphi} = \sqrt{3}V_L I_L \cos\theta \Rightarrow I_L = \dfrac{746 \times 30}{400 \times 0.85 \times 1.732} = 38 \text{ A}$

Y 接線電流等於相電流：

$I_L = I_p$

$P_{loss} = 3 \times |I_p|^2 \times R_s = 3 \times (38)^2 \times 0.5 = 2166 \text{ W}$

$P_{in} = P_{loss} + P_{out}$

$P_{in} = P_{loss} + P_{out} = (30 \times 746) + 2166 = 24546W = 24.546 \text{ kW}$

100.

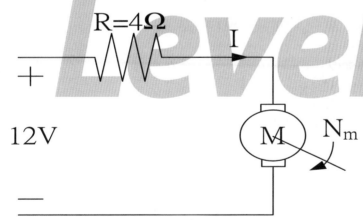

已知 K 為常數：

$K = 2\left(\dfrac{N_m}{A}\right) = 2\left(\dfrac{V}{rad/sec}\right)$

靜止時，轉差率 $S = 1$

$P_{in} = \dfrac{V^2}{R} = \dfrac{12^2}{4} = 36 \text{ W}$

101.

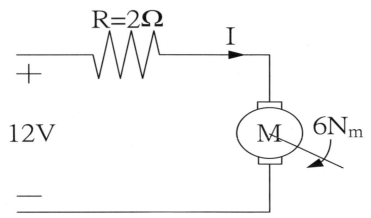

已知 K 為常數：

$$K = 2\left(\frac{N_m}{A}\right) = 2\left(\frac{V}{rad/sec}\right)$$

施加同旋轉方向外力 6Nm

$$2 = \frac{N_m}{A} = \frac{6}{I} \Rightarrow I = 3\,A$$
$$P = VI = 12 \times 3 = 36\,W$$

102.　已知編碼器轉動一圈產生 800 個脈波

假設接收 200 個脈波，馬達轉動幾圈，以比例關係求解

$$\frac{800\ 個脈波}{200\ 個脈波} = \frac{1\ 圈}{X\ 圈} \Rightarrow X = \frac{200}{800} = \frac{1}{4}\ 圈$$

104.　已知 $1(N-m) = 9.8(kg-m)$，$1\ rpm = 60\ rps$

$$P_{out} = T(N-m) \times \omega_m\left(\frac{rad}{sec}\right)$$
$$= \left[9.8 \times T(kg-m)\right] \times \left[\frac{2\pi}{60}N_m(rpm)\right]$$
$$= 1.027 \times T(kg-m) \times N_m(rpm)$$

110. 以二次側 Δ 的三相平衡負載為例(正相序)

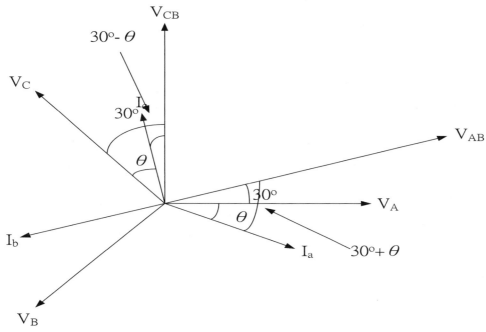

$P_v = V_L I_L \cos(30° + θ) + V_L I_L \cos(30° - θ)$
$= V_L I_L [\cos(30° + θ) + \cos(30° - θ)]$
$= V_L I_L [2\cos30° × \cos(θ)]$
$= \sqrt{3} V_L I_L \cos(θ) = \sqrt{3} V_p I_p \cos(θ)$
$\cos(α + β) = \cosα\cosβ - \sinα\sinβ$
$\cos(α - β) = \cosα\cosβ + \sinα\sinβ$

變壓器利用率

$η = \dfrac{\sqrt{3} V_p I_p}{2 V_p I_p} × 100 = \dfrac{\sqrt{3}}{2} × 100 = 86.6V$

131. 先假設平衡三項系統為大小相等,相位差 120°

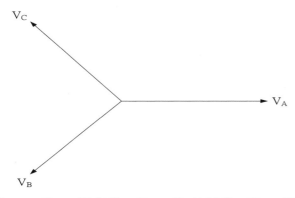

假設:$V_A = V_L(0°)$,$V_B = V_L(120°)$,$V_C = V_L(-120°)$

$V_A + V_B + V_C = V_L(1 + j0) + V_L(\dfrac{1}{2} - j\dfrac{\sqrt{3}}{2}) + V_L(\dfrac{1}{2} + j\dfrac{\sqrt{3}}{2}) = V_L$

得證:三相平衡系統為大小相等,相位差 120°

137. $N = \dfrac{120f}{P} \Rightarrow = \dfrac{120 \times 60}{4} = 1800$

156. 如圖為外激式電動機

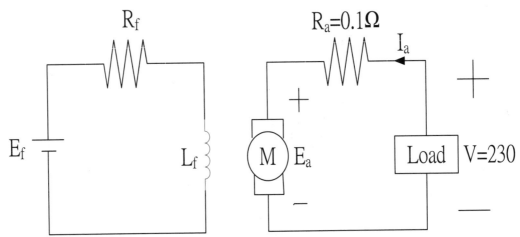

500rpm：$E_a = V_{in} - I_a R_a = 230 - (110 \times 0.1) = 219V$

∴ $E_a = K\emptyset N$ $E_a \propto N$

當 250rpm 運轉時輸入電壓，以比例關係求解

$\dfrac{219}{E_a} = \dfrac{K\emptyset \times 500}{K\emptyset \times 250} \Rightarrow E_a = 109.5\ V$

$V_{in} = E_a + I_a R_a = 109.5 + (100 \times 0.1) = 119.5\ V$

161. 轉速公式：

$N_s = \dfrac{120f}{P}$ ∴ N_s：同步轉速 ∴ S：轉差率

$N_s = \dfrac{120f}{P} = \dfrac{120 \times 60}{4} = 1800\text{rpm}$

$N_r = N_s(1 - S) \Rightarrow 1 - S = \dfrac{1710}{1800} \Rightarrow S = 0.05$

電源頻率公式：

$f_s = S \times f = 0.05 \times 60 = 3\ Hz$

162. 1 秒 = 1000 步 = 5 轉

$N = 5\ \text{rps}$

$\omega = \dfrac{\text{rpm}}{60} \times 2\pi = \text{rps} \times 2\pi = 5 \times 6.28 = 31.4\ \text{rad/sec}$

163. 轉速公式：

$N_s = \dfrac{120f}{P}$ ∴ N_s：同步轉速 ∴ S：轉差率

從上式得知：

∴ $N_s \propto f$

以比例關係求解：

$\dfrac{90}{60} = \dfrac{X}{90} \Rightarrow X = \dfrac{8100}{60} = 135\ \text{rpm}$

164. 三相功率公式：
$P_{3\varphi} = \sqrt{3}V_L I_L \cos\theta$
效率公式：
$\eta = \dfrac{P_{out}}{P_{in}} \times 100\% = \dfrac{746 \times 20}{\sqrt{3} \times 220 \times 55 \times 0.8} \times 100\% = 0.8899 \times 100\% = 88.99\%$

165. 三相功率公式：
$P_{3\varphi} = \sqrt{3}V_L I_L \cos\theta$
效率公式：
$\eta = \dfrac{P_{out}}{P_{in}} \times 100\% = \dfrac{746 \times 10}{\sqrt{3} \times V_L \times I_L \times \cos\theta} \times 100\%$
$\Rightarrow I_L = \dfrac{746 \times 10}{1.732 \times 220 \times 0.8 \times 0.85} = 28.8\,A$

166. 轉速公式：
$N_s = \dfrac{120f}{P}$ ∴ N_s：同步轉速 ∴ S：轉差率
轉速率公式：
$\dfrac{N_r}{N_s} = (1 - S)$
$N_s = \dfrac{120f}{P} = \dfrac{120 \times 60}{6} = 1200\,rpm$
$\dfrac{N_r}{N_s} = (1 - S) \Rightarrow \dfrac{1176}{1200} = (1 - S) \Rightarrow S = 0.02$
轉子頻率公式：
$f_r = S \times f = 0.02 \times 60 = 1.2\,Hz$

167. 如果是外激式電動機

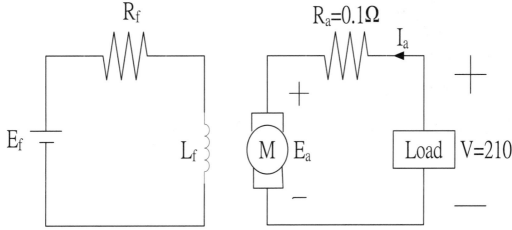

$E_a = V_{in} - I_a R_a = 210 - (100 \times 0.1) = 200V$
∴ $E_a = K\varnothing N$ $E_a \propto N$
以比例關係求解
$\dfrac{200}{X} = \dfrac{100}{200} \Rightarrow X = 400\,V$
$V_{in} = E_a + I_a R_a = 400 + (100 \times 0.1) = 410\,V$

169.

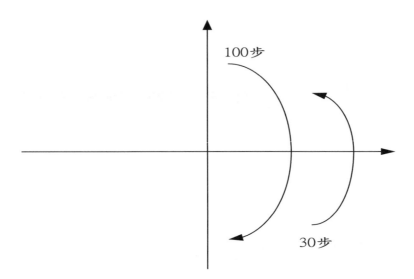

一步為 15° 的步進馬達：

$15° \times (100 - 30) = 1050°$

把圈數減去：

$(6\pi - 30°) = 30°(\text{IV 象限}) = 330°$

172. 如圖為分激式電動機

$\therefore E_a = K\varnothing N \qquad E_a \propto N$

以比例關係求解

$\dfrac{100}{X} = \dfrac{1000}{800} \Rightarrow X = 80\,V$

175. $i_{start} = \dfrac{200}{0.1} = 2000A$

啟動電流通常超過額定電流 10 倍，改善方法：啟動時外加電組

176. 如圖為外(他)激式電動機

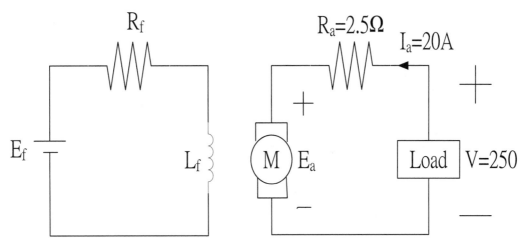

$E_a = V - I_a R_a = 250 - (20 \times 2.5) = 200\ V$

$E_a = Kn\varphi \qquad \therefore E_a \propto n\phi$

轉速降為400rpm，這時的電樞電壓

$\dfrac{600}{400} = \dfrac{200}{E_a} \Rightarrow E_a = \dfrac{400}{3}\phi$

$V = \dfrac{400}{3} + (20 \times 2.5) = 183.33\phi$

求 duty ratio：

$\dfrac{183.33}{250} = 0.733$

184. 如圖為分激式電動機

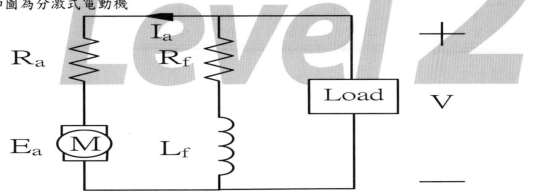

速度調整率公式：

$S.R = \dfrac{N_s - N_r}{N_s} \times 100\%$

已知速度調整率 $= 2\%$，

$0.02 = \dfrac{1300 - N_r}{1300} \Rightarrow N_r = 1274\ rpm$

186. 如圖為分激式電動機

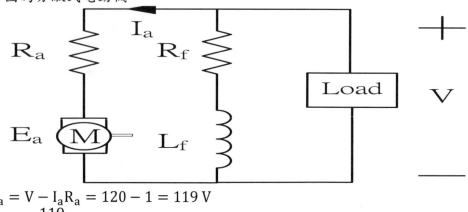

$E_a = V - I_a R_a = 120 - 1 = 119\,V$

$i_{start} = \dfrac{119}{1} = 119\,A$

187. 如圖為串激式電動機

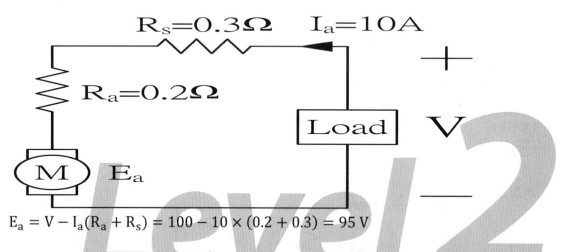

$E_a = V - I_a(R_a + R_s) = 100 - 10 \times (0.2 + 0.3) = 95\,V$

188. 功率公式：

$P = \omega \times T$

$\omega = \dfrac{1710}{60} \times 2\pi = 178.98\,rad/sec$

$P = \omega \times T \Rightarrow T = \dfrac{10 \times 746}{178.98} = 41.7\,N-m$

189. 轉速公式：

$n = \dfrac{120f}{P}\,(rpm)$

$n = \dfrac{120 \times 50}{P} = \dfrac{360 \times 1000}{60} \Rightarrow P = 1\,m$

190. 轉速公式：
$$N_s = \frac{120f}{P}(\text{rpm})$$
轉差率公式：
$$S = \frac{N_s - N_r}{N_s} \quad \therefore S \propto HP$$
$$N_s = \frac{120 \times 50}{2} = 3000 \text{ rpm}$$
$$S_{10HP} = \frac{N_s - N_r}{N_s} = \frac{3000 - 2960}{3000} = 0.013$$
以比例關係求解：
$$\frac{10}{15} = \frac{0.013}{X} \Rightarrow X = 0.0195$$
$$N_r = (1 - 0.0195) \times 3000 \cong 2940 \text{ rpm}$$

191.
$$I_{rate} = \frac{10000}{200} = 50A$$
啟動電流不超過額定電流 2.5 倍
$$I_{rate} = 50 \times 2.5 = 125A$$
$$I_{rate} = \frac{V}{R} \Rightarrow R = \frac{200}{125} = 1.6\ \Omega$$
減去內阻
$$R - R_a = 1.6 - 0.2 = 1.4\ \Omega$$

193. 轉速公式：
$$N_s = \frac{120f}{P}(\text{rpm})$$
$$N_s = \frac{120 \times f}{P} = \frac{120 \times 60}{4} = 1800 \text{ rpm}$$

196. 已知：
1rpm = 60rps
$$\omega_{m(rad/sec)} = [\frac{2\pi}{60}N_m(\text{rpm})] = \frac{2\pi \times 3000}{60} = 314.159 \text{ rad/sec}$$

198.

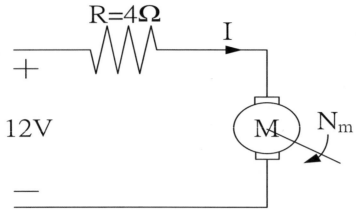

已知 K 為常數：

$$K = 2\left(\frac{N_m}{A}\right) = 2\left(\frac{V}{rad/sec}\right)$$

啟動後達到穩態，

$$P = \frac{d\omega}{dt} = \frac{N_s - N_s}{\Delta t} = 0\ W$$

199.

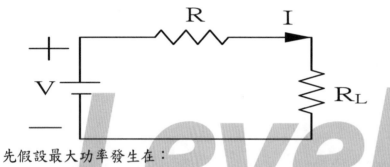

先假設最大功率發生在：

$R = R_L$

$$I = \frac{V}{R + R_L}$$

$$P_{max} = I^2 R = \left(\frac{V}{R + R_L}\right)^2 \times R$$

$$\Rightarrow \frac{\partial P_{max}}{\partial R_L} = 2\left(\frac{V}{R + R_L}\right) \times \frac{-V \times R}{(R + R_L)^2} + \left(\frac{V}{R + R_L}\right)^2 = 0$$

$$= \frac{-2V^2 R + (R + R_L)V^2}{(R + R_L)^3} = 0$$

$$= -2V^2 R + (R + R_L)V^2 = 0$$

$$= R = R_L \quad 得證$$

$$P_{max} = I^2 R = \left(\frac{V}{R + R_L}\right)^2 \times R = \left(\frac{12}{8}\right)^2 \times 4 = 9\ W$$

200.

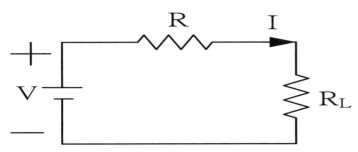

先假設最大功率發生在：

$R = R_L$

$I = \dfrac{V}{R + R_L}$

$P_{max} = I^2 R = \left(\dfrac{V}{R + R_L}\right)^2 \times R$

$\Rightarrow \dfrac{\partial P_{max}}{\partial R_L} = 2\left(\dfrac{V}{R + R_L}\right) \times \dfrac{-V \times R}{(R + R_L)^2} + \left(\dfrac{V}{R + R_L}\right)^2 = 0$

$\qquad = \dfrac{-2V^2 R + (R + R_L)V^2}{(R + R_L)^3} = 0$

$\qquad = -2V^2 R + (R + R_L)V^2 = 0$

$\qquad = R = R_L$ 　得證

已知效率公式：

$\eta = \dfrac{P_{out}}{P_{in}} \times 100\% = \dfrac{I^2 R}{I^2(R + R_L)} = \dfrac{1}{2} \times 100\% = 50\%$

201.

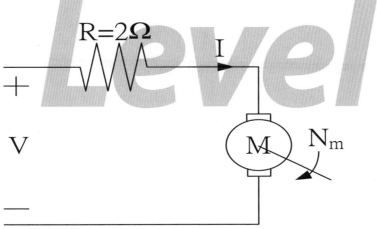

已知 K 為常數：

$K = 2\left(\dfrac{N_m}{A}\right) = 2(\dfrac{V}{rad/sec})$

$2 = \dfrac{6}{I} = \dfrac{V}{3} \Rightarrow I = 3A，V = 6(V) = E_a$

$V = E_a + I \times R = 6 + 3 \times 2 = 12\,V$

202.

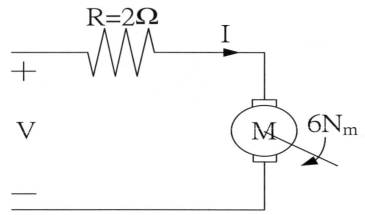

已知 K 為常數：

$$K = 2\left(\frac{N_m}{A}\right) = 2\left(\frac{V}{rad/sec}\right)$$

$$2 = \frac{6}{I} \Rightarrow I = 3A$$

$$P_{loss} = I^2 \times R = 9 \times 2 = 18\,W$$

$$P_{in} = 12 \times 3 + P_{loss} = 36 + 18 = 54\,W$$

203.

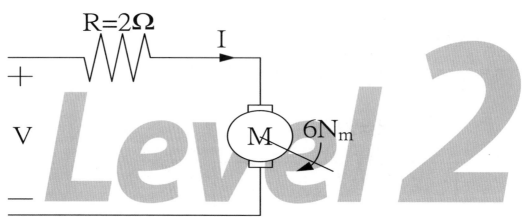

已知 K 為常數：

$$K = 2\left(\frac{N_m}{A}\right) = 2\left(\frac{V}{rad/sec}\right)$$

$$2 = \frac{6}{I} \Rightarrow I = 3\,A$$

$$P_{loss} = I^2 \times R = 9 \times 2 = 18\,W$$

206.　　一圈 $= 600$ 步 $= 360°$

以比例關係求解：

$$\frac{360}{120} = \frac{600}{X} \Rightarrow X = 200\,步$$

211.　三相功率公式：

$$P_{3\varphi} = \sqrt{3}V_L I_L \cos\theta$$

已知效率公式：

$$\eta = \frac{P_{out}}{P_{in}} \times 100\% = \frac{P_{out}}{\sqrt{3}V_L \times I_L \times \cos\theta}$$

$$\Rightarrow 0.83 = \frac{746 \times 5}{\sqrt{3} \times 220 \times I_L \times 0.82}$$

$$\Rightarrow I_L = \frac{746 \times 5}{\sqrt{3} \times 220 \times 0.83 \times 0.82} = 14.38\ A$$

212.　功率公式：

$$P = \omega \times T$$

已知：

$$9.8(N-m) = 1(kg-m)$$

$$P = \omega \times T \Rightarrow T = \frac{2000}{1750 \times \frac{2\pi}{60}} = 10.919\ N-m = 1.114\ kg-m$$

Level 2